电力工程设计手册

01 火力发电厂总图运输设计
02 火力发电厂热机通用部分设计
03 火力发电厂锅炉及辅助系统设计
04 火力发电厂汽轮机及辅助系统设计
05 火力发电厂烟气治理设计
06 燃气－蒸汽联合循环机组及附属系统设计
07 循环流化床锅炉附属系统设计
08 火力发电厂电气一次设计
09 火力发电厂电气二次设计
10 火力发电厂仪表与控制设计
11 火力发电厂结构设计
12 火力发电厂建筑设计
13 火力发电厂水工设计
14 火力发电厂运煤设计
15 火力发电厂除灰设计
16 火力发电厂化学设计
17 火力发电厂供暖通风与空气调节设计
18 火力发电厂消防设计
19 火力发电厂节能设计

20 架空输电线路设计
21 电缆输电线路设计
22 换流站设计
23 变电站设计

24 电力系统规划设计
25 岩土工程勘察设计
26 工程测绘
27 工程水文气象
28 集中供热设计
29 技术经济
30 环境保护与水土保持
31 职业安全与职业卫生

电力工程设计手册

• 电缆输电线路设计 •

中国电力工程顾问集团有限公司
中国能源建设集团规划设计有限公司 编著

Power
Engineering
Design Manual

中国电力出版社

内 容 提 要

本书是《电力工程设计手册》系列手册中的一个分册，是电缆输电线路设计的实用性工具书。本书主要内容包括电缆路径、电缆种类及结构、电缆的电气计算、电缆截面的选择、电缆的机械性能计算、电缆附件及附属设施、电缆敷设与保护、电缆构筑物设计、电缆防火设计、电缆试验、电缆线路在线监测等。

本书是依据最新标准的内容要求编写的，充分吸纳了近年来电缆输电线路的成熟技术和设计实践成果，对日常设计过程中使用的设计方法和设计基础资料进行归纳整理、筛选提炼，全面反映了近年来在电缆线路建设中使用的新技术、新设备、新工艺。

本书是供电缆输电线路设计、施工和运行管理人员使用的工具书，也可作为高等院校相关专业师生、电力企业运行管理人员的参考书。

图书在版编目（CIP）数据

电力工程设计手册. 电缆输电线路设计 / 中国电力工程顾问集团有限公司，中国能源建设集团规划设计有限公司编著. —北京：中国电力出版社，2019.6（2024.11重印）

ISBN 978-7-5198-2388-7

Ⅰ. ①电… Ⅱ. ①中… ②中… Ⅲ. ①输电线路–电力电缆–电力工程–工程设计–手册 Ⅳ. ①TM7-62

中国版本图书馆 CIP 数据核字（2018）第 204898 号

出版发行：中国电力出版社
地　　址：北京市东城区北京站西街 19 号（邮政编码 100005）
网　　址：http://www.cepp.sgcc.com.cn
印　　刷：三河市万龙印装有限公司
版　　次：2019 年 6 月第一版
印　　次：2024 年 11 月北京第六次印刷
开　　本：787 毫米×1092 毫米　16 开本
印　　张：17.75
字　　数：630 千字
印　　数：10001—10500 册
定　　价：120.00 元

《电力工程设计手册》

编辑委员会

《电力工程设计手册》

秘 书 组

《电缆输电线路设计》
编 写 组

主　　编 梁　明

副 主 编 王　强　许　泳

参编人员（按姓氏笔画排序）

丁　唯　王婷婷　刘　炯　刘　琦　刘翔云　李　健
李会超　张　健　张鹏姣　罗德塔　赵远涛　胡　全
胡振兴　黄　兴　韩志军　鲁　俊　谢　静　鄢　艺
鄢秀庆

《电缆输电线路设计》
编辑出版人员

编审人员 陈　丽　王蔓莉　安　鸿　王　晶　王　磊

出版人员 王建华　邹树群　黄　蓓　李　楠　陈丽梅　李　娟
王红柳　赵姗姗　单　玲

序言

改革开放以来，我国电力建设开启了新篇章，经过40年的快速发展，电网规模、发电装机容量和发电量均居世界首位，电力工业技术水平跻身世界先进行列，新技术、新方法、新工艺和新材料得到广泛应用，信息化水平显著提升。广大电力工程技术人员在多年的工程实践中，解决了许多关键性的技术难题，积累了大量成功的经验，电力工程设计能力有了质的飞跃。

电力工程设计是电力工程建设的龙头，在响应国家号召，传播节能、环保和可持续发展的电力工程设计理念，推广电力工程领域技术创新成果，促进电力行业结构优化和转型升级等方面，起到了积极的推动作用。为了培养优秀电力勘察设计人才，规范指导电力工程设计，进一步提高电力工程建设水平，助力电力工业又好又快发展，中国电力工程顾问集团有限公司、中国能源建设集团规划设计有限公司编撰了《电力工程设计手册》系列手册。这是一项光荣的事业，也是一项重大的文化工程，彰显了企业的社会责任和公益意识。

作为中国电力工程服务行业的“排头兵”和“国家队”，中国电力工程顾问集团有限公司、中国能源建设集团规划设计有限公司在电力勘察设计技术上处于国际先进和国内领先地位，尤其在百万千瓦级超超临界燃煤机组、核电常规岛、洁净煤发电、空冷机组、特高压交直流输变电、新能源发电等领域的勘察设计方面具有技术领先优势；另外还在中国电力勘察设计行业的科研、标准化工作中发挥着主导作用，承担着电力新技术的研究、推广和国外先进技术的引进、消化和创新等工作。编撰《电力工程设计手册》，不仅系统总结了电力工程设计经验，而且能促进工程设计经验向生产力的有效转化，意义重大。

这套设计手册获得了国家出版基金资助，是一套全面反映我国电力工程设计领域自有知识产权和重大创新成果的出版物，代表了我国电力勘察设计行业的水平和发展方向，希望这套设计手册能为我国电力工业的发展作出贡献，成为电力行业从业人员的良师益友。

汪建平

2019年1月18日

总前言

电力工业是国民经济和社会发展的基础产业和公用事业。电力工程勘察设计是带动电力工业发展的龙头，是电力工程项目建设不可或缺的重要环节，是科学技术转化为生产力的纽带。新中国成立以来，尤其是改革开放以来，我国电力工业发展迅速，电网规模、发电装机容量和发电量已跃居世界首位，电力工程勘察设计能力和水平跻身世界先进行列。

随着科学技术的发展，电力工程勘察设计的理念、技术和手段有了全面的变化和进步，信息化和现代化水平显著提升，极大地提高了工程设计中处理复杂问题的效率和能力，特别是在特高压交直流输变电工程设计、超超临界机组设计、洁净煤发电设计等领域取得了一系列创新成果。“创新、协调、绿色、开放、共享”的发展理念和全面建成小康社会的奋斗目标，对电力工程勘察设计工作提出了新要求。作为电力建设的龙头，电力工程勘察设计应积极践行创新和可持续发展理念，更加关注生态和环境保护问题，更加注重电力工程全寿命周期的综合效益。

作为电力工程服务行业的“排头兵”和“国家队”，中国电力工程顾问集团有限公司、中国能源建设集团规划设计有限公司（以下统称“编著单位”）是我国特高压输变电工程勘察设计的主要承担者，完成了包括世界第一个商业运行的 1000kV 特高压交流输变电工程、世界第一个 ±800kV 特高压直流输电工程在内的输变电工程勘察设计工作；是我国百万千瓦级超超临界燃煤机组工程建设的主力军，完成了我国 70%以上的百万千瓦级超超临界燃煤机组的勘察设计工作，创造了多项“国内第一”，包括第一台百万千瓦级超超临界燃煤机组、第一台百万千瓦级超超临界空冷燃煤机组、第一台百万千瓦级超超临界二次再热燃煤机组等。

在电力工业发展过程中，电力工程勘察设计工作者攻克了许多关键技术难题，形成了一整套先进设计理念，积累了大量的成熟设计经验，取得了一系列丰硕的设计成果。编撰《电力工程设计手册》系列手册旨在通过全面总结、充实和完善，引导电力工程勘察设计工作规范、健康发展，推动电力工程勘察设计行业技术水平提升，助力电力工程勘察设计从业人员提高业务水平和设计能力，以适应新时期我国电力工业发展的需要。

2014 年 12 月，编著单位正式启动了《电力工程设计手册》系列手册的编撰工作。《电力工程设计手册》的编撰是一项光荣的事业，也是一项艰巨和富有挑战性的任务。为此，编著单位和中国电力出版社抽调专人成立了编辑委员会和秘书组，投入专项资金，为系列手册编撰工作的顺利开展提供强有力的保障。在手册编辑委员会的统一组织和领导下，700 多位电力勘察设计行业的专家学者和技术骨干，以高度的责任心和历史使命感，坚持充分讨论、深入研究、博采众长、集思广益、达成共识的原则，以内容完整实用、资料翔实准确、体例规范合理、表达简明扼要、使用方便快捷、经得起实践检验为目标，参阅大量的国内外资料，归纳和总结了勘察设计经验，经过几年的反复斟酌和锤炼，终于编撰完成《电力工程设计手册》。

《电力工程设计手册》依托大型电力工程设计实践，以国家和行业设计标准、规程规范为准绳，反映了我国在特高压交直流输变电、百万千瓦级超超临界燃煤机组、洁净煤发电、空冷机组等领域的最新设计技术和科研成果。手册分为火力发电工程、输变电工程和通用三类，共 31 个分册，3000 多万字。其中，火力发电工程类包括 19 个分册，内容分别涉及火力发电厂总图运输、热机通用部分、锅炉及辅助系统、汽轮机及辅助系统、燃气-蒸汽联合循环机组及附属系统、循环流化床锅炉附属系统、电气一次、电气二次、仪表与控制、结构、建筑、运煤、除灰、水工、化学、供暖通风与空气调节、消防、节能、烟气治理等领域；输变电工程类包括 4 个分册，内容分别涉及架空输电线路、电缆输电线路、换流站、变电站等领域；通用类包括 8 个分册，内容分别涉及电力系统规划、岩土工程勘察、工程测绘、工程水文气象、集中供热、技术经济、环境保护与水土保持、职业安全与职业卫生等领域。目前新能源发电蓬勃发展，编著单位将适时总结相关勘察设计经验，编撰有关新能源发电方面的系列设计手册。

《电力工程设计手册》全面总结了现代电力工程设计的理论和实践成果，系统介绍了近年来电力工程设计的新理念、新技术、新材料、新方法，充分反映了当前国内外电力工程设计领域的重要科研成果，汇集了相关的基础理论、专业知识、常用算法和设计方法。全套书注重科学性、体现时代性、强调针对性、突出实用性，可供从事电力工程投资、建设、设计、制造、施工、监理、调试、运行、科研等工作的人员使用，也可供电力和能源相关教学及管理工作者参考。

《电力工程设计手册》的编撰和出版，凝聚了电力工程设计工作者的集体智慧，展现了当今我国电力勘察设计行业的先进设计理念和深厚技术底蕴。《电力工程设计手册》是我国第一部全面反映电力工程勘察设计成果的系列手册，且内容浩繁，编撰复杂，其中难免存在疏漏与不足之处，诚恳希望广大读者和专家批评指正，以期再版时修订完善。

在此，向所有关心、支持、参与编撰的领导、专家、学者、编辑出版人员表示衷心的感谢！

《电力工程设计手册》编辑委员会

2019年1月10日

前言

《电缆输电线路设计》是《电力工程设计手册》系列手册之一。

本书是在总结电缆输电线路设计、施工、运行管理经验的基础上，充分吸纳了近年来电缆输电线路的成熟技术和设计实践成果，广泛收集了电缆输电线路设计的成熟先进案例，对提高电缆输电线路设计水平，实现电缆输电线路设计的标准化、规范化将起到指导作用。

本书以实用性为主，按照现行相关规范、标准的内容规定，结合电缆线路的特点，分别论述了电缆的路由、选型、敷设与保护、构筑物设计、防火设计等的设计原则、设计要点、设计计算等内容。与架空输电线路设计相同的内容如环境保护、水土保持等，在本书中不做论述，可参考本系列手册中的《架空输电线路设计》。

本书主编单位为中国电力工程顾问集团西南电力设计院有限公司，参加编写的单位有中国电力工程顾问集团东北电力设计院有限公司、中国电力工程顾问集团中南电力设计院有限公司、中国电力工程顾问集团西北电力设计院有限公司。本书由梁明担任主编，负责总体框架设计、全书校核等统筹性工作。谢静、王强、刘炯编写第一章和第四章；鲁俊、鄢艺编写第二章；胡全编写第三章；胡振兴、李会超编写第五章；王婷婷、许泳编写第六章；李会超、张健编写第七章；丁唯、刘琦编写第八章；鄢秀庆、刘翔云、黄兴编写第九章；张鹏姣编写第十章；韩志军编写第十一章；丁唯、罗德塔编写第十二章；李健、赵远涛负责相关章节海缆部分编写。

本书是电缆输电线路设计、施工和运行管理人员的工具书，也可作为高等院校相关专业的师生、电力企业运行管理人员的参考书。

《电缆输电线路设计》编写组

2019 年 1 月

目录

第一章

综　　述

电缆输电线路的设计，同架空输电线路一样，一般也分为可行性研究设计、初步设计、施工图设计和竣工图设计四个阶段，也可以采用其他的划分形式。本章主要说明可行性研究设计、初步设计、施工图设计、竣工图设计的设计内容及深度要求，以便设计掌握全部工程设计程序及应编写的内容，建立整体工程设计概念，并以此来对照所编写的设计文件内容是否齐全，是否满足设计深度的要求。

第一节　概　　述

随着城市化发展进程的逐渐深入，高负荷密集区遍布特大城市分布，在大容量输电通道和城市景观规划的双重需要下，超高压电缆输电网络已是城市电网的主流建设形式。电缆输电线路虽然建设投资费用较高，但是它可敷设于地下，不占地面、空间，具有供电可靠性高、减少线路走廊用地面积等优势，也可铺设于海底，能解决陆地与海岛的联网问题，得到越来越多的应用。

一、电缆输电线路特点

由于城市的发展，使得城市的用电密度提高，用电量越来越大，而架空导线又要受到城市地面空间、环境保护及安全的限制，所以输配电线路越来越多地采用电缆进入地下。一些大型文化体育场馆、变电站、特别是变电站，受地形、环境和建筑的限制，进出线走廊拥挤，架空线路方案难以实施，因此只能采用电缆输电线路。

相比于架空线路，电缆线路具有以下优点：

（1）电缆导体间绝缘距离小，可以显著缩小线路空间，减少占地。

（2）不占用地面空间，不受地面建筑物影响，不需要在地面架设杆塔、导地线，有利于市容整齐美观。

（3）不受外部环境影响，可避免强风、雷击、污秽、风筝、鸟害等外部因素引起架空线路的短路和接地故障，提高了供电可靠性。

（4）导体外面有绝缘层和保护层，避免了人体直接触及到导电体，有利于保障人身安全。

（5）减少了运行维护工作量。

（6）电缆的电容较大，有利于提高电力系统的功率因数。

目前，电力电缆在输电线路中的应用主要有三种方式。

（1）电缆进线段方式：指变电站进线段采用高压电缆敷设一段后，再采用架空线的方式与对端变电站相连。这是一种非常常见的电缆应用方案。

（2）高压电缆线路作为电力线路中间的一部分：在城市中的高压电力线路，受架空线路径选择困难的影响，线路中间一段采用电力电缆，即电缆的两端均为架空线路。

（3）变电站之间，全线采用高压电缆。

需要说明的是，电缆与架空混合方式，电缆分段数不宜过多，避免增加运行维护的困难。

随着社会经济的发展，输电线路通道资源的匮乏，要求电缆架设的线路将越来越多，电缆的工作电压等级越来越高，传输容量越来越大。电压等级的提高，输送容量和输送距离的增大，以及敷设条件的变化，对电缆选型和设计提出了更高的要求。

二、电缆输电线路设计原则

设计必须执行国家建设的各项方针政策和技术经济政策；执行规程、规范、现行国家标准及上级机关对工程设计的批示文件；并应符合国家基本建设部门颁发的设计文件编制及审批办法的有关规定和各部、委颁发的现行技术标准、规程、规范、导则等有关规定。设计的工程应做到安全可靠、技术先进、经济适用。

三、电缆输电线路设计应用范围

大城市中心区、高层建筑密集区、重要的商业繁华路段；重点风景名胜旅游区、森林公园等环境保护区；现代化工厂企业及大型文化馆、体育馆、酒店及交通道路；对供电可靠性有特殊要求，需使用电缆线路供电的重要用户；跨越江河湖海等不能使用架空导线，必须采用桥上或水下电力电缆时；技术上难以解决的严重腐蚀地段，易受热带风暴袭击的沿海地区，以及主要城市的重要供电区域。

电力电缆作为输电线路可分为三大类：

（1）地下输配电线路。敷设方式有直埋式、沟道式、隧道式、管道式。

（2）水下输配电线路。敷设于江河湖海水底。

（3）空中输配电线路。敷设于厂房、沟道、隧道内、竖井中、桥梁上以及架空电缆等。

目前，在城市建设中，从集约化角度出发采用综合管廊，将电力、通信、广播电视、给水等市政管线的集中敷设于公共隧道内。

第二节　电缆输电线路设计的内容及深度

一、可行性研究设计内容及深度

可行性研究是基本建设程序中为项目核准提供技术依据的重要设计阶段。可行性研究设计应对新建电缆线路的路径方案进行全面的技术经济比较，并根据必要的调查、资料收集、勘测和试验工作，提出推荐意见。

可行性研究报告部分应给出线路路径方案、工程设想和电缆线路的投资估算，以及相应的附件和附图。若有必要，还应提出正式的环境影响、水土保持、压覆矿产、地质灾害、地震灾害及文物等的评估报告。一般包括下列设计内容。

（一）电缆输电线路路径选择及工程设想

1. 工程概述

（1）说明本工程所处的行政区划位置、相关电网规划情况、所属项目批次、相关协议落实情况及投产计划安排。

（2）简述本工程接入系统方案、建设规模、投资估算及其他需说明的内容。对扩建工程，应简述先期工程情况。

2. 电力系统

论证项目建设的必要性，对建设方案进行技术经济综合比较，提出推荐方案，确定合理的建设规模和投产年限，并根据电气计算，对有关电气设备参数的选择提出要求。

3. 电缆路径选择

（1）线路路径的选择是根据电网发展规划，通过室内选线、现场勘查、收集资料，结合取得路径协议等实际情况，提出可行的路径方案，并准确提供沿线地形、地貌、地物等基本特征，结合走廊清理工程量统计数据，优化线路路径，避免出现颠覆性因素。

（2）电缆线路路径方案应与规划相结合，与各障碍设施统筹安排，且应征得规划部门的认可；如需穿越已征用地，应取得相关单位的路径协议。

（3）电缆线路路径方案的选择应通过对线路路径长度、曲折系数、地质情况、敷设方式、主要材料耗量、交叉穿（跨）越情况、节能降耗效益、拆迁补偿、投资差额、环境影响、交通条件、运行条件、施工难度、协议难度等方面的技术经济比较，提出路径推荐方案。

（4）推荐路径方案。

1）说明推荐路径方案，包括路径所经行政区、道路名称、管线位置、路径长度、曲折系数、地质情况、敷设方式、施工工法、交通条件及重要交叉穿（跨）越等。

2）说明变电站进出线位置、方向与已建和拟建线路的相互关系，进出线走廊布置情况，远近期过渡方案。线路路径所经过的复杂地段应附相应的照片资料。

3）说明线路沿线需拆除或迁移“三线”（电力线、通信线、广播线）或其他管线的情况。

4）若采用电缆隧道方案，则应根据隧道建设范围内的岩土工程地质勘查成果，描述其地质和水文条件，说明隧道起讫点的位置、隧道横断面、隧道施工工法、隧道工作井、通风口、投料口位置等。

5）说明推荐路径方案取得相关部门和单位原则性协议的情况。

4. 电缆线路工程设想

（1）环境条件。

1）根据工程具体情况，说明电缆线路路径所经地区最高气温、最低气温、年平均温、雷暴日数、基本风速、日照、覆冰厚度、土壤热阻系数等。

2）说明电缆路径所经地区地震设防烈度。

3）列表说明工程环境条件。

（2）污秽条件。参照电力系统污区分级与外绝缘选择标准的有关规定，按沿线等值附盐密度、附灰密度、污湿特征、运行经验，并结合最新污区分布图确定污秽等级；根据邻近线路运行经验，结合污秽发展情况，确定泄漏比距。

（3）敷设条件。根据电缆所经路段的实际情况，结合规划情况，推荐各路段电缆敷设方式。

（4）系统条件。根据系统要求的输送容量，结合电缆敷设的回路数、环境温度、沿线的土壤热阻系数等，提出推荐的敷设方式及电缆导体截面。

（5）电缆附件选型。

1）根据电缆绝缘类型、安装环境、污秽条件、海拔、作业条件、工程所需的可靠性和经济性等要求确定电缆附件的型号和规格。

2）根据电缆短路热稳定条件和接地方式的要求确定接地电缆、回流缆截面及护层保护器的特性。

（6）电缆金属护层的接地方式。根据工程实际情况，确定电缆金属护层的接地方式、电缆外护层电缆限制器的配置及连接方式。

（7）电缆土建部分。

1）根据拟采用的电缆敷设方式和沿线主要地质水文情况，结合工程特点，提出电缆敷设常规构筑物（电缆沟、槽、管、井、桥等）的型式，明确构筑物的土建结构类型。

2）对特殊地质情况，需明确地基处理的措施方案。

3）论述说明电缆通道的横断面设计，主要包括以下内容：隧道、沟道、沟槽的净宽、净高、结构型式及壁厚，明确沟盖板承载能力等；保护管的直径、数量、排列方式及材质等，当保护管选用新型材料时，论述材质的选择理由。可研报告应绘制电缆通道典型横断面图（可随文布置或汇总至附图）。

4）重要交叉跨越。

a. 说明城市道路立交桥、城市排污河涌、地下人行隧道、铁路、高速公路、城市主干道等的处理方案。

b. 说明与不同市政管线的交叉穿（跨）越处理方案。

5）鉴于电缆隧道的复杂性和重要性，若采用电缆隧道方案，可编制电缆隧道专题报告。专题报告需包含电缆隧道路径方案，隧道建筑设计原则，隧道施工工法，隧道通风、排水、消防、照明、监控和通信设计原则等。

（8）电缆通道的排水及防火措施。

1）根据工程实际情况选择电缆通道的排水方式。

2）根据工程实际情况和重要程度考虑防火设置方案。

（9）线路拆旧情况说明。

1）说明拆旧工程范围。

2）列表提出拆旧物资工程量，并说明拆旧材料回收利用情况。

（10）列表提出主要工程量技术指标（包括路径长度、电缆长度、附件数量、电缆沟（槽）长度，电缆排管长度、工作井数量等），必要时进行工程量技术指标分析。

（二）投资估算书

根据推荐路径和工程设想的主要技术原则、方案和工程量，编制电缆工程投资估算，其内容及表达形式应满足控制工程概算的要求。估算应包括以下内容：工程规模、估算编制说明、估算造价分析、总估算表、单位工程估算表、其他费用计算表、建设场地征用及清理费用估算表、编制年价差计算表、建设期贷款利息计算表及勘测设计费计算表等。

编制说明应包括估算编制的主要原则，采用的定额、指标以及主要设备材料价格，建设场地征用及清理费用计算依据等，并应列出主要技术经济指标及主要建设场地征用和清理费用指标等。

估算造价应与类似工程的造价、《国家电网公司输变电工程典型造价电缆分册》进行对比，并结合工程特点对工程量投资合理性进行分析。

二、初步设计内容及深度

初步设计是工程设计的重要阶段，这一阶段应明确主要的设计原则，应对主要技术方案进行多方案的技术经济比较，提出推荐方案。当采用现行的通用设计时，相应部分可适当简化。

初步设计一般包括下列设计内容。

1. 总论

（1）设计依据。应列出：政府和上级有关部门批准、核准的工程文件；可行性研究报告及评审文件；设计中标通知书或委托文件；工程设计有关的规程、规范。

（2）工程建设规模和设计范围。设计规模包括电缆线路起讫点、额定电压、输送容量、路径长度、电缆及主要电缆附件类型及数量；电缆夹层、电缆通道土建概况、变电站预留的出线通道情况，电缆终端站或电缆登杆（塔）的规模和数量等。

设计范围说明本设计应包括的范围和内容、外部协作项目、设计的分工界限，以及编制工程概算情况。

（3）接入系统概况。简述批复的接入系统方案，论述同路径其他电缆线路的规划，及两端发电厂或变电站进出线规划。

（4）建设环境及通道清理。说明沿线的三线改迁、拆、迁地下管线及需拆迁的厂矿企业、民房等建筑物的面积、结构类型、数量，及所有涉及补偿费用的情况说明。

（5）主要技术经济特性。

1）主要技术指标。主要包括电缆型号和长度、回路数；电缆附件类型及数量；电缆通道长度（含通道类型、结构型式、施工方式等）；电缆井的结构型式、数量及其分布情况；电缆终端站（塔）的规模。

2）主要造价表见表 1-1。

表 1-1　　主要造价表

造价项目	可行性研究（万元）	初步设计（万元）	初步设计-可行性研究（万元）	初步设计单位造价（万元/km）
电缆电气部分投资				
电缆土建部分投资				
辅助设施部分投资				
场地征用及清理费				
其他费用				
静态投资				
动态投资				

注　1. 电缆电气部分指电缆及附件的设备、紧固件及其安装；
2. 电缆土建部分指电缆通道构筑物土建本体、预埋件、构支架等；
3. 电缆辅助设施指通风、排水、防火、报警、供电、照明、综合监控等。

（6）造价分析。

1）与通用造价指标对比分析，说明工程量与造价的合理性。

2）与可研指标对比分析，说明主要工程量增减情况。若初设概算超可研投资，应进行专项分析。

（7）通用（典型）设计应用情况。

（8）其他网省公司有关要求。

2. 电缆线路路径

（1）厂、站进出线：说明变电站、电缆终端站的电缆进出线位置、方向，新建电缆通道与已有、拟建电缆通道相互关系，远近期过渡方案等。

（2）路径方案：提出多方案进行经济技术比较，各路径方案比较应该至少包括以下内容：

1）说明各路径方案沿线地形、地质、矿产资源、水文、主要河流、铁路、公路、林区、城镇规划、环境敏感点、特殊障碍物等；

2）电缆线路路径沿线路径协议情况；

3）电缆线路特殊地段及采取的处理措施；

4）各方案技术经济比较与论证结果；

5）简要说明路径推荐方案。

3. 环境及污秽条件

说明电缆线路路径雷暴日数和土壤冻结深度、基本风速、日照及覆冰厚度；所经地区地震设防烈度。根据沿线等值附盐密度、附灰密度、污湿特征、运行经验，并结合所经地区的最新污区分布图，确定沿线污秽等级。

4. 电缆敷设方式与排列

（1）电缆敷设方式的选择应视工程条件、环境特点、负荷需求、电缆类型等因素，且按满足运行可靠、便于维护的要求和技术经济合理的原则来选择。

（2）说明电缆线路路径的电缆敷设方式及采取该种敷设方式的理由。

（3）综合考虑电缆的输送容量、通道容量，说明电缆在新建或已建电缆通道、工作井、缆竖井中的排列方式及敷设位置。

（4）根据电缆通道空间、工作井分布、电缆分段情况说明电缆接头的排列布置方案。

5. 电力电缆及附件的选型

（1）电缆选型。根据电压等级、输送容量、热稳定要求、敷设环境等条件，通过技术经济比较，结合运行经验，确定电缆截面和型号。充油电缆选型还应考虑电缆最高、最低工作油压及供油设计等因素。

（2）附件选型。根据电压等级、电缆绝缘类型、敷设环境、污秽等级、海拔高度、作业条件、工程所需可靠性和经济性等要求，说明电缆终端头（户外终端、GIS 终端）中间接头、交叉互联箱、接地箱、交叉互联电缆、接地电缆、护层保护器等电缆附件的选型。

根据系统短路热稳定条件和接地方式的要求，确定交叉互联电缆、接地电缆（必要时含回流线）截面以及护层保护器特性。

（3）根据电压等级、外部环境、污秽等级及工程特点，确定避雷器型号。

6. 过电压保护、接地及分段

说明电缆线路雷电、操作过电压保护措施，以及电缆线路接地方式及其分段长度；提出沿电缆通道设置接地装置的布置方案。

7. 电缆支持与固定

根据不同的通道及夹层环境、通道坡度、电缆敷设类型，确定电缆的支持与固定方式；根据电缆的荷重、运行中的电动力要求，确定电缆固定金具的型式和强度；根据电缆及其附件数量、荷重、安装维护的受力要求，确定电缆支架的结构和强度；根据通道空间容量、电缆电压等级、电缆回路数量，确定电缆支架的层数、支架层间垂直距离、电缆支架间距，电缆支架的层架长度、支架的防腐处理方式等；说明电缆支架的接地处理方式。

8. 通信干扰

对邻近通信电缆或微电子设备进行危险和干扰影响计算，并对有关参数如屏蔽系数、互感系数等进行分析。结合工程具体情况，对邻近通信电缆或微电子设备采用的防护措施进行技术经济比较，提出推荐方案。

9. 电缆终端站及电缆登杆（塔）

根据电网规划、电缆线路进出线情况，确定电缆终端站的规模；提出电缆终端站布置方案及电气设备选型；根据电网规划，确定电缆登杆（塔）的规模、布置方案及选型。

10. 充油电缆供油设计

（1）充油电缆供油设计。

根据电缆线路的环境条件，确定电缆稳态油压；根据电缆负荷变化和周围环境温度变化，确定电缆需油量、暂态油压；根据电缆需油量，选定供油设备容量和油箱数量；根据电缆最大、最小容量压力，确定供油设备油压、油吞吐量和供油长度。

（2）充油电缆油压报警设计。

（3）根据电缆线路路径情况和油箱数量，确定压力箱房或工作井设置地点和占地面积。

11. 土建部分

（1）工程概况。

1）说明沿线的地形、地质和水文情况，主要包括：工程地质和水文地质简况、地震动峰值加速度、建筑场地类别、地基液化判别；地基土冻胀性和融陷情况，着重对场地的特殊地质条件分别予以说明。

2）说明建筑结构的设计使用年限、安全等级、建筑抗震设防烈度和设防分类、防水等级等主要原则。

3）说明新建、改建电缆通道的起止点、长度、结构形式、电缆井的结构形式及数量。

4）电缆终端站占地面积，站区地坪设计高程，建（构）筑物的结构形式、数量及材料。

5）说明通道本体、通道与通道的接口处、通道与电缆井接口处的防水设计。

（2）横断面及纵断面设计。

1）根据工程实际情况对选用相应的通用设计模块进行说明。新设计断面应采用通用设计的原则，论证其技术经济特点和使用意义。

2）论述电缆通道横断面设计，主要包括以下内容：隧道、沟道、沟槽的净宽、净高、结构形式及壁厚，明确沟盖板承载能力等；保护管的直径、数量、排列方式及材质等，当保护管选用新型材料时，论述材质的选择理由。

3）根据现场地质勘查情况，结合市政综合管线规划的要求，确定电缆通道的纵断面设计，明确通道的覆土厚度和坡度；重要交叉、高落差等特殊地形处，应提供纵断面设计。

（3）通道施工方式。

1）通道的施工方式应进行多方案比较，提出推荐方案。

2）应结合市政综合管线规划要求及现场地质勘查情况，明确降水方案及需特殊处理地段的技术措施。

（4）重要交叉穿越。

1）论述穿越铁路、地铁、高速及城市快速路、河流等的处理方案。

2）与其他重要市政管线有交叉穿越时，说明与市政管线的交叉穿（跨）越处理方案。

（5）电缆井。根据电缆的电压等级、转弯半径、进出线规划、通道分支情况，综合考虑经济性，确定电缆井的结构尺寸。对特殊井型应明确围护结构方式。电缆井规划需考虑的因素还包括通风、消防、运行检修、施工等。

（6）电缆终端站。

1）确定电缆终端站的站址位置及基础平面布置，基础形式及埋深（包括软弱或特殊地基时的处理方案）。

2）确定电缆终端站接地设计。

（7）电缆登杆（塔）。说明电缆登杆（塔）主要材料及用量，主要材料包括混凝土、钢材、保护管等。

（8）走廊通道清理及协议。

1）应说明拟拆迁的房屋情况，包括建筑物的属性、规模、结构分类、价格。

2）拆除或迁移“三线”（电力线、通信线、广播线）的情况说明。

3）拟拆除或迁移、改造地下管线的所属单位、类型、等级、数量、费用。

4）树木砍伐数量，园林、绿地等恢复补偿数量等。

5）当走廊清理规模较大时，应提供相应专题报告或由建设方委托第三方完成的评估报告。

6）其他。

12. 电缆通道附属设施

（1）供电及照明。说明工作/备用电源的引接及用电接线方案。根据负荷情况明确配电变压器的选择。说明配电装置的布置及设备选型。说明隧道的照明及其控制方式。

（2）排水。根据工程实际情况，选择自然集水或机械排水方式，明确集水坑结构尺寸、位置和数量等。采用机械排水方式时，明确接入市政排水方案及设备选型。

（3）通风。根据工程实际情况，选择自然通风或机械通风方式，明确通风亭的结构尺寸、位置和数量等。采用机械通风方式时，明确隧道通风设计布置方案及设备选型。

13. 电缆通道防火

根据工程实际情况和重要程度，考虑防火设置方案，说明报警装置设置和应急通信方案。

14. 电缆敷设中对特殊环境段的处理

说明电缆线路路径中的特殊环境段（如高落差、过桥和水下等）情况，及为避免不良影响所采取的技术措施。

15. 在线监测

（1）结合本地区电网建设规划，按照“分区域、有重点”的原则安装在线监测设备。

（2）对未列入规划的新建重要电缆线路，论述安装在线监测装置的类型及其必要性。

（3）结合工程实际，针对监测装置的工作环境、布点方式、数据传输、数据处理、实施费用等进行说明。

16. 环保及劳动安全

（1）环境保护。

1）根据环评报告的结论，说明自然保护区、风景名胜区、水土流失区、生态保护区、植被保护区的保护措施情况。

2）说明电磁环境影响和区域环境影响程度，提出减小对环境影响所采取的措施。

3）计列环保、水保措施所需费用。

（2）劳动安全。

1）说明线路工程应满足国家规定的有关劳动安全与卫生等要求。

2）工程在特殊条件（高海拔、高寒等）下施工，应对施工人员劳动安全作专门论述，说明采取的防护措施，并计列费用。

3）说明对平行和交叉的其他电力线、通信线等影响情况，提出邻近线路在运行和检修时需要采取的安全措施。

17. 其他需要说明的内容

18. 附件

附件应包括以下内容：

（1）与本工程有关的上级部门文件和批文，工程设计委托文件。

（2）电缆线路建设所涉及到有关单位的协议和会议纪要，包括：规划、国土、矿产、军事设施、航空、航道、河道、通信、公路、铁路、管道、电力、水利、供水、林业等。

（3）其他重要文件。

19. 专题报告

包括科研研究成果及其他专题项目的报告。复杂地段以及经济发达地区还应包括地勘报告等。

20. 图纸部分

（1）必备的图纸。

1）接入电力系统方案图；

2）电缆线路路径平面图；

3）进出线平面布置图；

4）夹层电缆敷设平、断面图；

5）电缆接地方式示意图；

6）电缆通道内敷设位置图（需标识本期与规划）；

7）电缆通道断面图；

8）电缆终端站平面布置图，终端塔型式一览图；

9）主要设备材料清册。

（2）必要时需补充的图纸。

1）电力系统接线图；

2）电缆通道平面图（包含电缆工作井的井位布置图）；

3）重要交叉穿越地段纵断面图；

4）电缆蛇形敷设示意图（电缆通道内敷设时）；

5）电缆接头间平、断面布置图；

6）电缆敷设于其他公用设施中的断面图；

7）电缆支架设计图；

8）线路T接点或Π接点平断面图；

9）电缆T接箱电气接线图；

10）单相接地短路电流曲线图；

11）充油电缆线路沿途最高与最低油压分布图；

12）塞止接头井布置图；

13）压力箱房或压力井布置图（其中包括压力箱房或压力井接地、照明、排水图纸）；

14）供油系统信号原理图；

15）电缆通道供电（照明）系统图；

16）电缆终端站电缆进出线间隔断面图；

17）电缆终端站竖向布置与场地平整图；

18）电缆与电信线路接近位置平面图。

21. 主要设备材料清册

主要设备材料表应包括名称、规格、数量等栏目，并应说明是否计入设备材料损耗等。

22. 概算部分

（1）编制说明。主要包括工程建设的起讫点、路径、额定电缆、电缆相数、长度、电缆终端特征及接地方式、电缆隧道情况、电缆井型及数量、征地、拆迁、赔偿内容、运距、降水等情况；工程资金来源；主要技术特征；施工条件；说明项目业主、项目建设工期、可行性研究核准或批复的总投资，本期设计概算编制价格水平年份，电缆工程概算工程本体投资、静态投资、动态投资和单位公里造价。

（2）编制原则和依据。说明采用的工程量、指标、定额、人工费调整及材机费调整、装置性材料价格、地方材料价格、材料运输、编制年价差、取费标准、特殊项目等各种费用的取用原则和调整方法、计算依据。

（3）概算表及附表、附件。

1）初步设计概算的表格形式及分类，按《电网工程建设预算编制与计算标准》的规定执行。

2）初步设计概算包括：概算编制说明书、工程概况及主要技术经济指标、总概算表、电缆本体工程费用汇总概算表、电缆单位工程概算表、送电电缆供电人员人数、辅助设施工程概算表、其他费用概算表；送电电缆工程装置性材料统计表、工地运输总量计算表、工程运输工程量计算表。

3）初步设计概算附件包括：工程设计收费计算表、工程监理收费计算表、编制年价差计算表。

三、施工图设计内容及深度

施工图设计是按照国家的有关法规、标准、初步设计原则和设计审核意见所做的安装设计，是由施工图纸和施工说明书、计算书、地面标桩等组成。施工说明书主要是说明为实现设计意图而要求的施工方法、原则和工艺标准。

施工图设计内容深度应满足以下基本要求：设计文件齐全，计算准确，文字说明清楚，图纸清晰、正确，各级签署齐全。设计文件对电缆工程施工及安装工艺提出的要求，应满足有关工艺设计的要求。

一般包括下列设计内容：

（一）综合部分

1. 施工图总说明书

（1）总述。

1）工程设计的主要依据。

a. 设计中标通知书或与建设单位签订的工程设计合同。

b. 批准的可研、初设及其评审意见。

c. 规划批准文件及市政、铁路、水务等部门的征询意见书。

d. 咨询报告及评审意见（包括环评、水保）等。

e. 主要的设计标准、规程和规范。

f. 与工程建设有关的其他重要文件。

g. 特殊项目试验报告（必要时）。

2）建设规模和设计范围。

a. 电缆线路的起讫点、额定电压、传输容量、线路长度、回路数、电缆及主要电缆附件类型及数量。

b. 电缆通道形式及长度、工作井的主要型式与数量，电缆终端站或电缆登杆（塔）的规模和数量。

c. 电缆监测系统的规模（必要时）。

d. 设计的范围包括电缆工程本体施工设计、监控系统施工设计、接地系统施工设计、通道施工设计、通道附属设施施工设计，按合同要求提供工程预算。

3）初步设计评审意见的执行情况。对初步设计评审意见处理情况的简要说明。

4）建设环境及通道清理。

a. 说明电缆线路路径沿线地面、地下建（构）筑物等建设环境情况。

b. 说明拆、改地下管线及地上三线（电力线、通信线、广播线）路灯等市政设施情况及数量。

c. 说明需要拆迁的厂矿企业、民房等建筑物的面积、结构类型、数量。

d. 说明需要砍伐树木的数量及园林、绿地的恢复补偿数量。

e. 涉及补偿费用较高的项目情况说明（资金、协议内容）。

5）主要技术经济指标后面加通用设计两型三新。

a. 线路路径长度、曲折系数等。

b. 电缆（型号、长度）电缆终端与接头（型号、数量）混凝土、钢材（土建、支架）管材等主要材料的指标。

c. 本体投资、静态投资、动态投资（如有预算时提供）。

d. 影响电缆通道建设所需迁改的地下管线、建（构）筑物、绿化等主要障碍物的类型和数量。

（2）变电站（终端站）进出线布置。说明变电站、电缆终端站的电缆进出线位置、方向，新建电缆通道与已有、拟建电缆通道相互关系，远近期过渡方案等。

（3）路径协议。描述与沿线相关单位协议落实情况。

（4）电缆路径和通道。

1）对于改接、“T”接、“Π”接等工程应说明线路的改造、过渡方案及注意事项。

2）应简要描述路径方案沿线地形、地貌、水文、绿化、主要河流、铁路、地铁、城市快速路、城镇规划、特殊障碍物等建设环境特点。

3）主要交叉穿越及处理措施：电缆通道穿越铁路、地铁、城市快速路、河流、重要市政管线等主要交叉的描述及处理措施。

4）线路特殊地段及采取的处理措施。（特殊地段一般指大高差、大坡度、过桥、冻土、软土、高土壤热阻、邻近热力管道和水下等情况。）

（5）气象与环境条件。说明路径所经地区海拔高度、土壤温度、雷暴日数和土壤冻结深度、日照及覆冰厚度、土壤热阻系数等环境参数。说明所经地区的地震设防烈度及污秽等级。

（6）电缆敷设土建部分。

1）地质概况。列出土质、标高、地下水等地质勘测资料有关技术（等）数据。

2）土建工程及附属设施（供电、通风、照明、排水、防火、通信、监控、接地、标识等）的设计原则。

3）土建工程概况。

（7）电气部分。

1）电缆线路的电压等级、输送容量、短路电流水平等。

2）电缆、主要电缆附件、接地线及同轴电缆的型号、外形主要参数、种类等。

3）电缆的敷设方式及排列布置。

4）电缆终端及接头布置方式。电缆线路的接地方式。

5）电缆本体采用的防火措施及工艺要求。

6）电缆敷设中对特殊环境段的处理。

7）电缆与架空线的连接方式及防雷措施。

8）电缆监测系统。主要包括监测方式、设备型号、参数等。

（8）通信保护。

1）给出电缆线路对邻近通信电缆或微电子设备进行危险和干扰影响计算，并对有关参数如屏蔽系数、互感系数等进行分析。

2）给出降低电缆线路对邻近通信电缆或微电子设备进行危险和干扰所采取的可行措施及其结构图，如增加屏蔽结构等。

3）结合工程具体情况，对邻近通信电缆或微电子设备采用的防护措施进行技术经济比较，提出推荐方案。

（9）环境保护。

1）说明电缆线路沿线生态环境概况。

2）沿线环境评价标准（工频电场强度、磁场强度等）。

3）对生态环境的影响分析。

（10）其他说明。

1）现状通道、现状电缆的保护或拆除方案及其工作量。

2）说明需要修桥、补路的情况（必要时）。

3）其他需要补充说明的问题。

（11）附件。

1）初步设计审查意见、工程设计中标通知书或委托设计合同书。

2）规划意见书或市政管线综合以及其他与工程有关的重要会议纪要及文件。

3）地质、气象、水文及勘测报告（必要时）。

4）电缆及附件制造厂家提供的主要技术文件（必要时）。

2. 施工图设计图纸

（1）电缆线路路径总图。

1）总图应按比例绘制，可根据线路长度调整比例（不宜大于 1:10000）。

2）标明电缆线路的起点、终点，工井位置、电缆线路走向、电缆线路所经路径的主要路名、重要交叉跨越等。

3）标明变电站（终端站）位置和名称，电缆线路进出线方向及电缆通道方式。

4）附指北针、设计说明、图例等。

（2）电缆线路接线示意图。

1）标明变电站两侧进出线间隔。

2）标明电缆型号、回路数、进线间隔编号。

3）附设计说明、图例等。

3. 主要设备材料清册

（1）工程概况。简述工程名称、起讫点、线路长度、回路数、电压等级、土建工程概况、电缆及电缆附件型号等。

（2）主要设备材料清册。主要设备材料清册宜包含以下内容：

1）电气部分。电缆、电缆附件（含电缆终端与接头、接地箱、交叉互联箱等）避雷器、支架、金具、接地装置材料、防火及电缆监测设备等分类统计所需要各种材料型号、规格及数量。

2）结构部分。电缆保护管型式、孔数和孔径、长度；其他电缆通道型式、规模等；电缆终端站、电缆登塔（杆）数量等。

（二）电气部分

1. 施工图说明书

应包括设计依据（含初设或可研设计审查意见）设计内容、初设或可研审查意见的执行情况。

（1）路径说明。

1）变电站进出线：描述变电站间隔布置、进出线通道方向。

2）电缆线路路径：描述电缆线路走向情况，包括：起讫点、长度、回路数，沿线经过地区道路等，列出线路沿线的重要穿越。

（2）电缆型号和截面。列出工程采用的电缆截面和型号，列出电缆主要技术指标，同时说明电缆的结构和种类。

（3）电缆终端及接头型号。说明电缆终端及接头的名称、型号、种类等。

（4）电缆线路过电压保护。根据电缆线路两端连接方式，说明电缆线路对过电压采取的保护措施。

（5）电缆金属护层接地。说明电缆金属护层（屏蔽层）接地方式及分段长度。

（6）电力电缆敷设。

1）说明电缆在电缆通道、工作井、电缆夹层、电缆工作井中的位置、排列方式、固定方式及要求。

2）根据电缆线路长度、工作井分布、电缆分段情况说明电缆接头和终端的排列布置。

（7）电缆的支持、固定与标识。

1）说明电缆支架的材质、层数、层间垂直距离、层架长度及间距。

2）说明电缆支架的接地处理方式和防腐处理要求。

3）说明电缆夹具形式、材质。

4）说明线路铭牌及相位牌的材料、规格、安装位置及要求。

（8）电缆防火设计。说明电缆防火设置要求，如采用防火隔断、防火槽盒、防火包带等阻燃防护或延燃措施。

（9）特殊环境段电缆敷设。描述电缆路径中高落差、过河、过桥等特殊情况下电缆敷设的要求以及所采取的措施。

（10）电缆终端站及电缆登塔（杆）设计。描述电缆终端站及电缆登塔（杆）站址、占地面积、平面尺寸、回路数、电气设备型号、电缆进出线方向等。

（11）充油电缆供油设计。

1）描述整条电缆线路油路分段情况、供油长度。

2）塞止接头井和压力箱井（房）设置地点和占地面积。

3）油箱数量和布置情况。

（12）电缆监控系统。描述电缆采用的监控系统。

（13）需要注意的环境保护因素。

（14）其他说明。其他需要补充说明的问题。

2. 施工图设计图纸

（1）电缆线路路径图。

1）图纸中需要标示图纸分幅编号，各分幅图纸边缘衔接标志。图纸比例宜取 1:500 或 1:1000，标明电缆线路走向、里程标识、电缆接头在工井内编号和接头里程、附指北针、图例。

2）应表示电缆在敷设断面的布置形式及位置、相位、电缆电压等级和型号等。

（2）电缆金属护层接地方式图。

1）标识电缆金属护层接地方式。

2）列表表示电缆分段长度、电缆接头个数、电缆型号和线路总长度。

3）标识交叉互联箱和接地箱的接线。

（3）工井间距布置图。

1）示意工井编号、间距和尺寸，工井间电缆通道的主要特性。

2）示意电缆接头位置、编号及接头里程。

（4）电缆接头布置图。

1）标示安装位置尺寸、电缆接头和交叉互联箱、接地箱位置、电缆线路和接头相位、电缆弯曲半径；标示同轴电缆、接地电缆敷设位置（如有回流线，还应表示回流线敷设位置），列设备材料表。

2）电缆接头安装方式、安装尺寸，必要时绘出局部放大详图。

3）绘制安装固定接头用的支架、连接方式等零部件的加工图，并列安装用材料表。

（5）电缆终端站电气平面布置图。标示构架、电缆终端、避雷器、支持绝缘子等设备定位尺寸、总尺寸及安全距离、进出线相位。标示电缆沟、电缆终端、避雷器、接地箱等设备位置，列出设备材料表。

（6）电缆终端站电缆进出线间隔断面图。

1）按不同回路数分别标明间隔内构架、电缆终端头、避雷器、支持绝缘子、道路等断面尺寸以及各电气设备连接方式、安装高度。

2）标示设备安装方式和安装尺寸，必要时绘出局部放大详图。

3）绘制安装设备用的构件、零部件的尺寸和加工图，并列出安装用材料表。

（7）电缆终端站接地装置图纸。标示接地装置布置方式、平面尺寸、埋深、与设备连接方式、接地材料规格和数量。

（8）电缆登塔（杆）布置图。

1）图纸应按比例绘制，根据需要绘制平、断面图。标示电缆登塔（杆）平台、电缆终端头、避雷器、绝缘子位置，安全距离，相位。标示电缆沟、接地箱位置，列出设备材料表。

2）标示设备安装方式和安装尺寸，必要时绘出局部放大详图。

3）绘制安装设备用的构件、零部件的尺寸和加工图，并列出安装用材料表。

（9）电缆（蛇形）敷设图。

1）标示电缆通道尺寸、电缆位置、电缆弯曲半径、蛇形敷设方式、夹具位置、蛇形敷设节距和幅值。

2）绘制安装设备用的构件、零部件图，并列出安装用材料表。

（10）工作井内电缆布置图。

1）标示工作井尺寸、电缆敷设位置、夹具固定位置、电缆线路相位、电缆弯曲半径，列出设备材料表。

2）绘制安装设备用的构件、零部件的尺寸和加工图，并列出安装用材料表。

（11）电缆夹具图。标示电缆夹具材质、外形尺寸、安装尺寸、电缆外径、橡胶垫厚度、固定夹具螺栓规格。

（12）电缆防火槽盒图。

1）绘出电缆防火槽盒断面及定位尺寸。

2）注明槽盒材质、安装技术要求，列出相应材料。

（13）电缆监测部分图纸。包含监测装置系统图、原理图及安装图。

（14）电信线路（电子设备）接近位置平面图。电缆工程沿线影响范围内与各部门电信线路、电子设备接近位置平面图。

（15）充油电缆工程图纸。

1）充油电缆塞止接头工井布置图。

a. 图纸应按比例绘制。标示工井尺寸、塞止接头位置、接地箱位置、电缆线路和接头相位、电缆弯曲半径；标示油管路、接地线敷设位置，列设备材料表。

b. 塞止接头安装方式、安装尺寸，必要时绘出局部放大详图。

c. 绘制安装设备用的构件、零部件的尺寸和加工图，并列出安装用材料表。

2）充油电缆塞止接头工井辅助设备布置图。

a. 图纸应按比例绘制。标示塞止接头工井尺寸、照明、电源箱、水泵等位置，并列出相应材料表。

b. 照明、电源箱、水泵等安装方式、安装尺寸、连接方式和固定位置，必要时绘出局部放大详图。

c. 绘制安装设备用的构件、零部件的尺寸和加工图，并列出安装用材料表。

3）压力箱井（房）油箱布置图。

a. 图纸应按比例绘制。标示压力箱井（房）尺寸、压力箱尺寸、安装位置、固定方式。

b. 绘制安装油箱用的构件、零部件的尺寸和加工图，并列出安装用材料表。

4）压力箱井（房）辅助设备布置图。

a. 图纸应按比例绘制。标示压力箱井（房）尺寸、照明、电源箱、水泵等位置并列出相应材料表。

b. 照明、电源箱、水泵等安装方式、安装尺寸、连接方式和固定位置，必要时绘出局部放大详图。

c. 绘制安装设备用的构件、零部件的尺寸和加工图，并列出安装用材料表。

5）压力箱底座支架图。标示压力油箱底座尺寸、安装方式并列出相应材料表。

6）充油电缆线路沿途最高与最低油压分布图。

a. 标识电缆线路终端头、塞止头位置、电缆供油段长度、塞止接头盒压力油箱相对标高。

b. 列表表示电缆终端头和塞止接头最高、最低油压报警值。

7）油压整定表。列表表示环境温度变化各供油段电缆油压变化值。

8）充油电缆终端头（塞止头）端子箱电气布置及端子排接线图。标识塞止接头信号箱、电缆终端头信号箱内各个端子排至站内控制信号屏接线图。

9）充油电缆终信号屏端子排接线图。标识继电器和熔丝接线、终端端子排接线、信号屏盘面布置。

10）充油电缆控制室屏位布置图。标示变电站站内控制信号屏所在位置。

11）充油电缆导引电缆线芯使用图。标识导引电缆线芯所接信号。

（16）电气部分计算宜包含以下内容。电缆载流量计算、电缆感应电压计算、电缆过电压计算、电缆盘长计算、电缆动热稳定计算、接地装置热稳定计算、接地装置跨步电压计算、电缆蛇形敷设计算、电缆夹具强度计算、电缆牵引力计算、电缆侧压力计算、油压整定计算等。

（三）电缆土建部分施工图及说明

1. 直埋方式

（1）施工图设计说明。应包括设计依据（含初设或可研设计审查意见）设计内容、初设或可研审查意见的执行情况。

1）路径部分。说明路径选择的依据及路径地形、地貌概况，列出地质勘测资料有关的技术（土质、标高、地下水等）数据。设计直埋电缆的起止点位置、直埋电缆长度。列出土壤热阻资料及地质勘测资料有关的技术数据（土质、标高、地下水等）。说明路径地上物情况，需拆迁的建（构）筑物情况及地下管线情况。说明施工降水方案。

2）直埋敷设方式。说明预制槽盒、砖砌槽材料选用，回填土类型及要求。

3）说明必要的警示标志（警示带、警示桩及警示牌等）的材料、规格、安装位置及要求。

4）说明采取的地面绿化、水土保持等环境保护措施。

（2）施工图设计图纸。

1）开挖式壕沟。包括平、立、剖面，电缆埋置深度，每米材料表和施工说明。

2）钢筋混凝土电缆槽盒。包括平、立、剖图，配筋详图，外形尺寸，埋置深度，材料表和必要的施工说明。

3）钢筋混凝土电缆保护板。包括平、立、剖面图，配筋详图，外形尺寸，材料表和必要的施工说明。

4）电缆标桩。应包括平、立、剖面图，配筋详图，外形尺寸，埋置深度，材料表和施工说明。

（3）计算书。

1）应注明采用的规程、规范和规定，采用的计算软件应注明软件名称及版本号，人工计算的计算书应注明所采用主要计算公式的出处。

2）宜有水文、地质资料报告的分析结果。

3）当选用典型设计或重复利用图纸时，应进行复核验算。

2. 保护管方式

（1）施工图设计说明。应包括设计依据（含初设或可研设计审查意见）设计内容、初设或可研审查意见的执行情况。

1）路径部分。说明路径选择的依据及路径地形、地貌概况，列出地质勘测资料有关的技术（土质、标高、地下水等）数据。设计保护管的起讫点位置、不同电缆保护管长度。说明路径地上物情况，需拆迁的建（构）筑物情况及地下管线情况。

2）保护管部分。说明保护管净宽、净高、结构形式、覆土深度；说明保护管施工方式，应明确通道的建设方式是采用开挖方式还是非开挖方式；说明保护管尺寸、数量、排列方式及材质；说明穿越铁路、公路、河流、建（构）筑物、其他市政管线等的处理方案；说明保护管的连接方式、主要结构的施工方法、技术要求及注意事项。

3）工作井部分。说明工作井尺寸、结构形式、覆土深度；描述工作井施工降水方案及特殊地段的处理措施；说明工作井与变电站接口的防水要求；工作井主要结构的施工方法、技术要求及注意事项；说明工作井接地方式、接地装置数量、位置、型式、接地电阻及接地装置防腐等要求。

4）根据电缆通道的开挖方式提出相应施工要求及对相邻建（构）筑物的影响。

5）说明必要的警示标志（警示带、警示桩或警示牌等）的材料、规格、安装位置及要求。

6）说明采取的地面绿化、水土保持等环境保护措施。

（2）施工图设计图纸。

1）平面示意图。

a. 图中应标出本段电缆沟起止点位置、方向及起止点两侧（或一侧）已建（或拟建）电缆路径位置及去向，明确三、四通工艺井位置；

b. 附指北针、图例；

c. 比例不做严格要求，当电缆沟平面图小于 2 张时，可不设置本图。

2）电缆沟平面图。

a. 比例宜采用 1:500 或 1:1000；附指北针、图例。

b. 应绘出电缆沟起讫点和折点的位置、坐标和里程；平面位置、与其他管线的关系及定位关系；与现状电缆沟连接处、三四通井等坐标；接地装置坐标。

c. 应标明工井位置、编号及尺寸。

3）电缆沟的纵断面图。

a. 图纸应按比例绘制，纵向比例宜采用 1:500 或 1:1000。

b. 标示地面标高（采用现状地面标高，如有规划标高应明确）工井和电缆沟内底标高、净高；标示电缆沟断面及开挖形式、工井设计起讫点、里程、纵向坡度、集水坑位置、人孔位置、地层标识。

c. 标明电缆沟穿越的道（铁）路及构筑物等的名称、位置及高程；标明电缆沟穿越的其他地下管线的名称、位置、高程及管径；对于距离较近的构筑物应标明其与电缆沟的净距。应包括对沿线穿越的管线、建（构）筑物保护方案。

4）电缆沟横断面图。应详细标明各项结构尺寸、配筋和基本施工要求，防水材料形式，预埋件位置、规格。

5）工井施工图。

a. 应根据工程具体情况选择适当的井型、井位，尺寸应标注清楚、准确无误。

b. 注明各种支架设置形式、挂钩、挂梯及预埋件等安装位置。

c. 注明人孔井及集水坑的位置、型式、数量。

d. 标明电缆沟工井、盖板等的配筋形式及钢筋的规格、数量，必要的节点详图。

6）支架加工安装图。图纸应按比例绘制，标明支架尺寸、材质、安装、接地等要求。

7）各种井盖、盖板、挂钩、挂梯及预埋件等安装图、加工图。

8）各分部工程材料表及必要的加工、施工说明。

9）必要的情况下，应补充基坑开挖、围护结构施工图。

（3）计算书。主要计算内容包括电缆沟、工井、电缆沟及工井抗浮验算、地基及基础等结构计算，可根据工程情况增减。

3. 电缆沟道/隧道方式

（1）施工图设计说明。应包括设计依据（含初设或可研设计审查意见）设计内容、初设或可研审查意见的执行情况。

1）路径部分。说明路径选择的依据及路径地形、地貌概况，列出地质勘测资料有关的技术（土质、标高、地下水等）数据；说明电缆沟道/隧道起讫点和折点位置、长度，电缆沟道/隧道型式、断面，工作井数量及位置；说明电缆沟道/隧道路径地下管线情况及地上物情况，需拆迁的建（构）筑物情况（必要时应列表说明拆迁建（构）筑物名称、单位所属位置，协议情况和拆迁数量）。说明地下水处理方案。

2）电缆沟道/隧道部分。说明电缆沟道/隧道主要设计原则：如设计使用年限、安全等级标准、结构等级、防水等级等；说明电缆沟道/隧道结构型式、材料选用、净宽、净高及覆土深度；说明电缆沟道/隧道降水方案及特殊地段采取的技术措施；描述隧道与工作井、变电站接口的防水方案；穿越铁路、公路、河流、建（构）筑物、其他市政管线等的处理方案。

3）工作井部分。

说明电缆沟道/隧道工作井种类、数量、位置、净宽、净高、结构形式及覆土深度，三（四）通井等的出口方向；沉降缝设置要求；工作井的防水措施及特殊地段采取的技术措施；工作井内电缆支架及电缆接头的结构型式、安装位置，支架间距及固定型式，防腐要求等；工作井的井盖、井圈的要求。

4）辅助系统部分。描述电缆沟道/隧道的通风方式，通风机位置、距离，进、出风口位置、距离、编号，防火隔门分段、位置、设备等要求；电缆沟道/隧道的照明设置、通信及排水方案等；接地方式、接地装置装设处数、位置、型式、接地电阻及接地装置防腐要求等。

a. 通风部分：应包含工程概况、设计依据、对初设审查意见的执行情况；室外设计计算气象参数及隧道通风计算温度；说明通风方式、设备选型、控制要求、施工安装要求及注意事项等。当采用机械通风时，应说明噪声控制要求。

b. 排水部分：应包含工程概况、设计依据、对初设审查意见的执行情况；并说明排水方式、排水量情况、设备选型、控制要求、施工安装要求及注意事项等。

c. 照明部分：应包含工程概况、设计依据、对初设审查意见的执行情况；并说明各场所照明灯具设置的原则，事故照明的设置及其电源，照明方式、照明灯具的选型，电源、电源线的截面选择等要求，动力箱的设置，设备安装施工注意事项。

5）根据电缆通道的开挖方式提出相应施工要求及对相邻建（构）筑物的影响。

6）说明必要的警示标志（警示带、警示桩或警示牌等）的材料、规格、安装位置及要求。

7）说明采取的地面绿化、水土保持等环境保护措施。

（2）施工图设计图纸。

1）隧道平面示意图。图中应标出本段隧道起止点位置，方向及起止点两侧（或一侧）已建（或拟建）电缆路径位置及去向，明确三、四通工艺井位置，标注隧道的开挖方式及断面尺寸，附指北针、图例。

当电缆隧道平面图少于 2 张时，可不设置此图。

2）隧道平面图。

a. 比例宜采用 1:500；附指北针、图例。

b. 图中应绘出隧道起止点和折点的位置、坐标和里程；隧道平面位置及定位关系；标明隧道穿越的道（铁）路、地铁、河流及构筑物等的名称、位置；标注隧道和影响范围内的建构筑物距离。

c. 工井位置、编号及尺寸；与现状隧道连接处、三四通井等位置应标注坐标。

d. 隧道接地装置、通风井设置位置。

3）隧道纵断面图。

a. 图纸应按比例绘制，纵向比例宜按 1:100 标示。

b. 采用现状地面标高，如有规划标高应明确、工井和电隧道内底标高、净高。隧道断面及开挖形式、起止点及工井里程、纵向坡度、水坑位置，地层标识。

c. 标明隧道穿越的道（铁）路、地铁、河流及构筑物名称、位置及高程。隧道穿越地下管线名称、位置、高程及管径。距离较近的应标明隧道与其结构净距。

4）隧道横断面图。应详细标明各项结构尺寸、配筋和基本施工要求，防水材料形式，预埋件位置、规格。

5）工井设计图。

a. 明确工井功能及内部布置。

b. 根据工程具体情况选择适当的工井尺寸、位置，尺寸应标注清楚、准确。

c. 绘制结构配筋图，必要的节点详图及梁、柱配筋详图。

d. 标明预留孔洞、预埋管件等的位置，如井内各种支架、挂钩、挂梯及预埋件等安装位置；标明通风亭位置、形式；标明人孔井及集水坑的位置、型式、数量。

6）变形缝施工图。设置距离应依隧道的结构型式确定。图中应标出变形缝的做法、材料、施工要求和详细尺寸，明确变形缝处防水措施及防水材料。

7）隧道的衔接图。应绘制不同隧道衔接施工图，明确标明材料、工艺要求及详细尺寸。

8）工井支架加工安装图。图纸应按比例绘制。标明支架尺寸、材质，安装等要求。

9）各种井盖、盖板、支架、挂钩、挂梯及预埋件等安装图、加工图。

10）附属设施供电部分施工图设计图纸。

a. 电力隧道照明、动力系统图：应标明各电源柜、配电箱额定容量、计算容量、同时系数、功率因数、计算电流，箱体材质，设置位置，电缆选型及截面，箱内设备选型，箱内负荷去向。

b. 电力隧道照明配电控制系统接线图：应绘制出照明支路灯具双向控制的接线图。

c. 照明系统图：电源点引下到各个电源柜，各个柜至各个负荷的系统布置方式。

d. 电力隧道风机电源控制图：绘制出风机电源系统图，各个风机控制原理图。

e. 集水提升泵的平面及剖面图：提升泵布置、平面及剖面图；阀门、管道管径、标高、定位尺寸及材质等。

f. 隧道内排水管线敷设位置图：包括管道管径、标高、定位尺寸及材质等。

11）隧道通风部分施工图设计图纸。进排风井（亭）平面位置图、平面及剖面图：包含进排风井（亭）坐标或定位尺寸；进排风井（亭）上百叶窗的尺寸、定位及材质等；风机型号、连接风阀等的尺寸及定位等。

（3）计算书。主要计算内容：隧道结构、工井结构、通风亭结构、隧道及工井抗浮验算、基坑围护结构验算、电缆支架强度计算、集水坑有效容积计算，排水管道水力计算，通风量计算，进、排风百叶窗尺寸计算，风道计算等。

4. 电缆桥架方式

（1）施工图设计说明。

1）包括设计依据（含初设或可研设计审查意见）设计内容、初设或可研审查意见的执行情况。

2）说明路径选择的依据及路径地形、地貌概况，列出地质勘测资料有关的技术（土质、标高、地下水等）数据。电缆桥架的起止点位置、跨度。

3）说明必要的警示标志（警示带、警示桩及警示牌等）的材料、规格、安装位置及要求。

4）说明采取的地面绿化、水土保持等环境保护措施。

5）电缆桥土建设计和加工说明。

a. 钢结构电缆桥构件加工的方法和应遵守的规程、规范及规定。

b. 钢结构电缆桥构件材料：钢材牌号和质量等级及所对应的产品标准，必要时提出其他特殊要求。角钢构件应有角钢准距表和边距、端距的要求。

c. 对所采用的混凝土标号、钢筋型号做出规定。

d. 焊接方法及材料：各种钢材的焊接方法及所采用焊接的要求。

e. 螺栓材料：注明螺栓种类、性能等级及螺栓规格表。

f. 构件及螺栓防腐措施。

g. 其他加工要求。

6）施工注意事项。

a. 列出所执行的技术规程、规范、规定及特殊问题的阐述。

b. 强调指出各类电缆桥在加工、施工中应当特别注意的要点。

c. 讲明电缆桥的支座种类和安装注意事项。

d. 对电缆桥桥墩的质量检测方法及静载试验方案做出规定。

e. 其他特殊的要求和说明。

（2）施工图设计图纸。

1）电缆桥平面图。图纸须按比例绘制；应包含现状平面地形，电缆桥起止点位置、桥墩基础中心坐标、电缆桥宽度和跨度等尺寸。

2）电缆桥纵断面图。标注电缆桥和基础高程，跨越河道的水位信息和通航高度，电缆桥高度和跨度等尺寸。

3）电缆桥横断面图。包括电缆桥横断面高度和宽度等尺寸，电缆保护固定方式或电缆保护管安装方式和规格、数量、材料等。

4）钢结构电缆桥加工总图。要求绘制桥梁立面单线图、段号、说明及主要尺寸，列出材料汇总表。

5）钢结构电缆桥加工分段结构图。应绘出单线图、正、侧、底面展开图、隔面图、复杂节点详图、接头展开图及剖面图、尺寸标注、材料表及说明。

6）钢筋混凝土电缆桥施工图。应包括平、立、剖面图，配筋详图，外形尺寸，预埋件制造图，对焊缝做出明确规定，材料表，必要的施工说明。

7）电缆桥支座施工图。

8）电缆桥桥墩施工图。应包括桥墩平、立、剖面图，配筋详图，外形尺寸，埋置深度，预埋件制造图，材料表，必要的施工说明。

9）电缆上桥引上段施工图。应包括平、立、剖面图，配筋详图，外形尺寸，埋置深度，预埋件制造图，材料表，必要的施工说明。

10）附属设施施工图。包括防护、防火、防晒、警示、防盗等设施的施工安装图。必要时需包括护坡、挡土墙或基坑维护施工图纸。

（3）计算书。

1）主要计算内容：电缆桥梁结构计算书、电缆桥桥墩计算书和电缆桥支座计算书。

2）应注明采用的规程、规范和规定，采用的计算软件应注明软件名称及版本号，人工计算的计算书应注明所采用主要计算公式的出处。

3）应有水文、地质资料报告的分析结果。

4）当选用典型设计或重复利用图纸时，应进行复核验算。

5. 电缆终端站

（1）施工图设计说明。设计内容应包含以下部分：

1）工程概况。

a. 终端站区域位置，现状地形描述。

b. 终端站建设规模。

c. 设计地面高程。

d. 站外道路设计。

2）主要设计原则。

a. 建筑分类等级，建筑结构安全等级。

b. 抗震设防设计：建筑抗震设防分类、钢筋混凝土结构的抗震等级。

c. 防火类别及耐火等级。

d. 隧道防水等级要求。

3）站内主要构筑物设计。说明引线架构、电缆终端支架、设备支柱、站内电缆通道、围墙、大门、道路及各构筑物基础的材料、结构型式及规格等。

4）水文地质情况及地基承载力。地下水处理方案。

5）其他需要说明的情况，如接地装置图的套用、施工注意事项等内容。

（2）施工图设计图纸。

1）站址位置图。图纸须按比例绘制；应包含现状平面地形，包括站址各角点坐标，站内地坪设计高程，站外道路，终端站保护用地范围。附指北针。

2）终端站平面布置图及架构透视图。平面布置图包括引线架构基础、电缆终端支架基础、设备支柱基础、站内电缆通道、围墙、大门、道路布置及相邻距离，通信专业预埋管线。架构透视图标明引线架构、电缆终端支架、设备支柱、站内电缆通道、围墙、大门、道路的空间位置关系。

3）引线架构图。主柱、横梁架构设计图，包括正视图，俯视图或仰视图，挂线点，连接节点详图，材料及加工要求。

4）引线架构基础图。包括基础平面、剖面图、配筋图。

5）电缆通道断面图、结构图。应详细标明各项尺寸、配筋和施工要求。预埋件位置、规格。

6）设备支柱及基础图。包括支柱结构，基础平面、剖面图、配筋图。

7）围墙及基础施工图。包括围墙结构、变形缝要求，基础断面、结构。

8）电缆支架加工图。包括标明支架尺寸、材质，安装、接地的方式及施工要求等。

9）大门、道路等选用标准构件图集或结构设计。

（3）计算书。主要计算内容：引线构架、电缆通道、设备支柱、围墙、电缆支架、地基及基础等结构计算。

（四）施工图预算

预算内容及深度主要包含以下内容：

（1）编制说明。

1）工程概况。电缆线路的起讫点、额定电压、回路数、线路长度；线路经过地区的地形、地貌、地质等。

2）主要技术特征。

a. 应说明电缆型号、电缆盘数、电缆总长度、电缆主要技术参数。

b. 应说明电缆敷设方式、各种敷设方式对应路径长度。

c. 应说明各种工井尺寸、类型及数量。

d. 应说明电缆登塔（杆）类型及数量；若设置电缆终端场，应简单说明电缆终端场占地面积及场内平面布置等。

e. 应说明电缆隧道总长度、各段隧道尺寸、施工工法及相应长度。

f. 应说明运输方式、运输距离等。

g. 应说明对投资影响较大的施工措施。

3）编制原则和依据。

a. 初步设计批复文件。

b. 工程量：依据施工图设计说明、施工图图纸及主要设备材料表。

c. 预算定额：所采用的定额名称、版本、年份，采用补充定额、定额换算及调整应有说明。

d. 人工工资：所采用的定额人工工资单价及相关人工工资调整文件。

e. 项目划分及费用标准：项目划分及费用标准依据性文件名称。

f. 材料价格：装置性材料价格采用的依据及价格水平年份，本工程材料招标价格，信息价格采用的时间和地区，国外进口材料价格的计算依据。

g. 编制年价差：编制年价格的取定原则和主要材料的取定价格，编制年价差的计算方法。

h. 建设场地征用及清理：建设场地征用、租用、原有设施破坏及恢复所依据的相关政策文件、规定和计算依据。

i. 特殊项目：应有技术方案和相关文件的支持，按本规定要求的深度编制施工图预算。

j. 价差预备费：价格上涨指数及依据，预算编制水平年至开工年时间间隔，工程建设周期和建设资金计划。

k. 建设期贷款利息：资金来源、工程建设周期和建设资金计划、贷款利率。

4）其他有关说明。电缆通道特殊施工方式；对施工图预算中遗留的问题应加以重点说明。

5）经济指标和投资分析。应说明本工程本体工程投资、静态投资、动态投资及相应单位投资。应对本工程施工图预算与批准的初步设计概算投资进行对比分析。

（2）预算表及附表。

1）施工图预算由编制说明、总预算表、专业汇总预算表、单位工程预算表、其他费用预算表以及相应的附表、附件等组成。相关表格的内容和格式按照《电网工程建设预算编制与计算标准》的规定执行。

2）预算表及其内容应包括：编制说明、电缆输电线路工程总预算表、电缆输电线路安装工程费用汇总预算表、电缆输电线路建筑工程费用汇总预算表、电缆输电线路安装工程预算表、电缆输电线路建筑工程预算表、输电线路辅助设施工程预算表、输电线路其他费用预算表、综合地形增加系数计算表、输电线路工程装置性材料统计表、输电线路工程工地运输重量计算表、输电线路工程工地运输工程量计算表。

3）其他费用附表应包括：价差预备费计算表、建设期贷款利息计算表、编制年价差（设备、人工、材料、机械价差）计算表等，还应有必要的附件。附件包括外委设计项目的费用计算表，特殊项目的依据性文件及费用计算表等。

（3）工程量计算原则。

1）工程量计算应以定额规定及定额主管部门颁发的工程量计算规则为准，并以施工图纸为依据，参照设备安装（制造）图纸等进行计算。

2）工程量的编制按照输变电工程工程量清单编制规范执行。

四、竣工图设计内容及深度

竣工图设计是指电缆工程竣工后，按工程实际施工情况所编制的图纸和文件。这些图纸和文件包括设计原因对施工图的修改和工程施工情况变化对施工图做的修改。新建、改建的电缆工程项目，在竣工后均要编制竣工图。竣工图要完整、准确、真实地反映项目竣工时的实际状态。通常设计单位受项目建设单位的委托编制竣工图。

（一）编制要求

竣工图委托方应负责收集编制竣工图文件所需的原始资料，包括设计、施工、监理、调试和建设单位在项目建设过程中的有效记录文件和变更资料等，汇总后提交给竣工图编制单位。

竣工图编制单位应以施工图最终版为基础，并依据由设计、施工、监理或建设单位审核签字的“变更通知单”“工程联系单”“澄清单”等与设计修改相关的文件，以及现场施工验收记录和调试记录等资料编制竣工图。

建设过程中发生修改的施工图应重新编制竣工图。新编制的竣工图应采用施工图图框和图标，“设计阶段”栏为“竣工图阶段”，阶段代码应用“Z”或状态代码标识。卷册编号和图纸流水号同原施工图。若有新增卷册，其卷册号在专业卷册最后一个编号后依次顺延。若卷册中有新增图纸，其编号在该册图纸的最后一个编号后依次顺延。

建设过程中未发生修改的施工图，其竣工图可套用原施工图，也可重新编制。

竣工图编制单位应编制竣工图总说明，其内容宜包括竣工图委托方、编制依据、编制原则、编制方式、范围和深度、特殊要求、竣工图图纸目录等。各专业可根据需要编制专业说明。各卷册应附有本册图纸的“修改清单表”，表中应详细列出“变更通知单”“工程联系单”“澄清单”等与图纸修改相关的清单和编号。

所有竣工图应由编制单位逐张加盖竣工图章，竣工图章应使用红色印泥，盖在图标栏附近空白处。常规线路采用如图 1-1 所示的竣工图图章。国家重大建设项目工程宜采用如图 1-2 所示的竣工图图章，签名为竣工图编制人和技术负责人，必须用不易褪色的黑墨水书写，严禁使用纯蓝墨水、圆珠笔、铅笔等易褪色的书写材料书写。竣工图章中的各栏目应填写齐全。

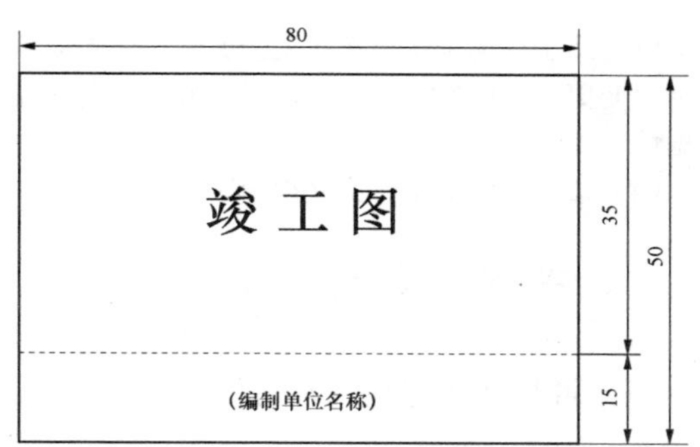

图 1-1 竣工图图章样式及尺寸（单位：mm）

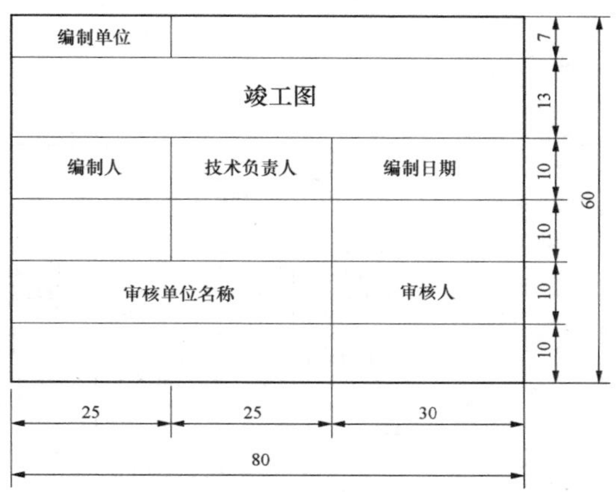

图 1-2 竣工图图章样式及尺寸（单位：mm）

（二）范围和内容深度

（1）竣工图的编制范围宜为一级图、二级图、三级图和部分重要的四级图，不包括五级图，可根据建设工程项目或合同约定的内容酌情调整。

（2）在竣工图出图范围内的成品内容深度应符合施工图设计深度规定的要求。

涉及到多专业的变更部分，与之相关的卷册均应进行修改，变更表示应对应一致。

（三）竣工图审核

新编制的竣工图内部审核应由编制单位负责，宜由编制人完成、技术负责人审核并在图标上签署。

国家重大建设项目工程的竣工图委托方应明确竣工图的审核单位。审核单位应对竣工图的内容与“变更通知单”“工程联系单”“澄清单”等与设计修改相关的文件，以及施工验收记录和调试记录等的符合性进行审核。审核单位在审核后应在竣工图章中的“审核人”栏中签字。

（四）印制、交付与归档

（1）竣工图宜由竣工图编制单位负责印制。印制后的竣工图应按现行国家标准 GB/T 10609.3—2009《技术制图复制图的折叠方法》的规定执行。

（2）竣工图编制单位应将印制后的竣工图按照合同约定提交给竣工图委托方。

（3）竣工图编制单位在竣工图编制工作完成后，应将“变更通知单”“工程联系单”“澄清单”等编制依据性文件归档。

（4）竣工图编制单位应存档印制后的竣工图。

第三节　技术接口及流程

一、可行性研究设计流程图

可行性研究设计流程如图 1-3 所示。

二、初步设计的设计流程图

初步设计的设计流程如图 1-4 所示。

三、施工图的设计流程图

施工图的设计流程如图 1-5 所示。

四、竣工图的设计流程图

竣工图的设计流程如图 1-6 所示。

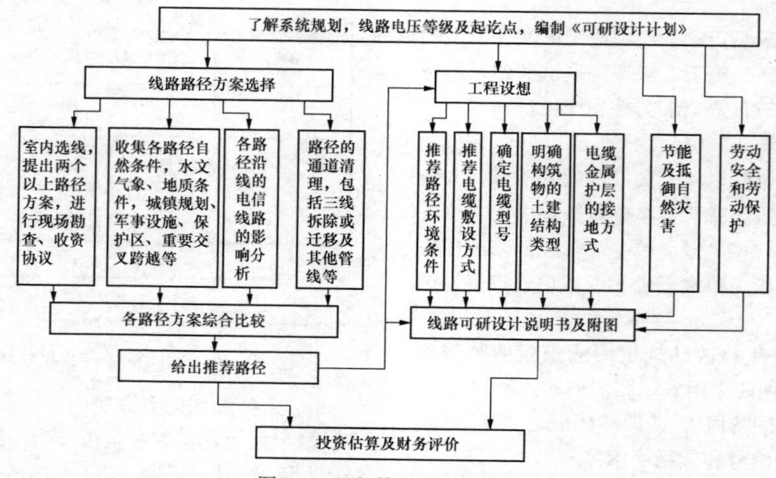

图 1-3　可行性研究设计流程

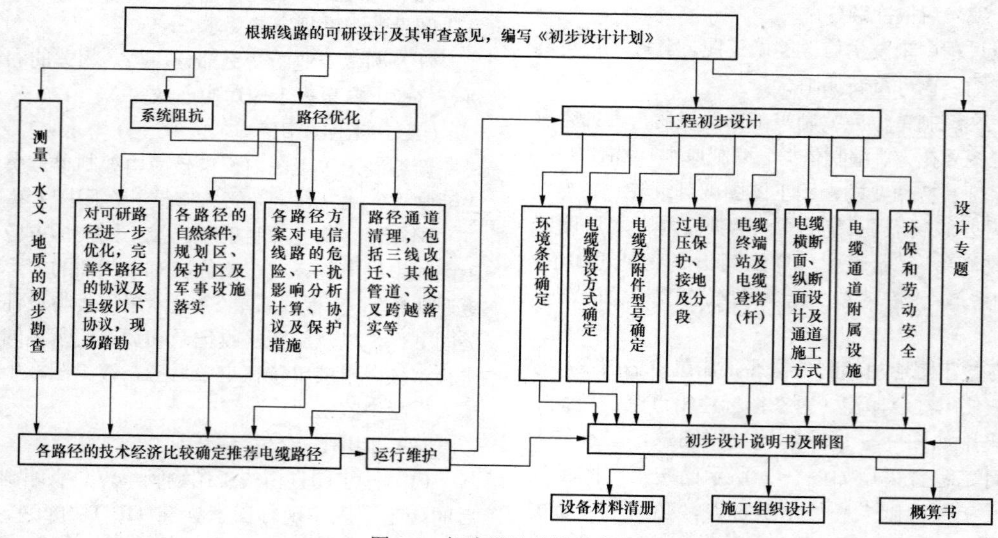

图 1-4　初步设计的设计流程

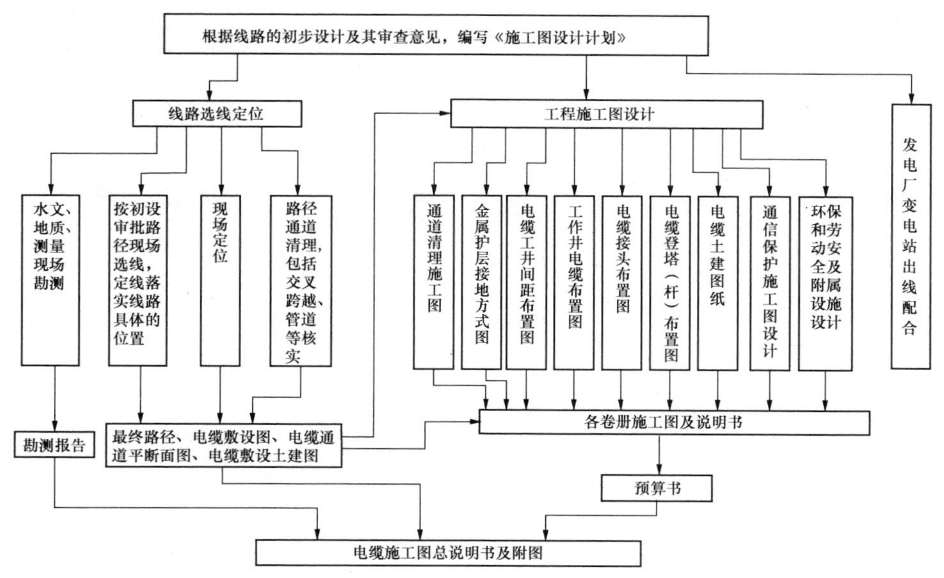

图 1-5 施工图设计流程

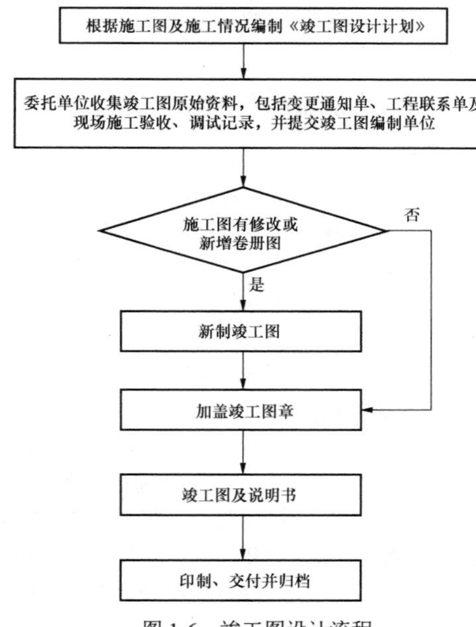

图 1-6 竣工图设计流程

五、专业间技术接口

专业间技术接口见表 1-2。

表 1-2 专业间主要技术接口

编号	提出专业	接收专业	资料内容
1	系统一次	送电电气	电力系统资料
2	送电电气	测量、水文	路径方案图及任务要求
3	送电电气	送电结构	电缆使用条件
4	送电电气	送电结构	定位成果
5	送电电气	变电土建结构	终端电缆至变电站出线构架
6	送电结构	岩土	路径图及任务要求
7	送电结构	送电电气	电缆敷设允许条件
8	送电结构	送电电气	定位资料
9	变电电气	送电电气	出线构架资料
10	变电土建总图	送电电气	总平面布置
11	测量	送电结构	电缆敷设断面图或地形图
12	水文气象	送电电气、送电结构	水文气象报告
13	岩土	送电结构	工程地质一览表
14	岩土	送电电气	土壤电阻率测试报告
15	环保	送电电气	环境影响评价报告书及审查意见
16	环保	送电电气、送电结构	水土保持方案设计报告及审查意见
17	环保	送电电气	保护区资料
18	送电电气、送电结构	技经	技经资料

第二章　电缆路径

电缆路径选择的目的，是在电力系统规划的线路起讫点之间选择一条全面符合国家各项建设方针政策、适应地区城乡规划及电力系统发展的电缆路径。在进行电缆路径选择时，应遵照各项方针政策，本着技术可行、安全适用、环境友好、经济合理的原则，综合考虑路径长度、建设施工、运行维护等因素，进行经济技术比较，确定最优方案。

电缆路径选择通常分为图上预选、可研选线、初勘选线、终勘选线几个阶段，各阶段应根据设计深度要求收集必要的输入资料，并取得政府有关部门和利益相关方对拟定电缆路径的书面意见。

第一节　电缆路径收资及协议

一、收资方案的确定

电缆线路建设环境复杂，不仅要满足电力系统和城乡规划要求，还应与通信、交通、矿产等已建及拟建的设施协调，在城镇区域还应考虑与其他市政设施统一规划。线路路径的确定必须要搜集翔实的约束资料，并取得相关管理机构和利益相关方的书面意见，作为路径选择的边界条件。为此，应首先开展室内图上选线工作，确定收资的范围。

图上选线的方法和步骤如下：

（1）根据系统规划资料，明确线路起止点及中途必经点的位置、电压等级、输送容量、回路数等设计条件。

（2）查阅附近区域的既往工程资料、地方年鉴，地方政府发布的城乡规划、矿产资源、交通网络、市政设施等信息，结合地形图及卫星图片，初步了解电缆路径的制约因素。

（3）图上选线宜以 1:500～1:10000 地形图为基础，在图上标示出线路起讫点、必经点位置，以及预先了解到的有关城市规划、市政设施、军事设施、地下埋藏资源范围等制约因素，然后按起讫点间路径最短的原则，避开上述障碍物影响范围，选择 1～3 个方案作为收资方案。

二、收资及协议的范围和内容

电缆路径选择的收资工作是指向地方政府、规划等相关部门了解线路建设的相关政策，了解线路附近的生态红线、禁止建设和限制建设区域的分布，了解城乡规划、市政设施现状及建设规划；向可能与电缆线路产生相互影响的设施的权属或管理单位收集相关的设施分布情况、发展规划，了解与相关规划、设施协调共存的政策和技术要求，为电缆路径选择提供全面的、可靠的边界条件。

收集资料阶段，调查了解的单位一般包括途经地区的规划、国土、矿产、林业、文物、军事、环保、交通、水利等政府部门，以及通信、油气、供水、电力、矿务等相关企业。该阶段应收集相关单位现有设施及发展规划以及对线路的技术要求，充分阐释拟建电力电缆线路的情况，取得相关单位同意电缆路径的书面文件。

各设计阶段，电缆线路应根据不同设计深度要求收集满足设计需求的资料。收资单位与收资内容可根据具体工程情况参照表 2-1 确定。

表 2-1　收资单位及内容概况

序号	收资单位	主要收资内容	备注
1	规划建设部门	收集城乡建设、市政设施的现状和规划情况，了解城市规划管理技术规定	
2	国土、矿产管理部门	收集线路附近基本农田分布情况，收集与路径有关的矿产资源分布、属性及开采情况；了解采空区位置、范围及相关的技术要求。收集石油、煤层、气层分布，环境地质、灾害地质资料	
3	市政管理部门	收集市政管网及绿化带等情况	

续表

序号	收资单位	主要收资内容	备注
4	油、气管线管理部门	收集线路附近的油气管线的走向、建设规划，了解相关技术要求	
5	水网管理部门	收集邻近的供水管网分布情况，了解相关的技术要求	
6	旅游管理部门	了解所辖范围内风景名胜区、旅游区范围、规划情况及避让要求	
7	环境保护部门	了解生态红线划定范围，水源保护地，自然保护区级别及分布情况，了解保护范围及相关的建设管理规定	
8	交通管理部门	收集了解沿线各等级公路的路网现状、航道现状及规划，了解相关的技术要求	
9	铁路管理部门	收集邻近的铁路走向和铁路网规划情况，了解线路附近电气化铁路的供电制式，了解铁路部门相关技术要求	
10	通信管理部门	收集邻近的埋地光缆、通信设施分布，了解相关的技术要求	
11	军事管理部门	了解线路附近军事设施相关及相关技术要求	
12	文物管理部门	了解线路附近已有文物保护单位及地下文物资源分布情况及文物保护范围	
13	林木管理部门	了解林地、宜林地范围，了解林业相关的自然保护区等级、范围	
14	水利管理部门	了解当地的河流、水库分布，河道及行洪要求	
15	水文气象部门	收集当地水文气象资料，包括气温、雨雪、日照、风速、雷暴日、土壤冻结深度、覆冰厚度、土壤热阻系数等统计资料	
16	地震局	收集地震台、地磁台位置，了解地震设防烈度	
17	电力部门	收集电网现状及规划；了解变电站、电缆终端站的电缆进出线位置、方向，新建电缆通道与已有、拟建电缆通道相互关系	

三、可行性研究阶段收资及协议深度

（一）收资

（1）变电站、电缆终端站的电缆进出线位置、方向，新建电缆通道与已有、拟建电缆通道相互关系，远近期过渡方案。

（2）沿线各路径方案地形、地质、水文、林区、主要河流、铁路、地铁、二级以上公路、城镇规划、环境特点、特殊障碍物等。

（3）地质资料。包括区域地质调查资料，矿产地质资料，石油、天然气、煤层气地质资料，水文地质、工程地质资料，环境地质、灾害地质资料，物探、化探和遥感地质资料，地质、矿产科学研究成果及综合分析资料，专项研究地质资料，土壤特性（酸碱性和腐蚀程度）等。

（4）水文气象资料。气象资料的来源、气象条件资料、水文条件资料等。具体包括四季特征，气温（最高气温、最低气温、年平均气温、最热月、最冷月等），降水量（历年平均降水量、最多年降水量、最少年降水量、一日最大降水量等），湿度（历年平均相对湿度、年最大相对湿度、年最小相对湿度、日最小相对湿度、日最大相对湿度等），日照（历年平均日照时数、最多年日照时数、最少年日照时数、年最大日照时数月、年最小日照时数月等），风速（历年平均风速、2分钟平均最大风速），雷暴日（历年平均雷暴日数、年最大雷暴日数、年最小雷暴日数、最大雷暴日数月等），霜，雪，土壤冻结深度，覆冰厚度，地下水等资料。

（5）主要气象灾害资料。包括雨涝，高温，干旱，连阴雨，热带风暴（台风、龙卷风），强对流天气，寒潮、倒春寒、冻害等资料。

（二）协议

可研阶段应取得沿线规划、国土、林业、环保、文物、公路、水利等政府部门和军事机构，铁路、民航、油气等相关企业同意电缆路径方案的原则性协议文件。

设计应对所取得协议中的附加要求进行梳理，分析对工程的影响，并提出应对措施，确保电缆线路与城乡规划、城镇建设协调，确保方案切实可行。

四、初步设计阶段收资及协议深度

（一）收资

初设阶段应详细收集沿线规划、国土、矿产、林业、文物、军事、通信、交通、水利等与确定路径方案有关的资料。

（1）对城镇建设、工业区等政府规划，应落实规划主管部门、级别、规划范围和面积、规划年限、现状、建设进度及相关要求。

（2）对于保护区、风景名胜区、旅游区等，应落实主管部门、设置级别、相关国家和地方政策、准确位置及边界范围。

（3）对于矿产资源，应落实其准确位置和边界范围、政府主管部门、相关权益归属、储量、开采年限以及矿产资源开发所处阶段，包括预查、普查、详查、探矿权和采矿权等。

（4）对于沿线已生产（经营）的厂矿、企业等障碍设施，应落实其法人（公有、私人、企业），性质（军用、民用），类型（建筑物、矿产、工厂、通信设施等），面积，年限（设立年限，矿权期限等），矿产资源的储量、开采深度、采厚比、开采方式等信息。

（5）对于林木资源及宜林地等，应落实其主管或归属部门（个人）、分布范围、数量、种类、平均自然生长高度、砍伐赔偿标准等。

（6）对于军事设施，应落实其管理权归属、位置和控制范围以及相关要求。

（7）对于公路、铁路（地铁）、航空、水运等交通设施，落实主管部门、等级、规划、现状、跨越（避让）要求、净空要求等。

（8）对于水利、通信、地震等设施，落实位置及相关要求。

（9）对于输油、输气等设施，应落实归属、规划、现状、位置、分布及相关要求。

（10）对于民房、经济作物、水产等，落实数量、相关政策及赔偿标准。

（11）应保留所收集的资料的纸质及电子文件（扫描件），同时留有相关收资单位的联系方式。

（二）协议

设计单位应取得沿线规划、国土、林业、文物、军事、公路、铁路、民航、水利等单位同意路径方案的协议。

（1）初步设计阶段应继承可研阶段协议文件和设计成果。同时，初步设计阶段应对可研协议进行复核。

（2）对于获取难度较大的协议，设计单位应及时与属地建设管理单位沟通设计方案，建设管理部门有义务进行协调。

（3）对于规划区、保护区、风景区、旅游区、矿产资源范围、军事设施等涉及控制范围的协议，协议中应明确其准确控制边界。对于暂时无准确控制边界的，设计单位应根据所掌握的边界范围在路径图上标注并请相关协议部门签字盖章备案。

（4）设计单位应对所取得协议中的附加要求进行梳理，分析对工程的影响并提出应对措施。

五、施工图设计阶段收资及协议深度

施工图阶段应进一步向沿线规划、国土、林业、文物、军事、公路、铁路、民航、水利等单位复核相关的设施和规划是否发生变化。当产生的变化影响到路径的选择时，应向相关部门协商，施工图阶段仅对初设阶段协议做必要的复核。

设计单位应对协议复核中存在的问题和各单位新提出的要求进行梳理，分析对工程的影响，并提出应对措施。

在按政府及相关部门的意见完成电缆路径终勘后，还应将路径走向、埋深、通道尺寸等信息报送政府及相关部门备案，以便开展通道保护工作。

第二节　路径选择原则及技术要求

一、电缆路径的选择原则

电缆线路应保证安全运行，便于维修，并充分考虑地面环境、土壤环境和地面、地下各种设施的影响，电缆路径应综合路径长度、施工、运行和维护方便等因素，做到技术可行、安全适用、环境友好、经济合理。具体要求包括：

（1）电缆路径选择要结合城市总体规划、电网远景规划，与各类管线和市政设施统一安排，并应征得城市规划建设部门同意。电缆土建设施宜根据电网远期规划情况一次性建成，并留有适当裕度。

（2）电缆路径应避开存放或制造易燃、易爆、易腐蚀等危险品的场所，宜避开土壤中酸、碱、氯化物、矿渣、石灰和有机腐朽物质等腐蚀区域及杂散电流分布区域，以减小电缆线路所受的化学腐蚀和电化学腐蚀。

（3）电缆路径不应和输送甲、乙、丙类液体管道、可燃气体管道、热力管道敷设在同一管沟。

（4）电缆路径应避开震动剧烈区域，减小机械外力对电缆的影响，避免电缆金属护套因金属疲劳产生龟裂，引起电缆进潮发生绝缘击穿事故。

（5）电缆路径应减少与各种城市管道、铁路、其他电力电缆的交叉和穿越。供敷设电缆用的保护管、电缆沟或直埋敷设的电缆不应平行敷设于其他管线的正上方或正下方。

（6）电缆沿道路敷设时，不应与排水沟、煤气管、主输水管、弱电线路等敷设在同侧。

（7）电缆跨越河流宜利用城市交通桥梁、隧道等市政公共设施敷设，并应征得相关管理部门同意。

（8）电缆路径宜选择沉积层或沙土层，不宜选择岩石、低洼存水地带、河滨复填地段。

（9）电缆路径选择应结合远景规划，尽可能避开规划中需要施工的处所。

（10）充油电缆线路经过起伏地区时，应保证供油

装置合理配置。

（11）电缆路径在满足安全可靠的前提下应选择最短路径，以节省工程投资。

二、电缆路径选择的一般技术要求

电缆线路应根据相应工程条件、环境特点和电缆类型、数量等因素选择运行可靠、便于维护、经济合理的电缆敷设方式。电缆路径的选择应充分考虑不同敷设方式下的通道形式、尺寸和空间需求。

（一）电缆最小弯曲半径

电缆在任何敷设方式及全部路径条件下，其水平、垂直转向部位、电缆热伸缩部位及蛇形弧部位的弯曲半径，应符合电缆绝缘及其构造特性的要求，一般不宜小于表 2-2 所规定的弯曲半径。对自容式铅包充油电缆，其允许弯曲半径可按电缆外径的 20 倍考虑，各型电缆容许弯曲半径可由相应的电缆制造标准查明或由供货方提供。

表 2-2 电缆线路允许的最小弯曲半径

项目	35kV 及以下电缆				66kV 及以上电缆
	单芯电缆		三芯电缆		
	无铠装	有铠装	无铠装	有铠装	
敷设时	20*D*	15*D*	15*D*	12*D*	20*D*
运行时	15*D*	12*D*	12*D*	10*D*	15*D*

注 *D* 为成品电缆的标称外径。

（二）同沟敷设电缆的层间距离

当较多数量的电缆统一规划、共用同一路径通道时，若在同一侧的多层支架上敷设，应符合下列规定：

（1）应按电压等级由高至低的电力电缆、强电至弱电的控制和信号电缆、通信电缆“由上而下”的顺序排列。

当水平通道中含有 35kV 以上高压电缆，为使引入柜盘的电缆符合允许弯曲半径要求，宜按“由下而上”的顺序排列。

同一工程或电缆通道延伸于不同工程时，均应按工程相同的上下排列顺序配置。

（2）支架层数受通道空间限制时，35kV 及以下的相邻电压等级电力电缆，可排列于同一层支架上；1kV 及以下电力电缆也可与强电控制和信号电缆配置在同一层支架上。

（3）同一重要回路的工作与备用电缆实行耐火分隔时，应配置在不同层的支架上。

实行顺序排列原则便于运行维护管理，有利于降低弱电电缆回路的电气干扰强度、实行防火分隔措施。

电缆支架的层间距离应便于电缆敷设和固定，同层敷设多根电缆时，电缆支架间的净距应考虑更换和增设任意电缆的可能，最小净距不宜小于表 2-3 规定值。

表 2-3 电缆支架层间允许最小净距 （mm）

电缆类型及敷设特质		层间最小净距
控制电缆		120
电力电缆	每层多于一根电力电缆	$2d+50$
	每层一根电力电缆	$d+50$
	三根电力电缆品字形布置	$2d+50$
	三根电力电缆品字形布置多于一层	$3d+50$
	电力电缆敷设于槽盒内	$h+80$

注 *h* 表示槽盒外壳高度，*d* 表示电缆最大外径。

（三）电缆支架与层板净距

在电缆沟、隧道或电缆夹层内安装的电缆支架离地板和顶板的净距不宜小于表 2-4 的规定。

表 2-4 电缆支架离底板和顶板的最小净距 （mm）

敷设特征	最下层垂直净距	最上层垂直净距
电缆沟	10	150
隧道或电缆夹层	10	100

注 当电缆采用垂直蛇形敷设时最下层垂直净距应满足蛇形敷设的要求。

（四）电缆通道净宽

电缆沟、隧道或工作井内通道净宽不宜小于表 2-5 的规定。

表 2-5 电缆沟、隧道或工作井内通道净宽允许最小值 （mm）

电缆支架配置方式	电缆沟深			开挖式隧道或封闭式工井	非开挖式隧道
	≤600	600～1000	≥1000		
两侧	300	500	700	1000	800
单侧	300	150	600	900	800

注 1. 浅沟内不设置支架时，勿需有通道；
2. 非封闭式工井参照电缆沟布置。

三、可研选线的一般要求

可研选线是确定电缆路径是否成立的关键环节，应严格贯彻国家各项方针政策和电力系统要求。可研选线工作是按可行性研究阶段室内选定的线路路径到现场进行实地踏勘，进一步调查了解电缆线路建设的外部环境，以验证图上选线方案是否符合现场实际，并对线路的多个方案进行比较，进一步优化和落实路径方案。

可行性研究阶段的技术勘察工作可以是沿线了解、重点勘察，并视实际情况对关键的路径制约点进行初测，一般包括：

（1）根据地形、地物、路网等参照物，找出图上选线位置并沿线勘察。对石油、天然气等管道拥挤地带，与铁路、城市轨道交通、骨干公路、其他管网等交叉或邻近区域，或其他对路径选择影响较大的障碍物附近，应进行实地选线、定线，落实相关的技术要求，明确路径是否成立。

（2）实地开展区域建设环境调查。了解所经地区土层构造，土壤腐蚀性、冻深、土壤热度、振动情况；了解基本风速、日照、冰厚等气象状况；收集沿线交通、污秽等信息。

（3）在电缆途经的县、乡有关部门、企业补充收集沿线与影响的障碍、设施资料，并办理关于线路建设的协议文件。

可研选线的一般流程如图 2-1 所示。

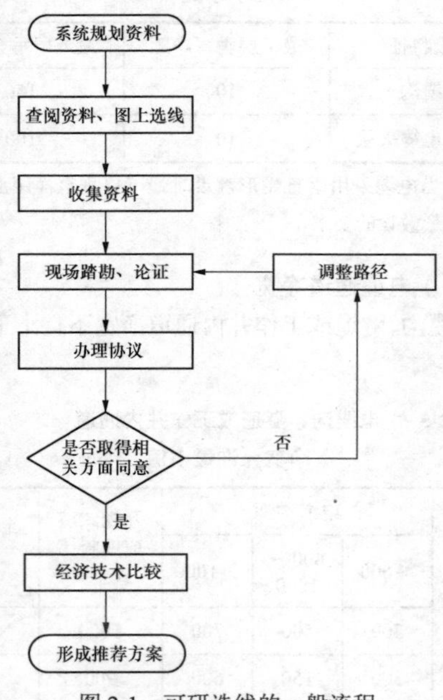

图 2-1　可研选线的一般流程

四、初设选线的一般要求

初设选线是将批准的初步设计电缆路径在工程现场具体落实的环节，在继承可研选线成果的基础上，按实际的地形、地物修正可研选线成果，确定电缆线路最终的走向，并设立临时标桩。初设选线工作对线路的经济、技术指标和施工、运行条件起着重要作用。因此，要正确处理各因素的关系，选出一条既经济、技术合理，又方便施工、运行的电缆路径。

初设选线的技术勘察工作一般包括：

（1）对电缆路径附近的村镇分布、土地利用、海岸性质及利用状况、海滩（潮滩）地形、冲淤特征、地面及地下开发活动等进行调查，选择符合地方规划、与其他开发活动交叉少、有利于电缆管道施工和维护的电缆路径。

（2）掌握电缆路径附近的地形地貌、地质、地震、水文、气象、绿化、主要河流、铁路、地铁、城市快速路、城镇规划、特殊障碍物等建设环境特点。尤其要收集灾害地质因素资料，如裸露基岩、陡崖、沟槽、古河谷、浅层气、浊流、活动性沙波、活动断层等，终勘路径应尽可能避开这些灾害地质因素分布区。

（3）根据电缆的电压等级、转弯半径、进出线规划、通道分支情况，综合比较确定电缆井的结构尺寸。

（4）根据现场勘查情况，结合市政综合管线规划的要求，确定电缆通道，得到纵断面设计，明确通道的覆土厚度和坡度；重要交叉、高落差等特殊地形处，绘制纵断面图。

（5）明确走廊清理情况并取得相关协议。

1）初设选线应调查拟拆迁的房屋情况，包括建筑物的属性、规模、结构分类、价格等。

2）明确拆除或迁移“三线”（电力线、通信线、广播线）的情况。

3）拟拆除或迁移、改造地线管线的所属单位、类型、等级、数量、费用。

4）林木砍伐数量，园林、绿地等恢复补偿数量。

5）当走廊清理规模较大时，应编制相应的专题报告或由建设单位委托第三方完成相应的评估报告。

（6）明确重要交叉穿越的处理方案。

1）应提出穿越铁路、地铁、高速、城市快速路、河流等设施的处理方案。

2）与其他重要市政管线有交叉穿越时，说明与市政管线的交叉穿越处理方案。

初设选线的一般流程如图 2-2 所示。

五、施工图选线的一般要求

施工图阶段主要是对初步设计方案进行复核，重点核查路径障碍设施的变化情况，必要时对路径做适当优化和调整，对调整后超出初步设计协议范围的路径补充协议文件。在完成复核和调整后，完成线路定测工作。

施工图阶段电缆路径选择的一般流程如图 2-3 所示。

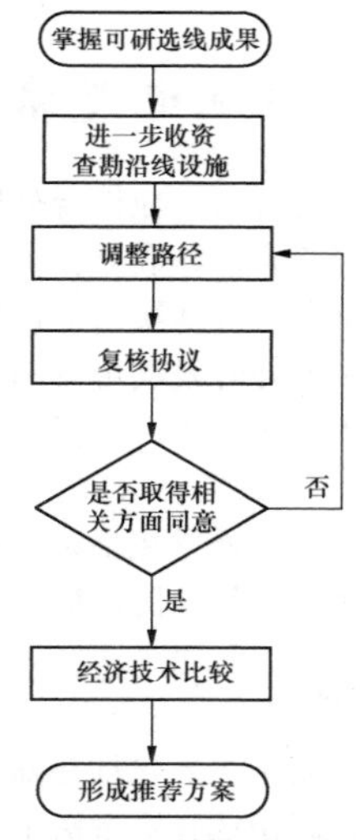

图 2-2 初设选线的一般流程

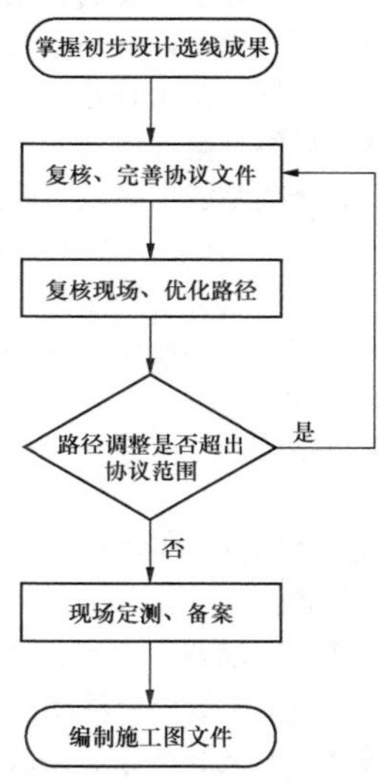

图 2-3 施工图选线的一般流程

第三节 外部设施间距要求

一、电缆与电缆之间的距离

电缆与电缆之间的容许最小距离，应符合表 2-6 的规定。

表 2-6 电缆与电缆之间的容许最小距离 （m）

电缆直埋敷设时的配置情况		平行	交叉
控制电缆之间		—	0.5*
电力电缆之间或与控制电之间	10kV 及以下电力电缆	0.1	0.5*
	10kV 及以上下电力电缆	0.25**	0.5*
不同部门使用的电缆		0.5**	0.5*

续表

* 用隔板分隔或电缆穿管时不得小于 0.25m；

** 用隔板分隔或电缆穿管时不得小于 0.1m。

二、电缆与管道之间的距离

明敷的电缆不宜平行敷设在热力管道的上部。电缆与管道之间无隔板防护时的允许距离，除城市公共场所应按现行国家标准 GB 50289—2016《城市工程管线综合规划规范》执行外，还应符合表 2-7 的规定。

表 2-7 电缆与管道之间无隔板防护时的允许距离 （m）

电缆与管道之间走向		电力电缆	控制和信号电缆
热力管道	平行	1	0.5
	交叉	0.5	0.25
其他管道	平行	0.15	0.1

其他国家对电缆与管道平行间距允许最小值的规定为：苏联《电气安装规程》规定电力电缆对煤气、易燃液体管道距离不小于 1000mm，对其他管道为 500mm；日本《电气设备技术基准》中规定电力电缆对煤气管道距离不小于 100mm（低压时）和 150mm（高压时），对表面温度 45～65℃的热管道距离不小于 150mm，表面温度大于 65℃的管道距离不小于 300mm。

考虑到电力电缆载流量一般按环境温度 40～45℃计、控制电缆大量使用 PVC 外套且工作温度不宜大于 60℃，结合多种情况下温度分布的实测研究，本手册所规定的对热力管道间距，一般在空气中 300mm 距离温度梯度达到约 10℃时，才考虑适当增大。

电缆直埋敷设时与管道之间的允许最小距离，应符合表 2-8 的规定。

表 2-8 电缆直埋敷设时与管道之间的允许最小距离 （m）

电缆直埋敷设时的配置情况		平行	交叉
电缆与地下管沟	热力管沟	2**	0.5*
	油管或易（可）燃气管道	1	0.5*
	其他管道	0.5	0.5*

* 用隔板分隔或电缆穿管时不得小于 0.25m；

** 特殊情况时，减小值不得小于 50%。

三、电缆与道路之间的距离

电缆与道路之间的容许最小距离，应符合表 2-9 的规定。

表 2-9　电缆与道路之间的容许最小距离　（m）

电缆直埋敷设时的配置情况		平行	交叉
电缆与铁路	非直流电气化铁路路轨	3	1.0
	直流电气化铁路路轨	10	1.0
电缆与公路边		1.0*	

* 特殊情况时，减小值不得小于 50%。

四、电缆与构筑物之间的距离

电缆与构筑物之间的容许最小距离，应符合表 2-10 的规定。

表 2-10　电缆与构筑物之间的容许最小距离　（m）

电缆直埋敷设时的配置情况	平行	交叉
电缆与建筑物基础	0.6*	—
电缆与排水沟	1.0*	
电缆与树木的主干	0.7	
电缆与 1kV 以下架空线电杆 1.0	1.0*	
电缆与 1kV 以上架空线杆塔基础	4.0*	

* 特殊情况时，减小值不得小于 50%。

五、电缆对通信线路干扰抑制措施

单芯高压电缆均有必须接地的金属屏蔽层，通过静电耦合的感应影响可忽略。电缆线路沿线一般并行有金属支架、接地线，往往还有回流线、其他电缆；城镇、工业区内含有大量其他金属管线、钢筋混凝土建筑等金属群，也将起到屏蔽作用，且测试显示这种环境屏蔽系数一般为 0.1～0.8，故可认为电磁感应的影响远比架空线小。

交流系统用单芯电力电缆与公用通信线路相距较近时，宜维持技术经济上有利的电缆路径，当电力电缆对弱电回路控制和信号电缆的干扰无法忽略时，可采取下列抑制感应电势的措施：

（1）使电缆支架形成电气通路，且计入其他并行电缆抑制因素的影响。

（2）对电缆隧道的钢筋混凝土结构实行钢筋网焊接连通。

（3）沿电缆线路适当附加并行的金属屏蔽线或罩盒等。

第四节　海底电缆路由选择

海底电缆路由选择时，应综合分析工程可行性，遵循安全可靠、经济合理、利于施工及维护的原则，综合考虑自然环境及工程地质条件，且需符合现有海洋开发利用活动及海洋开发利用规划要求，并对多种路由方案进行技术经济比较，选择其中技术经济更加合理的方案。

海底电缆路由选择通常包括路由初选、路由收资及协议、路由勘察、风险评估、审查报批等阶段。

一、路由初选

海底电缆路由初选主要包括登陆段路由及海域段路由选择。登陆段路由选择直接决定了海域段路由选择范围，海域段路由决定了电缆的制造长度和敷设保护难度。为了减少工程投资，提高工程质量，应结合工程收资、现场踏勘提出多个预选方案，并通过综合技术经济比较确定最终方案。

登陆段路由选择通常应考虑以下因素：

（1）终端站位置或与架空线（陆地电缆）连接方案；

（2）登陆段自然环境与施工条件；

（3）防冲刷条件；

（4）工程总体造价；

（5）协议情况。

海域段路由选择通常应考虑以下因素：

（1）登陆点位置；

（2）规划、通航、渔业、养殖、军事活动、自然保护区、海底石油与采矿等外部活动；

（3）海域段路由水文、气象、海底地形与地质条件、敷设与保护施工条件；

（4）其他海底电缆、管线或障碍物；

（5）海底电缆曲折系数、制造长度及工程造价；

（6）运行维护条件；

（7）协议情况。

二、路由收资及协议

海底电缆路由收资范围除常规项目外，通常还应包括航道规划、通航船舶数量及吨位分布（海事部门 AIS 等系统数据）、疏浚、军事活动区、渔业及养殖活动、海洋功能区划、海底石油与采矿情况、其他海底电缆与管线、其他海底障碍物等。

海底电缆路由通常应办理以下单位或部门的协议：国家海洋局或下属单位、国家海事局或下属单位、地方政府、渔政管理部门、相关军事部门、各种自然保护区主管部门、与工程相关的其他海底电缆或管线业主等。

三、路由勘察

海底电缆路由勘察是获取工程地质、地形、海洋水文、气象条件的重要手段。针对海洋工程勘察，我国制定了 GB/T 17502—2009《海底电缆管道路由勘察规范》和 GB/T 12763—2007《海洋调查规范》等国家标准，可供参考。

海底电缆路由勘察范围除常规内容外，还应包括以下内容：

（1）波浪、潮汐、水温及分层流速、最高（低）潮水位、最大风速等水文气象参数；

（2）海底水深、坡度、沟槽、沙丘、泥、基岩等地形地貌条件；

（3）土壤温度及热阻、生物沉积带分布、海床浅层地质分布、钻孔柱状地质分布等地质条件；

（4）海底其他障碍物探测。

路由勘察方法主要有：收资、调研、现场踏勘、气象站观测、单/多波束侧扫声呐、浅层剖面、静力触控、海底钻探等。

海底钻探是成本最高的勘探手段。根据海底电缆工程特点，钻孔深度通常为 5～10m 或是电缆埋深的 5 倍，钻孔间距水深小于 20m 时宜为 100m、水深 20～50m 时宜为 500m、水深 50～1000m 时宜为 2km、水深大于 1000m 时可不设钻探站位。此外，应根据工程要求和地球物理勘察解释结果对站位布设作适当调整。

四、路由风险评估

（一）风险识别

（1）数据收集与整合。

高压海底电缆风险评估开始前，应结合工程特点，按实际需求开展数据收集与整合工作。数据收集可直接采用路由收资及勘察成果，但根据实际情况，通常还应补充以下内容：

1）海底电缆路由初选方案、敷设与保护方式；

2）海底电缆路由历年抛锚等事故记录；

3）海底沙丘移动、地震等特殊地质情况。

海底电缆路由风险评估应划分不同区段，包括主航道、次航道、非通航区等。

（2）风险类别划分。

高压海底电缆风险宜分为人为破坏风险和自然环境风险。

人为破坏风险主要包括锚害风险、疏浚风险、采沙风险、海洋石油与采矿风险、废弃物倾倒风险、与其他电缆或管线交叉风险、深海捕鱼风险、养殖活动风险等。自然环境风险主要包括沙丘移动、海底地震、海底滑坡、潮水冲刷等。

（二）风险分析

（1）风险可能性分析。

在海底电缆面临的各种危险源中，海底电缆自身风险因素和自然风险影响较小，人为因素影响较大，其中锚害影响占主导地位，以下将主要针对锚害频（概）率计算进行介绍。

1）落锚击中频率。

坠落物在水中的运动路径主要与物体的形状、重量有关。分析落锚风险频（概）率时，将相关海域划分为若干航道。各航道内的水文条件基本相同，锚在同一航道内落下时可以认为受到的外部环境影响是相似的，航道内落锚的频率及分布是一致的。将同一航道海面划分为更小的区域，该区域的宽度至少要小于该航道内最小的锚的宽度。

落锚击中电缆的频率可按式（2-1）计算：

$$F_H = N_S F_D (1 - P_M) P_L P_H \tag{2-1}$$

式中 F_H ——落锚击中电缆的频率，次/年；

N_S ——通过海底电缆路由断面具有锚泊可能的船舶的数量，艘；

F_D ——漂移频率，次/（艘·年）。根据各通航区域的实际统计数据估算，如无数据可按 2×10^{-5} 次/（艘·年）估算；

P_M ——不在海底电缆附近进行抛锚的概率，由海底电缆运行策略、当地海事部门的政策及数据统计综合提出；

P_L ——抛锚操作时，船员对锚失去控制的概率；

P_H ——落锚击中海底电缆的概率。

2）拖锚击中频率。

根据各种数据库的统计结果，在电缆受外部损伤的事故中，船舶拖锚损伤海底电缆的情况比较常见。通过事故案例及历年事故数据统计分析，可以看出船舶拖锚造成海底电缆损坏的概率较高，是重要的风险因素，一般在海底电缆路由区附近不允许船舶抛锚，但由于偶然因素，如风浪流等气候原因，船舶临时抛锚，或渔船的违规抛锚作业等都有可能发生。

船舶抛锚后，如果锚不能抓住海底，就会造成拖锚现象，如水深超过锚链长度的 1/3，海底泥土太软或太硬，如淤泥或黏土，或者风浪流等环境条件太恶劣，都有可能发生这种情况。这时小型的锚可能钩不住电缆。

抛锚是在船舶失去动力的情况下考虑的，例如距离海上抛锚区某一最大距离内的紧急抛锚。此最大距离还应包括船舶在不利的风和海流影响下向海底电缆方向漂移的距离。锚能钩住海底电缆是有一定条件的，锚被抛到海底以后，主要通过锚贯入海床利用土壤的阻力来提供反力从而固定船只，如图 2-4 所示。而土壤在水平方向所能提供的反力往往远大于在垂直方向提供的反力，也就说在所需要提供的锚抓力一定的情况下，锚链的作用方向与泥面的水平夹角越小，其所能提供的锚抓力越大，反之夹角越大锚抓力越小。

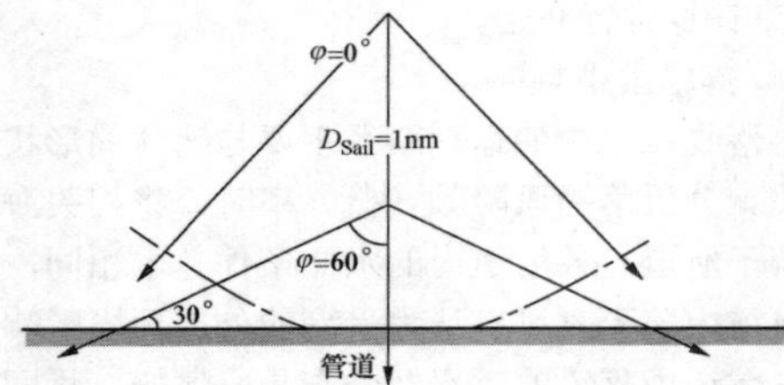

图 2-4 紧急抛锚情况下锚勾住电缆的示意图

锚勾住海底电缆的可能性及相应的频率计算方法如式（2-2）所示。

$$F'_H = N_S(1-P_M)F_D\frac{\alpha}{V_S \times 1852}P'_H \tag{2-2}$$

式中 F'_H ——拖锚钩住电缆的频率，次/年；

V_S ——船舶速度，节；

1852 ——常数，小时・米/海里；

α ——锚固定在海底前被拖的长度，m，由船舶实际模型和数据计算；

P'_H ——拖锚发生时，锚击中海底电缆的概率，一般取 1.0（假定船舶航线与电缆路由垂直交叉）。

3）沉船击中频率。

沉船对海底电缆的损坏理论上可看成沉船这种落物对海底电缆的损坏，因此沉船损坏海底电缆的概率计算方法原理上应用的是落物风险概率计算方法。

沉船击中海底电缆是由很多因素造成的，包括碰撞、火灾或结构失效等。碰撞可能直接导致船舶沉没或导致船舶失火、爆炸而间接导致船舶沉没。

保守地假设所有碰撞事故都将导致船舶沉没。一条沉没船舶沉没在事故地点，其击中海底电缆的概率假设用式（2-3）计算：

$$P'_H = \frac{2L_S S}{A_S} \tag{2-3}$$

式中 P'_H ——沉船击中电缆的概率，次/年；

L_S ——沉没船只的船长，m；

S ——电缆的暴露长度，m；

A_S ——关键的沉船区域。

选择代表船型的船长（如 100m），关键沉没区域是在每个分析点的航道长度和电缆长度的基础上得出的。假定只有吨位大于一定量（如 60000t）的船舶有足够的尺寸对海底电缆造成损坏。

基于事故统计和沉船撞击海底电缆的频率，沉船击中海底电缆的频率按式（2-4）计算：

$$F''_H = P'_H P_a \tag{2-4}$$

式中 P'_H ——沉船击中电缆的频率，次/年；

P_a ——船舶沉没的比例。

根据海事局事故统计及案例分析，沉船造成海底管线或电缆损坏的概率极低，本手册不对此风险进行计算，但实际仍然存在此种风险。

4）搁浅撞击频率。

在电缆登陆区域，存在船舶漂移最终搁浅砸中海底电缆导致电缆损坏的可能。

船舶搁浅的频率与每条船由于碰撞而导致沉没的概率有关。同时，在登陆区漂移船舶撞击到海底电缆的概率非常低。

船舶在海底电缆上搁浅的概率假设由式（2-5）计算：

$$P''_H = K_1 P_S \tag{2-5}$$

式中 K_1 ——考虑在电缆区域漂移搁浅的修正因子，由电缆登陆区域与关键海区的关系来估算（主要取决于区域的船舶密度）；

P_S ——足够大尺寸的船舶在区域内能够造成电缆损坏的概率。搁浅损坏海底电缆的概率对于所有船舶来说一般低于 1%。

（2）风险后果分析。

1）海底电缆风险后果分析内容应包括海底电缆损伤后对人员、财产和环境等产生不利影响的严重程度，分析中也可考虑失效造成海底电缆损坏、服务终中断造成的损失情况。

2）海底电缆风险后果分析应考虑以下因素：

a. 停电时间；

b. 社会影响；

c. 直接经济损失；

d. 泄漏点周围的环境；

e. 人身安全。

海底电缆风险后果分析可以采用定性方法、半定量方法或定量方法，可采用历史事故数据、运行数据或者公开发表的行业数据库，也可采用逻辑推理的方法，如事件树分析、故障树分析等可靠性分析方法。详细分级依据可参考表 2-11，也可根据实际需要采用其他分级依据。

（三）风险评价

常用的风险等级划分方法有以下三种：

（1）风险矩阵法：对于风险概率和风险后果分别评估，将两者置于二维不连续矩阵中，对风险水平进行分级，如表 2-12 所示。

表 2-11　　风险发生后果分级

后果大小	社会影响	人身安全	环境影响	停电时间（月）	直接经济损失（万）
轻微	无影响或轻微影响：没有公众反应；或者公众对事件有反应，但是没有公众表示关注	伤害可以忽略，不用离岗	充油海底电缆绝缘油泄漏，不影响现场以外区域，微损，可很快清除	无	≤1
一般	有限影响：一些当地公众表示关注，受到一些指责；一些媒体有报道和一些政治上的重视	轻微伤害，需要一些急救处理	现场受控制的泄漏，没有长期损害	≤1	1～10
中等	很大影响：引起整个区域公众的关注，大量的指责，当地媒体有大量反面的报道；国家媒体或当地/国家政策的可能限制措施或许可证影响；引发群众集会	受伤，造成损失工时事故	应报告的最低量的失控性泄漏，对现场有长期影响，对现场以外区域无长期影响	1～3	10～100
重大	国内影响：引起国内公众的反应，持续不断的指责，国家级媒体的大量负面报道；地区/国家政策的可能限制措施或许可证影响；引发群众集会	单人死亡或严重受伤	绝缘油大量泄漏，对现场以外某些区域有长期伤害	3～12	100～1000
灾难	国际影响：引起国际影响和国际关注；国际媒体大量反面报道或国际政策上的关注；受到群众的压力，可能对进入新的地区得到许可证或税务上有不利影响；对承包方或业主在其他国家的经营产生不利影响	多人死亡	100t 以上烃类及危险物质泄漏，对现场以外地方长期影响	≥12	≥1000

表 2-12　　海底电缆风险矩阵

风险可能性		风险后果				
可能性	频率 1/（100km·年）	Ⅴ	Ⅳ	Ⅲ	Ⅱ	Ⅰ
Ⅴ	>0.5	高	高	高	高	ALARP
Ⅳ	0.25～0.5	高	高	高	ALARP	低
Ⅲ	0.1～0.25	高	高	ALARP	低	低
Ⅱ	0.05～0.1	高	ALARP	低	低	低
Ⅰ	≤ 0.05	ALARP	低	低	低	低

黑色区域：高风险区域，风险不可接受，需采取更精确评价方法或风险控制措施。

灰色区域：一般风险区域，风险原则上可接受，需采取风险控制成本与收益分析以确定是否采取风险控制措施。

白色区域：风险较低，无须开展进一步研究。

（2）风险系数法：用指数表示风险概率和后果，并用数学方法综合两者的影响。

（3）概率分析方法：风险概率和后果均采用定量的计算方法，以两者乘积表示电缆的风险。

如果电缆风险不可接受，则应采取下列措施：

（1）采用更精确的评价方法，降低评价过程中由于关键性假设带来的不确定性和保守性，这些假设可能高估实际风险水平。

（2）考虑适用的风险控制措施降低风险水平。

第三章

电缆种类及结构

第一节　电缆的种类

随着新材料、新工艺的不断出现，新型电缆的电压等级逐渐增高，电缆的品种越来越多。从基本结构上讲，电缆主要由导电线芯、绝缘层和保护层三部分组成。其中导电线芯用于传输电能；绝缘层用于保证在电气上使导电线芯与外界隔离；保护层则起保护密封作用，使绝缘层不受外界潮气浸入，不受外界损伤，保持绝缘性能。

一、电力电缆分类方法

电力电缆是用于传输和分配电能的电缆，电力电缆常用于城市地下电网、发电站引出线路、工矿企业内部供电及过江海水下输电线。

电力电缆可以有多种分类方法，常用的是按电压等级分类，按导体材料分类，按导电线芯数分类，按绝缘材料分类，按敷设环境分类以及按传输电流分类等。

1. 按电压等级分类

从施工技术要求、电缆接头、电缆终端头结构特征及运行维护等方面考虑，可以依据电压这样分类：

（1）1kV 及以下低压电力电缆：用于电力、冶金、机械、建筑等行业。

（2）3～35kV 中压电力电缆：约 50%用于电力系统的配电网络，将电力从高压变电站送到城市和偏远地区，其余用于建筑行业，机械、冶金、化工以及石化企业等。

（3）66～110kV 高压电力电缆：绝大部分应用于城市高压配电网络，部分用于大型企业内部供电，如大型钢铁、石化企业等。

（4）220～500kV 超高压电力电缆：主要运用于大型电站的引出线路，欧美等经济发达国家也用于超大城市等用电高负荷中心的输配电网络，上海、北京等国内超大型城市也拟用于城市输配电网络。

2. 按导体材料分类

电缆导体主要作用为载流，是电缆输送电能的载体。现有各电压等级的电缆导体主要材料为有色金属，首选铜和铝。导体材料的主要选择指标是金属载流能力（即电导率）和应用成本。

铝芯电缆和铜芯电缆各有优点。铝芯电缆重量轻，抗氧化和耐腐蚀性能较强；铜芯电缆具有电阻率低、延展性好、强度高、抗疲劳、载流量大、发热温度低、电压损失低、能耗低、连接头性能稳定及施工方便等优点，所以在实际应用中应结合具体情况进行对比分析。

近年来，随着电力电缆制造技术的发展，铝合金作为电缆导体也已经在 35kV、甚至是 110kV 电压等级中得到应用。铝合金电力电缆是以 AA-8000 系列铝合金材料为导体，采用特殊紧压工艺和退火处理等先进技术发明创造的新型材料电力电缆。合金电力电缆弥补了以往纯铝电缆的不足，提高了电缆的导电性能、弯曲性能、抗蠕变性能和耐腐蚀性能等，能够保证电缆在长时间过载和过热时保持连续性能稳定，同时解决了纯铝导体电化学腐蚀、蠕变等问题。相对于铜芯电缆而言，使用铝合金电力电缆可以减轻电缆重量，降低安装成本，减少设备和电缆的磨损，便于安装施工。

3. 按导电线芯数分类

电力电缆导电线芯数有单芯、二芯、三芯、四芯 4 种。单芯电缆通常用于传送单相交流电、直流电，当电压超过 35kV 时，大多数采用单芯电缆。二芯电缆多用于传送单相交流电或直流电。三芯电缆主要用于三相交流电网中，在 35kV 及以下的各种电缆线路中得到广泛的应用。

注：35kV 及以上电力电缆一般不采用四芯电缆。

4. 按绝缘材料分类

电力电缆按所用绝缘材料可分为以下主要形式：

（1）油纸绝缘：黏性油浸纸、不滴流油浸纸绝缘型。

（2）充油式油浸纸绝缘型（自容式充油电缆、钢管式充油电缆）。

（3）充气式黏性油浸纸绝缘型（自容式充气电缆、钢管式充气电缆）。

（4）塑料绝缘：聚氯乙烯、聚乙烯和交联聚乙烯绝缘型。

（5）绝缘型（XLPE）（高、中、低压电线电缆）。

（6）橡胶绝缘电缆：天然橡胶、乙丙橡胶和硅橡胶绝缘型。

5. 按敷设环境分类

按敷设环境分类，可分为直埋（土壤）、架空（空气）和水下电缆，以及在盐雾、高落差、多移动、潮热区等敷设。由于敷设环境对电缆护层的结构影响较大，因此上述地区敷设的电缆对护层结构的机械强度、防腐蚀能力和柔软性分别有不同的特殊要求。

6. 按传输电流分类

按照传输电流的分类，电缆还可以分为直流电缆和交流电缆两大类。这两种电缆的结构组成大致相同，均是由主要的载流体、绝缘结构以及电缆防护部分构成，但是考虑交直流不同电气特性及电压等级区别，交直流电缆在绝缘材料选取上有一些区别。直流电缆允许的最大负载不应使绝缘表面的电场强度超过其允许值，即不仅要考虑电缆的最高工作温度，还要考虑绝缘层的温度分布，同时直流电缆的绝缘层必须能承受在带负荷的情况下由于极性转换引起增加的绝缘内电场强度，但采用直流电缆可以降低线路损失，提供输送效率。

二、常见电力电缆品种

在电力传输系统中常见的电力电缆品种如表 3-1 所示。表 3-1 中，U_0 为电缆设计用的导体对地或金属屏蔽之间的额定工频电压；U 为电缆设计用的导体间的额定工频电压。

表 3-1　　电力电缆的品种及型号

电缆类型	电缆产品名称	电压等级（kV）（U_0/U）	允许最高工作温度（℃）	代表产品型号
聚氯乙烯绝缘电力电缆	1. 聚氯乙烯绝缘电力电缆 2. 聚氯乙烯绝缘阻燃电力电缆 3. 聚氯乙烯绝缘耐火电力电缆 4. 聚氯乙烯绝缘预分支电缆 5. 聚氯乙烯绝缘光纤复合低压电缆	0.6/1～3.6/6	70	VV、VV22、VLV22、VLV ZA-VV22、ZR-VV、ZC-VV22 N-VV、N-VV22 FZVV、FZVV-T、FZVV-Q、FZVV-P OPLC-VV22、OPLC-VLV22
交联聚乙烯绝缘电力电缆	6. 交联聚乙烯绝缘电力电缆 7. 交联乙烯绝缘阻燃电力电缆 8. 交联乙烯绝缘耐火电力电缆 9. 交联聚乙烯绝缘低烟无卤阻燃电力电缆 10. 光纤复合交联聚乙烯绝缘电力电缆 11. 交联聚乙烯绝缘分支电力电缆 12. 铝合金导体交联聚乙烯绝缘电力电缆	0.6/1～1.8/3	90	YJV22、YJLV22 ZA-YJV22、ZB-YJV、ZC-YJV22 N-YJV、N-YJV22 WDZA-YJLV23、WDZD-YJY OPLC-YJLV、OPLC-YJV22 FZYJV、FZYJV-T YJLHV、YJLHV60
	13. 交联聚乙烯绝缘电力电缆 14. 交联乙烯绝缘阻燃电力电缆 15. 交联乙烯绝缘耐火电力电缆 16. 交联聚乙烯绝缘低烟无卤阻燃电力电缆 17. 光纤复合交联聚乙烯绝缘电力电缆 18. 交联聚乙烯绝缘防鼠电力电缆 19. 交联聚乙烯绝缘防白蚁电力电缆	3.6/6～26/35	90	YJV22、YJLV22 ZA-YJV22、ZB-YJV、ZC-YJV22 N-YJV、N-YJV22 WDZA-YJLV23、WDZD-YJY OPMC-YJLV、OPMC-YJV22 FS-YJV、FS-YJV22 FY-YJV、FY-YJV22
	20. 交联聚乙烯绝缘电力电缆 21. 交联聚乙烯绝缘阻燃电力电缆	48/66～290/500	90	YJLW02、YJLLW02、YJLW03、YJLLW03 ZA-YJLW02、ZA-YJLLW02
架空绝缘电缆	22. 聚氯乙烯绝缘架空电缆 23. 聚乙烯绝缘架空电缆 24. 交联聚乙烯绝缘架空电缆	1	70 70 90	JKV、JKLV JKY、JKLY JKYJ、JKLYJ
	25. 聚乙烯绝缘架空电缆 26. 交联聚乙烯绝缘架空电缆	10	75 90	JKY、JKLY JKYJ、JKLYJ
乙丙橡皮绝缘电力电缆	27. 乙丙橡皮绝缘电力电缆	0.6/1～1.8/3 6/6～26/35	90	E(L)V、E(L)F

续表

电缆类型	电缆产品名称	电压等级（kV）(U_0/U)	允许最高工作温度（℃）	代表产品型号
直流陆用电力电缆	28. 交联聚乙烯绝缘直流电力电缆	80～500	70	DC-YJLW02、DC-YJLLW02
海底电力电缆	29. 交流海底电力电缆 30. 交流光电复合海底电力电缆	6/10～290/500	90	HYJQ41，HYJQ441 HYJQ41-F，HYJQ441-F
	31. 直流海底电力电缆 32. 直流光电复合海底电力电缆	80～320	70	DC-HYJQ41，HYJQ441 DC-HYJQ41-F，HYJQ441-F
超导电缆	33. 超导电力电缆	35	—	—
其他电力电缆	34. 自容式充油电缆	单芯：110～750 三芯：35～110	80～85	CYZQ203(202)、CYZQ302(303)、CYZQ141
	35. 黏性浸渍纸绝缘电缆	1～35	60～80	ZLL、ZLQ、ZQ
	36. 钢管充油电缆	110～750	80～85	—
	37. 压缩气体绝缘电缆	220～500	90	—
	38. 低温电缆	—	—	—

第二节　电力电缆的结构

电力电缆用于电力的传输与分配网络，因此必须满足输电、配电网络对电力电缆提出的各项要求：

（1）能承受电网电压。包括工作电压、故障过电压和大气、操作过电压。

（2）能传送需要传输的功率。包括正常和故障情况下的电流。

（3）能够满足安装、敷设、使用所需要的机械强度和可曲度，并耐用可靠。

（4）材料来源丰富、经济、工艺简单、成本低。

一、电力电缆导电线芯

电力电缆的导线线芯简称导线，通常用导电性能好，韧性和强度高的金属材料制成。

电力电缆导体的标称截面积是指产品标准中指定的量值并经常用于表格之中，是用来表述电力电缆产品的规格，便于产品制造过程中的文件及生产管理。它和电缆的设计截面积及实际截面积有一定的误差，但目前电力电缆 IEC、欧洲标准和国家标准等主流标准体系的产品标准均采取标称截面积或规格代号来对应区分不同截面积的导体。以 GB/T 18890.2—2015《额定电压 220kV（U_m=252kV）交联聚乙烯绝缘电力电缆及其附件　第 2 部分：电缆》中规定为例，各标称截面的电缆导电线芯标称截面积分别为：400、500、630、800、1000、1200、1400、1600、1800、2000、2200、2500mm^2。

一般导线芯截面有圆形、椭圆形、扇形、中空圆形等。通电截面较小的导线一般由单根导线制成，而通电截面较大的导线一般由多根导线分层绞合制成。圆形导线线芯的排列结构，中心一般为一根单线，第二层为六根单线，以后每一层比内层多 6 根，这种排列方式为正轨绞合，但是导体中单线的根数及排列方式并非标准的规定内容，因此在电缆的应用中，不同的电缆厂家会结合自身设备情况及生产经验调整单丝根数及排列形式，交流电缆由于存在集肤效应和临近效应，在导体截面积超过 800mm^2 时，需要采用分割导体形式。常用截面积的导线布置方式如表 3-2 所示。

表 3-2　常用截面积的导线布置方式

导体标称截面积（mm^2）	圆形线芯		扇形线芯	
	根数	排列结构	根数	排列结构
25～35	7	1+6	18	6+12
50～70	19	1+6+12		
95				
120			24	7+2+15
150			45	7+2+15+21
185	37	1+6+12+18		
240				

续表

导体标称截面积（mm^2）	圆形线芯		扇形线芯	
	根数	排列结构	根数	排列结构
300	37	1+6+12+18		
400、500～625	61	1+6+12+18+24		
800	91	1+6+12+18+24+30		

二、电力电缆绝缘层

（一）油浸纸绝缘电力电缆

油浸纸绝缘电缆自1890年问世以来，已有一百多年的悠久历史，其系列与规格最完善，已广泛应用于35kV及以下电压等级的输配电线路中。这种电缆的特点是：耐电强度高、介电性能稳定、寿命较长、热稳定性好、载流量大、材料资源丰富、价格便宜。缺点是：不适于高落差敷设，制造工艺较为复杂，生产周期长，电缆头制作技术比较复杂等。

油浸纸绝缘电缆按照每个电线芯外共用或单用金属护套，又分为统包型电缆和分相铅（或铝）包电缆。统包型电缆由于各相之间屏蔽较差，一般用于10kV及以下电压等级，分相铅（或铝）包电缆在10～35kV电压等级均有不同程度的应用。

油浸纸绝缘电力电缆成本低，工作寿命长，结构简单，制造方便，绝缘材料来源充足，易于安装与维护，但油易流淌，不适宜做高落差敷设。为了适应高落差的运行条件，将黏性浸渍纸绝缘电缆干燥浸渍后，进行真空滴干，制成干绝缘电缆，其特点是：绝缘层中浸渍剂含量少，消除了浸渍剂的流动现象，适宜做高落差敷设，但电气性能有所下降。

不滴流浸渍纸绝缘电缆是在工作温度下，浸渍剂具有不滴流性质的电缆。由于采用了优异的不滴流浸渍剂配方，使不滴流电缆比黏性浸渍电缆的载流量大，老化进程缓慢，使用寿命更长，且适合高落差和垂直的运行环境。在我国35kV及以下电压等级的油纸电缆中，不滴流型是推荐品种之一。

（二）充油绝缘电力电缆

充油绝缘电缆是通过补充浸渍剂的办法消除因负荷变化而在油纸绝缘层中形成的间隙，以提高电缆的工作场强。充油绝缘电缆可分为自容式充油电缆和钢管充油电缆。

1. 自容式充油电缆

自容式充油电缆有单芯和三芯两种结构，单芯电缆的电压等级一般为110～750kV，而三芯电缆的电压等级一般为35～110kV。

单芯自容式充油电缆的导线一般为中空的，通过中空部分作为油道。单芯自容式充油电缆典型结构如图3-1所示。

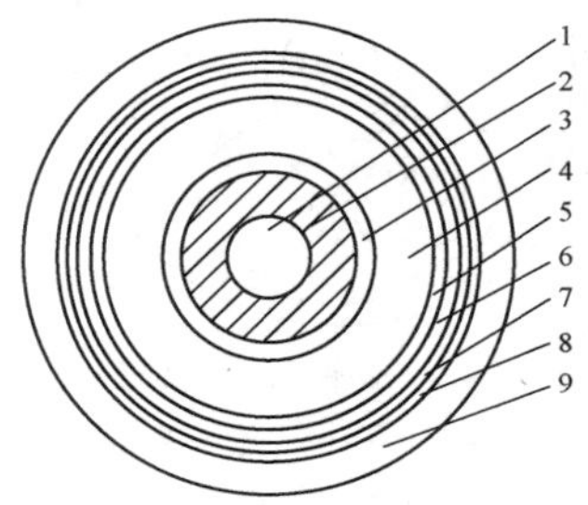

图3-1　单芯自容式充油电缆结构

1—油道；2—导线；3—导线屏蔽；4—绝缘层；5—绝缘屏蔽；6—铅套；7—内衬套；8—加强层；9—外护层

三芯自容式充油电缆可以通过专门设计的油道与补充浸渍设备连接，三芯自容式充油电缆结构如图3-2所示。

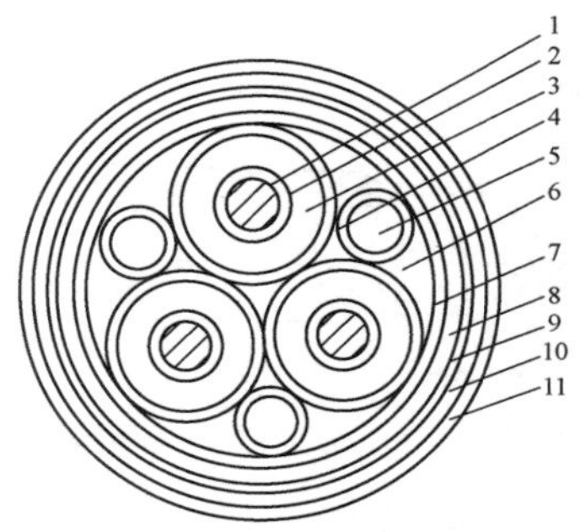

图3-2　三芯自容式充油电缆结构

1—导线；2—导线屏蔽；3—绝缘层；4—绝缘屏蔽；5—油道；6—填料；7—铜丝编织带；8—铅套；9—内衬垫；10—加强层；11—外护层

自容式充油电缆通过油道与补充浸渍设备连接，以储藏或补偿电缆在因负荷变化引起电缆热胀冷缩时的体积变化，并且保持一定的油压。

2. 钢管充油电缆

钢管充油电缆一般为三芯，将三根屏蔽的电缆线置于一定压力的绝缘油的钢管内，其作用与自容式充油电缆相似，典型钢管充油电缆结构如图3-3所示。

与自容式充油电缆相比，钢管充油电缆采用钢管作为电缆护层，机械强度好，不易受外力损伤，油压高，电气性能较好。同时共有设备集中，管理维护方便。

（三）充气绝缘电力电缆

充气绝缘电缆又称管道充气电缆，充气电缆是利用提高绝缘层中气隙的击穿强度原理来提高电缆工作场强的，通常在内外两个管之间充一定压力的 SF_6 气

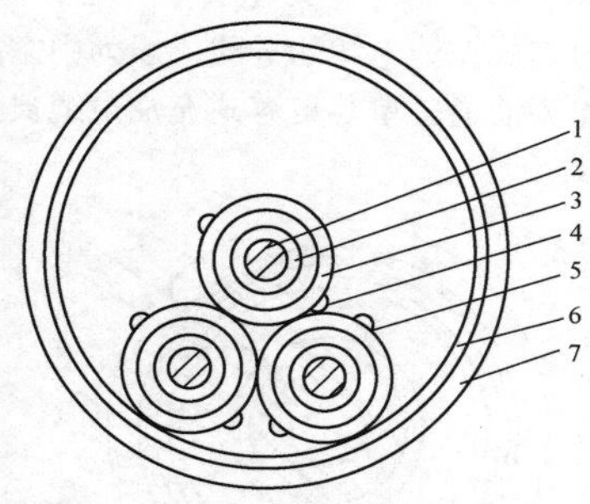

图 3-3 钢管充油电缆结构

1—导线；2—导线屏蔽；3—绝缘层；4—绝缘屏蔽；
5—半圆形滑丝；6—钢管；7—防腐层

体。内管为导电线芯，由固体绝缘垫片每隔一定距离支撑在外圆管内。外管既可作为 SF_6 气体的压力容器，又可作为电缆的护层。单芯结构的外管一般用铝或不锈钢管，三芯结构的可用钢管，典型充气电缆结构如图 3-4 所示。

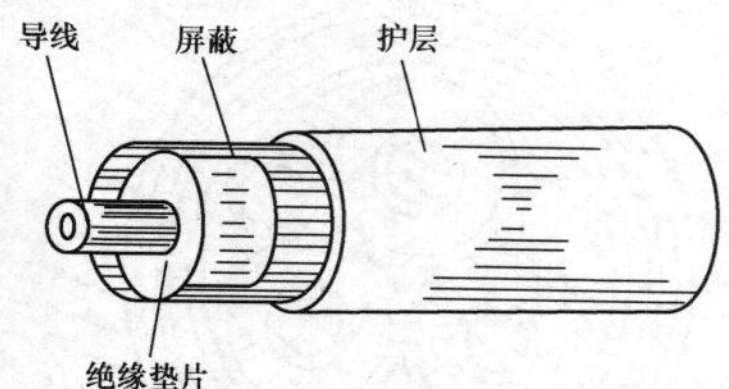

图 3-4 刚性压缩气体绝缘电缆结构图

（四）橡皮绝缘电缆

将橡皮用作电缆绝缘层材料已有悠久的历史，最早的绝缘电线就是用树胶作为绝缘层的。橡皮绝缘具有一系列的优点，它在很大的温度范围内具有高弹性，对于气体、潮气、水分等具有低渗透性，较高的化学稳定性和电气性能，橡皮绝缘电缆柔软，可曲度大，但由于它价格高，耐电晕性能差，长期以来只用于低压及对可曲度要求高的场合。典型的单芯和三芯橡皮绝缘电缆如图 3-5、图 3-6 所示。

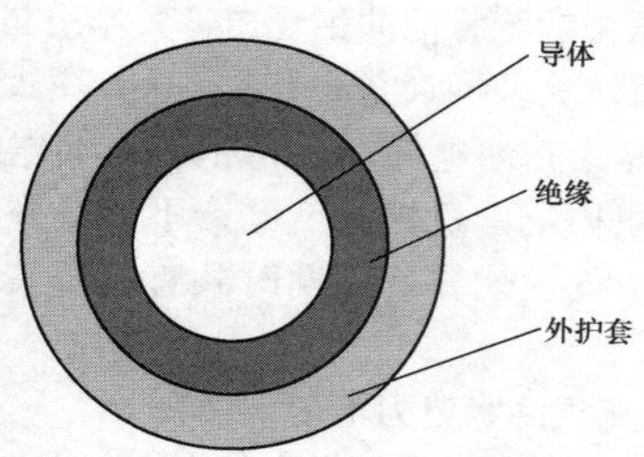

图 3-5 0.6/1kV E（L）V 型单芯乙丙橡皮绝缘低压电力电缆结构示意图

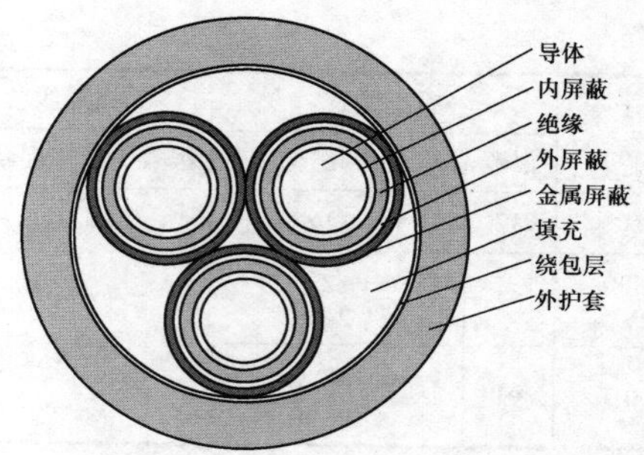

图 3-6 8.7/10kV E（L）V 型三芯乙丙橡皮绝缘中压电力电缆结构示意图

（五）交联聚乙烯电缆

用塑料做绝缘层材料的电力电缆称为塑料绝缘电力电缆。塑料绝缘电力电缆与泊浸纸绝缘电力电缆相比，虽然发展较晚，但因制造工艺简单，不受敷设落差限制，工作温度可以提高，电缆的敷设、接续、维护方便，具有耐化学腐蚀性等优点，现已成为电力电缆中正在迅速发展的品种。随着塑料合成工业的发展，产量提高，成本降低，在中、低压电缆方面，塑料电缆已形成取代油浸纸绝缘电力电缆的趋势。塑料绝缘电力电缆的绝缘材料有：聚氯乙烯（PVC）、聚乙烯（PE）和交联聚乙烯（XLPE）。交联聚乙烯的出现使高压浸渍纸绝缘电力电缆被塑料电缆所取代成为可能，目前塑料绝缘电力电缆基本以交联聚乙烯绝缘为主。国际上已有 225kV 聚乙烯和 500kV 交联聚乙烯的塑料电缆在运行，并在研制更高电压等级的塑料电缆。

交联聚乙烯电缆是以交联聚乙烯作为绝缘的塑料电缆，国产的交联聚乙烯绝缘电缆用 YJLV 和 YJV 表示，YJ 表示交联聚乙烯，L 表示铝芯（铜芯可省略），V 表示 PVC 护套。如图 3-7、图 3-8 分别为单芯和三芯交联聚乙烯电缆结构。

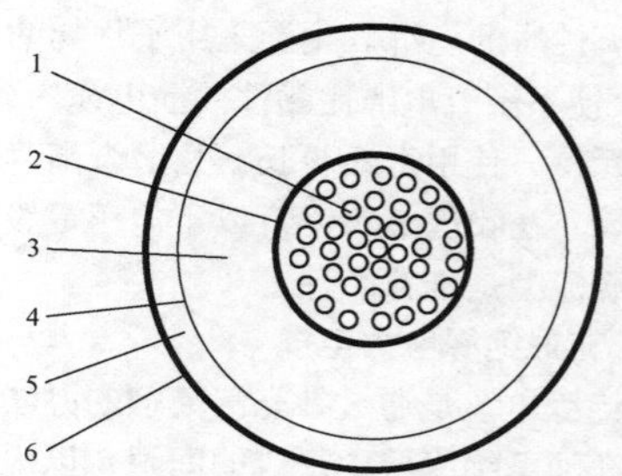

图 3-7 单芯交联聚乙烯电缆结构

1—导体；2—内层半导体层；3—绝缘体；
4—外层半导体层；5—护套；6—保护（防腐蚀）层

交联聚乙烯绝缘电力电缆的绝缘层厚度如表 3-3 所示。

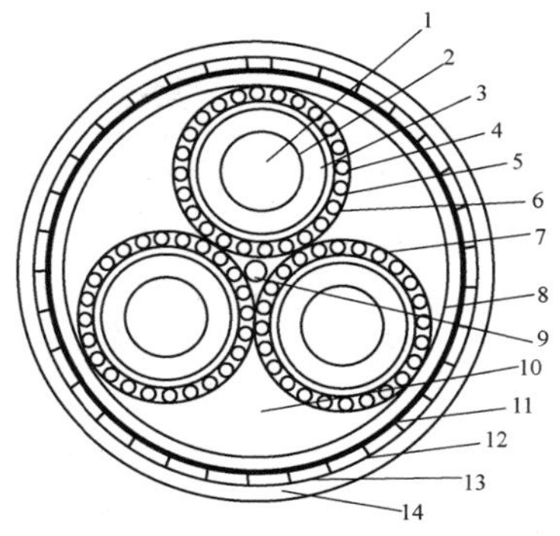

图 3-8 三芯交联聚乙烯电缆结构

1—导线；2—导线屏蔽层；3—交联聚乙烯绝缘；4—绝缘屏蔽层；5—保护带；6—铜线屏蔽；7—螺旋铜带；8—塑料带；9—中心填芯；10—填料；11—内护套；12—扁钢带铠装；13—钢带；14—外护套

表 3-3 交联聚乙烯绝缘电力电缆的绝缘厚度

相电压/标称电压 截面积（mm²）	0.6/1	1.8/3	3.6/6	6/6 6/10	8.7/10 8.7/15	26/35	64/110	127/220	290/500
	绝缘标称厚度（mm）								
1.5，2.5	0.7	—	—	—	—	—	—	—	—
4，6	0.7	—	—	—	—	—	—	—	—
10	0.7	2.0	2.5	—	—	—	—	—	—
16	0.7	2.0	2.5	3.4	—	—	—	—	—
25	0.9	2.0	2.5	3.4	4.5	—	—	—	—
35	0.9	2.0	2.5	3.4	4.5	—	—	—	—
50	1.0	2.0	2.5	3.4	4.5	10.5	—	—	—
70，95	1.1	2.0	2.5	3.4	4.5	10.5	—	—	—
120	1.2	2.0	2.5	3.4	4.5	10.5	—	—	—
150	1.4	2.0	2.5	3.4	4.5	10.5	—	—	—
185	1.6	2.0	2.5	3.4	4.5	10.5	—	—	—
240	1.7	2.0	2.6	3.4	4.5	10.5	19.0	—	—
300	1.8	2.0	2.8	3.4	4.5	10.5	18.5	—	—
400	2.0	2.0	3.0	3.4	4.5	10.5	17.5	27.0	—
500	2.0	2.2	3.2	3.4	4.5	10.5	17.0	27.0	—
630	2.4	2.4	3.2	3.4	4.5	10.5	16.5	26.0	—
800	2.6	2.6	3.2	3.4	4.5	10.5	16.0	25.0	34.0
1000	2.8	2.8	3.2	3.4	4.5	10.5	16.0	24.0	33.0
1200	3.0	3.0	3.2	3.4	4.5	10.5	16.0	24.0	33.0
1400	—	—	3.2	3.4	4.5	10.5	16.0	24.0	32.0
1600	—	—	3.2	3.4	4.5	10.5	16.0	24.0	32.0
1800 及以上	—	—	—	—	—	—	—	24.0	31.0

三、电力电缆保护层

为了使电缆满足各种使用环境的要求，在电缆绝缘层外面所施加的保护覆盖层，叫作电缆护层，也可称为电缆护套。电缆护层是构成电缆的三大组成部分之一，它的主要作用是保护电缆绝缘层在敷设和运行过程中，免遭机械损伤和各种环境因素的破坏，如水、日光、生物、火灾等，以保持长期稳定的电气性能。所以，电缆护层的质量直接关系电缆的使用寿命。

电缆护层主要可分成三大类，即金属护层（包括外护层）、橡塑护层和组合护层。金属护层具有完全的不透水性，可以防止水分及其他有害物质进入电缆绝缘内部，被广泛地用于耐湿性较差的油浸纸绝缘电力电缆的护套。橡塑护层和组合护层都有一定的透水性，橡塑护层主要用于以高聚物材料作为绝缘的电缆。组合护层的透水性比橡塑护层要小得多，适合于石油、化工等侵蚀性环境中使用的电缆。除此之外，为满足某些特殊要求如耐辐射、防生物等的电缆护层，叫作特殊护层。

（一）金属护层

金属护层通常由金属护套（内护层）和外护层构成。金属护套常用的材料是铝、铅和钢，按其加工工艺的不同，可分为热压金属护套和焊接金属护套两种。此外还有采用成型的金属管作为电缆金属护套的，如钢管电缆等。外护层一般由内衬层、铠装层和外被层三部分构成，主要起机械保护和防止腐蚀的作用。

1. 内护层

内护层即金属护套，金属护套的特性由金属材料本身的性能及其工艺所决定。常用的金属护套有铅护套和铝护套。

2. 外护层

在金属护套外面起防腐蚀或机械保护作用的覆盖层叫作外护层。外护层的结构主要取决于电缆敷设条件对电缆外护层的要求。外护层一般由内衬层、铠装层和外被层三部分组成，它们的作用及应用材料如下：

（1）内衬层。位于铠装层和金属护套之间的同心层称内衬层。它起铠装衬垫和金属护套防腐作用。用于内衬层的材料有绝缘沥青、浸渍皱纹纸带、聚氯乙烯塑料带，以及聚氯乙烯和聚乙烯等。

（2）铠装层。在内衬层和外被层之间的同心层称为铠装层。它主要起抗压或抗张力的机械保护作用。用于电缆铠装层的材料通常是钢带或镀锌钢丝。钢带铠装层的主要作用是抗压，这种电缆适合于地下埋设的场合使用。钢丝铠装层的主要作用是抗拉，这种电缆主要是水下或垂直敷设的场合使用。

（3）外被层。在铠装层外面的同心层称为外被层。它主要是对铠装层起防腐蚀保护作用。用于外被层的材料有绝缘沥青、聚氯乙烯塑料带、浸渍黄麻、玻璃毛纱、聚氯乙烯或聚乙烯护套等。

（二）橡塑护层

橡塑护层的特点是柔软、轻便，在移动式电缆中得到极其广泛的应用。但因橡塑材料都有一定的透水性，所以仅能在采用具有高耐湿性的高聚物材料作为电缆绝缘时应用。橡塑护层的结构比较简单，通常只有一个护套，并且一般是橡皮绝缘的电缆用橡皮护套（也有用塑料护套的），但塑料绝缘的电缆都用塑料护套。橡皮护套与塑料护套相比，橡皮护套的强度、弹性和柔韧性较高，但工艺比较复杂。塑料护套的防水性、耐药品性较好，且资源丰富、价格便宜、加工方便，因此应用更加广泛。

在地下、水下和竖直敷设的场合，为了增加橡塑护套的强度，常在橡塑护套中引入金属铠装，并将其称为橡塑电缆的外护层。

在有些特殊场合（如飞机、轮船通信网等）也采用金属丝编织层作为橡皮电缆的外护层，其主要作用是屏蔽，当然也有一定的机械补强作用。

（三）组合护层

组合护层又称综合护层或简易金属护层。它在塑料通信电缆中得到相当广泛的应用，近年来，在塑料电力电缆中也得到了充分的重视。随着石油化工工业的发展，塑料性能不断改进，耐老化、耐药品性都有大幅度的提高。所以，塑料电力电缆的应用范围日趋扩大，而组合护层也必将获得更加广泛的应用。

组合护层一般都由薄铝带和聚乙烯护套组合而成。因此，它既保留了塑料电缆柔软轻便的特点，又具有隔潮作用，且透水性比单一塑料护套小很多。铝-聚乙烯粘连组合护层的透水性至少可比聚乙烯护层降低 1/50。

护套对各种绝缘电力电缆的适用性如表 3-4 所示。

电缆外护层适用范围和保护对象如表 3-5 所示。

电缆铠装钢带或铝带的层数、厚度与宽度如表 3-6 所示。

挤出型塑料外护套厚度如表 3-7 所示。

表 3-4　各种护套适用的电缆绝缘种类

护套形式＼电缆形式			油浸纸绝缘电力电缆			橡塑绝缘电力电缆	
			黏性浸渍	充油	充气	橡皮	塑料
金属护套	铅护套		▲	▲	▲	▲	▲
	铝护套	热压	▲	▲	▲	▲	▲
		焊接	▲			▲	▲
	焊接皱纹钢护套		▲			▲	▲
	钢管			▲	▲		
橡塑护套	橡皮护套					▲	
	塑料护套					▲	▲
组合护套	铝-塑护套					▲	▲
	铝-塑黏合护套		Δ			▲	▲
	铝-钢-塑护套		Δ			▲	▲

注　▲表示适用；Δ 表示不适用。

表 3-5　电缆外护层适用范围和保护对象

外护层种类	适用保护对象	敷设方式									环境条件		
		架空	室内	隧道	电缆沟	管道	直埋		竖井	水下	易燃	强电干扰	严重腐蚀
							一般土	多砾土					
聚氯乙烯护套	铅护套	▲	▲	▲	▲	▲					▲		▲
	铝护套	▲	▲	▲	▲	▲	▲		▲		▲		▲
	皱纹钢或铝护套	▲	▲	▲	▲	▲	▲				▲		▲
	高聚物绝缘线芯	▲	▲	▲	▲	▲	▲				▲		▲
聚乙烯护套	铅护套	▲	▲	▲	▲	▲							▲
	铝护套	▲	▲	▲	▲	▲	▲						▲
	皱纹钢或铝护套	▲	▲	▲	▲	▲	▲						▲
	高聚物绝缘护套	▲	▲	▲	▲	▲	▲						▲
裸钢带铠装	铅护套		▲	▲	▲						▲		
钢带铠装纤维外被	铅护套						▲	▲					
钢带铠装聚氯乙烯外套	铅护套		▲	▲	▲		▲	▲			▲		▲
	铝或皱纹铝护套		▲	▲	▲			▲			▲	▲	▲
	高聚物绝缘线芯		▲	▲	▲			▲			▲		▲
钢带铠装聚乙烯外套	铅护套		▲	▲	▲		▲	▲					▲
	铝或皱纹铝护套		▲	▲	▲			▲				▲	▲
	高聚物绝缘线芯		▲	▲	▲			▲					▲
裸细钢丝铠装	铅护套 铝或皱纹铝护套 高聚物绝缘线芯								▲		▲		
细钢丝铠装聚氯乙烯外套									▲	▲	▲		▲

续表

外护层种类	适用保护对象	敷设方式									环境条件		
		架空	室内	隧道	电缆沟	管道	直埋 一般土	直埋 多砾土	竖井	水下	易燃	强电干扰	严重腐蚀
细钢丝铠装聚乙烯外套	铅护套 铝或皱纹铝护套 高聚物绝缘线芯								▲	▲			▲
防蚀粗钢丝铠装纤维外被										▲			▲

注 ▲表示适用。

表 3-6　电缆铠装钢带或铝带的层数、厚度与宽度　(mm)

铠装前假定外径	金属套电缆		非金属套电缆		
	层数×厚度（不大于）	宽度（不大于）	层数×厚度（不大于） 钢带	层数×厚度（不大于） 铝或铝合金带	宽度（不大于）
≤15	2×0.3	20	2×0.2	2×0.5	20
15.1～20	2×0.5	25	2×0.2	2×0.5	25
20.1～25	2×0.5	30	2×0.2	2×0.5	25
25.1～35	2×0.5	35	2×0.5	2×0.5	30
35.1～40	2×0.5	35	2×0.5	2×0.5	35
40.1～50	2×0.5	45	2×0.5	2×0.5	35
50.1～60	2×0.5	60	2×0.5	2×0.5	45
60.1～70	2×0.8	60	2×0.5	2×0.5	45
＞70	2×0.8	60	2×0.8	2×0.8	60

注 铠装前假定外径小于 10mm 时，宜用直径为 0.8～1.6mm 的细钢丝铠装；也可用厚度为 0.1～0.2mm 的镀锡钢带搭盖绕包一层；搭盖率不小于 25%。

表 3-7　挤出型塑料外护套厚度　(mm)

护套前假定直径	塑料护套标称厚度	护套前假定直径	塑料护套标称厚度	护套前假定直径	塑料护套标称厚度
≤12.8	1.8	41.5～44.2	2.5	72.9～75.7	3.6
12.9～15.7	1.8	44.3～47.1	2.6	75.8～78.5	3.7
15.8～18.5	1.8	47.2～49.9	2.7	78.6～81.4	3.8
18.6～21.4	1.8	50.0～52.8	2.8	81.5～84.2	3.9
21.5～24.2	1.8	52.9～55.7	2.9	84.3～87.1	4.0
24.3～27.1	1.9	55.8～58.5	3.0	87.2～89.9	4.1
27.2～29.9	2.0	58.6～61.4	3.1	90.0～92.8	4.2
30.0～32.8	2.1	61.5～64.2	3.2	92.9～95.7	4.3
32.9～35.7	2.2	64.3～67.1	3.3	95.8～98.5	4.4
35.8～38.5	2.3	67.2～69.9	3.4	98.6～101.4	4.5
38.6～41.4	2.4	70.0～72.8	3.5		

第三节 海底电缆种类与结构

一、海底电缆种类

海底电缆按绝缘种类分有：油浸纸绝缘电缆、自容式充油纸绝缘电缆、挤包（交联聚乙烯绝缘与乙丙橡胶绝缘）绝缘电缆、充气海底电缆等。油浸纸绝缘电缆主要应用于±600kV 直流及以下长距离直流海底输电，用于交流时存在过零点击穿的可能。自容式充油纸绝缘电缆主要应用于 500kV 及以下中—长距离交、直流海底输电工程，绝缘性能可靠，具有大量的应用经验，其缺点是需要建设供油系统，并保持电缆内部的油压，限制了单根电缆长度。交联聚乙烯绝缘电缆主要应用于 220kV 及以下交流、±320kV 直流及以下海底输电工程，近年来，其应用电压等级逐步上升至 500kV，主要缺点是一次性连续生产长度受限，长距离应用时接头数量较多。

二、海底电缆结构

（一）导体

海底电缆导体应满足阻水特性，即在故障后阻止水分侵入电缆内部，避免扩大电缆受损范围。在运输或安装时，也应避免水分从密封不严的端部封帽侵入。自容式充油电缆由于内部油压大于外部水压，事故时海水不会侵入。交联聚乙烯绝缘海底电缆导体绞合时，在导体绞合时在各层之间加入阻水粉、阻水带或阻水纱，一旦遇水这些阻水材料便会显著膨胀，也可有效阻塞水分的侵入。其他疏水性复合物也可用于阻止水分迁移，石油膏是一种凡士林基的材料，可达到同样的阻水目的。整体浸渍电缆的浸渍工艺使电缆具有纵向阻水性能，不需要采取附加措施。

（二）绝缘层

（1）纸绝缘的特殊性。考虑到海底电缆敷设的特殊性，纸绝缘电缆在设计时，相邻纸带间需要预留一定的间距（通常为 1～4mm），以保证电缆在海上敷设时通过放线轮时，能承受巨大的纵向张力和侧压力，并具有足够的张力弯曲性能。

（2）电容效应。海底电缆的电容远大于架空线，这一特性使得交流海底电缆的传输距离越远，电缆输送的无功充电电流所占的比例越大。考虑该因素，海底电缆工程两端登陆点附近往往需要配置较大的无功补偿装置，直流海底电缆输电工程没有该限制。

（三）金属护套

电缆的金属护套作为不透水和不透气的保护层，除了防止绝缘受到机械损伤有一定的作用、屏蔽电磁场和泄流漏电流之外，还起着阻水、防潮的作用，此外还必须能承受电缆内部油压和海中水压。

海底电缆金属护套主要有铝护套和铅护套两种，铝包电缆的可曲性差，因此有时将铝包做成波浪形，称为皱纹铝。铅护套的优点是密封性能好，可以防止水分或者潮气进入电缆绝缘；熔点低，可以在较低温度下挤压到电缆绝缘外层；耐腐蚀性较好；弯曲性能较好。其缺点是比重较大；机械强度较小，在一定内压力作用下会产生变形以致断裂；耐振性能不高；价格较为昂贵。

为了改善海底电缆的长期稳定性、蠕变和挤出等特性，通常采用铅合金护套代替铅护套，得铅合金中加入了锑、锡、铜、钙、镉、碲等元素。欧洲标准 EN 50307 给出的电缆用铅合金成分如表 3-8 所示。

表 3-8 海底电缆用铅合金及其成分（其命名依据 EN 50307 标准和牌号最接近的合金的常规名称）

合金名称		合金元素和比例（按重量），最小值和最大值				
EN 50307	常规名称	砷	铋	镉	锑	锡
PK012S	1/2C			0.06～0.09		0.17～0.23
PK021S	E				0.15～0.25	0.35～0.45
PK022S	EL				0.06～0.10	0.35～0.45
PK031S	F3	0.15～0.18	0.08～0.12			0.10～0.13

（四）铠装

铠装层由一层成型的冷拔扁铜线组成，用来保护电缆免受外界机械性损伤，以及作为电缆的主要受力构件。钢丝铠装可以承受较高的机械抗拉负荷，但是，单芯交流电缆采用钢丝铠装后，由于磁滞损耗和涡流损耗很大，降低了电缆的载流量。试验表明，采用钢丝铠装的电缆比采用非磁性材料铠装的电缆载流量小 30%～40%。IEC 55-2（1981）标准中关于铠装建议：除具有特殊结构外，用于交流线路的单芯电缆铠装应由非磁性材料组成。

铠装层设计应能满足敷设和维修打捞及运行条件下对电缆机械抗拉强度的要求。通常根据 CIGRE TB 623—2015《海底电缆机械试验推荐方法》中的推荐对最大水深情况下，敷设与打捞时的机械测试张力进行计算，以计算铠装单丝的强度。

三、2K准则

大量近海风电场的安装前景引发了海底发热的讨论。德国的环保主义者和管理当局主流意见主张限制海底电力电缆上海底的预期变热。根据这一讨论，与海床未受外部热源干扰的情形相比，海底电缆上的海底受热上升的温度不应超过前者2K。以直接位于海底电缆上方作为参考位置，计算深度为海底表面下0.2m或0.3m处的温度升高。借助有限元软件，可以方便地计算上述情况。

第四章

电缆的电气计算

电缆输电和架空线输电在特性上有很大的不同，由于电缆电容比架空线电容大得多，所以在交流输电时，当电缆的长度达到一定限值以后，电缆中的全部输送容量将仅仅用来对电缆自身充电，功率将没有办法输出，这就使得不加补偿的电缆线路输电距离远远低于架空线路。因此，研究电缆的电气特性至关重要。以往，电缆参数通常是通过查手册得到的，不确切也不实用。本书给出几种常见结构电力电缆的电气参数计算公式，计算的电力电缆基本参数包括全相模型中的电位长度电阻矩阵、电感矩阵、电容矩阵，正序模型单位长度电阻、电感、电容，以及零序模型中的单位长度电阻、电感、电容。

第一节　电缆线路参数计算

一、线路参数

（一）导体直流电阻

单位长度电缆的导体直流电阻 R'（Ω/m）计算式为

$$R'=\frac{\rho_{20}}{A}[1+\alpha(\theta-20)]k_1k_2k_3k_4k_5 \tag{4-1}$$

式中　R'——单位长度电缆导体在 θ℃温度下的直流电阻，Ω/m。

A——导体截面积，m^2，如导体由直径为 d 的 n 根单线绞合而成时，$A=\frac{\pi}{4}nd^2$；单线直径不同时 $A=\frac{\pi}{4}(n_1d_1^2+n_2d_2^2+\cdots+n_kd_k^2)$。

ρ_{20}——导体材料在20℃时的电阻率，Ω·m。对于标准软铜，$\rho_{20}=0.017241\times10^{-6}$Ω·m=0.017241或1/58（Ω·$mm^2$）/m；对于标准硬铝，$\rho_{20}=0.02864\times10^{-6}$Ω·m=0.02864（Ω·$mm^2$）/m。

α——导体电阻的温度系数，1/℃。对于标准软铜：α=0.003931/℃，对于涂（镀）锡软铜：α=0.003851/℃，对于软铜制品：α=0.003951/℃；对于标准硬铝及硬铝制品：α=0.004031/℃，对于软的、半硬铝制品：α=0.004101/℃。

k_1——单根导线加工过程中引起金属率增加所引入的系数，它与导线直径大小，金属种类，表面是否有涂层有关。根据IEC的规定，它的数值如表4-1所示。根据我国标准的规定，软圆铜单线的电阻率（即 $k_1\rho_{20}$），当 d≤1.0mm时，不大于 0.01748×10^{-6}Ω·m；当 $d>1.0$mm时，不大于 0.0179×10^{-6}Ω·m，涂金属（锡）软圆铜单线的电阻率，当 d≤0.5mm时，不大于 0.0179×10^{-6}Ω·m；当 $d>0.5$mm时，不大于 0.0176×10^{-6}Ω·m。硬圆铝单线的电阻率不大于 0.0290×10^{-6}Ω·m，软的和半硬圆铝单线的电阻率不大于 0.0283×10^{-6}Ω·m。

k_2——用多根导线绞合而成的线芯，使单根导线长度增加所引起的系数。对于实心线芯，$k_2=1$；对于固定敷设电缆紧压多根导线绞合线芯结构，$k_2=1.02$（200mm^2 以下）～1.03（250mm^2 及以上）；对于不紧压多根导线绞合线芯结构和固定敷设软电缆线芯 $k_2=1.03$（4层以下）～1.04（5层以上）。

k_3——紧压线芯因紧压过程使导线发硬，引起电阻率增加所引入的系数，一般取1.01。

k_4——因成缆绞合，使线芯长度增加所引入的系数，一般取1.01左右。

k_5——因考虑导线允许公差所引入的系数，

对于非紧压线芯结构，$k_5=[d/(d-e)]^2$，e 为导线容许公差，对紧压结构线芯，$k_5 \approx 1.01$。

表 4-1　　系数 k_1 值

线芯中单线的最大直径（mm）		k_1			
		实心线芯		绞合线芯	
大于	小于及等于	涂（镀）金属铜及裸铝	裸铜	涂（镀）金属铜及裸铝	裸铜
0.05	0.10	—	—	1.12	1.07
0.10	0.31	—	—	1.07	1.04
0.31	0.91	1.05	1.03	1.04	1.02
0.91	3.60	1.04	1.03	1.03	1.02
3.60	—	1.04	1.03	—	—

（二）导体交流电阻

在交流电流作用下，线芯电阻由于集肤效应和邻近效应而增大，这种情况下的电阻称为有效电阻或交流电阻。由于交流电阻受集肤效应和邻近效应的影响，所以在计算导体交流电阻 R 时引进集肤效应因数和邻近效应因数，计算为

$$R=R'(1+y_s+y_p) \tag{4-2}$$

式中　R'——工作温度下，导体单位长度直流电阻，单位为 Ω/m；

y_s——集肤效应系数；

y_p——邻近效应系数。

集肤效应系数 y_s：导体中的交流电流，靠近导体表面处的电流密度大于导体内部电流密度的现象。集肤效应系数即由于集肤效应使电阻增加的百分数。

集肤效应系数 y_s 计算式为

$$x_s \leqslant 2.8 \Rightarrow y_s=\frac{x_s^4}{192+0.8x_s^4}$$

$$x_s > 2.8 \Rightarrow y_s=-0.136-0.0177x_s+0.0563x_s^2 \tag{4-3}$$

$$x_s^2=\frac{8\pi f}{R'}k_s \times 10^{-7} \tag{4-4}$$

邻近效应系数 y_p：导体内电流密度因受邻近导体中电流的影响而分布不均匀的现象。邻近效应系数即由于邻近效应增加的电阻百分数。

对于三芯电缆及三相单芯电缆，邻近效应系数 y_p 计算式为

$$y_p=\frac{x_p^4}{192+0.8x_p^4}\left(\frac{D_c}{S}\right)^2\left[0.312\left(\frac{D_c}{S}\right)^2+\frac{1.18}{\frac{x_p^4}{192+0.8x_p^4}+0.27}\right] \tag{4-5}$$

$$x_p^2=\frac{8\pi f}{R'}k_p \times 10^{-7} \tag{4-6}$$

式中　f——电源频率，工频为 50Hz；

R'——单位长度电缆导体直流电阻，单位为 Ω/m；

D_c——线芯外径，扇形芯取等于扇形面积的圆形芯的直径；

S——线芯中心轴间距离；

k_s、k_p——常数，不同结构的线芯有不同数值，见表 4-2。

对于扇形多芯电缆，$S=D_\sigma+\Delta$，Δ 为线芯间绝缘层厚度，邻近效应系数 y_p 为按式（4-5）计算所得值乘以 2/3。

磁性材料（钢、铁）管式电缆的集肤效应和邻近效应系数，根据实验，分别比式（4-3）和式（4-5）计算值大 70%，即

$$R=R'[1+1.7(y_s+y_p)] \tag{4-7}$$

表 4-2　　不同结构线芯的 k_s 和 k_p 值

	干燥浸渍否	k_s	k_p
圆形、扭绞	是	1	0.8
圆形、扭绞	否	1	1
圆形、紧压	是	1	0.8
圆形、紧压	否	1	1
圆形、分割①	是	0.435	0.37
圆形、空心	是	②	0.8
扇形	是	1	0.8
扇形	否	1	1

① 适用于 1500mm² 以下四扇形分割线芯（有、无中心油道）。

② $k_s=\frac{D_c'-D_0}{D_c'+D_0}\left(\frac{D_c'+2D_0}{D_c'+D_0}\right)^2$

式中　D_0——线芯内径（中心油道直径）；

D_c'——具有相同中心油道，等效实线芯外径。

（三）电缆的电感计算

电缆的电感是电缆导体所交链的磁通链与导体电流的比值。为了便于计算，可以将电感分为内感和外感分量。内感是导体内部交链的磁通量所构成的电感，而外感则是导体外部交链的磁通链所构成的电感。

1. 单相回路电缆的电感

电缆单相回路每单位长度电缆线芯的电感由两部分组成，即 $L=L_i+L_e$，其中 L 为每相单位长度电缆的电感，H/m；L_i 为内感，H/m；L_e 为外感，H/m。两根

电缆组成的单相回路电感示意图如图 4-1 所示。

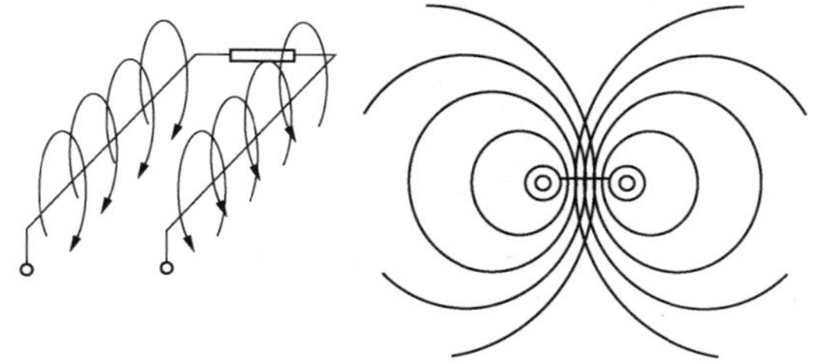

图 4-1 两根电缆组成的单相回路电感示意图

（1）常规计算方法。对于两根平行的实心圆导体组成的单相回路，如图 4-2 所示，导体的半径为 r_c，中心距为 S。

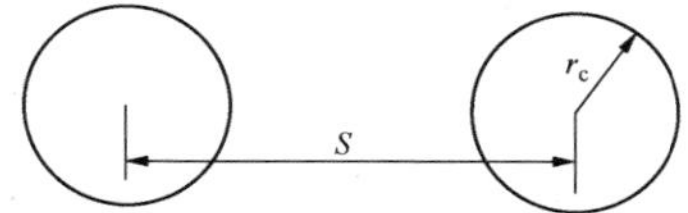

图 4-2 两根电缆组成的单相回路

a）内感 L_i 的计算

$$L_i = 0.5\times10^{-7}\ \text{(H/m)} \tag{4-8}$$

式（4-8）针对实心圆导体，对于多根规则扭绞导体，其内感 L_i 值如表 4-3 所示。

表 4-3 多根单线扭绞导体内感（×10⁻⁷） （H/m）

单线根数	L_i（在工频范围内）
3	0.780
7	0.640
19	0.555
37	0.530
61	0.516
91 或单根	0.500

因误差不大，计算一般取 $L_i = 0.5\times10^{-7}$H/m。

b）外感 L_e 的计算

$$L_e = 2\ln\frac{S}{r_c}\times10^{-7}\ \text{(H/m)} \tag{4-9}$$

c）导体的电感表达式为

$$L = L_i + L_e = \left(2\ln\frac{S}{r_c}+0.5\right)\times10^{-7}\ \text{(H/m)} \tag{4-10}$$

（2）简化算法。

一根圆导体的电感用式（4-10）表示较为繁琐，可改写成

$$L = 2\left(\ln\frac{S}{r_c}+\frac{1}{4}\right)\times10^{-7}\ \text{(H/m)} \tag{4-11}$$

中的 1/4 可写作 $\ln e^{1/4}$，因此有

$$L = 2\left(\ln\frac{S}{r_c}+\ln e^{1/4}\right)\times10^{-7} = 2\left(\ln\frac{S}{e^{-1/4}r_c}\right)\times10^{-7}$$
$$= 2\ln\frac{S}{0.778\,8r_c}\times10^{-7}\ \text{(H/m)} \tag{4-12}$$

式（4-12）中 $0.7788r_c$ 即被定义为半径为 r_c 的实心圆导线的几何平均半径 GMR，于是有

$$L = 2\ln\frac{S}{GMR}\times10^{-7}\ \text{(H/m)} \tag{4-13}$$

式（4-13）和式（4-10）相比，简化了不少，在使用时也就方便得多了。

2. 多相回路电缆的电感

（1）常规计算方法。

a）三根单芯电缆（无铠装）组成的三相对称交流回路，正三角形敷设，护套开路，其计算示意图如图 4-3 所示。

$$\dot I_A + \dot I_B + \dot I_C = 0,\quad \dot I_A = \dot I_B\angle120^\circ;\quad \dot I_C = \dot I_B\angle-120^\circ$$

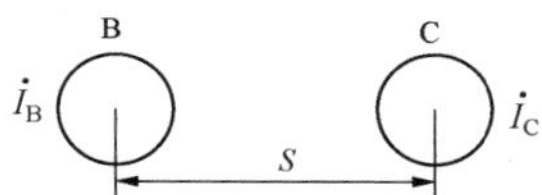

图 4-3 正三角形敷设计算示意图

$$L_1 = L_2 = L_3 = \left(L_i + 2\ln\frac{S}{r_c}\right)\times10^{-7}\ \text{(H/m)}$$

b）三根单芯电缆（无铠装）组成的三相对称交流回路，等距平行敷设，护套开路，其计算示意图如图 4-4 所示。

$$\dot I_B = \left(-\frac{1}{2}-j\frac{\sqrt3}{2}\right)\dot I_A;\quad \dot I_C = \left(-\frac{1}{2}+j\frac{\sqrt3}{2}\right)\dot I_A$$

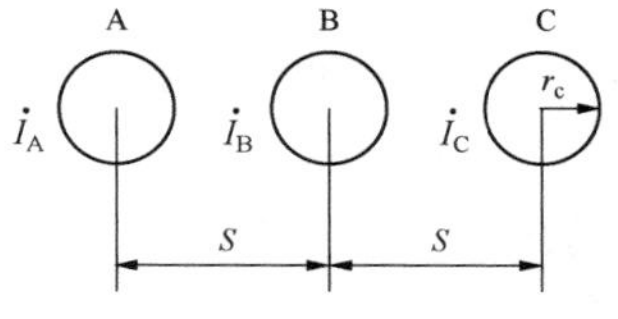

图 4-4 等距平行敷设计算示意图

A 相：$L_1 = \left[L_i + 2\ln\frac{S}{r_c} - \frac{-1+j\sqrt3}{2}(2\ln2)\right]\times10^{-7}$ （H/m）

B 相：$L_2 = \left(L_i + 2\ln\frac{S}{r_c}\right)\times10^{-7}$ （H/m）

C 相：$L_3 = \left[L_i + 2\ln\frac{S}{r_c} - \frac{-1-j\sqrt3}{2}(2\ln2)\right]\times10^{-7}$ （H/m）

（2）简化算法。引进几何平均半径和几何平均距离的概念后，上述计算公式可以进行简化。

相电缆导体的自感可简化为

$$L_a = 2\ln\frac{D_E}{GMR}$$

式中　GMR——相导线的几何平均半径。

相电缆导体的互感可简化为

$$L_m = 2\ln\frac{D_E}{GMD}$$

式中　GMD——电缆导体之间的几何平均距离。

下面列举几种典型的布置型式计算其几何平均距离。

根据计算公式，$GMD = \sqrt[3]{d_{12} \cdot d_{13} \cdot d_{23}}$。

1）等边三角形敷设的三相电路电感，其计算示意图如图 4-5 所示。其中 $d_{12}=d_{13}=d_{23}=S$。

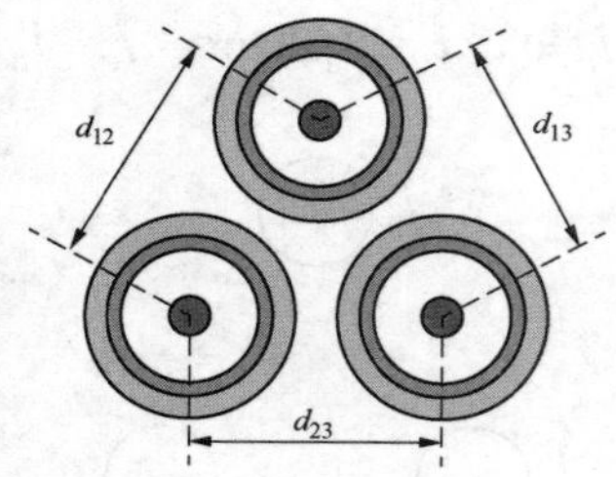

图 4-5　等边三角形敷设的计算示意图

根据公式，$GMD = S$。

2）直线平行敷设的三相电路电感，其计算示意图如图 4-6 所示。

其中 $d_{12}=d_{13}=S$，$d_{23}=2S$。

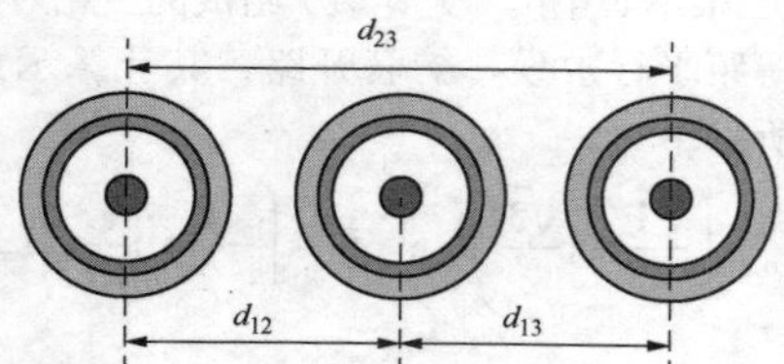

图 4-6　直线平行敷设的计算示意图

根据公式，$GMD = \sqrt[3]{2} \cdot S$。

3）直角敷设的三相电路电感，其计算示意图如图 4-7 所示。

其中 $d_{12}=d_{13}=S$，$d_{23}=\sqrt{2}S$。

根据公式，$GMD = \sqrt[6]{2} \cdot S$。

3. 电缆护套电感

电缆金属护套所交链的磁通链与电缆导体电流的比值称为电缆护套的电感。在计算护套损耗时需要知道电感，电缆护套的电感计算和电缆的电感计算相似，在此不再详述。

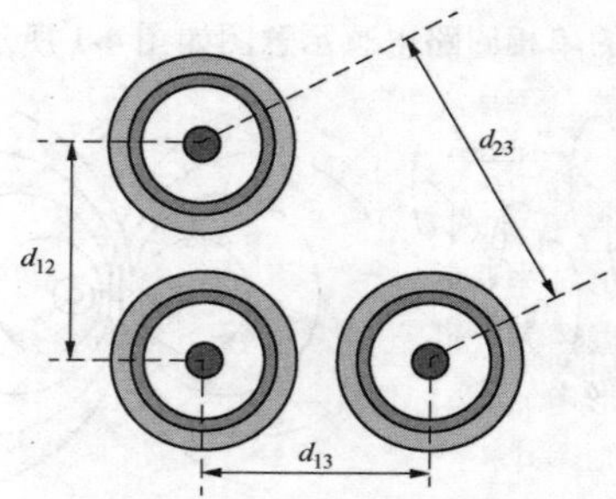

图 4-7　直角敷设的计算示意图

电缆金属护套所交链的磁通链与电缆导体电流的比值成为电缆护套的电感。

计算护套中的感应电压、感应电流以及护套损耗时，都需要知道护套电感。

（1）两根单芯电缆组成的单相交流回路，护套开路

$$L_s = 2\ln\frac{S}{r_s}$$

式中　S——电缆导体轴间距离，m；

　　　r_s——电缆金属护套的平均半径，m。

（2）三根单芯电缆按等边三角形敷设的三相平衡负载交流回路，护套开路

$$L_s = 2\ln\frac{S}{r_s}$$

（3）三根单芯电缆按等距平面敷设的三相平衡负载交流回路，护套开路

A 相：$L_{s1} = 2\ln\frac{S}{r_s} - \frac{-1+j\sqrt{3}}{2}(2\ln 2)$

B 相：$L_{s2} = 2\ln\frac{S}{r_s}$

C 相：$L_{s3} = 2\ln\frac{S}{r_s} - \frac{-1-j\sqrt{3}}{2}(2\ln 2)$

（4）三根单芯电缆按等距平面敷设的三相平衡负载交流回路，电缆换位，护套开路

$$L_s = 2\ln\frac{\sqrt[3]{S_{AB}S_{BC}S_{CA}}}{r_s}$$

式中　S——电缆导体轴间距离，m；

　　　S_{AB}——导体 A 与导体 B 的轴间距离，m；

　　　S_{BC}——导体 B 与导体 C 的轴间距离，m；

　　　S_{CA}——导体 C 与导体 A 的轴间距离，m；

　　　r_s——电缆金属护套的平均半径，m。

（四）电缆的电容计算

电缆的电容是电缆中的一个重要参数，它决定电缆线路中电容电流大小。在超高压电路中，电容电流可能达到与电缆额定电流相比拟的数值，成为限制电

缆传输距离的重要因素。此外，它也是电缆绝缘本身的一个参数，可用来检查电缆工艺质量，绝缘质量的变化等。

1. 单芯电缆的电容

对于单芯电缆，可将线芯和绝缘外的金属套，看成内电极直径为线芯直径 D_c，外电极直径为绝缘外径 D_i 的圆柱形电容器。在距电缆中心的 x 处，取一同轴圆柱面，如图 4-8 所示。

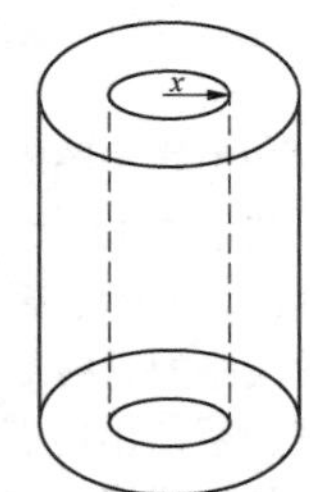

图 4-8 计算单芯电缆电容

根据对称条件及长度远大于直径，圆柱面上各点电场强度数值相等。由高斯定理可得

$$E=\frac{Q}{2\pi xl\varepsilon\varepsilon_0} \tag{4-14}$$

式中 Q——电荷量，C；

l——电缆长度，m；

ε——绝缘材料的相对介电常数，介电常数越大，表明这种材料在电场中每单位体积所贮存的电能越多，常用的相对介电常数如表 4-4 所示；

ε_0——真空介电常数（8.85×10^{-15}F/m）。

若电缆的电压为 U_0，则

$$U_0=\int_L E\mathrm{d}x=\int_{D_c}^{D_i}\frac{Q}{2\pi l\varepsilon\varepsilon_0}\frac{\mathrm{d}x}{x}=\frac{Q}{2\pi l\varepsilon\varepsilon_0}\ln\frac{D_i}{D_c} \tag{4-15}$$

单位长度电缆的电容为

$$C=\frac{Q}{U_0 l}=\frac{2\pi\varepsilon\varepsilon_0}{\ln\dfrac{D_i}{D_c}} \tag{4-16}$$

或 $C=\dfrac{Q}{U_0 l}=\dfrac{2\pi\varepsilon\varepsilon_0}{\ln\dfrac{D_i+2\Delta}{D_c}}$。为了计算方便，将常数值代入式（4-16），得

$$C=\frac{55.7\varepsilon}{G}\times10^{-12} \tag{4-17}$$

2. 多芯电缆的电容

多芯电缆的电容和多芯绝缘电阻的计算类似，对于分相屏蔽的多芯电缆的电容计算和单芯电缆一样。

对于圆形多芯统包绝缘的单位长度的电容计算式为

$$C=\frac{55.7\varepsilon^n}{G_x}\times10^{-12} \tag{4-18}$$

对于扇形芯统包绝缘的单位长度上的电容计算式为

$$C=\frac{55.7\varepsilon}{G_x F}\times10^{-12} \tag{4-19}$$

式中 n——线芯数；

G_x——几何因数；

F——扇形校正因数，需要查曲线获得。

G_x 的大小与线芯的多少，电缆的几何尺寸有关，不同的电缆线芯结构对应不同的几何因数曲线。

表 4-4 电缆常用材料的相对介电常数

材料名称	ε	材料名称	ε
PE	2.3	XLPE	2.5
PVC	8		

3. 电容充电电流

每厘米长度的电缆的电容电流 I 计算式为

$$I=U\omega C \tag{4-20}$$

式中 U——电缆的对地电压，kV。

（五）计算实例

一条电缆型号 YJLW02－64/110－1×630，长度为 2300m，导体外径 D_c＝30mm，绝缘外径 D_i＝65mm，电缆金属护套的平均半径 r_s＝43.85，线芯在 20℃时导体电阻率 $\rho_{20}=0.017241\times10^{-6}\Omega\cdot$m，线芯电阻温度系数 $\alpha=0.00393$℃－1，$k_1k_2k_3k_4k_5\approx1$，电缆间距 100mm，真空介电常数 $\varepsilon_0=8.86\times10^{-12}$F/m，绝缘介质相对介电常数 ε＝2.5，正常运行时载流量 420A。计算该电缆的直流电阻，交流电阻、电感、阻抗、电压降及电容。

1. 直流电阻

根据直流电阻公式，得

$$R'=0.017241\times10^{-6}[1+0.00393(90-20)]/(630\times10^{-6})$$
$$=0.3489\times10^{-4}\ (\Omega/\mathrm{m})$$

该电缆总电阻为

$$R=0.3489\times10^{-4}\times2300=0.08025\ (\Omega)$$

2. 交流电阻

由公式 $y_s=\dfrac{x_s^4}{192+0.8x_s^4}$，$x_s^2=\dfrac{8\pi f}{R'}k_s\times10^{-7}$ 得

$$x_s^4=(8\times3.14\times50/0.3489\times10^{-4})\times10^{-14}=12.96$$
$$y_s=12.96/(192+0.8\times12.96)=0.064$$

由公式 $x_p^2=\dfrac{8\pi f}{R'}k_p\times10^{-7}$ 得

$x_p^4=(8\times3.14\times50/0.3489\times10^{-4})\times10^{-14}=12.96$

由公式

$$y_p=\frac{x_p^4}{192+0.8x_p^4}\left(\frac{D_c}{S}\right)^2\left[0.312\left(\frac{D_c}{S}\right)^2+\frac{1.18}{\frac{x_p^4}{192+0.8x_p^4}+0.27}\right]$$

得

$$y_p=\frac{12.96}{192+0.8\times12.96}\left(\frac{30}{100}\right)^2\left[0.312\left(\frac{30}{100}\right)^2+\frac{1.18}{192+0.8\times12.96+0.27}\right]=0.02$$

由公式 $R=R'(1+y_s+y_p)$ 得

$R=0.3489\times10^{-4}(1+0.064+0.02)=0.378\times10^{-4}$ （Ω/m）

该电缆交流电阻 $R_z=0.378\times10^{-4}\times2300=0.8699\ \Omega$。

3. 电感

由公式 $L=\left(L_i+2\ln\frac{S}{r_c}\right)\times10^{-7}$ 得到单位长度电感

$$L_1=\left(0.5+2\ln\frac{100}{65/2}\right)\times10^{-7}=2.75\times10^{-7}\ \text{（H/m）}$$

该电缆总电感为 $L=2.75\times10^{-7}\times2300=0.632\times10^{-3}$ H。

4. 金属护套的电感

由公式 $L_S=2\ln\frac{S}{r_S}\times10^{-7}+(2/3)\times\ln2\times10^{-7}$ 得到单位长度金属护套的电感

$$L_{S1}=2\ln\frac{100}{43.85}\times10^{-7}+(2/3)\times\ln2\times10^{-7}=2.11\times10^{-7}\text{(H/m)}$$

该电缆金属护套的电感为 $L_S=2.11\times10^{-7}\times2300=0.4855\times10^{-3}$ （H）。

5. 电抗、阻抗及电压降

由公式 $X=\omega L$ 得到电抗

$$X=2\pi f\times0.632\times10^{-3}=0.199\ \text{（Ω）}$$

由公式 $Z=\sqrt{R^2+X^2}$ 得到阻抗

$$Z=\sqrt{0.8699^2+0.199^2}=0.8924\ \text{（Ω）}$$

由公式 $\Delta U=IZ_1$ 得到电压降为

$$\Delta U=500\times0.8924=374.8\ \text{（V）}$$

6. 电容

由公式 $C=2\pi\varepsilon_0\varepsilon/\ln(D_i/D_c)$ 得到单位长度电容

$$C_1=2\times3.14\times8.86\times10^{-12}\times2.5/\ln(65/30)=0.179\times10^{-6}\text{(F/m)}$$

该电缆总电容为 $C=0.179\times10^{-6}\times2300=0.411\times10^{-3}$ F。

二、电缆线路串联阻抗

和架空线相似，电缆的电气参数有自阻抗和导体间的互阻抗，以及导体的并联导纳等。电缆的电容和导纳等通过电缆的物理构造和几何结构来计算，自阻抗和互阻抗由导体的材料、结构、外形尺寸和土壤电阻率等决定。因为电缆的设计种类和排列方式千变万化，所以电缆参数的计算很难完全涵盖所有的情况。

可以把单回路三相电缆线路看成有 6 根各以大地为回路的金属导体，其中 3 根为电缆的线芯，另外 3 根为电缆的金属护套。金属护套接地或装设回流线时，只是减少或增加电缆线路的导线数。图 4-9 表示一根带有铠装层电缆的截面图，由内而外分别是导体、内绝缘层、金属护套、外绝缘层、铠装层和橡塑护层。图 4-10 是电缆的输电线路模型，由上至下分别编号为 1 号电缆、2 号电缆和 3 号电缆。

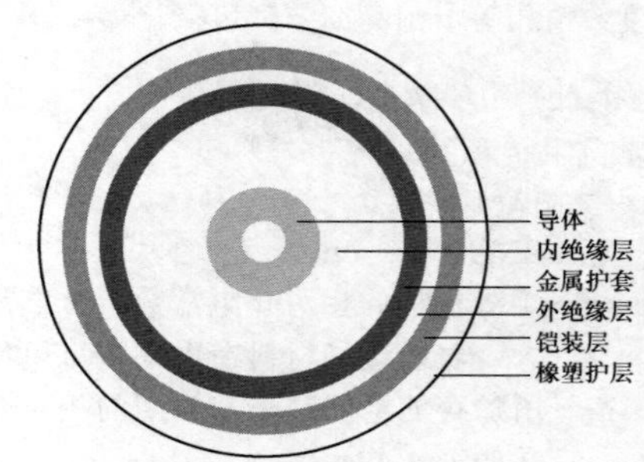

图 4-9　铠装电缆截面图

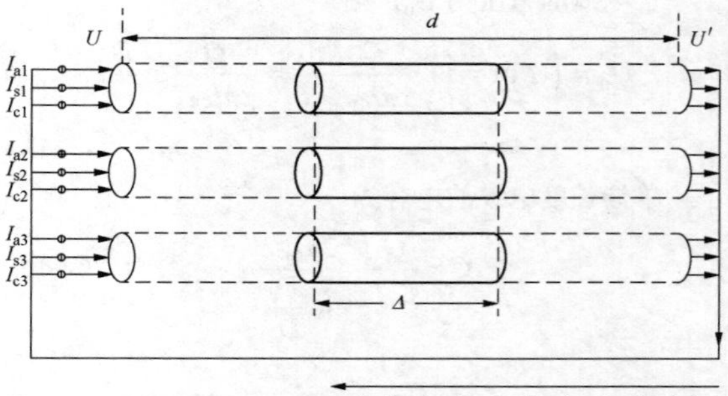

图 4-10　具有大地回路的三根单芯电缆

当只考虑电缆的串联阻抗时，可以得到 1 号电缆线芯送端电压相量为

$$\dot{U}_{c1}=Z_{c1c1}\dot{I}_{c1}+Z_{c1c2}\dot{I}_{c2}+Z_{c1c3}\dot{I}_{c3}+Z_{c1s1}\dot{I}_{s1}+Z_{c1s1}\dot{I}_{s1}+Z_{c1s2}\dot{I}_{s2}+Z_{c1s3}\dot{I}_{s3}+Z_{c1a1}\dot{I}_{a1}+Z_{c1a2}\dot{I}_{a2}+Z_{c1a3}\dot{I}_{a3}+\dot{U}'_{c1}+Z_g\dot{I}_g$$

式中 $\dot{U}_{c1}$ ——1 号电缆线芯的送端电压相量；

$\dot{U}'_{c1}$ ——1 号电缆线芯的受端电压相量；

$\dot{I}_{c1}$、$\dot{I}_{c2}$ 和 $\dot{I}_{c3}$ ——1、2、3 号电缆线芯上的电流相量；

$\dot{I}_{s1}$、$\dot{I}_{s2}$ 和 $\dot{I}_{s3}$ ——1、2、3 号电缆护套上的电流相量；

$\dot{I}_{a1}$、$\dot{I}_{a2}$ 和 $\dot{I}_{a3}$ ——1、2、3 号电缆铠装层上的电流相量；

Z_{c1c1} ——1 号电缆线芯自阻抗；

Z_{c1s2} ——1 号电缆线芯和 2 号电缆护套的互阻抗；

Z_{c1a3} ——1 号电缆线芯和 3 号电缆铠装层间的互阻抗；

$\dot{I}_g$ ——大地回流电流，$\dot{I}_g=\dot{I}_{c1}+\dot{I}_{c2}+\dot{I}_{c3}+\dot{I}_{s1}+\dot{I}_{s1}+\dot{I}_{s2}+\dot{I}_{s3}+\dot{I}_{a1}+\dot{I}_{a2}+\dot{I}_{a3}$；

Z_g ——大地回流阻抗。

令 $\Delta\dot{U}_{c1}$ 为 1 号电缆送端电压和受端电压的相量差，则

$$\begin{aligned}\Delta\dot{U}_{c1}&=\dot{U}_{c1}-\dot{U}'_{c1}\\&=Z'_{c1c1}\dot{I}_{c1}+Z'_{c1c2}\dot{I}_{c2}+Z'_{c1c3}\dot{I}_{c3}+Z'_{c1s1}\dot{I}_{s1}+Z'_{c1s2}\dot{I}_{s2}+\\&\quad Z'_{c1s3}\dot{I}_{s3}+Z'_{c1a1}\dot{I}_{a1}+Z'_{c1a2}\dot{I}_{a2}+Z'_{c1a3}\dot{I}_{a3}\end{aligned} \tag{4-21}$$

式（4-21）中所有阻抗均代表包含大地回路影响后的电缆自阻抗和互阻抗，为方便简明起见均用带“′”的电缆阻抗来代表包含大地回路影响后的阻抗。同样，对于 1 号电缆的护套和铠装层、2 号电缆和 3 号电缆的导体、护套和铠装层都有类似的方程。

（一）电缆不带铠装层

三相单芯电缆或者是三芯屏蔽电缆，三个线芯和三个护套，导体和护套上的串联电压降可以由满阻抗矩阵得到

$$\begin{bmatrix}V_{c1}\\V_{c2}\\V_{c3}\\V_{s1}\\V_{s2}\\V_{s3}\end{bmatrix}=\begin{bmatrix}Z_{c1c1}&Z_{c1c2}&Z_{c1c3}&Z_{c1s1}&Z_{c1s2}&Z_{c1s3}\\Z_{c2c1}&Z_{c2c2}&Z_{c2c3}&Z_{c2s1}&Z_{c2s2}&Z_{c2s3}\\Z_{c3c1}&Z_{c3c2}&Z_{c3c3}&Z_{c3s1}&Z_{c3s2}&Z_{c3s3}\\Z_{s1c1}&Z_{s1c2}&Z_{s1c3}&Z_{s1s1}&Z_{s1s2}&Z_{s1s3}\\Z_{s2c1}&Z_{s2c2}&Z_{s2c3}&Z_{s2s1}&Z_{s2s2}&Z_{s2s3}\\Z_{s3c1}&Z_{s3c2}&Z_{s3c3}&Z_{s3s1}&Z_{s3s2}&Z_{s3s3}\end{bmatrix}\begin{bmatrix}I_{c1}\\I_{c2}\\I_{c3}\\I_{s1}\\I_{s2}\\I_{s3}\end{bmatrix} \tag{4-22}$$

式中 Z_{cc} 和 Z_{ss} ——线芯和护套的包含大地回路的自阻抗；

Z_{cs} ——线芯和护套包含大地回路的互阻抗；

I_{cn} ——导体中的电流；

I_{sn} ——护套中的电流；

V_{cn} ——导体上的串联电压降；

V_{sn} ——护套上的串联电压降。

1. 三相电缆对称排列

三芯电缆、三根呈等边三角形且互相接触排列的单芯电缆以及三根单芯电缆呈等边三角形排列（如图 4-11 所示），这样的电缆布局完全对称。

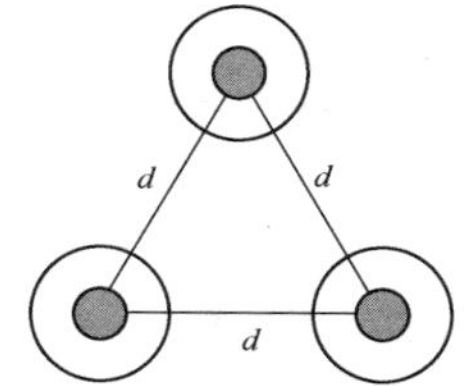

图 4-11 电缆呈等边三角形排列

此时，式（4-22）化简为

$$\begin{bmatrix}\boldsymbol{V}_c\\\boldsymbol{V}_S\end{bmatrix}=\begin{bmatrix}\boldsymbol{Z}_{cc}&\boldsymbol{Z}_{cs}\\\boldsymbol{Z}_{cs}&\boldsymbol{Z}_{ss}\end{bmatrix}\begin{bmatrix}\boldsymbol{I}_c\\\boldsymbol{I}_s\end{bmatrix} \tag{4-23}$$

其中

$$\boldsymbol{V}_c=\begin{bmatrix}V_{c1}\\V_{c2}\\V_{c3}\end{bmatrix},\boldsymbol{V}_S=\begin{bmatrix}V_{s1}\\V_{s2}\\V_{s3}\end{bmatrix},\boldsymbol{I}_c=\begin{bmatrix}I_{c1}\\I_{c2}\\I_{c3}\end{bmatrix},\boldsymbol{I}_s=\begin{bmatrix}I_{s1}\\I_{s2}\\I_{s3}\end{bmatrix}$$

$$\boldsymbol{Z}_{cc}=\begin{bmatrix}e&b&b\\b&e&b\\b&b&e\end{bmatrix},\boldsymbol{Z}_{cS}=\begin{bmatrix}a&b&b\\b&a&b\\b&b&a\end{bmatrix},\boldsymbol{Z}_{ss}=\begin{bmatrix}f&b&b\\b&f&b\\b&b&f\end{bmatrix}$$

Z_{cc}、Z_{cs} 和 Z_{ss} 对角线上的元素都相等，当护套紧密连接并且两端接地时，护套可被消去。因此，线芯的相阻抗矩阵可以通过令 $V_s=0$ 来计算，此时相矩阵为

$$\boldsymbol{Z}_{phase}=\boldsymbol{Z}_{cc}-\boldsymbol{Z}_{cs}\boldsymbol{Z}_{ss}^{-1}\boldsymbol{Z}_{cs}=\begin{bmatrix}Z_{c(Self)}&Z_{c(Mut)}&Z_{c(Mut)}\\Z_{c(Mut)}&Z_{c(Self)}&Z_{c(Mut)}\\Z_{c(Mut)}&Z_{c(Mut)}&Z_{c(Self)}\end{bmatrix} \tag{4-24}$$

阻抗矩阵 Z_{cc}、Z_{cs} 和 Z_{ss} 各自都是平衡矩阵，故所得到的矩阵 Z_{phase} 消除护套影响后也是平衡矩阵，因此，序阻抗矩阵可得

$$\boldsymbol{Z}^{PNZ}=\boldsymbol{H}^{-1}\boldsymbol{Z}_{phase}\boldsymbol{H}$$

或者

$$\boldsymbol{Z}^P=\boldsymbol{Z}^N=\boldsymbol{Z}_{c(Self)}-\boldsymbol{Z}'_{c(Mut)}\boldsymbol{Z}^Z=\boldsymbol{Z}_{c(Self)}+2\boldsymbol{Z}_{c(Mut)}$$

其中，$\boldsymbol{Z}^P$ 表示正序平衡矩阵；$\boldsymbol{Z}^N$ 表示负序平衡矩阵；$\boldsymbol{Z}^Z$ 表示零序平衡矩阵。

如果考虑对称排列的电缆时三相单芯电缆呈等边三角形排列，根据上面相似的步骤，电缆的全阻抗矩阵可以写成

$$\begin{bmatrix}V_{c1}\\V_{c2}\\V_{c3}\\V_{s1}\\V_{s2}\\V_{s3}\end{bmatrix}=\begin{bmatrix}e&b&b&a&b&b\\b&e&b&b&a&b\\b&b&e&b&b&a\\a&b&b&f&b&b\\b&a&b&b&f&b\\b&b&a&b&b&f\end{bmatrix}\begin{bmatrix}I_{c1}\\I_{c2}\\I_{c3}\\I_{s1}\\I_{s2}\\I_{s3}\end{bmatrix} \tag{4-25}$$

线芯相阻抗矩阵的计算和相应序阻抗矩阵的计算和上文中计算的步骤相似。

2. 三相电缆平铺

三相单芯电缆平铺示意图如图4-12所示，对应的满阻抗矩阵可以写成式（4-26）的形式。

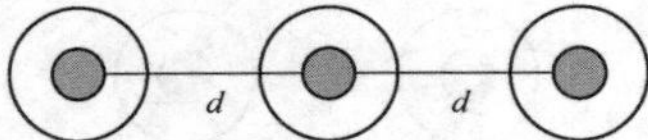

图4-12 三相电缆等距平铺示意图

$$Z=\begin{bmatrix} e & b & d & a & b & d \\ b & e & c & b & a & c \\ b & c & e & b & c & a \\ a & b & d & f & b & d \\ b & a & c & b & f & c \\ d & c & a & d & c & f \end{bmatrix} \tag{4-26}$$

对于交叉互联的电缆，线芯的每一小段都交换位置，护套不交换位置，如图4-13所示。

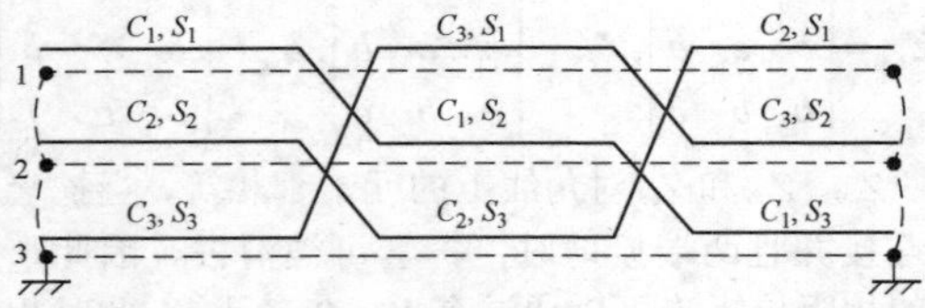

图4-13 交叉互联的三根单芯电缆

—— —线芯；- - - —护套

每段的交叉互联换位线芯的满阻抗矩阵为

$$Z=\frac{1}{3}\sum_{i=1}^{3}Z_{\text{Section-i}} \tag{4-27}$$

线芯和护套的电压向量是

$$\begin{bmatrix} V_C \\ V_S \end{bmatrix}=\begin{bmatrix} Z_{CC} & Z_{CS} \\ Z_{CS}^{t} & Z_{SS} \end{bmatrix}\begin{bmatrix} I_C \\ I_S \end{bmatrix} \tag{4-28}$$

假设线芯均匀换位，此时线芯的阻抗矩阵 Z_{CC} 为平衡矩阵，而护套不换位，其阻抗矩阵 Z_{SS} 不平衡，此时线芯和护套间 Z_{SS} 的互阻抗矩阵也不平衡。

当电缆可靠连接，即护套相互连接并在电缆两端可靠接地，或者电缆交叉互联即护套相互连接在电缆大段两端接地，此时线芯的相阻抗矩阵可令 $V_s=0$ 并代入式（4-28）获得。于是线芯的相阻抗矩阵为

$$\begin{aligned} Z_{\text{Phase}} &= Z_{CC}-Z_{CS}Z_{ss}^{-1}Z_{CS}^{t} \\ &= \begin{bmatrix} Z_{\text{C1C1-Sheath}} & Z_{\text{C1C2-Sheath}} & Z_{\text{C1C3-Sheath}} \\ Z_{\text{C2C1-Sheath}} & Z_{\text{C2C2-Sheath}} & Z_{\text{C2C3-Sheath}} \\ Z_{\text{C3C1-Sheath}} & Z_{\text{C3C2-Sheath}} & Z_{\text{C3C3-Sheath}} \end{bmatrix} \end{aligned} \tag{4-29}$$

矩阵 Z_{Phase} 对角线元素为每相线芯的自阻抗，非对角线元素为线芯以护套和大地为回路时的互阻抗。对于可靠连接的电缆，Z_{Phas} 为不平衡矩阵，其对角线上的元素互相不等，非对角元素也不相等，但有时交叉互联的电缆通过实际的排列会消除矩阵的不平衡。

序阻抗矩阵用 $Z^{\text{PNZ}}=H^{-1}Z_{\text{Phase}}H$ 计算得到，即

$$Z^{\text{PNZ}}=\begin{bmatrix} Z^{\text{PP}} & Z^{\text{PN}} & Z^{\text{PZ}} \\ Z^{\text{NP}} & Z^{\text{NN}} & Z^{\text{NZ}} \\ Z^{\text{ZP}} & Z^{\text{ZN}} & Z^{\text{ZZ}} \end{bmatrix} \tag{4-30}$$

式中，Z^{PP}、Z^{NN} 和 Z^{ZZ} 是正序阻抗、负序阻抗和零序阻抗，且 $Z^{\text{PP}}=Z^{\text{NN}}$。

对可靠连接的电缆而言，非对角线上的元素相对于对角线上的比较小，对于交叉互联的电缆，非对角线上的元素可以忽略。

对于可靠连接、在中点接地并且有接地导线的电缆，两部分包含接地导线的电缆矩阵合并成一个。计算过程中用到了 $I_s=0$ 这个关系。

3. 两相电缆

如图4-14所示，电缆铺设在换流站的两端，电缆护套分别接地，由于两条电缆之间距离比较远，所以可以忽略电缆之间的互相影响。

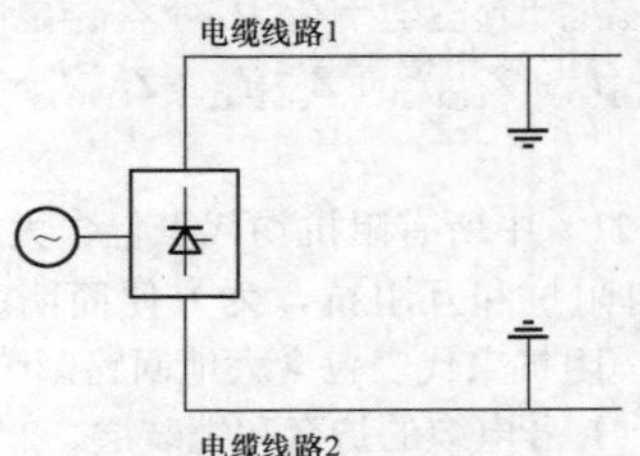

图4-14 两相电缆线路

$$\begin{bmatrix} V_{C1} \\ V_{S1} \\ V_{C2} \\ V_{S2} \end{bmatrix}=\begin{bmatrix} Z_{C1C1} & Z_{C1S1} & 0 & 0 \\ Z_{S1C1} & Z_{S1S1} & 0 & 0 \\ 0 & 0 & Z_{C1C1} & Z_{C1S1} \\ 0 & 0 & Z_{S1C1} & Z_{S1S1} \end{bmatrix}\begin{bmatrix} I_{C1} \\ I_{S1} \\ I_{C2} \\ I_{S2} \end{bmatrix}$$

也可以写成

$$\begin{bmatrix} V_{C1} \\ V_{S1} \\ V_{C2} \\ V_{S2} \end{bmatrix}=\begin{bmatrix} e & a & 0 & 0 \\ a & f & 0 & 0 \\ 0 & 0 & e & a \\ 0 & 0 & a & f \end{bmatrix}\begin{bmatrix} I_{C1} \\ I_{S1} \\ I_{C2} \\ I_{S2} \end{bmatrix}$$

其中

$$a=Z_{C1S1}=Z_{S1C1},\quad e=Z_{C1C1}=Z_{C2C2},\quad f=Z_{S1S1}=Z_{S2S2}$$

4. 单相电缆

和三相电缆的推导方式相同，可以得到单相电缆的阻抗矩阵为

$$\begin{bmatrix} V_C \\ V_S \end{bmatrix}=\begin{bmatrix} Z_{CC} & Z_{CS} \\ Z_{SC} & Z_{SS} \end{bmatrix}\begin{bmatrix} I_C \\ I_S \end{bmatrix}$$

（二）电缆带铠装层

有些地方铺设的电缆以及几乎所有海底电缆都有金属铠装层，这个金属铠装层就是相当于除线芯和护套外的第三层导体。

1. 单芯铠装电缆

关于单芯铠装电缆可以得到

$$\begin{bmatrix} V_{C1} \\ V_{C2} \\ V_{C3} \\ V_{S1} \\ V_{S2} \\ V_{S3} \\ V_{A1} \\ V_{A2} \\ V_{A3} \end{bmatrix} = \begin{bmatrix} Z_{C1C1} & Z_{C1C2} & Z_{C1C3} & Z_{C1S1} & Z_{C1S2} & Z_{C1S3} & Z_{C1A1} & Z_{C1A2} & Z_{C1A3} \\ Z_{C2C1} & Z_{C2C2} & Z_{C2C3} & Z_{C2S1} & Z_{C2S2} & Z_{C2S3} & Z_{C2A1} & Z_{C2A2} & Z_{C2A3} \\ Z_{C3C1} & Z_{C3C2} & Z_{C3C3} & Z_{C3S1} & Z_{C3S2} & Z_{C3S3} & Z_{C3A1} & Z_{C3A2} & Z_{C3A3} \\ Z_{S1C1} & Z_{S1C2} & Z_{S1C3} & Z_{S1S1} & Z_{S1S2} & Z_{S1S3} & Z_{S1A1} & Z_{S1A2} & Z_{S1A3} \\ Z_{S2C1} & Z_{S2C2} & Z_{S2C3} & Z_{S2S1} & Z_{S2S2} & Z_{S2S3} & Z_{S2A1} & Z_{S2A2} & Z_{S2A3} \\ Z_{S3C1} & Z_{S3C2} & Z_{S3C3} & Z_{S3S1} & Z_{S3S2} & Z_{S3S3} & Z_{S3A1} & Z_{S3A2} & Z_{S3A3} \\ Z_{A1C1} & Z_{A1C2} & Z_{A1C3} & Z_{A1S1} & Z_{A1S2} & Z_{A1S3} & Z_{A1A1} & Z_{A1A2} & Z_{A1A3} \\ Z_{A2C1} & Z_{A2C2} & Z_{A2C3} & Z_{A2S1} & Z_{A2S2} & Z_{A2S3} & Z_{A2A1} & Z_{A2A2} & Z_{A2A3} \\ Z_{A3C1} & Z_{A3C2} & Z_{A3C3} & Z_{A3S1} & Z_{A3S2} & Z_{A3S3} & Z_{A3A1} & Z_{A3A2} & Z_{A3A3} \end{bmatrix} \begin{bmatrix} I_{C1} \\ I_{C2} \\ I_{C3} \\ I_{S1} \\ I_{S2} \\ I_{S3} \\ I_{A1} \\ I_{A2} \\ I_{A3} \end{bmatrix} \tag{4-31}$$

式中　I_C——导体中的电流；

I_S——护套中的电流；

I_A——铠装层中的电流。

为控制护套和铠装层间的电压，一般在回路中几个点上将护套和铠装层相连接，则铠装层和与其相连的护套都是有效接地的，因此计算电缆线芯相阻抗矩阵时需要除去护套和铠装层的影响，则可以得到

$$\begin{bmatrix} \boldsymbol{V}_C \\ \boldsymbol{V}_S \\ \boldsymbol{V}_A \end{bmatrix} = \begin{bmatrix} \boldsymbol{Z}_{CC} & \boldsymbol{Z}_{CS} & \boldsymbol{Z}_{CA} \\ \boldsymbol{Z}_{CS}^t & \boldsymbol{Z}_{SS} & \boldsymbol{Z}_{SA} \\ \boldsymbol{Z}_{CA}^t & \boldsymbol{Z}_{SA}^t & \boldsymbol{Z}_{AA} \end{bmatrix} \begin{bmatrix} \boldsymbol{I}_C \\ \boldsymbol{I}_S \\ \boldsymbol{I}_A \end{bmatrix} \tag{4-32}$$

令 $V_S = V_A = 0$ 来消除护套和铠装层的影响，由此得到含有护套、铠装层和大地的电缆或者是带有海水的海底电缆的相线芯满矩阵。

$$Z_{Phase(3\times3)} = Z_{CC(3\times3)} - Z_{CS,CA(3\times6)} Z_{SS,AA(6\times6)}^{-1} [Z_{CS,CA(3\times6)}]^t \tag{4-33}$$

对于各电缆相间铺设间隔很远的单芯电缆，相互的电磁耦合很弱故可以忽略。因此，根据这样的结构，三相海底电缆相关计算式为

$$a = Z_{C1S1} = Z_{C2S2} = Z_{C3S3} = Z_{S1C1} = Z_{S2C2} = Z_{S3C3} = Z_{CS}$$

$$b = Z_{C1A1} = Z_{C2A2} = Z_{C1A3} = Z_{A1C1} = Z_{A2C2} = Z_{A3C3} = Z_{CA}$$

$$c = Z_{S1A1} = Z_{S2A2} = Z_{S3C3} = Z_{A1S1} = Z_{A2S2} = Z_{SA}$$

$$d = Z_{C1C1} = Z_{C2C2} = Z_{C3C3} = Z_{CC}$$

$$e = Z_{S1S1} = Z_{S2S2} = Z_{S3S3} = Z_{SS}$$

$$f = Z_{A1A1} = Z_{A2A2} = Z_{A3A3} = Z_{AA}$$

所有三相电缆的交互项为 0，因此等式（4-31）可以简化成

$$\boldsymbol{Z} = \begin{bmatrix} d & 0 & 0 & a & 0 & 0 & b & 0 & 0 \\ 0 & d & 0 & 0 & a & 0 & 0 & b & 0 \\ 0 & 0 & d & 0 & 0 & a & 0 & 0 & b \\ a & 0 & 0 & e & 0 & 0 & c & 0 & 0 \\ 0 & a & 0 & 0 & e & 0 & 0 & c & 0 \\ 0 & 0 & a & 0 & 0 & e & 0 & 0 & c \\ b & 0 & 0 & c & 0 & 0 & f & 0 & 0 \\ 0 & b & 0 & 0 & c & 0 & 0 & f & 0 \\ 0 & 0 & b & 0 & 0 & c & 0 & 0 & f \end{bmatrix} \tag{4-34}$$

利用等式（4-33），相阻抗矩阵可写成

$$\boldsymbol{Z}_{Phase} = \begin{bmatrix} Z_a & 0 & 0 \\ 0 & Z_a & 0 \\ 0 & 0 & Z_a \end{bmatrix} \tag{4-35}$$

式中，Z_a 是每根电缆或每项包含连接护套、铠装层和海水回路影响后的阻抗。对应的序阻抗不考虑相间的影响，和 Z_a 相等。

当相间的距离不是足够大到相间的耦合影响可以被忽略时，需要再为相间的耦合影响定义三个阻抗参数。令相 1 和相 2 间的阻抗参数为 g，则有

$$\begin{aligned} g &= Z_{C1C2} = Z_{C1S2} = Z_{C1A2} = Z_{S1C2} = Z_{S1S2} = Z_{S1A2} \\ &= Z_{A1C2} = Z_{A1S2} = Z_{A1A2} = Z_{C2C1} = Z_{S2C1} = Z_{A2C1} \\ &= Z_{C2S1} = Z_{S2S1} = Z_{A2S1} = Z_{C2A1} = Z_{S2A1} = Z_{A2A1} \end{aligned}$$

相 1 和相 3、相 2 和相 3 间的互阻抗也可以类似定义。

2. 三芯铠装电缆

三芯铠装电缆有三根线芯、三个护套以及一个铠装层，其满阻抗公式可以写成

$$\begin{bmatrix} V_{C1} \\ V_{C2} \\ V_{C3} \\ V_{S1} \\ V_{S2} \\ V_{S3} \\ V_{A} \end{bmatrix} = \begin{bmatrix} Z_{C1C1} & Z_{C1C2} & Z_{C1C3} & Z_{C1S1} & Z_{C1S2} & Z_{C1S3} & Z_{C1A} \\ Z_{C2C1} & Z_{C2C2} & Z_{C2C3} & Z_{C2S1} & Z_{C2S2} & Z_{C2S3} & Z_{C2A} \\ Z_{C3C1} & Z_{C3C2} & Z_{C3C3} & Z_{C3S1} & Z_{C3S2} & Z_{C3S3} & Z_{C3A} \\ Z_{S1C1} & Z_{S1C2} & Z_{S1C3} & Z_{S1S1} & Z_{S1S2} & Z_{S1S3} & Z_{S1A} \\ Z_{S2C1} & Z_{S2C2} & Z_{S2C3} & Z_{S2S1} & Z_{S2S2} & Z_{S2S3} & Z_{S2A} \\ Z_{S3C1} & Z_{S3C2} & Z_{S3C3} & Z_{S3S1} & Z_{S3S2} & Z_{S3S3} & Z_{S3A} \\ Z_{AC1} & Z_{AC2} & Z_{AC3} & Z_{AS1} & Z_{AS2} & Z_{AS3} & Z_{AA} \end{bmatrix} \begin{bmatrix} I_{C1} \\ I_{C2} \\ I_{C3} \\ I_{S1} \\ I_{S2} \\ I_{S3} \\ I_{A} \end{bmatrix} \tag{4-36}$$

利用关于无铠装层的电缆等式，可以得到

$$\begin{aligned} c &= Z_{C1A} = Z_{C2A} = Z_{C3A} = Z_{AC1} = Z_{AC2} = Z_{AC3} = \\ &\quad Z_{S1A} = Z_{S2A} = Z_{S3A} = Z_{AS1} = Z_{AS2} = Z_{AS3} \end{aligned}$$

$$d = Z_{AA}$$

可以写成

$$\begin{bmatrix} V_{C1} \\ V_{C2} \\ V_{C3} \\ V_{S1} \\ V_{S2} \\ V_{S3} \\ V_{A} \end{bmatrix} = \begin{bmatrix} e & b & b & a & b & b & c \\ b & e & b & b & a & b & c \\ b & b & e & b & a & b & c \\ a & b & b & f & b & b & c \\ b & a & b & b & f & b & c \\ b & b & a & b & b & f & c \\ c & c & c & c & c & c & d \end{bmatrix} \begin{bmatrix} I_{C1} \\ I_{C2} \\ I_{C3} \\ I_{S1} \\ I_{S2} \\ I_{S3} \\ I_{A} \end{bmatrix} \tag{4-37}$$

对于单芯电缆而言，它的护套和铠装层是相互连接和接地的，对于三芯电缆，可以令 $V_S=V_A=0$ 来消除护套和铠装层的影响。可以得到

$$\begin{bmatrix} V_{C(3\times1)} \\ 0_{S,A(4\times1)} \end{bmatrix} = \begin{bmatrix} \boldsymbol{Z}_{CC(3\times3)} & \boldsymbol{Z}_{CS,CA(3\times4)} \\ [\boldsymbol{Z}_{CS,CA(3\times4)}]^T & \boldsymbol{Z}_{SS,AA(3\times4)} \end{bmatrix} \begin{bmatrix} \boldsymbol{I}_{C(3\times1)} \\ \boldsymbol{I}_{S,A(4\times1)} \end{bmatrix} \tag{4-38}$$

含有护套、铠装层和大地的电缆，或者是带有海水的海底电缆的相线芯满矩阵为

$$\boldsymbol{Z}_{Phase(3\times3)} = \boldsymbol{Z}_{CC(3\times3)} - \boldsymbol{Z}_{CS,CA(3\times4)} \boldsymbol{Z}_{SS,AA(4\times4)}^{-1} [\boldsymbol{Z}_{CS,CA(3\times4)}]^T \tag{4-39}$$

相阻抗矩阵实际上是平衡的，对应的序阻抗矩阵可以通过 $\boldsymbol{Z}_{PNZ}=\boldsymbol{H}-\boldsymbol{H}\boldsymbol{Z}_{Phase}\boldsymbol{H}$ 来计算，$\boldsymbol{H}$ 是一个对角阵，也就是说它没有交互项。

3. 管道电缆

对于管式电缆，相比较于地下电缆的自阻抗和互阻抗的计算要复杂。由于管道的磁导率是非线性的，管道内和管道外的磁通计算更加复杂，因为钢管的磁导率是随着在由于管道磁化饱和引起接地故障情况下流过管道的 ZPS 电流的大小而变化的。在工频下分析时，一般假设管道的厚度大于穿透管壁的深度，这个假设在管道 ZPS 电流增大时基本是正确的。这就意味着在三条电缆护套的旁边，只有管道是唯一的电流回路，没有穿过土壤的电流回流。这样，管道内的电缆就可以被看作是三条独立的以管道而非大地作为回路的单芯电缆。穿入管道的深度计算式为

$$\delta = 503.292 \times \sqrt{\frac{\rho_P}{f\mu_P}} \tag{4-40}$$

式中 ρ_P——管道的电阻率；

μ_P——管道的相对磁导率。

为了举例说明管道无穷厚的情况，设想一条 132kV 的管式电缆，带有 6.3m 厚的 $\rho_P=3.8\times10^{-8}\Omega m$，$\mu_P=400$ 的钢管。工频下穿透深度管道的深度是 $\delta=1.32mm$，这相对于管道的深度来讲是很小的，假设电流回路流向管道的内壁，这样大地回路就可以被忽略了。

对于三相管道电缆，它具有三根线芯、三个护套和一个管道，其中管道也就代表了回路路径，也就是说回路中具有 7 个导体。因此，满阻抗矩阵可以采用式（4-36）的形式，只要把铠装层的“A”换成管道的“P”就行，消去管道或者管道和护套，计算过程同前文三芯铠装电缆。

4. 海底电缆

对于三相海底电缆来讲，其串联阻抗的计算公式和三相地下电缆相似。但是海底电缆以海水为回路，其海水回路等效导体半径计算式为

$$R_{Sea} = 399.63 \times \sqrt{\frac{\rho_{Sea}}{f}} \tag{4-41}$$

式中 R_{Sea}——海水回路等效导体的外半径；

ρ_{Sea}——海水的电阻率。这个理论的前提是假设电缆完全被无限的海水包围，海水充当回路导体，其外部半径是 R_{Sea}。例如，假设某个特定的海水电阻率 $\rho_{Sea}=0.5\Omega m$，$f=50Hz$ 时 $R_{Sea}\approx40m$。

在深海底下，当电缆相间的间距有 100～500m 时，它们之间的相间电磁耦合将非常薄弱，以至于正常情况下可以忽略。用海水回路等效导体的半径表示的内部阻抗计算式为

$$Z_{Sea} = \pi^2 10^{-4} f\left[1+\frac{4}{\pi}kei(\alpha)\right] + j4\pi\times10^{-4} f\left[\ln\left(\frac{R_{Sea}}{e}\right) - ker(\alpha)\right] \tag{4-42}$$

式中 α——$1.123\times D/R_{Sea}$，D 是电缆相间的距离，单位为 m；

r——导体半径，m；

$kei(\alpha)$、$ker(\alpha)$——带有实参 α 的开尔文函数。

（三）电缆线路并联导纳

铠装电缆等效电容示意图如图 4-15 所示，不难得出带铠装电缆导纳矩阵定义为

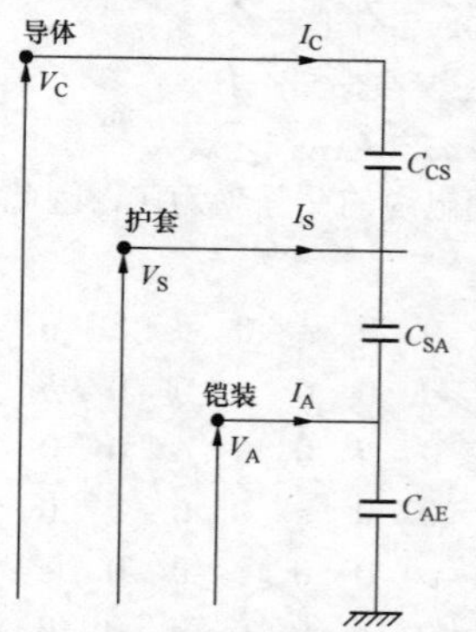

图 4-15 铠装电缆等效电容示意图

$$\boldsymbol{Y}=\begin{bmatrix} y_{cs} & 0 & 0 & -y_{cs} & 0 & 0 & 0 & 0 & 0 \\ 0 & y_{cs} & 0 & 0 & -y_{cs} & 0 & 0 & 0 & 0 \\ 0 & 0 & y_{cs} & 0 & 0 & -y_{cs} & 0 & 0 & 0 \\ -y_{cs} & 0 & 0 & y_{cs}+y_{sA} & 0 & 0 & -y_{sA} & 0 & 0 \\ 0 & -y_{cs} & 0 & 0 & y_{cs}+y_{sA} & 0 & 0 & -y_{sA} & 0 \\ 0 & 0 & -y_{cs} & 0 & 0 & y_{cs}+y_{sA} & 0 & 0 & -y_{sA} \\ 0 & 0 & 0 & -y_{sA} & 0 & 0 & y_{cs}+y_{sA} & 0 & 0 \\ 0 & 0 & 0 & 0 & -y_{sA} & 0 & 0 & y_{cs}+y_{sA} & 0 \\ 0 & 0 & 0 & 0 & 0 & -y_{sA} & 0 & 0 & y_{cs}+y_{sA} \end{bmatrix}$$

没有铠装层时，即为

$$\boldsymbol{Y}=\begin{bmatrix} y_{cs} & 0 & 0 & -y_{cs} & 0 & 0 \\ 0 & y_{cs} & 0 & 0 & -y_{cs} & 0 \\ 0 & 0 & y_{cs} & 0 & 0 & -y_{cs} \\ -y_{cs} & 0 & 0 & y_{cs+SE} & 0 & 0 \\ 0 & -y_{cs} & 0 & 0 & y_{cs+SE} & 0 \\ 0 & 0 & -y_{cs} & 0 & 0 & y_{cs+SE} \end{bmatrix}$$

（四）电缆线路序阻抗

为了研究电缆线路的稳态特性，施加正序电压，而为了研究导体的空载合闸特性，引入电源网络的一个全相模型，该模型由纵向的三相阻抗矩阵 Z_{abc} 组成，Z_{abc} 的元素是自阻抗和相间互阻抗。由于在次暂态情况下，通常假定等效的三相电源网络是结构对称的，因此完全可以用对应的零序、正序和负序纵向阻抗来描述，三者组成的序阻抗矩阵用 Z_{012} 表示。

1. 非铠装电缆序阻抗

当电缆不带铠装层，护套两端接地时，可认为式（4-23）中 $\Delta V_s=0$，此时可将式（4-23）展开为

$$\Delta V_C = Z_{CC}I_C + Z_{CS}I_S \tag{4-43}$$

$$0 = Z_{CS}I_C + Z_{SS}I_S \tag{4-44}$$

消去 I_S，则有

$$\Delta V_C = (Z_{CC} - Z_{CS}Z_{SS}^{-1}Z_{CS})I_C \tag{4-45}$$

从而，三相等值阻抗矩阵为

$$\boldsymbol{Z}_{abc} = \boldsymbol{Z}_{CC} - \boldsymbol{Z}_{CS}\boldsymbol{Z}_{SS}^{-1}\boldsymbol{Z}_{CS} \tag{4-46}$$

若三相电缆进线换位或可以假设进行均匀换位，则等值阻抗矩阵为

$$\boldsymbol{Z}_{abc}=\begin{bmatrix} Z & M & M \\ M & Z & M \\ M & M & Z \end{bmatrix} \tag{4-47}$$

式（4-47）中，Z 代表三相等值阻抗中对角线上的量，M 代表非对角线上的量。

根据序变换可以得到

$$\boldsymbol{Z}_{012}=\begin{bmatrix} Z+2M & 0 & 0 \\ 0 & Z-M & 0 \\ 0 & 0 & Z-M \end{bmatrix} \tag{4-48}$$

下面再讨论序电导矩阵，对不带铠装层的电缆而言，完整的电纳矩阵为

$$\begin{bmatrix} I_{C1} \\ I_{C2} \\ I_{C3} \\ I_{S1} \\ I_{S2} \\ I_{S3} \end{bmatrix} = \begin{bmatrix} jB_{CS} & 0 & 0 & -jB_{CS} & 0 & 0 \\ 0 & jB_{CS} & 0 & 0 & -jB_{CS} & 0 \\ 0 & 0 & jB_{CS} & 0 & 0 & -jB_{CS} \\ -jB_{CS} & 0 & 0 & j(B_{CS}+B_{SE}) & 0 & 0 \\ 0 & -jB_{CS} & 0 & 0 & j(B_{CS}+B_{SE}) & 0 \\ 0 & 0 & -jB_{CS} & 0 & 0 & j(B_{CS}+B_{SE}) \end{bmatrix} \begin{bmatrix} V_{C1} \\ V_{C2} \\ V_{C3} \\ V_{S1} \\ V_{S2} \\ V_{S3} \end{bmatrix} \tag{4-49}$$

如果电缆紧固连接或是交叉则互联护套可以被忽略，用 $V_{S1}=V_{S2}=V_{S3}=0$ 表示，从而可以得到

$$\begin{bmatrix} I_{C1} \\ I_{C2} \\ I_{C3} \end{bmatrix} = \begin{bmatrix} \dfrac{B_{CS}B_{SE}}{B_{CS}+B_{SE}} & 0 & 0 \\ 0 & \dfrac{B_{CS}B_{SE}}{B_{CS}+B_{SE}} & 0 \\ 0 & 0 & \dfrac{B_{CS}B_{SE}}{B_{CS}+B_{SE}} \end{bmatrix} \begin{bmatrix} V_{C1} \\ V_{C2} \\ V_{C3} \end{bmatrix} \tag{4-50}$$

则可以得到相电纳矩阵为

$$B_{012} = \begin{bmatrix} \dfrac{B_{CS}B_{SE}}{B_{CS}+B_{SE}} & 0 & 0 \\ 0 & \dfrac{B_{CS}B_{SE}}{B_{CS}+B_{SE}} & 0 \\ 0 & 0 & \dfrac{B_{CS}B_{SE}}{B_{CS}+B_{SE}} \end{bmatrix} \tag{4-51}$$

而 $B_{abc}=B_{012}$，即得到 B_{012}。

2. 铠装电缆序阻抗

对于带铠装层的电缆，为了控制护套和铠装层的

电压，护套常常是和铠装层相连接的，并且两者可靠接地，因此，在考虑三相等值阻抗矩阵时设定式（4-23）中 $V_S=V_A=0$，则式（4-23）变为：

$$\begin{bmatrix}\Delta V_{C(3\times1)}\\0_{S,A(6\times1)}\end{bmatrix}=\begin{bmatrix}Z_{CC(3\times3)} & Z_{CS,CA(3\times6)}\\Z_{CS,CA(3\times6)^T} & Z_{SS,AA(6\times6)}\end{bmatrix}\begin{bmatrix}I_{C(3\times1)}\\I_{S,A(6\times1)}\end{bmatrix} \tag{4-52}$$

将式（4-53）展开，得到

$$\Delta V_{C(3\times1)}=Z_{CC(3\times3)}I_{C(3\times1)}+Z_{CS,CA(3\times6)}I_{S,A(6\times1)} \tag{4-53}$$

$$0_{S,A(6\times1)}=Z_{CS,CA(3\times6)^T}I_{C(3\times1)}+Z_{SS,AA(6\times6)}I_{S,A(6\times1)} \tag{4-54}$$

消去 $I_{S,A\ (6\times1)}$ 得到

$$\Delta V_{C(3\times1)}=[Z_{CC}-Z_{CS,CA}Z_{SS,AA}{}^{-1}(Z_{CS,CA})^T]I_{C(3\times1)} \tag{4-55}$$

得到三相等值阻抗矩阵为

$$Z_{abc}=Z_{CC}-Z_{CS,CA}Z_{SS,AA}{}^{-1}(Z_{CS,CA})^T \tag{4-56}$$

若三相线路进行换位或假设进行均匀换位，则等值阻抗矩阵具有以下形式

$$\boldsymbol{Z}_{abc}=\begin{bmatrix}Z & M & M\\M & Z & M\\M & M & Z\end{bmatrix} \tag{4-57}$$

根据序变换可以得到

$$\boldsymbol{Z}_{012}=\begin{bmatrix}Z+2M & 0 & 0\\0 & Z-M & 0\\0 & 0 & Z-M\end{bmatrix} \tag{4-58}$$

同理对于带铠装的电缆而言，紧固连接或是交叉互联时 $V_{S1}=V_{S2}=V_{S3}=V_{A1}=V_{A2}=V_{A3}=0$，则不难得出，相电纳矩阵为

$$\boldsymbol{B}_{abc}=\begin{bmatrix}B_{CS} & 0 & 0\\0 & B_{CS} & 0\\0 & 0 & B_{CS}\end{bmatrix} \tag{4-59}$$

对于一端连接或接地以及在电缆中间接地的电缆，$I_{S1}=I_{S2}=I_{S3}=I_{A1}=I_{A2}=I_{A3}=0$，和不带铠装层的一端接地或接地以及在电缆中间接地的电缆同样推导，可以得到相电导矩阵为

$$\boldsymbol{B}_{abc}=\begin{bmatrix}\dfrac{1}{\dfrac{1}{B_{CS}}+\dfrac{1}{B_{SA}}+\dfrac{1}{B_{AE}}} & 0 & 0\\0 & \dfrac{1}{\dfrac{1}{B_{CS}}+\dfrac{1}{B_{SA}}+\dfrac{1}{B_{AE}}} & 0\\0 & 0 & \dfrac{1}{\dfrac{1}{B_{CS}}+\dfrac{1}{B_{SA}}+\dfrac{1}{B_{AE}}}\end{bmatrix} \tag{4-60}$$

以上所有情况下的序电导矩阵均等于各自的相电导矩阵，即 $B_{abc}=B_{012}$。

第二节　电缆护层的感应电压

电力行业安全操作规程规定，电气设备不带电的金属外壳都需要接地，按照这一规定，电力电缆的金属护层或金属屏蔽层必须接地。通常 110kV 以下电压等级的电缆在运行过程中，都采用线路两端直接接地方式，这是因为 110kV 以下电压等级的电力电缆大多数是三芯结构的。在正常运行中，流过电缆三相导体的电流之和为零，在金属护层或屏蔽层上基本上没有磁链，这样，在金属护层或屏蔽层两端就基本上没有感应电压，所以电缆两端接地后不会有感应电流流过金属护层或屏蔽层。但是当电压超过 110kV 时，电缆全部采用单芯结构。当单芯电缆导体通过电流时，就会有磁力线交链金属护层或金属屏蔽层，使它的两端出现感应电压。此时，如果仍将金属护层或金属屏蔽层两端接地（如图 4-16 所示），则金属护层或金属屏蔽层将会出现很大的环流，其值可达线芯电流的 50%～95%，形成电能损耗，使金属护层或金属屏蔽层发热，这不仅浪费了大量电能，而且降低了导体电缆的载流量，并加速了电缆绝缘老化，因此单芯电缆不能两端接地，只有在电缆较短或负荷电流较小时，才可以将金属护层或金属屏蔽层进行两端接地。

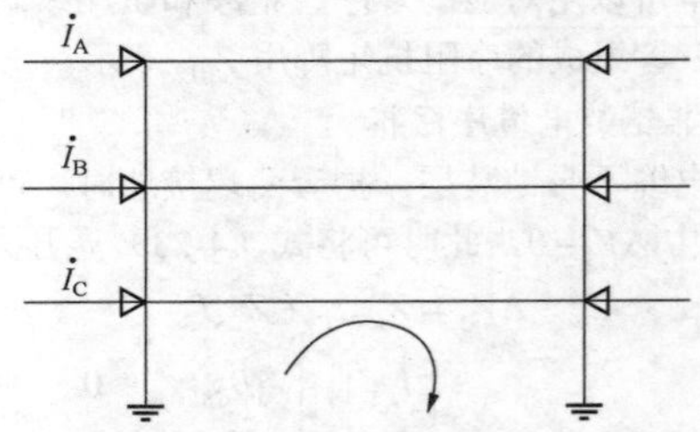

图 4-16　两端三相互通接地

当金属护层或金属屏蔽层一端直接接地而另一端不接地时，会存在这样的问题：当电缆线路遭受雷电冲击或内过电压冲击时，电缆金属护层或金属屏蔽层不接地端会出现很高的冲击电压；或者在系统发生短路时，短路电流在流过电缆导体时，在不接地端的电缆金属护层或金属屏蔽层也会出现较高的感应电压。当电缆外护层绝缘不能承受这种过电压的作用而损坏时，就会容易出现多点接地的情况，从而在电缆护层上形成环流。某 110kV 电缆线路，就因在施工安装时，因为电缆护层感应电压过高，形成护层击穿，引起多点接地，最后造成电缆终端头下方着火；因此，在采用一端互联接地时，必须采取措施限制护层上的感应过电压，以防止电缆外护层绝缘受到损害，确保电缆线路的安全稳定运行。

一、冲击电压作用下单芯电缆护层的感应电压

1. 不接地端不装设保护器时护层所受的冲击电压

不接地端护层所受的冲击电压可按图 4-17（b）所示的等值电路进行估算。图 4-1 中 Z_1 为电缆导体和金属护层之间的波阻抗，Z_2 为电缆金属护层和大地间的波阻抗，Z_0 为架空输电线的波阻抗，U_0 为沿架空线路侧的雷电压幅值进行波。

由等值电路可知，此时金属护层不接地端护层所受的电压为

$$U_A = U_2 = 2U_0 \frac{Z_2}{Z_0 + Z_1 + Z_2} \tag{4-61}$$

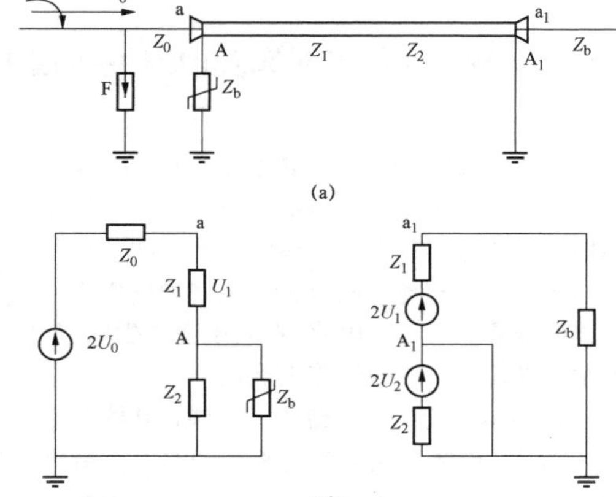

图 4-17　护层过电压计算电路（一）

（a）原理接线；（b）等值电路

其中

$$Z_1 = \frac{2}{2\pi}\sqrt{\frac{\mu_r}{\varepsilon_r}}\ln\frac{D}{r_1}$$

$$Z_2 = \frac{2}{2\pi}\sqrt{\frac{\mu_r}{\varepsilon_r}}\ln\frac{D}{r_a}$$

式中 r_1——电缆导体半径；

r_a——电缆金属护层半径；

D——地中电流穿透深度，$D = 660\sqrt{\rho / f}$ 。

一般 Z_1 可以根据电缆的结构尺寸通过计算或实测得出，Z_2 由于地中电流分布复杂，也应通过实测确定。

对于 110kV 电缆线路系统，当 $U_0 = U_{50\%} = 700\text{kV}$，$Z_0 = 500\Omega$，$Z_1 = 17.8\Omega$，$Z_2 = 100\Omega$（缆沟式敷设）时，代入式（4-61）可得无避雷器时 A 点电压为

$$U_A = 2\times700\times\frac{100}{500+17.8+100} = 226.5 \text{ (kV)}$$

当电缆首端与架空输电线边界处装有氧化锌避雷器并动作时，$U_0 = U_5 = 332\text{kV}$（该避雷器 5kA 下的残压），则 $U_A = 107.4\text{kV}$，对于采取直埋方式敷设的电缆线路，$Z_2 = 15\Omega$。同理也可以算出 $U_A = 39.4\text{kV}$（无避雷器）和 $U_A = 18.9\text{kV}$（有避雷器）。

不装设保护器时，如果金属护层首端进行了接地，则不接地端护层所受冲击电压可按图 4-18（b）所示等值电路进行计算。

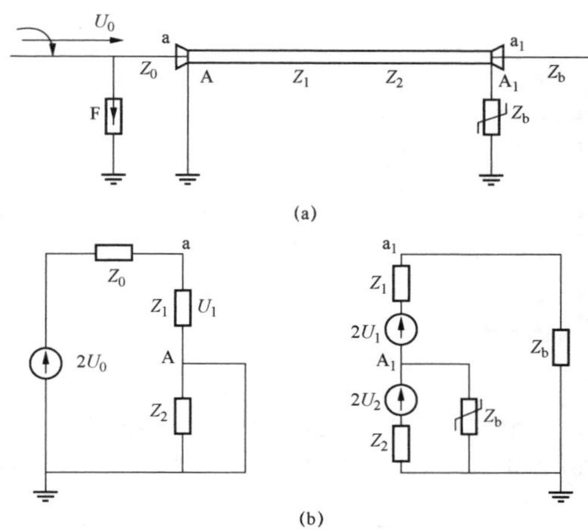

图 4-18　护层过电压计算电路（二）

（a）原理接线；（b）等值电路

金属护层不接地端护层所受冲击电压为

$$U_{A1} = -4U_0\frac{Z_1}{Z_0 + Z_1}\times\frac{Z_2}{Z_1 + Z_2 + Z_f} \tag{4-62}$$

显然 U_{A1} 与电缆末端所接负载波阻抗 Z_f 有关。当电缆末端不接负载（a_1 处开路时），U_{A1} 将为零值，然而当电缆末端接有大电容或末端主绝缘对地击穿（如终端头闪络）相当于 a_1 点接地时，U_{A1} 的值为

$$U_{A1} = -4\times700\times\frac{17.8}{500+17.8}\times\frac{100}{17.8+100} = -81.7 \text{ (kV)}$$

当电缆与架空线连接处设有 FZ－110J 型避雷器并动作时，则 $U_0 = 332\text{kV}$，此时有

$$U_{A1} = -4\times332\times\frac{17.8}{500+17.8}\times\frac{100}{17.8+100} = -38.4 \text{ (kV)}$$

同理对于直埋电缆 $Z_2 = 15\Omega$，可计算出 $U_{A1} = 44\text{kV}$（无避雷器）和 $U_{A1} = 20.2\text{kV}$（有避雷器）。

综上所述，由于本案例中电缆生产厂给出 110kV 电缆的外护层冲击绝缘强度为 37.5kV，因此无论电缆线路金属护套是首端还是末端接地，其不接地端都需要安装护层保护器。

2. 不接地端装设保护器时冲击电流的计算

当金属护层的不接地端家装保护器后，雷电压波将通过保护器，起到降低护层过电压的作用。金属护层末端接地时，流经护层保护器的电流可按图 4-17 所示的等值电路进行计算。考虑到保护器在大冲击电流

下所呈现的等值电阻 Z_b 很小，一般为 1Ω 以下，远小于电缆的波阻抗，因此在计算时可以忽略保护器的电阻，而把等值电路简化为图 4-19（c），首端接地，末端保护器的接线图如图 4-20 所示。

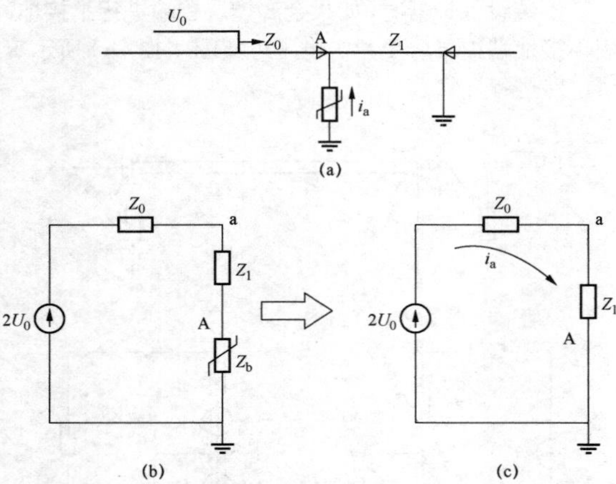

图 4-19　末端接地，首端保护器接线图

（a）原理接线；（b）等值电路；（c）忽略 Z_b 时的等值电路

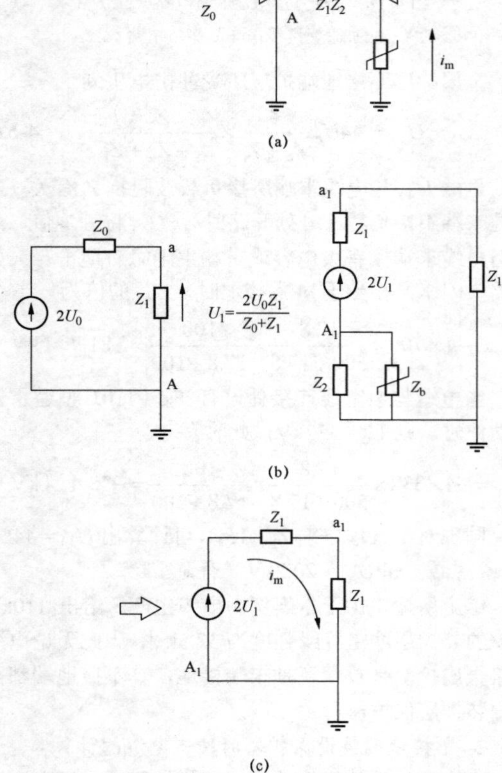

图 4-20　首端接地，末端保护器接线图

（a）原理接线；（b）等值电路；

（c）忽略 Z_b 时的等值电路

当 $Z_b=0$，则有

$$i_s=\frac{2U_0}{Z_0+Z_1+Z_b} \tag{4-63}$$

$$i_s=\frac{2U_0}{Z_0+Z_1+Z_b}=\frac{2\times700}{500+17.8}=2.7\ \text{（kA）}$$

流经末端保护器的电流为

$$i_m=\frac{2U_1}{Z_1+Z_f+\dfrac{Z_bZ_2}{Z_b+Z_2}}=\frac{2U_0}{Z_1+Z_f}=\frac{4U_0Z_1}{(Z_0+Z_1)(Z_1+Z_f)} \tag{4-64}$$

当电缆末端接有大电容或主绝缘击穿（$Z_f=0$）时，则有

$$i_m=\frac{4U_0}{Z_0+Z_1}=\frac{4\times700}{500+17.8}=5.4\ \text{（kA）}$$

二、工频电压作用下单芯电缆护层的感应电压

1. 平衡负载条件下，电缆护层中的感应电压

电缆的金属护层可以看成一个桶装的金属体，同圆心地环绕在导体周围，导体回路产生的一部分磁通不仅与导体回路相连，同时也与金属护层相连，这部分磁通使金属护层具有电感，在它上面产生感应电压，其大小可以通过以下的计算来确定。

一条 110kV 交联聚乙烯电力电缆，其线芯截面积为 500mm²，电缆应用于三相平衡线路，负荷电流为 380A，电缆中心轴间距离为 250mm，金属护层外径为 65mm，分别计算三相电缆在不同的排列方式下电缆金属护层中的感应电压。电缆的三种排列方式如图 4-21 所示。

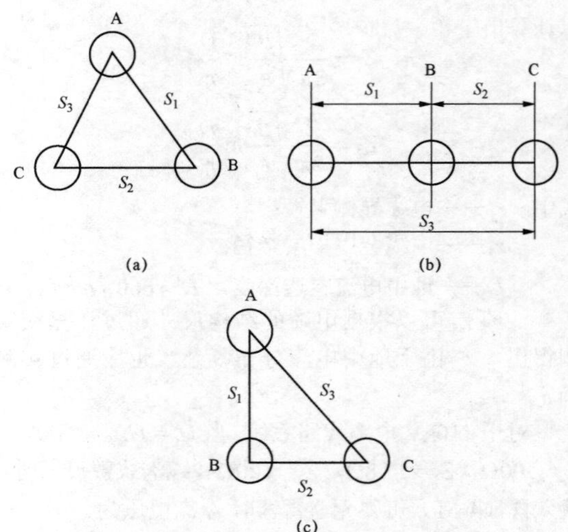

图 4-21　三相电缆的排列敷设方式

（a）三相电缆成等边三角形排列；（b）三相电缆成水平排列；

（c）三相电缆成直角三角形排列

（1）三相电缆敷设在等边三角形顶点上[如图4-19（a）所示]。

$$X_1 = X_2 = X_3 = X_s = 2\omega\ln\frac{2S}{D_S}\times10^{-7} \tag{4-65}$$

$$U_{S1} = U_{S2} = U_{S3} = IX_S \tag{4-66}$$

其中

$$X_S = 2\times314\ln\frac{2\times250}{65}\times10^{-7} = 1.20\times10^{-4}\ (\Omega/\text{m})$$

$$U_S = 380\times1.20\times10^{-4} = 4.56\times10^{-2}\ (\text{V/m})$$

即 1km 长电缆感应电压为 45.6V。

（2）三相电缆敷设在一直线上［如图 4-19（b）所示］。

如图 4-19（b）所示，电缆中心轴间距离为 S，此时 $S_1=S_2=S$，$S_3=2S$，则感应电压分别为

$$U_{S1} = U_{S3} = I\sqrt{X_s^2 + X_sX_m + X_m^2}\ (\text{V/m}) \tag{4-67}$$

$$U_{S2} = IX_S\ (\text{V/m}) \tag{4-68}$$

其中

$$X_1 = X_3 = X_S = 2\omega\ln\frac{2S}{D_S}\times10^{-7}\ (\Omega/\text{m})$$

$$X_m = 2\omega\ln2\times10^{-7}\ (\Omega/\text{m})$$

可计算得出

$$X_S = 1.20\times10^{-4}\ (\Omega/\text{m})$$

$$X_m = 0.435\times10^{-4}\ (\Omega/\text{m})$$

所以

$$U_{S1} = U_{S3} = 380\times\sqrt{1.20^2 + 1.20\times0.435^2 + 0.435^2\times10^{-8}}$$
$$= 380\times0.014\times10^{-2} = 5.32\times10^{-2}(\text{V / m})$$

即 1km 长的边相电缆感应电压为 53.2V，同理可以计算出中相金属护层中的感应电压为

$$U_{S2} = IX_S = 380\times1.20\times10^{-2} = 4.56\times10^{-2}\ (\text{V/m})$$

即 1km 长的电缆其感应电压为 45.6V。

（3）三相电缆敷设在一直角等边三角形顶点上［如图 4-21（c）所示］。

$$U_{S1} = U_{S3} = I\sqrt{X_s^2 + \frac{1}{2}X_sX_m + \left(\frac{X_m}{2}\right)^2}\ (\text{V/m}) \tag{4-69}$$

$$U_{S2} = IX_S\ (\text{V/m}) \tag{4-70}$$

可计算得

$$U_{S1} = U_{S3} = 380\times\sqrt{\left[1.20^2 + \frac{1}{2}\times1.20\times0.435 + \left(\frac{0.435}{2}\right)^2\right]\times10^{-8}}$$
$$= 5.87\times10^{-2}(\text{V / m})$$

即 1km 长的电缆感应电压为 58.7V。

由上述 3 种情况计算可知，单芯电缆护层上的感应电压与电缆的长度、电缆上流过的电流以及电缆的排列方式有关。当电缆长度和工作电流较大的情况下，感应电压可能达到很大的数值，因此，必须采取限制措施将护层感应电压限制到安全值的范围内。

2. 工频短路时，电缆护层中的感应电压

对于电缆金属护层一端接地的情况，首先分析单相接地时护层的感应电压，并有如下假设：

（1）接地电流全部以大地为回路。

（2）接地电流全部以回流线或电缆金属护层为回路。

护层感应电压应该是以护层纵向感应电压为主，但也要计及地电位升高的电压，下面分别说明如下。

（1）接地电流全部以大地为回路。当电缆外架空输电线路发生一相接地时，接地电流全部以大地为回路，如图 4-22 所示。

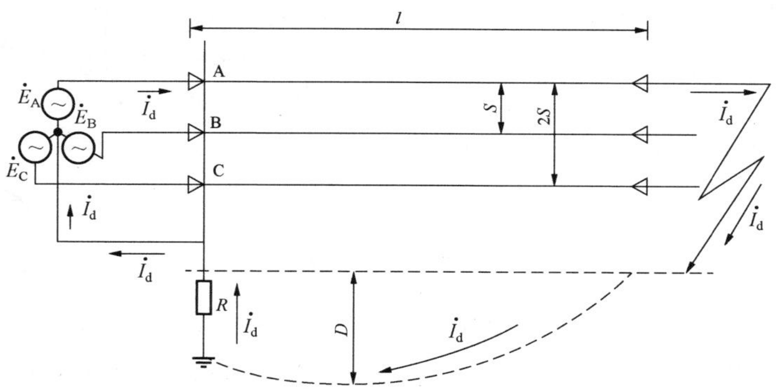

图 4-22 金属护层一端接地时单相接地故障电流回路

接地相的护层电压为

$$U_{SA} = \left[R + \left(R_g + \text{j}2\omega\times10^{-4}\ln\frac{D}{r_s}\right)l\right]I_d \tag{4-71}$$

式中 R——接地电阻；

R_g——大地电阻，$R_g = \pi^2 f\times10^{-4}$，Ω/km；

r_s——电缆金属护层半径，m；

l——电缆护层长度，m；

D——地中流穿透深度，$D = 660\sqrt{\rho / f}$，m；
I_d——单相接地故障电流，A；
ρ——土壤电阻率，Ωm；
f——电流频率，Hz。

式（4-71）中虚数项为电缆护层纵向单位感应电抗，R 为地电位升高对应的电阻。从式（4-71）可知，如 R 较大，则地电位升高占有护层电压的很大部分。距离接地故障的A相为 S 的B相护层上的感应电压和距A相为 $2S$ 的C相护层上的感应电压与式（4-71）相似，可写成

$$U_{SB} = \left[R + \left(R_g + j2\omega\times10^{-4}\ln\frac{D}{S}\right)l\right]I_d \tag{4-72}$$

$$U_{SC} = \left[R + \left(R_g + j2\omega\times10^{-4}\ln\frac{D}{2S}\right)l\right]I_d \tag{4-73}$$

由式（4-71）～式（4-73）可看出，U_{SA} 的纵向感应电压最高，而与A相平行的导线上，其感应电压随离A距离的增大而减少。

（2）接地电流以回流线或金属护层为回路。金属护层一点互联接地的电缆线路，为了降低电缆金属护层的感应电压，通常可在电缆线路近旁平行敷设一根回流线（该线采用铝绞线或铜绞线均可，但两端要接地）。当电缆出线端发生单相接地时，由于接地点正处于回流线连接地网中，此时接地故障电流有很大一部分通过回流线，而流入大地部分的故障电流可以忽略不计，有回流线时单相接地故障电流回路如图4-23所示。

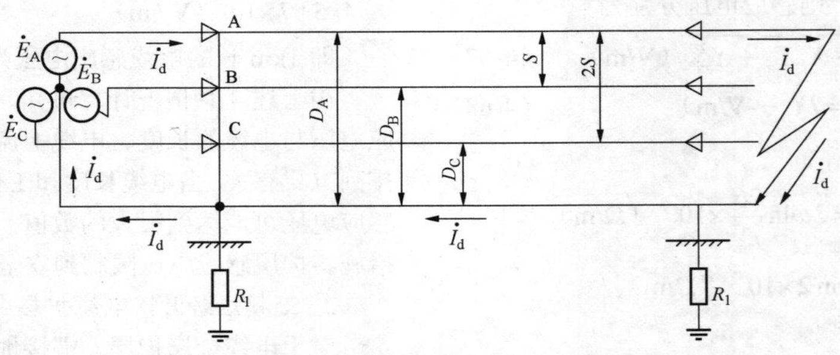

图4-23　有回流线时单相接地故障电流回路

当接地电流全部通过回流线时，电缆金属护层对回流线的感应电压为

$$J_{SA} = \left[\left(R_P + j2\omega\times10^{-4}\ln\frac{D_A}{r_P}\right) + j2\omega\times10^{-4}\ln\frac{D_A}{r_S}\right]lI_d \tag{4-74}$$

式中　D_A——回流线至发生接地故障相（A相）的间距，mm；
R_P——回流线单位长度的电阻，Ω；
r_S——电缆金属护层的半径，mm；
r_P——回流线的几何平均半径，mm。

式（4-74）中的圆括号部分是接地电流在回流线上的电阻，将式（4-74）简化可写成

$$U_{SA} = \left(R_P + j2\omega\times10^{-4}\ln\frac{D_A^2}{r_P r_S}\right)lI_d \tag{4-75}$$

如回流线至B、C相的间距为 D_B、D_C，则B、C相的金属护层对回流线的电动势为

$$U_{SB} = \left(R_P + j2\omega\times10^{-4}\ln\frac{D_A D_B}{r_P S}\right)lI_d \tag{4-76}$$

$$U_{SC} = \left(R_P + j2\omega\times10^{-4}\ln\frac{D_A D_C}{r_P 2S}\right)lI_d \tag{4-77}$$

由以上公式可以得出，装设回流线可以降低电缆护层的感应电压。

三、多回路并联电缆护套的感应电压计算

1. 计算原理

图4-24为任意两单芯电缆组成的线路，其中电缆1中通以电流 I_1，电缆2中通以电流 I_2，因金属护套的厚度远小于电缆半径 D_w，故其内感可忽略。一般两根导线之间的距离比金属护套的厚度大得多，因此可近似假设本导线的护套到另一根导线芯线之间的距离与两导线芯线之间的距离相等。

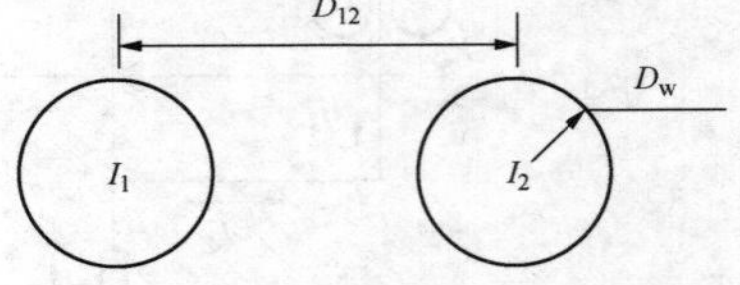

图4-24　任意两根电缆线路示意图

设两电缆之间的距离为 D_{12}，则电缆1金属护套上的单位长度感应电压为

$$U_{1w} = Z_{1-1w}I_1 + Z_{2-1w}I_2 \tag{4-78}$$

式中　Z_{1-1w}——电缆1芯线对电缆1护套的互阻抗；
Z_{2-1w}——电缆2芯线对电缆1护套的互阻抗。

将护套和芯线同等看待，设正常工作时各芯线流

过电流分别为I_{a1}，I_{b1}，I_{c1}，…，I_{an}，I_{bn}，I_{cn}，则任意n回电缆线路并联运行时，第k根电缆对应金属护套上的开口感应电压ΔU_{wk}计算式为

$$\Delta U_{wk}=I_{a1}Z_{a1wk}+I_{b1}Z_{b1wk}+\cdots+I_{cn}Z_{cnwk} \tag{4-79}$$

所以计算多回并联电缆护套开口感应电压的关键在于求解各根电缆的芯线电流和求解各根电缆的芯线与护套之间的互阻抗。为提高计算准确度，在求解芯线时先计算各回电缆芯线电缆，再根据芯线与护套之间的互阻抗关系计算护套感应电压。另外不同护套接地方式时电缆芯线对护套感应电压作用不同，本文将推导不同护套接地情况的护套感应电压计算。

2. 计算方法研究

（1）形成护套开路时的电压方程。本次计算将金属护套与电缆芯线等同处理，假设该n回平行电缆系统中电缆长度为L，单位长度阻抗矩阵为$\boldsymbol{Z}_{6n\times 6n}$，则这$6n$个回路中电缆线路的电压降表达式为

$$\Delta\boldsymbol{U}_{6n\times1}=L\boldsymbol{Z}_{6n\times6n}\boldsymbol{I}_{6n\times1} \tag{4-80}$$

式中 $\Delta\boldsymbol{U}_{6n\times1}$——$6n$个回路中电缆线路的电压降；

$\boldsymbol{I}_{6n\times1}$——正常工作时各等线流过的电流；

L——n回平行电缆系统中电缆长度；

$\boldsymbol{Z}_{6n\times6n}$——电缆的单位长度自、互感系数矩阵，该矩阵元素的计算公式如下。

芯线和护套自阻抗系数为

$$Z_{cc}=\left(r_a+r_e+\text{j}0.1445\lg\frac{D_e}{D_c}\right) \tag{4-81}$$

$$Z_{ss}=\left(r_w+r_e+\text{j}0.1445\lg\frac{D_e}{D_s}\right) \tag{4-82}$$

芯线和护套同相时其互阻抗系数为

$$Z_{sc}=\left(r_e+\text{j}0.1445\lg\frac{D_e}{D_s}\right) \tag{4-83}$$

芯线和护套不同相时其互阻抗系数为

$$Z_{sc}=\left(r_e+\text{j}0.1445\lg\frac{D_e}{D}\right) \tag{4-84}$$

式中 r_a——线芯单位长度交流电阻；

r_w——护套单位长度交流电阻；

r_e——大地等值电阻，$r_e=\pi^2 f\times10^{-4}=0.0493\ \Omega/\text{km}$；

D_e——以大地为回路时等值回路的深度，$D_e=660\sqrt{\rho_e/f}$；

D_c——芯线自几何均距；

D_s——护套几何半径；

D——各相导线间距。

两芯线之间和两护套回路之间的互阻抗计算式为

$$Z_{sc}=\left(r_e+\text{j}0.1445\lg\frac{D_e}{D_s}\right) \tag{4-85}$$

（2）计算护套开路时的各回路负荷电流相量。

因为各护套开路，故

$$\begin{cases}I_{awi}=\cdots=I_{awk}=\cdots=I_{awn}=0\\ I_{bwi}=\cdots=I_{bwk}=\cdots=I_{bwn}=0\\ I_{cwi}=\cdots=I_{cwk}=\cdots=I_{cwn}=0\end{cases} \tag{4-86}$$

根据式（4-86），可直接将式（4-80）中和护套有关的行列删去，即简化为

$$\begin{bmatrix}\Delta U_{a1}\\ \Delta U_{b1}\\ \Delta U_{c1}\\ \vdots\\ \Delta U_{an}\\ \Delta U_{bn}\\ \Delta U_{cn}\end{bmatrix}=L\boldsymbol{Z}'_{3n\times3n}\begin{bmatrix}\Delta I_{a1}\\ \Delta I_{b1}\\ \Delta I_{c1}\\ \vdots\\ \Delta I_{an}\\ \Delta I_{bn}\\ \Delta I_{cn}\end{bmatrix} \tag{4-87}$$

根据并联电缆芯线两端电位差相等有

$$\begin{cases}\Delta U_{a1}=\cdots=\Delta I_{ak}=\cdots=\Delta U_{an}\\ \Delta U_{b1}=\cdots=\Delta I_{bk}=\cdots=\Delta U_{bn}\\ \Delta U_{c1}=\cdots=\Delta I_{ck}=\cdots=\Delta U_{cn}\end{cases} \tag{4-88}$$

在式（4-87）中将其他各回路各相电压减去第一回线路同名相电压，再根据式（4-88）得到

$$\begin{bmatrix}\Delta U_{a1}\\ \Delta U_{b1}\\ \Delta U_{c1}\\ \vdots\\ 0\\ 0\\ 0\end{bmatrix}=L\boldsymbol{Z}''_{3n\times3n}\begin{bmatrix}\Delta I_{a1}\\ \Delta I_{b1}\\ \Delta I_{c1}\\ \vdots\\ \Delta I_{an}\\ \Delta I_{bn}\\ \Delta I_{cn}\end{bmatrix} \tag{4-89}$$

再根据基尔霍夫感应定律有

$$\begin{cases}I_a=I_{a1}+\cdots+I_{ak}+\cdots I_{an}\\ I_b=I_{b1}+\cdots+I_{bk}+\cdots I_{bn}\\ I_c=I_{c1}+\cdots+I_{ck}+\cdots I_{cn}\end{cases} \tag{4-90}$$

式中 ΔU_{ai}——第i回电缆A相芯线电压降；

ΔU_{awi}——第i回电缆A相护套开口感应电压；

I_{ai}——第i回电缆A相芯线电流；

I_{awi}——第i回电缆A相护套电流，其余类推。

取式（4-89）的后（$3n-3$）个方程并联式（4-90）中的3个方程，即可求解护套开路时的各回电缆负荷电流相量：I_{a1}，I_{b1}，I_{c1}，…，I_{an}，I_{bn}，I_{cn}。

（3）计算各回路电缆的护套开口电压。

1）电缆金属护套接地方式。在实际的工程应用中，电缆金属护套接地方式有4种类型：

a. 当电缆线路很短时，金属护套采用一端直接接地另一端经非线性电阻保护器接地的方式，即一点接地。

b. 当线路较短传输容量很小时，可以采用金属护

套两端直接接地的方式，即两点直接接地。

c. 当线路较长且无法分成三段构成交叉互联时可采用金属护套中点接地而两端经非线性电阻保护器接地，即中点接地，该种方式和一点接地类似。

d. 当线路很长（大于1000m）时，可将电缆分成若干个大段，每个大段均分为三小段，每个小段经交叉互联箱连接两端直接接地的方式，即交叉互联接地。

2）各种护套接地方式的护套开口电压计算。

a. 护套一点接地、护套中点接地和护套两点直接接地时。

当护套一点接地、护套中点接地和护套两点直接接地时，沿线的各芯线与护套的距离始终保持不变，芯线与护套的单位长度互阻抗即为式（4-80）中相应的矩阵阻抗元素。将各回路芯线电流代入式（4-80）中护套所在行，即可得到各护套开口感应电压为

$$\begin{bmatrix} \Delta U_{\mathrm{aw1}} \\ \Delta U_{\mathrm{bw1}} \\ \Delta U_{\mathrm{cw1}} \\ \vdots \\ \Delta U_{\mathrm{aw}n} \\ \Delta U_{\mathrm{bw}n} \\ \Delta U_{\mathrm{cw}n} \end{bmatrix} = L\boldsymbol{Z}_{3n\times 3n} \begin{bmatrix} I_{\mathrm{a1}} \\ I_{\mathrm{b1}} \\ I_{\mathrm{c1}} \\ \vdots \\ I_{\mathrm{a}n} \\ I_{\mathrm{b}n} \\ I_{\mathrm{c}n} \end{bmatrix} \tag{4-91}$$

b. 护套交叉互联接地时。

护套交叉互联接地时，芯线与护套的间距不再保持不变，故需要分段计算各段护套感应电压，然后计算各段叠加得到整体护套的开口感应电压。

对于图4-24所示的金属护套交叉互联接地方式，为了降低护套感应电压，一般将交叉互联的三段等分。第一段各回路护套感应电压的计算方法与一点接地时相同，可得第一段开口电压表达式为

$$\Delta U_1 = (L/3)\boldsymbol{Z}_{3n\times 3n}^{(1)} I \tag{4-92}$$

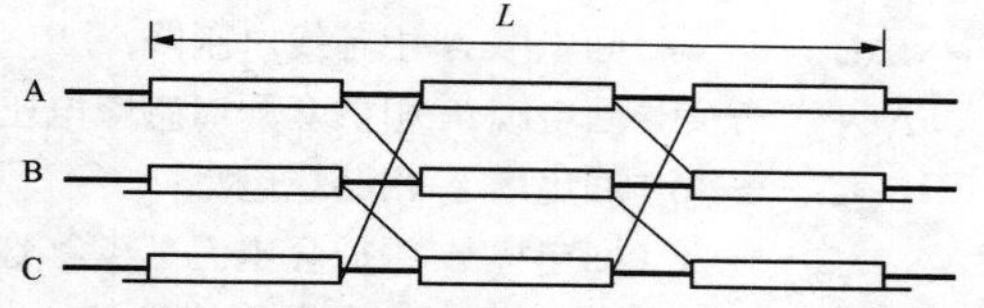

图4-24　三段等长的金属护套交叉互联接地

对第二、三段，类似有

$$\Delta U_2 = (L/3)\boldsymbol{Z}_{3n\times 3n}^{(2)} I \tag{4-93}$$

$$\Delta U_3 = (L/3)\boldsymbol{Z}_{3n\times 3n}^{(3)} I \tag{4-94}$$

其中，$\boldsymbol{Z}_{3n\times 3n}^{(2)}$、$\boldsymbol{Z}_{3n\times 3n}^{(3)}$ 可由 $\boldsymbol{Z}_{3n\times 3n}^{(1)}$ 对护套电压进行简单的交换得到。

三段护套总的开口感应电压为

$$\begin{aligned} \Delta U &= \Delta U_1 + \Delta U_2 + \Delta U_3 \\ &= (L/3)(\boldsymbol{Z}_{3n\times 3n}^{(1)} + \boldsymbol{Z}_{3n\times 3n}^{(2)} + \boldsymbol{Z}_{3n\times 3n}^{(3)})I = (L/3)ZI \end{aligned} \tag{4-95}$$

其中

$$\Delta U = [U_{\mathrm{aw1}} \quad U_{\mathrm{aw1}} \quad U_{\mathrm{aw1}} \quad \cdots \quad U_{\mathrm{aw}n} \quad U_{\mathrm{bw}n} \quad U_{\mathrm{cw}n}]^{\mathrm{T}}$$

$$I = [I_{\mathrm{a1}} \quad I_{\mathrm{b1}} \quad I_{\mathrm{c1}} \quad \cdots \quad I_{\mathrm{a}n} \quad I_{\mathrm{b}n} \quad I_{\mathrm{c}n}]^{\mathrm{T}}$$

将（2）节中求解得到的 I_{a1}，I_{b1}，I_{c1}，…，$I_{\mathrm{a}n}$，$I_{\mathrm{b}n}$，$I_{\mathrm{c}n}$ 代入式（4-95），即可得到交叉互联接地方式下的各护套开口感应电压。

3）各护套接沿线最大感应电压。沿线感应电压的计算基础也是电磁感应定律，下面根据护套不同接地方式给出计算方法。

a. 当护套一点接地或护套两端直接接地时，各护套沿线感应电压的最大值就是护套开口感应电压。

b. 当护套中间接地时，各护套沿线感应电压的最大值是护套开口感应电压的一半。

c. 当护套交叉互联接地时，各护套沿线感应电压的最大值是两个交叉互联节点处的感应电压，由式（4-92）～式（4-94）可知，$U_{\max}$ =（ΔU_1，ΔU_3）。

3. 小结

通过本章的研究，提出了一种多回电缆并联运行护套感应电压的计算方法，计算精度有很大提升。该方法适用于不同护套接地方式和各种相序排列方式，可为多回并联电缆线路设计提供参考。

并联运行电缆护套感应电压受护套接地方式和排列方式影响很大，应根据线路长度选择合理的护套接地方式，根据布置环境选择合理的相序排列方式。

四、单芯电缆外护套过电压保护方案

1. 电缆金属套一端互联接地，另一端接电压限制器

此种保护方案如图4-25所示，外护套所受电压计算公式如表4-5所示。

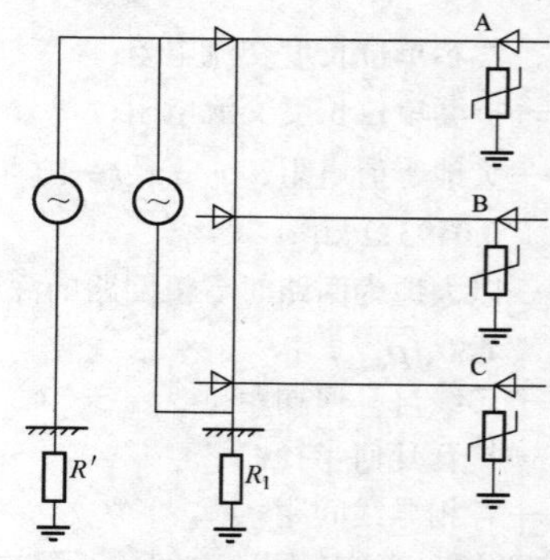

图4-25　电缆金属套一端互联接线

表 4-5　　　　**电缆金属套一端互联接地时外护套所受电压**

流经限制器的冲击电流	限制器所受工频电压	外护套所受电压（工频）	外护套所受电压（冲击）	短路方式		计算公式
$\frac{2U_{im}}{Z_1+Z_1}$	U_A	U_A	KU_A	三相短路		$\dot{U}_A=-\dot{I}\left[-\frac{1}{2}(X_s+Z_{00}-2Z_{01})+j\frac{3}{2}(X_s-Z_{00})\right]$
				A、C 两相短路		$U_A=-\dot{I}(X_s-Z_{00})$
				A 相接地	电缆头地网内短路	$\dot{U}_A=-(\dot{I}X_s+\dot{I}_2R_1)$
					地网外短路	

注　1. 由于单相接地电流以大地为回路，所以金属套两端将感应很高的电压 $\dot{I}X_s$。

2. 加在外护套和限制器上的电压除金属套两端的感应电压 $\dot{I}X_s$ 外，还要叠加地网电位 $\dot{I}_2R_1$。当流经地网短路电流大时，后者可达极高数值。

3. 由于三相和两相短路时短路电流不以大地为回路，其感应电压很低，故外护套和电压限制器所受工频电压取决于单相接地故障。

2. 电缆金属套交叉互联，电压限制器 Y0 接线

此种保护方案如图 4-26 所示，外护套所受电压计算公式如表 4-6 所示。

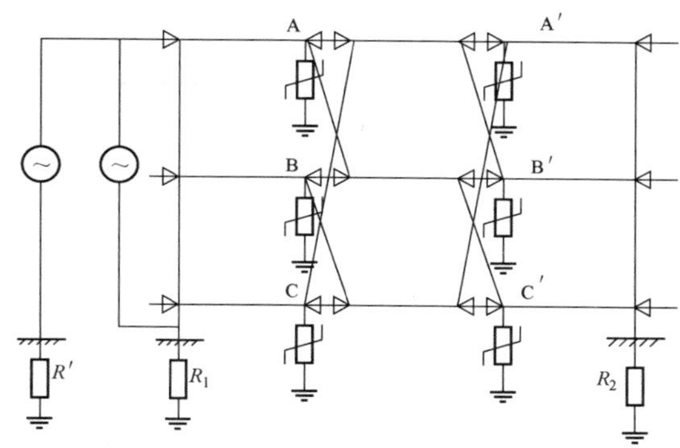

图 4-26　电缆金属套交叉互联，电压限制器 Y0 接线

表 4-6　　　　**电缆金属套交叉互联电压限制器 Y0 接线外护套所受电压**

流经限制器的冲击电流	限制器所受工频电压	外护套所受电压（工频）	外护套所受电压（冲击）	短路方式	计算公式
$\frac{2U_{im}}{Z_1+Z_1}$	U_C 或 U'_C	U_C 或 U'_C	KU_C 或 KU'_C	三相短路	$\dot{U}_C=-\dot{I}\left[-\frac{1}{2}(X_s+Z_{00}-2Z_{01})+j\frac{\sqrt{3}}{2}(X_s-Z_{00})\right]$
				A、C 两相短路	$\dot{U}_C=-\dot{I}Z_{00}+\frac{1}{Z_a+R_2+R_1}\left[(X_s+R_2)\times\left(R_1+\frac{Z_a}{3}\right)\dot{I}-R_1\left(R_2+\frac{2}{3}Z_a\right)\dot{I}_2\right]$ $\dot{U}'_C=IZ_{00}+\left[R_2-\frac{(X_s+R_2)\left(R_2+\frac{Z_0}{3}\right)}{Z_a+R_2+R_1}\right]\dot{I}-\frac{R_1\left(R_2+\frac{2}{3}Z_a\right)}{Z_a+R_2+R_1}\times\dot{I}_2$

续表

流经限制器的冲击电流	限制器所受工频电压	外护套所受电压		短路方式		计算公式
		工频	冲击			
$\frac{2U_{im}}{Z_1+Z_1}$	U_C 或 U_C'	U_C 或 U_C'	KU_C 或 KU_C'	A相接地	电缆头地网内短路	$\dot{U}_C=-\dot{I}Z_{00}+\frac{1}{Z_a+R_2+R_1}\left[X_s\left(R_1+\frac{\dot{Z}_a}{3}\right)\dot{I}-R_1\left(R_2+\frac{2}{3}Z_a\right)\dot{I}_2\right]$
					地网外短路	$\dot{U}_C=-\dot{I}Z_{00}-\frac{\dot{I}X_s+\dot{I}_2R_1}{Z_a+R_2+R_1}\left(R_2+\frac{Z_a}{3}\right)$

注 1. 由于金属套两端压降和地网压降部分抵消，因此A相接地时，C相外护套和电压限制器所受工频电压要比A相高。

2. 单相接地时，外护套和电压限制器所受工频电压和接地电阻 R_1、R_2 以及流经接地电阻的电流有关，当电流很大时，工频电压可达很高数值，一般出现在单电源网外接地和多电源网内接地的情况，且首端（$\dot{U}_C'$）和末端（$\dot{U}_C$）的电压不相等。

3. 网内单电源时，由于大部分电流将以金属套为回路，外护套和电压限制器所受电压将大大降低，此时应以两相接地故障校验。

3. 电缆金属套一端互联接地加回流线

（1）接地电流以回流线为回路如图4-27（a）所示。

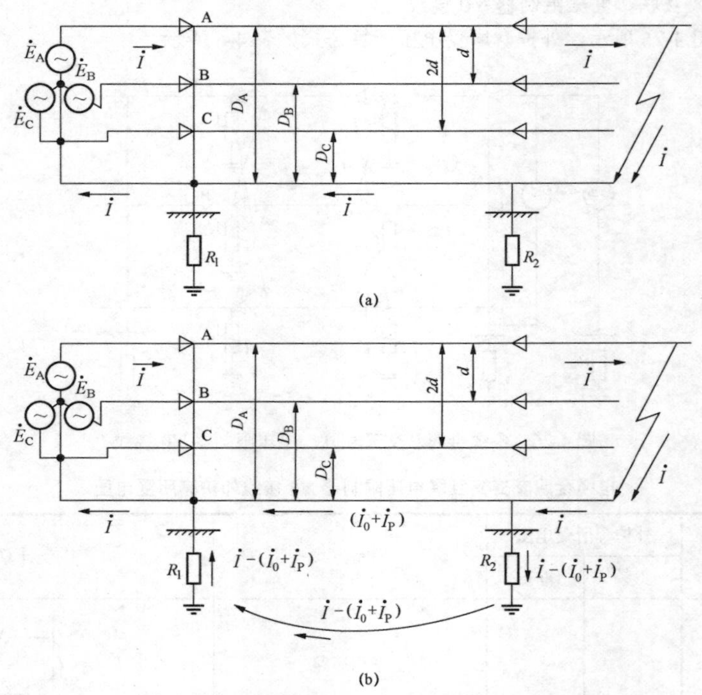

图4-27 电缆金属套一端互联接地加回流线

（a）接地电流以回流线为回路；（b）部分接地电流以大地为回路

金属套一端互联接地的电缆线路，为了降低金属套电压，通常在其旁边平行敷设一根回流线（两端接地），如图4-27所示。当系统单相接地发生在回流线接地的地网中时，接地电流的大部分通过回流线，若忽略入地部分的接地电流，此时电缆金属套相对于回流线的感应电压为

$$\left.\begin{aligned}\dot{U}_{sA}&=\left(R_P+j2\omega\times10^{-7}l\ln\frac{D_A^2}{r_pr_s}\right)\dot{I}\\\dot{U}_{sB}&=\left(R_P+j2\omega\times10^{-7}l\ln\frac{D_AD_B}{r_pd}\right)\dot{I}\\\dot{U}_{sC}&=\left(R_P+j2\omega\times10^{-7}l\ln\frac{D_AD_C}{r_p2d}\right)\dot{I}\end{aligned}\right\}\quad(4\text{-}96)$$

（2）部分接地电流以大地为回路如图 4-23（b）所示。各相电缆金属套对回流线的感应电压为

$$\left.\begin{aligned}\dot{U}_{sA}&=\dot{I}Z_{AA}-(\dot{I}_0+\dot{I}_p)Z_{pA}\\\dot{U}_{sB}&=\dot{I}Z_{BA}-(\dot{I}_0+\dot{I}_p)Z_{pB}\\\dot{U}_{sC}&=\dot{I}Z_{CA}-(\dot{I}_0+\dot{I}_p)Z_{pC}\end{aligned}\right\}\tag{4-97}$$

五、小结

本节分析了单芯交联聚乙烯电缆在正常运行时，电缆直接接地使金属护层或金属屏蔽层形成环流引起发热，导致浪费电能，降低电缆的载流量，加速电缆绝缘老化，为避免这一问题，单芯电缆金属护层必须直接接地，但若采用一端互联接地，为了限制护层上的过电压，显然要让电缆金属护层或金属屏蔽层末端在冲击下接地，使冲击电流能以金属护层或金属屏蔽为回路。为此，则需在电缆金属护层或金属屏蔽层和大地间接过电压保护器（由氧化锌阀片组成）。因此，电缆护层上安装护层保护器是十分必要的。

通过深入研究单芯交联聚乙烯电缆护层感应电压的产生机理，确定了感应电压的计算方法。

通过计算单芯电缆在冲击电压作用、工频电压平衡荷载作用、工频短路作用三种情况下电缆护层的感应电压，得出护层感应电压值的较精确结论，并分析得出电缆护层感应电压与电缆流过的负荷电流以及电缆长度成正比的结论，为研究确定护层感应电压的限制措施提供了理论依据。

第三节 通 信 干 扰

DL/T 5033—2006《输电线路对电信线路危险和干扰影响防护设计规程》给出了通信电缆抗高压线路电磁干扰的能力，但并没有给出通信电缆抗高压电力电缆的防护距离，没有确定电缆与邻近通信电缆之间的防护距离，也没有其他的标准或规程进行分析论述。

在送电线路故障状态下，当通信电缆芯线两端有绝缘变压器，或一端为绝缘变压器而另一端通过低阻抗接地或与带有接地的金属护套或屏蔽层连接，或所有电缆新鲜在两终端都装有避雷器时，通信电缆芯线上的磁感应电压允许值应符合下列规定。

（1）无远距离供电的通信电缆线路，其磁感应电压允许值为

$$U_S\leqslant 0.6U_{Dt}\quad 或\quad U_S\leqslant 0.85U_{At}\tag{4-98}$$

（2）“导线－大地”制直流远距离供电的通信电缆线路，其磁感应电压允许值为

$$U_S\leqslant 0.6U_{Dt}-\frac{U_{rs}}{\sqrt{2}}\quad 或\quad U_S\leqslant 0.85U_{At}-\frac{U_{rs}}{\sqrt{2}}\tag{4-99}$$

（3）“导线－导线”制直流远距离供电，而中心点接地的通信电缆线路，其磁感应电压允许值为

$$U_S\leqslant 0.6U_{Dt}-\frac{U_{rs}}{2\sqrt{2}}\quad 或\quad U_S\leqslant 0.85U_{At}-\frac{U_{rs}}{2\sqrt{2}}\tag{4-100}$$

式中 U_{Dt}——电缆芯线与接地护套间的直流试验电压；
U_{At}——电缆芯线与接地护套间的交流试验电压；
U_{rs}——影响计算区段远供电压；
U_S——送电线故障时电缆芯线上的感应电压。

CCITT 防护导则及 GB 6830—1986《电信线路遭受强电线路危险影响的容许值》对于通信电缆由于磁感应引起的危险电压允许值规定如下。

（1）强电线路正常运行情况下，电缆芯线上的纵向电动势允许值为 60V。

（2）强电线路故障时的电压允许值为非高可靠性输电线路的故障切除时间在 3s 以内，允许值为 430V；高可靠性线路的故障切除时间在 0.5s 以内，允许值为 650V。

电力电缆发生单相接地短路故障时，由于电力电缆屏蔽层一端接地，短路电流由非故障相对地电容经电力电缆屏蔽层流回电源形成回路，单相接地短路电流大小与线路对地电容值、线路长度等参数有关。电力电缆发生两相接地短路故障时，短路电流由故障相电力电缆屏蔽层—接地电阻—大地—接地电阻—电力电缆屏蔽层流回另一故障相形成回路，短路电流大小主要受接地电阻值和电源漏抗的影响，也与线路本身参数等因素有关。按相关规程，当供电系统发生两相短路故障时，保护装置应在 1s 内动作跳闸。

1. 电力电缆相线断线引起的不对称运行时在通信电缆上产生的感应电动势

当电力电缆发生单相断线时，两相导线供电电流大小相等、方向相反，对外界产生的交变磁场相互抵消，因此电力电缆通过感应耦合在通信信号电缆上产生的感应电动势较小；当电力电缆发生两相或三相断线时，非故障相电流无法流通，不会对通信信号电缆产生影响。

2. 电力电缆单相对屏蔽层接地短路在通信电缆上产生的感应电动势

设电力电缆由 n 段构成，每段电力电缆的三相导线串联连接，而每段电力电缆屏蔽层的一端经接地装置接地，另一端经保护器接地（相当于开路），如图 4-28 所示。当第 i 段内发生单相对屏蔽层的短路故障，则非故障段的对地电容电流经接地体流向故障段的故障点，再返回电源。若电力电缆每段长度为 1km，在通信信号电缆上产生感应电动势 E_1。若故障点发生在 i 段首端，则后续段电缆外皮流过大小相等、方向相同

的电流，该状况下在通信信号电缆上产生的最大感应电动势相叠加为 nE_1。

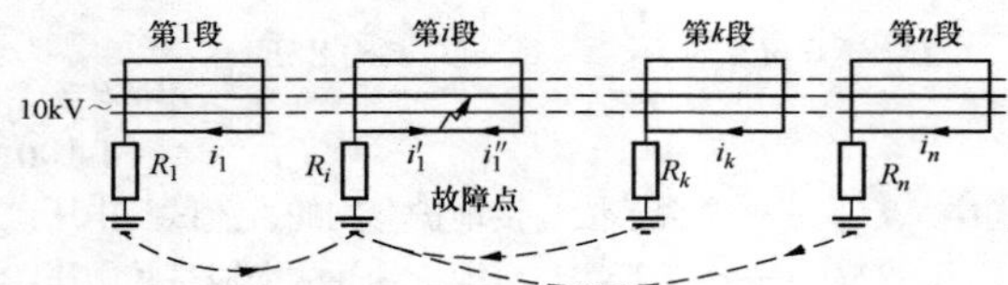

图 4-28　电力电缆单相对屏蔽层短路故障图

当铺设综合地线时，流经地中的电流全部通过综合地线流过，其分布示意图如图 4-29 所示。

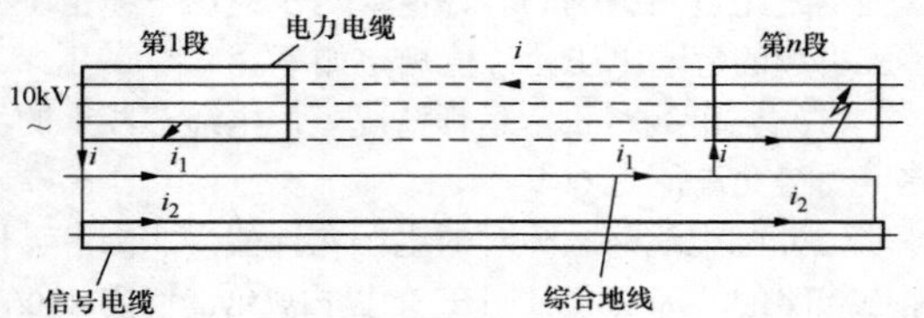

图 4-29　有综合地线时两相短路电流分布示意图

分析可知，当故障点发生在第 1 段首端（假定该处接综合地线）时，在相邻通信信号电缆上产生的最大感应电动势为

$$E=(1+2+3+\cdots+n)E_1=\frac{n(n+1)E_1}{2} \qquad (4-101)$$

与不加综合地线的情况相比，有综合地线的情况在相邻通信信号电源上产生的最大感应电动势增大了（$n+1$）/2 倍。

3. 电力电缆两相对屏蔽层接地短路在通信电缆上产生的感应电动势

电力电缆第 i 段发生 B 相对屏蔽层的短路故障，第 k 段发生 A 相对屏蔽层短路故障，如图 4-30 所示。此时在第 i 段左侧靠近电源的所有电缆段内，流过故障相（两相）的短路电流大小相等、方向相反，因而不会在通信信号电缆上产生感应电动势；在第 k 段右侧靠近负荷的电缆段内则无故障电流，也不会在通信信号电缆上产生感应电动势；在第 i 段与第 k 段间的所有电缆段的单相导线中有故障电流流过，该电流在通信信号电缆上产生的最大感应电动势为（$n-1$）E_1。

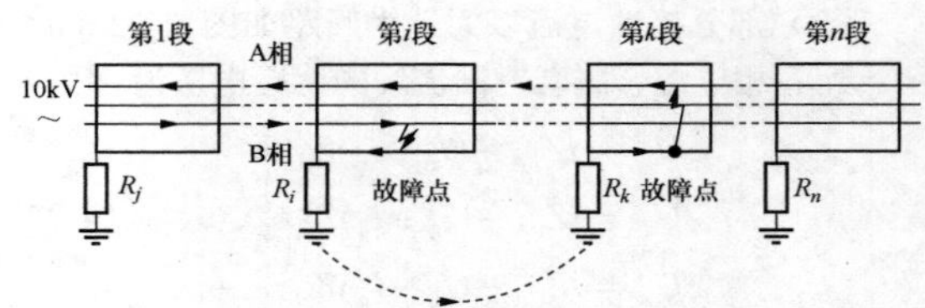

图 4-30　电力电缆两相对屏蔽层短路故障图

当铺设综合地线时，流经地中的两相短路电流会分别经过综合地线和通信信号电缆屏蔽层，对通信信号电缆感应电动势有影响的电流由两相短路电流 i、流经综合地线的短路电流 i_1 和流经通信信号电缆屏蔽层的短路电流 i_2 三部分组成。若设 i 在通信信号电缆上的感应电动势 E_2 为正，则 i_1 和 i_2 在通信信号电缆上的感应电动势 E_2' 和 E_2'' 为负。在通信信号电缆上最大感应电动势为

$$E=(n-1)\left|E_2-(E_2'+E_2'')\right| \qquad (4-102)$$

可见增加了综合地线后，在通信信号屏蔽层两端接地的情况下，将使通信信号电缆屏蔽层有强电系统的短路电流通过，会在通信信号电缆上产生较大的感应电动势，相当于缩短了电缆间的距离。

4. 电缆对通信线路干扰抑制措施

单芯高压电缆均有必须接地的金属屏蔽层，通过静电耦合的感应影响可忽略。电缆线路沿线一般并行有金属支架、接地线，且往往还有回流线、其他电缆，而城镇、工业区内含有大量其他金属管线、钢筋混凝土建筑等金属群也起屏蔽作用，且测试显示这种环境屏蔽系数一般为 0.1～0.8，故可认为电磁感应的影响远比架空线小。

交流系统用单芯电力电缆与公用通信线路相距较近时，宜维持技术经济上有利的电缆路径。当电力电缆对弱电回路控制和信号电缆的干扰无法忽略时，可采取下列措施抑制感应电动势。

1）使电缆支架形成电气通路，且计入其他并行电缆抑制因素的影响。

2）对电缆隧道的钢筋混凝土结构实行钢筋网焊接连通。

3）沿电缆线路适当附加并行的金属屏蔽线或罩盒等。

第五章

电缆截面的选择

一般来讲，电力电缆截面的选择按照以下步骤：

（1）校核电缆截面是否满足正常、过载时载流量的需要。

（2）校核电缆截面是否满足通过短路电流的最小热稳定需要。

（3）校核电缆末端压降是否满足用电负荷要求，但高压长距离电缆还需注意电容效应带来的末端电压升压。

（4）需要时核算经济截面。

35kV 及以下电缆载流量可根据 GB 50217—2018《电力工程电缆设计规范》进行计算。35kV 以上电压等级电缆载流量的计算方法，有以下两类计算方法，一类是解析算法，如 Neher-McGrath 计算方法、JB/T 10181—2014《电缆载流量计算》系列标准及 IEC 60287、日本 JCS 0501 所规定的计算方法等；另一类是数值算法，包括有边界元法、有限差分法、有限元法、模拟热荷法等。

IEC 60287《电缆额定载流量计算方法》是国际电工委员会在 Neher-McGrath 计算方法的基础上，于 1982 年提出来的，适用于负荷为 100%持续时载流量计算（100% Load factor），即常年持续具有日负荷率（L_f）为 1 时的 I_{R1}，此类负荷如发电厂中持续满发机组及其辅机或工矿主要用电器具等供电回路的负荷电流。电缆暂态载流量计算标准 IEC 60853 于 1985 年提出，适用于负荷持续且为周期性变化（即并非 100%恒定最大，常年持续具有 L_f<1）时的 I_{R2}，此类负荷多为城市电网供电电缆线路等公用负荷。JB/T 10181—2014 系列标准等同采用了 IEC 60287 标准。

数值算法通过对电缆周围一定范围内的电磁场、温度场二阶微分方程的数值计算，并考虑电磁场、温度场的相互耦合，不断迭代得到导体温升，最终得到电缆载流量。该算法能适用于各种敷设条件下的载流量计算，但过程复杂，要采用相应软件才能完成。

IEC 60287 中对于电缆额定载流量的计算方法适用于所有电压等级交流电缆载流量、5kV 及以下直流电缆载流量计算，当应用于 5kV 以上直流电缆载流量计算时，需满足绝缘层最大允许温差不超过允许值的要求。以下计算方法只针对交流电缆进行分析。

第一节 损耗计算

一、损耗计算项目

不同结构、接地型式电缆损耗计算项目表如表 5-1 所示。

表 5-1　不同结构、接地型式电缆损耗计算项目表

缆芯型式	金属套连接型式	电缆需计算的损耗				
		导体损耗	介质损耗	金属套损耗		铠装损耗 λ_2
				环流损耗 λ_1'	涡流损耗 λ_1''	
单芯电缆	单端接地	按式（5-1）计算	按式（5-4）计算	$\lambda_1'=0$	采用绝缘分割结构的大截面导体需乘以式（5-14）因数；单线和带材屏蔽，或金属带复合屏蔽结构电缆不计；其他情况均应按式（5-16）计入	
	两端互连接地	按式（5-1）计算	按式（5-4）计算	λ_1' 按式（5-7）～式（5-12）计算；当有铠装时按式（5-33）计算	采用绝缘分割结构的大截面导体需计，并乘以式（5-14）因数；单线和带材屏蔽，或金属带复合屏蔽结构电缆不计；其他情况忽略不计	一般为水下敷设电缆，λ_2 为环流损耗，按式（5-33）计

续表

缆芯型式	金属套连接型式	电缆需计算的损耗				
		导体损耗	介质损耗	金属套损耗		铠装损耗 λ_2
				环流损耗 λ_1'	涡流损耗 λ_1''	
单芯电缆	交叉互联接地	按式(5-1)计算	按式(5-4)计算	各段平衡时：$\lambda_1'=0$ 各段不平衡时：λ_1' 按式(5-7)～式(5-12)乘以式(5-15)结果计算	同上	
三芯电缆	两端接地	按式(5-1)计算	按式(5-4)计算	统包金属套非铠装三芯电缆，$\lambda_1'=0$；SL型三芯非铠装电缆按式(5-7)计算；SL型三芯铠装电缆按式(5-25)计算；其他情况忽略不计	统包金属套非铠装三芯电缆按式（5-21）～式（5-23）计；统包金属套铠装三芯电缆按式（5-21）～式（5-23）乘以式（5-24）结果计；SL型三芯电缆 $\lambda_1''=0$	400mm^2 及以下时不计；λ_2 按式（5-35）～式（5-37）计，SL型电缆需乘以 $\left(1-\frac{R}{R_S}\lambda_1'\right)$
钢管电缆		按式(5-1)计算	按式(5-4)计算	按式（5-26）计算		按式（5-40）和式（5-41）计算

二、导体交流电阻的计算

（一）导体交流电阻的计算

$$\left.\begin{aligned} R &= k \cdot R'(1+y_s+y_p) \\ R' &= R_0[1+\alpha_{20}(\theta-20)] \end{aligned}\right\} \tag{5-1}$$

式中 R——最高工作温度下导体单位长度的交流电阻，Ω/m；

R'——最高工作温度下导体单位长度的直流电阻，Ω/m；

k——由电缆导线加工、绞合、紧压等带来的修正系数，根据式（4-1）中对于 k 的规定确定；

y_s——集肤效应因数；

y_p——邻近效应因数；

R_0——20℃时导体的直流电阻（Ω/m），数据直接引自 IEC 60228《电缆的导体(中文)》标准。标准之外 R_0 值，由制造厂和用户之间通过协商选取。计算导体电阻值用相应的电阻率列于表 5-2；

α_{20}——20℃时材料电阻率温度系数，见表 5-2 中标准值；

θ——导体最高工作温度(该值取决于所使用的绝缘材料类型)，℃。取值详见表 5-3。

表 5-2　常用金属电阻率和温度系数

材料		电阻率 ρ_s Ω·m（20℃）	温度系数 α_{20} K^{-1}（20℃）
导体	铜	1.7241×10^{-8}	3.93×10^{-3}
	铝	2.8264×10^{-8}	4.03×10^{-3}
金属套和铠装	铅和铅合金	21.4×10^{-8}	4.0×10^{-3}
	钢	13.8×10^{-8}	4.5×10^{-3}
	青铜	3.5×10^{-8}	3.0×10^{-3}
	不锈钢	70.0×10^{-8}	忽略
	铝	2.84×10^{-8}	4.03×10^{-3}

注　铜导体按 IEC 60028，铝导体按 IEC 60889。

表 5-3　常用电力电缆导体的最高允许温度

电缆			最高允许温度（℃）	
绝缘类别	型式特征	电压（kV）	持续工作	短路暂态
交联聚乙烯	普通	≤500	90	250
自容式充油	普通牛皮纸	≤500	80	160
	半合成纸	≤500	85	160

（二）集肤效应因数 y_s

$$\left.\begin{aligned} y_s &= \frac{x_s^4}{192+0.8x_s^4} \\ x_s^2 &= \frac{8\pi f}{R'}k_s\times10^{-7} \end{aligned}\right\} \tag{5-2}$$

式中 f——电源频率，Hz；

k_s——列于表 5-4 中。

式（5-2）适用于 x_s 不超过 2.8，当超过时，计算方法见式（4-3）。

对于扇形和椭圆形导体，在无其他替换公式时推荐式（5-2）。

表 5-4 集肤效应因数 k_s 和邻近效应因数 k_p 的试验值

导体类型		干燥和浸渍	k_s	k_p
铜	圆绞线	是	1	0.8
	圆绞线	否	1	1
	分割圆线[a]		0.435	0.37
	中空螺旋形绞线	是	[b]	0.8
	扇形型线	是	1	0.8
	扇形型线	否	1	1
铝	圆绞线	均可	1	[d]
	4 分割圆线	均可	0.28	
	5 分割圆线	均可	0.19	
	6 分割圆线	均可	0.12	
	中心分割，外部绞线	均可	[c]	

a 所给数值适用于 1600mm² 以下四分割导体（无论是否有中空油道）。这些数据适用于各层单线有相同绞向的导体。暂时采用这些数值。

b k_s 的值由下式给出：

$$k_s=\left(\frac{d_c'-d_i}{d_c'+d_i}\right)\left(\frac{d_c'+2d_i}{d_c'+d_i}\right)^2$$

式中

d_i——导体内径（中心油道），mm；

d_c'——导体外径（中心油道），mm。

c 中心由分割导体组成外面绞合单层或多层单线电缆的 k_s 计算由下式给出：

$$k_s=\{12c[(\alpha c-0.5)^2-(\alpha c-0.5)(\psi-\alpha)c+0.33(\psi-\alpha)^2c^2]+b(3-6b-4b^2)\}^{0.5}$$

式中

b——外部绞线的横截面积占导体总截面的比率；

c——中心分割导体的横截面积占导体总截面的比率，$c=1-b$；

$$\alpha=\frac{1}{(1-\sin\pi/n)^2}$$

$$\psi=\frac{2\pi/n-2/3}{2(1+\pi/n)}$$

n——导体的分割数。

上述公式适用于 1600mm² 及以下铝导体。

如果外部绞线的横截面积占导体总截面的比率超过 30%，k_s 应取 1。

d 由于目前还没有针对铝导体 k_p 的计算公式，建议对铝导体，k_p 取值采用相同规格的铜导体的数值。

（三）三芯或三根单芯电缆的邻近效应因数 y_p

1. 圆形导体电缆

邻近效应因数计算式为

$$\left.\begin{aligned}y_p&=\frac{x_p^4}{192+0.8x_p^4}\left(\frac{d_c}{s}\right)^2\left[0.312\left(\frac{d_c}{s}\right)^2+\frac{1.18}{\dfrac{x_p^4}{192+0.8x_p^4}+0.27}\right]\\x_p^2&=\frac{8\pi f}{R'}k_p\times10^{-7}\end{aligned}\right\}\tag{5-3}$$

式中 d_c——导体直径，mm；

s——各导体轴心之间距离，mm；对于平面排列的电缆，s 为相邻相间距，在相邻相之间距不等的场合，$s=\sqrt{s_1s_2}$；

k_p——其值见表 5-4。

式（5-3）适用于 x_p 不超过 2.8。

2. 异型导体电缆

对于异型导体（如扇形等）多芯电缆，y_p 的值为式（5-3）中计算所得 y_p 值的 2/3，另有：① d_c 取异型导体相同横截面和紧压程度的等效圆导体直径 d_x；② $s=d_c+t$，其中 t 为导体之间的绝缘厚度。

三、介质损耗的计算

非屏蔽多芯电缆或直流电缆不需要计算绝缘的介质损耗。三芯屏蔽电缆和单芯电缆绝缘材料在 U_0 值等于或大于表 5-5 的值时，需计算绝缘的介质损耗，且每相电缆单位长度绝缘的介质损耗为

$$\left.\begin{aligned}W_d&=\omega CU_0^2\arctan\delta\\\omega&=2\pi f\end{aligned}\right\}\tag{5-4}$$

式中 U_0——对地电压（相电压），V；

$\arctan\delta$——在工频和工作温度下绝缘介质损耗因数，列于表 5-6；

C——单位长度电缆电容，F/m。

表 5-5 三芯屏蔽电缆及单芯电缆需计及介质损耗的最小 U_0 （kV）

电缆类型		U_0
浸渍纸绝缘电缆	黏性浸渍	36
	充油和压气	64
其他类型绝缘电缆	丁基橡胶	18
	乙丙橡胶	64
	聚氯乙烯	6
	高密度和低密度聚乙烯	127
	交联聚乙烯，无填料	127
	交联聚乙烯，有填料	64

表 5-6　工频下中压和高压电缆绝缘材料的相对介电常数和损耗因数值

电缆类型		ε	$\arctan\delta$
浸渍纸绝缘电缆	黏性浸渍、充分浸渍、预浸渍或整体浸渍不滴流	4	0.01
	自容式充油 U_0≤36kV	3.6	0.0035
	自容式充油 U_0≤87kV	3.6	0.0033
	自容式充油 U_0≤160kV	3.5	0.0030
	自容式充油 U_0≤220kV	3.5	0.0028
	钢管，油压型	3.7	0.0045
	外部充气	3.6	0.0040
	内部充气	3.4	0.0045
丁基橡胶		4	0.050
乙丙橡胶	U_0≤18/30（36）kV	3	0.020
	U_0>18/30（36）kV	3	0.005
聚氯乙烯		8	0.1
高密度和低密度聚乙烯		2.3	0.001
交联聚乙烯	U_0≤18/30（36）kV（无填料）	2.5	0.004
	U_0>18/30（36）kV（无填料）	2.5	0.001
	U_0>18/30（36）kV（有填料）	3.0	0.005
聚丙烯薄膜PPL	U_0≥63/110kV	2.8	0.0014

四、金属套、屏蔽层损耗的计算

交流电缆金属套或屏蔽中的功率损耗 λ_1 包括环流损耗因数 λ_1' 和涡流损耗因数 λ_1''，即为

$$\lambda_1 = \lambda_1' + \lambda_1'' \tag{5-5}$$

对于金属套两端互连的单芯电缆带电段，考虑涡流可忽略不计，但对于大截面分割导体需计入涡流损耗。

可先假定一个金属套或屏蔽层运行最高温度，一般比导体低 15～20℃，再通过导体电流反复迭代运算计算出金属套或金属屏蔽层在运行最高温度时的电阻，计算式为

$$\left.\begin{aligned} R_s &= R_{SO}[1+\alpha_{20}(\theta_{sc}-20)] \\ \theta_{sc} &= \theta_c - (I^2R + 0.5W_d)T_1 \end{aligned}\right\} \tag{5-6}$$

式中　θ_{SC}——电缆金属套或金属屏蔽层的运行最高温度，℃；

θ_C——导体运行最高温度，℃；

I——为导体电流（有效值），A；

R——为导体在 θ_C 时的交流电阻，Ω；

W_d——为每相电缆单位长度介质损耗，W/m；

T_1——为导体与金属护套之间的热阻；

R_{SO}——金属套或金属屏蔽层在 20℃时的电阻，Ω/m。

需要注意的是，多回路时，导体和金属套或屏蔽层环流将受到其他回路影响，由于该影响计算较复杂尚无对应计算公式，因此本手册单芯电缆环流公式仅适用于单回路且忽略了接地回路增加的阻抗的影响。涡流损耗也仅提供了双回路平面排列时计算公式，上下排列或者三回路及以上时，宜采用电缆载流量专业计算软件进行计算。

（一）带电段金属套两端互连三根单芯电缆（三角形排列）和分相铅包非铠装电缆

金属套环流损耗因数计算见式（5-7），涡流损耗因数计为 0。

$$\left.\begin{aligned} \lambda_1' &= \frac{R_s}{R}\frac{1}{1+(R_s/X)^2} \\ X &= 2\omega\times10^{-7}\ln\left(\frac{2s}{d}\right) \\ w &= 2\pi f \\ d &= \sqrt{d_M \cdot d_m}，\text{椭圆形线芯} \\ d &= 0.5(D_{oc}+D_{it})，\text{皱纹金属套} \end{aligned}\right\} \tag{5-7}$$

式中　R_S——在最高工作温度下电缆单位长度金属套或屏蔽的电阻，Ω/m；

X——电缆单位长度金属套或屏蔽电抗，Ω/m；

s——所计算的带电段内各导体轴线之间的距离，mm；

d——金属套平均直径，mm；

d_M、d_m——分别为金属套的长轴和短轴直径，mm；

D_{oc}、D_{it}——正好与皱纹金属套波峰、波谷相切的假定的同心圆柱体的直径，mm。

（二）正常换位、带电段金属套两端互连且平面排列的三根单芯电缆

对于平面排列的三根单芯电缆，中间一根电缆与两侧的电缆间距相等，电缆正常换位且在第三个换位点金属套两端互连时，金属套环流损耗因数见式（5-8），涡流损耗因数计为 0。

$$\left.\begin{aligned} \lambda_1' &= \frac{R_s}{R}\frac{1}{1+(R_s/X_1)^2} \\ X_1 &= 2\omega\times10^{-7}\ln\left[2\sqrt[3]{2}\left(\frac{s}{d}\right)\right] \end{aligned}\right\} \tag{5-8}$$

式中　X_1——金属套单位长度电抗，Ω/m。

（三）平面排列、不换位，带电段金属套两端互连的三根单芯电缆

三根单芯电缆平面排列，中间一根与两侧的电缆

间距相等，不换位，金属套两端互连时，最大损耗的那根电缆（即滞后相的外侧电缆）的金属套环流损耗因数计算见式（5-9），涡流损耗因数计为0。

$$\lambda'_{11}=\frac{R_s}{R}\left[\frac{0.75P^2}{R_S^2+P^2}+\frac{0.25Q^2}{R_S^2+Q^2}+\frac{2R_sPQX_m}{\sqrt{3}(R_S^2+P^2)(R_S^2+Q^2)}\right] \tag{5-9}$$

另一外侧电缆的损耗因数为

$$\lambda'_{12}=\frac{R_s}{R}\left[\frac{0.75P^2}{R_S^2+P^2}+\frac{0.25Q^2}{R_S^2+Q^2}-\frac{2R_sPQX_m}{\sqrt{3}(R_S^2+P^2)(R_S^2+Q^2)}\right] \tag{5-10}$$

中间一根电缆的损耗因数为

$$\lambda'_{1m}=\frac{R_s}{R}\frac{Q^2}{R_S^2+Q^2} \tag{5-11}$$

各参数计算公式为

$$\left.\begin{aligned}&P=X+X_m\\&Q=X-\frac{X_m}{3}\\&X=2\omega\times10^{-7}\ln\left(\frac{2s}{d}\right)\\&X_m=2\omega\times10^{-7}\ln(2)\end{aligned}\right\} \tag{5-12}$$

式中 X——两根相邻单芯电缆单位长度金属套或屏蔽的电抗，Ω/m；

X_m——当电缆平面形排列时，某一外侧电缆金属套与另外两根电缆导体之间单位长度电缆的互抗，Ω/m。

（四）单芯电缆两端互连时各互连点之间间距不等时

当整条线路带电线段不可能按一个固定的间距敷设时，式（5-7）～式（5-12）中电抗需进行修正，但应注意相应的导体电阻值和外部热阻值的计算必须以该段上电缆间距最近处间距为计算基础。

（1）沿线路的带电线段的间距不是常量而是一个，即

$$X=\frac{l_a\bullet X_a+l_b\bullet X_b+\cdots+l_n\bullet X_n}{l_a+l_b+\cdots+l_n} \tag{5-13}$$

式中 l_a，l_b，…，l_n——沿着线路带电段各个不同间距的线段长度；

X_a，X_b，…，X_n——电缆不同间距处单位长度电抗。

（2）任何线段的电缆之间的间距变化值未知且不能预料时，按设计间距计算该段的损耗，然后人为增加25%，实践证明该值对铅套高压电缆是适合的。

（3）在线路带电段端部散开的情况下，估算的损耗裕度不够时，可先估算一个可能的间距，再按式（5-13）计算损耗。

以上分析不适用于单点互联和交叉互联的电缆线路。

（五）大截面分割导体效应

大截面分割导体电缆的涡流损耗因数 λ''_1 值还应乘以按式（5-14）计算的因数 F。

$$\left.\begin{aligned}&F=\frac{4M^2N^2+(M+N)^2}{4(M^2+1)(N^2+1)}\\&M=N=\frac{R_s}{X}，\text{三角形排列}\\&M=\frac{R_s}{X+X_m}，N=\frac{R_s}{X-(X_m/3)}，\text{等间距排列}\end{aligned}\right\} \tag{5-14}$$

各段的电缆间距不等时按式（5-13）计算 X 值。

（六）金属套单点互联或交叉互联的单芯电缆

1. 环流损耗

在金属套单点互联或交叉互联接地且每个大段都分成电性相同的三个小段场合下，单芯电缆环流损耗 $\lambda'_1=0$。交叉互联各段不平衡时，还可通过在小段上串联电抗器补偿。

在交叉互联线路所含各段的不平衡不能忽略的情况时，对于已知各小段实际长度的线路，损耗因数 λ'_1 计算按每大段两端互连接地而不交叉互联计算。电缆在此排列条件下的环流损耗因数再乘以下述计算值：

$$\frac{p^2+q^2+1-p-pq-q}{(p+q+1)^2} \tag{5-15}$$

式中 q、p、a——任何大段中两个较长的小段分别为最小段 a 长度的 q、p 倍数（即这个段长度分别为 a、pa 和 qa，其中 a 为最短线段）。

在各小段长度未知的情况下，推荐 p 取1，q 取1.2，式（5-15）计算结果为0.004。

2. 涡流损耗

采用单线和带材屏蔽，或者金属带复合屏蔽结构的电缆，涡流损耗因数可忽略不计，其他情况计算式为

$$\left.\begin{aligned}&\lambda''_1=\frac{R_s}{R}\left[g_s\lambda_0(1+\Delta_1+\Delta_2)+\frac{(\beta_1t_s)^4}{12\times10^{12}}\right]\\&g_s=1+\left(\frac{t_s}{D_s}\right)^{1.74}(\beta_1D_s\times10^{-3}-1.6)\\&\beta_1=\sqrt{\frac{4\pi\omega}{10^7\rho_s}}\\&\omega=2\pi f\end{aligned}\right\} \tag{5-16}$$

式中 D_s——电缆金属套外径，mm。对于皱纹金属套电缆，使用平均外径 $D_s=\frac{1}{2}(D_{OC}+D_{it})+t_s$；

D_{oc}、D_{it}——正好与皱纹金属套波峰、波谷相切的假定的同心圆柱体的直径，mm；

t_s——金属套厚度，mm；

ρ_s——金属电阻率，Ω·m，其值见表 5-2。

对于铅套电缆，g_s 可取 1，可忽略 $\frac{(\beta_1 t_s)^4}{12\times10^{12}}$。

对于铝套电缆，当 D_S＞70mm 或金属套厚度 t_s 大于常用厚度时，各项系数都需要计算。

λ_0、Δ_1 和 Δ_2 计算式见式（5-17）。

$m=\frac{\omega}{R_s}10^{-7}$，当 m≤0.1 时，Δ_1 和 Δ_2 可忽略不计。

（1）三根单芯电缆三角形排列。

$$\left.\begin{aligned}\lambda_0&=3\left(\frac{m^2}{1+m^2}\right)\left(\frac{d}{2s}\right)^2\\ \Delta_1&=(1.14m^{2.45}+0.33)\left(\frac{d}{2s}\right)^{(0.92m+1.66)}\\ \Delta_2&=0\end{aligned}\right\}\tag{5-17}$$

（2）三根单芯电缆平面排列。

1）中间电缆：

$$\left.\begin{aligned}\lambda_0&=6\left(\frac{m^2}{1+m^2}\right)\left(\frac{d}{2s}\right)^2\\ \Delta_1&=0.86m^{3.08}\left(\frac{d}{2s}\right)^{(1.4m+0.7)}\\ \Delta_2&=0\end{aligned}\right\}\tag{5-18}$$

2）越前相的外侧电缆：

$$\left.\begin{aligned}\lambda_0&=1.5\left(\frac{m^2}{1+m^2}\right)\left(\frac{d}{2s}\right)^2\\ \Delta_1&=4.7m^{0.7}\left(\frac{d}{2s}\right)^{(0.16m+2)}\\ \Delta_2&=21m^{3.3}\left(\frac{d}{2s}\right)^{(1.47m+5.06)}\end{aligned}\right\}\tag{5-19}$$

3）滞后相的外侧电缆：

$$\left.\begin{aligned}\lambda_0&=1.5\left(\frac{m^2}{1+m^2}\right)\left(\frac{d}{2s}\right)^2\\ \Delta_1&=-\frac{0.74(m+2)m^{0.5}}{2+(m-0.3)^2}\left(\frac{d}{2s}\right)^{(m+1)}\\ \Delta_2&=0.92m^{3.7}\left(\frac{d}{2s}\right)^{(m+2)}\end{aligned}\right\}\tag{5-20}$$

（七）统包金属套非铠装三芯电缆

具有统包金属套的三芯非铠装电缆，环流损耗因数 λ_1' 忽略不计，涡流损耗因数计算如下。

（1）圆形或椭圆形导体，其中金属套电阻 R_s ≤ 100（μΩ/m）时

$$\lambda_1''=\frac{3R_s}{R}\left[\left(\frac{2c}{d}\right)^2\frac{1}{1+\left(\frac{R_s}{\omega}\times10^7\right)^2}+\left(\frac{2c}{d}\right)^4\frac{1}{1+4\left(\frac{R_s}{\omega}\times10^7\right)^2}\right]\tag{5-21}$$

（2）圆形或椭圆形导体，其中金属套电阻 R_s ＞ 100（μΩ/m）时

$$\lambda_1''=\frac{3.2\omega^2}{R\cdot R_s}\left(\frac{2c}{d}\right)^2\times10^{-14}\tag{5-22}$$

（3）扇形导体，R_s 为任意值

$$\lambda_1''=\frac{0.94R_s}{R}\left(\frac{2r_1+t}{d}\right)^2\frac{1}{1+\left(\frac{R_s}{\omega}\times10^7\right)^2}\tag{5-23}$$

式中 r_1——三根扇形导体的外接圆半径，mm；

t——导体之间绝缘厚度，mm；

d——金属套平均直径，mm，椭圆形线芯，$d=\sqrt{d_M\cdot d_m}$，式中 d_M、d_m 分别为金属套的长轴、短轴直径；皱纹金属套，$d=\frac{1}{2}(D_{oc}+D_{it})$；

D_{oc}、D_{it}——正好与皱纹金属套波峰、波谷相切的假定的同心圆柱体的直径，mm。

（八）钢带铠装的三芯电缆

电缆附有钢带铠装使金属套涡流损耗增加，按式（5-21）～式（5-23）所计算的涡流损耗因数 λ_1'' 值需乘以修正因数，当钢带厚度为 0.3～10mm 时，修正因数计算式为

$$\left[1+\left(\frac{d}{d_A}\right)^2\frac{1}{1+\frac{d_A}{\mu\delta}}\right]^2\tag{5-24}$$

式中 d_A——铠装平均直径，mm；

μ——钢带相对磁导率，通常取 300；

δ——铠装等效厚度 $\delta=\frac{A}{\pi\cdot d_A}$，mm；

A——铠装横截面积，mm^2。

（九）分相铅包（SL 型）铠装电缆

对每个线芯有单独铅套的三芯电缆涡流损耗因数 $\lambda_1''=0$，金属套环流损耗因数计算为

$$\left.\begin{aligned}\lambda_1'&=\frac{R_s}{R}\frac{1.5}{1+(R_s/X)^2}\\ X&=2\omega\times10^{-7}\ln\left(\frac{2s}{d}\right)\end{aligned}\right\}\tag{5-25}$$

式中 s——导体轴心之间距离，mm。

（十）钢管电缆屏蔽和金属套中损耗

如果钢管电缆每根导体仅在绝缘外有屏蔽，例如铅金属套或铜带，金属套损耗因数修正为

$$\left.\begin{aligned}\lambda_1' &= \frac{R_S}{R}\frac{1.5}{1+(R_S/X)^2}\\ X &= 2\omega\times10^{-7}\ln\left(\frac{2s}{d}\right)\end{aligned}\right\}\tag{5-26}$$

如果每个线芯有隔膜套和非磁性加强层，则可使用同一公式，但应以金属套和加强层的电阻取代 R_s，直径 d 由 d' 值取代，即

$$d' = \sqrt{\frac{d^2+d_2^2}{2}}\tag{5-27}$$

式中 d'——金属套和加强带平均直径，mm；

d——金属套或屏蔽的平均直径，mm；

d_2——加强带的平均直径，mm。对椭圆形线芯，d、d_2 采用 $\sqrt{d_M\cdot d_m}$ 代之，式(5-27)中 d_M、d_m 分别为金属套长轴和短轴的平均直径。

五、铠装、加强层和钢管损耗的计算（仅适用于工频交流电缆）

计算需利用铠装层在运行最高温度时的电阻，电阻又需根据运行温度计算。铠装层的运行最高温度计算式为

$$\theta_{ar} = \theta_c - \left\{(I^2R+0.5W_d)T_1+[I^2R(1+\lambda_1)+W_d]nT_2\right\}\tag{5-28}$$

式中 θ_{ar}——铠装层的运行最高温度，℃；

n——电缆的导体芯数，T_2 为护层及铠装间介质热阻。

由于 θ_{ar} 是 I 的函数，计算时需运用反复迭代方法。

铠装层在运行最高温度时的电阻计算式为

$$R_A = R_{AO}[1+\alpha_{20}(\theta_{ar}-20)]\tag{5-29}$$

式中 R_{AO}——铠装层在20℃时的电阻，Ω/m。

当采用铠装和金属套并联等效电阻计算时，可以用铠装的运行温度代替金属套和铠装的运行温度，温度系数采用这些材料的平均值。

（一）非磁性铠装或加强层

一般的计算方法是把加强层的损耗和金属套损耗合并在一起计算，用金属套和加强层的并联电阻代替单一金属套电阻 R_s；用金属套和加强层直径的方均根值代替金属套的平均直径 d。此方法适合于单芯、双芯和多芯电缆。

加强层的电阻取决于加强层的节距，即：

（1）如果加强带节距很长（纵向加强带），则其电阻值按与电缆单位长度加强带用量相等以及与加强带内径相同的等效圆柱体来计算。

（2）如果加强带沿电缆轴线约成 54° 角绕包，则其电阻值按 1 条加强带计算值的 2 倍计算。

（3）如果加强带绕包节距很短（径向加强带），则认为其电阻值无限大，损耗可忽略。

（4）如果有两层及以上加强带相互接触且节距很短，则其电阻值是 1 条加强带计算值的 2 倍。

以上几条也适用钢管型电缆的各绝缘芯。

（二）磁性铠装或加强层

1. 单芯铅套电缆、钢丝铠装、金属套两端互连

下列计算方法未考虑周围介质的可能影响，一般适合电缆水底敷设的场合，用于电缆间距很大（10m及以上）的敷设场所。金属套和铠装损耗的合并值通常比实际值大得多，载流量偏于安全。

金属套和铠装两端均连接在一起的钢丝铠装单芯电缆的铅套和铠装的损耗计算分析如下。

（1）金属套和铠装并联的等效电阻计算式为

$$R_e = \frac{R_s\cdot R_A}{R_s+R_A}\tag{5-30}$$

式中 R_s——最高工作温度下电缆单位长度金属套电阻，Ω/m；

R_A——最高工作温度下电缆单位长度铠装交流电阻，Ω/m。

钢丝铠装交流电阻变化范围从 ϕ2mm 钢丝直流电阻的 1.2 倍到 ϕ5mm 钢丝直流电阻的 1.4 倍，该电阻值对最后结果影响不大。

（2）每相回路电感计算如下。

$$\left.\begin{aligned}L_s &= 2\times10^{-7}\ln\left(\frac{2S_1}{d}\right)\\ L_1 &= \pi\mu_e\left(\frac{n_1d_f^2}{\rho d_A}\right)\times10^{-7}\sin\beta\cdot\cos\gamma\\ L_2 &= \pi\mu_e\left(\frac{n_1d_f^2}{\rho d_A}\right)\times10^{-7}\sin\beta\cdot\sin\gamma\\ L_3 &= 0.4(\mu_t\cos^2\beta-1)(d_f/d_A)\times10^{-6}\end{aligned}\right\}\tag{5-31}$$

式中 L_s——金属套的电感，H/m；

L_1、L_2 和 L_3——由于钢丝引起的电感分量，H/m；

S_1——三角形排列的相邻电缆轴心间距；扁平形排列的三个间距的几何平均值，mm；

d_A——铠装平均直径，mm；

d_f——钢丝直径，mm；

ρ——钢丝沿着电缆的绞合节矩，mm；

n_1——电缆中的钢丝根数；

β——铠装钢丝轴线与电缆轴线之间夹角度数；

γ——钢丝纵向磁通滞后于磁场强度的角度；

μ_e——钢丝纵向相对磁导率；

μ_t——钢丝横向相对磁导率。

（3）金属套和铠装总损耗计算式为

$$\left.\begin{aligned}&W_{(S+A)}=I^2R_e\left(\frac{X_2^2+X_1^2+R_eX_2}{(R_e+X_2)^2+X_1^2}\right)\\&X_1=\omega(L_s+L_1+L_3)\\&X_2=\omega L_2\end{aligned}\right\}\tag{5-32}$$

可假设金属套与铠装的损耗近似相等，因此有

$$\lambda_1'=\lambda_2=\frac{W_{(S+A)}}{2W_c}\tag{5-33}$$

$$W_c=I^2R$$

（4）关于磁性 γ、μ_e 和 μ_t 的参数值。这些参数值随着钢丝型式而改变，当无实测值时，可采用估计平均值。钢丝直径为 4～6mm，抗拉强度约 400N/mm² 的钢丝，设定下面的数据：

钢丝纵向相对磁导率 $\mu_e=400$；钢丝相互接触，钢丝横向相对磁导率 $\mu_t=10$；钢丝相互有间矩 $\mu_t=1$；钢丝纵向磁通滞后于磁场强度的角度 $\gamma=45°$。

如果需要更精确的计算且知钢丝特性时，首先设定磁场强度的近似值，再求取相应的磁特性。

$$H=\frac{1000\,|\overline{I}+\overline{I}_s|}{\pi\cdot d_A}\tag{5-34}$$

$\overline{I}$ 和 $\overline{I}_s$ 为导体电流和金属套电流的矢量值，通常设 $|\overline{I}+\overline{I}_s|=0.6I$ 作为初选值。

2. 三芯电缆——钢丝铠装

（1）圆形导体电缆铠装损耗计算式为

$$\lambda_2=1.23\frac{R_A}{R}\left(\frac{2c}{d_A}\right)^2\frac{1}{\left(\dfrac{2.77R_A\times10^6}{\omega}\right)^2+1}\tag{5-35}$$

式中 R_A——铠装在最高工作温度下单位长度交流电阻，Ω/m；

d_A——铠装平均直径，mm；

c——导体轴线与电缆轴线之间距，mm。

由于确认导体 400mm² 及以下各导体电流分布不均匀性可予以忽略，故不必对其修正。

（2）扇形导体电缆铠装损耗计算式为

$$\lambda_2=0.358\frac{R_A}{R}\left(\frac{2r_1}{d_A}\right)^2\frac{1}{\left(\dfrac{2.77R_A\times10^6}{\omega}\right)^2+1}\tag{5-36}$$

$$\omega=2\pi f$$

式中 r_1——三根扇形导体的外接圆半径，mm；

f——电源频率，Hz。

（3）SL 型电缆。SL 型电缆金属套的屏蔽作用使铠装损耗降低，计算铠装损耗时，式（5-36）应乘以因数 $\left(1-\dfrac{R}{R_S}\lambda_1'\right)$，其中 λ_1' 按式（5-7）计算。

3. 三芯电缆——钢带铠装或加强层

式(5-37)适合于钢带厚度 0.3～1.0mm，对于 50Hz 时的磁滞损耗，其计算式为

$$\left.\begin{aligned}&\lambda_2'=\frac{s^2k^2\times10^{-7}}{R\cdot d_A\cdot\delta}\\&\delta=\frac{A}{\pi d_A}\\&k=\frac{f}{50}\frac{1}{1+\dfrac{d_A}{\mu\delta}}\end{aligned}\right\}\tag{5-37}$$

式中 s——各导体轴线之间距离，mm；

δ——铠装的等效厚度，mm；

A——铠装的横截面积，mm²；

d_A——铠装的平均直径，mm；

μ——钢带相对磁导率，通常取 300；

f——频率，Hz。

对于 50Hz 频率时的涡流损耗，其计算式为

$$\lambda_2''=\frac{2.25s^2K^2\delta\times10^{-8}}{R\cdot d_A}\left(\frac{f}{50}\right)^2\tag{5-38}$$

总铠装损耗为磁滞损耗和涡流损耗之和，即

$$\lambda_2=\lambda_2'+\lambda_2''\tag{5-39}$$

（三）钢管损耗

（1）经验公式一，适用于紧扎成三角形结构，钢管损耗计算式为

$$\lambda_2=\frac{0.0115s-0.001485d_d}{R}\times10^{-5}\tag{5-40}$$

（2）经验公式二，适用于松开或呈吊篮形结构，置于钢管内底部情况，钢管损耗计算式为

$$\lambda_2=\frac{0.00438s-0.00226d_d}{R}\times10^{-5}\tag{5-41}$$

式中 s——相邻导体轴线间距，mm；

d_d——钢管内径，mm；

R——最高工作温度下导体单位长度的交流电阻，Ω/m。

实际线芯放置可能近于两者之间。因此应对每种结构形状进行损耗计算，然后取其平均值。

式（5-40）和式（5-41）适用于频率 60Hz，对于频率 50Hz 两公式应乘以 0.76。

对于钢管电缆，在所有三个线芯成缆后再绕包扁钢丝铠装情况下，其钢管损耗忽略不计，其铠装损耗按 SL 型电缆计算方法确定。

六、双回路平面排列金属套损耗因数

本部分给出的三相双回路平面排列的单芯电缆金属套涡流损耗的计算方法适合于修正分离敷设的三相电路的电缆金属套涡流损耗因数。

对于电缆中的参数 $m\left(=\dfrac{\omega\times10^{-7}}{R_S}\right)$ 小于 0.1，相当于金属套纵向电阻在系统频率 50Hz 时大于 314μΩ/m，修正系数可予以忽略。因此，本方法适用于大部分铝金属套电缆（电阻小），而对铅金属套（电阻大）电缆除非其截面很大之外则不必计及。

（一）双回路平面排列金属套涡流损耗计算方法

在双回路平面排列时（如图 5-1 所示），当金属套单点或交叉互联接地时，电缆金属套损耗因数计算式为

$$\lambda_{1d}''=\frac{R_s}{R}[\lambda_0\bullet H(1\sim3)\bullet N(1\sim6)\bullet J(1\sim6)\bullet g_s+G_s] \tag{5-42}$$

式中　λ_{1d}''——在双回路下高电阻金属套的损耗因数；

λ_0——单回路下高电阻金属套的损耗因数；

H（1～3）——金属套电阻修正系数，在单回路下相对于电缆 1，2，或 3 所求得的数值；

N（1～6）——回路之间互为影响的系数，因此取决于电缆 1～3 和 4～6 相应的相序；

J（1～6）——取决于每一回路电缆（1～3）和（4～6）的位置的相关系数；

g_s——由于相邻电缆的电流引起该电缆金属套中涡流而造成的损耗系数；

G_s——由于电缆导体电流引起该金属套中涡流而造成的损耗系数。

对于低电阻护套的单回路系数，只要引用系数 H（1、2 和 3）就可求得，计算式为

$$\lambda_1''=\frac{R_s}{R}[\lambda_0\bullet H(1\sim3)\bullet g_s+G_s] \tag{5-43}$$

对于 m 值小于 0.1 的金属套（包括大多数铅套电缆）可假定系数 H、N、J 和 g_s 为 1，而 G_s 为零，在这种情况下可采用单回路的 λ_0 不必修正。

当 m 值等于或大于 0.1 时，除小截面的铝护套电缆外大都属于这种情况，应计算 H、N、J 和 g_s 的数值。仅当 m 值等于或大于 1 时，系数 G_s 才是重要的。

H、N 和 J 的数值从表 5-7～表 5-18 中取得，且按下面各参数以及电缆位置和导体中电流相序来选择。

$$\left.\begin{aligned}m&=\frac{\omega}{R_s}\times10^{-7}=\frac{2\pi f}{R_s}\times10^{-7}\\z&=\frac{d}{2s}\\y&=\frac{s}{c}\end{aligned}\right\} \tag{5-44}$$

式中　f——系统频率，Hz；

R_s——工作温度下的金属套电阻，Ω/m；

s——同一回路电缆中心之距离，mm；

d——金属套平均直径，mm；

c——相邻回路中电缆中心的间距，mm。

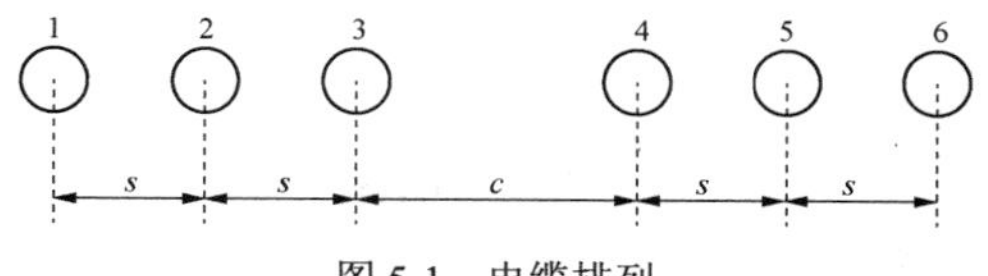

图 5-1　电缆排列

（二）单回路高电阻金属套损耗因数 λ_0 的计算式

金属套损耗因数 λ_0 为

$$\lambda_0=C\frac{m^2}{1+m^2}\left[\frac{d}{2s}\right]^2 \tag{5-45}$$

对于三根单芯电缆平面排列，系数 C 值如下：

中间电缆，$C=6$；

外侧电缆，$C=1.5$。

（三）系数 H、N 和 J 的计算

1. 系数 H、N 和 J 的分配，取决于电流的时序和导体的位置

对图 5-1 中电缆进行编号，系数 H（1、2、3）是根据时序结合电缆位置分配的。如果对双回路中每一回路有相反时序，H 值必须以相反的次序分配给电缆。分配系数 H 值取决于每个回路内的时序。

在双回路排列下，用符号表示相位对以下情况有意义：一个回路内电缆位置有关的相位标志必须与另一个回路的顺序相位标志相同，或与另一回路逆序镜像相位标志相同。

以下是四种典型情况，系数 H、N 和 J 的具体值见表 5-7～表 5-18。

典型情况一：

顺序

电缆编号	1	2	3	4	5	6
时序	R	S	T	R	S	T
分配 H	H_1	H_2	H_3	H_1	H_2	H_3
分配 N	N_1	N_2	N_3	N_4	N_5	N_6
分配 J	J_1	J_2	J_3	J_4	J_5	J_6

典型情况二：

顺序

电缆编号	1	2	3	4	5	6
时序	T	S	R	T	S	R
分配 H	H_3	H_2	H_1	H_3	H_2	H_1
分配 N	N_6	N_5	N_4	N_3	N_2	N_1
分配 J	J_6	J_5	J_4	J_3	J_2	J_1

典型情况三：

逆序

电缆编号	1	2	3	4	5	6
时序	R	S	T	T	S	R
分配 H	H_1	H_2	H_3	H_3	H_2	H_1
分配 N	N_1	N_2	N_3	N_4	N_5	N_6
分配 J	J_1	J_2	J_3	J_4	J_5	J_6

典型情况四：

逆序

电缆编号	1	2	3	4	5	6
时序	T	S	R	R	S	T
分配 H	H_1	H_2	H_3	H_3	H_2	H_1
分配 N	N_1	N_2	N_3	N_4	N_5	N_6
分配 J	J_1	J_2	J_3	J_4	J_5	J_6

表 5-7　　系　数　H

电缆编号	m	$Z=\frac{d}{2s}$								
		0.10	0.15	0.20	0.25	0.30	0.35	0.40	0.45	0.50
1	0.1	1.007	1.015	1.028	1.044	1.064	1.089	1.118	1.154	1.197
	0.5.	1.023	1.051	1.093	1.148	1.220	1.309	1.420	1.554	1.714
	1.0	1.033	1.076	1.140	1.228	1.347	1.503	1.706	1.970	2.299
	1.5	1.037	1.085	1.158	1.261	1.405	1.606	1.887	2.287	2.826
	2.0	1.037	1.087	1.163	1.274	1.432	1.662	2.003	2.527	3.321
	2.5	1.037	1.087	1.164	1.278	1.444	1.693	2.081	2.720	3.792
	3.0	1.037	1.087	1.164	1.279	1.449	1.711	2.135	2.876	4.244
2	0.1	1.001	1.002	1.004	1.006	1.009	1.013	1.017	1.022	1.028
	0.5	1.003	1.007	1.012	1.018	1.025	1.033	1.040	1.047	1.050
	1.0	1.006	1.015	1.027	1.043	1.064	1.090	1.121	1.157	1.193
	1.5	1.009	1.021	1.039	1.065	1.101	1.150	1.218	1.306	1.413
	2.0	1.010	1.025	1.047	1.080	1.128	1.198	1.301	1.450	1.654
	2.5	1.011	1.027	1.052	1.091	1.148	1.234	1.366	1.575	1.892
	3.0	1.012	1.029	1.056	1.098	1.161	1.260	1.417	1.681	2.123
3	0.1	0.999	0.998	0.996	0.994	0.991	0.988	0.984	0.979	0.973
	0.5	0.991	0.980	0.964	0.944	0.919	0.889	0.853	0.812	0.766
	1.0	0.944	0.986	0.975	0.962	0.947	0.931	0.915	0.900	0.891
	1.5	1.000	1.001	1.002	1.007	1.017	1.036	1.068	1.124	1.214
	2.0	1.006	1.013	1.027	1.048	1.082	1.137	1.226	1.374	1.608
	2.5	1.010	1.023	1.045	1.080	1.134	1.220	1.364	1.608	2.017
	3.0	1.013	1.013	1.060	1.104	1.174	1.287	1.477	1.816	2.422

表 5-8　　系数 N（顺序）

$y=\frac{s}{c}$	顺序电缆					
	1	2	3	4	5	6
0.1	0.9871	0.9861	0.9854	0.9849	0.9861	0.9875
0.2	0.9651	0.9588	0.9562	0.9554	0.9588	0.9656
0.3	0.9432	0.9286	0.9271	0.9259	0.9286	0.9438
0.4	0.9238	0.8990	0.9065	0.9049	0.8990	0.9243
0.5	0.9069	0.8714	0.8993	0.8974	0.8713	0.9075
0.6	0.8924	0.8461	0.9089	0.9067	0.8461	0.8929
0.7	0.8800	0.8232	0.9372	0.9351	0.8231	0.8804
0.8	0.8692	0.8024	0.9859	0.9842	0.8023	0.8696
0.9	0.8598	0.7836	1.0562	1.0552	0.7835	0.8601
1.0	0.8516	0.7665	1.1487	1.1490	0.7665	0.8517

表 5-9　　系数 N（逆序）

$y=\frac{s}{c}$	逆序电缆					
	1	2	3	4	5	6
0.1	1.0110	0.0141	1.0185	1.0185	1.0141	1.0110
0.2	1.0286	1.0421	1.0696	1.0696	1.0421	1.0286
0.3	1.0456	1.0742	1.1504	1.1504	1.0742	1.0456
0.4	1.0605	1.1066	1.2593	1.2593	1.1066	1.0605
0.5	1.0736	1.1378	1.3953	1.3953	1.1378	1.0736
0.6	1.0849	1.1673	1.5580	1.5580	1.1673	1.0849
0.7	1.0948	1.1948	1.7471	1.7471	1.1948	1.0948
0.8	1.0135	1.2204	1.9623	1.9623	1.2204	1.1035
0.9	1.1111	1.2441	2.2037	2.2037	1.2441	1.1111
1.0	1.1180	1.2662	2.4711	2.4711	1.2662	1.1180

表 5-10　　系数 J（电缆 1/顺序）

$y=\frac{s}{c}$	m	电缆 1/顺序 $z=\frac{d}{2s}$				
		0.1	0.2	0.3	0.4	0.5
0.2	0.1	1.000	1.000	1.000	1.000	1.000
	0.5	1.000	0.998	0.995	0.991	0.982
	1.0	0.999	0.997	0.992	0.984	0.970
	1.5	1.000	0.997	0.992	0.984	0.974
	2.0	0.999	0.997	0.992	0.987	0.980
	2.5	0.999	0.997	0.994	0.989	0.987
	3.0	1.000	0.997	0.994	0.992	0.993
0.4	0.1	1.000	1.000	1.000	1.000	1.000
	0.5	0.999	0.997	0.991	0.982	0.965
	1.0	0.999	0.994	0.983	0.964	0.931
	1.5	0.999	0.992	0.981	0.962	0.933
	2.0	0.998	0.992	0.982	0.966	0.946
	2.5	0.998	0.992	0.983	0.971	0.959
	3.0	0.999	0.993	0.984	0.975	0.971

续表

$y=\frac{s}{c}$	m	电缆 1/顺序 $z=\frac{d}{2s}$				
		0.1	0.2	0.3	0.4	0.5
0.6	0.1	1.000	1.000	1.001	1.001	1.002
	0.5	0.999	0.996	0.990	0.978	0.955
	1.0	0.998	0.991	0.977	0.949	0.900
	1.5	0.998	0.989	0.972	0.942	0.894
	2.0	0.997	0.989	0.972	0.945	0.907
	2.5	0.997	0.988	0.973	0.951	0.925
	3.0	0.998	0.989	0.974	0.956	0.941
0.8	0.1	1.000	1.001	1.002	1.003	1.004
	0.5	0.999	0.996	0.990	0.978	0.955
	1.0	0.998	0.990	0.974	0.941	0.881
	1.5	1.007	0.989	0.966	0.927	0.860
	2.0	0.996	0.985	0.963	0.927	0.869
	2.5	0.996	0.985	0.963	0.931	0.886
	3.0	0.996	0.985	0.964	0.937	0.904
1.0	0.1	1.000	1.001	1.003	1.005	1.007
	0.5	0.999	0.997	0.992	0.983	0.962
	1.0	0.998	0.990	0.973	0.939	0.877
	1.5	0.997	0.985	0.962	0.918	0.842
	2.0	0.995	0.983	0.957	0.913	0.840
	2.5	0.995	0.982	0.956	0.915	0.852
	3.0	0.996	0.981	0.956	0.919	0.866

表 5-11　　系数 *J*（电缆 2/顺序）

$y=\frac{s}{c}$	m	电缆 2/顺序 $z=\frac{d}{2s}$				
		0.1	0.2	0.3	0.4	0.5
0.2	0.1	1.000	1.000	1.000	1.001	1.001
	0.5	1.000	1.000	1.000	1.000	1.000
	1.0	1.000	1.000	1.001	1.001	1.002
	1.5	1.000	1.000	1.001	1.003	1.006
	2.0	1.000	1.001	1.002	1.005	1.011
	2.5	1.000	1.001	1.002	1.007	1.014
	3.0	1.000	1.001	1.003	1.008	1.018
0.4	0.1	1.000	1.001	1.001	1.002	1.003
	0.5	1.000	1.000	1.000	1.000	1.000
	1.0	1.000	1.000	1.000	1.002	1.003
	1.5	1.000	1.000	1.002	1.007	1.014
	2.0	1.000	1.000	1.003	1.011	1.026
	2.5	1.000	1.000	1.004	1.015	1.036
	3.0	1.000	1.000	1.005	1.017	1.043

续表

$y=\frac{s}{c}$	m	电缆 2/顺序 $z=\frac{d}{2s}$				
		0.1	0.2	0.3	0.4	0.5
0.6	0.1	1.000	1.001	1.002	1.003	1.006
	0.5	0.999	0.999	0.999	0.999	0.998
	1.0	0.999	0.998	0.998	0.999	1.000
	1.5	0.999	0.998	0.999	1.005	1.016
	2.0	0.999	0.998	1.001	1.012	1.034
	2.5	0.999	0.998	1.002	1.018	1.049
	3.0	0.999	0.998	1.003	1.022	1.062
0.8	0.1	1.000	1.001	1.002	1.004	1.008
	0.5	0.999	0.999	0.998	0.996	0.995
	1.0	0.999	0.996	0.993	0.992	0.991
	1.5	1.008	0.995	0.993	0.998	1.007
	2.0	0.998	0.995	0.994	1.006	1.029
	2.5	0.998	0.995	0.996	1.013	1.049
	3.0	0.998	0.994	0.997	1.017	1.065
1.0	0.I	1.000	1.001	1.003	1.006	1.010
	0.5	0.999	0.997	0.995	0.993	0.993
	1.0	0.998	0.992	0.987	0.982	0.978
	1.5	0.997	0.990	0.984	0.984	0.988
	2.0	0.996	0.989	0.984	0.991	1.006
	2.5	0.996	0.989	0.985	0.997	1.027
	3.0	0.996	0.988	0.986	1.002	1.044

表 5-12　　系数 *J*（电缆 3/顺序）

$y=\frac{s}{c}$	m	电缆 3/顺序 $z=\frac{d}{2s}$				
		0.1	0.2	0.3	0.4	0.5
0.2	0.1	1.000	1.001	1.003	1.005	1.008
	0.5	1.000	1.003	1.007	1.012	1.017
	1.0	1.000	1.002	1.007	1.014	1.022
	1.5	1.000	1.001	1.006	1.014	1.025
	2.0	0.999	1.001	1.005	1.014	1.028
	2.5	1.000	1.000	1.003	1.014	1.030
	3.0	0.999	0.999	1.003	1.013	1.032
0.4	0.1	1.000	1.003	1.007	1.013	1.021
	0.5	1.001	1.006	1.015	1.028	1.041
	1.0	0.999	1.002	1.011	1.026	1.047
	1.5	0.998	0.997	1.005	1.023	1.053
	2.0	0.997	0.994	1.000	1.021	1.058
	2.5	0.996	0.992	0.995	1.018	1.063
	3.0	0.995	0.990	0.993	1.016	1.067

续表

$y=\frac{s}{c}$	m	电缆3/顺序 $z=\frac{d}{2s}$				
		0.1	0.2	0.3	0.4	0.5
0.6	0.1	1.000	1.003	1.009	1.017	1.3026
	0.5	0.999	1.003	1.010	1.021	1.033
	1.0	0.995	0.990	0.990	1.002	1.024
	1.5	0.992	0.978	0.973	0.989	1.026
	2.0	0.989	0.971	0.962	0.980	1.031
	2.5	0.988	0.966	0.954	0.974	1.037
	3.0	0.987	0.963	0.948	0.969	1.042
0.8	0.1	1.000	1.003	1.007	1.012	1.018
	0.5	0.996	0.990	0.982	0.977	0.972
	1.0	0.988	0.962	0.937	0.927	0.933
	1.5	0.983	0.943	0.908	0.901	0.925
	2.0	0.979	0.932	0.891	0.886	0.929
	2.5	0.977	0.925	0.879	0.876	0.934
	3.0	0.975	0.921	0.872	0.869	0.939
1.0	0.1	1.000	1.001	1.002	1.003	1.002
	0.5	0.990	0.968	0.936	0.900	0.863
	1.0	0.978	0.925	0.864	0.816	0.790
	1.5	0.971	0.901	0.826	0.781	0.778
	2.0	0.967	0.888	0.806	0.765	0.783
	2.5	0.965	0.882	0.796	0.765	0.790
	3.0	0.963	0.877	0.790	0.751	0.797

表 5-13　系数 *J*（电缆 4/顺序）

$y=\frac{s}{c}$	m	电缆4/顺序 $z=\frac{d}{2s}$				
		0.1	0.2	0.3	0.4	0.5
0.2	0.1	1.000	1.000	0.999	0.998	0.997
	0.5	0.999	0.995	0.989	0.979	0.963
	1.0	0.998	0.993	0.982	0.967	0.946
	1.5	0.999	0.992	0.983	0.970	0.956
	2.0	0.998	0.993	0.984	0.976	0.968
	2.5	0.998	0.993	0.986	0.981	0.979
	3.0	0.999	0.994	0.988	0.985	0.988
0.4	0.1	1.000	0.999	0.997	0.994	0.990
	0.5	0.997	0.984	0.962	0.929	0.881
	1.0	0.994	0.973	0.936	0.884	0.819
	1.5	0.993	0.969	0.933	0.888	0.841
	2.0	0.992	0.970	0.937	0.903	0.876
	2.5	0.992	0.971	0.942	0.919	0.906
	3.0	0.993	0.972	0.947	0.930	0.929

续表

$y=\frac{s}{c}$	m	电缆4/顺序 $z=\frac{d}{2s}$				
		0.1	0.2	0.3	0.4	0.5
0.6	0.1	1.000	0.998	0.995	0.991	0.987
	0.5	0.994	0.972	0.934	0.879	0.807
	1.0	0.987	0.946	0.878	0.782	0.671
	1.5	0.985	0.937	0.863	0.772	0.685
	2.0	0.983	0.935	0.864	0.790	0.732
	2.5	0.983	0.935	0.870	0.811	0.775
	3.0	0.984	0.936	0.875	0.828	0.809
0.8	0.1	1.000	0.999	0.998	0.999	1.003
	0.5	0.992	0.966	0.924	0.869	0.809
	1.0	0.982	0.926	0.836	0.716	0.596
	1.5	0.977	0.907	0.801	0.675	0.566
	2.0	0.974	0.900	0.793	0.681	0.595
	2.5	0.973	0.897	0.795	0.697	0.630
	3.0	0.973	0.897	0.799	0.713	0.662
1.0	0.1	1.000	1.003	1.011	1.026	1.053
	0.5	0.993	0.974	0.949	0.929	0.947
	1.0	0.980	0.924	0.839	0.743	0.698
	1.5	0.972	0.896	0.784	0.664	0.602
	2.0	0.968	0.882	0.764	0.647	0.585
	2.5	0.965	0.875	0.758	0.650	0.591
	3.0	0.964	0.873	0.757	0.657	0.602

表 5-14　系数 *J*（电缆 5/顺序）

$y=\frac{s}{c}$	m	电缆5/顺序 $z=\frac{d}{2s}$				
		0.1	0.2	0.3	0.4	0.5
0.2	0.1	1.000	1.000	1.000	1.001	1.001
	0.5	1.000	1.000	1.000	0.999	0.999
	1.0	1.000	1.000	1.000	1.000	0.998
	1.5	1.000	1.000	1.001	1.002	1.002
	2.0	1.000	1.000	1.001	1.004	1.006
	2.5	1.000	1.000	1.002	1.005	1.010
	3.0	1.000	1.001	1.002	1.006	1.013
0.4	0.1	1.000	1.000	1.001	1.002	1.002
	0.5	0.999	0.999	0.999	0.997	0.994
	1.0	1.000	0.999	0.998	0.996	0.989
	1.5	1.000	0.999	0.999	1.000	0.997
	2.0	1.000	0.999	1.000	1.004	1.007
	2.5	1.000	1.000	1.002	1.008	1.017
	3.0	1.000	1.000	1.003	1.011	1.025

续表

$y=\frac{s}{c}$	m	电缆 5/顺序 $z=\frac{d}{2s}$				
		0.1	0.2	0.3	0.4	0.5
0.6	0.1	1.000	1.001	1.001	1.002	1.004
	0.5	0.999	0.999	0.997	0.993	0.986
	1.0	0.999	0.997	0.993	0.986	0.972
	1.5	0.999	0.997	0.994	0.991	0.980
	2.0	0.999	0.997	0.996	0.998	0.995
	2.5	0.999	0.997	0.997	1.004	1.011
	3.0	0.999	0.997	0.999	1.009	1.025
0.8	0.1	1.000	1.001	1.002	1.003	1.006
	0.5	0.999	0.998	0.994	0.987	0.976
	1.0	0.998	0.994	0.986	0.973	0.948
	1.5	0.998	0.993	0.985	0.976	0.952
	2.0	0.998	0.993	0.987	0.983	0.970
	2.5	0.998	0.993	0.989	0.991	0.990
	3.0	0.997	0.994	0.991	0.997	1.008
1.0	0.1	1.000	1.001	1.002	1.004	1.007
	0.5	0.998	0.996	0.991	0.982	0.968
	1.0	0.997	0.990	0.978	0.957	0.923
	1.5	0.996	0.987	0.974	0.955	0.919
	2.0	0.996	0.987	0.974	0.961	0.933
	2.5	0.996	0.987	0.976	0.969	0.952
	3.0	0.996	0.986	0.977	0.976	0.970

表 5-15 系数 J（电缆 6/顺序）

$y=\frac{s}{c}$	m	电缆 6/顺序 $z=\frac{d}{2s}$				
		0.1	0.2	0.3	0.4	0.5
0.2	0.1	1.000	1.000	1.001	1.002	1.004
	0.5	1.000	1.001	1.002	1.005	1.007
	1.0	1.000	1.001	1.002	1.005	1.010
	1.5	1.000	1.000	1.002	1.006	1.013
	2.0	0.999	1.000	1.002	1.007	1.016
	2.5	1.000	1.000	1.001	1.007	1.019
	3.0	0.999	1.000	1.001	1.007	1.020
0.4	0.1	1.000	1.001	1.002	1.004	1.007
	0.5	1.000	1.001	1.003	1.006	1.009
	1.0	0.999	1.000	1.002	1.006	1.012
	1.5	1.000	0.999	1.001	1.007	1.020
	2.0	0.999	0.998	1.000	1.008	1.028
	2.5	0.999	0.997	0.998	1.009	1.034
	3.0	0.999	0.997	0.998	1.009	1.039

续表

$y=\frac{s}{c}$	m	电缆 6/顺序 $z=\frac{d}{2s}$				
		0.1	0.2	0.3	0.4	0.5
0.6	0.1	1.000	1.001	1.002	1.005	1.008
	0.5	0.999	1.000	1.000	1.002	1.004
	1.0	0.999	0.997	0.996	0.998	1.003
	1.5	0.998	0.995	0.994	0.999	1.013
	2.0	0.998	0.994	0.992	1.001	1.026
	2.5	0.998	0.993	0.991	1.002	1.036
0.8	0.1	1.000	1.000	1.002	1.004	1.007
	0.5	0.999	0.998	0.996	0.994	0.993
	1.0	0.998	0.993	0.988	0.985	0.984
	1.5	0.997	0.990	0.984	0.985	0.995
	2.0	0.996	0.989	0.982	0.986	1.010
	2.5	0.996	0.988	0.981	0.988	1.024
	3.0	0.996	0.987	0.980	0.989	1.036
1.0	0.1	1.000	1.000	1.001	1.003	1.005
	0.5	0.998	0.995	0.990	0.984	0.978
	1.0	0.997	0.988	0.977	0.967	0.958
	1.5	0.996	0.985	0.972	0.964	0.964
	2.0	0.995	0.983	0.969	0.965	0.978
	2.5	0.995	0.982	0.968	0.967	0.993
	3.0	0.995	0.981	0.967	0.968	1.006

表 5-16 系数 J（电缆 1、电缆 6/逆序）

$y=\frac{s}{c}$	m	电缆 1/逆序 $z=\frac{d}{2s}$ 电缆 6/逆序				
		0.1	0.2	0.3	0.4	0.5
0.2	0.1	1.000	1.000	1.000	1.001	1.001
	0.5	1.000	1.002	1.005	1.011	1.018
	1.0	1.001	1.004	1.009	1.017	1.033
	1.5	1.001	1.004	1.009	1.018	1.031
	2.0	1.000	1.004	1.009	1.016	1.024
	2.5	1.001	1.004	1.008	1.013	1.018
	3.0	1.001	1.003	1.007	1.011	1.014
0.4	0.1	1.000	1.000	1.001	1.001	1.002
	0.5	1.001	1.004	1.010	1.022	1.041
	1.0	1.002	1.008	1.019	1.040	1.076
	1.5	1.002	1.008	1.021	1.042	1.074
	2.0	1.002	1.008	1.020	1.038	1.058
	2.5	1.002	1.008	1.019	1.032	1.047
	3.0	1.002	1.008	1.017	1.027	1.037

续表

$y=\frac{s}{c}$	m	电缆 1/逆序 $z=\frac{d}{2s}$ 电缆 6/逆序				
		0.1	0.2	0.3	0.4	0.5
0.6	0.1	1.000	1.000	1.001	1.001	1.002
	0.5	1.002	1.006	1.014	1.029	1.057
	1.0	1.003	1.010	1.027	1.058	1.113
	1.5	1.004	1.012	1.030	1.063	1.112
	2.0	1.003	1.012	1.029	1.056	1.089
	2.5	1.003	1.012	1.028	1.049	1.072
	3.0	1.004	1.012	1.026	1.042	1.056
0.8	0.1	1.000	1.001	1.001	1.002	1.003
	0.5	1.002	1.007	1.017	1.036	1.072
	1.0	1.004	1.013	1.034	1.073	1.144
	1.5	1.005	1.015	1.038	1.079	1.141
	2.0	1.004	1.015	1.037	1.072	1.113
	2.5	1.004	1.015	1.035	1.063	1.088
	3.0	1.005	1.015	1.033	1.054	1.071
1.0	0.1	1.000	1.000	1.001	1.001	1.003
	0.5	1.002	1.007	1.019	1.041	1.083
	1.0	1.004	1.014	1.038	1.084	1.168
	1.5	1.004	1.017	1.043	1.091	1.163
	2.0	1.004	1.017	1.042	1.082	1.130
	2.5	1.004	1.017	1.040	1.072	1.100
	3.0	1.004	1.017	1.038	1.063	1.080

表 5-17　系数 J（电缆 2、电缆 5/逆序）

$y=\frac{s}{c}$	m	电缆 2/逆序 $z=\frac{d}{2s}$ 电缆 5/逆序				
		0.1	0.2	0.3	0.4	0.5
0.2	0.1	1.000	1.000	1.000	1.000	0.999
	0.5	1.000	1.000	1.000	1.000	1.001
	1.0	1.000	1.000	1.000	1.000	1.000
	1.5	1.000	1.000	0.999	0.977	0.995
	2.0	1.000	1.000	0.998	0.995	0.991
	2.5	1.000	1.000	0.998	0.994	0.987
	3.0	1.000	1.000	0.997	0.992	0.985

续表

$y=\frac{s}{c}$	m	电缆 2/逆度 $z=\frac{d}{2s}$ 电缆 5/逆序				
		0.1	0.2	0.3	0.4	0.5
0.4	0.1	1.000	1.000	0.999	0.999	0.998
	0.5	0.999	1.000	1.000	1.001	1.004
	1.0	1.000	1.000	1.000	1.000	1.001
	1.5	1.000	0.999	0.998	0.995	0.989
	2.0	1.000	0.999	0.996	0.989	0.977
	2.5	1.000	0.999	0.995	0.985	0.968
	3.0	0.999	0.998	0.994	0.982	0.962
0.6	0.1	1.000	1.000	1.000	0.999	0.998
	0.5	1.000	1.001	1.002	1.004	1.009
	1.0	1.001	1.001	1.002	1.003	1.003
	1.5	1.000	1.001	0.999	0.993	0.984
	2.0	1.001	1.000	0.996	0.985	0.965
	2.5	1.000	1.000	0.994	0.9787	0.951
	3.0	1.000	0.999	0.992	0.973	0.941
0.8	0.1	1.000	1.000	1.000	0.999	0.999
	0.5	1.000	1.001	1.003	1.007	1.012
	1.0	1.001	1.002	1.002	1.004	1.004
	1.5	1.001	1.001	0.999	0.992	0.976
	2.0	1.001	1.000	0.995	0.979	0.951
	2.5	1.001	1.000	0.993	0.971	0.933
	3.0	1.001	0.999	0.990	0.965	0.920
1.0	0.1	1.000	1.000	1.000	0.999	0.999
	0.5	1.000	1.002	1.004	1.009	1.017
	1.0	1.001	1.002	1.004	1.005	1.002
	1.5	1.001	1.002	0.999	0.989	0.967
	2.0	1.001	1.001	0.995	0.974	0.937
	2.5	1.001	1.000	0.991	0.964	0.916
	3.0	1.001	0.999	0.988	0.956	0.902

表 5-18　系数 J（电缆 3、电缆 4/逆序）

$y=\frac{s}{c}$	m	电缆 3/逆序 $z=\frac{d}{2s}$ 电缆 4/逆序				
		0.1	0.2	0.3	0.4	0.5
0.2	0.1	1.000	0.998	0.996	0.992	0.989
	0.5	0.999	0.995	0.990	0.982	0.975
	1.0	0.998	0.994	0.987	0.977	0.966
	1.5	0.999	0.994	0.987	0.974	0.961
	2.0	0.998	0.994	0.986	0.973	0.956
	2.5	0.999	0.994	0.986	0.972	0.953
	3.0	0.999	0.995	0.987	0.972	0.951

续表

$y=\frac{s}{c}$	m	电缆3/逆度 $z=\frac{d}{2s}$ 电缆4/逆序				
		0.1	0.2	0.3	0.4	0.5
0.4	0.1	1.000	0.995	0.987	0.977	0.964
	0.5	0.997	0.985	0.965	0.940	0.913
	1.0	0.996	0.979	0.951	0.916	0.881
	1.5	0.996	0.977	0.946	0.905	0.862
	2.0	0.995	0.977	0.944	0.898	0.850
	2.5	0.996	0.977	0.943	0.894	0.841
	3.0	0.996	0.977	0.943	0.893	0.836
0.6	0.1	1.000	0.992	0.978	0.959	0.936
	0.5	0.994	0.970	0.933	0.886	0.838
	1.0	0.991	0.956	0.902	0.836	0.775
	1.5	0.990	0.951	0.889	0.812	0.740
	2.0	0.989	0.949	0.883	0.799	0.720
	2.5	0.989	0.948	0.879	0.792	0.707
	3.0	0.989	0.948	0.879	0.788	0.698
0.8	0.1	1.000	0.989	0.970	0.945	0.914
	0.5	0.991	0.957	0.902	0.835	0.765
	1.0	0.985	0.932	0.850	0.755	0.669
	1.5	0.983	0.921	0.827	0.717	0.622
	2.0	0.982	0.917	0.816	0.698	0.596
	2.5	0.982	0.915	0.811	0.688	0.581
	3.0	0.981	0.914	0.808	0.681	0.570
1.0	0.1	1.000	0.987	0.966	0.937	0.902
	0.5	0.988	0.944	0.873	0.788	0.698
	1.0	0.979	0.907	0.800	0.678	0.571
	1.5	0.975	0.891	0.766	0.628	0.717
	2.0	0.973	0.884	0.750	0.604	0.490
	2.5	0.973	0.881	0.742	0.591	0.474
	3.0	0.972	0.879	0.738	0.583	0.463

2. 系数 H（1、2、3）的计算

利用参数 m 和 z 以及每根电缆的位置可从表5-7中求得每个系数 H。当 m 和 z 值在表5-7各数据之间进行插值时，可以使用下面的方法求取插值。从表5-7相关部分求得 H_a、H_b、H_c、H_d 的值，如表5-19所示。

表5-19　H_a、H_b、H_c、H_d 的值

参数	Z_0	Z	Z_1
m_0	H_a		H_c
m		H	
m_1	H_b		H_d

其中 m_1、m_0、z_1 和 z_0 为列表值，小于和大于 m 值和 z 值。

列表：

m_0…………

m_1…………　$M=(m_1-m_0)$…………

z_0…………

z_1…………　$Z=(z_1-z_0)$…………

H_a…………

H_b…………

H_c…………

H_d…………

则有

$A=H_a$ =……

$B=(H_b-H_a)/M$ =……

$C=(H_c-H_a)/Z$ =……

$D=(H_d+H_a-H_c-H_b)/(M\bullet Z)$ =……

相加得

A =……

$+B(m-m_0)$ =……

$+C(z-z_0)$ =……

$+D(m-m_0)(z-z_0)$ =……

系数 H = 总和 =……

对回路内三根电缆重复使用上述方法就可求得 H_1、H_2 和 H_3。

3. 系数 N（1、2、3、4、5、6）的计算

利用每根电缆的参数 y 就可查表求得系数 N 值。表5-8和表5-9中数值有顺序和逆序值。注意在逆序情况下，电缆4、5、6的系数值是电缆1、2、3系数值的镜像，需要求插值时用线性插值就能满足要求。

4. 系数 J（1、2、3、4、5、6）的计算

根据电缆相序和参数 m、z、y 就可查表求得每根电缆系数 J 值。每根电缆列表排列成组，每个 y 值为一组，可选用两组，一组的 y 值小于输入值，另一组 y 值则大于输入值。每组都需要 J（a～d）值和 J（e～f）值，方法同 H 值插值方法，如图5-2所示。

参数	z_0	z	z_1
m_0	J_a		J_c
m		*	
m_1	J_b		J_d

(a)

参数	z_0	z	z_1
m_0	J_e		J_g
m		*	
m_1	J_f		J_h

(b)

图5-2　J 值的计算

（a）y_0 组；（b）y_1 组

标有*号数值之间插值得出每根电缆所需的 J 值。

列表计算如下：

$y_0\cdots$	$z_0\cdots$	$m_0\cdots$	$J_a\cdots$
		$m_1\cdots$	$J_b\cdots$
	$z_1\cdots$	$m_0\cdots$	$J_c\cdots$
		$m_1\cdots$	$J_d\cdots$
$y_1\cdots$	$z_0\cdots$	$m_0\cdots$	$J_e\cdots$
		$m_1\cdots$	$J_f\cdots$
	$z_1\cdots$	$m_0\cdots$	$J_g\cdots$
		$m_1\cdots$	$J_h\cdots$

$M=m_1-m_0\cdots$　$Z=z_1-z_0\cdots$　$Y=y_1-y_0\cdots$

$m'=m-m_0\cdots$　$z'=z-z_0\cdots$　$y'=y-y_0\cdots$

计算得

$A=J_a$ =

$B=(J_b-J_a)/M$ =

$C=(J_c-J_a)/Z$ =

$D=(J_e-J_a)/Y$ =

$S=[(J_a+J_d)-(J_b+J_c)]/(MZ)$ =

$T=[(J_a+J_g)-(J_c+J_e)]/(ZY)$ =

$U=[(J_a+J_f)-(J_b+J_e)]/(MY)$ =

$V=[(J_b+J_c+J_e+J_h)-(J_a+J_d+J_f+J_g)]/(MZY)$ =

然后相加得

A =…………

$B\cdot m'$ =…………

$C\cdot z'$ =…………

$D\cdot y'$ =…………

$S\cdot m'\cdot z'$ =…………

$T\cdot z'\cdot y'$ =…………

$U\cdot m'\cdot y'$ =…………

$V\cdot m'\cdot z'\cdot y'$ =…………

$J=$总和 =…………

5. 系数 G_s 和 g_s 值计算

$$\left.\begin{aligned} G_s&=\frac{(\beta_1\times t_s)^4}{12\times10^{12}}\\ \beta_1&=\sqrt{\frac{4\pi\omega}{10^7\times\rho_s}}\\ g_s&=1+\left(\frac{t_s}{D_s}\right)^{1.74}\times(\beta_1\times D_s\times10^{-3}-1.6)\end{aligned}\right\}\tag{5-46}$$

式中　ρ_s——工作温度下金属套材料的电阻率，Ωm；

D_s——金属套外径，mm；皱纹金属套，用平均外径$(D_{oc}+D_{it})/2+t_s$取代 D_s；

D_{oc}——正好与皱纹护套峰值外表面相切的虚构圆柱体的直径，mm；

D_{it}——正好与皱纹护套谷值内表面相切的虚构圆柱体的直径，mm；

t_s——金属套厚度，mm。

（四）关于电缆换位的注意事项

一般换位的目的是使所有的导体或金属套，或者导体和金属套都调换位置，从线路一个小段逐渐换位到线路的另一小段。若此变换不影响导体电流的相序，只要每一段线路换位相对相序而言都以同样的方式起作用（即是所给每个分段的时序和金属套位置的要求都保持相同的方式），换位就不会影响使用。

换位可与相序的方向相同或者相反，只要两回路每次换位的方向对相序而言都是相同的，换位方向就不影响涡流损耗。由此可见，如果两个回路的导体电流相序已反向，一个回路换位的实际方向就与另外回路换位的方向相反。

金属套中涡流损耗值仅取决于电缆排列方位，而且一经确定就适合于该位置上任意金属套，且与该分段无关。

七、并列单芯电缆之间电流分配和环流损耗的计算

当单芯电缆并联时，导体内载流量可能因自感、互感、相序排列不同导致阻抗不平衡以致不同，金属套内电流也可能不同。

金属套损耗因数（λ）是以环流在金属套所引起损耗与电缆导体损耗之比来计算的。计算方法仅考虑沿电缆导体的电压降的存在，忽略负荷的不平衡导致相电流的不平衡。

计算方法也可以用来计算无金属套或金属铠装及金属套单点互连接地的并联单芯电缆间的电流分配（此时，每一金属套的环流为零）和开路端的持续电压。

（一）计算方法概述

并联线路电缆金属套损耗因数计算式为

$$\lambda'_p=\left(\frac{I_{sp}}{I_p}\right)^2\frac{R_s}{R_c}\tag{5-47}$$

式中　λ'_p——环流在电缆 p 所引起的金属套损耗因数；

I_{sp}——电缆 p 的金属套中的环流，A；

I_p——电缆 p 的导体电流，A；

R_s——工作温度下的金属套电阻，Ω/m；

R_c——工作温度下导体电阻，Ω/m。

电流 I_{sp} 和 I_p 可由下述的导体总数为 n 的并联导体回路数为 p 的方程式求解而得。为简化起见，相导体与金属套均以导体表示。相导体电流为 I_1、I_2 等，金属套电流为 $I_{3p}+1$、$I_{3p}+2$、$I_{3p}+3$ 等。

为计算简便，采用下属标记，参考电缆为：

线路	1	$\cdots i$	$\cdots p$
R相	1	$\cdots i$	$\cdots p$
S相	$p+i$	$\cdots p+i$	$\cdots 2p$
T相	$2p+i$	$\cdots 2p+i$	$\cdots 3p$

导体则可视为：

$$\begin{cases} 参照相导体 = 参照电缆 \\ 参照金属套导体 = 参照电缆 + 3p \end{cases}$$

每一相电缆电流可由式（5-48）求得

$$\left.\begin{aligned} I_R[1+j0] &= \sum_{k=1}^{p} I_k \\ I_S[-0.5-j0.866] &= \sum_{k=p+1}^{2p} I_k \\ I_T[-0.5+j0.866] &= \sum_{k=2p+1}^{3p} I_k \end{aligned}\right\} \tag{5-48}$$

上述方程式均假定为正相序旋转。如果相序旋转是未知的，则正相序和反相序旋转均应分别计算。

代表金属套的导体回路电流由式（5-49）求得

$$0+j0 = \sum_{k=3p+1}^{6p} I_k \tag{5-49}$$

每一导体的电压降为

R 相导体：$\Delta V_R = \sum_{k=1}^{6p} Z_{ik} \times I_k$，其中，$i$ 从 1 到 p；

S 相导体：$\Delta V_S = \sum_{k=1}^{6p} Z_{ik} \times I_k$，其中 i 从 $p+1$ 到 $2p$；

T 相导体：$\Delta V_T = \sum_{k=1}^{6p} Z_{ik} \times I_k$，其中 i 从 $2p+1$ 到 $3p$；

金属套导体：$\Delta V_A = \sum_{k=1}^{6p} Z_{ik} \times I_k$，其中 i 从 $3p+1$ 到 $6p$。

从上述方程式消去电压降而导出式（5-50）

$$0+j0 = \sum_{k=3p+1}^{6p} ZZ_{i,k} \times I_k \tag{5-50}$$

式中，ZZ_i，$k=Z_i$，$k-Z_i+1$，$k=R_i$，$k+jX_i$，k；R 则为：$R=0$（如果 $i \neq k$），$R=0$（如果 $i \neq k-1$）；对于相导体：$R=R_c$（如果 $i=k$，并且 $i \leqslant 3p$），$R=-R_c$（如果 $i=k-1$，并且 $i \leqslant 3p$）；对于金属套导体：$R=R_s$（如果 $i=k$，并且 $i>3p$），$R=-R_s$（如果 $i=k-1$，并且 $i>3p$）。

$X_{i,k}$ 可视为阻抗，表示为

$$\left.\begin{aligned} X_{i,k} &= 2\omega 10^{-7} \ln\left(\frac{d_{i+1,k}}{d_{i,k}}\right) \\ \omega &= 2\pi f \end{aligned}\right\} \tag{5-51}$$

式中，$d_{i,k}$ 按表 5-20 取值。

表 5-20　$d_{i,k}$ 取　值

$i \neq k$，$d_{i,k} = D_{m,n}$	$i \leqslant 3p$，$m=i$	$k \leqslant 3p$，$n=k$
	$i>3p$，$m=i-3p$	$k>3p$，$n=k-3p$
$i=k$	$i \leqslant 3p$，$d_{i,k} = \alpha \dfrac{d_c}{2}$	
	$I>3p$，$d_{i,k} = \alpha \dfrac{d_s}{2}$	

表 5-20 中，f——频率，Hz；

$D_{m,n}$——第 m、n 电缆轴线间距，mm；

d_c——导体直径，mm；

d_s——金属套平均直径，mm；

α——取决于导体结构的系数。

表 5-21　实心导体的 α 系数

导体根数	α 值
1	0.779
3	0.678
7	0.726
19	0.758
37	0.768
61	0.772
91	0.774
127	0.776

表 5-21 中的数据适用于非紧压导体。对于紧压导体则应采用 $\alpha=0.779$。空心导体 α 值则取决于导体的内径和外径，即

$$\left.\begin{aligned} \alpha &= e^{-\frac{0.25-k^4\ln(a)-k^2+0.75k^4}{(k^2-1)^2}} \\ k &= \frac{a}{b} \end{aligned}\right\} \tag{5-52}$$

式中，a、b 为空心导体内外半径。

（二）矩阵解

一般情况下所导出的方程式为以下形式：

$$[\boldsymbol{I}] = [\boldsymbol{Z}]^{-1}[\boldsymbol{Q}] \tag{5-53}$$

式中　$\boldsymbol{Q}$——电缆导体和金属套电压降；

$\boldsymbol{Z}$——电缆导体和金属套阻抗、互阻抗矩阵；

$\boldsymbol{I}$——导体和金属套的未知电流。

当仅求解并联电缆导体和金属套电流时，$\boldsymbol{Q}$ 值为零矩阵，$\boldsymbol{Z}$ 值按式（5-51）计算。

第二节　热阻计算

（一）单根导体和金属套之间绝缘热阻 T_1

1. 单芯电缆，SL 型和 SA 型电缆

$$T_1 = \frac{\rho_T}{2\pi} \ln\left(1+\frac{2t_1}{d_c}\right) \tag{5-54}$$

式中　ρ_T——绝缘材料热阻系数，（K・m）/W，见表 5-22；

d_c——导体直径，mm；

t_1——导体和金属套之间的绝缘外径，mm。

对于皱纹金属护套，t_1 按金属套内直径的平均值计算

$$t_1=\frac{D_{it}+D_{oc}}{2}-t_s \quad (5-55)$$

式中 D_{it}——与皱纹金属套波谷内表面相切的假想同心圆柱体的直径，mm；

D_{oc}——与皱纹金属套波峰相切的假想同心圆柱体的直径，mm；

t_s——金属套厚度，mm。

表 5-22 电缆材料热阻系数

材料	ρ_T [(K·m)/W]	材料	ρ_T [(K·m)/W]
绝缘材料		护层材料	
黏性浸渍纸绝缘	6	浸渍麻和纤维	6
充油电缆纸绝缘	5	橡胶	6
外部压气电缆纸绝缘	5.5	氯丁橡胶	5.5
内部压气电缆纸绝缘		聚氯乙烯（PVC）	
a）预浸渍	5.5	35kV 及以下	5
b）整体浸渍	6	大于 35kV	6
聚乙烯（PE）	3.5	皱纹铝套上PVC/沥青	6
交联聚乙烯（XLPE）	3.5	聚乙烯（PE）	3.5
聚丙烯薄膜（PPL）	5.5		
聚氯乙烯（PVC）			
a）3kV 及以下	5	管道敷设用材料	
b）3kV 以上	6	水泥混凝土	1
乙丙橡胶		纤维	4.8
a）3kV 及以下	3.5	石棉	2
b）3kV 以上	5	陶土	1.2
丁基橡胶	5	聚氯乙烯（PVC）	6
橡胶	5	聚乙烯（PE）	3.5

注 为计算载流量，半导电屏蔽材料假设与邻近的介质材料具有相同的热特性。外护层材料所用的塑料或弹性材料热阻系数按表中相同材料的取值。

2. 带材绝缘多芯电缆

导体和金属套之间的热阻 T_1

$$T_1=\rho_T G/2\pi \quad (5-56)$$

式中 G——几何因数。

（1）两芯圆形导体带材绝缘电缆和金属套之间的热阻 T_1 几何因数由图 5-3 给出。

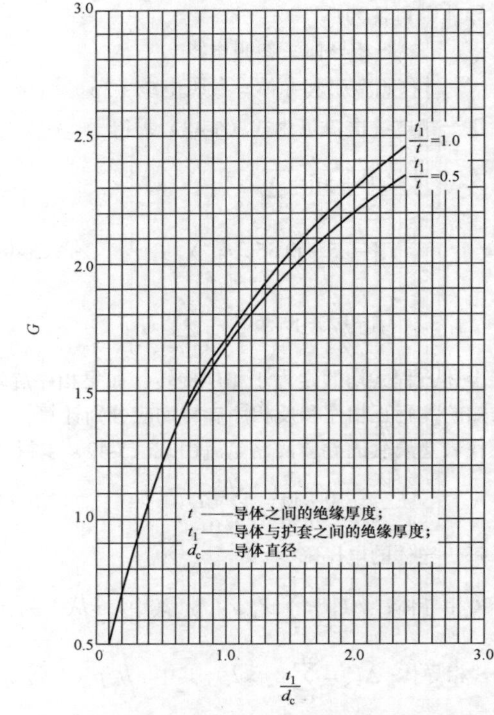

图 5-3 两芯圆形导体带材绝缘电缆的几何因数

（2）两芯扇形导体带材绝缘电缆和金属套之间的热阻 T_1

几何因数的计算式为

$$\left.\begin{aligned} G&=2F_1\ln\frac{d_a}{2r_1}\\ F_1&=1+\frac{2.2t}{2\pi(d_x+t)-t}\end{aligned}\right\} \quad (5-57)$$

式中 d_a——带材绝缘外半径，mm；

r_1——各导体的外接圆半径，mm；

t——导体之间的绝缘厚度，mm；

d_x——与扇形导体的横截面和紧压程度均相同的等效圆导体的直径，mm。

（3）三芯圆形导体带材绝缘电缆和金属套之间的热阻 T_1

$$T_1=\frac{\rho_i}{2\pi}G+0.031(\rho_f-\rho_i)e^{0.67\frac{t}{d_c}} \quad (5-58)$$

式中 ρ_i——绝缘材料热阻系数，(K·m)/W；

ρ_f——填充材料热阻系数，(K·m)/W。

填充材料的热阻系数取决于填充材料及其密实性，可能为 6～13（K·m）/W。当以聚丙烯纤维材料充填时，可假定 ρ_f 值为 10（K·m）/W。

几何因数 G 由图 5-4 给出。

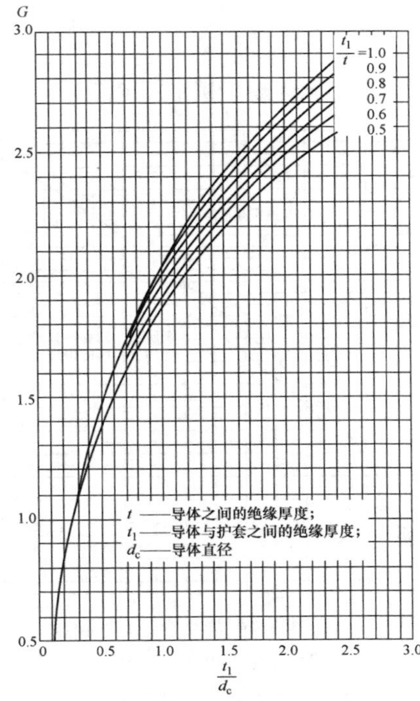

图 5-4　三芯圆形导体带材绝缘电缆的几何因数

（4）三芯椭圆形导体带材绝缘电缆和金属套之间的热阻 T_1。

式（5-59）计算出的直径代替圆导体的直径，等效为圆导体电缆来计算。

$$d_c = \sqrt{d_{cM} \cdot d_{cm}} \tag{5-59}$$

式中　d_{cM}——椭圆导体的长轴直径，mm；

d_{cm}——椭圆导体的短轴直径，mm。

（5）三芯扇形导体带材绝缘电缆和金属套之间的热阻 T_1。

几何因数计算式为

$$\left.\begin{aligned} G &= 3F_1 \ln \frac{d_a}{2r_1} \\ F_2 &= 1 + \frac{3t}{2\pi(d_x + t) - t} \end{aligned}\right\} \tag{5-60}$$

式中　d_a——带材绝缘外半径，mm；

r_1——各导体的外接圆半径，mm；

t——导体之间的绝缘厚度，mm；

d_x——与扇形导体的横截面和紧压程度均相同的等效圆导体的直径，mm。

3. 金属带屏蔽型三芯电缆

（1）圆形导体屏蔽型电缆。

1）纸绝缘电缆计算式为

$$T_1 = k \times \rho_T G / 2\pi \tag{5-61}$$

式中　T_1、G、ρ_T——同式（5-54）；

k——屏蔽系数，按图 5-5 确定。

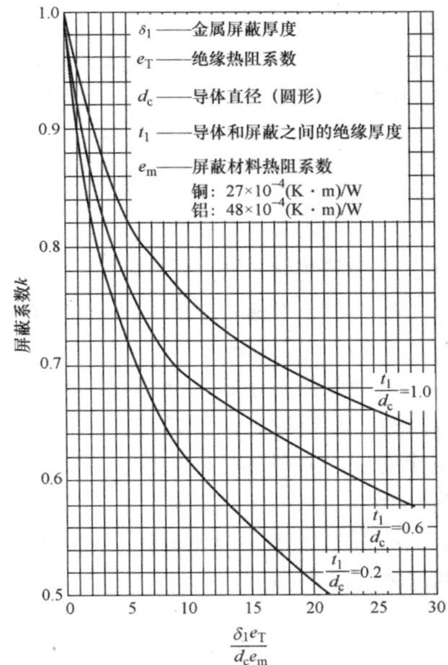

图 5-5　圆形导体带屏蔽三芯电缆的屏蔽系数

2）三芯挤包绝缘电缆的各缆芯分别有铜带屏蔽时，按式（5-54）计算。

3）三芯挤包绝缘电缆的各缆芯分别为铜丝屏蔽或整个三芯外有金属屏蔽时，按式（5-58）计算。

（2）椭圆形导体屏蔽电缆。该类电缆作为等效直径 $d_c = \sqrt{d_{cM} \cdot d_{cm}}$ 的等效圆导体电缆来计算。

（3）扇形导体屏蔽电缆。该类电缆按扇形导体带绝缘电缆相同的方法计算 T_1，其中 d_a 取缆芯的外接圆直径，结果再乘以图 5-6 确定的屏蔽系数 k。

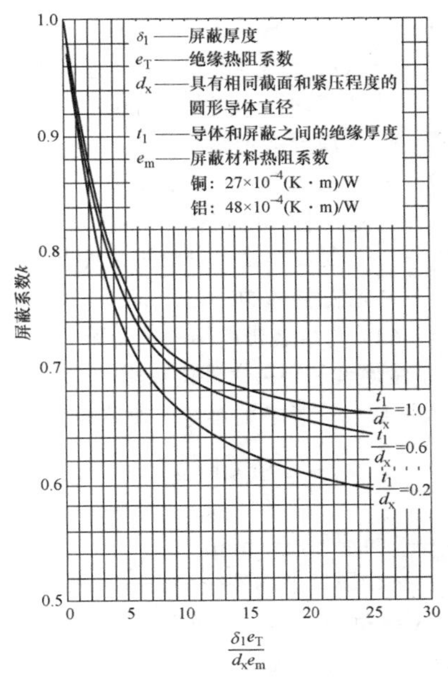

图 5-6　扇形导体带屏蔽三芯电缆的屏蔽系数

4. 充油电缆

（1）具有圆形导体、金属化纸绝缘屏蔽和线芯之间有圆形油道的三芯电缆。

$$T_1 = 0.358\rho_T\left(\frac{2t_i}{d_c + 2t_i}\right) \tag{5-62}$$

式中 d_c——导体直径，mm；

t_i——线芯绝缘厚度，包括炭黑和金属化纸带再加上绕包在三个线芯的非金属带厚度的一半，mm；

ρ_T——绝缘热阻系数，（K·m）/W。

式（5-62）假设被金属管道和内部油占有的部分与绝缘相比有良好的导热性，因此，不计及所用金属管道及其厚度。

（2）具有圆形导体、金属带线芯屏蔽和线芯之间有圆形油道的三芯电缆。

$$T_1 = 0.35\rho_T\left(0.923 - \frac{d_c}{d_c + 2t_i}\right) \tag{5-63}$$

式中 t_i——线芯绝缘厚度，包括金属带屏蔽带及三个线芯上的任何非金属带厚度的一半，mm。

式（5-63）与屏蔽和油道所用的金属无关。

（3）具有圆形导体、金属带绝缘屏蔽、无填充材料、无油道，采用铜编织带捆扎线芯的皱纹铝套三芯电缆。

$$\left.\begin{aligned} T_1 &= \frac{475}{D_c^{1.74}}\left(\frac{t_g}{D_c}\right)^{0.62} + \frac{\rho_T}{2\pi}\ln\left(\frac{d_c - 2\delta_1}{d_c}\right) \\ t_g &= 0.5\times\left(\frac{D_{it} + D_{ic}}{2} - 2.16D_c\right) \end{aligned}\right\} \tag{5-64}$$

式中 D_c——线芯金属屏蔽带的直径，mm；

t_g——线芯金属屏蔽带和金属套平均内直径之间平均标称间隙，mm；

δ_1——金属屏蔽带厚度，mm；

D_{it}——与皱纹金属套波谷内表面相切的假想同心圆柱体的直径，mm；

D_{ic}——与皱纹金属套波峰内表面相切的假想同心圆柱体的直径，mm。

式（5-64）与屏蔽带所用的金属无关。

（二）金属套和铠装之间的热阻 T_2

1. 具有统包金属套的单芯、两芯和三芯电缆

$$T_2 = \frac{\rho_T}{2\pi}\ln\left(1 + \frac{2t_2}{D_S}\right) \tag{5-65}$$

式中 t_2——衬层厚度，mm；

D_S——金属套平均外径，mm。

2. SA 型和 SL 型电缆，以及三芯挤包绝缘电缆的各缆芯分别为铜带屏蔽时

铠装下衬层和填充的热阻计算式为

$$T_2 = \frac{\rho_T}{6\pi}\overline{G} \tag{5-66}$$

式中 $\overline{G}$——几何因数，由图 5-7 确定。

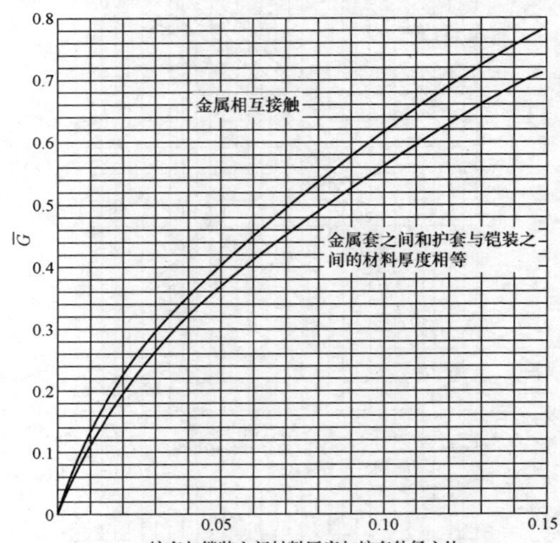

图 5-7 SL 型、SA 型电缆金属套和铠装之间填充材料热阻的几何因数 $\overline{G}$

（三）外护层热阻 T_3

外护层一般是同心圆结构，外护层热阻 T_3 计算式为

$$T_3 = \frac{\rho_T}{2\pi}\ln\left(1 + \frac{2t_3}{D'_a}\right) \tag{5-67}$$

式中 t_3——外护层厚度，mm；

D'_a——铠装外径，mm。

非铠装电缆，D'_a 按处于铠装层下组成部分（即金属套、屏蔽或衬热层）的外径选取。

皱纹金属套非铠装电缆外护层热阻 T_3 计算式为

$$T_3 = \frac{\rho_T}{2\pi}\ln\left[\frac{D_{oc} + 2t_3}{(D_{oc} + D_{it})/2 + t_s}\right] \tag{5-68}$$

式中 D_{oc}——正好与皱纹金属套波峰相切的假定的同心圆柱体的直径，mm；

D_{it}——正好与皱纹金属套波谷内表面相切的假定的同心圆柱体的直径，mm；

t_s——金属套厚度，mm。

（四）钢管三芯电缆

（1）导体与屏蔽之间每一线芯的绝缘热阻 T_1 按式（5-54）计算。

（2）热阻 T_2 包含两部分，$T_2 = T'_2 + T''_2$。

1）T'_2，每个线芯屏蔽或金属套上面外护层热阻，其 T_2 的值为每根电缆的值，对三芯电缆其值是单芯电缆数值的 1/3。每个线芯的值按单芯电缆内衬层的方法计算。对椭圆线芯，应以 $d_c = \sqrt{d_{cM} \cdot d_{cm}}$ 计算的几何平

均值取代圆形线芯直径。

2）T_2''，线芯表面和钢管之间气体或油的热阻，按排管和电缆之间 T_4' 的计算方法计算。

（3）钢管外包覆层热阻 T_3 按式（5-68）计算，金属管本身热阻忽略不计。

（五）电缆外部热阻 T_4

1. 自由空气中电缆外部热阻 T_4

$$\left.\begin{aligned} T_4 &= \frac{1}{\pi \cdot D_e^* \cdot h \cdot (\Delta\theta_s)^{1/4}} \\ h &= \frac{Z}{(D_e^*)^g} + E \end{aligned}\right\} \tag{5-69}$$

式中 h——散热系数，$W/(m^2 \cdot K^{5/4})$。采用表 5-23 中所给常数 Z、E 和 g 值计算，有外护层的电缆和有非金属表面的电缆应视为黑色表面。无外护层的电缆，如裸铅包或铠装电缆 h 值应为黑色表面 h 值的 88%；

D_e^*——电缆外径，m。对于皱纹金属套有 $D_e^* = (D_{oc} + 2t_3) \times 10^{-3}$；

D_{oc}——与皱纹金属套波峰相切的假象同心圆柱体的直径，m；

t_3——外护层厚度，m；

$\Delta\theta_s$——相对环境温度的电缆表面温度的温升，K。

表 5-23　　自由空气中电缆为黑色表面时常数 Z、E 和 g 值

序号	敷设	Z	E	g	敷设方式
a）电缆敷设在非连续的托架上，梯形支撑物或夹板间，$D_e^* \leqslant 0.15$m					
1	单芯电缆[a]	0.21	3.94	0.60	$\geqslant 0.3D_e^*$
2	互相接触两根电缆水平敷设	0.29	2.35	0.50	$\geqslant 0.5D_e^*$
3	三角形排列三根电缆	0.96	1.25	0.20	$\geqslant 0.5D_e^*$
4	相互接触三根电缆水平敷设	0.62	1.95	0.25	$\geqslant 0.5D_e^*$
5	相互接触垂直排列两根电缆	1.42	0.86	0.25	$\geqslant 0.5D_e^*$
6	间距 D 的垂直排列两根电缆	0.75	2.80	0.30	$\geqslant 0.5D_e^*$；D_e^*
7	相互接触垂直排列三根电缆	1.61	0.42	0.20	$\geqslant 1.0D_e^*$
8	间距 D 的垂直排列三根电缆	1.31	2.00	0.20	$\geqslant 0.5D_e^*$；D_e^*；D_e^*

续表

序号	敷设	Z	E	g	敷设方式
b）用夹具直接固定在垂直的壁上（$D_e^* \leqslant 0.08$m）					
9	单根电缆	1.69	0.63	0.25	
10	三角形排列三根电缆	0.94	0.79	0.20	

a “单芯电缆”数据也适用于一组电缆，水平面排列，间距不小于 $0.75D_c$。

（1）不受阳光直接照射的电缆。$\Delta\theta_s$ 的迭代计算方法为

$$\left.\begin{aligned}(\Delta\theta_s)_{n+1}^{\frac{1}{4}} &= \left[\frac{\Delta\theta+\Delta\theta_d}{1+K_A(\Delta\theta_s)_n^{\frac{1}{4}}}\right]^{\frac{1}{4}}\\ \Delta\theta_d &= W_d\left[\left(\frac{1}{1+\lambda_1+\lambda_2}-\frac{1}{2}\right)T_1-\frac{n\lambda_2 T_2}{1+\lambda_1+\lambda_2}\right]\\ K_A &= \frac{\pi D_e^* h}{1+\lambda_1+\lambda_2}\left[\frac{T_1}{n}+T_2(1+\lambda_1)+T_3(1+\lambda_1+\lambda_2)\right]\end{aligned}\right\} \tag{5-70}$$

式中 $\Delta\theta$——导体对周围环境的允许温升，K；

$\Delta\theta_d$——计及介质损耗的因数，量纲同温差，介质损耗忽略时 $\Delta\theta_d=0$。

令 $(\Delta\theta_s)_n^{\frac{1}{4}}$ 初值为 2，求出 $(\Delta\theta_s)_{n+1}^{\frac{1}{4}}$ 反复迭代直至 $(\Delta\theta_s)_{n+1}^{\frac{1}{4}}-(\Delta\theta_s)_n^{\frac{1}{4}} \leqslant 0.001$ 为止。

（2）直接受日光照射下的电缆。自由空气中电缆外部热阻 T_4^*，其 $\Delta\theta_s$ 的迭代计算方法为

$$\left.\begin{aligned}(\Delta\theta_s)_{n+1}^{\frac{1}{4}} &= \left[\frac{\Delta\theta+\Delta\theta_d+\Delta\theta_{ds}}{1+K_A(\Delta\theta_s)_n^{\frac{1}{4}}}\right]^{\frac{1}{4}}\\ \Delta\theta_d &= W_d\left[\left(\frac{1}{1+\lambda_1+\lambda_2}-\frac{1}{2}\right)T_1-\left(\frac{n\lambda_2 T_2}{1+\lambda_1+\lambda_2}\right)\right]\\ \Delta\theta_{ds} &= \frac{\sigma D_e^* H}{1+\lambda_1+\lambda_2}\left[\frac{T_1}{n}+T_2(1+\lambda_1)+T_3(1+\lambda_1+\lambda_2)\right]\end{aligned}\right\} \tag{5-71}$$

式中 σ——日光辐射下电缆表面的吸收系数，见表 5-24；

H——日光辐射照度，W/m²。如无资料可取 1000W/m²；

$\Delta\theta_{ds}$——计及太阳辐射的因数，量纲同温差。

表 5-24 日光照射下电缆表面吸收系数

材料	σ
沥青/黄麻护层	0.8
氯丁橡胶	0.8
聚氯乙烯（PVC）	0.6
聚乙烯（PE）	0.4
铅	0.6

2. 单根独立埋地电缆

$$\left.\begin{aligned}T_4 &= \frac{\rho_T}{2\pi}\ln[u+\sqrt{u^2-1}]\\ u &= \frac{2L}{D_e}\end{aligned}\right\} \tag{5-72}$$

式中 ρ_T——土壤热阻系数，（K·m）/W；

L——电缆轴线至地表面的距离，mm；

D_e——电缆外径，mm。对于皱纹金属套 $D_e=D_{oc}+2t_3$。

3. 相互不接触的埋地电缆群

（1）结构不同，负荷不等的电缆组。要确定总共为 q 根的电缆组中，第 p 根电缆由该组其他（q-1）根电缆的散热引起对第 p 根电缆的表面高于环境温升 $\Delta\theta_p$ 计算式为

$$\left.\begin{aligned}\Delta\theta_p &= \Delta\theta_{1p}+\Delta\theta_{2p}+\cdots+\Delta\theta_{kp}+\cdots+\Delta\theta_{qp}\\ \Delta\theta_{kp} &= \frac{\rho_T}{2\pi}W_k\ln\left(\frac{d'_{pk}}{d_{pk}}\right)\end{aligned}\right\} \tag{5-73}$$

式中 $\Delta\theta_{kp}$——第 k 根电缆单位长度的散热量 W_k（瓦特）对第 p 根电缆所引起的表面温升；

d_{pk}、d'_{pk}——第 p 根电缆的轴心至第 k 根电缆轴心距离和第 p 根电缆的轴心至第 k 根电缆相对大地-空气的镜像轴心距离，见图 5-8。

从载流量公式中的 $\Delta\theta$ 值减去 $\Delta\theta_p$，并采用对应位置 p 的分离敷设的电缆 T_4 值计算第 p 根电缆的载流量。

如果要避免任何一根电缆可能过热，应逐一对每根电缆进行计算。

（2）结构相同，负荷相等的多根电缆。此时可以从电缆排列分析出最热电缆，可由最热电缆的额定电流来确定结构相同、负荷相等的电缆组的载流量。当

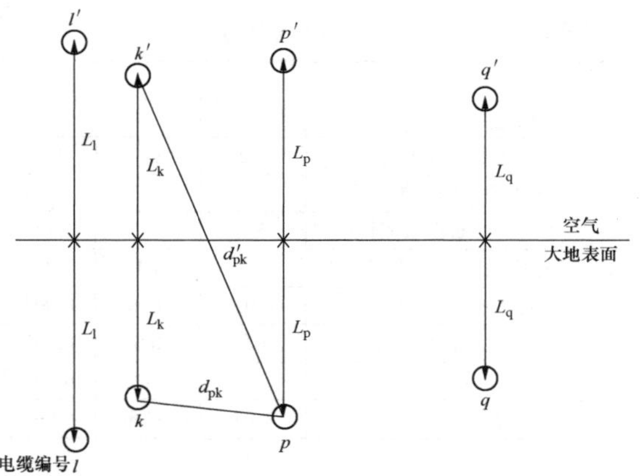

图 5-8　q 根电缆群相对于地—空气表面的镜像图

难以确定时，可对每根电缆逐个计算。该方法是计算已计及一组电缆内各电缆之间相互影响修正外部热阻 T_4，而载流量公式中 $\Delta\theta$ 值不变。

第 p 根电缆外部热阻 T_4 的修正值计算式为

$$\left.\begin{aligned}&T_4=\frac{\rho_T}{2\pi}\left\{\ln(u+\sqrt{u^2-1})\left[\left(\frac{d'_{p1}}{d_{p1}}\right)\left(\frac{d'_{p2}}{d_{p2}}\right)\cdots\left(\frac{d'_{pk}}{d_{pk}}\right)\cdots\left(\frac{d'_{pq}}{d_{pq}}\right)\right]\right\}\\&u=\frac{2L}{D_e}\end{aligned}\right\}\tag{5-74}$$

简单的电缆排列，式（5-74）可适当地简化。

1）有间距水平排列等损耗的二根电缆，其外部热阻 T_4 计算式为

$$T_4=\frac{\rho_T}{2\pi}\left\{\ln(u+\sqrt{u^2-1})+\frac{1}{2}\ln\left[1+\left(\frac{2L}{s_1}\right)^2\right]\right\}\tag{5-75}$$

式中　L——地表面到电缆轴线之间距离，mm；

s_1——相邻电缆之间轴线间距，mm。

2）等间距水平排列损耗大致相等的三根电缆，其外部热阻 T_4 计算式为

$$T_4=\frac{\rho_T}{2\pi}\left\{\ln(u+\sqrt{u^2-1})+\ln\left[1+\left(\frac{2L}{s_1}\right)^2\right]\right\}\tag{5-76}$$

式中　T_4——该组中间电缆的热阻。

3）等间距平面排列金属套损耗不等的三根电缆。当多根单芯电缆水平面排列金属套中损耗较大，且金属套不换位和（或）金属套各接点互连时，金属套损耗不等将影响最热电缆外部热阻。在这种情况下，载流量公式的分子项所用的 T_4 值按式（5-76）计算值，但分母项用修正的 T_4 值，计算式为

$$T_4=\frac{\rho_T}{2\pi}\left\{\ln(u+\sqrt{u^2-1})+\frac{1+0.5(\lambda'_{11}+\lambda'_{12})}{1+\lambda'_{1m}}\ln\left[1+\left(\frac{2L}{s_1}\right)^2\right]\right\}\tag{5-77}$$

这是假设中间一根电缆最热，载流量公式中 λ_1 值为中间那根电缆金属套损耗。

式中　L——地表面到电缆轴线之间距离，mm；

D_e——电缆外径，mm；

s_1——相邻电缆之间轴线间距，mm；

λ'_{11}——该组外侧电缆金属套损耗因数；

λ'_{12}——该组另一外侧电缆金属套损耗因数；

λ'_{1m}——该组中间电缆金属套损耗因数。

4. 相互接触等负荷埋地电缆组

（1）平面排列的两根单芯电缆。

1）金属套电缆（金属套有良好的导热性，金属套形成等温层）的热阻 T_4。

$$T_4=\frac{\rho_T}{\pi}[0.475\ln(2u)-0.346]\tag{5-78}$$

2）非金属套电缆（外护套内或紧贴其下的任何金属层不足以构成等温面）的热阻 T_4。

$$T_4=\frac{\rho_T}{\pi}[\ln(2u)-0.295]\tag{5-79}$$

（2）平面排列的三根单芯电缆。

1）金属套电缆（金属套有良好的导热性，金属套形成等温层）的热阻 T_4。

当 $u\geqslant5$ 时

$$T_4=\rho_T[0.475\ln(2u)-0.346]\tag{5-80}$$

2）非金属套电缆（外护套内或紧贴其下的任何金属层不足以构成等温面）的热阻 T_4。

$$T_4=\rho_T[0.475\ln(2u)-0.142]\tag{5-81}$$

式（5-81）适用于具有铜丝屏蔽的非金属套电缆以及非金属管道的外部热阻。

（3）三角形排列的三根电缆。这种排列情况下的 L 为地面至三角形组的中心距离，D_e 为电缆外径。T_4 是任一根电缆的外部热阻，这种排列的顶点可在该组的上端，也可在底部。

对于皱纹金属套，$D_e=D_{oc}+2t_3$。

1）金属套电缆的热阻 T_4。

$$T_4=\frac{1.5}{\pi}\rho_T\ln[(2u)-0.630]\tag{5-82}$$

此时对应金属套或铠装外面的护层热阻 T_3 应乘以 1.6。

2）不完整的金属套（螺旋绕包铠装或屏蔽线覆盖 20%～50%电缆表面）的热阻 T_4。

$$T_4=\frac{1.5}{\pi}\rho_T\ln[(2u)-0.630]\tag{5-83}$$

此时，对应的绝缘层热阻 T_1 对于 35kV 及以下电缆应乘以 1.07，35～110kV 电缆应乘以 1.16；外护层热阻 T_3 应乘以 1.6。

3）非金属套电缆的热阻 T_4。

$$T_4=\frac{\rho_T}{2\pi}\ln[(2u)-2\ln(u)]\tag{5-84}$$

式（5-84）适用于拥有铜丝屏蔽的非金属套的电缆以及非金属管道的外部热阻。

5. 埋地钢管电缆

$$\left.\begin{aligned} T_4 &= \frac{\rho_T}{2\pi}\ln\left[u+\sqrt{u^2-1}\right] \\ u &= \frac{2L}{D_e} \end{aligned}\right\} \tag{5-85}$$

式中　ρ_T——土壤热阻系数，（K·m）/W；

L——管道中心至地表面的距离，mm；

D_e——包括防腐层在内的钢管外径，mm。

6. 敷设于电缆沟中的电缆

（1）充沙的电缆沟。计算载流量时填充沙热阻系数在没有明确资料时可取 2.5（K·m）/W。

（2）没有充沙的任何类型的电缆沟，顶部盖板与地表面持平且置于自由空气中，电缆沟中空气相对周围空气的温升计算式为

$$\Delta\theta_{tr} = \frac{W_{TOT}}{3p} \tag{5-86}$$

式中　W_{TOT}——沟道中每米长总散热量，W/m；

p——沟道的有效散热周长，m。

暴露在阳光下周围的任何部分不包括在 p 值内，电缆沟内特定电缆载流量按电缆在自由空气中计算，但周围环境温度应增加 $\Delta\theta_{tr}$。

7. 排管（或管道）中的电缆

管道中电缆的外部热阻由三部分组成：

（1）电缆表面和管道内表面之间空气热阻 T_4'。

（2）管道本身热阻 T_4''，金属管道热阻忽略不计。

（3）管道外部热阻 T_4'''。

则管道中电缆的外部热阻 T_4 计算式为

$$T_4 = T_4' + T_4'' + T_4''' \tag{5-87}$$

（1）管道（或管道）和电缆之间的热阻 T_4'。

管道中敷设的电缆，其直径为 25～100mm 应采用式（5-88），对于钢管型电缆，当管内三根线芯直径为 75～125mm，其线芯与钢管表面之间空隙热阻计算式为

$$T_4' = \frac{U}{1+0.1(V+Y\theta_m)D_e} \tag{5-88}$$

式中　θ_m——电缆与管道之间填充空隙的介质平均温度，℃。先假定初值，必要时，则用修正值反复迭代计算。

U、V 和 Y——与敷设有关的常数，见表 5-25。

D_e——电缆外径，mm。当该式用于钢管型电缆时，D_e 为如下一组线芯的等效直径。

二芯：$D_e = 1.65\times$线芯外径（mm）；

三芯：$D_e = 2.15\times$线芯外径（mm）；

四芯：$D_e = 2.50\times$线芯外径（mm）。

表 5-25　U、V 和 Y 常数值

敷设条件	U	V	Y
在金属管道中	5.2	1.4	0.011
空气中敷设的纤维管中	5.2	0.83	0.006
混凝土中敷设的纤维管中	5.2	0.91	0.010
空气中敷设的石棉水泥管中	5.2	1.2	0.006
混凝土中敷设的石棉水泥管中	5.2	1.1	0.011
钢管中充气电缆	0.95	0.46	0.0021
钢管中充油电缆	0.26	0.0	0.0026
塑料电缆	1.87	0.312	0.0037
陶土管道	1.87	0.28	0.0036

（2）排管（或管道）本身的热阻 T_4''。

$$T_4'' = \frac{1}{2\pi}\rho_T\ln\left(\frac{D_0}{D_d}\right) \tag{5-89}$$

式中　D_0——管道外径，mm；

D_d——管道内径，mm；

ρ_T——管道材料热阻系数，（K·m）/W，对于金属管道 ρ_T 取零，其他材料见表 5-22。

（3）排管（或管道）外部热阻 T_4'''。对不嵌在混凝土的单向管道，按照前面所述式（5-69）～式（5-84）中适当的公式与电缆相同的方法计算，并以管道（包括在管道上面的任何外护层）的外半径取代电缆的外半径。

当排管嵌入混凝土时，计算管道外部热阻首先假定排管外部有与混凝土相等热阻系数的均一介质，然后计及混凝土和排管混凝土外部热路部分的土壤之间热阻系数的差异，加上（代数和）校正项，计算式为

$$\left.\begin{aligned} T_4'''(\rho_e,\rho_c) &= T_4'''(\rho_c) + \frac{N}{2\pi}(\rho_e-\rho_c)\ln(u+\sqrt{u^2-1}) \\ u &= \frac{L_G}{r_b} \\ \ln(r_b) &= \frac{1}{2}\frac{x}{y}\left(\frac{4}{\pi}-\frac{x}{y}\right)\ln\left(1+\frac{y^2}{x^2}\right)+\ln\left(\frac{\pi}{2}\right),\ \frac{y}{x}<3\text{时} \end{aligned}\right\} \tag{5-90}$$

式中　$T_4'''(\rho_c)$——假定排管外热阻系数为 ρ_c 的均一介质时的外部热阻；

$T_4'''(\rho_e,\rho_c)$——排管嵌入混凝土时的外部热阻；

N——排管混凝土预制件内有负荷的电缆数；

ρ_e——排管混凝土预制件周围土壤热阻系数，（K·m）/W；

ρ_c——排管混凝土预制件的混凝土热阻系数，（K·m）/W；

L_G——土壤表面至排管混凝土预制件中心的距离，mm；

r_b——排管混凝土预制件等效半径，mm；

x——排管混凝土预制件长边，mm；

y——排管混凝土预制件短边，mm。

第三节　长期允许载流量计算

一、土壤未发生干燥状态时的直埋电缆或空气中敷设电缆

空气中敷设电缆即无强迫对流散热的自由空气中的敷设，包括室内、室外、隧道和沟道中的敷设。

（一）土壤未发生干燥状态时的直埋电缆或不受日光照射的交流电缆

空气中敷设电缆即无强迫对流散热的自由空气中的敷设，包括室内、室外、隧道和沟道中的敷设。

$$I=\left\{\frac{\Delta\theta-W_{\mathrm{d}}[0.5T_1+n(T_2+T_3+T_4)]}{RT_1+nR(1+\lambda_1)T_2+nR(1+\lambda_1+\lambda_2)(T_3+T_4)}\right\}^{0.5} \tag{5-91}$$

式中　I——一根导体中流过的电流，A；

$\Delta\theta$——高于环境温度的导体温升，K，环境温度指敷设电缆正常状态下周围介质的温度；

R——最高工作温度下导体单位长度的交流电阻，Ω/m；

W_{d}——单位长度的导体绝缘的介质损耗，W/m；

T_1——一根导体和金属套之间单位长度热阻，（K·m）/W；

T_2——金属套和铠装之间内衬层单位长度热阻，（K·m）/W；

T_3——电缆外护层单位长度热阻，（K·m）/W；

T_4——电缆表面和周围介质之间单位长度热阻，（K·m）/W；

n——电缆（等截面、等负荷）中载有负荷的导体数；

λ_1——电缆金属套损耗相对于所有导体总损耗的比率；

λ_2——电缆铠装损耗相对于所有导体总损耗的比率。

（二）直接受日光照射的交流电缆

$$I=\left\{\frac{\Delta\theta-W_{\mathrm{d}}[0.5T_1+n(T_2+T_3+T_4^*)]-\sigma D_{\mathrm{e}}^*HT_4^*}{RT_1+nR(1+\lambda_1)T_2+nR(1+\lambda_1+\lambda_2)(T_3+T_4^*)}\right\}^{0.5} \tag{5-92}$$

$$D_{\mathrm{e}}^*=\frac{1}{2}(D_{\mathrm{OC}}+D_{\mathrm{it}})$$

式中　σ——日光照射于电缆表面时的吸收系数，见表5-24；

H——太阳辐射强度，对于大多数纬度线的地区可取1000W/m，也可取当地推荐的数值；

T_4^*——考虑到日光照射时的空气中电缆外部热阻修正值，（K·m）/W；

D_{e}^*——电缆外径，m；

D_{OC}——正好与皱纹金属套波峰相切的假想同心圆柱体的直径，mm；

D_{it}——正好与皱纹金属套波谷内表面相切的假定的同心圆柱体的直径，mm。

二、埋地电缆

（一）土壤发生局部干燥场合下的交流电缆

根据经验，当电缆外皮温度持续超过50℃，电缆周围土壤易发生水分迁移现象，发生水分迁移，土壤干燥后的热阻系数，可达2.5～3（K·m）/W，疏松的沙土则可达3.5（K·m）/W及以下。

对分离敷设单根电缆或回路周围形成干燥区域引起电缆外部热阻变化的载流量计算式为

$$I=\left\{\frac{\Delta\theta-W_{\mathrm{d}}[0.5T_1+n(T_2+T_3+\nu T_4)]+(\nu-1)\Delta\theta_{\mathrm{x}}}{R[T_1+n(1+\lambda_1)T_2+n(1+\lambda_1+\lambda_2)(T_3+\nu T_4)]}\right\}^{0.5} \tag{5-93}$$

$$\nu=\rho_{\mathrm{d}}/\rho_{\mathrm{w}}$$

式中　ν——干燥和潮湿土壤域热阻系数之比率；

ρ_{d}——干燥土壤的热阻系数，（K·m）/W；

ρ_{w}——潮湿土壤的热阻系数，（K·m）/W；

R——最高运行温度下导体单位长度的交流电阻，Ω/m；

$\Delta\theta_{\mathrm{x}}$——土壤临界温升，即高于环境温度的干燥与潮湿土壤区域边界的温升$(\theta_{\mathrm{x}}-\theta_{\mathrm{a}})$，K；

θ_{x}——土壤临界温度，即干燥与潮湿土壤区域边界的温度，℃；

θ_{a}——环境温度，℃。

（1）自然土壤指没有发生水分迁移的普通型（如有沙土、黏土等各组分构成）土壤。

土壤热阻系数取值范围参考值如下：

1）潮湿性土壤热阻系数取0.6（K·m）/W≤ρ_{d}≤0.9（K·m）/W；

2）一般性土壤热阻系数取0.9（K·m）/W<ρ_{d}≤1.2（K·m）/W；

3）比较干燥的土壤热阻系数1.2（K·m）/W<ρ_{d}≤1.5（K·m）/W。

（2）干燥土壤指发生水分迁移后土壤变干枯，含水率几乎处于零的土壤。

土壤热阻系数取值范围参考值如下：

1）一般性土壤：2.0（K·m）/W。

2）沙（或含沙砾）质土壤：2.5（K·m）/W。

3）黏性（或含由其他杂质）土壤：3.0（K·m）/W。

实际工程中要确定土壤临界温升实际是比较困难的，通常保守的做法是，在电缆外皮温度持续超出50℃时，直接将电缆周围土壤作为干燥土壤进行计算。电缆外护层温度可在电缆载流量计算确定后

推计算得出。

（二）土壤避免发生局部干燥场合下的交流电缆

在限定电缆表面温升不大于$\Delta\theta_x$ 以避免水分迁移的理想场合下，相应载流量为

$$I=\left[\frac{\Delta\theta_x+nW_dT_4}{[nRT_4(1+\lambda_1+\lambda_2)]}\right]^{0.5} \tag{5-94}$$

按$\Delta\theta_x$ 确定的电流值可能导致导体温度超过其最大允许值，因而允许载流量应从式（5-94）或者从式（5-91）中取两者中较小的数值。

用适当的小于导体最大允许温度值来计算导体 R 值，可以估算运行温度，也可进行迭代计算求解。

三、自由空气中不受日光直接照射电缆群载流量

（一）适用范围

下面的计算方法适用于平面敷设的任何型式的电缆或电缆群，只要所有的电缆具有相同直径和相同损耗。电缆相邻敷设时允许载流量降低的方法仅限于以下几种情况。

（1）矩形敷设时最多为 9 根电缆，多芯电缆典型的矩形排列方式如图 5-9 所示。

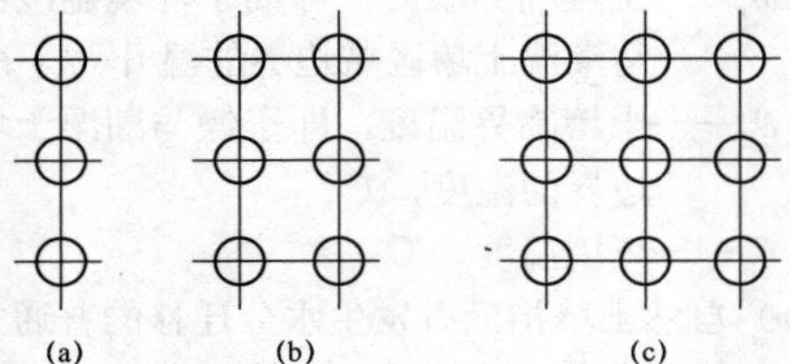

图 5-9　多芯电缆典型的矩形排列方式

（a）单排；（b）双排；（c）三排

（2）三角形排列构成的回路数最多为 6 个，包括并列放置至三回路或双层排列至两回路，如图 5-10 所示。

（二）载流量降低因数的计算

1. 最热电缆载流量

当已知一根分离敷设的电缆或回路的允许载流量且要计算一个电缆群降低因数时，电缆群中最热电缆载流量为

$$\left.\begin{aligned} I_g&=F_g\cdot I_t\\ F_g&=\sqrt{\frac{1}{1-k_1+k_1\dfrac{T_{4g}}{T_{41}}}}\\ k_1&=\frac{W\cdot T_{41}}{\theta_c-\theta_a}\end{aligned}\right\} \tag{5-95}$$

式中　T_{41}——分离敷设时一根电缆的外部热阻，（K·m）/W；

T_{4g}——一个电缆群中最热电缆的外部热阻，（K·m）/W；

k_1——分离敷设的单根电缆或呈三角形排列的一根单芯电缆在自由空气中电缆表面温升因数，即 k_1 = 电缆表面温升/导体温升；

I_t——分离敷设时单根电缆或一个回路的载流量，A。

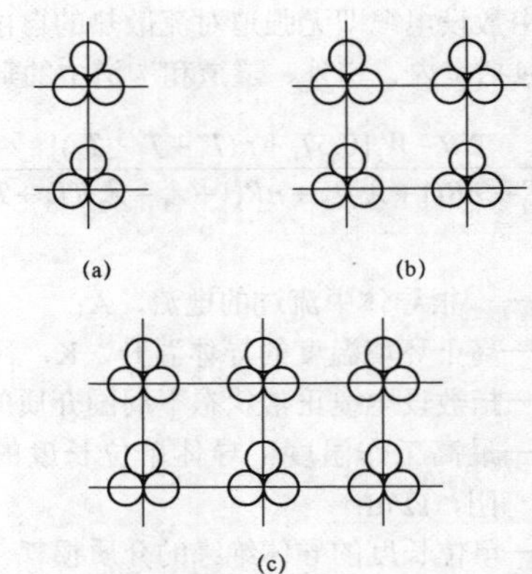

图 5-10　多芯电缆典型的三角形排列方式

（a）单排；（b）双排；（c）三排

通过迭代可从 h_1/h_g 计算 T_{4g}/T_{41} 的值

$$\left.\begin{aligned}(T_{4g}/T_{41})_{n+1}&=(h_1/h_g)\left[\frac{1-k_1}{(T_{4g}/T_{41})_n}+k_1\right]^{0.25}\\ (T_{4g}/T_{41})_1&=h_1/h_g\end{aligned}\right\} \tag{5-96}$$

式中　h_1——孤立敷设的单根多芯电缆或呈三角形排列的一根单芯电缆在自由空气中的表面散热系数，$W/m^2\cdot K^{5/4}$；

h_g——电缆群中最热电缆的散热系数，$W/m^2\cdot K^{5/4}$。

当（h_1/h_g）<1.4 时，式（5-96）中用（h_1/h_g）替代（T_{4g}/T_{41}）就足以满足要求了。

对于多芯电缆群和呈三角形敷设的单芯电缆群，表 5-26 给出了 h_1/h_g 比值。对于其他敷设方式的电缆群，h_1/h_g 的值应由试验确定。

2. 未知载流量的情况，要计算载流量的情况

电缆群中最热电缆的载流量应按自由空气中电缆载流量的公式计算，但需用 h_g 替代式中散热系数 h。

表 5-26 中的电缆群，散热系数 h_g 值计算式为

$$h_g=\frac{h}{h_1/h_g} \tag{5-97}$$

3. 多层的电缆群

在水平和垂直方向都敷设电缆的场合下，为了忽略彼此间邻近热效应，其中最热电缆的载流量降低因数和载流量的计算时，要用垂直间隙的 h_1/h_g 相应值并确保电缆间水平间隙 e 不小于表 5-26 给的相应值。

表 5-26　计算电缆群降低因数的数据

电缆排列		忽略邻近热效应 若 $e/D_e \geqslant$	不可忽略邻近热效应	
			若 $e/D_e <$	h_1/h_g 的平均值[a,b]
平面排列				
两根多芯	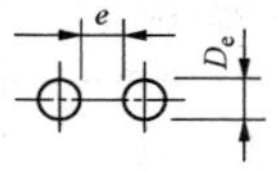	0.5	0.5	1.41
三根多芯		0.75	0.75	1.65
两组三角形排列	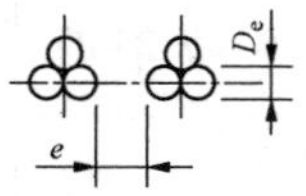	1.0	1.0	1.25
三组三角形排列	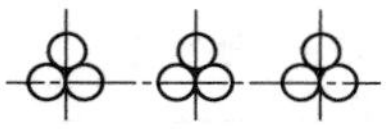	1.5	1.5	1.25
垂直排列				
两根多芯	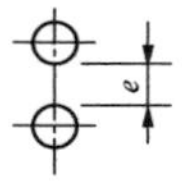	2	2 或 0.5	$1.085(e/D_e)^{-0.128}$ 或 1.35
三根多芯		4	4 或 0.5	$1.19(e/D_e)^{-0.135}$ 或 1.57
两组三角形排列	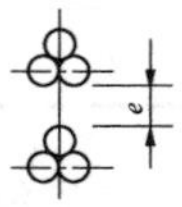	4	4 或 0.5	$1.106(e/D_e)^{-0.078}$ 或 1.39
靠近垂直面或电缆下面的水平面	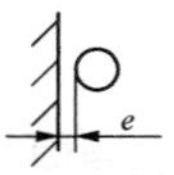	0.5	0.5	1.23

a　e/D_e 小于 0.5 或大于第二栏的相应值时，不能用本表第四栏的 h_1/h_g 公式。

b　适用于直径 13～76mm 电缆 h_1/h_g 的平均值，对多芯电缆待定的电缆直径，无论是否在该范围内，均可按 IEC 60287-2-1 中的表 2 计算出较为精确的值。

（三）避免载流量降低的间距值

对于各种敷设方式的电缆群，为了避免降低分立敷设的单根电缆或回路的载流量，表 5-26 第二栏中给出相邻电缆外表面之间的最小间距。在选择最小值时，考虑实际工程上要准确地保持这个间距是不可能的，应提供适合的支架以确保所需的间距，否则应单独计算电缆群载流量降低因数。

（四）电缆群载流量降低因数计算方法

如果整条电缆不能保持不小于表 5-26 中第二栏所给的最小间距时，降低因数应由以下方法来确定：

（1）水平间距。设定电缆相互接触或与垂直面接触，采用式（5-95）或式（5-97）和表 5-26 第四栏给出相应的（h_1/h_g）值计算降低因数。

（2）垂直间距。由于电缆聚集而引起的载流量降低因数应依据要求的间距来确定。

1）当间距小于表 5-26 第二栏所给的相应值但能保持不小于表 5-26 第三栏的最小值时，用式（5-95）或式（5-97）计算降低因数，所用的（h_1/h_g）值应从表 5-26 第四栏相应的公式求得。

2）当间距不能保持不小于表 5-26 第三栏所给的最小值时，应设定电缆相互接触。用表 5-26 第四栏给出（h_1/h_g）相应值计算降低因数。

（3）表 5-26 中 h_1/h_g 仅对该表注中所指的间距范围有效，且不允许外推。

四、算例

(一) 自由空气中敷设、埋管、直埋电缆载流量的计算示例

电缆使用条件及相应参数如表 5-27 所示。

表 5-27　电缆使用条件及相应参数

序号	项　目	单位	数值
1	电压	kV	64/110
2	导体截面积	mm^2	630
3	皱纹铝套截面积	mm^2	521.5
4	导体直径	mm	30.2
5	内屏蔽层厚度	mm	1.4
6	内屏蔽层直径	mm	33
7	绝缘厚度	mm	16.5
8	绝缘外径	mm	66
9	外屏蔽层厚度	mm	1.2
10	外屏蔽层直径	mm	68.4
11	半导电缓冲层厚度	mm	3.3
12	半导电带外径	mm	75
13	皱纹铝套厚度	mm	2
14	皱纹铝套外径	mm	91
15	沥青+无纺布厚度	mm	1.1
16	沥青+无纺布外径	mm	93.2
17	PVC 护套厚度	mm	4.4
18	电缆外径	mm	102
19	XLPE 介电常数		2.3
20	介质损耗角正切 arctanδ		0.0005
21	铝护套导电率 ρ_{sh}	Ωm	2.84×10^{-8}
22	铜导体电阻温度系数	1/℃	3.93×10^{-3}
23	金属铝护套电阻温度系数	1/℃	4.03×10^{-3}
24	XLPE 绝缘热阻系数	（K·m）/W	3.5
25	外护套热阻系数	（K·m）/W	6.0（PVC）
26	运行时导体温度	℃	90
27	运行时金属护套温度	℃	60（暂定，需迭代计算）
28	环境温度	℃	空气 41.1
29	金属护套接地方式	/	一端直接接地，一端保护接地
30	回路数	回	1
31	敷设方式		空气中水平敷设，间距 110mm；埋管、埋地水平敷设，间距 1000mm，埋深 1m，土壤热阻系数 1.2（K·m）/W，管道热阻系数 6（K·m）/W
32	20℃时导体的直流电阻	Ω/m	0.283×10^{-4}
33	环境温度	℃	空气 40，土壤 25

下列计算按空气中敷设间距，括号内数据为埋管、埋地时数据。

1. 损耗计算

（1）导体交流电阻。

$$R'=R_0[1+\alpha_{20}(\theta-20)]=0.283\times10^{-4}\times[1+0.00393(90-20)]=3.609\times10^{-5}\ (\Omega/\mathrm{m})$$

$$x_s^2=\frac{8\pi f}{R'}\times10^{-7}k_s=\frac{8\times3.14\times50}{3.609\times10^{-5}}\times10^{-7}=3.482$$

$$y_s=\frac{x_s^4}{192+0.8x_s^4}=\frac{3.482^2}{192+0.8\times3.482^2}=0.06$$

$$x_p^2=\frac{8\pi f}{R'}\times10^{-7}k_p=\frac{8\times3.14\times50}{3.609\times10^{-5}}\times10^{-7}=3.482$$

$$y_p = \frac{x_p^4}{192+0.8x_p^4}\left(\frac{d_c}{s}\right)^2 \times \left[0.312\left(\frac{d_c}{s}\right)^2 + \frac{1.18}{\frac{x_p^4}{192+0.8x_p^4}+0.27}\right]$$

$$= \frac{3.482^2}{192+0.8\times3.482^2}\left(\frac{30.2}{110}\right)^2 \times \left[0.312\left(\frac{30.2}{110}\right)^2 + \frac{1.18}{\frac{3.482^2}{192+0.8\times3.482^2}+0.27}\right]$$

$$=0.016(埋地1.96\times10^{-4})$$

$$R = R'(1+y_s+y_p)$$

$$=3.609\times10^{-5}\times(1+0.06+0.016)=3.883\times10^{-5}$$

$$(埋地3.826\times10^{-5})$$

（2）介质损耗。

$$W_d = \omega C U_0^2 \arctan\delta = 314\times1.843\times10^{-10}\times(64\times10^3)^2\times0.001=0.237$$

（3）护套损耗因数。

$$\lambda_1 = \lambda_1' + \lambda_1''$$

式中 λ_1'——环流损耗因数；

λ_1''——涡流损耗因数。

1）环流损耗。在金属护套单点互连或交叉互联接地且每个大段都分成电性相同的三个小段场合下，单芯电缆环流损耗 $\lambda_1'=0$。

2）涡流损耗。护套单点接地或交叉互联连接的单芯电缆涡流损耗因数。

$$\beta_1 = \sqrt{\frac{4\pi\omega}{10^7\rho_s}} = \sqrt{\frac{4\times3.14\times314}{10^7\times2.84\times10^{-8}}}=117.842$$

$$g_s = 1+\left(\frac{t_s}{D_s}\right)^{1.74}(\beta_1 D_s 10^{-3}-1.6)$$

$$=1+\left(\frac{2}{91}\right)^{1.74}(117.842\times91\times10^{-3}-1.6)=1.012$$

$$R_s = R_0[1+\alpha_{20}(\theta-20)]$$

$$=\frac{\rho_s}{A_s}[1+\alpha_{20}(\theta-20)]$$

$$=\frac{2.84\times10^{-8}}{5.215\times10^{-4}}[1+4.03\times10^{-4}\times(60-20)]=5.534\times10^{-5}$$

$$\lambda_1'' = \frac{R_s}{R}\left[g_s\lambda_0(1+\Delta_1+\Delta_2)+\frac{(\beta_1 t_s)^4}{12\times10^{12}}\right]$$

$$m=\frac{\omega}{R_s}10^{-7}=\frac{314}{5.534\times10^{-5}}10^{-7}=0.567$$

三根单芯电缆呈三角形排列，其损耗因数为

$$\lambda_0 = 3\left(\frac{m^2}{1+m^2}\right)\left(\frac{d}{2s}\right)^2$$

$$=3\times\left(\frac{0.567^2}{1+0.567^2}\right)\left(\frac{91}{2\times110}\right)^2=0.302$$

$$\Delta_1 = (1.14m^{2.45}+0.33)\left(\frac{d}{2s}\right)^{(0.92m+1.66)}$$

$$=(1.14\times0.567^{2.45}+0.33)\left(\frac{91}{2\times110}\right)^{(0.92\times0.567+1.66)}$$

$$=0.089$$

$$\Delta_2=0$$

$$\lambda_1''=\frac{5.534}{3.883}\left[1.012\times0.302(1+0.089+0)+\frac{(117.842\times2)^4}{12\times10^{12}}\right]$$

$$=0.517$$

三根单芯电缆平面排列，其损耗因数为

a. 中间电缆：

$$\lambda_0 = 6\left(\frac{m^2}{1+m^2}\right)\left(\frac{d}{2s}\right)^2=0.604(0.003022)$$

$$\Delta_1 = 0.86m^{3.08}\left(\frac{d}{2s}\right)^{(1.4m+0.7)}=0.04(1.482\times10^{-3})$$

$$\Delta_2=0$$

$$\lambda_1''=\frac{5.534}{3.883}\left[1.012\times0.604(1+0.04+0)+\frac{(117.842\times2)^4}{12\times10^{12}}\right]$$

$$=0.987(4.732\times10^{-3})$$

b. 超前相外侧电缆：

$$\lambda_0 = 1.5\left(\frac{m^2}{1+m^2}\right)\left(\frac{d}{2s}\right)^2=0.151(7.555\times10^{-4})$$

$$\Delta_1 = 4.7m^{0.7}\left(\frac{d}{2s}\right)^{(0.16m+2)}=0.499(4.942\times10^{-3})$$

$$\Delta_2 = 21m^{3.3}\left(\frac{d}{2s}\right)^{(1.47m+5.06)}=0.018(3.982\times10^{-8})$$

$$\lambda_1''=\frac{5.534}{3.883}\left[1.012\times0.151(1+0.499+0.018)+\frac{(117.842\times2)^4}{12\times10^{12}}\right]$$

$$=0.36(1.461\times10^{-3})$$

c. 滞后相外侧电缆：

$$\lambda_0 = 1.5\left(\frac{m^2}{1+m^2}\right)\left(\frac{d}{2s}\right)^2=0.151(7.555\times10^{-4})$$

$$\Delta_1 = \frac{0.74(m+2)m^{0.5}}{2+(m-0.3)^2}\left(\frac{d}{2s}\right)^{(m+1)}=0.173(5.449\times10^{-3})$$

$$\Delta_2 = 0.92m^{3.7}\left(\frac{d}{2s}\right)^{(m+2)}=0.012(4.047\times10^{-5})$$

$$\lambda_1''=\frac{5.534}{3.883}\times\left[1.012\times0.151(1+0.173+0.012)+\frac{(117.842\times2)^4}{12\times10^{12}}\right]=0.281(1.462\times10^{-3})$$

2. 电缆热阻计算

（1）电缆绝缘的热阻 T_1

$$t_1=\frac{D_{it}+D_{oc}}{2}-t_s=\frac{75+91}{2}-2=81$$

$$T_1=\frac{\rho_T}{2\pi}\ln\left(1+\frac{2t_1}{d_c}\right)=\frac{3.5}{2\times3.14}\times\ln\left(1+\frac{2\times81}{30.2}\right)=1.031$$

（2）金属护套与铠装之间的热阻 T_2，由于无铠装，$T_2=0$。

（3）皱纹铝护套电缆外护层热阻 T_3。

$$T_3=\frac{\rho_T}{2\pi}\ln\left[\frac{D_{oc}+2t_3}{(D_{oc}+D_{it})/2+t_s}\right]=\frac{6}{2\times3.14}\times\ln\left[\frac{91+2\times4.4}{(91+75)/2+2}\right]=0.153$$

（4）电缆外部热阻 T_4。

1）空气中电缆外部热阻 T_4。

$$\Delta\theta_d=W_d\left[\left(\frac{1}{1+\lambda_1+\lambda_2}-\frac{1}{2}\right)T_1-\left(\frac{n\lambda_2T_2}{1+\lambda_1+\lambda_2}\right)\right]=0.237\times\left[\left(\frac{1}{1+0.987+0}-\frac{1}{2}\right)\times1.031-0\right]=7.993\times10^{-4}$$

a. 水平排列中间电缆：

$$D_e^*=\frac{1}{2}(D_{oc}+D_{it})=\frac{1}{2}\times(91+75)=83$$

$$h=\frac{Z}{(D_e^*)^g}+E=\frac{0.62}{(0.083)^{0.25}}+1.95=3.105$$

$$K_A=\frac{\pi D_e^*h}{1+\lambda_1+\lambda_2}\left[\frac{T_1}{n}+T_2(1+\lambda_1)+T_3(1+\lambda_1+\lambda_2)\right]=\frac{3.14\times0.083\times3.105}{1+0.987}\left[\frac{1.031}{1}+0.153\times(1+0.987)\right]=0.544$$

$$(\Delta\theta_s)_{n+1}^{\frac{1}{4}}=\left[\frac{\Delta\theta+\Delta\theta_d}{1+K_A(\Delta\theta_s)_n^{\frac{1}{4}}}\right]^{\frac{1}{4}}=\left[\frac{50}{1+0.544\times(\Delta\theta_s)_n^{\frac{1}{4}}}\right]^{\frac{1}{4}}$$

令 $(\Delta\theta_s)_n^{\frac{1}{4}}=2$，求出 $(\Delta\theta_s)_{n+1}^{\frac{1}{4}}$ 反复迭代直至 $(\Delta\theta_s)_{n+1}^{\frac{1}{4}}-(\Delta\theta_s)_n^{\frac{1}{4}}\leqslant0.001$ 为止，此时的 $(\Delta\theta_s)_{n+1}^{\frac{1}{4}}$ 值即为 $(\Delta\theta_s)_n^{\frac{1}{4}}$，计算为2.186。

$$T_4=\frac{1}{\pi D_e^*h(\Delta\theta_s)^{1/4}}=\frac{1}{3.14\times0.083\times3.105\times2.186}=0.565$$

b. 载流量计算公式：

$$I=\left\{\frac{\Delta\theta-W_d[0.5T_1+n(T_2+T_3+T_4)]}{RT_1+nR(1+\lambda_1)T_2+nR(1+\lambda_1+\lambda_2)(T_3+T_4)}\right\}^{1/2}=\left\{\frac{(90-40)-0.237\times[0.5\times1.031+(0.153+0.565)]}{3.883\times10^{-5}\times1.031+3.883\times10^{-5}\times(1+0.987)\times(0.153+0.565)}\right\}^{1/2}=721.716(\text{A})$$

c. 此时金属套运行温度：

$$\theta_{sc}=\theta_c-(I^2R+0.5W_d)T_1=90-(721.716^2\times3.883\times10^{-5}+0.5\times0.237)\times1.031=90-20.975=69.025(℃)$$

可见之前假设金属套运行温度60℃过低，致使载流量略大，将69℃代入 λ_1'' 的计算式并迭代即可取得更精确载流量。

2）管道中电缆的外部热阻 T_4。

a. 塑料管道和电缆之间的热阻：

$$T_4'=\frac{U}{1+0.1(V+Y\theta_m)D_e}=\frac{1.87}{1+0.1\times(0.312+0.0037\times60)\times102}=0.29$$

b. 管道本身的热阻：

$$T_4''=\frac{1}{2\pi}\rho_T\ln\left(\frac{D_0}{D_d}\right)=\frac{1}{2\pi}\times6\times\ln\left(\frac{260}{250}\right)=0.037$$

c. 管道外的热阻：

$$T_4'''=\frac{\rho_T}{2\pi}\left\{\ln(u+\sqrt{u^2-1})+\ln\left[1+\left(\frac{2L}{s_1}\right)^2\right]\right\}=\frac{1.2}{2\pi}\left\{\ln\left(\frac{2\times1000}{260}+\sqrt{\left(\frac{2\times1000}{260}\right)^2-1}\right)+\ln\left[1+\left(\frac{2\times1000}{1000}\right)^2\right]\right\}=0.829$$

d. 总热阻：

$$T_4=T_4'+T_4''+T_4'''=0.29+0.037+0.829=1.156$$

e. 载流量计算公式：

$$I=\left\{\frac{\Delta\theta-W_d[0.5T_1+n(T_2+T_3+T_4)]}{RT_1+nR(1+\lambda_1)T_2+nR(1+\lambda_1+\lambda_2)(T_3+T_4)}\right\}^{1/2}$$

$$=\left\{\frac{(90-25)-0.237\times[0.5\times1.031+(0.153+1.156)]}{3.826\times10^{-5}\times1.031+3.826\times10^{-5}\times(1+0.004732)\times(0.153+1.156)}\right\}^{1/2}$$

$$=848.114(\text{A})$$

f. 此时金属套运行温度：

$$\theta_{SC}=\theta_C-(I^2R+0.5W_d)T_1$$
$$=90-(848.114^2\times3.826\times10^{-5}+0.5\times0.237)\times1.031$$
$$=61.504(℃)$$

可见之前假设金属套运行温度 60℃与实际相近，代入 λ_1'' 的计算式并迭代即可取得更精确载流量。

g. 埋管外表面温度为：

$$25+I^2R(1+\lambda_1+\lambda_2)T_4+W_dT_4$$
$$=25+848.114^2\times3.826\times10^{-5}\times(1+0.004732)\times1.156+0.237\times1.156$$
$$=57.238\ (℃)$$

由于温度已超过 50℃，考虑发生了水分迁移，土壤热阻系数取 2.0（K·m）/W，重新计算电缆载流量为 761.832A。

3）埋地电缆的外部热阻 T_4。

$$T_4=\frac{\rho_T}{2\pi}\left\{\ln\left(u+\sqrt{u^2-1}\right)+\ln\left[1+\left(\frac{2L}{s_1}\right)^2\right]\right\}$$

$$=\frac{1.2}{2\pi}\left\{\ln\left[\frac{2\times1000}{91}+\sqrt{\left(\frac{2\times1000}{91}\right)^2-1}\right]+\ln\left[1+\left(\frac{2\times1000}{1000}\right)^2\right]\right\}$$

$$=1.03$$

a. 载流量计算式：

$$I=\left\{\frac{\Delta\theta-W_d[0.5T_1+n(T_2+T_3+T_4)]}{RT_1+nR(1+\lambda_1)T_2+nR(1+\lambda_1+\lambda_2)(T_3+T_4)}\right\}^{1/2}$$

$$=\left\{\frac{(90-25)-0.237\times[0.5\times1.031+(0.153+1.03)]}{3.826\times10^{-5}\times1.031+3.826\times10^{-5}\times(1+0.004732)\times(0.153+1.03)}\right\}^{1/2}$$

$$=872.167(\text{A})$$

b. 此时金属套运行温度：

$$\theta_{SC}=\theta_C-(I^2R+0.5W_d)T_1$$
$$=90-(872.167^2\times3.826\times10^{-5}+0.5\times0.237)\times1.031$$
$$=59.872\ (℃)$$

可见之前假设金属套运行温度 60℃与实际相近，代入 λ_1'' 的计算式并迭代即可取得更精确载流量。

c. 电缆外表面温度为：

$$25+I^2R(1+\lambda_1+\lambda_2)T_4+W_dT_4$$
$$=25+872.167^2\times3.826\times10^{-5}\times(1+0.004732)\times1.03+0.237\times1.03$$
$$=55.362\ (℃)$$

由于温度已超过 50℃，考虑发生了水分迁移，土壤热阻系数取 2.0（K·m）/W，重新计算电缆载流量为 760.812A。

（二）双回路平面排列电缆金属套涡流损耗的计算示例

1. 算例 1

该例中敷设参数与表中数据相符合，不需要插值。设定如表 5-28 所示。

表 5-28　敷设参数及对应值

项　目	符号与对应值
金属套平均直径	d=90mm
铝套厚度	t_s=3.18mm
铝套电阻	$R_s=62.9\times10^{-6}\Omega$/m
导体电阻	$R=11.3\times10^{-6}\Omega$/m
金属套电阻率（见 IEC 60287-1-1）	$\rho_s=2.8264\times10^{-8}\Omega\cdot$m
各回路内电缆轴线间距	s=150mm
回路之间距离	c=375mm

则有

$$m=\frac{314\times10^{-7}}{62.9\times10^{-6}}=0.5$$

$$z=\frac{90}{2\times150}=0.3$$

$$y=\frac{150}{375}=0.4$$

$$\lambda_0=\frac{0.5^2}{1+0.5^2}\times\left(\frac{90}{300}\right)^2C=0.0180C$$

$$\frac{R_s}{R}=\frac{62.9\times10^{-6}}{11.3\times10^{-6}}=5.57$$

厚度的修正

$$\beta_1=\sqrt{\frac{4\pi\times314}{2.8264\times10^{-8}\times10^7}}=118.2$$

$$g=1+\left(\frac{3.18}{93.18}\right)^{1.74}\times(118.2\times93.18\times10^{-3}-1.6)$$
$$=1.026$$

$$G_s=\frac{(118.2\times3.18)^4}{12\times10^{12}}=0.0017$$

设导体以逆序连接，则相关值如表 5-29 所示。

表 5-29　　逆序连接的相关参数

电缆	1	2	3	4	5	6
相序	*R*	*S*	*T*	*T*	*S*	*R*
C	1.5	6.0	1.5	1.5	6.0	1.5
λ_0	0.0270	0.1080	0.0270	0.0270	0.1080	0.0270
$H(m=0.5\quad z=0.3)$	1.2200	1.0250	0.9190	0.9190	1.0250	1.2200
$N(y=0.4)$	1.0605	1.1066	1.2593	1.2593	1.1066	1.0605
$J(m=0.5\quad z=0.3\quad y=0.4)$	1.0100	1.0000	0.9650	0.9650	1.0000	1.0100
g_s	1.026	1.026	1.026	1.026	1.026	1.026
G_s	0.0017	0.0017	0.0017	0.0017	0.0017	0.0017
R_s/R	5.57	5.57	5.57	5.57	5.57	5.57
代入式（5-42）得：						
λ''_{1d}	0.211	0.710	0.182	0.182	0.710	0.211

对 1 号电缆的算式为：

$$\lambda''_{1d}=\frac{R_s}{R}[\lambda_0\cdot H(1\sim3)\cdot N(1\sim6)\cdot J(1\sim6)\cdot g_s+G_s]$$
$$=5.57\times[(0.0270\times1.2200\times1.0605\times1.0100\times1.026)+0.0017]$$
$$=0.211$$

2. 算例 2

在这个示例中任意选择参数值，这样就需要对表中数据之间进行插值。

设定如表 5-30 所示。

表 5-30　　参数的符号与对应值

项　　目	符号与对应值
金属套平均直径	$d=100$mm
铝套厚度	$t_s=2.6$mm
铝套电阻	$R_s=35\times10^{-6}\Omega/\text{m}$
导体电阻	$R=9\times10^{-6}\Omega/\text{m}$
金属套电阻率（见 IEC 60287-1-1）	$\rho_s=2.8264\times10^{-8}\Omega\cdot\text{m}$
各回路内电缆轴线间距	$s=150$mm
回路之间距离	$c=400$mm

则有

$$m=\frac{314\times10^{-7}}{35\times10^{-6}}=0.897$$

$$z=\frac{100}{2\times150}=0.333$$

$$y=\frac{150}{400}=0.375$$

$$\lambda_0=\frac{0.897^2}{(1+0.897^2)}\times\left(\frac{100}{2\times150}\right)^2C=0.0495C$$

$$\frac{R_s}{R}=\frac{35\times10^{-6}}{9\times10^{-6}}=3.89$$

取电缆 1 且为顺序电流，则有

$$C=1.5,\ \lambda_0=1.5\times0.0495=0.0743$$

$$\beta_1=\sqrt{\frac{4\pi\times314}{2.8264\times10^{-8}\times10^7}}=118.2$$

$$g_s=1+\left(\frac{2.6}{102.6}\right)^{1.74}\times(118.2\times102.6\times10^{-3}-1.6)=1.018$$

$$G_s=\frac{(118.2\times2.6)^4}{12\times10^{12}}=0.0007$$

（1）对 H 插值。

$m=0.897\quad z=0.333$	
取自系数 H 表：	
$m_0=0.500$	
$m_1=1.000$	$M=m_1-m_0=0.500$
$z_0=0.300$	

续表

$z_1=0.350$	$Z=z_1-z_0=0.050$
$m-m_0=0.897-0.500=0.397$	
$z-z_0=0.333-0.300=0.033$	
$H_a=1.220$ $H_b=1.347$ $H_c=1.309$ $H_d=1.503$	
$A=$	1.220
$B=(1.347-1.220)/0.5=$	0.254
$C=(1.309-1.220)/0.05=$	1.780
$D=(1.503-1.220-1.309-1.347)/(0.5\times0.05)=$	2.680
相加：	
$A=$	1.2200
$B(m-m_0)=0.254\times0.397=$	0.1008
$C(z-z_0)=1.780\times0.033=$	0.0587
$D(m-m_0)z-z_0=2.68\times0.397\times0.033$	<u>0.0351</u> $H=\underline{1.4146}$

（2）对 N 插值。

$y=0.375$	
取自系数 N 表：	
$y_0=0.3$	$y_1=0.4$
$y-y_0=0.375-0.3=0.075$	
$N_a=0.9432$	$N_b=0.9238$
$N=0.9432+\dfrac{0.9238-0.9432}{0.4-0.3}\times0.075=0.929$	

（3）对 J 插值。

$m=0.897$	$z=0.333$	$y=0.375$	
$y_0=0.200$	$z_0=0.300$	$m_0=0.500$	$J_a=0.995$
		$m_1=1.000$	$J_b=0.992$
	$z_1=0.400$		$J_c=0.991$
$y_1=0.400$			$J_d=0.984$ $J_e=0.991$ $J_f=0.983$ $J_g=0.982$ $J_h=0.964$
$M=0.5$	$Z=0.1$	$Y=0.2$	
$m'=0.397$	$z'=0.033$	$y'=0.175$	
$A=$		0.995	
$B=(0.992-0.995)/0.5=$		-0.006	

续表

$C=(0.991-0.995)/0.1=$		-0.040
$D=(0.991-0.995)/0.2=$		-0.020
$Q=[(0.995+0.984)-(0.992+0.991)]/(0.5\times0.1)=$		-0.080
$R=[(0.995-0.982)-(0.991+0.991)]/(0.1\times0.2)=$		-0.250
$S=[(0.995+0.983)-(0.992+0.991)]/(0.5\times0.2)=$		-0.050
$T=[(0.992+0.991+0.991+0.964)-(0.995+0.984+0.983+0.982)]/(0.5\times0.1\times0.2)=$		-0.600
相加：		
$A=$		0.9950
Bm'	$=-0.006\times0.397$	-0.0024
Cz'	$=-0.04\times0.033$	-0.0013
Dy'	$=-0.02\times0.175$	-0.0035
$Qm'z'$	$=-0.080\times0.397\times0.033$	-0.0011
$Rz'y'$	$=-0.25\times0.033\times0.175$	-0.0014
$Sm'y'$	$=-0.05\times0.397\times0.175$	-0.0035
$Tm'z'y'$	$=-0.6\times0.397\times0.033\times0.175$	-0.0014
		$J=0.9804$

则可得

$$\lambda''_{1d}=3.89\times[(0.0743\times1.4146\times0.929\times0.9804\times1.018)+0.0007]=0.382$$

所有 6 根电缆的金属套损耗因数包括各回路之间距离较小为 c 值的和单回路敷设（相当于回路之间距离很大）时相应的金属套损耗因数汇总如表 5-31 所示。

表 5-31　金属套损耗因数

间距 c（mm）	150	300	400	单回路
电缆编号	金属套损耗因数			
1	0.346	0.373	0.382	0.419
2	0.955	1.100	1.151	1.262
3	0.274	0.250	0.256	0.276
4	0.402	0.336	0.356	0.419
5	0.943	1.094	1.142	1.262
6	0.230	0.251	0.258	0.276

（三）并列单芯电缆之间电流分配和环流损耗的计算示例

1. 算例 1

电缆尺寸是任选的，电缆长度按 1000m 长。设整根电缆相对位置不改变且连接导体的阻抗相对导体阻抗是可忽略的。同时不考虑集肤和邻近效应对导体交流电阻的影响。电缆按平面排列，电缆中心间距 200mm。并列单芯电缆算例电缆参数如表 5-32 所示，电缆排列示意图如图 5-11 所示。

表 5-32　并列单芯电缆算例电缆参数

参数	数值	参数	数值
电源频率	50Hz	127 绞合导体系数	0.776
铜导体直径	32.8mm	20℃铝金属套电阻	$0.18\times10^{-3}\Omega$/m
20℃时的电阻	$28.3\times10^{-6}\Omega$/m	铝金属套平均直径	48mm
最高工作温度	70℃	铝金属套温度	60℃
70℃时导体电阻	$33.86\times10^{-6}\Omega$/m	60℃铝金属套电阻	$0.209\times10^{-3}\Omega$/m
导体的导丝根数	127		

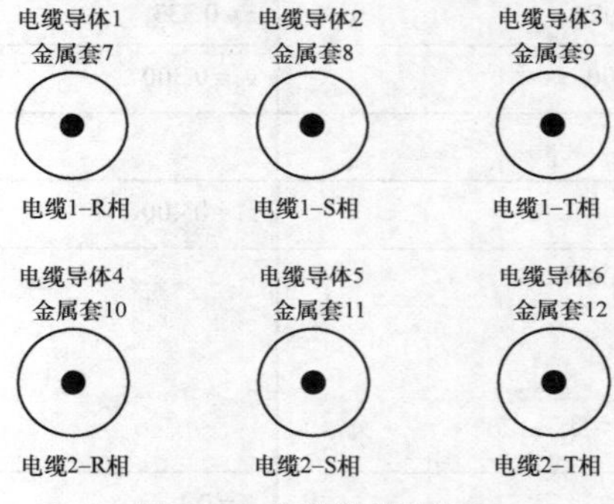

图 5-11　电缆排列示意图

为了计算方便，每根电缆的导体和金属套均加以编号，导体编为 1～6，金属套对应为 7～12。

$$
S=\begin{vmatrix} x & y & \\ 0 & 0 & \text{电缆1R相} \\ 1000 & 0 & \text{电缆2R相} \\ 200 & 0 & \text{电缆3S相} \\ 800 & 0 & \text{电缆4S相} \\ 400 & 0 & \text{电缆5T相} \\ 600 & 0 & \text{电缆6T相} \end{vmatrix}
$$

可利用下式计算轴线间距离：

$$m=1\sim6 \quad n=1\sim6$$

$$D_{m,n}=\sqrt{(S_{m,1}-S_{n,1})^2-(S_{m,2}-S_{n,2})^2}$$

电缆轴线间距给出如矩阵 $\boldsymbol{D}$ 所示

$$
\boldsymbol{D}=\begin{vmatrix} 0 & 1000 & 200 & 800 & 400 & 600 \\ 1000 & 0 & 800 & 200 & 600 & 400 \\ 200 & 800 & 0 & 600 & 200 & 400 \\ 800 & 200 & 600 & 0 & 400 & 200 \\ 400 & 600 & 200 & 400 & 0 & 200 \\ 600 & 400 & 400 & 200 & 200 & 0 \end{vmatrix}
$$

显然，矩阵内对角线的数据是对称的，因而不必计算电缆 m 和 n 以及电缆 n 和 m 之间的间距。在把该矩阵修改为含有所需要的 $d_{j,k}$ 值就可以计算 $X_{j,k}$，修改后的矩阵见表，并可按此计算出 $Z_{i,k}$ $X_{i,k}$。$d_{j,k}$ 和 zz 的计算值如表 5-33 和表 5-34 所示。

$$zz_{i,k}=R_{i,k}+\mathrm{j}X_{i,k}$$

$$X_{i,k}=2\omega\times10^{-7}\ln\left(\frac{d_{i+1,k}}{d_{i,k}}\right)$$

其中：

$R=0$ if $i\neq k$　　　$R=0$ if $i\neq k-1$

$R=R_{\mathrm{c}}$ if $i=k$ and $i\leqslant 3p$　　　$R=-R_{\mathrm{c}}$ if $i=k-1$ and $i\leqslant 3p$

$R=R_{\mathrm{s}}$ if $i=k$ and $i>3p$　　　$R=-R_{\mathrm{s}}$ if $i=k-1$ and $i>3p$

将式（5-48）和式（5-49）右侧的电流系数引入到矩阵 $\boldsymbol{H}$ 中，可得

$$
\boldsymbol{H}=\begin{vmatrix} 1 & 1 & 0 & 0 & 0 & 0 & 0 & 0 & 0 & 0 & 0 & 0 \\ 0 & 0 & 1 & 1 & 0 & 0 & 0 & 0 & 0 & 0 & 0 & 0 \\ 0 & 0 & 0 & 0 & 1 & 1 & 0 & 0 & 0 & 0 & 0 & 0 \\ 0 & 0 & 0 & 0 & 0 & 0 & 1 & 1 & 1 & 1 & 1 & 1 \end{vmatrix} \begin{matrix} \text{R相} \\ \text{S相} \\ \text{T相} \\ \text{金属套} \end{matrix}
$$

把这些系数均列入按所考虑的导体回路所获得的同一矩阵内，新的 $\boldsymbol{Z}$ 矩阵列于表 5-35 中。

将式（5-48）和式（5-49）左侧的数值和系数引入到矩阵 $\boldsymbol{Q}$ 中，可得

$$
\boldsymbol{Q}=\begin{vmatrix} 0 \\ 1 \\ 0 \\ -0.5-0.866\mathrm{j} \\ 0 \\ -0.5+0.866\mathrm{i} \\ 0 \\ 0 \\ 0 \\ 0 \\ 0 \\ 0 \end{vmatrix}
$$

求解表 5-35 的矩阵 $\boldsymbol{Z}$ 和上述 $\boldsymbol{Q}$ 的联立方程就可计算每一导体的相电流和金属套电流，这些电流均以阻性和感性分量表示。矩阵 $\boldsymbol{Z}$ 的倒数乘以 $\boldsymbol{Q}$ 就可以求解这个方程式。

假设总的相电流为 100A，求得相导体电流和金属套电流值以及金属套损耗因数如下：

相导体电流 $=|I_m|\times100$　　金属套电流 $=|I_{3p+m}|\times100$

$$\text{损耗因数}=\frac{(|I_{3p+m}|\times100)^2\times R_{\mathrm{S}}}{(|I_m|\times100)^2\times R_{\mathrm{C}}}$$

电缆	相电流	金属套电流	金属套损耗	电缆	相电流	金属套电流	金属套损耗
电缆 1，R 相	50	28.7	2.036	电缆 4，S 相	50	25.3	1.58
电缆 2，R 相	50	28.7	2.036	电缆 5，T 相	50	34.8	2.99
电缆 3，S 相	50	25.3	1.58	电缆 6，T 相	50	34.8	2.99

表 5-33　　$d_{j,k}$ 的计算值

12.73	1000	200	800	400	600	24	1000	200	800	400	600
1000	12.73	800	200	600	400	1000	24	800	200	600	400
200	200	12.73	600	200	400	200	200	24	600	200	400
800	800	600	12.73	400	200	800	800	600	24	400	200
400	600	200	400	12.73	200	400	600	200	400	24	200
600	400	400	200	200	12.73	600	400	400	200	200	24

续表

24	1000	200	800	400	600	24	1000	200	800	400	600
1000	24	800	200	600	400	1000	24	800	200	600	400
200	200	24	600	200	400	200	200	24	600	200	400
800	800	600	24	400	200	800	800	600	24	400	200
400	600	200	400	24	200	400	600	200	400	24	200
600	400	400	200	200	24	600	400	400	200	200	24

表 5-34 ***ZZ* 的计算值**

0.0339+0.2742j	−0.0339−0.2742j	0.0871j	−0.0871j	0.0255j	−0.0255j	0.2343j	−0.2343j	0.0871j	−0.0871j	0.0255j	−0.0255j
0.0871j	−0.0871j	0.0339+0.2421j	−0.0339−0.2421j	0.0436j	−0.0436j	0.0871j	−0.0871j	0.2022j	−0.2022j	0.0436j	−0.0436j
0.0255j	−0.0255j	0.0436j	−0.0436j	0.0339+0.1731j	−0.0339−0.1731j	0.0255j	−0.0255j	0.0436j	−0.0436j	0.1332j	−0.1332j
0.2343j	−0.2343j	0.0871j	−0.0871j	0.0255j	−0.0225j	0.209+0.2343j	−0.209−0.2343j	0.0871j	−0.0871j	0.0255j	−0.0255j
−0.1011j	0.2203j	−0.2203j	0.069j	−0.069j	0	−0.1011j	0.209+0.2203j	−0.209−0.2203j	0.069j	−0.069j	0
0.0871j	−0.0871j	0.2022j	−0.2022j	0.0436j	−0.0436j	0.0871j	−0.0871j	0.209+0.2022j	−0.209−0.2022j	−0.0436j	−0.0436j
−0.0436j	0.069j	−0.069j	0.1768j	−0.1768j	0	−0.0436j	0.069j	−0.069j	0.209+0.1768j	−0.209−0.1763j	0
0.0255j	−0.0255j	0.0436j	−0.0436j	0.1332j	−0.1332j	0.0255j	−0.0255j	0.0436j	−0.0436j	0.209+0.1332j	−0.209−0.1332j

表 5-35 **含电流系数的矩阵 *Z***

0.0339+0.2742j	−0.0339−0.2742j	0.0371j	−0.0871j	0.0255j	−0.0255j	0.2343j	−0.2343j	0.0871j	−0.0871j	0.0255j	−0.0255j
1	1	0	0	0	0	0	0	0	0	0	0
0.0871j	−0.0871j	0.0339+0.2421j	−0.0339−0.2421j	0.0436j	−0.0436j	0.0871j	−0.0871j	0.2022j	−0.2022j	0.0436j	−0.0436j
0	0	1	1	0	0	0	0	0	0	0	0
0.0255j	−0.0255j	0.0436j	−0.0436j	0.0339+0.1731j	−0.0339−0.1731j	0.0255j	−0.0255j	0.0436j	−0.0436j	0.1332j	−0.1332j
0	0	0	0	1	1	0	0	0	0	0	0
0.2343j	−0.2343j	0.0871j	−0.0871j	0.0255j	−0.0255j	0.209+0.2343j	−0.209−0.2343j	0.0871j	−0.0871j	0.0255j	−0.0225j
−0.1011j	0.2203j	−0.2203j	0.069j	−0.069j	0	−0.1011j	0.209+0.2203j	−0.209+0.2203j	0.069j	−0.069j	0
0.0871j	−0.0871j	0.2022j	−0.2022j	0.0436j	−0.0436j	0.0871j	−0.0871j	0.209+0.2022j	−0.209−0.2022j	−0.0436j	−0.0436j
−0.0436j	0.069j	−0.069j	0.1768j	−0.1768j	0	−0.0436j	0.069j	−0.069j	0.209+0.1768j	−0.209−0.1768j	0
0.0255j	−0.0255j	0.0436j	−0.0436j	0.1332j	−0.1332j	0.0255j	−0.0255j	0.0436j	−0.0436j	0.209+0.1332j	−0.209−0.1332j
0	0	0	0	0	0	1	1	1	1	1	1

2. 算例 2

本例中电缆数据和间距与算例 1 所用数据相同，但为逆相序。假设相电流为 100A，求解结果为：

电缆	相电流	金属套电流	金属套损耗	电缆	相电流	金属套电流	金属套损耗
电缆 1，R 相	50	34.4	2.916	电缆 4，S 相	50	24.5	1.477
电缆 2，R 相	50	34.4	2.916	电缆 5，T 相	50	29.9	2.213
电缆 3，S 相	50	24.5	1.477	电缆 6，T 相	50	29.9	2.213

3. 算例 3

本算例中电缆数据和间距与算例 1 所用数据相同，但 6 根电缆排列成两个品字形布置，如图 5-12 所示，间距 200mm。假设相电流为 100A，求解结果如下。

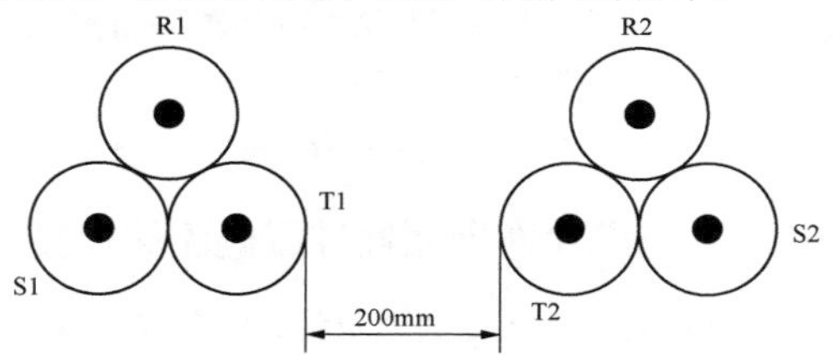

图 5-12 电缆排列示意图

电缆坐标如下：

$$D=\left|\begin{array}{cc|ll} x & y & & \\ 30 & 52 & \text{电缆1} & \text{R相} \\ 230 & 52 & \text{电缆2} & \text{R相} \\ 0 & 0 & \text{电缆3} & \text{S相} \\ 260 & 0 & \text{电缆4} & \text{S相} \\ 60 & 0 & \text{电缆5} & \text{T相} \\ 240 & 0 & \text{电缆6} & \text{T相} \end{array}\right.$$

计算结果为：

电缆	相电流	金属套电流	金属套损耗	电缆	相电流	金属套电流	金属套损耗
电缆 1，R 相	50	13.9	0.474	电缆 4，S 相	50	13.8	0.468
电缆 2，R 相	50	13.9	0.474	电缆 5，T 相	50	14.1	0.492
电缆 3，S 相	50	13.8	0.468	电缆 6，T 相	50	14.1	0.492

4. 算例 4

本算例中电缆数据和间距与算例 1 所用数据相同，但电缆相序排列方式不一致，间距 200mm，电缆排列如图 5-13 所示。

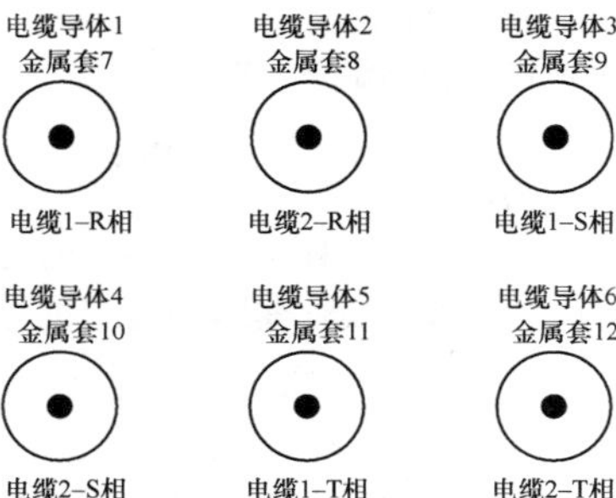

图 5-13 电缆排列示意图

电缆坐标为：

$$D=\left|\begin{array}{cc|ll} x & y & & \\ 0 & 0 & \text{电缆1} & \text{R相} \\ 400 & 0 & \text{电缆2} & \text{R相} \\ 800 & 0 & \text{电缆3} & \text{S相} \\ 1200 & 0 & \text{电缆4} & \text{S相} \\ 1600 & 0 & \text{电缆5} & \text{T相} \\ 2000 & 0 & \text{电缆6} & \text{T相} \end{array}\right.$$

假设相电流为 100A，计算结果为：

电缆	相电流	金属套电流	金属套损耗	电缆	相电流	金属套电流	金属套损耗
电缆 1，R 相	46.31	38.4	4.236	电缆 4，S 相	55.66	34.8	2.42
电缆 2，R 相	53.71	36.5	2.845	电缆 5，T 相	50.76	43.7	4.576
电缆 3，S 相	44.59	37.4	4.346	电缆 6，T 相	49.62	44.4	4.947

第四节　电缆允许过载电流计算

电缆具有承担一定短时间过载电流的能力。实际工作中，电缆大多时间运行在最大载流量之下，同时电流短时过载时电缆的温度是逐步上升的。运行经验也表明，短时过载对电缆寿命无显著影响。

工程设计中，部分重要供电回路的备用电源回路，正常运行情况下没有负荷，仅在特定条件下投入备用回路且时间较短；配置双回路或者环网供电，正常运行时每个回路承担50%的负荷，仅在一回检修时，另外一回承担100%负荷。在上述情况下，考虑电缆的过载能力，减少工程投资。

电流对电缆的主要影响是发热。电缆过载能力主要取决于最高允许温度 θ_{em} 和作用时间 t。不同绝缘材质的电缆最高允许温度是不同的。常用电力电缆的最高允许温度如表5-36所示。

表5-36　常用电力电缆导体的最高允许温度

绝缘类别	电缆		最高允许温度（℃）	
	型式特征	电压（kV）	持续工作	短路暂态
聚氯乙烯	普通	≤6	70	160
交联聚乙烯	普通	≤500	90	250
自容式充油	普通牛皮纸	≤500	80	160
	半合成纸	≤500	85	160

一、电缆允许短时过载电流的计算

电缆在事故情况或紧急情况下，才进行过负荷运行，此时所允许通过的电流为短时过载载流量。短时过载载流量 I_2 可由式（5-98）计算。

$$I_2 = I_R\left\{\frac{h_1^2 R_1}{R_{max}} + \frac{(R_R/R_{max})[r - h_1^2 \cdot (R_1/R_R)]}{\theta_R(t)/\theta_R(\infty)}\right\} \tag{5-98}$$

$$h_1 = I_1 / I_R \tag{5-99}$$

$$r = \theta_{max} / \theta_R(\infty) \tag{5-100}$$

式中　I_1——电缆过载前载流量，A；

I_R——电缆额定载流量，A；

θ_{max}——允许短时过载温度，℃；

$\theta_R(\infty)$——电缆稳态温升，K；

R_1、R_R、R_{max}——电缆在过载前温度、额定工作温度、允许短时过载温度下的导体交流电阻，Ω/cm；

$\theta_R(\infty)$——电缆稳态温升，K；

$\theta_R(t)$——过载时的电缆稳态温升，K。

土壤敷设电缆（直埋或在管道中）$\theta_R(t)$ 计算式为

$$\theta_R(t) = \theta_C(t) + \alpha(t)\theta_e(t) \tag{5-101}$$

式中　$\theta_C(t)$——导体对电缆表面的暂态温升，K；

$\theta_e(t)$——电缆表面的暂态温升，K；

$\alpha(t)$——导体和电缆外表面之间的暂态温升的达到因数。

$$\theta_C(t) = W_C[T_a(1-e^{-at}) + T_b(1-e^{-bt})] \tag{5-102}$$

$$\alpha(t) = \theta_C(t) / [W_C(T_A + T_B)] \tag{5-103}$$

$$\theta_e(t) = \frac{\rho_T W_1}{4\pi}\left\{\left[-E_i\left(\frac{D_e^2}{16t\delta}\right)\right] + \sum_{k=1}^{N-1}\left[-E_i\left(\frac{-d_{PK}^2}{4t\delta}\right)\right]\right\} \tag{5-104}$$

式中　d_{PK}——第 P 根电缆与第 K 根电缆之间的中心距离。

空气敷设电缆 $\theta_R(t)$ 计算式为

$$\theta_R(t) = \theta_C(t) \tag{5-105}$$

二、电缆允许周期性过载电流的计算

土壤敷设电缆承受周期负载时，其载流量可以比恒定负载下载流量高，该提高系数称为周期负载因数 M。M 值计算式为

$$M = \frac{1}{\left\{\sum_{i=0}^{5} y_i\left[\frac{\theta_R(i+1)}{\theta_R(\infty)} - \frac{\theta_R(i)}{\theta_R(\infty)}\right] + u\left[1 - \frac{\theta_R(6)}{\theta_R(\infty)}\right]\right\}^{\frac{1}{2}}} \tag{5-106}$$

$$u = \frac{1}{24}\sum_{i=0}^{23} y_i \tag{5-107}$$

式中　y_i——每小时电流与一天中最大电流比值的二次方；

$\theta_R(i)$——导体温度达到最大值前6h的电缆暂态温升，K；

$\theta_R(\infty)$——电缆稳态温升，K。

$$\frac{\theta_R(i)}{\theta_R(\infty)} = [1 - K - K\beta(i)]\alpha(i) \tag{5-108}$$

式中　$\alpha(i)$——电缆导体对电缆表面温升的达到因数；

$\beta(i)$——电缆表面对周围环境温升的达到因数。

$$\alpha(t) = \frac{T_a(-e^{-at}) + T_b(1-e^{-bt})}{T_A + T_B} \tag{5-109}$$

$$\beta(t) = \frac{-E_i(-D_e^2/16t\delta) - [-E_i(-L^2/t\delta)]}{2\ln(4L/D_e)} \tag{5-110}$$

$$K = \frac{W_1 T_4}{W_C(T_A + T_B) + W_1 T_4} \tag{5-111}$$

$$T_4 = \frac{\rho_T}{2\pi}\ln\frac{4L}{D_e} \tag{5-112}$$

式中　D_e——电缆外径，mm；

t ——3600 i，s；

i ——时间，h；

W_1 ——在额定温度下每单位电缆长度的总损耗，W/cm；

W_C ——在额定温度下每单位长度一相导体的损耗，W/cm；

T_4 ——单根电缆的外部热阻，（K·cm）/W；

L ——电缆敷设深度，mm；

ρ_T ——土壤热阻系数，（K·cm）/W；

$-E_i(-x)$ ——指数积分函数；

δ ——土壤热扩散系数，m^2/s；

T_a、T_b ——用于计算电缆部分暂态温升的视在热阻，（K·cm）/W；

a、b ——用于计算电缆部分暂态温升的系数；

T_A、T_B ——等值热回路的组成部分。

三、电缆允许短路电流计算

线路发生短路故障时，电流短时间内快速上升。同时，短路电流使线路保护装置迅速动作，切断线路。短路对电缆的影响主要有温度、热延作用产生的机械力和电磁力。通常，由于电缆紧固机械强度裕度较大，电缆的允许短路电流受允许温度控制。

电缆在短路状态下，温度迅速上升。在计算中，由于短路时间很短，可以认为短路电流的产生的热量全部作用于导线线芯。从安全角度考虑，短路期间温升不应对绝缘造成显著的影响，因此一般规定电缆允许短路温度。允许短路电流 I_{SC} 根据允许短路温度来计算，计算式为

$$I_{SC}=\sqrt{\frac{C_C}{r_{20}\alpha t}\ln\frac{1+\alpha(\theta_{SC}-20)}{1+\alpha(\theta_0-20)}} \tag{5-113}$$

式中 θ_{SC} ——电缆允许短路温度，℃；

θ_0 ——短路前电缆温度，℃；

r_{20} ——20℃时每厘米电缆导体的交流电阻，Ω/cm；

α——导体电阻的温度系数；

C_C ——每厘米电缆导体的热容，J/（cm·℃）；

t——短路时间，s。

第五节 电缆经济截面选择

电缆的经济截面选择是考虑电缆的建设、运行维护等环节，综合各个环节的资金成本，在满足技术条件的基础上，运用全寿命周期指导方案优化。

一、电缆总费用

（一）费用现值

现值是指对未来现金流量以恰当的折现率折现后的价值，是考虑货币时间价值因素等的一种计量属性。电力建设项目中，一般费用现值是指把项目寿命期内各年的净费用按照一定的折现率折算到建设初期的现值之和。其计算表达式为

$$C_T=\sum_{p=1}^{n}C_p(1+i)^{-p} \tag{5-114}$$

式中 C_T ——费用现值；

C_p ——寿命周期内各年度费用支出；

i——社会折现率。

通过比较各个方案现值的大小，确定最优的方案。如果 C_p 每年的费用相同，那么有

$$C_T=C_p\frac{(1+i)^n-1}{i(1+i)^n} \tag{5-115}$$

（二）总费用的计算

在电缆经济寿命期，电缆的总费用包含电缆本体、安装费用（初始成本）和运行维护费用，折算至现值，计算式为

$$CT=CI+CJ \tag{5-116}$$

式中 CI ——电缆线路本体、安装费用；

CJ——电缆线路在经济寿命期间电能损耗和运行维护的等值费用。

CJ 由电能损耗费用和运行维护费用两部分组成。

1. 电能损耗费用

电能损耗费用 E_1，指在电缆考虑寿命时间内由于能量损耗所产生的费用。

2. 运行维护费用

运行维护费用维持电缆正常运行的费用，主要包括材料费、修理费、工资福利费及其他费用。在电缆的经济截面比较中，可以不考虑运维费用的固定成本，仅考虑由于截面不同产生差异的部分。基于电缆的能量损耗与电缆老化等存在正向关联，可以假定运行维护费用与能量损耗成正比，计算式为

$$COM_1=EN_1\cdot D \tag{5-117}$$

式中 COM_1 ——第一年的运行维护费用；

D ——每年单位最大负荷损耗功率所需运维费用。

因此，第一年能量损耗总费用为

$$CJ_1=(I_{max}^2\cdot R\cdot L\cdot N_p\cdot N_c)\cdot(T\cdot P+D) \tag{5-118}$$

如果费用在该年年底支付，则装置购买的日期费用的现值为

$$CJ_1=\frac{(I_{max}^2\cdot R\cdot L\cdot N_p\cdot N_c)\cdot(T\cdot P+D)}{1+i/100} \tag{5-119}$$

式中　i——不包括通货膨胀影响的折现率，%。

n年的费用折算至现值为

$$CJ_n=\frac{(I_{\max}^2\cdot R\cdot L\cdot N_p\cdot N_c)\cdot(T\cdot P+D)}{(1+i/100)^n} \tag{5-120}$$

如果考虑第二年开始负荷增长率为 a，能源费用增加率为 b，则

$$CJ_n=\frac{(I_{\max}^2\cdot R\cdot L\cdot N_p\cdot N_c)\cdot(T\cdot P+D)}{(1+i/100)^n}\times(1+a/100)^2\cdot(1+b/100)^{n-1} \tag{5-121}$$

式中　a——每年的负荷增加，%；

b——不包括通货膨胀每年能源费用的增加，%。

n年运行期内折算到购买日期的费用现值为

$$CJ=\frac{(I_{\max}^2\cdot R\cdot L\cdot N_p\cdot N_c)(T\cdot P+D)\cdot Q}{1+i/100} \tag{5-122}$$

式中　Q——计及符合增加在 n 年内能量费用的增加和折现率的系数。

$$Q=\sum_{n=1}^{N}r^{n-1}=\frac{1-r^N}{1-r} \tag{5-123}$$

$$r=\frac{(1+a/100)^2(1+b/100)}{1+i/100} \tag{5-124}$$

需要计及不同导体截面的系列计算时，可把导体电流和电阻之外所有参数都用一个系列 F 表示。

$$F=N_p\cdot N_c(T\cdot P+D)\frac{Q}{1+i/100} \tag{5-125}$$

则总费用为

$$CT=CI+I_{\max}^2\cdot R\cdot L\cdot F \tag{5-126}$$

二、确定导体经济截面

（一）系列截面中每个导体经济电流范围

对于给定安装方式的电缆，CI 与电缆截面成正比，CJ 与电缆截面成反比。针对系列截面的电缆，根据总费用公式，可以给出每种导体截面经济电流范围，经济电流上下限计算式如下。

最大电流的下限

$$I_{\max}=\sqrt{\frac{CI-CI_1}{F\cdot l\cdot(R_1-R)}} \tag{5-127}$$

最大电流的上限

$$I_{\max}=\sqrt{\frac{CI_2-CI}{F\cdot l\cdot(R-R_2)}} \tag{5-128}$$

式中　R——所指导体截面电缆的单位长度的交流电阻，Ω/m；

CI_1——相邻较小一挡导体标准截面电缆安装费用；

CI_2——相邻较大一挡导体标准截面电缆安装费用；

R_1——相邻较小一挡导体标准截面单位长度电缆的交流电阻，Ω/m；

R_2——相邻较大一挡导体标准截面单位长度电缆的交流电阻，Ω/m。

每个导体截面的经济电流上限及下限可列成表，用于选择特定负荷下导体最经济截面。

一个导体截面的经济电流上限是相邻较大一挡截面经济电流的下限。

理论上，上述方法仅适用于两种截面的电缆经济性对比，不同组合计算所得 $I_{\max}$ 的上下限可能相互交叉。因此，该方法适用于电缆截面数量较少的经济比较中。

（二）给定负荷的导体经济截面

1. 一般公式

经济截面是使总费用函数为最小值的截面，即

$$CT=CI(S)+I_{\max}^2\cdot R(S)\cdot L\cdot F \tag{5-129}$$

式中　$CI(S)$——安装费用，表示为导体截面 S 的函数，和导体截面之间的关系式可以根据以往工程经验，通过标准截面电缆和安装费用的关系拟合得出。一般拟合原始数据针对某一范围的电缆截面，如果范围区间过大，拟合公式在比较范围内可能出现较大的误差。

$R(S)$——截面和电阻的关系。

2. 线性假设公式

假设电缆的安装费用与电缆截面是线性关系，则

$$CI(S)=L\cdot(A\cdot S+C) \tag{5-130}$$

式中　A——与导体截面有关的费用可变部分，以"m·mm²"为计量单位计算；

C——与导体截面无关的费用不变部分，以"m"为计量单位计算；

L——电缆长度，m。

可从式（5-17）中对 S 求导，并使其等于零而求得最优截面 S_{ec} 计算式为

$$S_{ec}=1000\times\left\{\frac{{I_{\max}}^2\cdot F\cdot\rho_{20}\cdot B\cdot[1+\alpha_{20}\cdot(\theta_m-20)]}{A}\right\}^{0.5} \tag{5-131}$$

当经济截面未知时，需要假定某一可能的电缆截

面，以便能够计算 y_s，y_p 和 λ_1，λ_2 的合理数值，如果经济截面相差太大，需要重复计算。

安装费用不变部分 C，不影响计算经济截面 S_{ec}。S_{ec} 不大可能恰好等于标准截面，因此需要计算相邻的较大与较小标准截面的费用，再选择最经济截面。

介质损耗。某些型式电缆的介质损耗很大，尤其是在中高压电缆中，介质损耗占运行费用的比例更为显著。当选择这种电缆最经济导体尺寸时应考虑介质损耗。

介质损耗与电缆的电容和介质的损耗因数成正比。对于给定电压等级和绝缘厚度，导体尺寸的增加导致电缆电容的增加，从而引起介质损耗的增加。因此，在分析中包含介质损耗时，与电流引起的损耗相反，要降低介质损耗趋向于减小导体直径。

考虑到包括介质损耗影响的导体最佳截面的计算式很复杂，实际运用较为困难。在工程设计中，一般先不考虑介质损耗求得导体经济截面，然后在计算经济截面附近的标准截面的包含介质损耗的总费用，从而选取最经济截面。

第六章

电缆的机械性能计算

电缆的机械性能即包含力学特性和热稳定特性。

力学特性指电线电缆产品的抗拉强度、伸长率、弯曲性、弹性、柔软性、耐振动性、耐磨性及耐冲击性等。本章将着重对设计施工过程中常用的电缆护层的机械强度计算及校核、不同敷设方式下电缆机械强度计算进行说明。

热稳定性能是指电线电缆产品温度随负载电流的变化而改变，会引发热胀冷缩现象，产生热机械力。导体截面越大，产生的这种机械力也越大，将对电缆安全运行产生很大威胁。本章第七节将着重对油浸纸绝缘电缆和挤塑绝缘电缆的热稳定性进行说明。

第一节　电缆护层的机械强度计算

电缆护层是为使电缆适应各种使用环境的要求，而在电缆绝缘上所施加的保护覆盖层。电缆护层主要分为金属护层、橡皮护层和组合护层三类，对金属护层需要进行机械强度计算及校核。

一、电缆护层应力计算

1. 金属护套

均匀内压径向应力σ为

$$\sigma=\frac{pd}{2\varDelta} \tag{6-1}$$

式中　d——护套内径，m；

$\varDelta$——护套厚度，m；

p——压力强度，Pa。

均匀内压轴向应力σ为

$$\sigma=\frac{pd}{4\varDelta} \tag{6-2}$$

均匀外压径向应力σ为

$$\sigma=\frac{pD}{2\varDelta} \tag{6-3}$$

拉伸应力（管形）σ为

$$\sigma=\frac{P}{\pi(D+\varDelta)\varDelta} \tag{6-4}$$

式中　D——护套外径，m；

$\varDelta$——护套厚度，m；

P——外作用力，N。

拉伸应力（皱纹管）σ为

$$\sigma=\frac{P\cos\varphi}{\pi(D-2t-\varDelta)\varDelta'} \tag{6-5}$$

式中　φ——皱纹螺旋角，一般为6°；

$\varDelta'$——波谷厚度，m；

t——皱纹深度，m。

弯曲应力σ为

$$\sigma=\frac{32MD}{\pi(D^4-d^4)} \tag{6-6}$$

式中　M——作用力矩，Nm。

扭转应力σ为

$$\sigma=\frac{16MD}{\pi(D^4-d^4)} \tag{6-7}$$

2. 金属铠装

金属丝拉伸应力σ为

$$\sigma=\frac{4P\sin\alpha}{\pi n d_0^2} \tag{6-8}$$

式中　P——张力，N；

α——绞合角度，一般为72°～75°；

d_0——金属丝直径，m；

n——金属丝根数或带层数。

金属带内压应力σ为

$$\sigma=\frac{pd(1-m)}{2m\varDelta} \tag{6-9}$$

式中　p——压力强度，Pa；

d——铠装内径，m；

$\varDelta$——铠装带厚度，m；

m——铠装带绕包系数，$m=\frac{e}{b}$（一般为±0.2，e为重叠或间隙宽度、间隙取负值，b为带宽）。

金属带外压应力σ为

$$\sigma=\frac{pD(1-m)}{2n\Delta} \tag{6-10}$$

式中　D——铠装外径，m；

n——金属丝根数或带层数。

二、电缆护层的强度校核

为使电缆护层不产生较大的塑性变形，电缆护层的工作应力应小于材料的屈服强度，因此，许用应力计算式为

$$[\sigma]=\frac{\sigma_{\mathrm{T}}}{K} \tag{6-11}$$

式中　σ_{T}——护层材料屈服强度，Pa；

K——安全系数，一般取 1.4～1.7。

电缆护层的计算应力σ要求不大于许用应力即

$$\sigma\leqslant[\sigma] \tag{6-12}$$

常用电缆护层材料的强度及许用应力如表 6-1 所示。

表 6-1　　常用电缆护层材料的强度及许用应力

材料名称	抗拉强度 Pa	弹性模量	屈服强度 Pa	许用应力 Pa	主要用途
铝	80～150	30～40	50～80	30	护套
铅及铅合金	15	2.5	5～10	5	护套
镀锌钢丝	350～500	—	—	120	水下电缆铠装
低碳钢带	300 以上	—	—	100	地下电缆铠装
黄铜带	400～600	—	—	150	超高压电缆加固
紫铜带	210～300	15	60～80	70	防雷电缆铠装
铝合金线	300	—	—	100	超高压电缆铠装

注　1. 使用抗拉强度求许用应力时，安全系数一般取为 3。

2. 剪切许用应力一般可取拉伸许用应力的 0.5～0.6 倍。

第二节　直埋电缆承载力计算

（1）直埋电缆的压力计算简图如图 6-1 所示。假设压力沿电缆线路均匀分布，电缆受回填土的侧压力为垂直压力的 1/6～1/3。

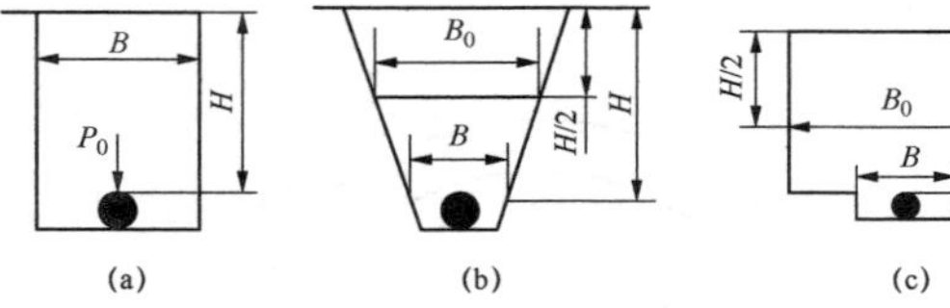

图 6-1　直埋电缆的压力计算简图

（a）直壁沟槽；（b）斜壁沟槽；（c）阶壁沟槽

直埋电缆回填土后，其单位长度电缆的垂直压力P_0为

$$P_0=9.81n_0K\rho H\frac{B+D}{2} \tag{6-13}$$

式中　n_0——超载系数，取 14；

K——土壤垂直压力系数，如表 6-2 所示；

ρ——土壤密度，对于夯实土可取 1800kg/ m³；

H——电缆上部回填土高度，m；

B——与电缆顶平的沟宽度，m；

D——电缆直径，m。

表 6-2　　土壤垂直压力系数表

H/B_0	1	2	3	4	5	6	7	8	9	10
K	0.88	0.78	0.70	0.62	0.55	0.49	0.45	0.40	0.37	0.35

（2）沿电缆四周的压力分布如图 6-2 所示。假设电缆不变形，回填土对电缆顶端的压力P_0与电缆径向压力P_θ之间的夹角为θ，则沿电缆四周的压力分布为

$$P_\theta=P_0\left(1-\frac{\theta}{1-\pi}\right) \tag{6-14}$$

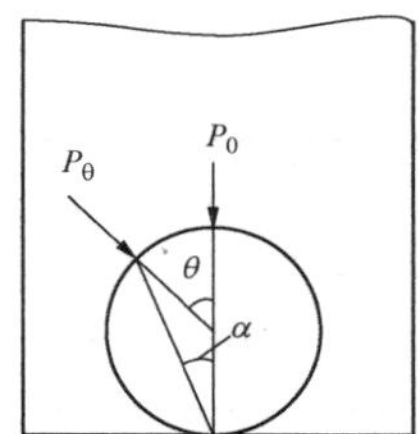

图 6-2　沿电缆四周的压力分布

（3）地上荷重对电缆的压力情况如图 6-3 所示。

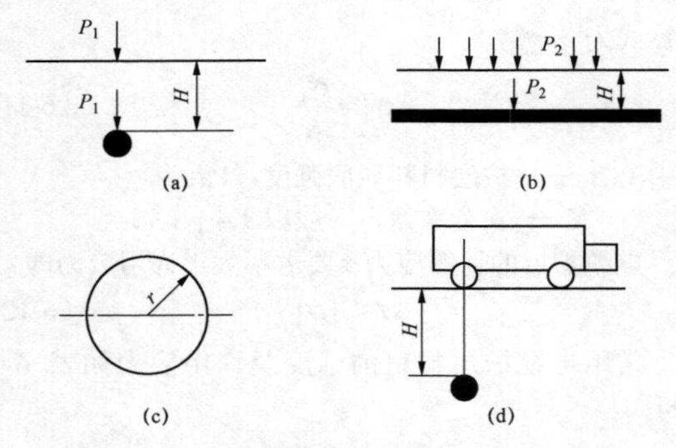

图 6-3　地上荷重对电缆的压力示意图

（a）集中荷重；（b）线性荷重；
（c）均匀荷重；（d）汽车荷重

1）集中荷重 F_1 的作用下，电缆单位长度所受最大垂直压力 P_1 的计算式为

$$P_1 = 6.24\frac{F_1 D}{H} \tag{6-15}$$

式中　H——电缆深度，m；

D——电缆直径，m。

2）线性荷重 F_2 的作用下，电缆单位长度所受最大垂直压力 P_2 的计算式为

$$P_2 = 7.35\frac{F_2 D}{H} \tag{6-16}$$

3）均布荷重 F_3 的作用下，电缆单位长度所受最大垂直压力 P_3 的计算式为

$$P_3 = 9.81\alpha F_3 D \tag{6-17}$$

α 的计算式为

$$\alpha = 1 - \left[1 + \frac{1}{1+(r/H)^2}\right]^{3/2} \tag{6-18}$$

式中　r——均布荷重半径，m。

4）地面汽车静重对单位长度电缆的最大垂直压力 P_4 为

$$P_4 = n \cdot C \cdot F \tag{6-19}$$

式中　n——超载系数，一般取 1.2；

C——载重系数，如表 6-3 所示；

F——汽车后轮压力，$F = 0.365T$，N；

T——汽车载重量，kg。

表 6-3　　载重系数表

电缆埋深 H	0.5	0.8	1.0	1.2	1.5	2
载重系数 C	0.12	0.06	0.045	0.63	0.015	0.01

当电缆埋深在 1m 以下时，可不予考虑。

（4）直埋电缆可能受到的最大垂直压力 P_{max} 为

$$P_{max} = P_0 + P_n \tag{6-20}$$

式中　P_0——回填土压力，N/m；

P_n——地表荷重压力，N/m。

第三节　排管敷设电缆的牵引力和侧压力的计算

一、牵引力计算

（1）水平直线牵引示意图如图 6-4 所示，计算式为

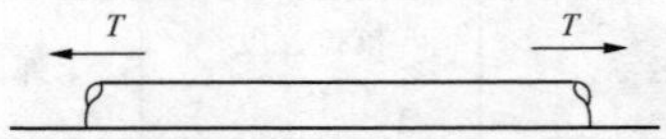

图 6-4　水平直线牵引示意图

$$T = \mu WL \tag{6-21}$$

式中　μ——摩擦系数，如表 6-4 所示；

W——电缆单位重量，N/mm；

L——电缆长度，m。

（2）倾斜直线牵引。如图 6-5 所示，计算式为

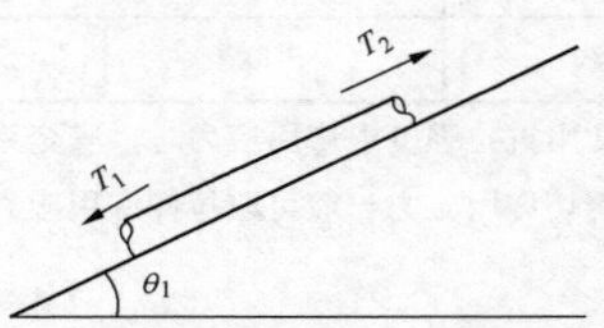

图 6-5　倾斜直线牵引示意图

$$T_1 = WL(\mu\cos\theta_1 + \sin\theta_1) \tag{6-22}$$

$$T_2 = WL(\mu\cos\theta_1 - \sin\theta_1) \tag{6-23}$$

式中　θ_1——电缆作直线倾斜牵引时的倾斜角，rad。

（3）水平弯曲牵引如图 6-6 所示，其计算式（简易算式）为

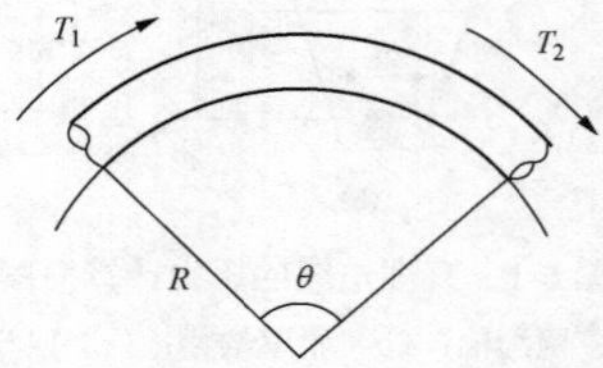

图 6-6　水平弯曲牵引示意图

$$T_2 = T_1 e^{\mu\theta} \tag{6-24}$$

式中　T_1——弯曲前的牵引力，N；

T_2——弯曲后的牵引力，N；

θ——弯曲部分的圆心角，rad。

（4）垂直弯曲牵引凸曲面如图 6-7 所示，计算式为

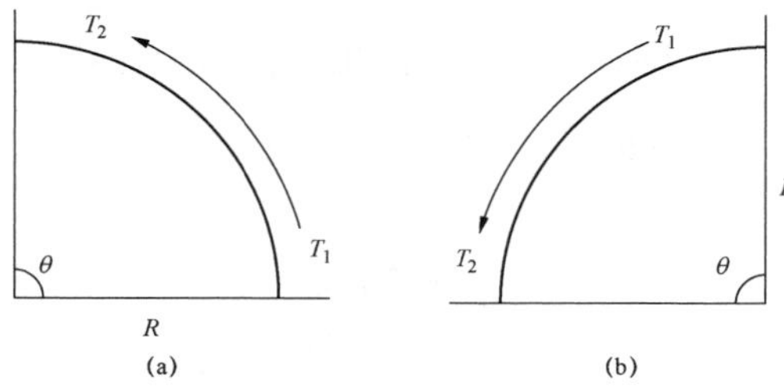

图 6-7　垂直弯曲牵引凸曲面示意图

（a）曲面 1；（b）曲面 2

$$T_2=\frac{WR}{1+\mu^2}[(1-\mu^2)\sin\theta+2\mu(e^{\mu\theta}-\cos\theta)]+T_1e^{\mu\theta} \tag{6-25}$$

$$T_2=\frac{WR}{1+\mu^2}[2\mu\sin\theta-(1-\mu^2)\times(e^{\mu\theta}-\cos\theta)]+T_1e^{\mu\theta} \tag{6-26}$$

式中　R ——电缆弯曲半径，m。

（5）垂直弯曲牵引凹曲面如图 6-8 所示，计算式为

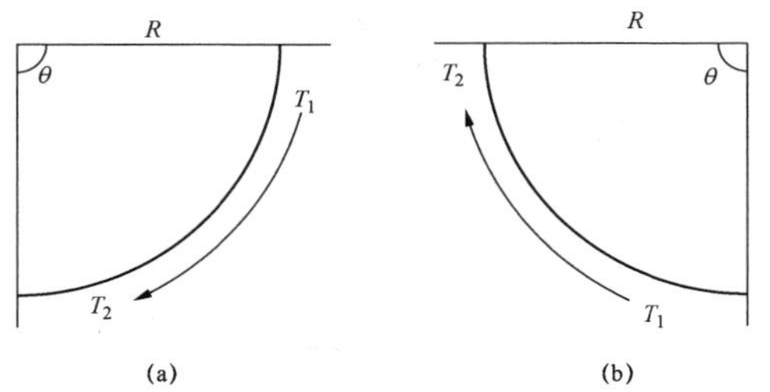

图 6-8　垂直弯曲牵引凹曲面示意图

（a）曲面 1；（b）曲面 2

$$T_2=T_1e^{\mu\theta}-\frac{WR}{1+\mu^2}[(1-\mu^2)\sin\theta+2\mu(e^{\mu\theta}-\cos\theta)] \tag{6-27}$$

$$T_2=T_1e^{\mu\theta}-\frac{WR}{1+\mu^2}\left[2\mu\sin\theta-(1-\mu^2)\times(e^{\mu\theta}-\cos\theta)\right] \tag{6-28}$$

（6）倾斜面上垂直牵引凸曲面如图 6-9 所示，计算式为

$$T_2=T_1e^{\mu\theta}+\frac{WR\sin\alpha}{1+\mu^2}[(1-\mu^2)\sin\theta+2\mu(e^{\mu\theta}-\cos\theta)] \tag{6-29}$$

$$T_2=T_1e^{\mu\theta}+\frac{WR\sin\alpha}{1+\mu^2}[(1-\mu^2)(\cos\theta-e^{\mu\theta})-2\mu\sin\theta] \tag{6-30}$$

式中　α ——电缆弯曲部分的倾斜角，rad。

（7）倾斜面上垂直牵引凹曲面如图 6-10 所示，计算式为

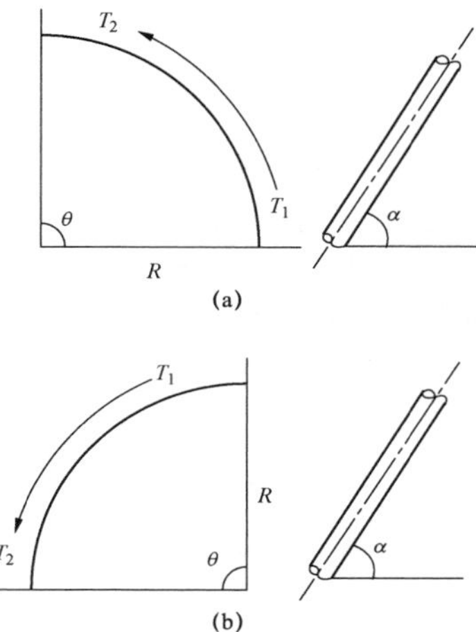

图 6-9　倾斜面上垂直牵引凸曲面示意图

（a）曲面 1；（b）曲面 2

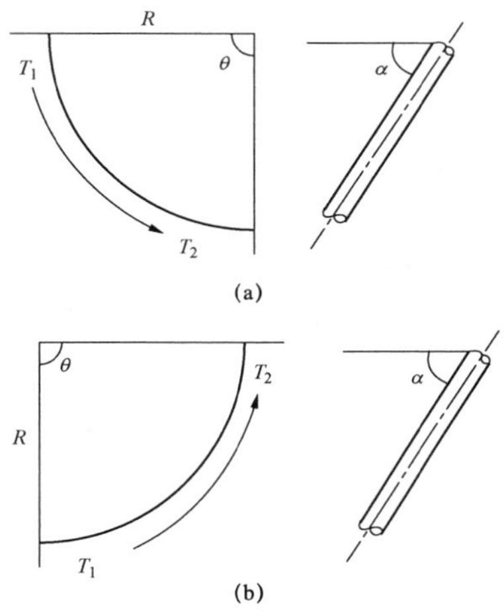

图 6-10　倾斜面上垂直牵引凹曲面示意图

（a）曲面 1；（b）曲面 2

$$T_2=T_1e^{\mu\theta}+\frac{WR\sin\alpha}{1+\mu^2}[-(1-\mu^2)\sin\theta+2\mu(\cos\theta-e^{\mu\theta})] \tag{6-31}$$

$$T_2=T_1e^{\mu\theta}-\frac{WR\sin\alpha}{1+\mu^2}[(1+\mu^2)(\cos\theta-e^{\mu\theta})+2\mu\sin\theta)] \tag{6-32}$$

二、管道内弯曲侧压力

钢管或排管孔内有三根电缆的线路，根据钢管的缆芯或电缆在排管孔内布置形式的不同，应验算侧压力。

1. 1 孔 1 根敷设方式

侧压力为

$$P=\frac{T}{R} \tag{6-33}$$

式中　T——牵引力，N；

R——电缆弯曲半径，m；

P——侧压力，N或N/m。

2. 1孔3根敷设方式三角形排列

三角形排列示意图如图6-11所示，侧压力为

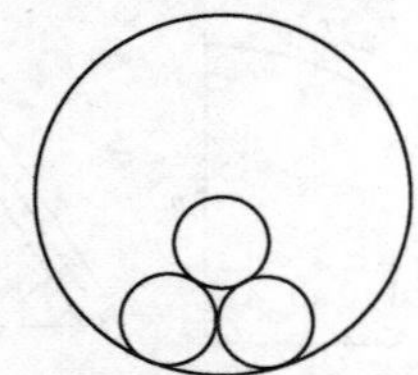

图6-11　三角形排列示意图

$$P=\frac{TK_1}{2R} \tag{6-34}$$

$$K_1=\frac{1}{\sqrt{1-(d/D-d)^2}} \tag{6-35}$$

式中　D——管道内径，m；

d——电缆外径，m。

3. 1孔3根敷设方式摇篮形排列

摇篮形排列示意图如图6-12所示，侧压力为

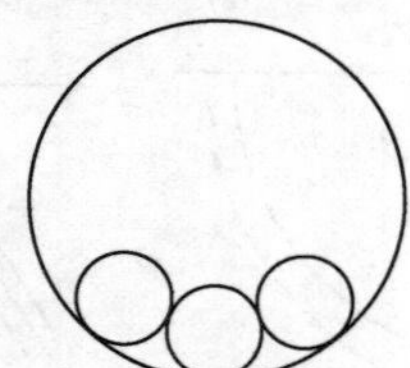

图6-12　摇篮形排列示意图

$$P=\frac{(3K_2-2)T}{3R} \tag{6-36}$$

$$K_2=1+\frac{4}{3}(d/D-d)^2 \tag{6-37}$$

摩擦系数如表6-4所示。

表6-4　　摩擦系数

敷设管材		摩擦系数
混凝土管	无水	0.4
	有水	0.3
	涂润滑油	0.3
钢管		0.2
塑料管、玻璃钢管		0.3
滚轮	弹子式轴承	0.1
	普通轴承	0.2

三、排管外滚轮或滑板处侧压力计算

排管外滚轮示意图如图6-13所示。

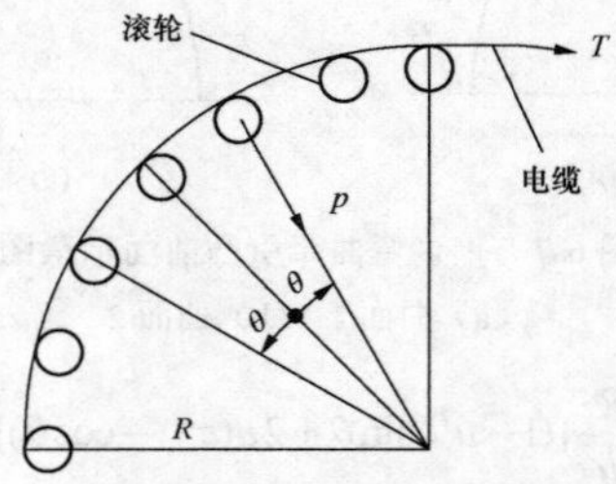

图6-13　排管外滚轮示意图

弯曲部位用滚轮敷设，侧压力为

$$P_1=2T\sin\frac{\theta}{2} \tag{6-38}$$

弯曲部位用圆弧滑板敷设，侧压力为

$$P_2=\frac{T}{R} \tag{6-39}$$

式中　P_1——用滚轮时的侧压力，N；

P_2——用圆弧滑板时的侧压力，N/m；

T——牵引力，N；

θ——弯曲角，rad；

R——弯曲半径，m。

电缆护层最大允许侧压力如表6-5所示。

表6-5　　电缆护层最大允许侧压力表　　(kN)

电缆护层粉类	滑动（涂抹润滑油圆弧滑板或排管）	滚动（每只滚轮）
铅护套	3.0	0.5
皱纹铝护套	3.0	2.0
无金属护层	3.0	1.0

四、电缆受最大允许侧压力计算

电缆受最大允许侧压力原则上按电缆受力材料抗张强度的25%考虑，即抗张强度乘以材料的截断面积为最大牵引力，随牵引方法的不同而不同，通常电缆最大允许牵引力的计算式为

$$T_{\rm m}=K\delta nS \tag{6-40}$$

式中　K——校正系数，电力电缆K=1，控制电缆K=0.6；

δ——导体允许抗拉强度，如表6-6所示，N/mm²；

S——电缆的截面面积，mm²；

n——电缆线芯数。

表 6-6　　导体允许抗拉强度表

牵引方式	牵引头		钢丝网套		
受力部位	钢芯	铝芯	铅套	铝套	塑料护套
允许牵引强度（N/mm^2）	70	40	10	20	7

在短跨距桥上通常采用排管敷设电缆，敷设施工牵引力计算参照本节内容。

第四节　隧道、电缆沟敷设时电缆轴向力计算

敷设在隧道或电缆沟里的电缆，为了吸收电缆在运行时由于温度变化而产生的热伸缩，减小固定夹具需要的紧固力，要全线敷设成蛇形状。而蛇形弧又分为平移蛇形弧和垂下蛇形弧。

一、蛇形弧轴向力计算

有金属护套水平蛇形敷设方式，温度下降时，轴向力为

$$F=+\frac{\mu WL^2}{2B}\times 0.8 \tag{6-41}$$

有金属护套水平蛇形敷设方式，温度上升时，轴向力为

$$F=-\frac{8EI}{B^2}\bullet\frac{\alpha t}{2}-\frac{8EI}{(B+n)^2}\bullet\frac{\alpha t}{2}-\frac{\mu WL^2}{2(B+n)}\times 0.8 \tag{6-42}$$

有金属护套垂下蛇形敷设方式，温度下降时，轴向力为

$$F=+\frac{WL^2}{2B}\times 0.8 \tag{6-43}$$

有金属护套垂下蛇形敷设方式，温度上升时，轴向力为

$$F=-\frac{8EI}{B^2}\bullet\frac{\alpha t}{2}-\frac{8EI}{(B+n)^2}\bullet\frac{\alpha t}{2}+\frac{WL^2}{2(B+n)}\times 0.8 \tag{6-44}$$

无金属护套水平蛇形敷设方式，温度下降时，轴向力为

$$F=+\frac{8EI}{B^2}\bullet\frac{\alpha t}{2}+\frac{\mu WL^2}{2B}\times 0.8 \tag{6-45}$$

无金属护套水平蛇形敷设方式，温度上升时，轴向力为

$$F=-\frac{8EI}{(B+n)^2}\bullet\frac{\alpha t}{2}-\frac{\mu WL^2}{2(B+n)}\times 0.8 \tag{6-46}$$

无金属护套垂直蛇形敷设方式，温度下降时，轴向力为

$$F=+\frac{8EI}{B^2}\bullet\frac{\alpha t}{2}+\frac{WL^2}{2B}\times 0.8 \tag{6-47}$$

无金属护套垂下蛇形敷设方式，温度上升时，轴向力为

$$F=-\frac{8EI}{(B+n)^2}\bullet\frac{\alpha t}{2}+\frac{WL^2}{2(B+n)}\times 0.8 \tag{6-48}$$

式中　“＋”符号是拉伸力，“－”符号是压缩力，无金属护套水平和垂下蛇形敷设方式的原点校正值为 $+\frac{8EI}{B^2}\bullet\frac{\alpha t}{2}$；

W——电缆单位重量，N/mm；

EI——电缆弯曲刚性，N·mm；

n——电缆横向滑移量，mm；

α——电缆的线膨胀系数，1/K，充油电缆 16.5×10^{-6}，交联电缆 20.0×10^{-6}；

B——蛇形幅宽，mm；

L——蛇形弧半个节距长度，mm；

t——温升，K，充油单芯电缆 55，充油 3 芯电缆 50，交联单芯电缆 65，交联 3 芯扭绞电缆 60。

二、电缆抗弯曲刚性计算

充油铅护套电缆抗弯曲刚性计算为

$$EI=251d_m^{3.5} \tag{6-49}$$

式中　d_m——金属护套外径，mm。

充油铝皱纹护套电缆抗弯曲刚性计算为

$$EI=14.4d_s^{3.94} \tag{6-50}$$

式中　d_s——金属护套平均外径，mm。

交联电缆抗弯曲刚性计算为

$$EI=E_cI_c+E_iI_i+E_mI_m \tag{6-51}$$

式中　E_c——导体的杨氏模量，N/mm^2，一般取＞500；

E_i——绝缘层的杨氏模量，N/mm^2，一般取 400；

E_m——金属护套的杨氏模量，N/mm^2，铅护套取 10000～13000，不锈钢护套取 5000～10000；

I_c——导体断面次力矩，$I_c=\frac{\pi}{64}d_c^4$；

I_i——绝缘断面次力矩，$I_i=\frac{\pi}{64}(d_i^4-d_c^4)$；

I_m——金属护套断面次力矩，$I_m=\frac{\pi}{8}d_m^3\bullet\tau$；

d_c——导体外径，mm；

d_i——绝缘层外径，mm；

τ——金属护套厚度，mm。

三、蛇形敷设电缆固定用维尼龙绳强度计算

$$F \geqslant 2.04 \times 10^{-5} \frac{I_{max}^{2} l}{S} K \tag{6-52}$$

式中 F——维尼龙绳强度，N；

I_{max}——最大短路电流，A；

l——两绑扎点距离，m；

S——两项电缆中心距，m；

K——安全系数，取2.5。

在长跨钜桥上通常采用蛇形敷设电缆，敷设施工时的轴向力计算参照本节内容。

第五节　垂直敷设时电缆轴向力计算

在竖井内敷设或登杆塔敷设的电缆统称为垂直敷设。垂直敷设有三种形式，分别为直线形顶部一点固定、直线形多点固定和蛇形多点固定。

一、直线形顶部一点固定和直线形多点固定

直线形顶部一点固定和直线形多点固定敷设形式的夹具数量计算时，需要知道夹具对电缆的紧握力参数，如表6-7所示。

表6-7　夹具对电缆的紧握力参数表

电缆类型	无金属护套电缆		有金属护套电缆
	单芯	3芯	
施工设定面压力（N/cm^2）	20	50	—
紧握力（N/只）	1000	1000	3000

二、蛇形敷设

垂直蛇形敷设电缆固定夹具安装数量与蛇形弧的轴向力息息相关。温度变化时电力电缆会产生轴向力。

温度上升电缆伸长时的轴向力F_{a1}为

$$F_{a1} = + \frac{8EI}{(B+n)^2} \frac{\alpha t}{2} \tag{6-53}$$

温度下降电缆收缩时的轴向力F_{a2}为

$$F_{a2} = - \frac{8EI}{B^2} \frac{\alpha t}{2} \tag{6-54}$$

式中 B——蛇形弧宽度，mm；

α——电缆的线膨胀系数，1/℃，对充油电缆，取16.5×10^{-6}，对交联电缆，取20.0×10^{-6}；

t——温升，℃；

EI——电缆弯曲刚性，N·mm。

第六节　海底电缆的机械性能计算

一、电缆敷设张力

海底（水下）电缆与陆地电缆敷设的主要区别在于前者由其自重在一定高度自由沉降自水底，当积累在自由沉降段中的退扭力大于自重，电缆在水中自行退扭，造成电缆打结，因此海底（水下）电缆敷设需保持一定的张力。张力也可同时起到控制水底部分电缆自由沉降弯曲半径的作用。

图6-14中D、H分别为敷设滑轮放线点至电缆在水底的触地点之间的水平及垂直距离，单位为m；T_0为电缆水平张力（退扭力），单位为N；T为电缆悬挂点张力，单位为N；α为电缆入水角度。

当电缆敷设船在平静的海（水）面上以恒定的速度前进时，水中电缆形状在下列假定条件下可视为“悬链线”。

（1）电缆无弯曲刚度。

（2）电缆自重荷载沿线长均匀分布。

除在很浅的水中，电缆的弯曲刚度大多数情况下可忽略，电缆荷载沿线长基本呈均匀分布，悬链线模型可满足工程需要，电缆敷设示意图如图6-14所示。

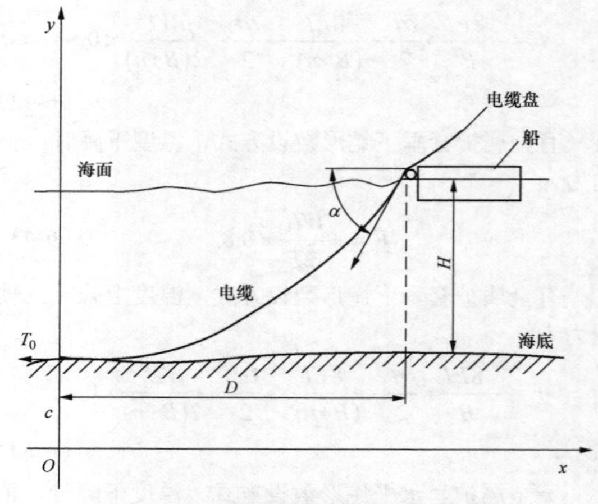

图6-14　海底电缆自船入水的情况

电缆敷设时的悬链线表示为

$$y = c \cosh \frac{x}{c} \tag{6-55}$$

$$c = T_0 / W \tag{6-56}$$

式中 c——悬链线常数；

W——单位长度海底电缆在水中的重量，N/m。

电力悬挂点张力T、最低点水平张力T_0满足

$$T = T_0 + WH$$
$$T_0 = T\cos\alpha \tag{6-57}$$

由式（6-57）可得

$$T = \frac{WH}{1-\cos\alpha}T_0 = WH\frac{\cos\alpha}{1-\cos\alpha} \tag{6-58}$$

电缆触地点弯曲半径 R_0 为

$$R_0 = c = \frac{H\cos\alpha}{1-\cos\alpha} \tag{6-59}$$

敷设时应根据水深、电缆重量和需要的敷设张力控制入水角的范围，入水角过大会使电缆打圈，入水角过小敷设时拉力过大，可能超过电缆允许拉力而损坏电缆。入水角范围为 30°～60°，水深超过 30m 时，角度应接近 60°。电缆的入水角计算式为

$$\cos\alpha = -\frac{W}{176rv^2} + \sqrt{\left(\frac{W}{176rv^2}\right)^2 + 1} \tag{6-60}$$

式中 r——电缆半径，m；

v——电缆敷设船的绝对速度，m/s。一般敷设速度控制在 20～30m/min 时，比较容易控制敷设张力，保证施工质量和安全。

电缆入水后其保护层会吸收一定量的水分，因此计算时须将在空气中的重量做约 8%的调整。同时，由于水的浮力作用，电缆在水中的重量较空气中轻，电缆重量 W 计算为

$$W = 1.08W_a - \pi r^2 \times 1000 \tag{6-61}$$

式中 W_a——电缆在空气中的重量，N/m。

敷设滑轮放线点至电缆触地点之间的水平距离 D 计算式为

$$D = H \cdot \frac{\sinh^{-1}(\tan\alpha)}{\sec\alpha - 1} \tag{6-62}$$

由式（6-59）、式（6-62）可求得水中电缆长度 L

$$L = c \cdot \sinh\left(\frac{D}{c}\right) \tag{6-63}$$

由式（6-61）、式（6-63）可获得水中自由悬挂的电缆的重量 W_t

$$W_t = W \cdot L \tag{6-64}$$

上文所述张力为海底（水下）电缆敷设过程中均匀静态的张力，实际敷设过程中波浪将导致敷设船垂直运动，根据国际大电网会议研究报告《海底电缆机械试验推荐方法》（CIGRE TB 623）敷设过程中的动态张力可采用下述方法计算。

对于 500m 以下水深，采用安全系数法，式（6-57）修正为

$$T = T_0 + 1.3 \cdot WH \tag{6-65}$$

式中，1.3 为考虑敷设过程中动态效应的安全系数，T_0 不小于 W 的 40 倍。式（6-65）应用的前提为浪高不大于 2m。

对于 500m 以上水深或敷设设备及数据较为明确时，式（6-57）可修正为

$$T = T_0 + WH + T' \tag{6-66}$$

$$T' = \sqrt{T_I^2 + T_D^2} \tag{6-67}$$

$$T_I = 1.1 \times 0.5 \times b_h W_a L\omega^2 \tag{6-68}$$

$$T_D = 500 \times 2r \times R_0^{0.9} \times (b_h\omega)^{1.8} \tag{6-69}$$

$$\omega = 2\pi / t \tag{6-70}$$

式中 T'——敷设过程中的动态张力，N；

T_I——电缆惯性力导致的动态张力，N；

T_D——拉力导致的动态张力，N；

1.1——安全系数；

b_h——敷设滑轮垂直运动距离（峰峰值），m；

ω——敷设滑轮垂直运动的角频率；

t——敷设滑轮垂直运动的周期，s。

二、横向加强层的环压

对于充油电缆，加强带的设计应可以承受电缆内产生的最大油压，包括暂态油压。加强带安全系数应不小于 2。

最大内部油压按 $P_t = P_p + P_h$ 计算。

其中，P_p 为泵站油压；P_h 为由于重力产生的压强，则有

$$P_h = \gamma_0 \cdot h \cdot P_p \cdot g \tag{6-71}$$

横向加强带的最大环压 σ_t 计算式为

$$\sigma_t = \frac{P_t \cdot d_t}{2 \cdot n_t \cdot B_t}\left(1 + \frac{g_t}{w_t}\right) \tag{6-72}$$

式中 d_t——加强层外径；

n_t——铜带数量；

B_t——铜带厚度；

g_t——铜带间距；

w_t——铜带宽度。

三、抗侧压力、抗冲击力

对于路由有弯曲的电缆线路，当牵引力作用在电缆上时，在弯曲部分的内侧，电缆受到牵引力的分力和反作用力而受到压力，这种压力称为侧压力。侧压力定位为牵引力和弯曲半径之比，如果侧压力过大将会压扁电缆。

电缆的抗冲击力主要受电缆绝缘层的强度控制。大约 100kPas 的冲击力可能会造成绝缘层破坏。但实

际上，对于敷设在海床上而没有埋设的电缆，破坏的主要原因是被钩住，以几厘米的半径弯曲而导致绝缘破坏。对于埋设超过 0.5m 的电缆，只有船抛锚才有可能损坏电缆，但实际上锚害概率很低。

四、海底电缆涡激振动

对于海底电缆工程，由于海底地形、冲刷等原因，会出现海底电缆与海床表面不直接接触的悬空段。在一定条件下，水流流经电缆时，在电缆的尾流区产生漩涡，并且漩涡以一定的频率在电缆上下两侧交替脱落，形成卡门漩涡。漩涡脱落时，电缆除了受到沿流向的脉动拖拽力外，还受到一个垂直于流向的脉动升力，迫使电缆在两个方向上发生振动。当漩涡脱落的频率接近海底电缆的固有频率时，漩涡的脱落频率不再遵循 Strouhal 定律，而是被锁定在电缆的固有频率附近，此时，电缆处于共振状态，振动强烈，这一现象称为涡激振动。

漩涡脱落的频率与 Strouhal 数（斯特鲁哈尔数）有关，海底电缆为圆柱结构，其漩涡脱落频率 f_s 计算式为

$$f_s = St\frac{v}{D} \tag{6-73}$$

式中 St——Strouhal 数，与雷诺数有关。在一个较大的雷诺数范围内（2000＜R＜1000000），Strouhal 数的值可近似取 0.2；

v——水流速度，m/s；

D——电缆直径，m。

海底电缆悬空段的振动可用弦理论进行近似分析。计算时，假定流过悬空段的水流流速为常数，悬空段两段固定。此时，电缆将在固定点间振动，振动频率 f_n 为基频的倍数，即：$f_n = n \cdot f_1$。电缆的固有频率 f_n 计算式为

$$f_n = \frac{n}{2} \cdot \sqrt{\frac{T_a}{m \cdot L^2}} \tag{6-74}$$

式中 n——模数，1，2，3，…；

T_a——电缆悬空段最低点张力，N；

m——电缆单位长度质量，kg/m；

L——悬空段长度，m。

结合式（6-73）和式（6-74），可以得到激发共振的最小水流速度为

$$v_m = \frac{D}{2 \cdot S_t} \cdot \sqrt{\frac{T_a}{m \cdot L^2}} \tag{6-75}$$

式（6-75）可用于海底电缆涡激振动风险的初步评价，当计算最小水流速度接近或低于实际水流速度时，需考虑海底电缆涡激振动的风险。表 6-8 为两种典型海缆的计算结果。

表 6-8　产生涡激振动的固有基频和最小流速

海缆悬空段数据	典型海缆 1	典型海缆 2
海缆单位长度质量（kg/m）	40	20
悬空段长度（m）	20	40
悬空段张力（kN）	10	2
海缆直径（mm）	110	80
固有基频（Hz）	0.4	0.125
最小流速（m/s）	0.22	0.05

实际工程中，由于大部分的水流流速测量是在海底以上 5～10m 处，因此需将测量值外推到悬空段的高度，可采用卡曼-普朗特公式进行计算，即

$$V_{span} = V_{meas} \cdot \frac{I_n\left(\dfrac{z_{span}}{Z_0}\right)}{I_n\left(\dfrac{z_{meas}}{Z_0}\right)} \tag{6-76}$$

式中 V_{meas}——测量高度 z_{meas} 处的水流速度；

V_{span}——悬空段高度 z_{span} 处的水流速度；

Z_0——海底的粗糙系数，一般可取 7×10^{-5}m。

如果经上述初步评估，海底电缆悬空段存在涡激振动的风险，就需要进一步的研究，此时需综合考虑电缆水中质量、悬空段弧垂、电缆抗弯刚度、悬空段两端特性等的影响。由于涡激振动的影响因素较多且作用机理复杂，必要时，可由相关领域的专业研究人员进行深入全面的分析。

在海底电缆发生涡激振动的过程中，曲率的变化会导致电缆各层受到反复的应力作用，从而可能导致疲劳损伤（外径越大的层，其承受的应力也越大）。以某一单芯海底电缆为例，铜导体位于电缆中心，承受较小的弯曲应力；铅护套和钢丝铠装层位于电缆外层，承受较大的弯曲应力（铅护套耐受疲劳损伤的能力一般远小于钢丝铠装层）。电缆疲劳损伤一般通过应力水平和振动次数的关系来表示。

电缆各层承受的应力计算式为

$$\Delta\varepsilon = \alpha \cdot r\left(\frac{\pi \cdot n}{L}\right)^2 \tag{6-77}$$

式中 α——振幅，m；

r——电缆某一层的半径，m；

L——悬空段长度，m；

n——振动的模数。

对于振动次数，需根据海洋环境的统计参数，计算得到水流速度超过振动最小流速的持续时间，进而得到各应力水平的振动次数。

通过计算各应力水平在使用期内出现的总振动次数，得到电缆的累积疲劳损伤，结合电缆各层金属材料的疲劳极限数据（一般用振动弯曲应力与振动次数的关系曲线（*S-N* 曲线）来表示，即纵坐标为振动弯曲应力，横坐标为振动次数），可判断电缆在使用期内因涡激振动发生疲劳破坏的可能性。

对于海底电缆工程，设计人员应采取可行的措施，如改变海缆路由或局部平整海床，以尽量避免海缆的自由悬挂或减小悬空段的长度。此外，必要时可考虑安装抑制涡激振动的箍条等辅助措施。

五、导体与铠装张力分配

海底电缆导体和铠装的张力与两层结构的截面成正比，具体可按式（6-78）和式（6-79）计算：

$$T_{CO}=\frac{A_{CO}\cdot E_{CO}}{A_{CO}\cdot E_{CO}+A_{AR}\cdot E_{AR}}\cdot T \qquad (6\text{-}78)$$

$$T_{AR}=T-T_{CO} \qquad (6\text{-}79)$$

式中 T——电缆纵向张力；

T_{CO}——导体层张力；

T_{AR}——铠装层张力；

A_{CO}——导体截面；

E_{CO}——导体层弹性模量；

A_{AR}——铠装层截面；

E_{AR}——铠装层弹性模量。

第七节 电缆的热稳定性条件

对于截面较大的电缆，导体温度随负载电流的变化而改变，由此引发的热胀冷缩现象将产生机械力，这种机械力称为热机械力。导体截面越大，产生的这种机械力也越大，将对电缆安全运行产生很大威胁。

一、油浸纸绝缘电缆

1. 直埋电缆线路

电缆导体在负荷电流作用下，在金属护套内因膨胀产生位移，而这种膨胀位移仅发生在线路的两个末端附近。为了减小推力和位移，电缆在临近终端处敷设成波浪形。

（1）电缆敷设成直线，末端推力与末端位移关系。

$$F_0=\alpha\Delta\theta\cdot E\cdot A-\sqrt{4\pi rf\varphi_r A\cdot E\cdot\Delta l} \qquad (6\text{-}80)$$

式中 F_0——线芯末端推力，kgf；

α——线芯材料的膨胀系数，1/℃；

$\Delta\theta$——线芯温升，℃；

E——线芯的弹性模量，kgf/cm²；

A——线芯的截面积，cm²；

Δl——线芯在电缆末端产生的位移，cm。

线芯能产生膨胀的长度 x_0 与线芯在电缆末端产生的位移 Δl 之间的关系为

$$x_0=\sqrt{\frac{A\cdot E\cdot\Delta l}{\pi rf\varphi_r}} \qquad (6\text{-}81)$$

式中 x_0——线芯能产生膨胀的长度，cm。

当阻止末端位移时，即 $\Delta l=0$ 时，$F_0=\alpha\Delta\theta\cdot E\cdot A$，此时的末端推力为最大，电缆的全部位移被阻止。令电缆的末端推力 $F_0=0$ 时，即可求得自由膨胀状态下的位移 Δl 和 x_0。

$$\Delta l=(\alpha\Delta\theta)^2 A\cdot E/4\pi rf\varphi_r \qquad (6\text{-}82)$$

$$x_0=\alpha\cdot\Delta\theta A\cdot E/2\pi rf\varphi_r \qquad (6\text{-}83)$$

利用式（6-80）～式（6-83）计算时，需要知道线芯弹性模量 E，摩擦系数 f 和剩余纸包压力 φ_r。E 可以在实际的线芯上测得，摩擦系数 f 值在 0.4～0.6 之间，φ_r 值一般为 0.1～0.8kgf/cm²，实测值为 0.2kgf/cm²。

（2）电缆敷设成波浪形，末端推力与末端位移关系。

线芯能产生膨胀的长度 x_0 与末端推力 F_0 的关系为

$$x_0=\frac{R}{f}\ln\frac{\alpha\Delta\theta\cdot E\cdot A}{F_0} \qquad (6\text{-}84)$$

线芯在电缆末端产生的位移 Δl 与 F_0 的关系为

$$\Delta l=\frac{\alpha\Delta\theta\cdot R}{f}\left(\ln\frac{\alpha\Delta\theta\cdot E\cdot A}{F_0}+\frac{F_0}{\alpha\Delta\theta\cdot E\cdot A}-1\right) \qquad (6\text{-}85)$$

线芯能产生膨胀的长度 x_0 与线芯在电缆末端产生的位移 Δl 之间的关系为

$$\Delta l=\alpha\Delta\theta\left[x_0-\frac{R}{f}\left(1-e^{-x_0\frac{f}{R}}\right)\right] \qquad (6\text{-}86)$$

2. 敷设在竖井中的电缆线路

敷设在竖井中的电缆有挠性固定和刚性固定两种方式。

（1）挠性固定。在竖井内垂直敷设高压电缆时，多采用扰性固定方式，这种方式又有固定式和正弦波形敷设两种方法。

悬挂式是使用一种特殊的固定在竖井顶部的锥形铠装丝夹具，将电缆的铠装丝夹住，从而使电缆悬挂在竖井内，在竖井底部再将电缆敷设成一个自由弯头以吸收电缆的膨胀量。

正弦波形敷设方法是将电缆的两个相邻夹子之间以垂线为基准作交替方向的偏置，形成正弦波形，于是电缆在运行时产生的膨胀将为电缆的初始曲率所吸收，因此不会使金属护套产生危险的疲劳应力。

（2）刚性固定。当电缆截面不大，且竖井中的空间有限、不能做挠性敷设时，可采用刚性固定方式。所谓刚性固定，即采用短间距密集布置的电缆夹子把电缆夹住，以阻止由于电缆的自重和它的热膨胀所产生的任何运动。采用这种方式固定后，电缆所产生的热机械力与在直埋电缆线路上产生的力相同。安装时，要求在这种机械力的作用下，相邻两个夹子之间的电缆不产生纵弯曲现象，以防止在金属护套上产生严重的局部应力。由于在两个相邻夹子之间的电缆类同于材料力学中的压杆结构，因此可以利用校验压杆稳定的欧拉理论来计算夹子的间距。对于铅包或皱纹铝包电缆，在热膨胀时产生压缩力的主要部分是线芯，而电缆的其余部分可以忽略不计。但如果是平铝包电缆，除了线芯外还需考虑铝包上产生的膨胀压缩力。在两个夹子之间的电缆段可视为两端固定的压杆，使其不失去稳定的临界力为

$$P_c = \frac{\pi^2}{4l^2}S \tag{6-87}$$

式中 P_c——电缆不产生纵弯曲时的临界力，kgf；

S——电缆线芯和金属护套的总弯曲刚度，kgf·cm²；

l——夹子之间的间距，cm。

作用在电缆上的临界力即为线芯发热时的膨胀压缩力，由于温升，线芯上产生的膨胀压缩力为

$$P = \alpha\Delta\theta \cdot E \cdot A \tag{6-88}$$

式中 P——线芯上的膨胀压缩力，kgf；

$\Delta\theta$——线芯的最大允许温升，℃；

α——线芯的膨胀系数，1/℃；

E——线芯的弹性模量，kgf/cm²；

A——线芯的截面积，cm²。

当电缆不产生纵弯曲时的临界力 P_c 与线芯上的膨胀压缩力 P 相等时，即可求得夹子的间距 l 为

$$l = \frac{\pi}{2}\sqrt{\frac{S}{\alpha\Delta\theta \cdot E \cdot A}} \tag{6-89}$$

式（6-87）～式（6-89）只适用于线路的直线部分，在线路的弯曲部分必须将间距减小至直线部分的0.3～0.6倍，一般取0.5倍。

对于平铝包电缆，前面已经指出必须考虑铝包的膨胀压缩力；对于皱纹铝包电缆，要有如下两个假设才可以用式（6-89）计算夹子间距。这两个假定是：

1）皱纹铝包的有效弹性模量的0.25倍。

2）皱纹铝包的惯性矩由式（6-90）计算为

$$I = \frac{\pi}{64}(D_1^4 - D_2^4) \tag{6-90}$$

式中 D_1——皱纹铝包波峰直径与波谷直径之和的一半；

D_2——D_1与两倍的皱纹铝包的厚度之差。

在采用刚性固定的垂直敷设的线路上，与直埋电缆一样必须考虑在垂直部分末端的线芯上产生的总推力，特别是当缆芯与金属护套之间较松时，在自重力作用下缆芯与金属护套之间还会产生相对运动，这时，在竖井底部附近的附件可能会受到很大的热机械力的作用。

二、挤塑绝缘电缆

挤塑绝缘电缆所应用的介质主要为：交联聚乙烯、低密度聚乙烯、高密度聚乙烯和乙丙橡胶，其中交联聚乙烯是最常用的绝缘材料。电缆的热机械性能问题是除了树枝问题以外影响挤塑电缆寿命的主要因素。

1. 交联聚乙烯电缆的热应力

交联聚乙烯绝缘有很大的热膨胀性能，在不同温度下其密度变化如表6-9所示。

表6-9 交联聚乙烯绝缘热膨胀性能表

温度（℃）	20～23	40	80	100	113	120	200	250	300	400
绝缘相变范围	半结晶熔化区					无定形区				
密度（g/cm³）	0.92	0.91	0.86	0.83	0.8	0.8	0.73	0.72	0.69	0.64
线膨胀系数（$\times10^{-6}$℃$^{-1}$）			374	436	530	476	392	370	359	338

绝缘密度在无定形区表达式为

$$\rho = 0.864 - 5.717\times10^{-4} \cdot t \tag{6-91}$$

式中 ρ——绝缘密度，g/cm³；

t——温度，℃。

绝缘应变计算式为

$$\varepsilon = (\rho_c / \rho_0)^{1/3} - 1 \tag{6-92}$$

式中 ρ_0——环境温度 t_0 下的绝缘密度，g/cm³；

ρ_c——温度为 t_c 时的绝缘密度，g/cm³。

在传统交联温度 275℃下，绝缘的最大应变量为 9.5%，而 IEC 规定最大收缩系数为 4%，则要求在生产过程中电缆冷却得很好。而交联聚乙烯绝缘的线胀系数是铜的 20 倍左右，所以两者组合在一起，热机械性能是很不相容的。

交联聚乙烯电缆在额定工作温度下运行时，电缆弯曲处的侧压力，由于绝缘热膨胀可达（300～400）$\times 10^5$Pa，造成导体不可能保持在绝缘中心，并嵌入绝缘层中，导体移动距离可达绝缘厚度的 16.5%，在短时过载温度 105℃下运行时，移动距离可达 56%。

交联聚乙烯绝缘是半结晶半无定形的片状交叉结构，如工艺水平高，结晶态增加，晶体和无定形界面紧密地结合在一起，则具有很高的绝缘强度。反之，若无定形态增加，则容易吸收水分和水中杂质，是产生水树枝的根源。由于热机械应力会使晶体开裂，在晶体本身或晶体与无定形体界面上形成裂缝，该裂缝在直流电场下聚集空间电荷，当极性变化或反转时，会使电缆在较低的电压下发生击穿。

2. 改善绝缘热应力

改善绝缘热应力主要的措施方法有：采用热应力消除装置；改善交联工艺，适当降低绝缘表面交联温度，提高预冷却管长度；降低机筒温度、提高螺杆压力，并采用导体预热装置；增加内外半导电层厚度，在绝缘层与金属护套间增加半导电缓冲层；适当提高电缆的最小允许弯曲半径。

第七章 电缆附件及附属设施

第一节 电 缆 附 件

电缆附件是指用于电缆间连接或电缆线路与其他电气设备间连接，保证其电力可靠传输和电缆安全运行的部件。常用的电缆附件有电缆终端和接头、电缆护层保护器、接地设备、并联电抗器等。

一、基本要求

对电缆附件性能的要求可以总结为以下几个方面：

（1）电气性能。电气性能是决定电缆附件性能的关键因素，包括附件电场的分布、材料的电气强度和介质损耗等。

（2）密封性能。为保证电缆可靠运行，电缆附件一般要进行密封处理，密封防潮性直接影响电缆电气性能和寿命。尤其是直埋或者处于潮湿环境中的电缆线路，应将密封性能作为重要考量。

（3）机械性能。电缆附件应能承受一定范围的弯曲和振动。终端和中间接头应能承受其所连接导线的拉力。

（4）工艺性能。在电缆附件的设计和选型中，应根据现场情况，选择适当的工艺，保证最终电缆整体质量。安装工艺要结合现场环境和工人技术水平，尽量简单。

二、电缆终端

电缆终端是安装在电缆末端，将电缆与其他电气设备连接成一体的装置，其主要作用是降低电应力集中现象，并提供可靠的电气和机械性能，控制接头温升，解决电缆温度变化时，导体、绝缘、护层相对位移问题。

电缆终端处于电缆进出口关键部位，主要是实现对电缆的密封和改变终端位置电场分布的作用，其结构和工艺均相对其他部分复杂。电缆终端生产环境可分为产品生产和现场安装工艺两个部分，由于现场环境复杂多变，往往是质量控制的难点。

（一）电缆终端的型式

随着技术的发展，电缆终端的结构型式日益多样化。高压电缆终端的结构一般由以下几部分组成：

（1）内绝缘，主要作用是改善电缆终端的电场分布。

（2）内外绝缘隔离层，保护电缆绝缘不受外界媒质影响。

（3）出线梗，电缆导体的引出端。

（4）密封结构。

（5）屏蔽帽。

（6）连接固定金具。

电缆终端按外部浸渍物的种类可以分为户外终端、气体绝缘终端（GIS 终端）和油浸终端。

1. 户外终端

受阳光直接照射或暴露在气候环境下或者二者都存在情况下的终端。一般用于电缆与架空线路、变压器套管及其他电气设备的连接。通常，110～220kV 电压等级采用增强式结构，而 330kV 及以上采用电容式终端。

2. 气体绝缘终端

安装在气体绝缘金属封闭开关设备（Gas Insulated metal enclosed switch gear，GIS）内部以 SF_6 气体为外绝缘的电缆终端。这种终端型式，结构紧凑，不受外界环境影响，应用越来越广泛。

3. 油浸终端

安装在油浸变压器油箱内以绝缘油为外绝缘的电缆终端。变压器油浸终端从结构型式上可以分为直接式和间接式两种。直接式是指电缆的终端与变压器直接连接，这种型式具有结构简单、施工方便等优点，但存在故障不宜定位，修复困难等缺点。间接式是指电缆的终端通过绝缘臂与变压器连接，这种结构电缆和变压器的终端机械上分开，便于故障定位和排除。在高压系统中一般采用间接式。

电缆终端按套管内是否有填充物电缆终端又分为干式电缆终端和湿式电缆终端，湿式电缆终端内外绝缘之间充有绝缘油或气，干式电缆终端内外绝缘紧密贴合。

干式电缆终端按外绝缘材质主要分为瓷套管型和复合套管两种类型，为增大爬距，通常采用伞裙结构。瓷套式使用历史悠久，如图 7-1 所示，对恶劣环境的适应性好，但瓷套是脆性材料，爆炸后会产生碎片带来飞溅危险，在人口密集区已逐渐被复合套管替代。硅橡胶复合套管由玻璃纤维环氧管外注以硅橡胶而成，如图 7-2 所示，重量轻、耐污秽性能和耐漏痕性能好，但其为有机复合材料，稳定性比瓷套差。参照输电线路绝缘子的使用经验，复合绝缘子在使用一定的年限后，表面易开裂、受损和老化，因此在环境较恶劣、非人口密集区，采用瓷套管更合适。

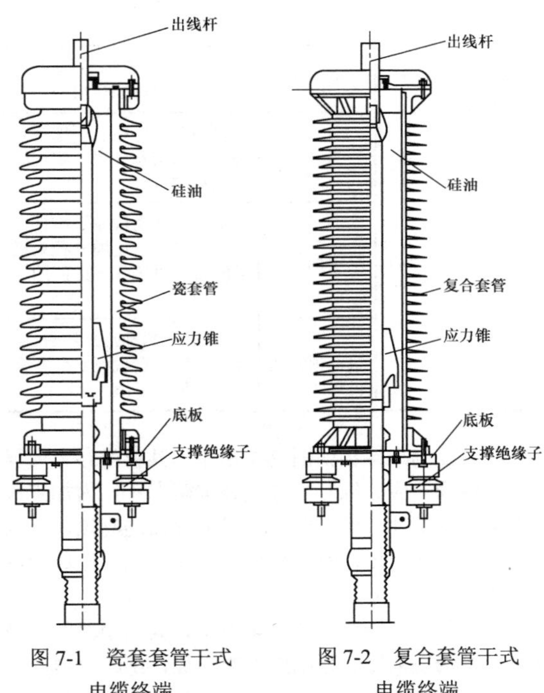

图 7-1　瓷套套管干式电缆终端　　图 7-2　复合套管干式电缆终端

目前市场上，不论是敞开式、GIS 或变压器终端，国内外的主要厂家基本都能生产 110～220kV 电压等级的干式终端产品。500kV 干式终端在国内外工程中已得到了广泛应用，如漫湾二期水电站、湖南黑麇峰抽水蓄能电站、贵州构皮滩水电站、云南小湾电站、辽宁蒲石河抽水蓄能电站、苏丹 Merowe 项目、哥伦比亚 Subgerencia 电站等。干式电缆终端结构简单、质量轻，现场安装十分方便，由于不含绝缘油和气，没有油、气泄漏的可能，也减少了运行维护工作量。虽然干式电缆终端在工程中的运行历史不如湿式终端，但在工程中的安全运行证明了干式电缆终端是成熟可靠的，在今后工程中会得到广泛应用。

（二）电缆终端选型

选择电缆终端结构型式，主要考虑电缆电压等级，绝缘类型、安装环境和可靠性要求，同时要满足经济性的原则。DL/T 5221—2016《城市电力电缆线路设计技术规定》和 GB 50217—2018《电力电缆设计规范》中对终端型式的选择给出了具体的要求。

（1）终端的结构型式和电缆所连接的电气设计的特点必须相适应，设计终端和 GIS 终端应具有符合要求的接口装置，与连接金具必须相互配合，GIS 终端应具有与 SF_6 气体完全隔离的密封结构。

（2）充油电缆的 GIS 终端，应选用使电缆油和 SF_6 其他完全密闭隔离的全密闭结构。

（3）充油电缆或者其他带压力终端，应能承受电缆允许的最高油压。

（4）在易燃、易爆等不允许有火种场所的电缆终端，应选用无明火作业的热缩型等构造类型。

（5）终端尾管必须有接地用接地端子。

（6）220kV 及以上 XLPE 电缆选用的终端型式，应通过该终端与电缆连成整体的标准性资格试验考核。

（7）在多雨且污秽或盐雾较重地区的电缆终端，宜具有硅橡胶或复合式套管。

（8）66～110kV XLPE 电缆户外终端宜选用全干式预制型。

（9）电缆终端的机械强度，应满足安置处引线拉力、风力和地震作用的要求。直埋于土壤的接头宜加设保护盒，保护盒应做防腐处理并能承受路面荷载的压力。110kV 及以上高压电缆户外终端的机械强度应满足使用环境的风力和地震等级的要求，并能承受与它连接的导线 2kN 的水平拉力。

外露于空气中的电缆终端装置类型选择条件如下：

（1）不受阳光直接照射和雨淋的室内环境应选用户内终端，受阳光直接照射和雨淋的室外环境应选用户外终端。

（2）电缆与其他电气设备通过一段连接线相连时，应选用敞开式终端。

不外露于空气中的电缆终端选择条件如下：

（1）作为电气设备高压出线接口时应选用设备终端，如与变压器直接连接的油浸式终端和用于中压电缆的可分离式连接器。

（2）用于 SF_6 气体绝缘金属封闭组合电气直接相连时选用 GIS 终端。

对电缆终端的绝缘特性，一般从以下几个方面进行要求：

（1）终端的额定电压及其绝缘水平，不得低于所连接电缆的额定电压及其要求的绝缘水平。

（2）户外电缆终端的外绝缘必须满足所设置环境条件（如污秽等级、海拔等）的要求。在一般环境条件下，外绝缘的泄漏比距不应小于25mm/kV。与架空输电线路同环境架设下，应不低于架空下绝缘子串的泄漏比距。

（3）绝缘接头的绝缘隔离板，应能承受所连电缆护层绝缘水平2倍的电压。

三、电缆中间接头

（一）电缆中间接头的类型

电缆中间接头用于电缆间的连接，除了实现电缆的电气导通、绝缘、密封等功能外，还具有其他功能。根据功能不同，电缆接头的类型如表7-1所示。

表7-1　电缆接头的装置类型按功能分类

名称	用途	应用举例
直通接头	连接两根电缆形成连续电路	同型号电缆连接
绝缘接头	将电缆的金属护套、接地屏蔽层和绝缘屏蔽在电气上断开	实行单芯电力金属护套交叉互连接地的线路
塞止接头	将充油电缆线路的油道分隔成两段供油	线路较长或落差较大的充油电缆线路为分隔油段的中间连接
分支接头	将支线电缆连接至干线电缆	将3～4根电缆相互连接
过渡接头	连接两种不同类型绝缘材料、不同型式电缆	油脂与交联电缆或分铅型和屏蔽型电缆相互连接
转换接头	连接不同芯数电缆	三芯电缆与3根单线电缆的相互连接
软接头	接头制成后允许弯曲呈弧状	水底电缆的厂制软接头盒检修软接头

按照绝缘类型和结构型式，电缆接头的装置类型如表7-2所示。

表7-2　电缆接头的装置类型按绝缘类型和结构型式分类

电缆绝缘类型	电压等级kV	结构型式	结构特征
油纸	10～35	金属套管式	以金属套管为盒体
自容式充油	66～220	成型纸卷绕包式	增绕绝缘采用成型纸卷
		三腔式塞止接头	两个环氧树脂套管连接处浇筑屏蔽电极和插座式连接金具
交联聚乙烯	10～35	绕包式	以自黏性橡胶带为增绕绝缘
		热缩式	以热缩管材现场套装，经加热收缩
		冷缩式	用弹性体材料经注射硫化扩张后，内衬螺旋支撑物，施工时抽取支撑物收缩成型
		预制式	以合成橡胶材料工厂预制现场装配
		模塑式	以辐照聚乙烯带现场绕包，再以模具加热成型
	66～220	绕包式	以高压自黏性乙丙橡胶带绕包，铜套管外壳，灌注绝缘复合物
		整体预制式	主要部件是橡胶预制件，预制件内径与电缆外径要过盈配合，以确保界面间的足够压力
		组合预制式	以预制橡胶应力锥及预制环氧绝缘件在现场组装并采用弹簧机械紧压

整体预制型接头如图7-3所示，其将半导电内屏蔽，主绝缘、应力锥和半导电外屏蔽在工厂内加工成一个整体预制件，可以避免多界面存在的麻烦，现场安装时，工艺简单，时间也较短，现在已逐渐成为高压电缆接头的主流。

组装预制型接头如图7-4所示，其由中段的绝缘材料和弹簧压紧橡胶预制应力锥组成，绝缘材料和应力锥要求在工厂加工并进行例行试验，性能有保证，现场组装工期较短。其主要缺点是体积大、质量重，现场安装操作不便。

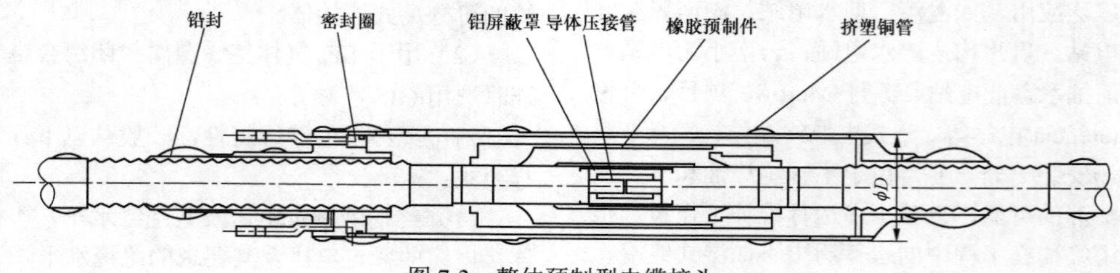

图7-3　整体预制型电缆接头

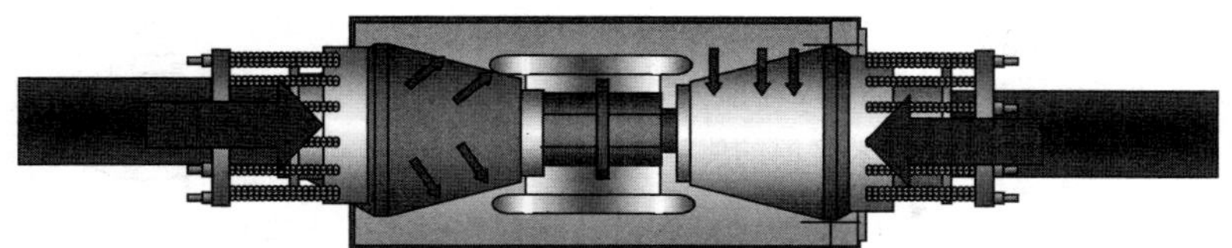

图 7-4　组装预制型电缆接头

橡胶全预制型产品结构简单，便于安装，已在高压交联电缆中间接头中处于主导地位，该产品根据所用橡胶材质的不同，主要有乙丙橡胶型和硅橡胶型两大类，特别是硅橡胶材料由于无须添加填料，可保持长期良好的弹性，伴随着新材料的机械抗撕裂性能的提高，其原有稳定的电气、机械性能，优良的长期老化性能和较宽广的使用温度范围，使它越来越受到高压电气产品开发领域的重视。

（二）电缆中间接头的性能要求

电缆接头的结构应满足电缆电压等级、绝缘类型、安装环境和设备可靠性要求，并符合经济合理原则和下列规定：

（1）电缆接头要把电缆的主要部分，如导体、导体屏蔽、绝缘、绝缘屏蔽、金属护套和外护层连接起来。电缆导体连接应具有良好的导电性能和机械强度。具有钢丝铠装的电缆，必须维持钢丝铠装的纵向连续且具有足够的机械强度。

（2）电缆接头应具有与电力本身相同的绝缘强度和防潮密封性能，其密封套还应具有防腐蚀性能。

（3）单芯电缆线路较长以交叉互联接地的隔断金属层连接部位，除可在金属层上实施有效隔断及其绝缘处理的方式外，其他应采用绝缘接头。

（4）电缆接头中的铜导体之间一般宜采用压接方法连接。

（5）直埋安装的接头应有加强保护盒，保护盒内填充无需加热处理的防水材料。

（6）隧道内接头应结合运行经验，根据现场具体情况确定采用有效的防水措施。

（7）海底等水下电缆的接头，应维持钢丝铠层纵向连续且有足够的机械强度，宜选用软性连接。

（8）在可能有水浸泡的设置场所，6kV 及以上 XLPE 电缆接头应具有外包防水层。

（9）在不允许有火种场所的电缆接头，不得选用热缩型。

（10）220kV 及以上 XLPE 电缆选用的接头，应由该型接头与电缆连接成整体的标准性试验确认。

（11）66～110kV XLPE 电缆线路可靠性要求较高时，不宜选用包带型接头。

接头的绝缘性能应符合下列规定：

（1）接头的额定电压及其绝缘水平，不得低于所连接电缆额定电压及其要求的绝缘水平。

（2）绝缘接头的绝缘环两侧耐受电压，不得低于所连接电缆护层绝缘水平的 2 倍。

四、护层保护器

护层保护器串联在金属套和大地之间或串联在绝缘接头两侧金属套之间，用来限制在系统暂态过程中金属套过电压的装置。

电缆金属护层一端互联接地或三相交叉互联接地的高压单芯电缆，当雷电波或内部过电压沿电缆线芯流动时，其护层不接地端会出现过电压，可能使护套绝缘层发生击穿，造成电缆金属护层多点接地故障，严重影响电力电缆正常运行甚至大幅减少电缆使用寿命。因此，须采用电缆护层保护器以限制电力电缆金属护层上的冲击感应过电压。目前国内外普遍采用氧化锌保护器。

电缆护层保护器由非线性限流元件、金属电极和硅橡胶外绝缘构成。我国相关标准 GB/T 11017.2—2014《额定电压 110kV（U_m=126kV）交联聚乙烯绝缘电力电缆及其附件》系列标准、GB/T 18890《额定电压 110kV（U_m=126kV）交联聚乙烯绝缘电力电缆及其附件》系列标准和 DL/T 401—2017《高压电缆选用导则》及国际标准 IEC 60840、IEC 62067 等规定了电力电缆外护套绝缘水平，具体如表 7-3 所示。

表 7-3　护层保护器绝缘水平　（kV）

U_0/U	64/110	127/220	190/330	290/500
$U_{1,1W}$	37.5	47.5	62.5	72.5

（一）使用要求

交流系统单芯电力电缆机器附件的外护层绝缘等部位，应设置过电压保护，并应满足以下要求：

（1）35kV 以上单芯电力电缆的外护层、电缆直连式 GIS 终端的绝缘筒，以及绝缘接头的金属层绝缘分隔部位，当其耐压水平低于可能的冲击感应过电压时，应添加保护措施，且宜符合下列规定：

1）单点直接接地的电缆线路，在其金属层电气通路的末端，应设置护层电压限制器。

2）交叉互联接地的电缆线路，每个绝缘接头应设置护层电压限制器。线路终端非直接接地时，该终端部位应设置护层电压限制器。

3）GIS 终端的绝缘筒上，宜跨接护层电压限制器或者电容器。

（2）35kV 单芯电力电缆金属层单点直接接地，且有增强护层绝缘保护需要时，可在线路未接地的终端设置护层电压限制器。

（二）参数选定

护层电压限制器参数的选择，应符合下列规定：

（1）可能最大冲击电流作用下护层电压限制器的残压，不得大于电缆护层冲击耐压的 71.4%。

（2）系统短路时产生的最大工频感应过电压，在可能长的切除故障时间内，护层电压限制器应能耐受。

（3）护层电压限制器应能承受 20 次以上的可能最大冲击电流。

（三）配置连接

（1）护层电压限制器配置方式，应按暂态过电压抑制效果、满足工频感应过电压下参数匹配、便于监察维护等因素综合确定，并应符合下列规定：

1）交叉互联线路中绝缘接头处护层电压限制器的配置及其连接，可选取桥形非接地三角、星形或者桥形接地等三相接线方式。三种连接方式分别如图 7-5～图 7-7 所示。

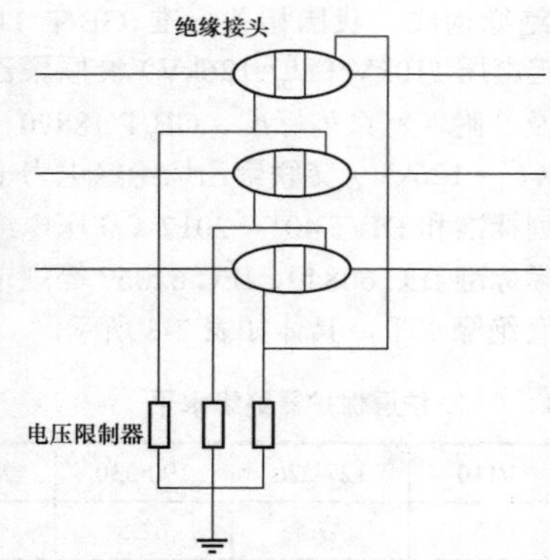

图 7-5　电压限制器星形连接接地

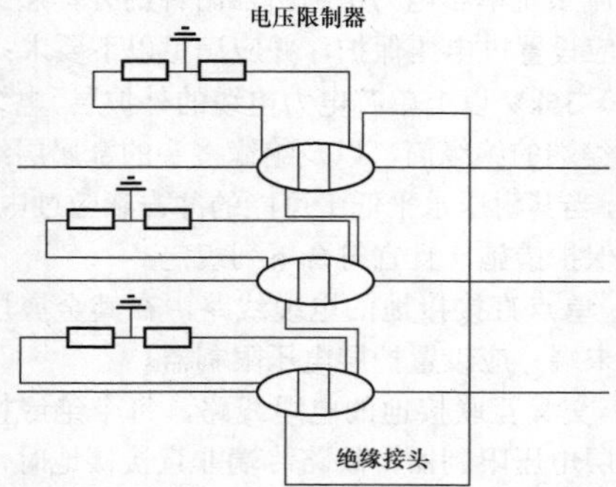

图 7-6　电压限制器桥形连接接地

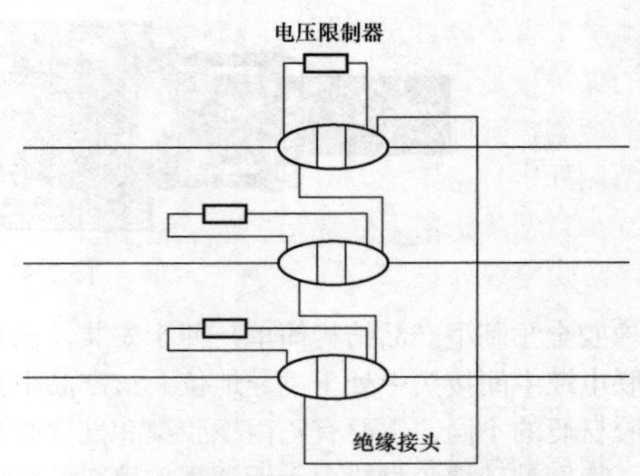

图 7-7　电压限制器桥形连接不接地

三种连接方式的优缺点如表 7-4 所示，国内外电缆工程多采用电压限制器星形连接接地。

表 7-4　　三种连接方式的优缺点

连接方式	优　缺　点
电压限制器星形连接接地	接线简单，三相电压限制器能集中装在一只盒子内，在线检测、更换方便，但冲击波侵入时由部分感应电流通过互联导线产生压降与阀片的残压迭加于绝缘接头的两端上。为降低其影响，因此互联导线应尽可能短或者采用同轴电缆
电压限制器桥链接接地	冲击波侵入时在互联导线上产生的压降小于星形联接方式。各相的电压限制器分别设在绝缘接头近旁，但接地引线较长，而且每只绝缘接头需 2 只电压限制器
电压限制器桥形连接不接地	冲击波侵入时在互联导线上产生的压降小于星形连接方式，各相的电压限制器可分别设在绝缘接头近旁，没有接地线且电压限制器每相设 1 只，但在系统短路时电压限制器两端的感应电压是上述两种连接方式的 2 倍

2）交叉互联线路未接地的电缆终端、单点直接节点的电缆线路，宜采取星形接线方式配置护层电压限制器。

（2）护层电压限制器连接回路，应符合下列规定：

1）连接线应尽量短，其截面应满足系统最大暂态电流通过时的热稳定要求。

2）连接回路的绝缘导线、隔离开关等装置的绝缘性能，不得低于电缆外护层绝缘水平。

3）护层电压限制器接地箱的材质及其防护等级应满足其使用环境的要求。

五、电缆接地箱

电缆接地箱根据接地方式的不同，可分为直接接地箱、保护接地箱、交叉互联保护接地箱。

电缆护层直接接地箱，内部含有连接铜排、铜端子等，用于电缆护层的直接接地，内部无须安装电缆护层保护器。

电缆护层保护接地箱和交叉互联保护接地箱内含

有电缆护层保护器、连接铜排、铜端子等，用于电缆护层的保护接地。交叉互联接地箱用于高压单芯电力电缆的金属护套的交叉互联，限制护套和绝缘接头绝缘段两侧冲击过电压的升高，控制金属护套的感应电压，减少或消除护层上的环形电流，提高电缆的输送容量，防止电缆外护层击穿，确保电缆的安全运行。

金属护套交叉互联接地箱及直接接地箱、保护接地箱技术要求如下：

（1）带电部分对箱体的绝缘水平应不低于电缆非金属外护层的绝缘水平。采用高强度的不锈钢材料做外壳，以保证箱体有足够的机械性能。

（2）箱外壳的防水性能按照安装环境满足不同级别要求。若安装于地下专用工井内，防水级别需达到IP68，保障长期浸泡于水中箱内不进水且箱体不生锈；若安装于地面的，需采取防止防锈防腐措施和达到防水 IP65 等级。

（3）接地箱铜排截面不低于对应接地线或交叉互联线的截面。

六、并联电抗器

超高压、长距离、大截面电缆线路具有较大的对地电容，造成对地容性电流的增大，电缆线路产生大量无功充电功率，给线路安全运行带来隐患，主要体现在以下几个方面：

（1）电缆线路末端空载电压升高。

（2）切除空载电缆线路是产生较高的工频过电压。

（3）电容电流超出隔离开关的开合能力范围。

（4）接地故障时电弧不易熄灭，引起过电压，造成设备损坏。

不同的负荷情况下，电缆线路的充电功率对系统电压的影响不同。在低负荷时，电缆的充电功率会进一步提高系统电压水平，因此需验算其引起的电压抬升从而采取相应的应对措施；在高负荷时，电缆线路的充电功率对维持电压水平有益。因此，对于远距离电缆线路，需考虑合理补偿电缆对地电容电流，通常采用在电缆线路的中间分段或者终端安装并联电抗器。可根据补偿度来计算无功补偿量。补偿度 K_B 按照式（7-1）计算，一般按照 40%～80%的补偿度进行补偿，优选具备分组投切功能或可调节的并联电抗器。安装并联电抗器按照无功功率就地分配平衡的原则，可布置在电缆线路所在的高压侧，也可布置在线路中间或者末端变电站的一次母线上。

$$K_{B} = \frac{Q_{L}}{Q_{C}} \tag{7-1}$$

式中 Q_L ——并联电控器的容量；

Q_C ——线路的无功充电功率。

第二节 电缆附属设施

一、供配电系统

供配电系统是电缆隧道中重要的附属设施。电缆隧道的供配电系统为照明、动力和监控等提供可靠的电源，以保证电缆正常运行。电缆隧道内的用电负荷包括照明、风机、水泵、监控系统、辅助检修设备等。照明负荷为分散分布于隧道内各处；风机和水泵负荷容量较大，隧道中每个防火区均布置有风机和水泵。

DL/T 5484—2013《电力电缆隧道设计规程》中对供配电系统的主要要求如下：

（1）电缆隧道低压配电系统宜采用专用变压器、双电源供电。每路电源均应满足供电范围内全部设备同时投入时的用电需要。

（2）供电网络设计应符合规划的要求；低压配电系统电压为380/220V，各相负载宜平衡。

（3）配电变压器的负荷率不宜大于 70%。变压器宜选用接线组别为 Dyn11 的三相配电变压器，并应正确选择变压比和电压分接头。

（4）电源计量表计安装位置应符合当地供电部门的要求。

（5）电源分电箱应安装在人员进出口处。电源分电箱可兼作低压用电配电箱，在箱内除安装照明电源总开关和动力用电总开关外，还应设置电源切换装置。配电箱应留有适当的备用出线回路。

（6）电源分电箱和低压配电箱外壳防护等级不应低于 IP54。安装高度宜为箱底距地面 1.5m。箱内每回路宜设漏电保护装置。

（7）配电系统的接地类型宜采用 TN-S 系统，电源分电箱、低压配电箱、灯具、风机、水泵及控制箱屏等的外露导电部分应就近接地。

（8）照明、插座、风机、水泵及消防控制箱回路均应接自不同回路。

（9）低压配电线路的导线应选用铜芯绝缘导线，导线截面积应按回路计算电流进行选择，按允许电压损失、机械强度允许的最小导线截面积进行校验。

正常运行情况下，用电设备端子处电压偏差允许值（以额定电压的百分数表示）可按下列规定验算：①一般电动机±5%；②照明＋5%，−10%。

（10）进入隧道的外部线路应穿管埋设电缆。隧道内低压配电线路宜采用耐火电线、电缆明敷，或电线电缆穿阻燃型硬质管明敷（不同负荷回路应分管敷设），或统一敷设在封闭式耐火电缆桥架内。

导线（包括绝缘层）截面积的总和不应超过管内截面积的 40%，或管子内径不小于导线束直径的 1.4～

1.5 倍。

典型电缆隧道供配电系统由总配电柜和配电分柜分层布置构成，构造示意图如图 7-8 所示。在进行供配电系统设备选型时，需计算系统的负荷和短路电流。负荷计算采用系数法，如式（7-2）所示。三相短路电流周期分量的起始值按式（7-3）计算。

$$S \geqslant K_1 \times P_1 + P_2 + P_3 \tag{7-2}$$

式中 S——电源总容量，kW；

K_1——动力负荷换算系数，一般取 0.85；

P_1——动力负荷之和，kW；

P_2——热负荷之和，kW；

P_3——照明负荷之和，kW。

$$I_k = \frac{U}{\sqrt{3} \times \sqrt{(\sum R)^2 + (\sum X)^2}} \tag{7-3}$$

式中 I_k——三相短路电流周期分量的起始有效值，kA；

U——低压母线电压，可取 400V；

$\sum R$——每相回路的总电阻，mΩ；

$\sum X$——每相回路的总电抗，mΩ。

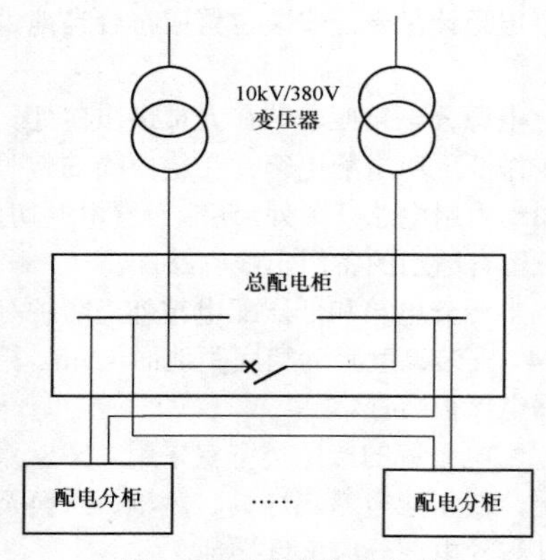

图 7-8 配电系统示意图

二、照明系统

电缆隧道应设置正常照明、应急照明和过渡照明。隧道内正常照明灯具的布置宜采用沿着隧道顶棚中线均匀布置。应急照明主要是疏散照明。疏散照明应由安全出口标志灯和疏散标志灯组成。过渡照明是为了满足眼睛适应性需求，在隧道明暗过渡空间布置的辅助照明。

电缆隧道的照明场所分为工作井内和隧道区间。隧道内人行通道上的平均照度值不小于 15lx。工作井作为作业空间，照明度值可以按照变电站设计。计算面的水平照度计算式为

$$E_c = \frac{\Phi \cdot N \cdot CU \cdot K}{A} \tag{7-4}$$

式中 E_c——工作面的平均照度，lx；

Φ——光源光通量，lm；

N——光源数量；

K——灯具维护系数；

A——工作面面积，m^2；

CU——利用系数，取决于室形指数和房间的反射情况。

照明灯具应采用节能、防潮型灯具。灯具外壳应单独接地线。照明灯具分撒布置在隧道的主体和工作井内，各个工作场景对照明的需求不同。因此，设计合理的灯具控制模式需在保障可靠性需求的基础上，兼顾方便运行和检修和降低能耗两个方面。

应急照明电源除正常的电源外，宜选用另一路供电线路与自带电源型应急灯相结合的供电方式。正常电源事故后，应急电源投入的转换时间应不大于 15s。应急照明电源的持续工作时间不应小于 30min。

照明系统中每一单相回路不宜超过 16A，单独回路的灯具数量不宜超过 25 个。照明开关应采用双控开关，开关应选用防水防尘型，其安装高度宜为 1.3m。

三、接地系统

工作井内 220/380V 配电系统接地型式一般为 TT 制。辅助供电系统要采用专门的接地系统，如图 7-9 所示。隧道中内存在两个接地系统：电力系统的接地系统和辅助供电系统接地。由于整个隧道区间有限，两个接地系统在物理上是联通的。在电力系统发生故障情况下，如果故障可以较快速切除，地电位的上升幅值可以控制在供电系统绝缘水平以下。

电缆隧道内应使用一个总的接地综合网，接地电阻不应超过式（7-5）的要求，且不宜超过 1Ω。

$$R \leqslant \frac{2000}{I} \tag{7-5}$$

式中 R——计及季节变化的最大接地电阻；

I——计算用的流经综合接地网的入地短路电流。

明挖隧道及工作井内，工作井机房接地装置应利用机房建筑物基础自然间横竖梁内的 2 根以上主钢筋或者埋在基础里的地下金属，组成网络不大于 5m × 5m 的机房地网，当机房建筑物基础有桩时，应将地桩内 2 根以上主钢筋与机房接地装置就近焊接连通。

非明挖隧道（暗挖、盾构及顶管隧道）内，应充分利用隧道初期支护锚杆、钢架、钢筋网或者底板钢筋作为接地装置。用作接地极的钢杆环向间距要求为 2 倍锚杆长度；接地锚杆与钢筋网、钢拱架或者专用环向接地钢筋应可靠焊接；隧道底板钢筋应形成一个 1m × 1m 的单层钢筋网。

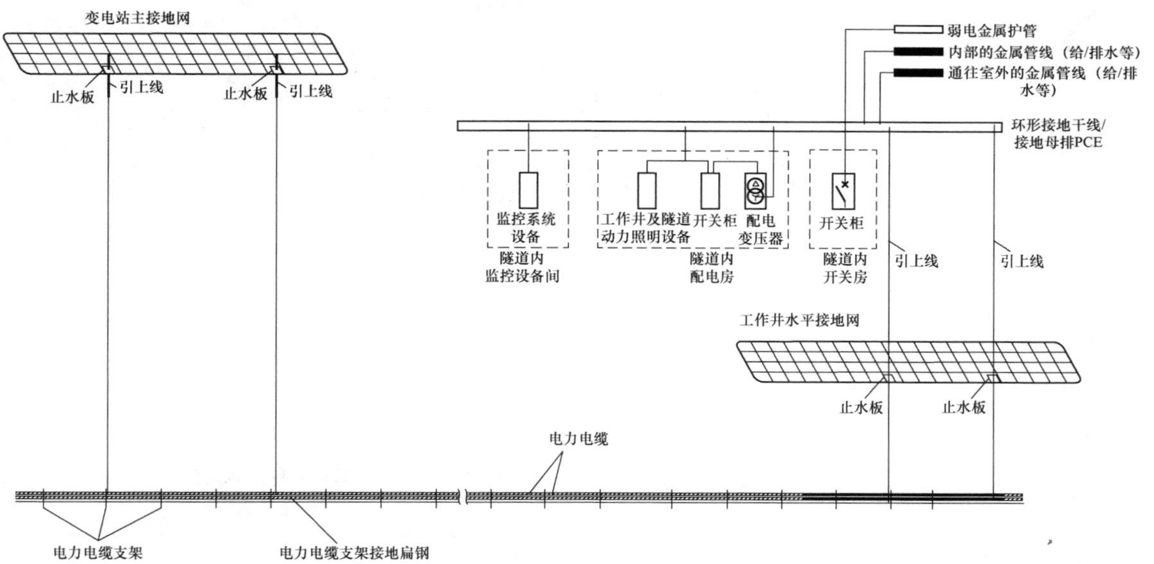

图 7-9　电缆隧道接地示意图

第八章　电缆敷设与保护

35kV 及以上电力电缆的敷设方式主要有：直埋敷设、电缆沟及电缆隧道敷设、排管敷设、电缆架空桥架敷设、垂直敷设和水底敷设。本章将主要介绍上述各种敷设方式特点，以及相应的安装、固定和保护措施。

第一节　电缆敷设方式选择

电缆线路敷设方式应根据工程具体情况，考虑如下因素：①电缆型号；②电缆规格；③电缆数量；④线路重要性；⑤敷设环境（地理特征、周围设施等）；⑥电磁干扰；⑦感应电压；⑧弯曲半径。

并且按照安全可靠、便于维护、经济合理的原则来选择合理的敷设方式。相比 35kV 以下电缆线路，如下两方面问题需特别注意。

一、电磁干扰和感应电压问题

35kV 及以上电压等级电缆一般采用单芯电缆，会对附近控制电缆产生电磁干扰。另外当控制电缆、低压电力电缆与之平行敷设时，会在控制电缆、低压电力电缆导体上产生纵向感应电压。在正常情况下该感应电压很小，但当发生接地故障时，故障电流不仅具有正序和负序分量，还有零序分量，从而将会加大该感应电压。而控制电缆工频试验电压一般为 2kV 或 2.5kV、低压电力电缆一般为 3.5kV，事故电流下，在长距离平行敷设控制电缆及低压电力电缆上将比较容易感生出大于以上数值的电压，造成该类电缆的绝缘产生损坏。

在实际工程中用于纵差保护，需与 110kV 及以上电压等级电缆平行敷设的控制电缆（导引电缆），即是考虑到上述问题，而提高了电缆的绝缘水平。一般常见的有 6、8、12、15kV（指工频试验电压而非额定电压）几个电压等级的电缆。

二、电缆弯曲半径

35kV 及以上电压等级电力电缆由于运行电压高，对电缆绝缘要求高，为确保电缆绝缘完好，在电缆安装时，无论在垂直、水平转向部位和电缆热伸缩部位以及蛇形弧部位的弯曲半径，不宜小于表 8-1 所规定的弯曲半径。

表 8-1　35～500kV 电缆敷设允许最小弯曲半径

电缆类型	电缆等级	允许最小弯曲半径	
		单芯	三芯
交联聚乙烯绝缘电缆（XLPE）	35～220kV	20D	15D
	330kV	20D	
	500kV	20D（安装时） 15D（安装后）	

注　D 表示电缆外径。

三、电缆裕弯和伸缩弧

由于 35kV 及以上电压等级电力电缆造价较贵，考虑到进水等原因可能需重做终端或中间接头，为避免因重做电缆接头而导致整根电缆的报废，应使电缆长度留有适当裕度，具体做法是在电缆线路适当部位特意把电缆敷设成圆弧形（称为电缆裕弯）。另外对于直埋电缆、敷设在排管中或大跨距桥梁上的电缆，为吸收电缆或桥梁主体热胀冷缩引起的伸缩量，也需在电缆线路适当部位把电缆敷设成圆弧形（称为伸缩弧）。

35kV 及以上电压等级电缆可采用直埋敷设、电缆沟及电缆隧道敷设、排管敷设、电缆架空桥架敷设、垂直敷设和水底敷设多种方式，其适用场合、优缺点的对比如表 8-2 所示。

表 8-2　各种敷设方式对比

对比 敷设方式	适用场合	优点	缺点
直埋敷设	不需要经常检修、维护，且不容易遭到外界破坏的电缆线路	施工简单、投资省	运行中出现故障排查和检修维护较困难

续表

对比 敷设方式	适用场合	优点	缺点
电缆沟及电缆隧道敷设	需要经常检修、维护的电缆线路	运行维护方便，故障时便于及时排查及抢修更换	投资较高，运行出现故障时容易影响其他电缆线路
电缆排管敷设	不需要经常检修、维护，且容易遭到外界破坏的电缆线路	相对电缆沟及电缆隧道投资较省	电缆散热较差，一般是电缆线路载流量控制瓶颈
电缆架空桥架敷设	穿河沟、深坑等不具备地下敷设条件的电缆线路	运行维护方便，通道不容易受限制，散热情况较好	容易遭受破坏，危险性相对地下敷设更大
电缆垂直敷设	高落差电缆线路		
水（海）底敷设	水（海）底电缆线路		

第二节 地下直埋敷设

直埋敷设具有节省投资的优点，是一种被广泛采用的敷设方式。为了保护埋设于地下的电缆，减少或防止外力对其造成损伤，采用直埋敷设方式的电缆要求具有一定的埋深。该埋设深度将会对电缆的载流量造成影响：一方面随着埋深加大，电缆散热需经过的土壤增加，其热阻加大，不利于电缆散热；另一方面随着埋深加大，电缆线路周围的土壤温度也会有明显的下降，有利于电缆散热。这两方面的因素将会共同作用，影响电缆的载流量。但通常情况下前者占主导因素，即埋深越深电缆载流量越小。一般来说 35kV 及以上电压等级电缆采用直埋敷设时，电缆外皮至地表深度宜不小于 700mm；当位于行车道或耕地下时，宜加大埋深，宜不小于 1000mm。直埋敷设的一般形式如图 8-1 的所示。

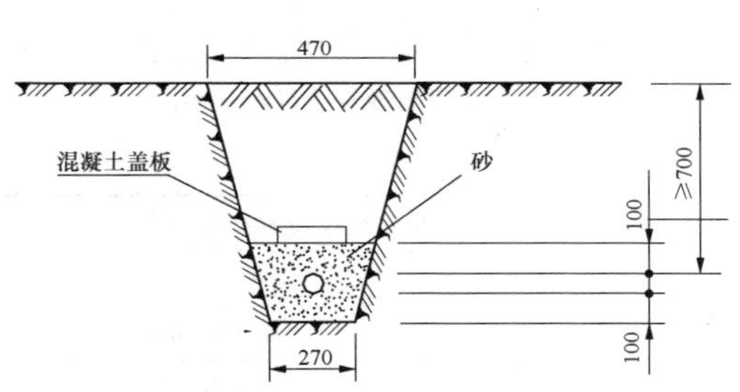

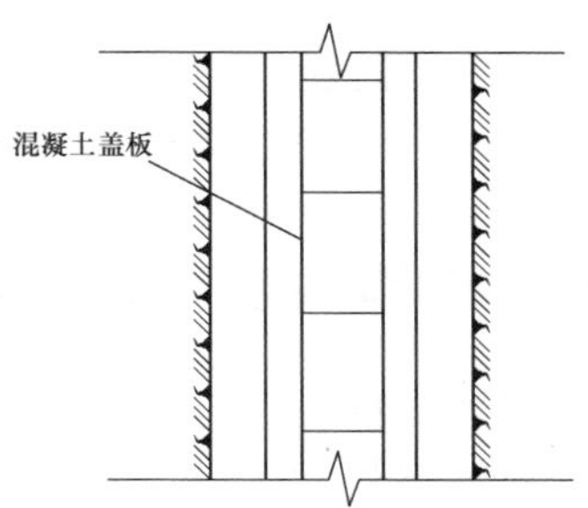

图 8-1　电缆直埋敷设典型断面 1

从实践来看，在各种敷设方式中，直埋电缆最容易受到外力破坏，因此也有采用图 8-2 的方式增加对直埋电缆的保护。

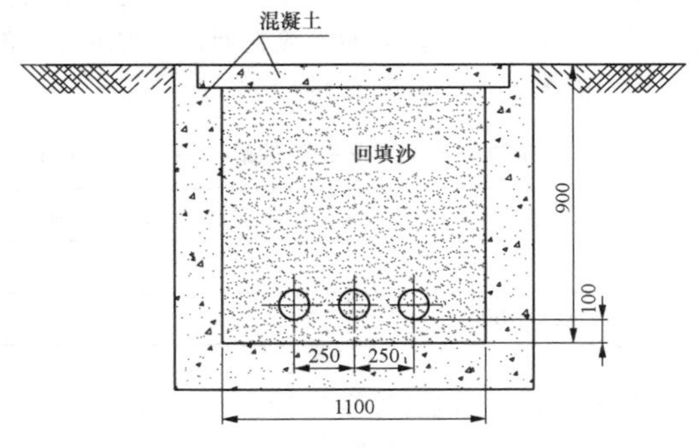

图 8-2　电缆直埋敷设典型断面 2

如图 8-2 所示，直埋于地下的电缆应在其上下铺设一定厚度的细土或黄砂。为防电缆径向膨胀，直埋敷设时需注意将电缆周围的回填土、砂均匀压实，否则在热机械力的作用下，电缆 PVC 护套将会产生凸起变形。例：某工程对地下直埋的 132kV、$1 \times 800mm^2$ 的电缆做了 6 次热循环试验后，进行外观检查时发现 PVC 护套产生凸起变形，就是由于在 PVC 护套凸起的地方回填土未被压实所致。

按照上述要求对回填土、砂进行压实处理后，直埋的电缆相当于全长做刚性固定，沿线无法产生位移。在热机械力的作用下，电缆导体在线路的两个末端产生很大的推力，引起末端位移，从而对电缆附件的安全构成极大威胁。因此采用直埋方式敷设的电缆应在端头或接头附近以及电缆的转变处将电缆敷设成波浪形以留出一定裕度，尽量减少线芯的热胀冷缩对终端头或接头处的推力。在直埋转为电缆大厅或工井的出口处做挠性固定，电缆终端处需做刚性固定，以保护终端的安全。

直埋敷设一般应用于短距离、数量不大于 6 根，且载流量不大的情况。图 8-3 为某大型电缆厂提供的 220kV 铅包电缆在空气中敷设、直埋敷设载流量对比。相比在空气中敷设，直埋敷设对电缆载流量影响较大，工程中应引起注意。

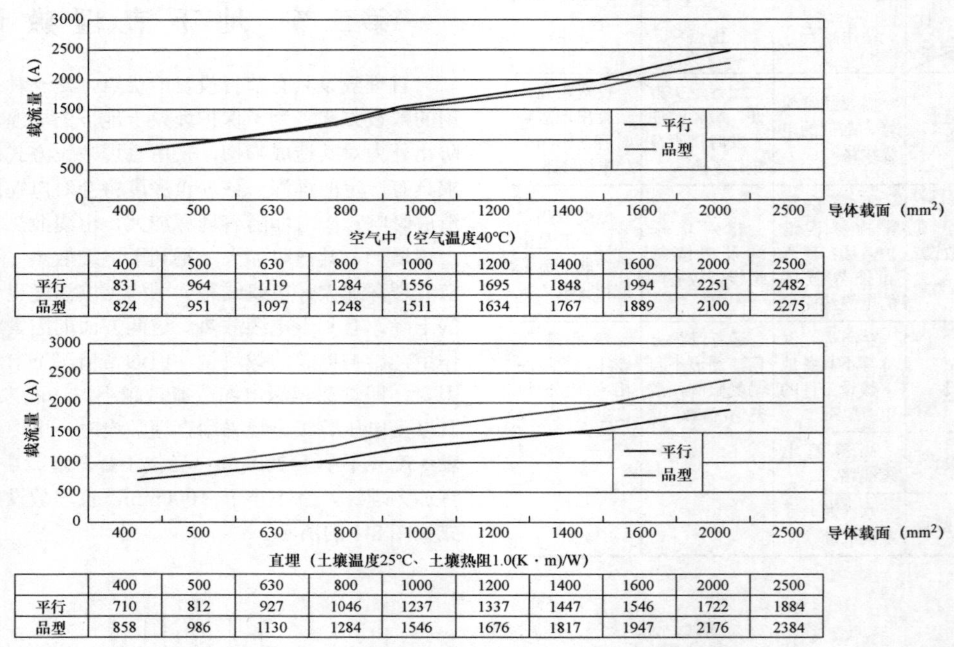

	400	500	630	800	1000	1200	1400	1600	2000	2500
平行	831	964	1119	1284	1556	1695	1848	1994	2251	2482
品型	824	951	1097	1248	1511	1634	1767	1889	2100	2275

	400	500	630	800	1000	1200	1400	1600	2000	2500
平行	710	812	927	1046	1237	1337	1447	1546	1722	1884
品型	858	986	1130	1284	1546	1676	1817	1947	2176	2384

图 8-3　220kV 某厂铅包电缆在空气中敷设、直埋敷设载流量对比图

第三节　电缆沟及电缆隧道

电缆沟及电缆隧道敷设，由于其检修、维护方便的优点，被广泛使用。500（330）kV 电缆线路、6 回及以上 220kV 电缆线路一般采用电缆沟或者电缆隧道敷设。重要变电站进出线、回路几种区域、电缆数量在 18 根及以上或局部电力走廊紧张的情况宜采用隧道敷设。电缆隧道又可分为：明挖隧道、暗挖隧道、顶管隧道、盾构隧道。

在隧道内采用支架敷设时，一般情况下宜按照电压等级的由高至低、从上而下排列，分层敷设在电缆支架上，但如果同道中存在 35kV 及以上高压电缆时，宜按照电压等级的由高至低、从下而上排列。最上层支架距构筑物顶板的净距允许最小值，应满足电缆引接至上侧设备时的允许弯曲半径要求，且不宜小于表 8-3 中所列数再加 80～150mm 的合值。

表 8-3　最下层支架距底部的最小净距　(mm)

电缆敷设场所及其特征		垂直净距
电缆沟		50
隧道		100
电缆夹层	非通道处	200
	至少在一侧不小于 800mm 宽通道处	1400
公共廊道中电缆支架无围栏防护		1500
厂房内		2000
厂房外	无车辆通过	2500
	有车辆通过	4500

在支架上敷设时，水平允许跨距为 1500mm；垂直敷设时允许跨距为 3000mm。电缆支架的层间距离，应满足能方便地敷设电缆及其固定、安置接头的要求，且在多根电缆同置一层情况下，可更换或增设任一根电缆及其接头。在采用电缆截面或接头外径尚非很大的情况下，符合上述要求的电缆支架、梯架或托盘的层间间距的最小值，可取表 8-4 所列值。

表 8-4　电缆支架的层间距离的最小值　(mm)

电缆电压等级	普通支架、吊架	桥架
110～220kV、每层 1 根以上	300	350
330kV、500kV	350	400

110kV 及以上电压等级的电缆在构筑物中的敷设时，一般可采用如下方式敷设：

一、直线敷设

直线敷设方式主要适用于小截面的电缆回路，一般采用密集排列的电缆夹具将电缆固定在支架上做刚性固定使电缆不产生弯曲。在此情况下电缆的径向膨胀被阻止，转变为内部的压缩应力。电缆夹具之间的电缆在不发生横向位移的情况下能承受的最大推力计算见式（8-1）

$$F=k\cdot\alpha\cdot\Delta\theta\cdot E\cdot A \tag{8-1}$$

式中　k——导体的松弛因数，一般取 0.75；

α——金属护套的线膨胀系数，1/℃；

$\Delta\theta$——金属护套的温升，℃；

E——导体的弹性模量，N/mm^2；

A——导体的截面积，cm^2。

相邻夹具的间距可按式（8-2）确定

$$L<\frac{\pi}{\mu}\sqrt{\frac{EJ}{F}}=\frac{\pi}{\mu}\sqrt{\frac{S}{F}} \tag{8-2}$$

式中　L——相邻夹具之间的距离，mm；

μ——长度因数：铝护套取 1，铅护套取 0.7；

E——导体的弹性模量，N/mm^2；

J——导体的惯性矩，mm^2；

S——电缆的弯曲刚度，$N\cdot mm^2$。

式（8-2）适用于线路的直线段，在弯曲部分应按直线段间距的计算值减半使用，同时需注意在电缆接头和终端处留有一定的伸缩弧以避免导体纵向推力对电缆接头和终端的破坏。图 8-4、图 8-5 所示为直线敷设方式。

图 8-4　电缆单根直线敷设图

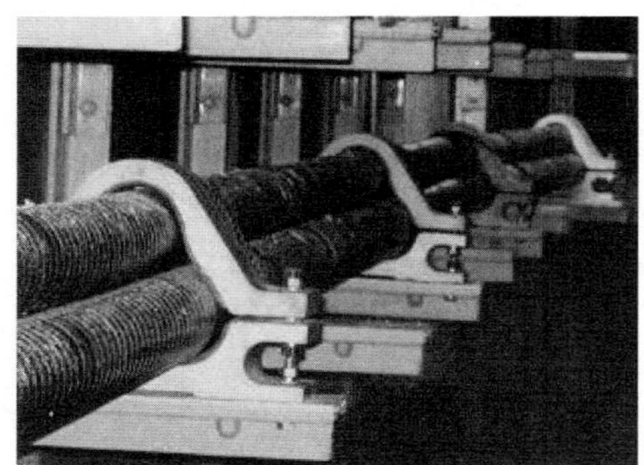

图 8-5　电缆品字形直线敷设图

二、蛇形敷设

大截面电缆的负荷电流变化时，由于温度的改变引起电缆热膨胀会产生很大的轴向推力。当电缆以直线状敷设时，巨大的推力将会使电缆线路在某一部位发生横向位移，从而产生过分的弯曲，如果这种弯曲过大将会损坏电缆。蛇形敷设是为了吸收电缆的热膨胀而将电缆布置成波浪形的一种电缆敷设方式，人为设置的波形宽度能有效地吸收电缆的热膨胀，避免电缆的热膨胀集中在线路的某一局部，从而使电缆的热膨胀弯曲得到控制。

蛇形敷设形式可选择水平蛇形敷设和垂直蛇形敷设两种方式。这两种敷设方式均能满足电缆热膨胀的要求，依据实际积累的运行经验，电缆线路蛇形长度约为 6～12m，蛇形弧幅取值为 $1D$～$1.5D$（D 为电缆外径）。垂直蛇形敷设不像水平蛇形敷设要占据横向宽度，特别适用于隧道内的电缆安装，能够最大限度地节省敷设空间，但施工时准确控制波幅比较困难。另外采用垂直蛇形敷设时，电缆支架可设置在波峰处，支架间距一般比较大（大于等于 3m 时，采用水平蛇形敷设时支架间距一般不大于 1.5m），支架设计时需考虑电缆自重和短路时电动力对支架强度的要求。由于支架间距较大，在振动环境下，可能由于谐振造成电缆护套损坏，因此在存在振动的场所应尽量避免采用垂直蛇形敷设方式。采用水平蛇形敷设方式虽占据空间较多，但施工相对容易。

蛇形敷设的电缆线路蛇形长度越长，轴向伸缩推力越大。一旦确定蛇形长度，增加弧幅可减小轴向伸缩推力和蛇形弧横向滑移量。采用蛇形敷设时，电缆支架的间距取决于蛇形长度，蛇形长度越长，所需要的电缆支架数量就越少，但电缆所占据的空间相应越大。图 8-6、图 8-7 所示为蛇形敷设方式。

图 8-6　电缆垂直蛇形敷设图

图 8-7　电缆水平蛇形敷设图

三、水平悬吊式敷设

当电缆重量小于 20kg/m 时，可用尼龙带具（或其他非磁性合成材料的带具）将三相电缆捆绑在一起，用金属吊具将电缆悬吊在构筑物的墙壁上。每侧墙壁上用悬臂钢梁悬吊敷设 2～3 回电缆，按上、中、下排列，悬臂梁间的上下净距为 500～600mm。沿电缆轴向悬吊点的间距为 2500～3000mm，两悬吊点中间装一个捆绑电缆的尼龙带具。悬吊点间电缆中点的挠度取 50～100mm（或按制造厂的要求）。在电缆两端按制造厂的要求用固定支架和固定夹具固定电缆。不过实际工程中这种方式很少采用。

四、典型断面

（一）电缆沟敷设典型断面

电缆沟深度没有具体要求，一般是根据电缆的数量、截面积，以及表 8-4 要求的净距允许最小值共同决定的。如图 8-8 所示为单回 220kV 电缆线路电缆沟敷设典型断面图。

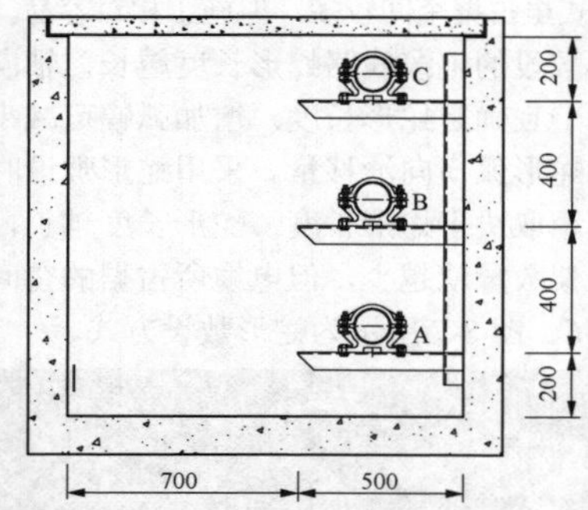

图 8-8　电缆沟敷设典型断面图

（二）电缆隧道敷设典型断面

明挖隧道、暗挖隧道断面多为矩形，如图 8-9 所示为 2 回 220kV 电缆线路、4 回 110kV 电缆线路明挖、暗挖隧道敷设典型断面，图 8-9 中预留了扩建条件。

顶管隧道、盾构隧道断面多为圆形，此处给出了常用圆形断面的典型尺寸，图 8-10～图 8-14 给出了隧道直径为 2.4m、2.7m、3.0m、3.5m、5.4m 五种形式，从目前机械设备调研情况可知，上述五中截面形式市场均有机械设备可供选择。目前工程中圆形截面电缆隧道直径主要为 2.7、3.0、3.5、5.4m（用于 500kV 电缆隧道）。

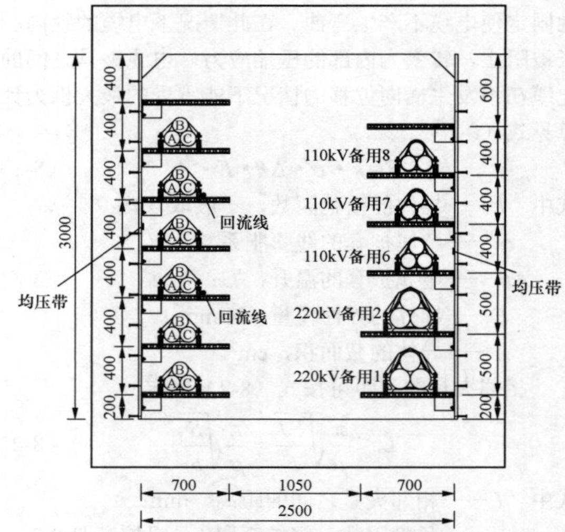

图 8-9　明挖、暗挖隧道敷设典型断面

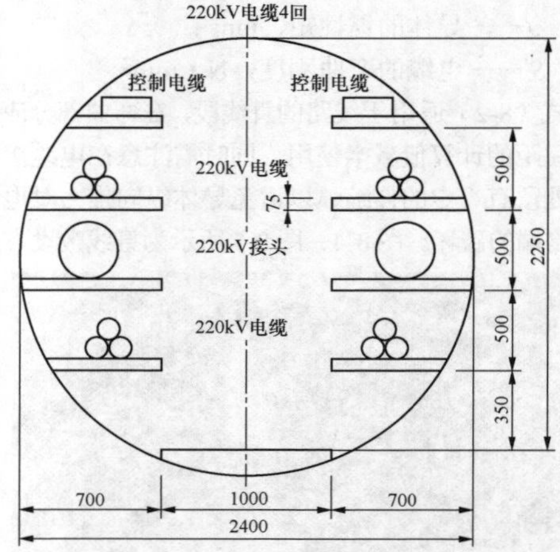

图 8-10　直径 2.4m 圆形断面隧道

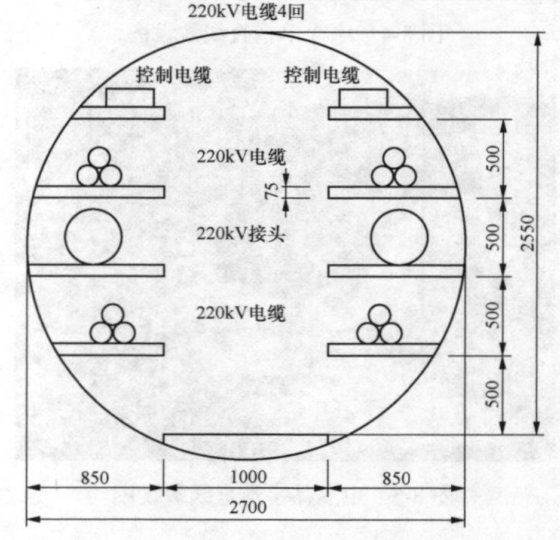

图 8-11　直径 2.7m 圆形断面隧道

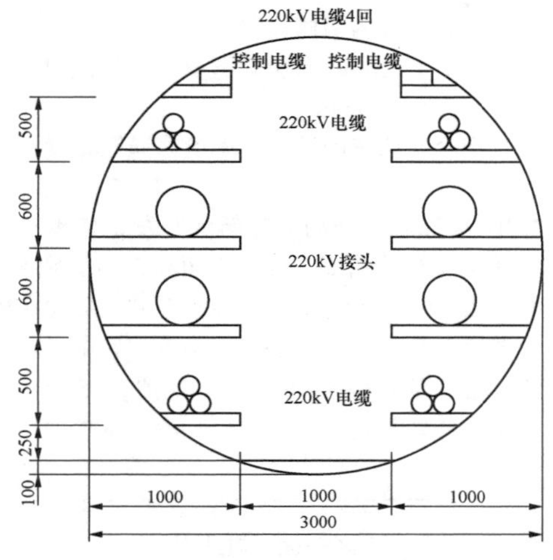

图 8-12 直径 3.0m 圆形断面隧道

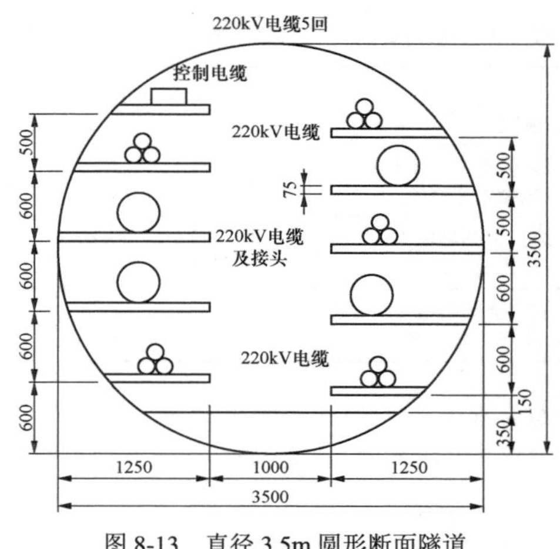

图 8-13 直径 3.5m 圆形断面隧道

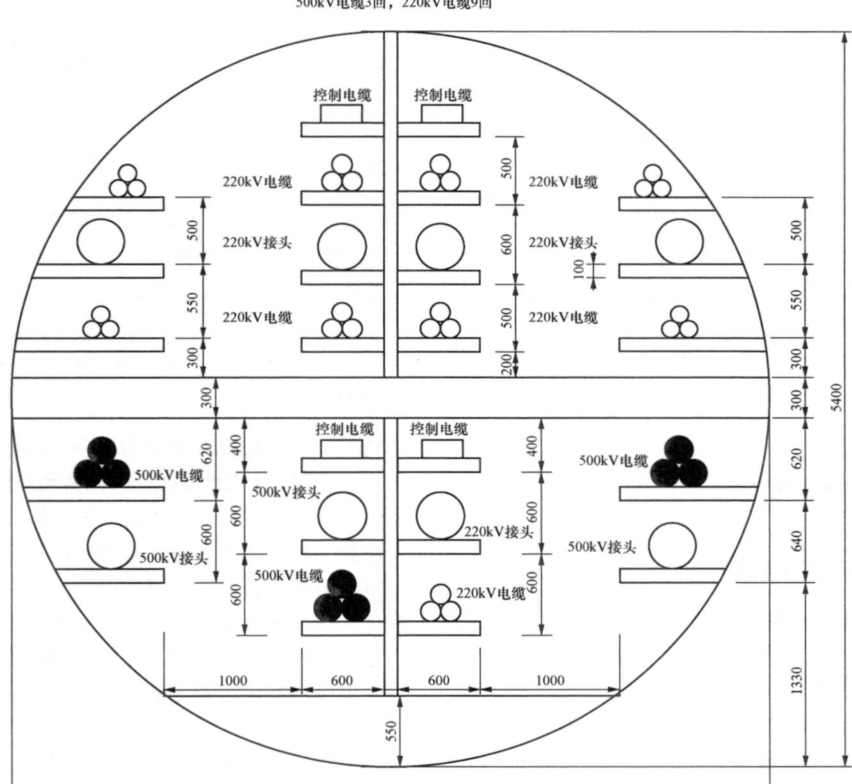

图 8-14 直径 5.4m 圆形断面隧道

(三) 城市综合管廊典型断面

城市综合管廊一般要容纳自来水、污水管道、热力管道、通信、电力、燃气管道等市政公用管道，其敷设应满足下列要求：

(1) 天然气管道应在独立舱室内敷设。

(2) 热力管道采用蒸汽介质时应在独立舱室内敷设。

(3) 热力管道不应与电力电缆同舱敷设。

(4) 110kV 以上电缆，不应与通信电缆同侧布置。

综合管廊与相邻地下管线及地下构筑物的最小净距应根据地质条件和相邻构筑物性质确定，且不得小于表 8-5 的规定。

表 8-5　综合管廊与相邻地下构筑物的最下净距

相邻情况 \ 施工方法	明挖施工	顶管、盾构施工
综合管廊与地下构筑物水平净距	1.0m	综合管廊外径
综合管廊与地下管线水平净距	1.0m	综合管廊外径
综合管廊与地下管线交叉垂直净距	0.5m	1.0m

综合管廊通道净宽，应满足管道、配件及设备运输的要求，并应符合下列规定：

（1）综合管廊内两侧设置之间或管道时，检修通道净宽不宜小于 1.0m；单侧设置支架或管道时，检修通道净宽不宜小于 0.9m。

（2）配合检修车的综合管廊检修通道宽度不宜小于 2.2m。

2010 年珠海是拖动横琴新区开发，建设了全厂 33.4km 的环岛综合管廊，管廊断面高 3.2m，宽 8.3m，断面面积 25.56m²，分水信舱、中水能源垃圾舱和电力舱 3 个舱室，敷设给水、通信、中水、集中供冷、垃圾收集、电力等 4 大类 6 种管线，如图 8-15 所示为城市综合管廊典型断面。

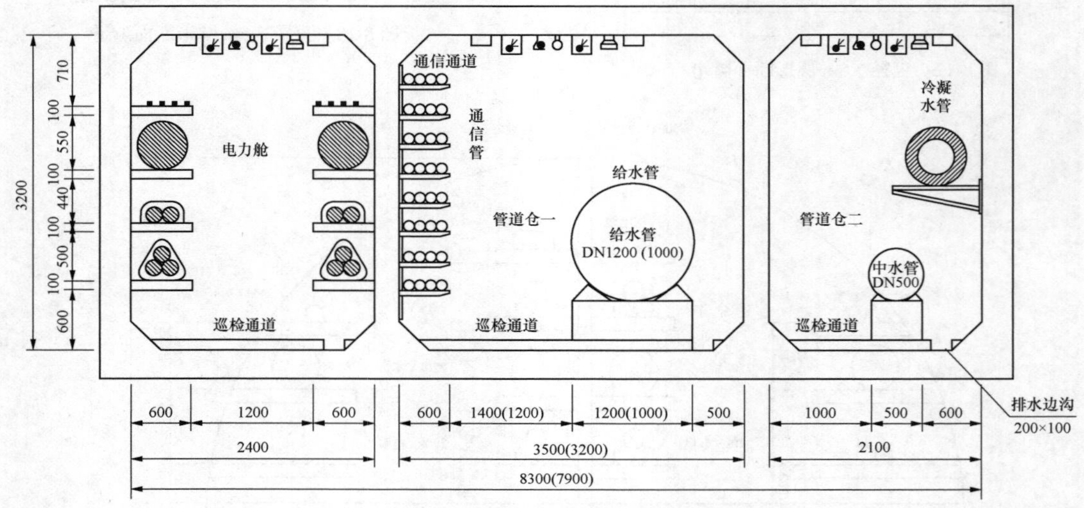

图 8-15　城市综合管廊典型断面

第四节　电缆排管敷设

一、电缆导管选型

传统的高压电力电缆导管，如现浇混凝土管、石棉管、钢管等，由于自身存在种种缺陷，现基本已被采用新材料制作的电缆导管淘汰。目前市场上电缆导管种类繁多，性能各异。从材质上主要可以分为：塑料导管、纤维水泥导管、金属材料导管、碳素波纹管等几大类。下面简要介绍这几类电缆导管的特点。

（一）塑料导管

按其采用的材料可分为玻璃纤维增强塑料电缆导管、聚氯乙烯电缆导管（RMDP 管）、改性聚丙烯塑料电缆导管（MPP 管）。

1. 玻璃纤维增强塑料电缆导管

玻璃纤维增强塑料电缆导管基础材料是不饱和聚酯树脂，添加玻璃纤维作为增强材料。由于加入的增强材料含碱量将影响纤维导管的绝缘性，用于电缆导管宜采用无碱成分（碱金属氧化物含量低于 0.8%）的纤维材料，严禁使用含高碱成分的纤维材料。无碱玻璃纤维电缆导管具有良好的电气绝缘性和机械拉伸性能，采用夹石英砂工艺后可进一步提高导管的强度，就相同壁厚的导管而言，无碱玻璃纤维石英电缆导管各项强度指标可达普通复合玻璃钢管的 1.5～2 倍，能在行车道下直埋，无须浇筑混凝土保护层，导管之间采用扩口承插连接方式，施工简捷快速，能大大缩短施工周期。但无碱玻璃纤维电缆导管易被无机酸侵蚀，故不适于用于酸性环境。中碱玻璃纤维虽耐酸性优于无碱玻璃纤维，但其电气绝缘性能和机械特性均不及无碱玻璃纤维，一般不用于生产电缆导管。

无碱玻璃纤维电缆导管标记方式如下：

DBJ（DBJJ、DBS）＋规格＋原材料类型

其中：D——电缆导管；B——玻璃纤维；J——机械缠绕工艺；JJ——夹石英砂机械缠绕工艺；S——手

工缠绕工艺。

规格：用“公称内径×公称壁厚×公称长度（4000或6000）产品等级”表示。

原材料类型：E——无碱玻璃纤维；C——中碱玻璃纤维。

例如：DBJ 300×8×6000 SN50 E 表示：采用机械缠绕工艺公称内径 300mm、公称壁厚 8mm、公称长度 6000mm、环刚度等级为 SN50 的无碱玻璃纤维增强塑料电缆导管。

玻璃纤维电缆导管实物如图 8-16 所示。

图 8-16 玻璃纤维电缆导管

2. 聚氯乙烯电缆导管（RMDP 管）

聚氯乙烯电缆导管（RMDP 管）常用的有氯化聚氯乙烯塑料电缆导管（CPVC 管）和硬聚氯乙烯塑料电缆导管（UPVC 管）两类。从结构上以上两类电缆导管又可分别分为普通管和双壁波纹管两种型式。氯化聚氯乙烯电缆导管主要采用氯化聚氯乙烯树脂和聚氯乙烯树脂材料；硬聚氯乙烯塑料电缆导管主要采用聚氯乙烯树脂材料。就耐腐蚀性、电气绝缘性和机械特性而言，CPVC 管和 UPVC 管基本相同。两者最大的区别在于高温状态的强度：CPVC 维卡软化温度≥93℃；UPVC 维卡软化温度≥80℃。正常工作时电缆表面温度比导体约低 10～15℃。而目前高压和超高压电缆大多采用交联聚乙烯绝缘电缆，持续工作时，其导体最高允许温度为 90℃。因此原则上不宜采用 UPVC 管作为高压和超高压电缆的导管。最能反映 CPVC 材料特性的指标是管材的含氯量，正规 CPVC 管材的含氯量应不低于 67%（质量百分比）。CPVC 管具有耐热、耐压、耐腐蚀等优点，导管间采用弹性密封橡胶圈承插式连接，无须浇筑混凝土保护层，支架采用组合式连接，施工方便。

聚氯乙烯电缆导管标记方式如下：

DS（DSS）+规格+原材料类型

其中：D——电缆导管；S——塑料；SS——第一个 S 表示塑料，第二个 S 表示双壁波纹结构。

规格：用“公称内径×公称壁厚×公称长度（6000）产品等级”表示。

原材料类型：CPVC——氯化聚氯乙烯塑料；UPVC——硬聚氯乙烯塑料。

具体表述方式可参考第 1）节中的实例，本处不再赘述。

氯化聚氯乙烯塑料电缆导管（CPVC 管）实物如图 8-17 所示，硬聚氯乙烯塑料电缆导管（UPVC 管）实物如图 8-18 所示。

图 8-17 氯化聚氯乙烯电缆导管（CPVC 管）

图 8-18 硬聚氯乙烯电缆导管（UPVC 管）

3. 改性聚丙烯塑料电缆导管（MPP 管）

改性聚丙烯塑料电缆导管（MPP 管）采用以聚丙烯树脂为主体，添加其他聚烯烃和稳定剂所形成的复合材料生产。其特点是重量轻、电气绝缘性能优良，耐温能力优于 CPVC 管，但成本相对较高。MPP 电缆导管分为普通型和加强型，加强型又分为开挖管和非开挖管（又称作 MPP 顶管或 MPP 牵引管）。普通型 MPP 电缆导管适用于开挖敷设施工和埋深小于 4m 的非开挖穿越施工工程；加强型 MPP 电缆导管适用于埋深大于 4m 的非开挖穿越施工工程。目前高压、超高压电力电缆施工（尤其是在城市中）多采用非开挖 MPP 电缆管，其优点是可不阻断交通、破坏道路，减少开挖施工的地下作业工程量，缩短施工工期。MPP 电缆管间采用焊接机热熔焊对接，对施工工艺要求较高。

非开挖改性聚丙烯塑料电缆导管标记方式如下：

DS+规格+原材料类型

其中：D——电缆导管；S——塑料。

规格：用“公称内径 × 公称壁厚 × 公称长度（6000 或 9000）产品等级”表示。

原材料类型：MPP——改性聚丙烯塑料。

具体表述方式可参考第 1）节中的实例，本处不再赘述。

改性聚丙烯塑料电缆导管（MPP 管）实物如图 8-19 所示。

图 8-19　改性聚丙烯塑料电缆导管（MPP 管）

（二）纤维水泥电缆导管

纤维水泥电缆导管是以高标号水泥为主要原料，掺加维纶纤维或海泡石等纤维材料生产。纤维水泥电缆管具有机械强度高、耐酸碱腐蚀、耐高温、散热好等特点，但其管材重量较重，运输、安装不方便。

按其受力强度不同，纤维水泥电缆导管分为三类：Ⅰ类管适用于混凝土包封敷设；Ⅱ类管适用于人行道和绿化带等非机动车道直埋敷设，当用于有重载车辆通过的机动车道需混凝土包封敷设；Ⅲ类管适用于有重载车辆通过路段直埋敷设。纤维水泥电缆导管间采用承插连接方式。

非开挖改性聚丙烯塑料电缆导管标记方式如下：

DX + 规格

其中：D——电缆导管；X——纤维水泥。

规格：用“公称内径 × 公称壁厚 × 公称长度（2000、3000 或 4000）产品等级（Ⅰ、Ⅱ或Ⅲ级）”表示。

纤维水泥电缆导管实物如图 8-20 所示。

图 8-20　纤维水泥电缆导管

（三）金属材料导管

金属材料导管中比较具有代表性的塑钢管是在普通钢管的基础上，采用特殊工艺在钢管表面涂塑作为防腐层的钢塑复合管材。生产出来的导管兼具钢管优良的机械性能和耐火、散热性，以及塑料管材的防腐性，但管材重量较重，造价较高。另外该管材同钢管一样，不能用作单芯电力电缆的导管，而 110kV 电压等级以上的电力电缆一般都是采用单芯电缆，因此不应采用塑钢管作为高压和超高压电力电缆的导管。

（四）碳素波纹管

碳素波纹管是以高密度聚乙烯和改性碳素为主要材料，采用挤出成型工艺技术生产的具有螺纹状造型的管材，其具有强度高、耐腐蚀、重量轻等优点，但同时碳素波纹管也有以下缺点：①维卡软化温度较低 60～80℃，在较高工作温度条件下易老化；②氧指数较低，不利于电缆防火阻燃；③热阻系数大，散热性较差，影响电缆载流量。因此碳素波纹管同样不应作为高压和超高压电力电缆的导管。

（五）注意事项

1. 电缆导管选型

在选择电缆导管时，对于管材自身的性能指标，除机械性能外，还应注意以下几个参数：

（1）氧指数。氧指数对应于材料的燃烧性能，应尽量选择氧指数高的管材，有利于电缆防火阻燃。氧指数≥27 的材料属于难燃材料。

（2）热阻系数。热阻系数对应于材料的散热性能，热阻系数越大管材的散热性能越差，管材的散热性能将直接影响电缆的载流量。因此应尽量选择热阻系数低的管材。

（3）内壁摩擦系数。内壁摩擦系数越小，在相同牵引力的作用下电缆允许穿管敷设长度越长。在敷设施工时，需设置的工作井数量相应越少。因此应尽量选择内壁摩擦系数小的管材。

（4）变形温度。变形温度体现管材的耐高温能力，该参数不宜小于 80℃（交联电缆持续工作时导体最高允许温度为 90℃，外表皮比导体低 10℃）。在条件允许的情况下应尽量选择变形温度高的管材。

2. 电缆导管施工注意事项

采用穿管敷设时，由于空间有限电缆无法采用蛇形敷设，在热机械力的作用下电缆将产生弯曲变形，随着负荷电流及温度的不断变化，这种弯曲变形可能反复出现，使电缆金属护套产生疲劳应变。为阻止电缆产生发热弯曲变形，可以向敷电缆的排管内填充膨润土。在终端头或接头附近以及电缆的转变处可将电缆敷设成波浪形以留出一定裕度，尽量减少线芯的热胀冷缩对终端头或接头处的推力。在工井的出口处做挠性固定，电缆接头的两侧及电缆终端处需做刚性固定，以保护电缆接头和终端的安全。

地基施工时考虑到电缆保护管要承受土压、车轮载荷等大负载，如地基不平稳，易使管子产生弯曲，局部负载过大，因此要注意将沟底挖平，使管枕平坦。如遇土质松软情况，可在管下铺沙或铺设一层厚 100mm 的混凝土；如遇有淤泥情况时，应先挖除淤泥，并在导管底铺设一层厚 200mm 的 C20 级钢筋混凝土底板。

地中电缆保护管的选择，应满足埋深下的抗压要求。除了需考虑覆盖土层的重量，在可能有汽车通行地方，还需计入其影响。日本《地中送电规程》（JEAC 6021—2000）也如此规定，还给出有关计算数据：土层的单位体积重量为 16～18kN/m^3（不含水分）或 20kN/m^3（含水分）；路面交通荷重（埋深不超过 3m 时，计入车辆急刹车时冲击力）为 12～35.5kN/mm^2（相应埋深由 3m 至 1m 变化）。其载重车总重按 220kN 或 250kN，后轮重 2×47.5kN 或 2×50kN，依 55°分布角推算出均布荷载。

1000mm 及以下截面的 220kV 及以下电缆线路可考虑采用电缆排管。用于敷设单芯电缆的排管管材，应选用非铁磁性材料，管材内壁应光滑无凸起的毛刺。使用排管时，管孔数宜预留适当备用孔供更新电缆用。排管应尽可能做成直线，如需避让障碍物时，可做成圆弧状排管，但圆弧半径不得小于 12m；如使用硬质管，则在两管连接处的折角不得大于 2.5°。排管内径一般不宜小于电缆外径的 1.5 倍，局部拥挤地段排管内径可采用电缆外径的 1.2～1.3 倍。如图 8-21 所示为电缆排管施工实例。

图 8-21　电缆排管施工

二、电缆穿管敷设的特殊要求

穿管敷设的电缆大多是采用放线机牵引头来进行敷设。在施工时需对电缆的牵引力和允许牵引长度进行计算，另外如果电缆线路有弯曲部分，由于牵引力的分力和反作用力的作用将在电缆内侧产生侧压力，若侧压力过大将会压坏外护层影响电缆绝缘。电缆的允许牵引力可由电缆生产厂家提供，因此在实际工程中仅需对允许牵引长度和侧压力进行核算。

（1）电缆穿管敷设时的容许最大管长，应按不超过电缆容许拉力和侧压力的下列关系式确定。

$$T_{i=n} \leqslant T_m$$

或

$$T_{i=m} \leqslant T_m \tag{8-3}$$

$$P_j \leqslant P_m \ (j=1,2,\cdots) \tag{8-4}$$

式中　$T_{i=n}$——从电缆送入管端起至第 n 个直线段拉出时的牵引力，N；

$T_{i=m}$——从电缆送入管端起至第 m 个弯曲段拉出时的牵引力，N；

T_m——电缆容许拉力，N；

P_j——电缆在 j 个弯曲管段的侧压力，N/m；

P_m——电缆容许侧压力，N/m。

（2）水平管路的电缆牵拉力计算。

1）直线段

$$T_i = T_{i-1} + \mu CWL_i \tag{8-5}$$

2）弯曲段

$$T_j = T_i \cdot e^{\mu\theta_j} \tag{8-6}$$

式中　T_{i-1}——直线段入口拉力，N，起始拉力 $T_0 = T_{i-1}$（$i=1$），可按 20m 左右长度电缆摩擦力计，其他各段按相应弯曲段出口拉力；

μ——电缆与管道间的动摩擦系数；

W——电缆单位长度的重量，kg/m；

C——电缆重量校正系数，2 根电缆时，$C_2=1.1$，3 根电缆品字形时，$C_3=1+\left[\frac{4}{3}+\left(\frac{d}{D-d}\right)^2\right]$；

L_i——第 i 段直线管长，m；

θ_j——第 j 段弯曲管的夹角角度，rad；

d——电缆外径，mm；

D——保护管内径，mm。

（3）弯曲管段电缆侧压力计算见第六章第三节。

（4）电缆容许拉力，应按承受拉力材料的抗张强度计入安全系数确定。可采取牵引头或钢丝网套等方式牵引。用牵引头方式的电缆容许拉力计算见第六章第三节。

（5）电缆容许侧压力，可采取下列数值。

1）分相统包电缆 P_m=2500N/m。

2）其他挤塑绝缘或自容式充油电缆 P_m=3000N/m。

（6）电缆与管道间动摩擦系数，可采取表 8-6 所列数值。

表 8-6　电缆穿管敷设时动摩擦系数 μ

管壁特征和管材	波纹状	平滑状		
	聚乙烯	聚氯乙烯	钢	石棉水泥
μ	0.35	0.45	0.55	0.65

注　电缆外护层为聚氯乙烯，敷设时加有润滑剂。

三、典型断面

1. 开挖排管敷设典型断面

如图8-22所示为单回220kV电缆线路开挖排管敷设典型断面。

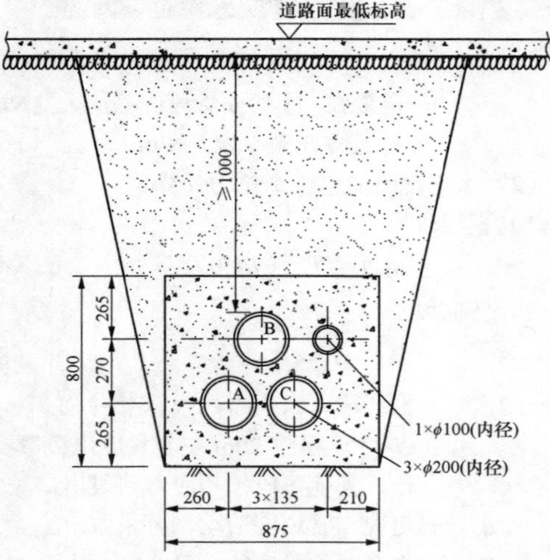

图 8-22　单回 220kV 电缆线路开挖排管敷设典型断面

2. 非开挖排管敷设典型断面

非开挖敷设电缆排管是利用地下导向钻掘，在地表不开挖和地层结构破坏极小的情况下，对电缆进行铺设的一项技术，一般适用于管径小于 1.0m 的电缆线路。

敷设动力电缆时，电缆排管的内径是电缆外径的 1.2～1.5 倍，最小不宜小于 150mm；敷设控制电缆时，电缆排管的最小内径不宜小于 75mm。

如图 8-23 所示为单回路 220kV 电缆线路非开挖排管敷设典型断面。

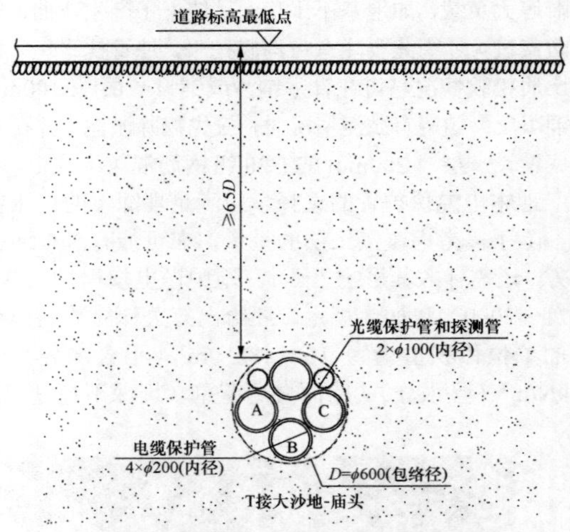

图 8-23　单回路 220kV 电缆线路非开挖排管敷设典型断面

第五节　电缆架空桥架敷设

电缆线路的敷设一般选择地下敷设方式，但当地下敷设条件不满足时，如穿越河涌、深坑，或者地下管线非常复杂时，可采用架空桥架敷设。

一、电缆桥架型式的选择

（1）需屏蔽外部的电气干扰时，应选用无孔金属托盘回实体盖板。

（2）在有易燃粉尘场所，宜选用梯架，最上一层桥架应设置实体盖板。

（3）高温、腐蚀性液体或油的溅落等需防护场所，宜选用托盘，最上一层桥架应设置实体盖板。

（4）需因地制宜组装时，可选用组装式托盘。

（5）除上述情况外，宜选用梯架。

二、电缆桥架的组成结构

电缆桥架的组成结构，应满足强度、刚度及稳定性要求，且应符合下列规定：

（1）桥架的承载力，不得超过使桥架最初产生永久变形时的最大荷载除以安全系数为 1.5 的数值。

（2）梯架、托盘在允许布承载作用下的相对扰度值，钢制不宜大于 1/200；铝合金不宜大于 1/300。

（3）钢制托臂在允许承载下的偏斜与臂长比值，不宜大于 1/100。

架空桥架电缆线路在穿越河涌时，应用较多。如单独假设电缆桥梁的成本十分高昂，一般情况会选择合理利用交通桥梁敷设电缆。如电缆桥架合理利用、依托桥梁固定，首先应取得当地桥梁管理部门认可，并通过桥梁设计单位收资计算，在桥梁上敷设的电缆和附件等重量应在桥梁设计允许承载值之内；电缆附件的安装，不得有损于桥梁结构的稳定性；在桥梁上敷设的电缆和附件，不得低于桥底距水面高度，不得有损于桥梁的外观。

三、典型断面

如图8-24所示为单回路110kV电缆线路在桥架中敷设典型断面，图8-25为单回路110kV电缆线路从电缆隧道至电缆桥架敷设断面。

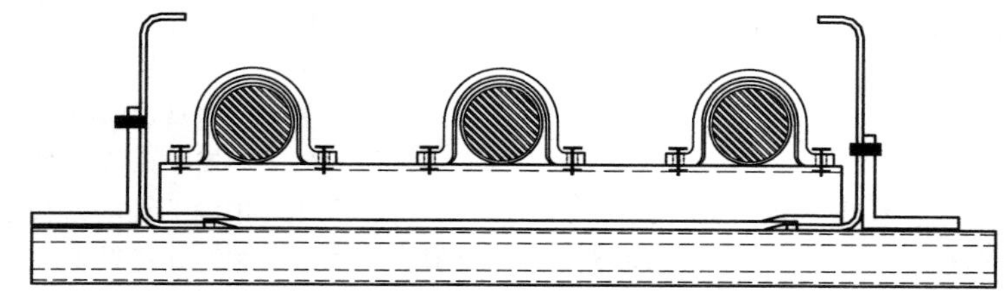

图8-24 单回路110kV电缆线路在桥架中敷设典型断面

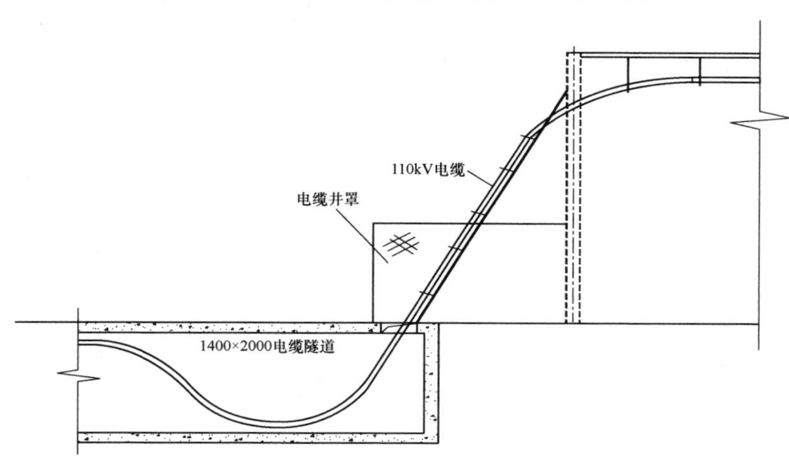

图8-25 单回路110kV电缆线路从电缆隧道至电缆桥架敷设

第六节 垂直敷设

当电缆线路存在一定高差时，需要采用垂直敷设的方式。其固定方式可分为直线敷设顶部一点固定、直线敷设多点固定、蛇线敷设多点固定。敷设方式的选择和电缆固定的计算取决于电缆本体重量及投运后由电缆温度变化所出现的热伸缩量和轴向力。垂直直线敷设示意图如图8-26所示。

直线敷设顶部一点固定：高差不大，电缆重量较轻，可采用顶部一点支撑方式。其所需夹具计算式为

$$N \geqslant \frac{LWS_f}{F} \tag{8-7}$$

式中 N——所需夹具数量；

F——夹具对电缆的紧握力，N；

L——垂直部分电缆长度，m；

W——电缆单位长度重量，N/m；

S_f——安全系数，取≥4。

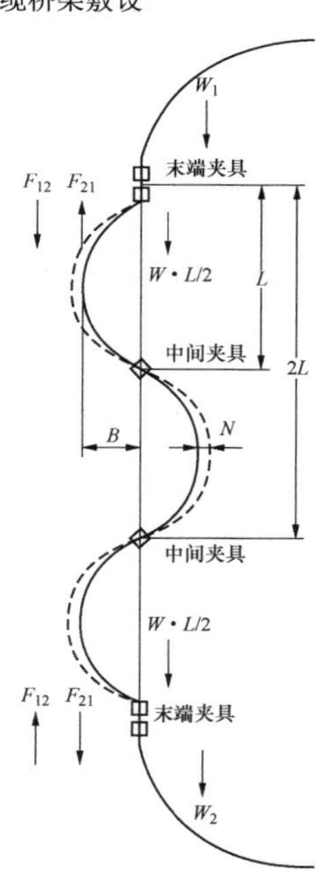

图8-26 垂直直线敷设示意图

直线敷设多点固定：电缆重量较重，但热伸缩轴向力不大，固定间距需按电缆重量和由电缆热伸缩而产生的轴向力计算。其固定夹具安装间距计算式为

$$L_1 \geqslant \frac{FS_f}{W} \tag{8-8}$$

式中 L_1——夹具安装间距，m；

F——夹具对电缆的紧握力，N；

W——电缆单位长度重量，N/m；

S_f——安全系数，取≥4。

蛇形敷设多点固定：电缆重量大，热伸缩轴向力很大，用蛇形敷设来降低热伸缩轴向力。其所需夹具计算公式如下：

（1）上顶部所需夹具。

1）温度上升电缆伸长时，其所需夹具计算式为

$$N_1 = (F_{a1} - WL/2 - W_1)S_f / F \tag{8-9}$$

2）温度下降电缆收缩时，其所需夹具计算式为

$$N_2 = (F_{a2} + WL/2 + W_1)S_f / F \tag{8-10}$$

N_1、N_2防两者取大的数值。

（2）下底部所需夹具。

1）温度上升电缆伸长时，其所需夹具计算式为

$$N_3 = (F_{a1} + WL/2 + W_2)S_f / F \tag{8-11}$$

2）温度下降电缆收缩时，其所需夹具计算式为

$$N_4 = (F_{a2} - WL/2 - W_1)S_f / F \tag{8-12}$$

N_3、N_4防两者取大的数值。

式中 N_1～N_4——所需夹具数量；

F_{a1}——温度上升时蛇形弧的轴向力，N；

F_{a2}——温度上升时蛇形弧的轴向力，N；

W_1——上顶末端夹具分担的电缆重量，N；

W_2——下底末端夹具分担的电缆重量，N；

W——电缆单位长度重量，N/m；

L——一个蛇形弧两端的夹具间距，m；

F——夹具对电缆的紧握力，N；

S_f——安全系数，取≥4。

温度变化时电缆的轴向力和蛇形弧幅向的滑移量计算和电缆抗弯刚性计算见第六章第四节。

第七节　电缆构筑物尺寸的确定

当弯曲半径过小时，电缆长期运行后容易造成金属套疲劳开裂，电缆绝缘及屏蔽层开裂，进而引发更严重故障。故电缆构筑物尺寸的确定必须以满足电缆弯曲半径为第一要旨。下面介绍各种电缆构筑物尺寸确定的计算公式，特殊情况下可参考如下原则根据安装需要及电缆弯曲半径要求自行推导。

一、电缆大厅尺寸的确定

高压电缆大厅主要尺寸如图 8-27 所示，大厅长度计算如下。

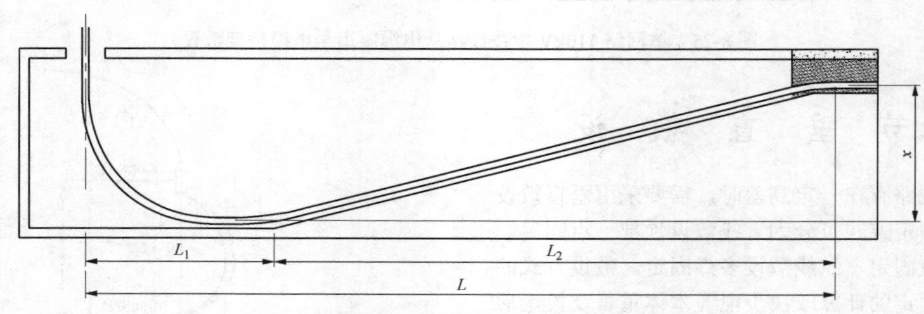

图 8-27　高压电缆大厅主要尺寸

电缆满足弯曲半径时，图 8-27 中各尺寸的计算式为

$$L_2 = \sqrt{4r_0x - x^2},\ x \leqslant 2r_0 \tag{8-13}$$

$$L_1 = r_0,\ L \geqslant 2.732r_0 \tag{8-14}$$

式中 r_0——电缆允许最小弯曲半径，m；

x——电缆高差，m。

二、电缆接头工井尺寸的确定

如图 8-28 所示为高压电缆接头工井示意图。

其中 L 的计算式为

$$L = \sqrt{(Nd)^2 - \left(Nd - \frac{x}{2}\right)^2} \tag{8-15}$$

式中 L——弯曲部分的投影长度；

N——电玩弯曲半径的最小允许倍数；

d——导电缆的外径；

x——高程差。

上述 L、d 和 x 取同样单位。

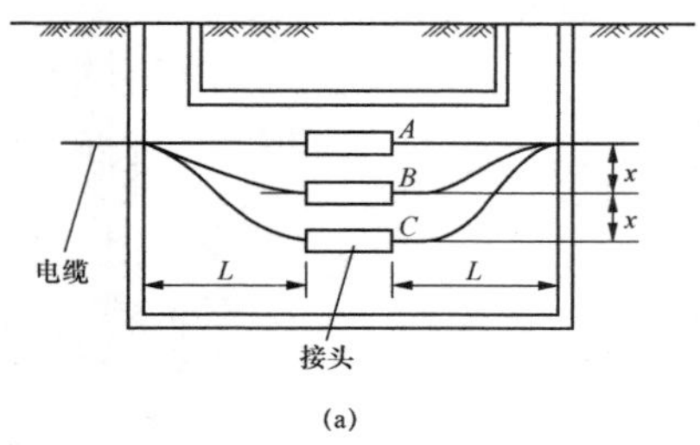

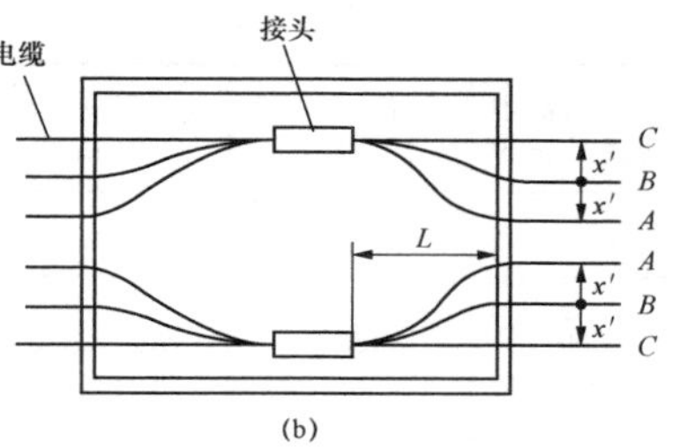

图 8-28 高压电缆接头工井主要尺寸

（a）侧面；（b）平面

三、桥架上高差变化处尺寸的确定

高压电缆在桥架上高差变化处尺寸如图 8-29 所示，电缆在桥架上高差变化处尺寸计算按式（8-16）计算，水平方向路径平行变化时也可参照式（8-16）计算。

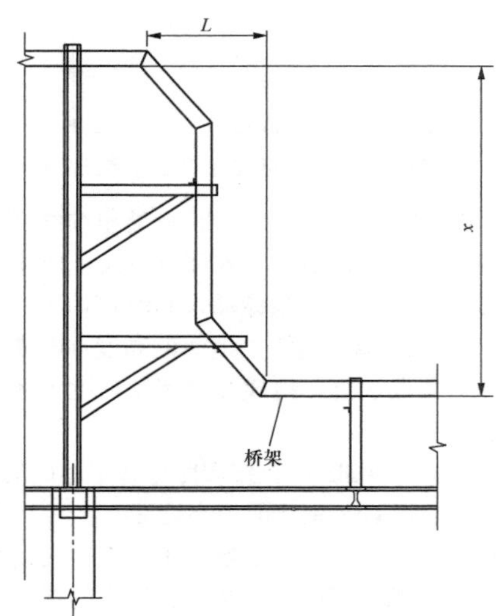

图 8-29 桥架在高压电缆高差变化处尺寸

电缆满足弯曲半径时，图 8-29 中 L 的计算式为：

$$L > \begin{cases} \sqrt{4r_0x - x^2}, & x \leqslant 2r_0 \\ 2r_0, & x > 2r_0 \end{cases} \tag{8-16}$$

式中 r_0 ——高压电缆允许最小弯曲半径，m；

x ——高压电缆高差，m。

电缆满足弯曲半径，且电缆敷设在桥架内时，图 8-30 中 θ 角度的计算式为

$$\theta > 2 \cdot \left\{90 - \arccos\left[\frac{r_0 - (h-D)}{r_0}\right]\right\} \tag{8-17}$$

式中 r_0 ——高压电缆允许最小弯曲半径，m；

h ——桥架内有效高度，m；

D ——电缆直径，m。

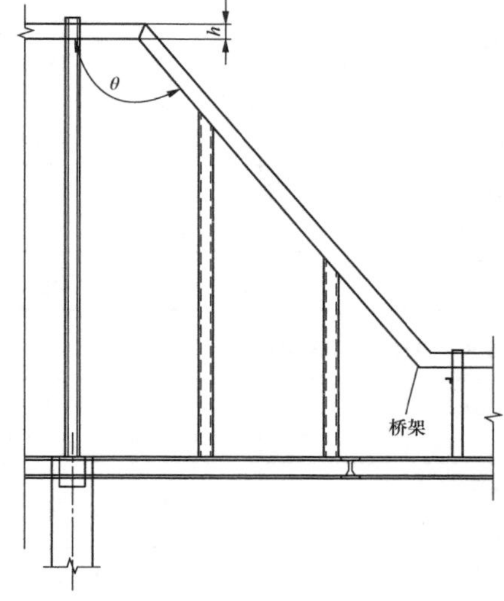

图 8-30 桥架在高压电缆高差变化处角度

四、电缆终端与 GIS 设备安装配合尺寸

电缆 GIS 终端安装于 GIS 筒体内，电缆 GIS 终端与 GIS 开关间一般采用密封圈将两者进行隔离。如果进入 GIS 处电缆 GIS 终端不能笔直安装，则在倾斜状态下容易造成电缆终端顶部的密封圈难以就位或就位后容易从密封槽内脱落，从而导致密封圈损伤甚至使得密封失效，SF_6 气体进入电缆终端腔体，造成 GIS 开关发生漏气事故。为避免以上问题，电缆与 GIS 连接的 GIS 终端距离 GIS 室地面、GIS 终端下电缆井（电缆隧道或电缆大厅）需有足够的高度。不同厂家 GIS 电缆终端法兰距地高度不完全一致，表 8-7 和表 8-8 分别为 220kV 和 110kV GIS 设备终端关键尺寸。

表 8-7 220kV GIS 电缆终端关键尺寸

220kV GIS 型号	终端法兰离地（湿式）/mm	终端法兰离地（干式）/mm	地基开孔尺寸/mm
西门子 8DN9-252	1230	1230	1050×950
阿海法	295	295	1350×1050

续表

220kV GIS 型号	终端法兰离地（湿式）/mm	终端法兰离地（干式）/mm	地基开孔尺寸/mm
ABB ELK-14	621	961	1200 × 1300
中发伊帕 IFT-252	1000	1340	1650 × 600
新东北 ZFW20-252	935	935	1650 × 600
现代重工 300SR-K	1220	1220	1650 × 350
平高东芝 G1B-252	1000	1000	1890 × 630
沈高 ZF6-252	1385	1385	2200 × 700
山东泰开 ZF16-252	1152	1492	2100 × 500
西高 ZF9-252	1775	1775	2000 × 400

表 8-8　110kV GIS 电缆终端关键尺寸

110kV GIS 型号	终端法兰离地（湿式）/mm	终端法兰离地（干式）/mm	地基开孔尺寸/mm
西门子 8DN8-145	153	153	800 × 700
阿海法	412	412	625 × 625
ABB EXK-O	175	462	700 × 1000
新东北 ZFW20-145	400	400	700 × 800
平高东芝 G3A-126	680	680	740 × 1200
西高 ZF7A-126	1125	1125	600 × 600
山东泰开 ZF10-126	1705	1992	1000 × 600

根据电缆终端与 GIS 的配合安装方式，可考虑拆除 GIS 筒体后安装电缆终端和不拆除 GIS 筒体安装电缆终端两种方案。图 8-31 为 GIS 电缆终端连接简图。

（1）当考虑拆除 GIS 筒体后安装电缆终端时，则有：

GIS 电缆终端距电缆层地面的高度＝电缆弯曲半径＋电缆直线段长度＋电缆终端尾管高度＋法兰厚度；

电缆层高度＝GIS 电缆终端距电缆层地面的高度–GIS 电缆终端距 GIS 室地面的高度。

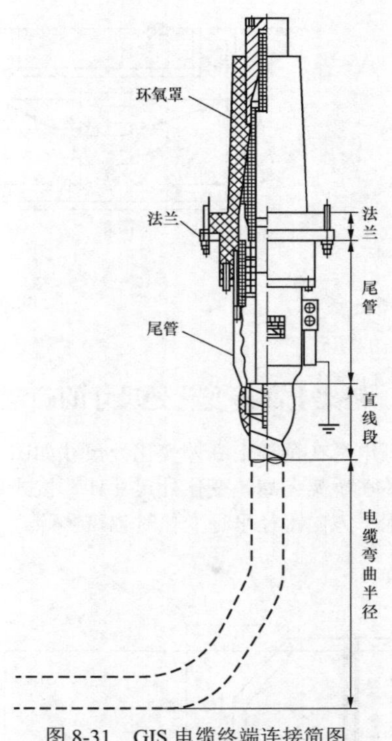

图 8-31　GIS 电缆终端连接简图

（2）当考虑不拆除 GIS 筒体安装电缆终端时，电缆头在筒体下方制作后，套入环氧罩及金属接头后再移动到 GIS 下方后向上整体插入 GIS 筒内。

GIS 电缆终端距电缆层地面的高度＝电缆弯曲半径＋电缆直线段长度＋电缆终端尾管高度＋环氧罩高度＋金属接头高度；

电缆层高度=GIS 电缆终端距电缆层地面的高度–GIS 电缆终端距 GIS 室地面的高度。

采用方案二安装后由于增加了环氧罩高度和金属接头高度，电缆层高度较方案一有较大的增加。另外应注意当筒体距地距离较低时，只能在竖井或隧道的狭小空间内进行安装工作，难度较大。为方便电缆施工及运行，在有条件的情况下筒体距地最好有 1.5m 以上的垂直距离。

如图 8-32 所示为电缆终端与 GIS 连接安装。

图 8-32　电缆终端与 GIS 连接安装

第八节 电缆的支持与固定

一、电缆的热机械应力特性

铜芯或铝芯交联电缆在运行过程中温度升高时，都会发生径向和纵向膨胀，在高压电压设计时必须考虑这些热机械应力特性。

1. 径向膨胀

电缆的径向膨胀主要是电缆绝缘的膨胀造成的。据相关资料介绍，对 132kV、1×800mm² 的电缆做紧密接触的品字形敷设时，经热循环后在三根电缆品字形中间的空隙处的铝套有变形。冷却后，交联聚乙烯绝缘恢复成圆形，但铝套却保留了畸变，成了寿桃的外形。在被加热到 90℃时，铝套的周长增加了 8mm，相当于电缆的直径增加了大约 2.5mm，在绝缘层与铝套之间保留着这一间隙。在品字形中间空隙处间隙深度变化达到 3.5mm。当被加热到 130℃时铝套永久变形更严重，冷却后留在绝缘层与铝套之间的空隙在品字形中间处加大到 5.2mm。可见电缆的径向膨胀问题不能忽视。

实验证明，当温度低于 112℃时，交联聚乙烯的膨胀系数是非线性的，而当温度更高、进入无定形态时，其膨胀系数则是线性的。当电缆达到其额定工作温度和紧急工作温度时，膨胀作用会导致电缆外径明显增大。

当绝缘厚度超过 20mm 时，最大径向膨胀可达 5mm。如图 8-33 所示，给出了交联电缆绝缘的径向热膨胀情形。

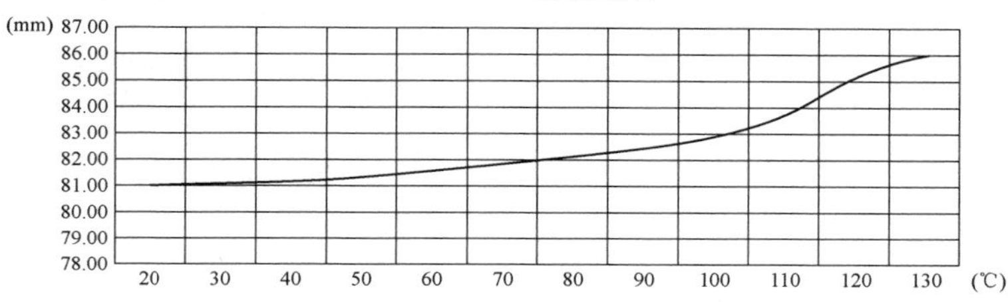

图 8-33 交联电缆绝缘不同温度的径向热膨胀

当电缆采用夹具固定时，电缆在被夹具夹住处径向膨胀力会很大，因此要采用具有弹性橡胶衬垫或弹簧承载的夹具以吸收径向膨胀。

2. 纵向膨胀

电缆的纵向膨胀主要是由电缆的缆芯导体膨胀造成的。铜芯和铝芯电缆在逐步达到其最高连续工作温度 90℃时，纵向膨胀范围大约是 1‰～1.6‰，当电缆采用直埋、埋管等对电缆横向位移有约束作用的敷设方式时，在电缆末端将产生很大的推力，可能对电缆接头、电缆终端产生破坏作用，因此对电缆接头和终端处电缆必须根据需要采用留出伸缩弧、挠性或刚性固定方式。

二、电缆的固定方式

电缆的固定方式分为刚性固定和挠性固定两种方式。其中刚性固定是约束电缆受热膨胀位移的固定方式，可使两个相邻夹具间的电缆在受到由于自重或热胀冷缩所产生的轴向推力后不发生变形、位移；挠性固定是能够吸收电缆热胀冷缩时在径向和横向上产生的位移，保护电缆不产生疲劳应变的固定方式。挠性固定又可分为垂直方向和水平方向两种固定方式。

1. 电缆夹具型式的确定

（1）固定电缆的夹具，应用非磁性材料如铝合金、塑料等制作，并满足该回路短路电流作用下的机械强度，表面应光洁，安装要简便。

（2）电缆夹具与电缆间应加氯丁橡胶或其他合成材料做的垫层，垫层厚度宜为 3～5mm。

（3）挠性固定的电缆，其电缆夹具是具有弹性的，由制造厂提供图纸或供货。

（4）刚性固定的电缆，其电缆夹具是紧固的夹具，由制造厂提供图纸或供货，安装时按制造厂要求的力矩扳手紧固。

（5）悬吊敷设的电缆，捆绑电缆用的尼龙带具，其机械强度应满足电缆悬吊的荷重。

2. 电缆的固定方式

电缆在构筑物明敷时，可按如下原则考虑固定方式：

（1）在终端、接头或转弯处紧邻部位的电缆上，应设置不少于 1 处的刚性固定。

（2）在垂直或斜坡的高位侧，宜设置不少于 2 处的刚性固定。采用皱纹金属套的电缆，在竖井敷设安装及运行时，应要求制造厂采取防止电缆芯与金属套发生相对位移的措施；采用钢丝铠装电缆时，还宜使铠装钢丝能夹持住并承受电缆自重引起的拉力。

电缆蛇形敷设时，可按如下原则考虑固定方式：

（1）采用垂直蛇形应在每隔 5～6 个蛇形弧的顶部和靠近接头部位用金属夹具把电缆固定于支架上，其余部位应用具有足够强度的绳索绑扎于支架上，如图 8-34 所示。固定点间电缆为保持相间距离，可采用相间间隔棒。

（2）采用水平蛇形敷设的电缆，应在每个蛇形弧弯部位用夹具把电缆固定在桥架上，如图 8-35 所示。

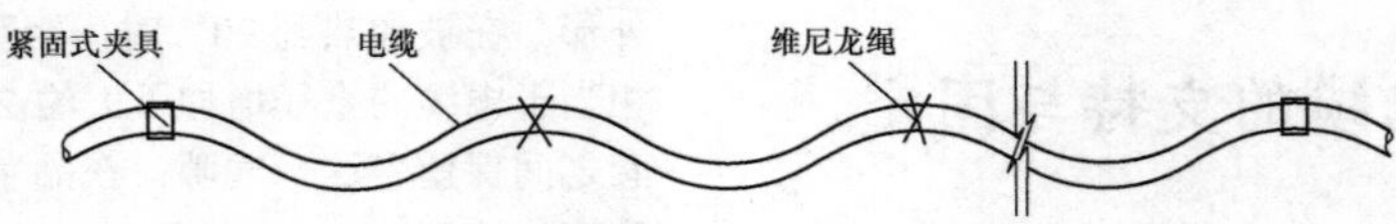

图 8-34　垂直蛇形敷设固定示意图（侧视图）

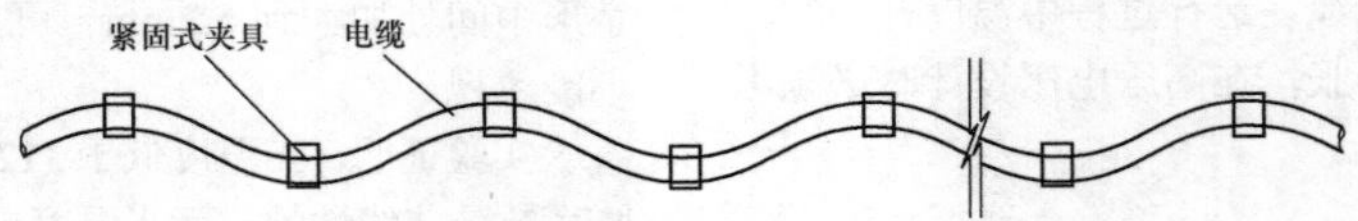

图 8-35　水平蛇形敷设固定示意图（俯视图）

（3）绑扎绳索强度应按受绑扎的单芯电缆当通过最大短路电流时所产生的电动力验算。

（4）在坡度小于 10%的隧道按水平隧道蛇形敷设规定设置夹具。在不设置夹具的部位应用具有足够强度的绳索绑扎于支架上；在坡度大于 10%的斜坡隧道，如采用垂直蛇形敷设，还应在弧顶部位和靠近接头部位用夹具把电缆固定在支架上。

夹具和维尼龙绳的强度，应验算短路电动力条件，并满足

$$F \geqslant \frac{2.05 i^2 L k}{D} \times 10^{-7} \tag{8-18}$$

式中　F ——夹具、扎带等固定部件的抗张强度，N；

i ——通过电缆回路的最大短路电流峰值，A；

D ——电缆相间中心距离，m；

L ——在电缆上安置夹具、扎带等的相邻跨距，m；

k ——安全系数，取大于 2。

电缆的固定宜从一端开始向另一端进行，以免在电缆线路的中部出现电缆长度不足或过长的现象使中部的夹具无法安装；也可从中间向两端进行，但是只有在电缆两端裕度较大时才允许这种操作。对于高落差电缆特别是竖井里面定夹具的安装宜从竖井底部开始向上进行，使电缆承受的重力逐步予以消除，这种操作方法要比由上向下容易得多。

固定夹具的安装一般由有经验的人员进行操作。最好使用力矩扳手，对夹具两边的螺栓交替地进行紧固，使所有的夹具松紧程度一致，电缆受力均匀。

第九节　电缆线路敷设案例

一、规模和范围

某工程从某 220kV 变电站新建 1 回 110kV 出线，T 引接至某 110kV 变电站。线路起点为新建 220kV 变电站，终点为 110kV 变电站内的电缆终端头，新建单回电缆线路长 3.231km。其中站内电缆夹层敷设长 60m，明挖隧道敷设长 136m，顶管隧道敷设长 410m，单回路非开挖铺管敷设长 759m，单回路排管敷设长 816m，单回路电缆沟敷设长 967m，出入隧道工井长 30m，电缆上终端支架长 3m。

二、分段和接地方式

电缆型号为 YJLW02-Z 64/110 1×1200，电缆线路全线分为 6 段。全线分为 2 个交叉互联循环段，每个交叉互联循环段又分为三小段，所有分段之间均通过绝缘接头连接。电缆金属护层接地方式示意图如图 8-36 所示。

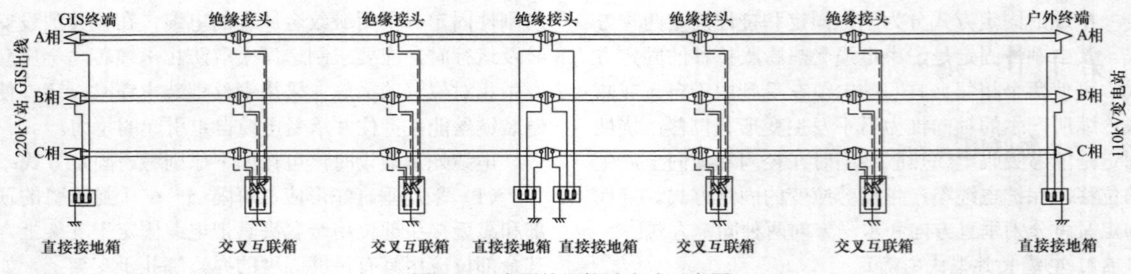

图 8-36　金属护层接地方式示意图

三、敷设方式

电缆敷设方式主要是依据电缆路径所经地段的地理环境、市政管线及施工、运行维护等方面的因素来选择。本工程主要选取如下几种敷设方式。

（1）站内敷设。在某 220kV 变电站内，电缆从

110kV 的 GIS 出线筒起，沿站内预留电缆竖井敷设至站内电缆层，然后进入电缆隧道工作井。

（2）电缆隧道。由于该变电站向南出线较多，路径走廊拥挤，本线路以电缆隧道出线，一共可敷设 9 回 110kV 电缆和 2 回 220kV 电缆，包括本期 110kV 出线 6 回、远期往南备用的 3 回 110kV 电缆和往西南备用的 2 回 220kV 电缆。明挖隧道，矩形截面，内空尺寸为 2.50m（宽）×3.00m（高）；J 顶管隧道，圆形断面，内径为ϕ3.5m。本期 110kV 电缆出线均敷设在新建电力隧道的支架上，每回电缆采用品字形排列，按水平蛇形放置在电缆支架上。

（3）电缆沟。本工程单回电缆从电缆隧道引出后，在人行道敷设采用单回路电缆沟。电缆在沟内施放完后，填满细河沙，并盖上盖板。电缆沟每隔约 30m 设置一处检查人孔。

（4）排管。本线路穿越若干道路路口以及公路、路径受限和管线交叉较多的区段采用单回电缆排管。电缆导管采用外径 222mm、壁厚 10mm 的 CPVC 管，光缆导管采用外径 110mm、壁厚 5mm 的 CPVC 管。

（5）非开挖铺管。本线路穿越石化路、高速公路、铁路等重要道路路口以及路径受限的管线密集区采用单回路非开挖铺管。电缆导管采用外径 225mm、壁厚 15mm 的 MPP 管，光缆导管和探测管采用外径 110mm、壁厚 8mm 的 MPP 管。

（6）电缆登终端支架。终点 110kV 变电站内新建电缆终端头安装在终端支架上，电缆通过夹具在终端支架上固定并引上至终端头。

图 8-37 为该工程某段线路的平面图，图 8-38 为该段电缆线路的断面图。电缆隧道、顶管隧道、电缆沟、排管以及非开挖铺管敷设可参照本章中各类型敷设的典型断面。

图8-39、图8-40为该工程隧道接头段布置俯视图、侧视图；图 8-41～图 8-43 为该工程单回路接头井俯视图、断面图。

第十节 海底电缆敷设及保护

一、海底电缆敷设

（一）电缆敷设的一般要求

海底（水下）电缆敷设环境和条件错综复杂，应根据电缆特性、路由情况、施工和运行要求，采取技术可靠、经济合理的敷设方案。

海底电缆敷设包括直接敷设和开沟敷设方式，应根据海床地质条件和海洋环境明确敷设方式及对应敷设区域。海底电缆敷设之前，应先完成路由清理和扫海。

海底电缆敷设完毕后应平放在河床上，不得悬空。电缆悬空后长期受水流冲刷会磨损电缆，悬空距离过大也会增加悬点的电缆侧应力、加剧电缆振动。

充油电缆敷设前应根据 DL/T 453—1991《高压充油电缆施工工艺规程》调整电缆油压，确保敷设后最深处的电缆油压大于水压 0.01MPa。

电缆的敷设应在小潮汛、风浪小、洋流较缓慢时进行，视线不清晰、风力大于六级、波高大于 3m、海洋流速超过 3m/s 的情况下不应进行海底电缆的敷设。应根据电缆长度及敷设施工速度计算施工所需时间，尽量避免施工期间遭遇不良气象条件。

海底电缆经过未稳定岸边时，宜采取迂回形式敷设以预留适当备用长度的电缆，电缆应避免交叉重叠。

（二）电缆敷设间距

海底电缆平行敷设时相互间严禁交叉重叠，电缆间距应由施工机具、水流流速及施工技术决定并综合考虑后期海底电缆修复所需空间。

海底电缆平行敷设的间距不宜小于最高水位水深的 1.5～2 倍，引至岸边时，间距可适当缩小。在非通航的流速不超过 1m/s 的水域，同回路单芯电缆间距不得小于 0.5m，不同回路电缆间距不得小于 5m。

水下电缆与工业管道之间的水平距离不宜小于 50m，受限制时不得小于 15m。

（三）电缆敷设张力控制

海底（水下）电缆因结构和铠装型式的不同刚度各异。电缆以盘装、散装，或堆叠成圈的形式放置于电缆敷设船上，电缆由直线状态盘绕成圈形时，铠装会随之旋紧或旋松（通常用旋紧方式，防止旋松后胀破外护层）。因电缆旋紧或旋松的铠装捻紧力即为电缆潜在的退扭力，电缆敷设时，电缆自圈状再转变成直线状，潜在的退扭力有促使电缆旋转恢复其原状的趋势，即造成电缆打结。

海底电缆敷设时应采取退扭措施，并控制电缆的张力，避免电缆发生扭结。

退扭可采用足够高度的退扭架或旋转水平转盘实现。

滑轮处电缆的最小允许张力应不小于电缆在水中自由悬挂部分的重量 W_t，同时需保证电缆触水点弯曲半径 R_0 大于电缆的最小允许弯曲半径。

入水角是敷设张力和敷设速度的综合反映，当放出电缆速度过快时，入水角增大，需及时用盘缘刹车或履带牵引机制动。反之则应减小制动力，甚至要送出电缆。一般敷设水深在几米至几十米之间时，将入水角控制在 30°～60° 间能使电缆敷设张力适中。

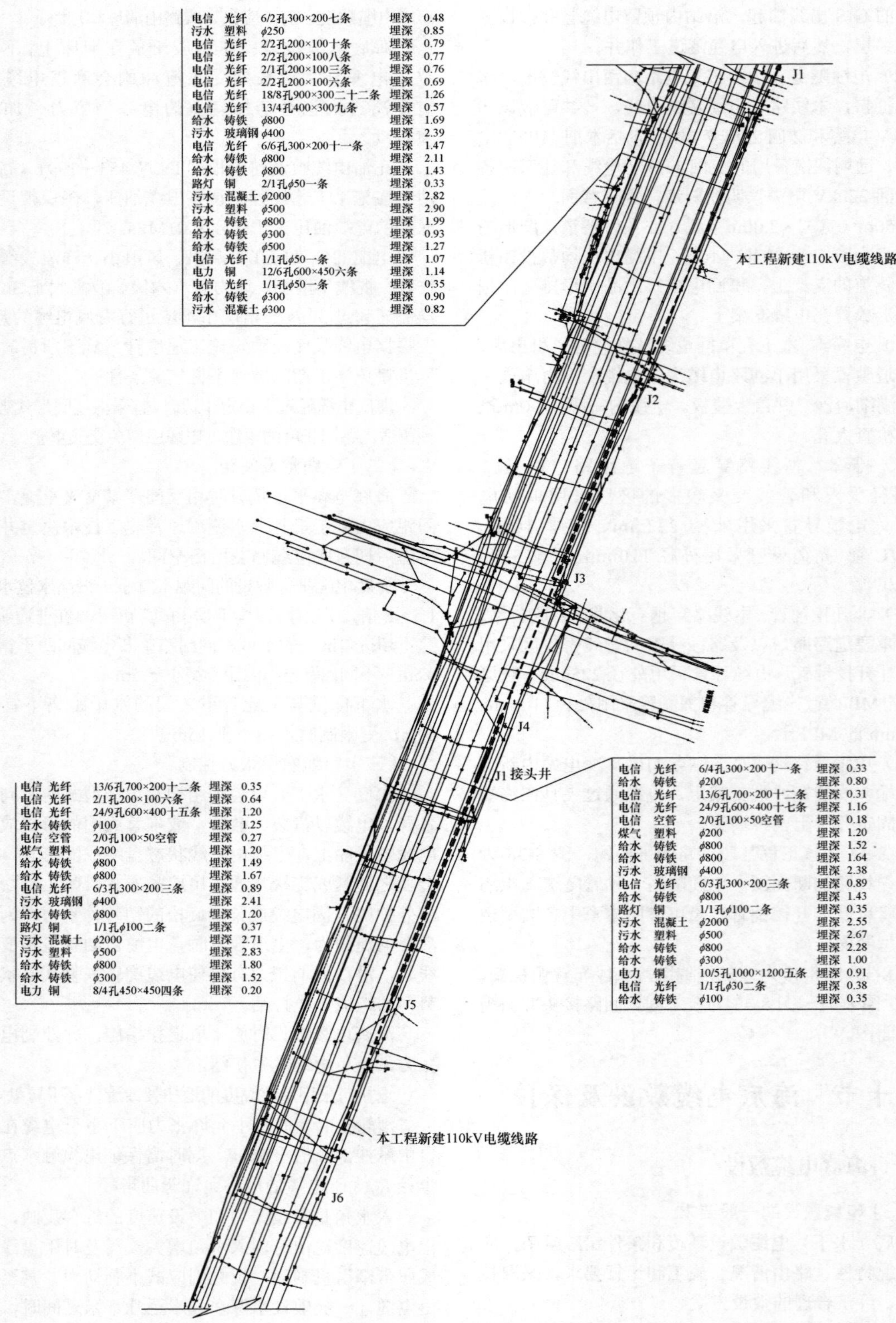

图 8-37 其中某段电缆线路平面图

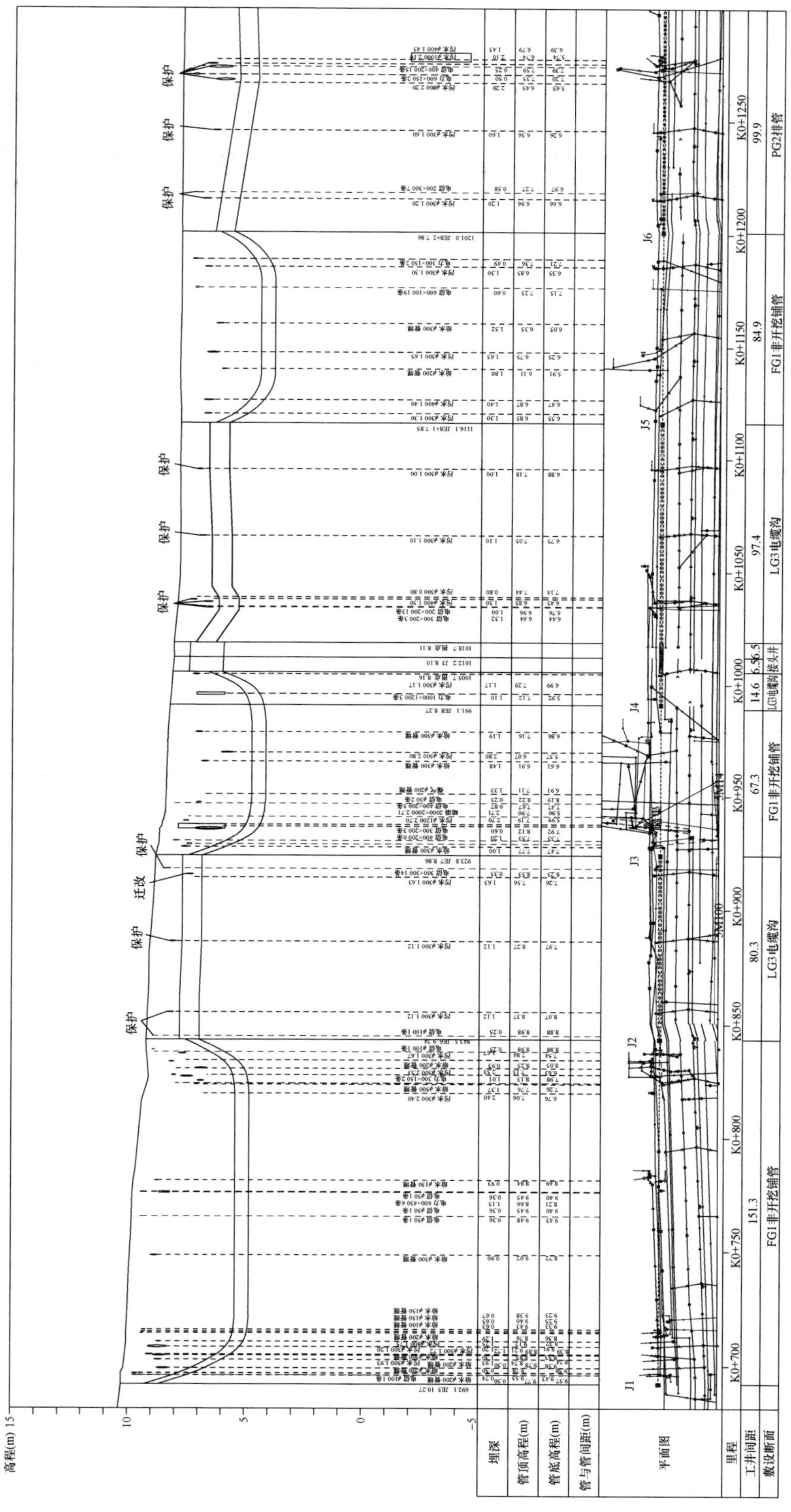

图 8-38 其中某段电缆线路断面图

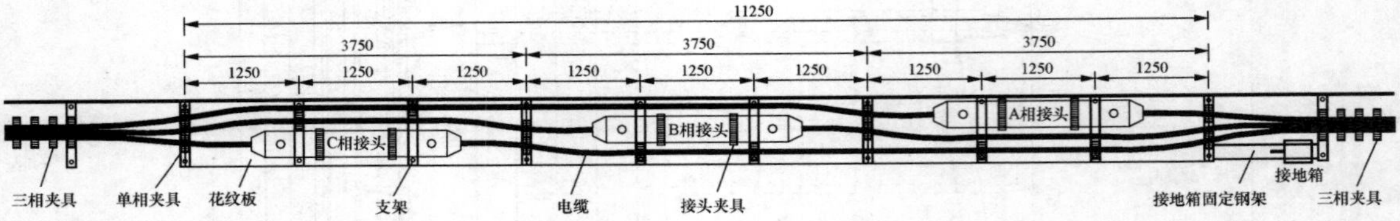

图 8-39　隧道接头段布置俯视图

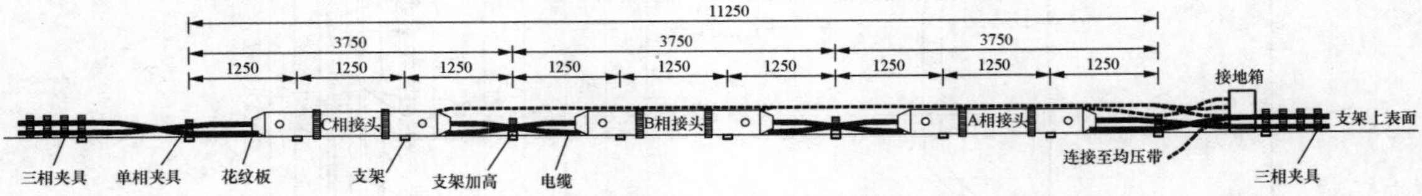

图 8-40　隧道接头段布置侧视图

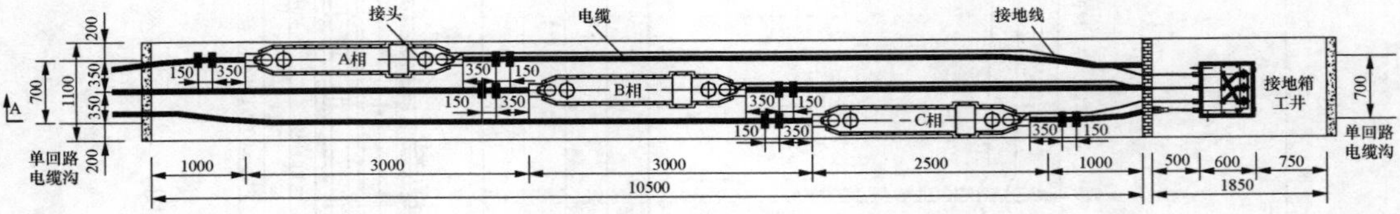

图 8-41　单回路接头井俯视图

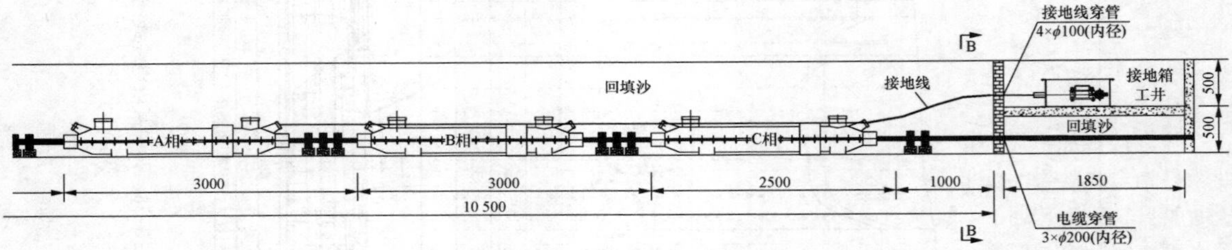

图 8-42　A-A 单回路接头井纵断面图

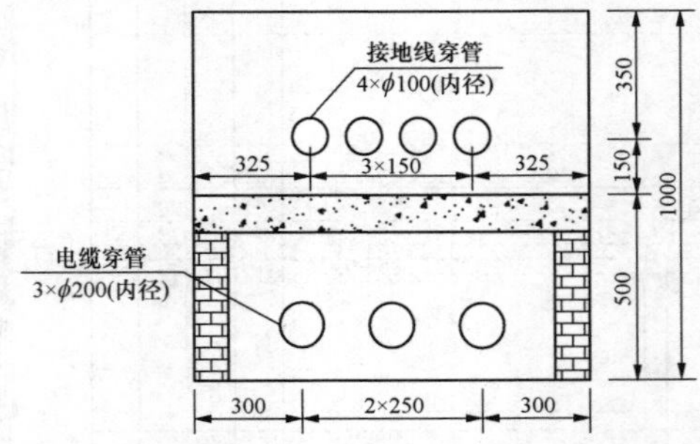

图 8-43　B-B 单回路接头井横断面图

电缆敷设时，敷设张力主要由导体和铠装承担，导体及铠装的机械应力分配见第六章第一节。电缆的最大允许张力应根据电缆导体和铠装的机械强度来决定，一般应有 5 倍安全因数。

（四）电缆敷设船

1. 敷设船的分类

电缆敷设船是大型海底（水下）电缆工程敷设作业的核心。根据动力类型，电缆敷设船可分为具有自航动力的专用电缆敷设船和由驳船等改装成的无动力敷设船。

有自航动力的专用电缆敷设船，敷设速度快，一般在 50m/min 以上，适用于开阔深水域及电缆较长时的敷设施工。有自航动力的电缆敷设船的缺点在于吃水较深，不宜靠近岸边浅滩。如图 8-44 所示为 Nexans 公司的电缆敷设船，拥有 6600t 电缆转盘，采用卫星导航系统和现代推进器系统，能在恶劣的海洋环境进行电缆敷设。

图 8-44 Skagerrak 电缆敷设船

平板驳船改装成的电缆敷设船，如图 8-45 所示，吃水较浅，能紧靠堤岸，退潮后即使搁浅也能保持船的平稳，其另一优势在于使用费用较低。电缆重量超过单艘驳船吨位时也可用两艘平驳绑接。驳船无推进器，需由拖船或一组锚和卷扬机来驱动，不会产生船舶停顿和失控，船舶前进方向的控制和纠偏也是依靠推轮辅助实现的。利用驳船敷设速度较慢，每天可至多敷设 1～2km 电缆，不适宜敷设大长度水底电缆。电缆路由区域海底管线较多时，也不适宜采用锚泊方式。

图 8-45 驳船改装成的无动力电缆敷设船

除直接参加电缆敷设的专业船只外，还需配备辅助船只为电缆敷设船作业提供技术、后勤保障。这些辅助船只一般为普通的水上施工船，包括拖轮、锚艇、潜水工作船、交通艇等。海底电缆敷设时，应有专人瞭望值班，并及时与现场辅助船只联系。

2. 敷设船的技术要求

敷设船船舱的容积、甲板面积、稳定性等应满足电缆长度、重量、弯曲半径和作业场所的要求。敷设船应装有 GPS 动态卫星定位系统、四个方向的推动装置，确保敷设船按设计路由施工。敷设船上应有一定直径的旋转滑轮以保证电缆敷设时不小于其最小弯曲半径。

有自航动力的电缆敷设船应配置双推进器、双舵或配置侧向推进器以保证其良好操作性。如无法满足上述条件，则应配置应急锚和锚机，发生突发事件时将锚抛下稳住船位。对于非自航的驳船，则要求其系泊及锚泊设备能力强。

电缆敷设船上与电缆敷设相关的主要部件包含：

（1）转盘。转盘用于储存电缆，大多数电缆转盘从底层开始将电缆水平地一层一层装入。也有部分电缆敷设船转盘采用圆锥形轴芯，将电缆以恒定张力上下呈同心层绕在轴芯上。每次敷设作业应运载尽量多的电缆，尤其是大型海底电缆工程，以减少昂贵且时有风险的海上接头数量。电缆的长度及重量是确定敷设船转盘负载容量的决定因素。

（2）定位系统。电缆敷设船必须具备高精度定位系统，使电缆敷设船能够沿设计路由前进，偏离预定方向时及时调整。

（3）锚泊系统。保持电缆敷设船位置的常规方法是使用锚泊系统。对于驳船通常需要采用 4～8 个锚，锚位于距离驳船数百米甚至上千米的水中，并与驳船上的卷扬机相连接，驳船用操作卷扬机来控制其位置、船速及朝向。

（4）接头房。海底（水下）电力电缆的接头只能在配备了专用设备的接头房进行。船上接头房的尺寸约为 4m×17m，接头房需装配供电设备、空调设备及空气干燥装置。

（5）电缆张紧器。用于传送电缆及维持电缆张力，电缆张紧器由多对滚轮组成，安装于靠近船尾的敷设滑轮处，滚轮采用液压操作系统，通过控制其对电缆的压力、摩擦力控制电缆传送速度，如图 8-46 所示。电缆入水前张紧器处于送缆模式，电缆敷设入水后张紧器以制动模式运作。也有用履带代替滚轮，这种张紧器称为履带牵引机。

（6）应急切割机。在紧急状态下，会出现电缆必须切断的情况。较好的解决办法是在靠船尾敷设滑轮处设置液压切割机，在 60～90s 内切断电缆。

图 8-46　电缆张紧器

（7）水下机器人。用于在电缆路由的关键位置监视电缆的落地点情况及电缆施工过程中可能出现的打扭等异常现象。水下机器人也可以用以获取准确的竣工路由坐标。

电缆敷设所需的其他部件包括电缆通道、导轮、放缆及取缆摇臂、滑道和敷设滑轮。鹅颈取缆摇臂绕中心轴转动，其高度可调节，其位置按电缆离开转盘点而变动。当敷设深度很大时，可采用牵引轮增强电缆牵引机对电缆的制动力。

敷设船需配备的测量仪器有张力器、入水角测量仪、计米器、测深仪、测距仪等。敷设过程中应利用监控设备进行实时全程监控跟踪，光纤复合海底电缆宜采用监视设备实时监视光单元的衰减情况。

（五）电缆敷设过程中的主要数据

（1）敷设船位置数据。敷设船位置数据包括船距离始端、终端及特定参考点的距离 S、船位偏离设计轴线的距离ΔS、敷设船所在位置水深 h。

（2）电缆敷设长度。电缆敷设长度由计米器读出，剩余电缆的长度需不小于敷设船至末端终端架的路由长度及设计要求值。敷设时，船位每前进 100m 应计算及校验一次，以便及时采取措施使之符合要求。

（3）电缆张力及入水角。电缆敷设过程中的张力可由张力测定器检测，也可根据入水角测量仪所指示的角度计算获得。

（六）海上电缆接头

虽然现在的大型海底电缆敷设船能储存和操作大长度的电缆，但对一些超长距离跨海联网、跨国联网工程，仍不可避免出现电缆船装载的电缆长度小于路由长度的情况，因此需要在宽阔的海洋上进行电缆接头。

海上电缆接头需要先进可靠的设备、训练有素的船上作业人员和足够长时间的良好天气。接头制作需要在专用的接头房进行，接头房需要有空调、空气干燥设备、起吊设备以及电缆操作设备。接头作业时需同时处理两根需要连接的电缆，接头过程中电缆不允许发生过度弯曲或拉伸，也不允许电缆在 A 形架上或其他结构件上被卡住，电缆接头类型由敷设条件决定，电缆接头操作示意图，如图 8-47 所示。

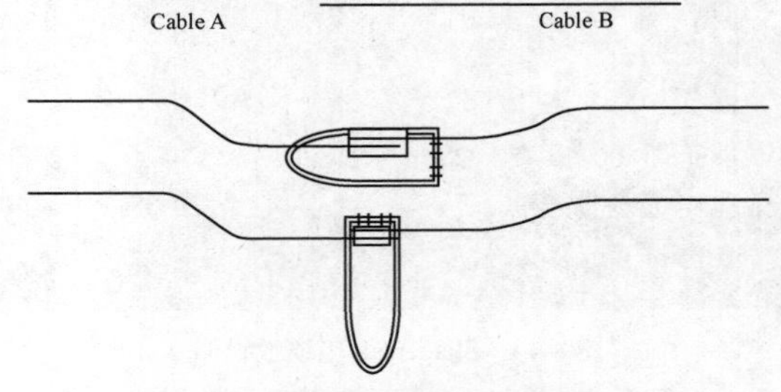

图 8-47　电缆接头操作示意图

若接头为柔性接头，制作好的接头可通过敷设船上的敷设设备经船尾的敷设滑轮入水，敷设过程中应保持适当的张力，以保护电缆接头在入水触地点处不过度弯曲。若接头为刚性接头，则需采用起吊设备拉起放入水中，在制作刚性接头时，应防止电缆锐弯。

接头安装也可与电缆敷设工序分开实施，电缆中间水域段敷设时电缆 A 和电缆 B 均放置于海底而不进行连接，其端部相叠，每个端部均设置密封套、拉环及挂钩。电缆本体敷设完毕后进行接头操作，将电缆 A、B 端部从海底拉起放置于甲板上的接头房内进行接头操作。电缆端部重叠长度 s 计算式为

$$s = h + s' + \Delta s \tag{8-19}$$

式中　h——水深，m；

s'——接头制作所需长度，同时需考虑第一次电缆接头故障后切除部分电缆开展二次接头所需要的长度，m；

Δs——裕度，由电缆导向装置长度确定，m。

该接头方式可采用普通的接头作业船代替租金较高的专业电缆敷设船，同时便于选择合适的接头作业时间，但由于两根电缆重叠敷设所需电缆本体长度增加。

二、海底电缆保护

（一）概述

海底（水下）电缆的保护是一项系统工程。电缆保护的步骤主要包括：选择合适的电缆路由、设计合适的电缆铠装、海底电缆的外部机械保护及运行管理措施。本节侧重介绍海底电缆的外部机械保护及运行管理防护措施。

20 世纪 80 年代以前，海底（水下）电缆除登陆段外不采取外部机械保护措施，电缆直接放置于水底。随着船舶数量的不断增加和捕鱼机械不断向重型发展，船锚及渔具对海底（水下）电缆的威胁逐渐加大，电缆多次被船锚及拖网损坏。为提高海底电缆抵御外部风险的能力，如今的海底（水下）电缆均采用了外部机械保护及运行管理防护措施。

（二）机械保护方式及适用范围

海底电缆保护方案应根据水深、海床地质情况、海面船舶通行情况、风险情况、维修代价等综合考虑。

海底电缆的机械保护包括掩埋保护、套管保护、加盖保护等方式。保护应采取合理的施工方法，避免施工对电缆造成伤害。

在海底电缆存在重物下落、拖拽、移动等风险时，宜优先采用掩埋保护，其次采用压覆物加盖保护或二者结合措施。

在海底电缆存在程度较轻的落物、磨损等风险时，宜优先采用套管保护等措施。采用套管保护时，应校核载流量和套管的机械强度。套管保护可单独使用，也可与其他保护方式共同使用。

海底电缆应根据不同路由区段的风险类型和风险等级采取相应的保护措施，同时兼顾运维和检修的需要。海床坚硬、掩埋保护施工困难的区段宜采用抛石、混凝土盖板等加盖保护方式。加盖保护应具有良好的稳定性和抗破坏能力。

在航道与捕捞区的海底电缆一般以掩埋保护为主，加盖保护为辅。

（三）掩埋保护

1. 掩埋保护特点

将电缆埋入水底土体之下一定深度可保护电缆免受外力损伤。埋设可防止因船舶抛锚、渔业捕捞对电缆产生的机械损坏以及因水底流速使电缆和水底土质发生摩擦、振动等。

海底电缆保护应优先采用掩埋保护，对于因地质条件等不适合埋设的位置，可采用套管、加盖保护等方法。

2. 掩埋工序

掩埋保护根据施工工序可分为先敷后埋和边敷边埋。

（1）先敷后埋。先敷后埋是指先采用电缆敷设船将电缆敷设好、再租借日租金较低的小型船只按已敷设电缆路径进行掩埋作业，适用于地质条件复杂、距离较长的海底（水下）电缆线路。

（2）边敷边埋。边敷边埋是指在敷设的同时开展掩埋工作。该方法要求电缆在敷设船上被预先装载在埋设机内，埋设机被放置在海床上，开始拖曳开沟的同时电缆被自动安放至形成的沟槽内。边敷边埋效果较好，电缆张力容易控制，不宜在沟槽内产生悬空。其缺点是由于埋设速度小于敷设速度，采取边敷边埋的作业方式将导致作业时间长、安全风险加大，适用于距离不长、海底地质条件较好的海底（水下）电缆线路。

3. 掩埋机具

掩埋方式根据掩埋机具类型可分为预挖沟、犁式开沟机埋设、水力冲埋、机械切割等方式。

预挖沟保护是指在电缆敷设之前，用挖掘等方法预先形成出电缆沟。浅水、滩涂及登陆段的掩埋多采用预挖沟方式。挖沟横截面积和坡度均会影响回填质量和电缆沟的稳定性。挖沟坡度取决于土壤的类型，对于较松的黏土泥沙，挖沟坡度竖直与水平长度的比值一般为1:3～1:5，对于岩石该比值取1:1.5。

在沟中放置电缆后填上细沙，盖上水泥盖板或套上关节套管后再回填土。挖沟方式可采用人工开挖，也可用疏浚航道的挖泥船开挖电缆沟，这种开挖方法挖方量较大但能保证有效深度，水陆两用挖掘机如图8-48所示。

图8-48 水陆两用挖掘机

犁式开沟机如图8-49所示，其分为单刀犁和多刀犁，埋设船自航或绞锚牵引埋设机，犁刀升出沟槽后将电缆置入，埋设速度快，埋设深度浅，砂质粉土及以上不适用。

水力喷射埋设机如图8-50所示，其分为船上高压泵供水和水下高压泵供水，埋设船绞锚缆带动埋设机前进，高压水泵喷射水流切割土体形成沟后将电缆置入。水力冲埋是较为经济的掩埋保护方式。

机械切割埋设采用切削式埋设机，如图8-51所示，分为圆盘切削和链刀切削。切削机自行前进，机械切割土体后电缆置入沟槽，可在硬土层甚至强风岩层进行切割开槽，费用较高。

各种掩埋方式及掩埋机具的特点如表8-9所示。

表8-9 各种掩埋方式及掩埋机具特点

序号	掩埋方式	适用范围	特点
1	预挖沟	适用于先敷后埋，用于登陆段浅滩	施工便利
2	犁式开沟机埋设	适用于边敷边埋，水深50m以内，软土	埋设速度快，可达1km/h；需较大牵引力；埋设深度浅
3	水力冲埋	适用于先敷后埋和边敷边埋作业，砂性土、黏土	埋设速度慢，一般为60～40m/h，牵引力较小；埋深可达2.5～10m

续表

序号	掩埋方式	适用范围	特点
4	机械切割	适用于先敷后埋和边敷边埋；使用土质范围较广	造价高，埋深一般在2.5m以内

图8-49　犁式开沟机

图8-50　水力喷射埋设机

图8-51　机械切削式埋设机

4. 掩埋深度

海底电缆各区段掩埋深度应根据路由勘察、通航影响论证以及海床地质条件、风险程度确定。掩埋过程中，应通过仪器仪表监视埋设机水下工作状态和海底电缆的埋设状态，确保电缆埋设深度达到要求。

由于船锚的穿透力和贯入深度较捕鱼用的拖网板大，锚害是电缆最大的外部风险。锚的贯入深度是确定电缆掩埋深度的前提条件。锚的贯入深度主要由锚重、锚链破断力、海底地质条件等因素决定。

确定电缆掩埋深度首先需要明确电缆路由区锚重分布。根据国际船级社协会（IACS）统计数据，船舶锚重与总载重的关系如图8-52所示。

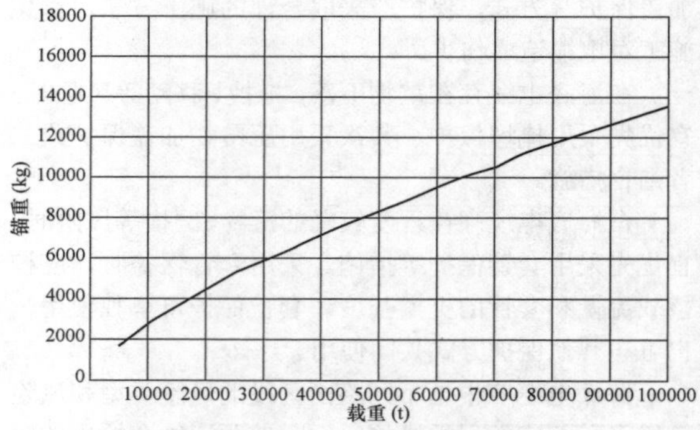

图8-52　锚重与船舶总载重的关系

美国海军土木工程实验室（NCEL）的研究指出，对于砂岩和硬黏土锚的贯入深度不大于锚爪的长度（从锚爪至锚干的距离）；对于软粉土和黏土锚贯入深度为3～5倍的锚爪长度。

挪威船级社（DNV）研究了锚在不同海床地质条件下的贯入深度，如图8-53所示。

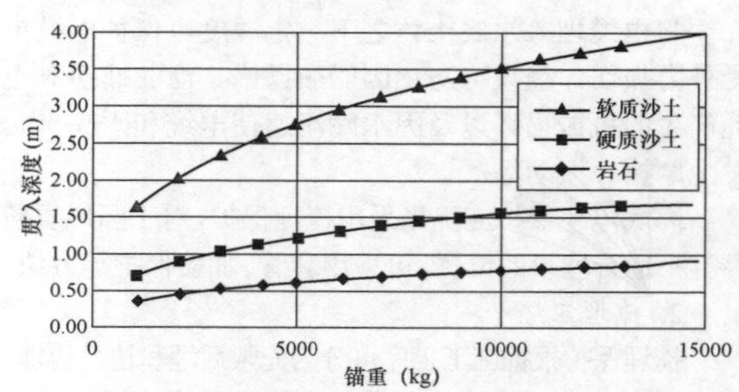

图8-53　锚重和贯入深度的关系

劳埃德船级社对注册的83000艘船只进行了抽样统计，得出了船总吨位和锚重的关系，进一步得出了不同吨位船只的锚贯入深度，如图8-54所示。

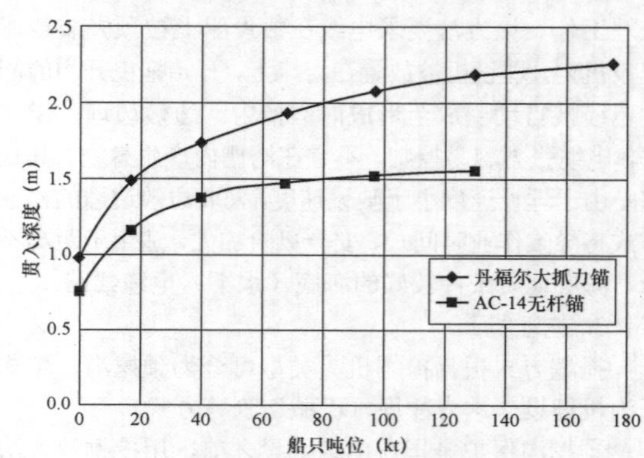

图8-54　船只吨位与锚贯入深度的关系（劳埃德船级社）

日本 KDD 公司总结了不同学者对电缆掩埋深度的研究结果，如表 8-10 所示。

表 8-10　电缆掩埋深度要求　（m）

危险源	坚硬地质	一般地质	非常软地质
	岩石 72kPa 以上黏土	砂、碎石、黏土 18～72kPa	淤泥、黏土 2～18kPa
拖网板、捕贝船	<0.4	0.5	>0.5
挖泥船	<0.4	0.6	
张网作业船船锚		2.0	>20
船锚（万吨以内船舶）	<1.5	2.1	7.3
船锚（十万吨以内船舶）	<2.2	2.9	9.2

国际大电网会议技术报告《地下及海底电缆的第三方损坏》（CIGRE TB 398）给出了锚在硬土和软土中贯入深度的变化趋势，如图 8-55 所示。

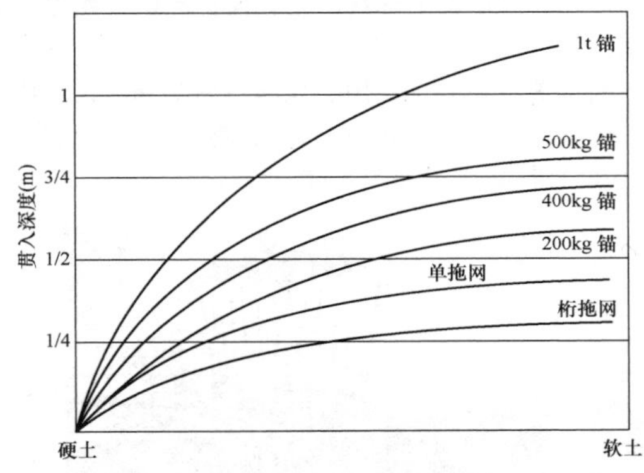

图 8-55　锚贯入深度曲线

我国海南联网工程对不同锚重和不排水抗剪强度情况下的锚贯入深度进行了研究，如图 8-56 所示。

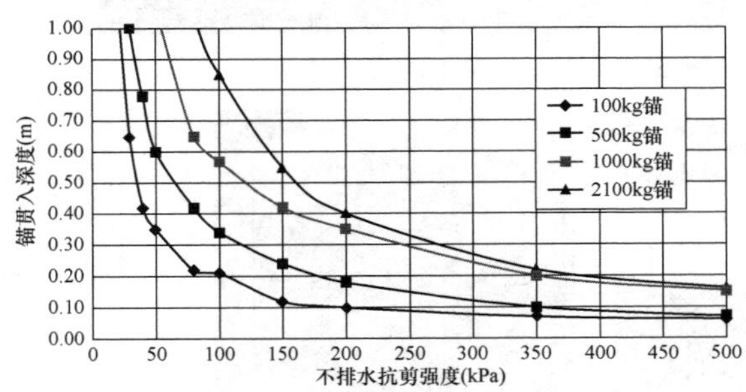

图 8-56　锚贯入深度与土体强度及锚重的关系（锚链安全系数 1.5）

最新的电缆掩埋深度是基于 BPI（掩埋保护指数）的概念，考虑了掩埋随着土壤类型的不同而具有的不同保护等级。基于 BPI 概念的掩埋深度规范针对具有类似风险的区域来说，其掩埋指数的数值是一定的，而对于具有相同掩埋深度的区域掩埋指数值并不一定相等，这取决于该区域内的河床物质。这样就与根据河床掩埋深度得到的传统掩埋规范形成了对比。关键的参数在于保护的等级，例如在坚硬沉积物下掩埋 0.5m 所提供的保护要比在柔软或者可移动物质中掩埋 1.5m 的保护效果好。

根据一般水下电缆的特点，电缆埋设深度主要考虑移动沙坡（一般在 0.8～1m）的危害和防止锚害。根据不同水下土壤情况及 BPI 值可以判定抛锚引起的掩埋深度，如图 8-57 所示。

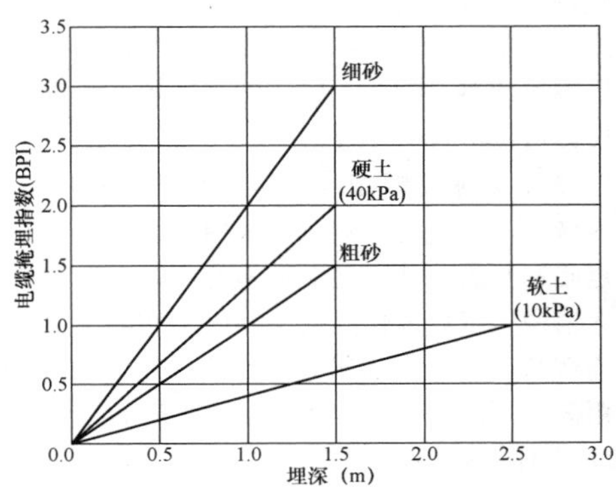

图 8-57　电缆掩埋指数

对图 8-57 中不同指数说明如下：

（1）BPI＝1：适用于正常的捕鱼船只出现的海域，在该海域船只抛锚的可能很小。

（2）BPI＝2：适用于锚重大约在 2t 左右的船只出现的海域，这种埋深可以保护正常捕鱼船只对电缆的破坏，但是不能防止大型油轮、大型集装箱船只等大型船只对电缆可能的破坏。

（3）BPI＝3：适用于除了最大的船只外所有船只出现的海域电缆的保护。

选择 BPI（掩埋指数）为 1 或者 BPI 为 2 时，防止锚害的掩埋深度在 0.9～1.8m，同时考虑移动沙波（一般在 0.8～1m）的危害时，这两种灾害同时发生的可能性非常小，可在两种灾害确定的掩埋深度中取最大值作为海底电缆掩埋深度值。

（四）套管保护

近海滩段的渔业活动频繁，是渔船作业抛锚的频发地，当电缆埋设深度无法达到要求时可采用套管保护。

保护管可采用铁护套管、钢管及钢筋混凝土管。套管保护可与人工覆盖物保护结合使用。当套管由磁性材料构成时，由此磁性材料会产生铁磁损耗，同时覆盖套管后影响了电缆的外部散热环境，因此需校核套管对载流量的影响。

保护用铁护套管由两个半片对称连接组装，然后用螺栓紧固或互锁连接，如图 8-58 所示。

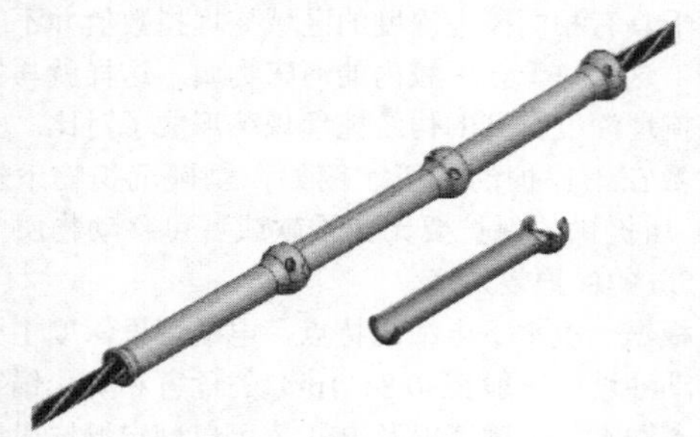

图 8-58　电缆保护套管

预埋钢管或钢筋混凝土管也是近海浅滩常用的保护方式，通常在近海浅滩段预先挖好沟槽，在沟槽中布置好钢管或钢筋混凝土管，然后回填，敷设海底电缆时使其从保护管中穿过。

电缆在穿越珊瑚礁或红树林自然保护区等区域时，为减小对环境的影响也常采用穿管方式。此时可采用定向钻孔的方法避免对环境的破坏，电缆采用水平定向钻最大可敷设长度为 1400～1800m。定向钻施工距离较长时，电缆保护管外径取为电缆直径的 2.5 倍，距离较短时，可取 1.5。直管所需的拉力可按式（8-20）进行估算

$$F = \mu W_a l \tag{8-20}$$

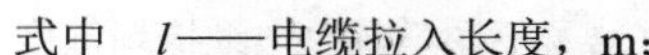

式中　l——电缆拉入长度，m；

μ——摩擦系数。对于无润滑的电缆拉入，摩擦系数取 0.4；有润滑的电缆，摩擦系数取 0.25。

润滑剂可为矿物泥浆、胶或可生物降解油。对轻微的弯曲，所需拉力不会有太大变化。弯曲较大时，拉力将显著增加。

（五）加盖保护

在电缆与其他管线交叉处、岩石段或沙层太薄无法埋入规定深度时，可采用加盖保护措施。覆盖物包括盖板、抛石、混凝土袋或沙袋等。

1. 盖板保护

盖板分为混凝土盖板和石笼盖板，盖板重量较大，在洋流速度较大的区域稳定性较好。盖板需要特殊加工，且需要吊装设备进行安装，一般用于管线交叉等局部位置。

混凝土盖板由大小相同的混凝土块通过钢筋连接在一起，构成一个保护垫，通过吊装设备将混凝土盖板吊放在海底电缆上部从而起到保护作用，如图 8-59 所示。

石龙盖板在陆地上用金属网将石头套住，形成一块 6m 长、2.5m 宽、0.25m 厚的盖板。金属丝表面采用 PVC 材料防腐，如图 8-60 所示。

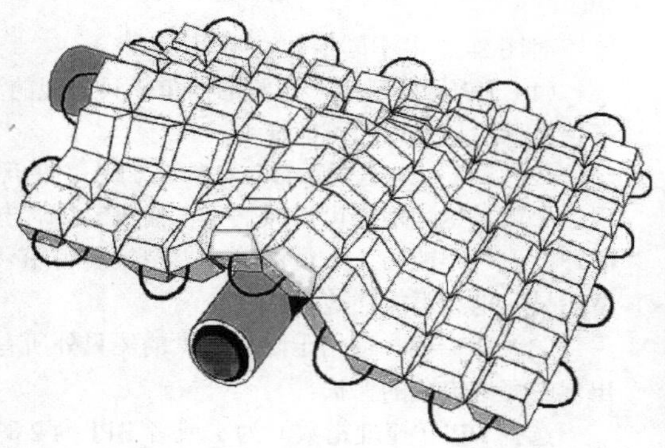

图 8-59　混凝土盖板保护

图 8-60　石龙盖板保护

2. 抛石保护

抛石保护是典型的覆盖保护方式，如图 8-61 所示。通常采用专用的船舶装载岩石至敷设的电缆上，采用柔性落石导管延伸至海底电缆上方 1～2m 位置进行抛石，避免对海底电缆产生较大的冲击力。抛石过程中采用水下机器人进行监测，如发现悬空部分则补充抛石。裸露于海床的海底电缆宜采用双层抛石进行保护。内层采用粒径较小的石料覆盖海底电缆，外层采用粒径较大的石料形成堆石坝，内层采用小石料可减轻抛石过程中对电缆的冲击，外径采用大石料可增加堆石坝在洋流中的稳定性。抛石保护形成的坡脚应不大于 30°。抛石需要采用特殊施工机械，施工速度慢、费用高，不宜大范围采用。

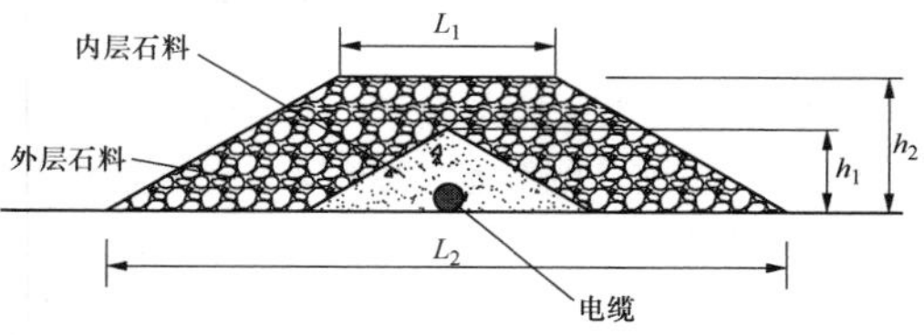

图 8-61　抛石保护

3. 混凝土袋或沙袋

除了抛石保护、混凝土盖板保护外，还可采用混凝土袋或沙袋保护。将混凝土或砂制成的袋子堆放在电缆上部，以起到固定和保护电缆的作用。该方式需要潜水员将混凝土袋或沙袋人工搬运至准确的位置，工作量较大，一般作为埋设保护深度不够时的辅助措施。

（六）运行管理防护措施

海底电缆的运行管理防护措施包括设置保护区、路由标示、警示牌、路由监控和保护宣传。

电缆保护区根据《海底电缆管道保护规定》（国土资源部第 24 号令）设置，海底电缆管道保护区的范围，按照下列规定确定：沿海宽阔海域为海底电缆管道两侧各 500m；海湾等狭窄海域为海底电缆管道两侧各 100m；海港区内为海底电缆管道两侧各 50m。海底电缆管道保护区划定后，应当报送国务院海洋行政主管部门备案。海底电缆保护区内禁止进行抛锚和渔业捕捞等危险海底电缆的活动。

海底电缆路由两岸应设置醒目的警示装置。警示装置应在夜晚同步闪光，必要时在海面设置浮标，警示过往船只注意海底电缆的安全。发光信号应符合 GB 12708—1991《航标灯光信号颜色》的规定。

海底电缆线路应加强保护宣传，并采取海面监控措施，及时阻止船只在海底电缆保护区内进行抛锚、渔业捕捞等危险海底电缆的行为。

重要的海底电缆线路需采取电缆状态监测措施。

第九章　电缆构筑物设计

第一节　电缆构筑物的分类

构筑物型式的选择主要取决于电压等级、线路回数、地面及地下设施、地形地质等因素。在满足要求的前提下，通过技术经济比较，择优选用。目前，主要的构筑物型式包括以下四种。

一、直埋电缆壕沟

直埋电缆敷设是指把电缆放入开挖好的壕沟内，沿线在电缆上下铺设一定厚度的砂土或细土后盖上一层砖或预制钢筋混凝土保护板，最后回填土，夯实与地面齐平的敷设方式。

电缆直埋敷设一般用于不超过 6 根的电力电缆线路，要求敷设距离短、地面荷载比较小。路径应选择地下管网比较简单、不易经常开挖和没有腐蚀土壤的地段。其优点是电缆敷设后本体与空气不接触，防火性能好，有利于电缆散热，且施工较为方便；缺点是抗外力破坏能力差，电缆敷设后如进行更换，操作难度较大。

根据使用地段及重要性不同，主要分为以下三类，如表 9-1 所示。

表 9–1　　直 埋 电 缆 分 类

分类	适用范围	常见型式
常规直埋	数量不超过 6 根 35kV 及以下电缆，在城市人行道、公园绿地、建筑物的边缘地带或城市郊区等不易经常开挖的地段	
预制槽盒直埋	数量不超过 4 根 110kV 及以下电缆，用途相对重要的场合	
砌砖槽盒直埋	数量不超过 4 根 110kV 及以下电缆，距离较短时。常用于环网柜到用户配电间、从室外工作井到电缆夹层等	

二、电缆排管

电缆排管敷设是将电缆敷设于预先建好的地下排管中的安装方式，主要用于 220kV（电缆截面面积小于 1000mm²）及以下电压等级，且电缆根数小于 24 根的电缆敷设。

电缆排管敷设方式是近年来城市电力电缆中主要敷设方式之一，一般用于与公路铁路交叉处，通过广场区域，城市道路狭窄且交通繁忙处，多种电压等级、电缆条数较多、敷设距离长，且电力负荷比较集中，道路弯曲较少的地段。其优点是受外力破外的影响小，占地小，能承受大的荷重，电缆敷设互相不影响，电缆施放简单；缺点是建设费用大，不宜用于弯曲较多地段，电缆热伸缩会引起金属护套的疲劳，散热条件差，电缆更换困难等。

根据使用情况，可以分为以下三类，如表 9-2 所示。

表 9–2　　电 缆 排 管 分 类

分类	适用范围	常见型式
无混凝土包封	适用于上部荷载较轻的地段	
有混凝土包封	适用于上部荷载较重的地段	

续表

分类	适用范围	常见型式
非开挖拉管	适用于长距离穿越且无法进行明挖敷设电缆排管的地段	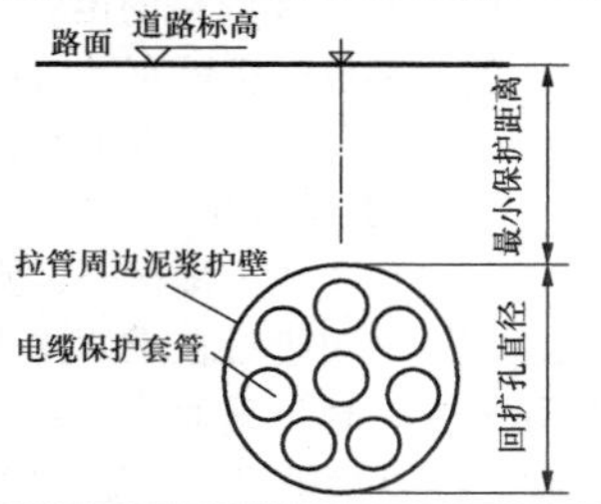 路面 道路标高 最小保护距离 拉管周边泥浆护壁 电缆保护套管 回扩孔直径

三、电缆沟

电缆沟是指封闭式不通行、盖板可开启的电缆构筑物，盖板与地坪相齐或稍有高差。其组成部分主要包括墙体、电缆沟盖板、电缆沟支架等，一般用于110kV及以下电压等级的电缆敷设。

电缆沟敷设方式可与电缆直埋、排管、桥架及工作井等其他敷设方式有机结合，主要用于变电站出线，主要街道，多种电压等级、电缆较多，道路弯曲，地坪高程变化较大的地段。其优点是检修更换电缆方便，使用灵活，转弯方便，可据自然地形而建；缺点是检修时需要搬运大量盖板，施工不慎易引发外物坠落沟内碰伤电缆。

根据使用规模，可以分为以下两类，如表9-3所示。

表9-3　　电缆沟分类

分类	适用范围	常见型式
单侧支架	适用于电缆数量较少的地段	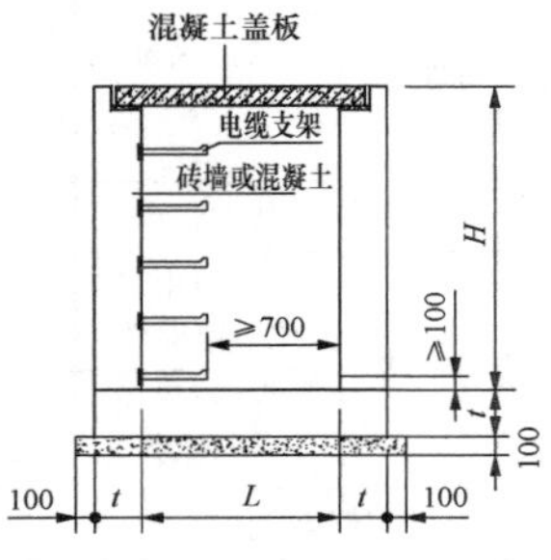 混凝土盖板 电缆支架 砖墙或混凝土 H ≥700 ≥100 t 100 100 t L t 100
双侧支架	适用于电缆数量较多的地段	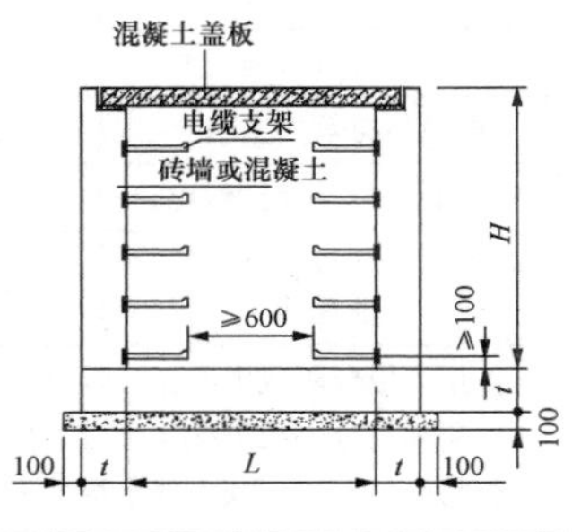 混凝土盖板 电缆支架 砖墙或混凝土 H ≥600 ≥100 t 100 100 t L t 100

四、电缆隧道

电缆隧道是指可容纳较多电缆数量、有供安装和巡视的通道、全封闭的地下电缆构筑物，可用于各种电压等级的电缆敷设。

电缆隧道敷设适用于电缆线路高度集中、路径选择困难较大或市政规划要求极高的区域。其优点是维护、检修和更换电缆方便，能可靠的防止外力破坏，敷设时受外界条件影响小，能容纳大规模、多电压等级的电缆，寻找故障点、修复、恢复送电快；缺点是建设隧道工作量大，工程难度大，投资规模大，工期长，附属设施多，须包括隧道内照明、防火、通信、排水、通风等。

根据施工方法不同，隧道可分为以下三种类型，如表9-4所示。

表9-4　　电缆隧道分类

分类	适用范围	常见型式
明挖隧道	适用于建设场地比较开阔，地下管线对工程施工影响较小的区域。施工时应充分考虑对周围环境的影响，必要时增加护坡工程设计	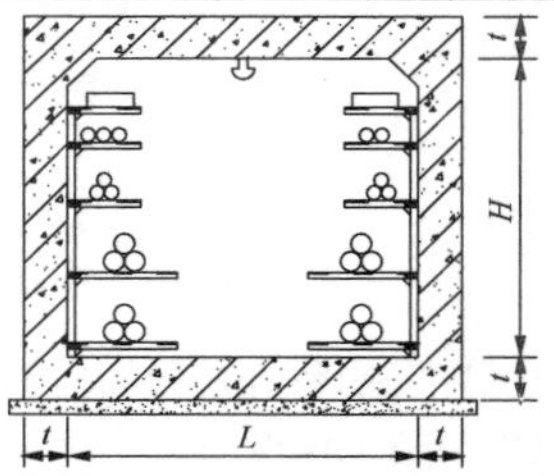 t H t t L t
暗挖隧道（包含矿山法、新奥法等）	适用于地面交通运输繁忙、地下管线密集、对地面沉降要求严格或城市中不能明挖的区域。 要求地层为含水量小的土层或软弱破碎岩层，对含水的砂层、流塑状或软塑状淤泥质黏土，应慎重选用。 隧道穿越重要市政工程处，必须考虑特殊的辅助施工措施，确保穿越物的安全	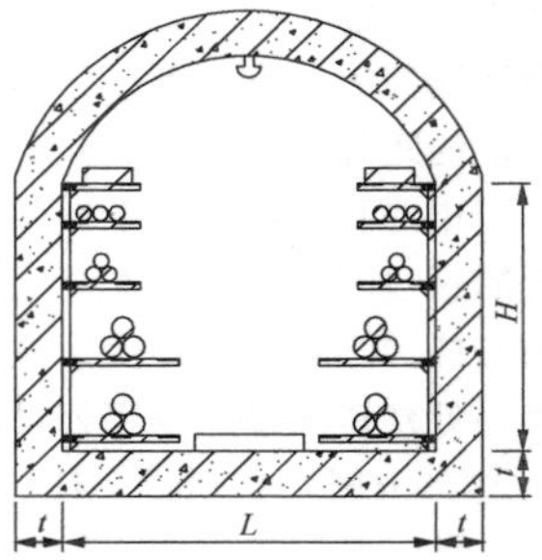 H t t L t
顶管隧道或盾构隧道	适用于地面交通运输繁忙、地下管线密集、对地面沉降要求严格或城市中不能明挖的区域，主要适用于软土地层。包括含水的砂层、流塑状或软塑状淤泥质黏土等	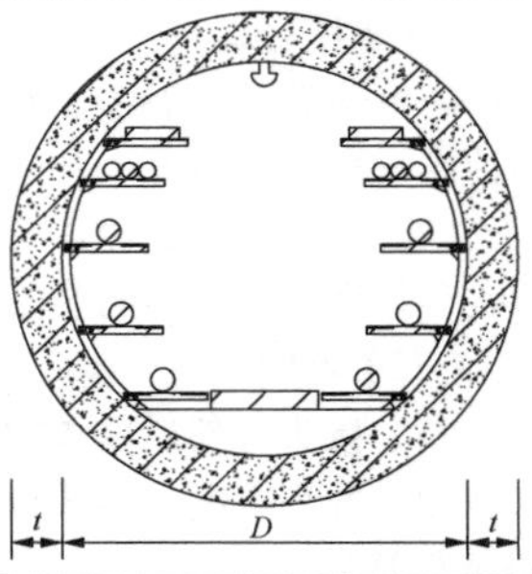 t D t

第二节　电缆直埋壕沟

一、截面设计

直埋电缆壕沟主要包括电缆、砂或软土、保护板、警示带、方位标志或标桩，其示意图如图9-1所示。

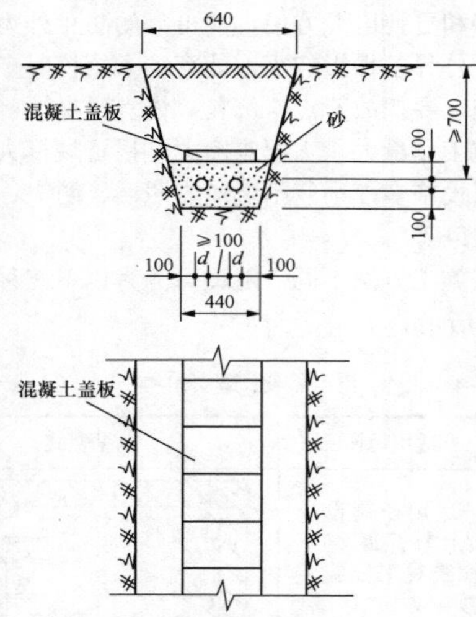

图9-1　电缆直埋示意图

电缆应敷设在壕沟内，覆土深度不应小于0.7m，农田中覆土深度不应小于1.0m。沿电缆全长的上、下及紧邻侧铺以不小于100mm的软土或砂石，一方面对电缆具有良好的保护作用，另一方面还能起到散热、透水的功能，有利于电缆的正常运行。混凝土保护盖板两侧覆盖宽度各不小于50mm；沟底侧壁距离电缆外皮的距离不小于100mm。

电缆直埋壕沟位于城郊或空旷地带时，沿电缆路径的直线间隔100m、转弯处和接头部位，应竖立明显的方位标志或标桩；位于城区时，标桩应在转弯处、接头处及进入建筑物等处设置，当路径为直线且长度超过50m时，宜增设一处标桩。

警示带可沿电缆全长敷设。

二、敷设要求

（一）路径选择

（1）应避开含有酸、碱强腐蚀或杂散电流电化学腐蚀影响严重的地段。

（2）无防护措施时，宜避开白蚁危害地带、热源影响和易遭外力损伤的区段。

（二）电缆接头

（1）接头与邻近电缆的净距，不得小于0.25m。

（2）并列电缆的接头位置宜相互错开，且不小于0.5m的净距。

（3）斜坡地形处的接头安置，应呈水平状。在路口处、管线交叉处不应设置接头。

（4）对重要回路的电缆接头，宜在其两侧约1m开始的局部段，按留有备用量方式敷设电缆。

（5）接头应配备保护盒。

（三）其他要求

（1）位于冻土地区时，宜埋入冻土层以下；当无法深埋时，可埋设在土壤排水性好的干燥性冻土层或回填土中，也可采取其他防止电缆受到损伤的措施。

（2）直埋敷设的电缆与铁路、公路或街道交叉时，应穿保护管，保护范围应超出路基、街道路面两边以及排水沟边0.5m以上。

（3）直埋敷设的电缆引入构筑物，在贯穿墙孔处应设置保护管，管口应实施阻水堵塞。

（4）直埋敷设电缆采取特殊换土回填时，回填土的土质应对电缆外护层无腐蚀性。

（5）直埋敷设的电缆，严禁位于地下管道的正上方或正下方。电缆与电缆、管道、构筑物等之间的容许最小距离，应符合表9-5的要求。

表9–5　电缆与电缆、管道、构筑物等之间的容许最小距离

电缆直埋敷设时的配置情况		平行	交叉
控制电缆之间		—	0.5①
电力电缆之间或与控制电缆之间	10kV及以下电力电缆	0.1	0.5①
	10kV以上电力电缆	0.25②	0.5①
不同部门使用的电缆		0.5②	0.5①
电缆与地下管沟	热力管沟	2③	0.5①
	油管或易（可）燃气管道	1	0.5①
	其他管道	0.5	0.5①
电缆与铁路	非直流电气化铁路路轨	3	1.0
	直流电气化铁路路轨	10	1.0
电缆与建筑物基础		0.6③	—
电缆与公路边		1.0③	—
电缆与排水沟		1.0③	—
电缆与树木的主干		0.7	—
电缆与1kV以下架空线电杆		1.0③	—
电缆与1kV以上架空线杆塔基础		4.0③	—

① 用隔板分隔或电缆穿管时不得小于0.25m；

② 用隔板分隔或电缆穿管时不得小于0.1m；

③ 特殊情况时，减小值不得大于50%。

第三节 电 缆 排 管

一、截面设计

(一)无混凝土包封排管

无混凝土包封排管主要用于上部荷载较轻的地段，组成包括电缆、保护管、垫层、细砂等。排管净距取 50～100mm，排管顶部应覆盖 200～300mm 的细砂，再用回填土夯实，如图 9-2 所示。保护管距离地面深度不宜小于 0.7m，保护管内径不小于电缆外径的 1.5 倍。

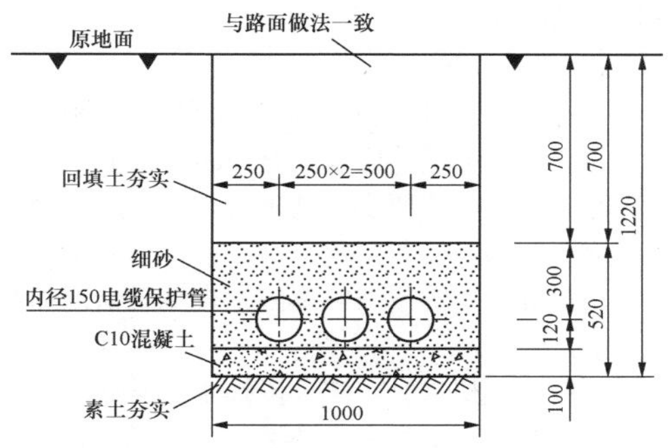

图 9-2 无包封排管断面

为固定电缆间距，可间隔适当距离布置管枕。目前，电缆排管管枕一般采用混凝土浇制，但也有部分工程采用复合材料，如图 9-3 所示。

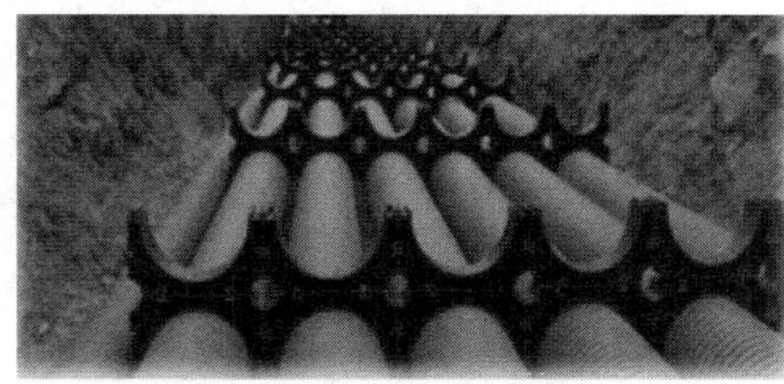

图 9-3 复合材料管枕

(二)有混凝土包封排管

有混凝土包封排管主要用于荷载较大的地段，其组成包括电缆、保护管、垫层、混凝土包封等，如图 9-4 所示。排管净距取 50～100mm，保护管内径不小于电缆外径的 1.5 倍。混凝土包封可按弹性地基梁进行配筋计算，其余钢筋按构造配置。

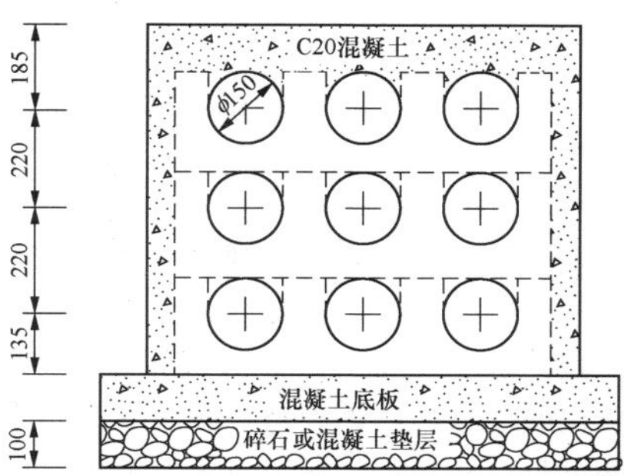

图 9-4 有包封排管断面

(三)非开挖拖管

非开挖拖管如图 9-5 所示，其指在不开挖地表面的情况下，利用地下定位系统、水平定向钻机（HDD）等设备进行管线敷设的方法，适用于沙土、黏土、卵石等地况，我国大部分非硬岩地区都可施工。回扩孔直径取设计管径的 1.2～1.5 倍，大于 1.5 倍时，容易发生塌孔事故，而且增加注浆工程量和施工成本；小于 1.2 倍时，拉管过程中泥浆不易排出，在拉管施工时容易发生抱管的事故。管束埋深对城市道路最小垂直距离不小于 1.5m；与河床底部最小保护距离一般不小于 3m，通航河道不小于 5m。

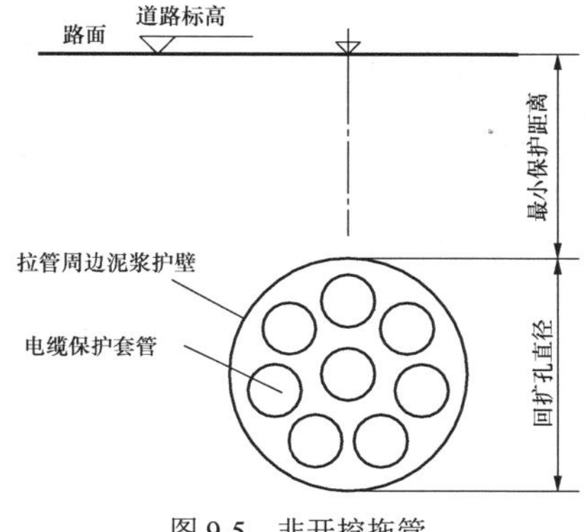

图 9-5 非开挖拖管

二、荷载

（1）明挖排管应计算土（水）体垂直和水平荷载、各种地面荷载。

（2）非开挖拖管在保护管选择时，尚需考虑管道铺设回托力。管道在铺设过程中，作用在管道上的回拖力主要取决于摩擦力、绞盘力和流体阻力三者总和，是沿管道长度的增加而减小，管道回拖头最大。由于铺设过程的复杂因素，回拖力应分段估算。

（3）地面的车辆荷载一般简化为与结构埋深有关的均布荷载，但覆土较浅时应按实际情况计算。

三、材料

（1）供敷设单芯电缆用的排管管材，应选用非磁性并符合环保要求的管材。电缆保护管宜选用现浇钢筋混凝土管、钢管、水泥石棉管、PVC塑料波纹管等。

（2）电缆保护管内壁应光滑无毛刺，同时满足机械强度和耐久性的要求。

（3）需采用穿管抑制对控制电缆的电气干扰时，应采用钢管。

（4）部分和全部露出在空气中的电缆保护管，防火要求较高时，宜采用钢制管并应采取涂漆或镀锌包塑等防腐处理；满足工程条件自熄性要求时，可采用阻燃性塑料管。

（5）外包混凝土强度等级不应低于C25，垫层混凝土强度等级不应低于C10且厚度不宜小于100mm。

（6）受力钢筋强度等级不应低于HRB335，箍筋及构造钢筋强度等级不应低于HPB300。

四、敷设要求

（一）技术要求

（1）排管所需孔数除按电网规划敷设电缆根数外，还需要有适当数量的预留孔。

（2）中间孔散热较差，可留作敷设控制电缆用。

（3）缆芯工作温度相差大的电缆，宜分别配置于适当间距的不同排管组中。

（4）管路应置于经整平夯实土层且足以保持连续平直的垫块上；纵向排水坡度不宜小于0.2%。

（5）管路纵向连接处的弯曲度，应符合牵引电缆时不致损伤的要求。

（6）管孔端口应有防止损伤电缆的处理。

（7）保护管宜做成直线，如需避让障碍物时可做成圆弧状但圆弧半径不得小于12m，如使用硬质管，则在两管镶接处的折角不得大于2.5°。

（二）基底处理

（1）在土质较好的地区，挖好沟槽后沟底应回填100mm素混凝土作为垫层并夯实。

（2）在土质稍差的地区，挖好沟槽后应做混凝土基础，基础底下应回填100mm的素混凝土作为垫层并夯实。

基础可采用钢筋混凝土，厚度取100～200mm，宽度按群管组合计算确定，钢筋按构造配置即可。混凝土基础应浇捣密实，及时排除基坑积水。对一般的混凝土基础应一次浇完。如需分段浇捣，应采取预留接头钢筋、毛面、刷浆等措施。

（3）在岩石地区，挖好沟槽后应回填50～100mm细砂作为垫层并夯实。

（三）基坑开挖

（1）基坑开挖时，沟底宽度应根据管道基础宽度确定，沟底边缘至基础边缘预留200～300mm；对于地质情况较好，不需要设计基础时，沟底边缘至管群边缘预留200mm。

（2）基坑开挖的放坡斜率应根据地质情况和基坑深度确定。

（3）基坑有积水时，应分段抽水干净后进行挖掘沟坑，挖好的沟坑不得进水冲泡，否则应重新进行地基处理。

（四）基坑回填

（1）基坑回填从管底基础部位开始到管顶以上1.0m，必须采用人工回填，应分层对称回填、夯实，每层回填高度应不大于0.2m，对管顶以上0.4m范围内慎用夯实机具，回填压实系数不小于0.95。

（2）回填土填至管道群上方300mm处时，应使用保护板（混凝土板、普通烧结砖、蒸压灰砂砖或蒸压粉煤灰砖）对塑料管加以保护，如图9-6所示。

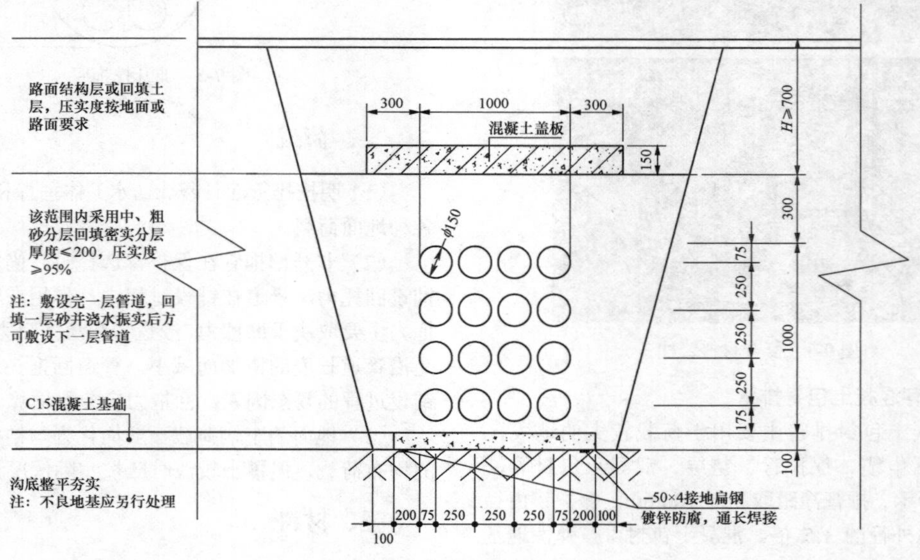

图9-6 排管横断面结构

（3）回填过程中沟槽内应无积水，不允许带水回填，不得回填积泥，有机物及冻土，回填土中不得含有石块、砖头及其他杂硬物件。

（4）在土质较差，地下水位较高，流沙或淤泥等地区，基坑抽干水并进行地基处理后，此时应采用混凝土对管道进行包封，而不应采取一般的回填土。混凝土包封的厚度不小于100mm。

第四节　电　缆　沟

电缆结构设计的主要内容包括荷载计算及组合，地基承载力及变形计算、地基反力计算，结构静力分析，截面计算，构件变形及裂缝控制验算，抗浮计算等。

一、截面设计

电缆沟由墙体、电缆沟盖板、电缆沟支架、接地装置、集水井等部分组成。电缆沟按其支架布置方式可分为单侧支架电缆沟和双侧支架电缆沟，如图9-7、图9-8所示。

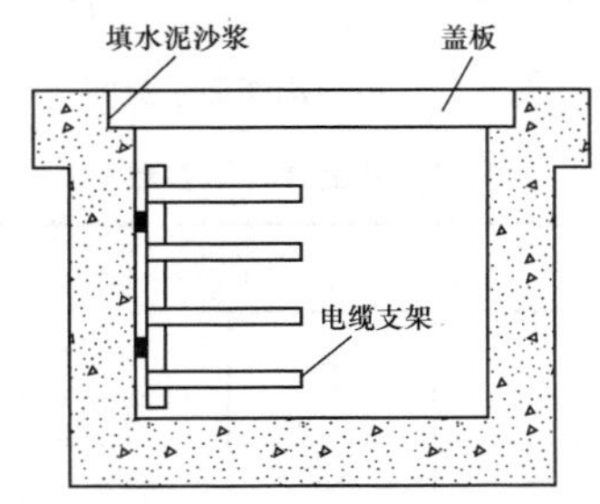

图9-7　单侧电缆沟

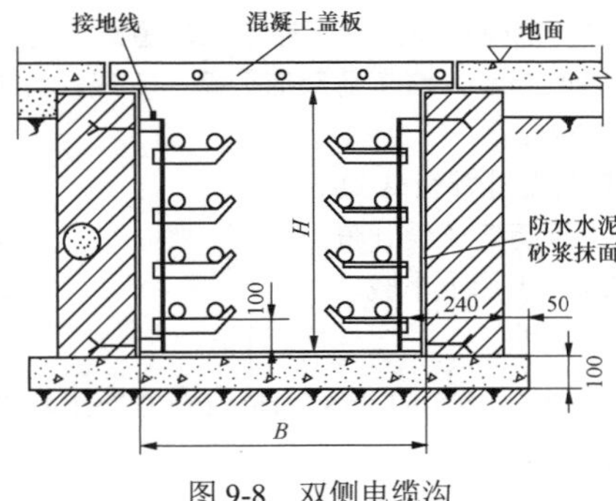

图9-8　双侧电缆沟

H—沟深；*B*—沟宽

电缆沟的尺寸除应按电网规划敷设电缆根数来选择外，还须考虑光缆通信及备用电缆敷设数量，以及不同工作电压电缆之间的敷设要求。电缆沟截面尺寸应满足第八章第三节的相关要求，通道净宽允许最小值应满足表9-6的要求。

表9-6　通道净宽允许最小值　(mm)

电缆支架配置方式	电缆沟深		
	≤600	600～1000	≥1000
两侧	300*	500	700
单侧	300*	450	600

* 浅沟内不设置支架时，勿需有通道。

净深小于0.6m的电缆沟，可把电缆敷设在沟底板上，可不设支架和施工通道。

二、荷载

电缆沟结构设计主要包含盖板、底板及侧壁的设计。

盖板所承受的荷载主要包括上覆土层重量，汽车荷载，人行荷载等。汽车荷载可查看JTGD 60—2015《公路桥涵设计通用规范》或附录I，荷载组合要求详见GB 50009—2012《建筑结构荷载规范》。

底板及侧壁主要承受土压力。

三、材料

电缆沟的墙体根据电缆沟所处位置和地质条件可以选用砖砌、条石、钢筋混凝土等材料。

电缆沟盖板通常采用钢筋混凝土材料，在变电站内、车行道上等特殊区段，也可以采用玻璃钢纤维等复合材料，以达到坚固耐用、美观的目的。

电缆支架主要有两种型式，一种是经整体热镀锌处理的角钢支架，另一种是采用高分子聚合物生产的电缆支架。角钢加工件可按尺寸要求进行加工，加工完成后做防腐、防潮、防锈和去刺处理，但长期使用后，容易出现锈蚀情况。角钢属于金属制品，这种电缆支架在敷设电缆时可能刮伤电缆保护套。而采用高分子聚合物生产的电缆支架，成品出厂，容易较好地控制其质量，而且常年使用不会出现锈蚀，现场也不需要附加处理，使用起来较为方便，可减少电缆沟的维护工作量，但费用较高。

四、结构设计

（1）内力计算。盖板可简化为简支梁，电缆沟可简化为简支框架，弯矩示意图如图9-9所示。

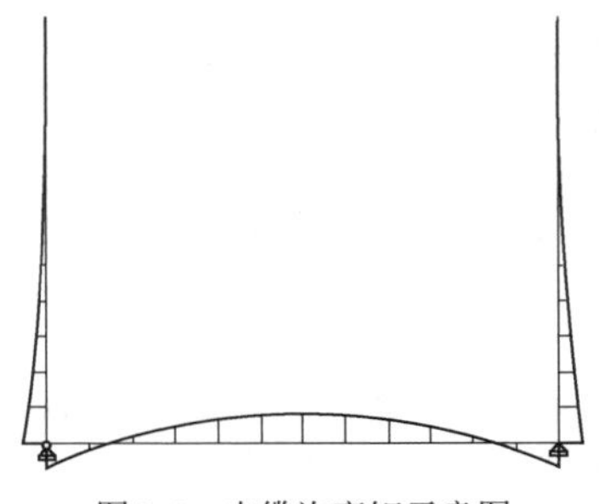

图9-9　电缆沟弯矩示意图

（2）截面设计。截面设计包括抗弯、抗剪、抗裂计算。根据计算结果，选择合理配筋，其示意图如图 9-10 和图 9-11 所示。

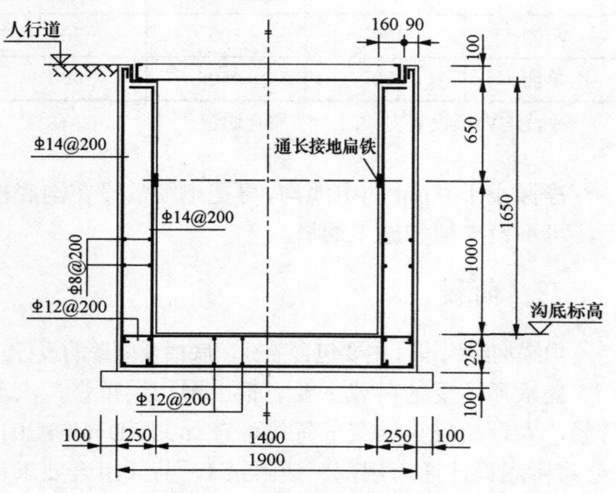

图 9-10　电缆沟配筋示意图

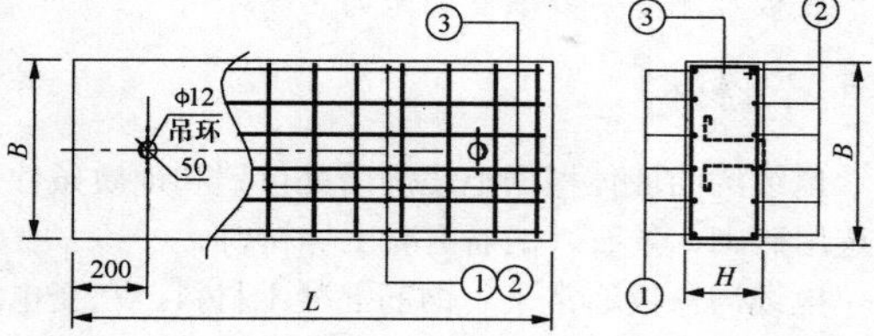

图 9-11　盖板配筋示意图

L—长度；B—宽度；H—厚度；

①、②—受力钢筋；③—分布钢筋

五、构造措施

（1）排水。电缆沟的纵向排水坡度不得小于 0.5%，沿排水方向适当距离宜设置集水井及其泄水系统，必要时应实施机械排水。

（2）变形缝。现浇混凝土电缆沟变形缝不宜超过 30m，缝宽宜为 30mm，变形缝应贯通全截面，变形缝处应采取有效的防水措施，处在气温年较差（历年最热月平均气温和最冷月平均气温）大于 35℃的冻土地区，变形缝间距不宜超过 10m，处在气温年较差不大于 35℃的冻土地区，变形缝间距不宜超过 15m。

（3）保护层。钢筋保护层厚度不小于 30mm，外露铁件均须做热镀锌防腐处理。

（4）电缆支架。电缆支架除应满足机械强度外，还应能满足电缆及附件荷重以及施工是附加荷载的要求，并留有适当的裕度。上下层支架的净距不应小于 200mm。

此外，明开挖电缆沟的地基土承载力特征值不应小于 100kPa，如地基存在软弱下卧层、淤泥等不良地质现象时，应根据具体工程地质条件，按 GB 50007—2011《建筑地基基础设计规范》、JGJ 79—2012《建筑地基处理技术规范》进行处理。

六、计算示例

某工程电缆沟设计时，覆土 0.5m 厚，无地下水，电缆沟截面尺寸 2.25m × 1.6m，沟壁宽 250mm，盖板 150mm，断面示意图如图 9-12 所示。工程区域土体力学参数如表 9-7 所示。

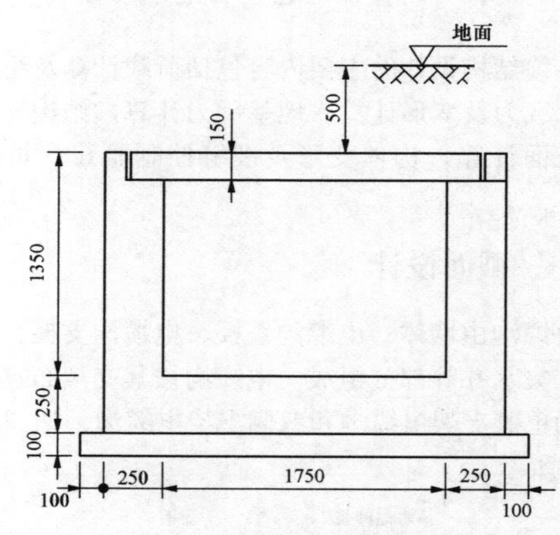

图 9-12　电缆沟断面示意图

表 9–7　　工程区域土体力学参数

土层	力学参数			
	c（kPa）	φ（°）	γ（kN/m³）	f_{ak}（kPa）
粉质黏土	25	20	18.5	180

（一）荷载计算

考虑到电缆沟周围为交通繁忙的道路，时有重载车过，按照附录 I，汽车荷载取公路—Ⅰ级，均布荷载为 59.83kN/m²。

根据规范计算荷载如下：

1. 上覆荷载（设计值）

0.5m 覆土加上车载。

恒载控制：

$$q_1 = 1.35\times0.5\times18.5 + 1.35\times0.15\times25 + 0.7\times1.4\times59.83 = 76.2\text{kN/m}^2$$

活载控制：

$$q_1 = 1.20\times0.5\times18.5 + 1.2\times0.15\times25 + 1.4\times59.83 = 99.36\text{kN/m}^2$$

内力组合由活载控制。

2. 底部反力（上覆荷载加上结构自重）（设计值）

恒载控制：

$q_3 = 76.2 + 1.35 \times 25 \times (2.25 \times 1.6 - 1.75 \times 1.35) / 2.25$
$= 94.8 \text{kN/m}^2$

活载控制：

$q_3 = 99.36 + 1.2 \times 25 \times (2.25 \times 1.6 - 1.75 \times 1.35) / 2.25$
$= 115.9 \text{kN/m}^2$

3. 侧壁上部荷载（埋深 0.5m，超载 59.83 kN/m²）

计算永久使用阶段，土压力采用静止土压力，静止土压力系数 k_0 取值参照 GB 50007—2011《建筑地基基础设计规范》，考虑土质情况，$k_0 = 0.5$。

$$e_{10} = \sum(\gamma_i \times h_i + q) \times k_0 = 47.4 \text{kN/m}^2$$

$$e_{20} = \sum(\gamma_i \times h_i + q) \times k_0 = 65.2 \text{kN/m}^2$$

（二）内力计算

盖板简化为简支梁，电缆沟简化为简支框架，内力计算结果如表 9-8 所示。

表 9–8　电缆沟结构内力汇总表

结构位置	内力值	设计值（kN·m）	内力值	设计值（kN·m）
盖板	跨中弯矩	62.9	支座剪力	111.8
底板	跨中弯矩	−5.0	跨中剪力	0
	转角弯矩	68.3	转角剪力	130.4
侧壁	转角弯矩	68.3	转角剪力	90.1

（三）盖板配筋

1. 已知条件及计算要求

（1）已知条件：盖板 $b = 1000\text{mm}$，$h = 150\text{mm}$。

混凝土 C30，$f_c = 14.30\text{N/mm}^2$，$f_t = 1.43\text{N/mm}^2$，纵筋 HRB400，$f_y = 360\text{N/mm}^2$，$f_y' = 360\text{N/mm}^2$，箍筋 HPB300，$f_y = 270\text{N/mm}^2$。

弯矩设计值 $M = 62.9\text{kN·m}$，剪力设计值 $V = 111.8\text{kN}$，扭矩设计值 $T = 0.00\text{kN·m}$。

（2）计算要求。

1）正截面受弯承载力计算。

2）斜截面受剪承载力计算。

3）裂缝宽度计算。

2. 截面验算

$$V = 111.8\text{kN} < 0.250\beta_c f_c bh_0 = 411.1\text{kN}$$

截面满足要求。

3. 正截面受弯承载力计算

$a_s = 35\text{mm}$，相对受压区高度

$$x = h_0\left(1 - \sqrt{1 - \frac{2M}{\alpha_1 f_c bh_0^2}}\right) = 29.3\text{mm} < x_b = 59.5\text{mm}$$

$$A_s = \frac{xb\alpha_1 f_c}{f_y} = 1162\text{mm}^2, \quad \rho = 1.01\% > \rho_{min} = 0.20\%$$

4. 斜截面受剪承载力计算

$$V \leqslant 0.7\beta_h f_t bh_0 = 115.1\text{kN} > 111.8\text{kN}$$

斜截面受剪满足要求。

5. 配置钢筋（按板宽 500mm 配置）

（1）上部纵筋：按构造配置

实配 6Φ10（471mm²，$\rho = 0.8\%$），配筋满足。

（2）下部纵筋：计算 $A_s = 1162\text{mm}^2$，

实配 6Φ16（1205mm²，$\rho = 2.09\%$），配筋满足。

（3）垂直受力方向构造钢筋

Φ8@200（251.2mm²，$\rho = 0.22\% > \rho_{min} = 0.15\%$），配筋满足。

6. 裂缝计算

（1）计算参数：$M_q = 23.4\text{kN·m}$，最大裂缝宽度限值 0.200mm。

（2）受拉钢筋应力：$\sigma_{sk} = M_q / (0.87 h_0 A_s) = 194.1\text{N/mm}^2 < f_{yk} = 400\text{N/mm}^2$。

（3）裂缝宽度：$W_{max} = 0.16\text{mm} < W_{lim} = 0.20\text{mm}$，满足要求。

（四）底板截面配筋

1. 已知条件及计算要求

（1）已知条件：矩形板 $b = 1000\text{mm}$，$h = 250\text{mm}$。

混凝土 C30，$f_c = 14.30\text{N/mm}^2$，$f_t = 1.43\text{N/mm}^2$，纵筋 HRB400，$f_y = 360\text{N/mm}^2$，$f_y' = 360\text{N/mm}^2$，箍筋 HPB300，$f_y = 270\text{N/mm}^2$。

弯矩设计值 $M = 68.3\text{kN·m}$，剪力设计值 $V = 130.40\text{kN}$，扭矩设计值 $T = 0.00\text{kN·m}$。

（2）计算要求。

1）正截面受弯承载力计算。

2）斜截面受剪承载力计算。

3）裂缝宽度计算。

2. 截面验算

$$V = 130.40\text{kN} < 0.250\beta_c f_c bh_0 = 768.6\text{kN}$$

截面满足要求。

3. 正截面受弯承载力计算

$a_s = 35\text{mm}$，相对受压区高度

$$x = h_0\left(1 - \sqrt{1 - \frac{2M}{\alpha_1 f_c bh_0^2}}\right) = 23.3\text{mm} < x_b = 111.3\text{mm}$$

$$A_s = \frac{xb\alpha_1 f_c}{f_y} = 926.2\text{mm}^2$$

$$\rho = 0.43\% > \rho_{min} = 0.20\%$$

4. 斜截面受剪承载力计算

$$V \leqslant 0.7\beta_h f_t bh_0 = 215.1\text{kN} > 130.4\text{kN}$$

斜截面受剪满足要求。

5. 配置钢筋

（1）上部纵筋：按构造配置。

实配Φ12@200（753.6mm²，$\rho = 0.26\%$），配筋满足。

（2）下部纵筋：计算 $A_s = 926.2\text{mm}^2$，实配Φ16@200

（1005mm^2，$\rho=0.47\%$），配筋满足。

（3）垂直受力方向构造钢筋。

Φ10@200（392.5mm^2，$\rho=0.18\%>\rho_{min}=0.15\%$），配筋满足。

6. 裂缝计算

（1）计算参数：$M_q=27.6$kN · m，最大裂缝宽度限值 0.200mm。

（2）受拉钢筋应力：$\sigma_{sk}=M_q/$（$0.87h_0A_s$）$=146.8$N/mm$^2<f_{yk}=400$N/mm^2。

（3）裂缝宽度：$W_{max}=0.05$mm$<W_{lim}=0.200$mm，满足要求。

（五）侧壁配筋

1. 已知条件及计算要求

（1）已知条件：矩形梁 $b=1000$mm，$h=250$mm。混凝土 C30，$f_c=14.30$N/mm^2，$f_t=1.43$N/mm^2，纵筋 HRB400，$f_y=360$N/mm^2，$f_y'=360$N/mm^2，箍筋 HPB300，$f_y=270$N/mm^2。

弯矩设计值 $M=68.3$kN · m，剪力设计值 $V=90.1$kN，扭矩设计值 $T=0.00$kN · m。

（2）计算要求。

1）正截面受弯承载力计算。

2）斜截面受剪承载力计算。

3）裂缝宽度计算。

2. 截面验算

$$V=90.1\text{kN}<0.250\beta_c f_c bh_0=768.6\text{kN}$$

截面满足要求。

3. 正截面受弯承载力计算

同底板计算。

4. 斜截面受剪承载力计算

$$V\leqslant 0.7\beta_h f_t bh_0=215.1\text{kN}>90.1\text{kN}$$

斜截面受剪满足要求。

5. 配置钢筋

（1）内侧纵筋：按构造配置。

实配Φ12@200（753.6mm^2，$\rho=0.26\%$），配筋满足。

（2）外侧纵筋：计算 $A_s=926.2$mm^2。

实配Φ16@200（1005mm^2，$\rho=0.47\%$），配筋满足。

（3）垂直受力方向构造钢筋。

Φ10@200（392.5mm^2，$\rho=0.18\%>\rho_{min}=0.15\%$），配筋满足。

6. 裂缝计算

（1）计算参数：$M_q=27.6$kN · m，最大裂缝宽度限值 0.200mm。

（2）受拉钢筋应力：$\sigma_{sk}=M_q/$（$0.87h_0A_s$）$=146.8$N/mm$^2<f_{yk}=400$N/mm^2。

（3）裂缝宽度：$W_{max}=0.05$mm$<W_{lim}=0.200$mm，满足要求。

第五节　电　缆　隧　道

电缆隧道结构设计的主要内容包括荷载计算及组合，地基承载力及变形计算、地基反力计算，结构静力分析，截面计算，构件变形及裂缝控制验算，抗浮计算等。

一、截面设计

电缆隧道截面设计应满足电气、施工、运行各方面的要求。

（1）电缆支架的层间垂直距离，应满足电缆能方便地敷设和固定，在多根电缆同层支架敷设时，有更换或增设任意电缆的可能，电缆支架之间最小净距及电缆支架离底板和顶板最小净距应满足第八章第三节的相关要求，通道内净宽度应满足表 9-9 的要求。

表 9-9　通道内净宽度要求　（mm）

电缆支架配置	开挖式电缆隧道	非挖式电缆隧道
两侧支架	1000	800
单列支架与壁间通道	900	800

（2）电缆隧道净高不宜小于 1900mm，与其他沟道交叉的局部段净高，不得小于 1400mm 或改为排管连接。

二、荷载

（一）一般规定

（1）作用在地下结构上的荷载，可按表 9-10 进行分类。工程设计时须根据隧道结构上可能出现的永久荷载、可变荷载和偶然荷载，按承载能力和正常使用要求进行组合，并按最不利组合进行荷载计算和结构设计。

表 9-10　荷载分类

<table>
<tr><th>荷载名称</th><th colspan="2">荷载分类</th></tr>
<tr><td>结构自重</td><td rowspan="5">恒载</td><td rowspan="9">主要荷载</td></tr>
<tr><td>围岩压力</td></tr>
<tr><td>结构附加恒载</td></tr>
<tr><td>水压力及浮力</td></tr>
<tr><td>混凝土收缩和徐变的影响力</td></tr>
<tr><td>车辆荷载</td><td rowspan="4">活载</td></tr>
<tr><td>人群荷载</td></tr>
<tr><td>电缆及附件荷载</td></tr>
<tr><td>施工荷载</td></tr>
</table>

续表

荷载名称	荷载分类
温度变化影响	附加荷载
灌浆压力	
冻胀力	
地震作用	特殊荷载
落石冲击力	

注 当电缆隧道覆土厚度大于或等于 1.0m 时，可不计入车辆荷载产生的冲击力。

（2）电缆隧道的荷载可按三个阶段分类。基本使用阶段，主要荷载为自重、围岩压力、地面超载等；施工阶段，主要荷载为盾构推进力或顶管顶力，明开挖时支护结构的侧向土压力；特殊荷载阶段，包括地震或其他冲击荷载，需要根据此类荷载对结构进行验算。荷载分布图如图 9-13 所示。

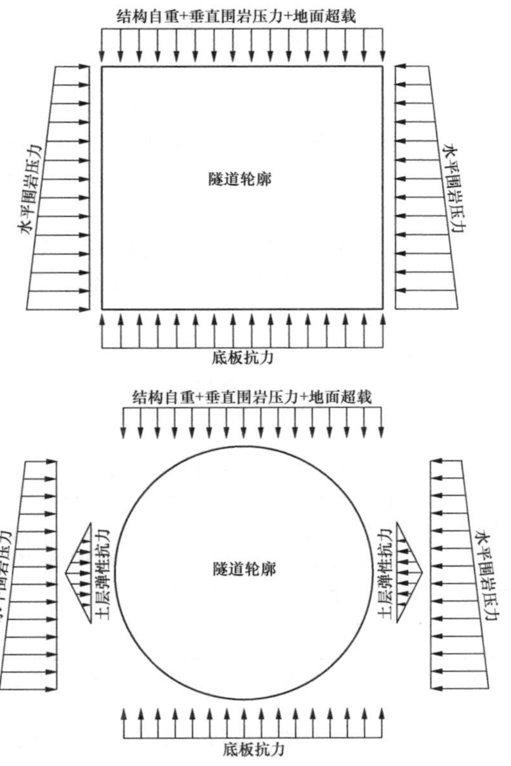

图 9-13 荷载分布图

（3）应根据电缆隧道所处的地形、地质条件、埋置深度、结构特征和工作条件、施工方法、相邻隧道间距等因素确定荷载。施工中如发现与实际情况不符，应及时修正。对地质复杂的电缆隧道，必要时应通过实地测量确定作用的代表值或荷载计算值及分布规律。

（二）永久荷载

（1）隧道结构自重可按结构设计尺寸及材料标准重度计算，结构附加荷载应按实际情况计算。

（2）隧道内的预埋件附加荷载应根据预埋件自重及作用于预埋件上的荷载确定。

（3）明挖隧道的荷载可按附录 D 的规定确定。

（4）暗挖隧道（矿山法）的荷载可按附录 E 的规定确定。

（5）顶管隧道的荷载可按附录 F 的规定确定。

（6）盾构隧道的荷载可按附录 G 的规定确定。

（7）位于城市地区的隧道，作用在隧道结构上的水压力可按下列规定计算：

1）水压力应根据围岩的渗透性确定。黏性土地层施工阶段可按水土合算、使用阶段应采用水土分算的方法确定；砂性土地层可按水土分算的方法确定；岩石地层应按水土分算，水土合算的不利情况确定。

2）水压力应根据设防水位以及施工和使用阶段可能发生的地下水位最不利情况，按静水压力计算。

3）采用水土分算时，地下水位以上的土层采用湿重度，地下水位以下的土层采用浮重度；采用水土合算时，地下水位以上的土层采用湿重度，地下水位以下的土层采用饱和重度。根据在城市地下工程的设计经验，土的湿重度一般取 16～18kN/m^3，土的浮重度一般为 8～10kN/m^3，土的饱和重度一般为 18～20kN/m^3。

4）侧向水、土压力可按附录 H 的规定确定。

（三）可变荷载

（1）车辆荷载可按附录 I 的规定确定。

（2）隧道各部构件受温度变化产生的变形值，可根据当地温度情况与施工条件所确定的温度变化值按式（9-1）计算

$$\Delta l = l \cdot \Delta t \cdot \alpha \tag{9-1}$$

式中 Δl ——温度变化引起的变形值，m；

l——构件的计算长度，m；

Δt ——温度变化值，℃；

α ——材料的线膨胀系数，钢筋混凝土和混凝土的线膨胀系数采用 1.0×10^{-5}。

（3）混凝土收缩的影响可假定用降低温度的方法来计算，对于整体灌注的混凝土构件相当于降低温度 20℃；对于整体灌注的钢筋混凝土结构相当于降低温度 15℃；对于分段灌注的混凝土或钢筋混凝土相当于降低温度 10℃；对于装配式钢筋混凝土结构可酌予降低温度 5～10℃。

（4）严寒及寒冷地区受冻害影响的隧道应考虑冻胀力，冻胀力应根据当地的气象条件、围岩条件、地下水条件、埋置深度以及衬砌结构形式或排水条件计

算确定。

（5）回填灌浆压力应根据设计灌浆压力计算确定。

（四）偶然荷载

（1）当有落石危害需验算冲击力时，可通过现场调查或有关计算验证确定。

（2）人防荷载、地震荷载应分别按GB 50038—2016《人民防空地下室设计规范》、GB 50011—2010《建筑抗震设计规范》的规定计算确定。

三、工程材料

（一）一般规定

1. 混凝土

（1）一般环境下电缆隧道的混凝土强度等级不宜低于表9-11的规定。

表9-11 电缆隧道混凝土的设计强度等级

明挖	整体式钢筋混凝土结构	C30
	预制钢筋混凝土结构	C50
	作为永久结构的地下连续墙和灌注桩	C30
暗挖	喷射混凝土衬砌	C20
	现浇混凝土或钢筋混凝土衬砌	C30
盾构	装配式钢筋混凝土管片	C50
顶管	钢筋混凝土管	C50

注 最冷月份平均气温低于－15℃的地区及受冻害影响的电缆隧道，混凝土等级应适当提高。

（2）应符合结构强度和耐久性的要求，同时满足抗冻、抗渗和抗侵蚀的需要。

（3）当有侵蚀性水经常作用时，所用混凝土和水泥砂浆均应具有相应的抗侵蚀性能。

（4）混凝土不应使用碱活性骨料。

（5）片石强度等级不应低于MU40，块石强度等级不应低于MU60，混凝土砌块不应低于MU20，有裂缝和易风化的石材不应采用。

（6）片石混凝土内片石掺用量不得超过总体积的30%。

2. 喷锚支护材料

（1）喷射混凝土应优先采用硅酸盐水泥或普通硅酸盐水泥，也可采用矿渣硅酸盐水泥。

（2）粗骨料应采用坚硬耐久的碎石或卵石，不得使用碱活性骨料；喷射混凝土中的石子粒径不宜大于16mm，喷射钢纤维混凝土中的石子粒径不宜大于10mm；骨料级配宜采用连续级配，细骨料应采用坚硬耐久的中砂或粗砂，细度模数宜大于2.5，砂的含水率宜控制在5%～7%。

（3）锚杆的杆体直径宜为20～32mm，杆体材料宜采用HRB335、HRB400钢；垫板材料宜采用Q235钢。

（4）锚杆用的各种水泥砂浆强度不应低于M20。

（5）钢筋网材料可采用HPB300，直径宜为6～12mm。

3. 外加剂

（1）对混凝土的强度及其与围岩的黏结力基本无影响，对混凝土和钢材无腐蚀作用。

（2）对混凝土的凝结时间影响不大（除速凝剂和缓凝剂外）。

（3）不易吸湿，易于保存；不污染环境，对人体无害。

4. 喷射钢纤维混凝土中的钢纤维

（1）喷射钢纤维混凝土中的钢纤维宜采用普通碳素钢制成。

（2）宜用等效直径为0.3～0.5mm的方形或圆形断面。

（3）长度宜为20～25mm，长度直径比宜为40～60。

（4）抗拉强度不得小于380MPa，并不得有油渍和明显的锈蚀。

5. 支护钢架

支护钢架宜采用钢筋、工字钢、H型钢制成，也可用U型钢制成。常用型钢的截面参数见附录J。

（二）材料性能

1. 混凝土

（1）常用建筑材料的重度应按表9-12的规定采用。

表9-12 建筑材料的标准重度或计算重度

材料名称	混凝土	片石混凝土	钢筋混凝土（配筋率在3%以内）	钢材	浆砌片石	浆砌块石	浆砌粗料石
重度（kN/m^3）	23	23	25	77	22	23	25

注 钢筋混凝土配筋率大于3%时，其重度应计算确定。

（2）混凝土轴心抗拉强度标准值应按表9-13采用。

表9-13 混凝土轴心抗拉强度标准值 （MPa）

强度种类＼混凝土强度等级	C20	C25	C30	C35	C40	C50
轴心抗拉f_{tk}	1.54	1.78	2.01	2.20	2.39	2.64

（3）混凝土轴心抗拉强度设计值应按表 9-14 采用。

表 9-14 混凝土轴心抗拉强度设计值 （MPa）

强度种类 \ 混凝土强度等级	C20	C25	C30	C35	C40	C50
轴心抗拉 f_t	1.10	1.27	1.43	1.57	1.71	1.89

（4）混凝土和钢筋混凝土结构中用的混凝土的极限强度应按表 9-15 采用。

表 9-15 混凝土的极限强度 （MPa）

强度种类 \ 混凝土强度等级	C20	C25	C30	C35	C40	C50
抗压 R_a	15.5	19.0	22.5	26.0	29.5	36.5
弯曲抗压 R_w	19.4	23.8	28.1	32.5	36.9	45.6
抗拉 R_l	1.7	2.0	2.2	2.4	2.7	3.1

注 弯曲抗压极限强度按 $R_w=1.25R_a$ 换算。

（5）混凝土的容许应力应按表 9-16 采用。

表 9-16 混凝土的容许应力 （MPa）

应力种类	符号	混凝土强度等级					
		C20	C25	C30	C35	C40	C50
弯曲及偏心受压应力	σ_w	7.8	9.5	11.2	13	14.7	18.2
弯曲拉应力	σ_{wl}	0.43	0.50	0.55	0.60	0.68	0.78
剪应力	τ	0.85	1.00	1.10	1.20	1.35	1.55

注 计算主要荷载加附加荷载时，除剪应力外可提高 30%。

（6）混凝土的受压弹性模量 E_C 应按表 9-17 采用。混凝土的剪切弹性模量可按表 9-22 数值乘以 0.4 采用。混凝土的泊松比可采用 0.2。

表 9-17 混凝土的弹性模量 E_C （GPa）

混凝土强度等级	C20	C25	C30	C35	C40	C50
弹性模量 E_C	28	30	31.5	32.5	33.5	35.5

2. 喷射混凝土

（1）喷射混凝土的力学性能指标应满足表 9-18 的规定。

（2）喷射混凝土的早期强度应符合表 9-19 的规定。

表 9-18 喷射混凝土的力学性能指标 （MPa）

喷射混凝土强度等级	轴心抗压极限强度	弯曲抗压极限强度	抗拉极限强度	弹性模量	轴心抗压设计强度	弯曲抗压设计强度	抗拉设计强度
C25	17	18.5	2.0	2.3×10^4	12.5	13.5	1.3
C30	20	22	2.2	2.5×10^4	15	16.5	1.5

注 1. 喷射混凝土的强度指采用喷射大板切割法，制作成边长为 10cm 的立方体试块，在标准条件下养护 28d，用标准试验方法所得的极限抗压强度乘以 0.95 的系数。

2. 喷射混凝土与围岩黏结强度试验可采用预留试拉件拉拔法或钻芯拉拔法，并满足 GB 50086—2015《岩土锚杆与喷射混凝土支护工程技术规范》的要求。

表 9-19 喷射混凝土早期强度 （MPa）

喷射混凝土强度等级 \ 凝结时间（h）	8	24
C25	2	10
C30	3	12
C35	4	14

3. 钢材

（1）钢筋的强度和弹性模量按表 9-20 采用。

表 9-20 钢筋的强度和弹性模量

钢筋种类	屈服强度（MPa）	抗拉极限强度（MPa）	弹性模量 E_s（GPa）	断后伸长率
HPB300	300	420	210	25%
HRB400	400	540	200	16%
HRB500	500	630	200	15%
GRMG600	600	750	—	—

注 钢筋抗拉或抗压计算强度 R_g 可取表中钢筋的屈服强度。

（2）钢筋的容许应力按表 9-21 采用。

表 9-21 钢筋的容许应力 （MPa）

钢筋种类	容许应力	
	主要荷载	主要荷载 + 附加荷载
HPB300	160	210
HRB400	210	270
HRB500	260	320

4. 石材和砌体

（1）砌体工程所用的石材应符合下列规定：

1）石材应质地坚硬、不易风化、无裂纹，表面的污渍应予清除。

2）在对冷月平均气温低于－15℃或－5℃～－15℃的地区使用的石材，其抗冻性指标应分别符合冻融循环25次或15次的要求，且表面无破坏现象。

3）浸水或潮湿地区主体工程的石材软化系数不得小于0.8。

（2）砌体的极限强度应按表9-22采用。

表9-22　砌体的极限强度　（MPa）

强度种类 / 砌体种类		抗压 R_a 片石砌体	抗压 R_a 块石	抗压 R_a 粗料石	抗剪 R_j
砂浆强度等级	M7.5	3.0	—	—	0.35
	M10	3.5	5.5	8.0	0.40
	M15	4.0	6.0	9.0	0.50

（3）砌体的弹性模量可采用10～15GPa，砌体的剪切模量宜采用砌体弹性模量的0.4倍。

（4）石砌体中心及偏心受压的容许应力应按表9-23采用。

表9-23　石砌体中心及偏心受压的容许应力　（MPa）

砌体种类	石料强度等级	水泥砂浆强度等级 M20	M15	M10
片石砌体	MU100	3.0	2.6	2.2
	MU80	2.7	2.35	2.0
	MU60	2.3	2.025	1.85
	MU40	1.95	1.65	1.45
块石砌体	MU100	5.6	5.25	4.9
	MU80	4.7	4.4	4.1
	MU60	3.8	3.5	3.2
粗料石砌体	MU100	7.1	6.05	5.0
	MU80	6.0	5.4	4.8
	MU60	4.9	4.5	4.1

注　1. 介于表列石料或水泥砂浆的强度等级之间的其他砌体的受压容许应力，可用内插确定。

2. 当有特殊需要采用细料石及半细料石砌体时，其受压容许应力可按粗料石砌体的受压容许应力分别乘以提高系数1.43及1.14，但提高后的受压容许应力不应大于水泥砂浆抗压极限强度的1/2。

5. 其他常用材料

（1）纤维混凝土中的纤维材料可采用钢纤维、合成纤维、纤维素纤维等，纤维混凝土主要性能指标不得低于同等级混凝土。

（2）喷射混凝土中钢纤维等效直径宜为0.3～0.5mm，长度宜为20～25mm，纤维体积率可采用0.35%～1%；模筑混凝土中钢纤维等效直径以为0.3～0.9mm，长度宜为20～60mm，纤维体积率可采用0.5%～1%。钢纤维抗拉强度不得小于600MPa。

（3）合成纤维混凝土可采用聚丙烯腈纤维、聚丙烯纤维、聚酰胺纤维或聚乙烯醇纤维等，纤维体积率宜为0.06%～0.25%。

（4）纤维素纤维单纤维平均当量直径为15～25μm，纤维重量平均长度不小于2.0mm，其掺量一般为0.9kg/m^3。

（5）隧道设置防水板与无纺布时，其物理力学性能除应符合现行国家、行业相关标准的规定外，尚应符合下列要求；

1）防水板宜选用高分子防水材料，不得使用再生料。

2）防水板幅宽不应小于2m。

3）无纺布单位面积质量不应小于300g/m^2。

（6）止水带宜选用橡胶止水带或钢边橡胶止水带，止水条宜选用制品型遇水膨胀橡胶止水条。止水带（条）物理力学性能应符合现行国家、行业相关标注要求。

（7）混凝土界面处理应采用Ⅰ型界面剂；变形缝防水密封材料应采用混凝土建筑接缝用密封胶。

（8）注浆材料应根据围岩工程地质和水文地质条件、注浆目的、注浆工艺和设备等因素，结合经济性合理确定，并应满足下列要求：

1）耐久性强，稳定性好。

2）固化时体积缩小，固结后有较高的强度和抗渗性。

3）低毒或无毒、无臭，对环境无污染或污染小，对人体无害。

4）动水条件下，应满足抗分散性好、早期强度高、凝胶时间可调、结石体抗冲刷性能好等要求。

（9）隧道工程防水涂料应具有良好的耐水性、耐久性、耐腐蚀性及耐菌性，并应具有无毒、阻燃和良好的黏结性。

四、明挖隧道

（一）基本规定

（1）明挖隧道采用以概率论为基础的极限状态设计方法，以可靠度指标度量结构构件的可靠度，以分项系数的设计表达式进行设计。

（2）明挖隧道结构按承载能力极限状态计算和按正常使用极限状态验算时，应按规定的荷载对结构的整体进行荷载效应分析；必要时，尚应对结构中受力状态特殊的部分进行更详细的结构分析。

（二）衬砌设计

电缆隧道横断面结构分析一般可采用平面应变模型进行计算，以支撑弹簧模拟基底反力。遇到下列情况时，应采用三维有限元方法进行结构分析，对其纵向强度和变形进行分析：

（1）覆土荷载沿其纵向有较大变化时。

（2）结构直接承受建、构筑物等较大局部荷载时。

（3）地基或基础有显著差异时。

（4）地基沿纵向产生不均匀沉降时。

（5）空间受力作用明显的区段。

明开挖隧道一般为矩形，采用钢筋混凝土浇筑。采用平面模型计算时，墙和板可视为刚性节点。模型尺寸可按中心线选取，计算模型如图 9-14（a）所示，由于荷载及结构完全对称，为简化计算，可取半结构，计算简图如图 9-14（b）所示。

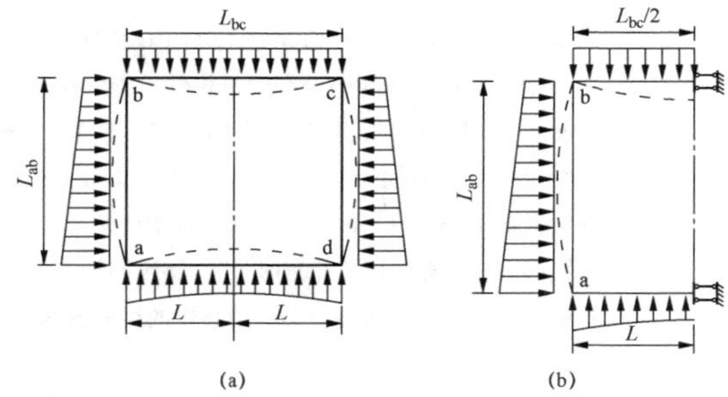

图 9-14 矩形隧道计算简图

（a）计算模型；（b）计算简图

根据计算简图，可采用结构力学方法求得最终内力图，本节以弯矩分配法为例，过程如下：

（1）计算各构件的载常数固端弯矩 M^F。

M_{bc}^F、M_{ba}^F、M_{ab}^F 按两端固定构件求得，杆端弯矩以顺时针方向为正，逆时针方向为负，见式（9-2）～式（9-4），对节点或支座而言，则以逆时针方向为正。

$$M_{bc}^F = -\frac{ql_{bc}^2}{12} \tag{9-2}$$

$$M_{ba}^F = \frac{q_{均布}l_{ba}^2}{12} + \frac{q_{三角}l_{ba}^2}{30} \tag{9-3}$$

$$M_{ba}^F = -\frac{q_{均布}l_{ba}^2}{12} - \frac{q_{三角}l_{ba}^2}{20} \tag{9-4}$$

M_{ad}^F 为弹性地基上底板的固端弯矩，可根据底板的弹性参数 t 及对应的荷载情况求得。弹性参数计算式为

$$t = 10\frac{E_0}{E_c}\left(\frac{L}{h}\right)^3 \tag{9-5}$$

式中 h——底板厚度，mm；

E_0——地基土的变形模量，N/mm²；

E_c——底板混凝土弹性模量，N/mm²；

L——底板计算长度之半。

（2）计算各构件的形常数抗转动刚度 S 计算式为

$$S_{bc} = 2 \cdot \frac{E_c I_{bc}}{L_{bc}} \tag{9-6}$$

$$S_{ba} = S_{ab} = 4 \cdot \frac{E_c I_{ab}}{L_{ab}} \tag{9-7}$$

$$S_{ad} = 2 \cdot \frac{E_c I_{ad}}{L}\bar{S}_{ad} \tag{9-8}$$

式中 E_c、I——混凝土弹性模量与截面惯性矩；

L_{bc}、L_{ab}——顶板和墙的计算长度；

L——底板计算长度之半；

$\bar{S}_{ad}$——底板抗转动刚度系数。

（3）计算 a、b 节点的分配系数及传递系数。

a 节点：

$$\mu_{ab} = \frac{S_{ab}}{S_{ab} + S_{ad}} \tag{9-9}$$

$$\mu_{ad} = \frac{S_{ad}}{S_{ab} + S_{ad}} \tag{9-10}$$

b 节点：

$$\mu_{ba} = \frac{S_{ba}}{S_{ba} + S_{bc}} \tag{9-11}$$

$$\mu_{bc} = \frac{S_{bc}}{S_{ba} + S_{bc}} \tag{9-12}$$

a、b 节点的弯矩传递系数为 0.5。

（4）分配不平衡弯矩，得出节点弯矩。

（5）根据节点弯矩与外荷载求得构件上每点内力。

混凝土正截面和斜截面计算、偏心计算等均按 GB 50010—2011《混凝土结构设计规范》相关规定执行。

（三）构造要求

（1）明挖整体浇筑式隧道宜设置变形缝。变形缝的设置应符合下列要求：

1）明挖整体浇筑式结构沿线应设置变形缝。

2）不同工法结构形式隧道衔接处、结构断面形式明显改变处、与变电站接口处、主体结构与出入口通道风道等附属建筑物的结合部、荷载和工程地质等条件发生显著改变处均应设置变形缝。

（2）明挖结构现浇钢筋混凝土的横向施工缝的位置及间距，应综合结构形式、受力要求、气象条件及变形缝间距等因素，参照类似工程的经验确定。施工缝间各结构段的混凝土宜间隔浇注。

（3）明挖隧道变形缝缝距不宜超过 30m，缝宽宜

为 30mm，当采取可靠措施时，变形缝间距可适当增大。变形缝应贯通全断面，变形缝处结构厚度不应小于 300mm，并采取相应的防水措施。

（4）迎水面钢筋的混凝土保护层厚度不应小于 50mm；箍筋、分布筋和构造筋的混凝土保护层不应小于 30mm。钢筋混凝土保护层厚度尚应根据结构类型、环境条件和耐久性要求等确定，最小净保护层厚度应符合表 9-24 的规定。

表 9-24　混凝土保护层最小厚度　（mm）

环境类别	板、墙、壳	梁、柱、杆
一	15	20
二 a	20	25
二 b	25	35
三 a	30	40
三 b	40	50

注　1. 混凝土强度等级不大于 C25 时，表中保护层厚度数值应增加 5mm。

2. 钢筋混凝土基础宜设置混凝土垫层，基础中钢筋的混凝土保护层厚度应从垫层顶面算起，且不应小于 40mm。

（5）矩形隧道结构顶、底板与侧墙连接处宜设置腋角，如图 9-15 所示，腋角的边宽不宜小于 150mm，内配置八字斜筋的直径宜与侧墙的受力筋相同，间距可为侧墙受力筋间距的两倍（即间隔配置）。当底板与侧墙连接处由于电缆支架的安装需要无法设置腋角时，应适当增大拐角处的钢筋量。

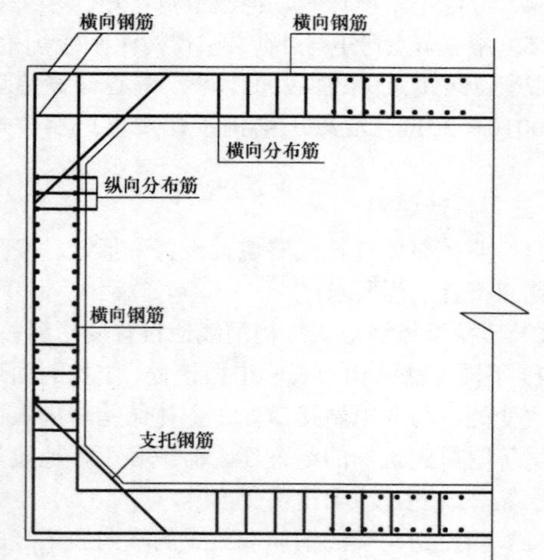

图 9-15　明开挖隧道配筋图

（6）横向受力钢筋的配筋百分率，不应小于表 9-25 中的规定。计算钢筋百分率时，混凝土的面积要按计算面积计算。

受弯构件及大偏心受压构件受拉主筋的配筋率，一般应不大于 1.2%，最大不得超过 1.5%。

配置受力钢筋要求细而密。为便于施工，同一结构中选用的钢筋直径和型号不宜过多。通常，受力钢筋直径 $d \leqslant 32$mm，对于以受弯为主的构件 $d \geqslant 10$～14mm；对于以受压为主的构件 $d \geqslant 12$～16mm。

表 9-25　钢筋的最小配筋率

受力类型		最小配筋百分率（%）
受压构件	全部纵向钢筋 一侧纵向钢筋	0.4 0.2
受弯构件、偏心受拉、轴心受拉构件一侧的受拉钢筋		0.2 和 $45f_t/f_y$ 中的较大值

注　1. 受压构件全部纵向钢筋最小配筋百分率，当采用 HRB400 级、RRB400 级钢筋时，应按表中规定减小 0.1；当混凝土强度等级为 C60 及以上时，应按表中规定增大 0.1。

2. 偏心受拉构件中的受压钢筋，应按受压构件一侧纵向钢筋考虑。

3. 受压构件的全部纵向钢筋和一侧纵向钢筋的配筋率以及轴心受拉构件和小偏心受拉构件一侧受拉钢筋的配筋率应按构件的全截面面积计算；受弯构件、大偏心受拉构件一侧受拉钢筋的配筋率应按全截面面积扣除受压翼缘面积（$b_f'-b$）h_f'后的截面面积计算。

4. 当钢筋沿构件截面周边布置时，“一侧纵向钢筋”系指沿受力方向两个对边中的一边布置的纵向钢筋。

受力钢筋的间距应不大于 200mm，不小于 70mm，但有时由于施工需要，局部钢筋的间距也可适当放宽。

（7）由于考虑混凝土的收缩、温度影响、不均匀的沉陷等因素的作用，必须配置一定数量的构造钢筋。纵向分布钢筋的截面面积，一般应不小于受力钢筋截面积的 10%，同时，纵向分布钢筋的配筋率：对顶、底板不宜小于 0.15%；对侧墙不宜小于 0.20%。例如，某隧道通道顶、底板厚 50cm，其内或外侧采用 $0.5 \times 0.15\% \times 100 \times 50 = 3.75\text{cm}^2$ 的分布筋，选用 ϕ 12、间距 250mm 的钢筋，其面积为 4.52cm^2。

纵向分布钢筋应沿框架周边各构件的内、外两侧布置，其间距可采用 100～300mm。框架角部，分布钢筋应适当加强（如加粗或加密），其直径不小于 12～14mm，如图 9-16 所示。

（8）钢筋混凝土结构电缆隧道的环境类别按 GB/T 50476—2008《混凝土结构耐久性设计规范》选

取，如表 9-26 所示。

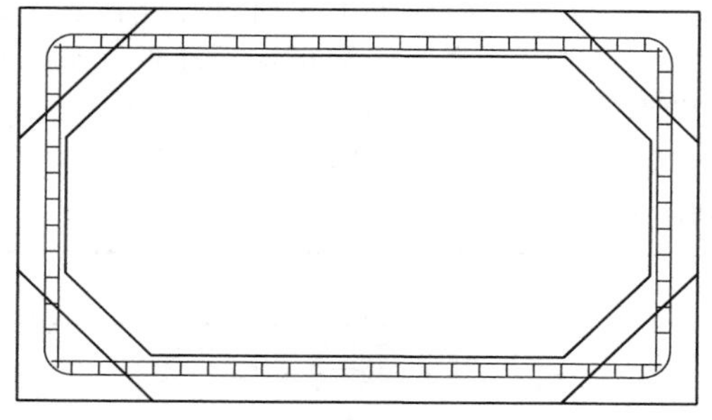

图 9-16 分布钢筋布置图

表 9-26 钢筋混凝土结构电缆隧道的环境类别

环境类别	名称	腐蚀机理
Ⅰ	一般环境	保护层混凝土碳化引起钢筋腐蚀
Ⅱ	冻融环境	反复冻融导致混凝土损伤
Ⅲ	海洋氯化物环境	氯盐引起钢筋腐蚀
Ⅳ	除冰盐等其他氯化物环境	氯盐引起钢筋腐蚀
Ⅴ	化学腐蚀环境	硫酸盐等化学物质对混凝土的腐蚀

（9）电缆隧道设计还应满足 GB 50046—2008《工业建筑防腐蚀设计规范》对防腐的要求。

（10）隧道结构宜位于当地冻土层以下。

（四）基坑工程

1. 设计原则

（1）基坑（槽）支护设计应规定设计使用期限。

（2）基坑（槽）支护必须保证基坑（槽）周边建（构）筑物、地下管线、道路的安全和正常使用，保证主体地下结构的施工空间。

（3）基坑（槽）支护设计时，应综合考虑基坑（槽）周边环境和地质条件的复杂程度、基坑（槽）深度等因素，按表 9-27 采用支护结构的安全等级。对同一基坑（槽）的不同部位，可采用不同的安全等级。

表 9-27 基坑（槽）侧壁安全等级及重要性系数

安全等级	破坏后果	重要性系数 γ_0
一级	支护结构失效、土体过大变形对基坑（槽）周边环境及主体结构施工的影响很严重	1.1
二级	支护结构失效、土体过大变形对基坑（槽）周边环境及主体结构施工的影响严重	1.0
三级	支护结构失效、土体过大变形对基坑（槽）周边环境及主体结构施工的影响不严重	0.9

（4）基坑支护结构应采用以分项系数表示的极限状态设计表达式进行设计。基坑支护结构极限状态可分为以下两类：

1）承载能力极限状态。采用承载能力极限状态的情况主要有：支护结构构件或连接因超过材料强度而破坏，或因过度变形而不适于继续承受荷载，或出现压屈、局部失稳；支护结构及土体整体滑动；坑底土体隆起而丧失稳定；对支挡式结构，坑底土体丧失嵌固能力而使支护结构推移或倾覆；对锚拉式支挡结构或土钉墙，土体丧失对锚杆或土钉的锚固能力；地下水渗流引起的土体渗透破坏。

2）正常使用极限状态。采用正常使用极限状态的情况主要有：造成基坑（槽）周边建（构）筑物、地下管线、道路等损坏或影响其正常使用的支护结构位移；因地下水位下降、地下水渗流或施工因素而造成基坑（槽）周边建（构）筑物、地下管线、道路等损坏或影响其正常使用的土体变形；影响主体地下结构正常施工的支护结构位移；影响主体地下结构正常施工的地下水渗流。

（5）支护结构构件按承载能力极限状态设计时，作用基本组合的综合分项系数不应小于 1.25。对安全等级为一级、二级、三级的支护结构，其结构重要性系数分别不应小于 1.1、1.0、0.9。

（6）基坑（槽）支护设计应按 JGJ 120—2012《建筑基坑支护技术规程》的要求设定支护结构的水平位移控制值和基坑（槽）周边环境的沉降控制值。

（7）基坑（槽）支护应按实际的基坑（槽）周边建筑物、地下管线、道路和施工荷载等条件进行设计。设计中应提出明确的基坑（槽）周边荷载限值、地下水和地表水控制等基坑（槽）使用要求。

（8）支护结构按平面结构分析时，应按基坑（槽）各部位的开挖深度、周边环境条件、地质条件等因素划分设计计算剖面。对每一计算剖面，应按其最不利条件进行计算。

（9）基坑（槽）支护设计应规定支护结构各构件施工顺序及相应的基坑（槽）开挖深度。

（10）在季节性冻土地区，支护结构设计应根据冻胀、冻融对支护结构受力和基坑（槽）侧壁的影响采取相应的措施。

（11）土压力及水压力计算、土的各类稳定性验算时，土、水压力的分、合算方法及相应的土的抗剪强度应符合 JGJ 120—2012《建筑基坑支护技术规程》的规定。

（12）支护结构设计时，对计算参数取值和计算分析结果，应根据工程经验分析判断其合理性。

2. 支护结构选型

（1）支护结构选型时，应综合考虑的因素主要包括：基坑（槽）深度；土的性状及地下水条件；基坑（槽）周边环境对基坑（槽）变形的承受能力及支护结构一旦失效可能产生的后果；主体地下结构及其基础形式、基坑（槽）平面尺寸及形状；支护结构施工工艺的可行性；施工场地条件及施工季节；经济指标、环保性能和施工工期。

（2）支护结构应按表9-28选择其形式。

表 9-28　各类支护结构的适用条件

<table>
<tr><th colspan="2" rowspan="2">结构类型</th><th colspan="3">适用条件</th></tr>
<tr><th>安全等级</th><th colspan="2">基坑（槽）深度、环境条件、土类和地下水条件</th></tr>
<tr><td rowspan="5">支挡式结构</td><td>锚拉式</td><td rowspan="5">一级、二级、三级</td><td>适用于较深的基坑（槽）</td><td rowspan="5">（1）排桩适用于可采用降水或截水帷幕的基坑（槽）；
（2）地下连续墙宜同时用作主体地下结构外墙，可同时用于截水；
（3）锚杆不宜用在软土层和高水位的碎石土、砂土层中；
（4）当邻近基坑（槽）有建筑物地下室、地下构筑物等，锚杆的有效锚固长度不足时，不应采用锚杆；
（5）当锚杆施工会造成基坑（槽）周边建（构）筑物的损害或违反城市地下空间规划等规定时，不应采用锚杆</td></tr>
<tr><td>支撑式</td><td>适用于较深的基坑（槽）</td></tr>
<tr><td>悬臂式</td><td>适用于较浅的基坑（槽）</td></tr>
<tr><td>双排桩</td><td>当锚拉式、支撑式和悬臂式结构不适用时，可考虑采用双排桩</td></tr>
<tr><td>支护结构与主体结构结合的逆作法</td><td>适用于基坑（槽）周边环境条件很复杂的深基坑（槽）</td></tr>
<tr><td rowspan="4">土钉墙</td><td>单一土钉墙</td><td rowspan="4">二级、三级</td><td>适用于地下水位以上或经降水的非软土基坑（槽），且基坑（槽）深度不宜大于12m</td><td rowspan="4">当基坑（槽）潜在滑动面内有建筑物、重要地下管线时，不宜采用土钉墙</td></tr>
<tr><td>预应力锚杆复合土钉墙</td><td>适用于地下水位以上或经降水的非软土基坑（槽），且基坑（槽）深度不宜大于15m</td></tr>
<tr><td>水泥土桩垂直复合土钉墙</td><td>用于非软土基坑（槽）时，基坑（槽）深度不宜大于12m；用于淤泥质土基坑（槽）时，基坑（槽）深度不宜大于6m；不宜用在高水位的碎石土、砂土、粉土层中</td></tr>
<tr><td>微型桩垂直复合土钉墙</td><td>适用于地下水位以上或经降水的基坑（槽），用于非软土基坑（槽）时，基坑（槽）深度不宜大于12m；用于淤泥质土基坑（槽）时，基坑（槽）深度不宜大于6m</td></tr>
<tr><td colspan="2">重力式水泥土墙</td><td>二级、三级</td><td colspan="2">适用于淤泥质土、淤泥基坑（槽），且基坑（槽）深度不宜大于7m</td></tr>
<tr><td colspan="2">放坡</td><td>三级</td><td colspan="2">（1）施工场地应满足放坡条件；
（2）可与上述支护结构形式结合</td></tr>
</table>

注 1. 当基坑（槽）不同部位的周边环境条件、土层性状、基坑（槽）深度等不同时，可在不同部位分别采用不同的支护形式。
2. 支护结构可采用上、下部以不同结构类型组合的形式。
3. 重力式水泥土墙设计执行 JGJ 120—2012《建筑基坑支护技术规程》。

（3）不同支护形式的结合处，应考虑相邻支护结构的相互影响，其过渡段应有可靠的连接措施。

（4）支护结构上部采用土钉墙或放坡、下部采用支挡式结构时，上部土钉墙或放坡应符合 JGJ 120—2012《建筑基坑支部技术规程》对其支护结构形式的规定，支挡式结构应按整体结构考虑。

（5）当坑底以下为软土时，可采用水泥土搅拌桩、高压喷射注浆等方法对坑底土体进行局部或整体加固。水泥土搅拌桩、高压喷射注浆加固体宜采用格栅或实体形式。

（6）基坑（槽）开挖采用放坡或支护结构上部采用放坡时，应按 JGJ 120—2012《建筑基坑支部技术规程》的规定验算边坡的滑动稳定性，边坡的圆弧滑动稳定安全系数 K_s 不应小于 1.2。放坡坡面应设置防护层。

3. 放坡

（1）一般规定。

1）当工程条件许可时，应优先采用坡率法。

2）放坡开挖对拟建或相邻建筑物有不利影响的边坡、地下水发育的边坡及稳定性差的边坡不应采用坡率法。

3）坡率法可与锚杆、锚喷支护等联合应用。

（2）设计计算。

1）土质边坡的坡率允许值应根据经验，按工程类比的原则并结合已有稳定边坡的坡率值分析确定。当无经验，且土质均匀良好、地下水贫乏、无不良地质现象和地质环境条件简单时，可按表 9-29 确定。

表 9–29　　土质边坡坡率允许值

边坡土体类别	状　态	坡率允许值（高宽比）	
		坡高小于 5m	坡高 5～10m
碎石土	密实	1:0.35～1:0.50	1:0.50～1:0.75
	中密	1:0.50～1:0.75	1:0.75～1:1.00
	稍密	1:0.75～1:1.00	1:1.00～1:1.25
黏性土	坚硬	1:0.75～1:1.00	1:1.00～1:1.25
	硬塑	1:1.00～1:1.25	1:1.25～1:1.50

注　1. 表中碎石土的充填物为坚硬或硬塑状态的黏性土。
2. 对于砂土或充填物为砂土的碎石土，其边坡坡率允许值应按自然休止角确定。

2）在边坡保持整体稳定的条件下，岩质边坡开挖的坡率允许值应根据实际经验，按工程类比的原则，并结合已有稳定边坡的坡率值分析确定。对无外倾软弱结构面的边坡，可按表 9-30 确定。

表 9–30　　岩质边坡坡率允许值

边坡岩体类型	风化程度	坡率允许值（高宽比）		
		H<8m	8m≤H<15m	15m≤H<25m
Ⅰ	微风化	1:0.00～1:0.10	1:0.10～1:0.15	1:0.15～1:0.25
	中等风化	1:0.10～1:0.15	1:0.15～1:0.25	1:0.25～1:0.35
Ⅱ	微风化	1:0.10～1:0.15	1:0.15～1:0.25	1:0.25～1:0.35
	中等风化	1:0.15～1:0.25	1:0.25～1:0.35	1:0.35～1:0.50
Ⅲ	微风化	1:0.25～1:0.35	1:0.35～1:0.50	
	中等风化	1:0.35～1:0.50	1:0.50～1:0.75	
Ⅳ	微风化	1:0.50～1:0.75	1:0.75～1:1.00	
	中等风化	1:0.35～1:0.50		

注　1. 表中 H 为边坡高度。
2. Ⅳ类强风化包括各类风化程度的极软岩。
3. 下列边坡的坡率允许值应通过稳定性分析计算确定：
（1）有外倾软弱结构面的岩质边坡；
（2）土质较软的边坡；
（3）坡顶边缘附近有较大荷载的边坡；
（4）坡高超高的边坡。

3）填土边坡的坡率允许值应按现行有关标准执行，并结合当地经验确定。

4）土质边坡稳定性计算应考虑拟建建筑物和边坡整治对地下水运动等水文地质条件的影响，以及由此引起的对边坡稳定性的影响。

5）边坡稳定性计算应根据边坡类型和可能的破坏形式，按下列原则确定：

a. 土质边坡和较大规模的碎裂结构岩质边坡宜采用圆弧滑动法计算。

b. 对可能产生平面滑动的边坡宜采用平面滑动法进行计算。

c. 对可能产生折线滑动的边坡宜采用平面滑动法进行计算。

d. 对结构复杂的岩质边坡，可配合赤平投影法和实体比例投影法分析。

e. 当边坡破坏机制复杂时，宜结合数值分析方法进行分析。

（3）构造设计。

1）边坡的整个高度可按统一坡率进行放坡，也可根据边坡岩土的变化情况按不同的坡率放坡。

2）边坡坡顶、坡面、坡脚和水平台阶应设排水系统，在坡顶外围应设截水沟。

3）当边坡表层有积水湿地、地下水渗出或地下水露头时，应根据实际情况设置外倾排水孔、盲沟排水、钻孔排水，以及在上游沿垂直地下水流向设置地下排水廊道以拦截地下水等导排措施。

4）对局部不稳定块体应清除，也可用锚杆或其他有效措施加固。

5）边坡坡面可采用格构或水泥砂浆等措施进行护面。

4. 支挡式结构

（1）总体规定。

1）支挡式结构应根据具体形式与受力、变形特性等采用 JGJ 120—2012《建筑基坑支部技术规程》规定的分析方法。

2）支挡式结构应对不同设计工况进行结构分析，并应按其中最不利作用效应进行支护结构设计。

3）悬臂式支挡结构、单层锚杆和单层支撑的支挡结构的嵌固深度应满足附录 K.1 中嵌固稳定性要求。

4）锚拉式、悬臂式支挡结构应按附录 K.2 进行整体滑动稳定性验算。

5）支挡式结构的嵌固深度应满足附录 K.3 中坑底隆起稳定性要求，悬臂式支挡结构可不进行抗隆起稳定性验算。

6）锚拉式支挡结构和支撑式支挡结构，当坑底以下为软土时，其嵌固深度应符合以最下层支点为轴心的圆弧滑动稳定性要求。

7）采用悬挂式截水帷幕或坑底以下存在水头高于坑底的承压水含水层时，应按附录 K.4 进行地下水渗透稳定性验算。

8）挡土构件的嵌固深度除应满足上述要求外，对悬臂式结构，尚不宜小于 0.8*h*；对单支对单支点支挡式结构，尚不宜小于 0.3*h*；对多支点支挡式结构，尚不宜小于 0.2*h*［注：*h* 为基坑（槽）深度］。

（2）排桩设计。排桩是以某种桩型按队列式布置组成的基坑支护结构（如图 9-17、图 9-18 所示）。最常用的桩型是钢筋混凝土钻孔灌注桩和挖孔桩，此外还有预制钢筋混凝土板桩、钢板桩、工字钢桩或 H 型钢桩。

图 9-17 排桩加预应力锚索支护体系

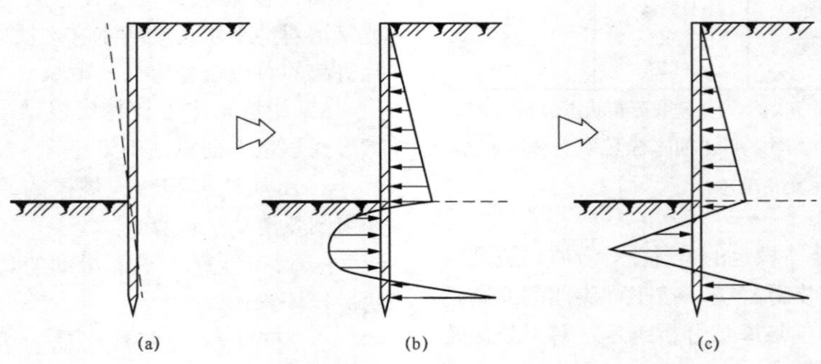

图 9-18 排桩计算简图

（a）排桩变位；（b）净土压力分布；（c）简化处理后的净土压力分布

1）排桩的桩型与成桩工艺应符合的要求：应根据土层的性质、地下水条件及基坑（槽）周边环境要求等选择混凝土灌注桩、型钢桩、钢管桩、钢板桩、型钢水泥土搅拌桩等桩型；当支护桩施工影响范围内存在对地基变形敏感、结构性能差的建筑物或地下管线时，不应采用挤土效应严重、易塌孔、易缩径或有较大震动的桩型和施工工艺；采用挖孔桩且其成孔需要降水时，降水引起的地层变形应满足周边建筑物和地下管线的要求，否则应采取截水措施。

2）混凝土支护桩的正截面和斜截面承载力应按下列规定进行计算：

a. 沿周边均匀配置纵向钢筋的圆形截面支护桩，其正截面受弯承载力宜按 JGJ 120—2012《建筑基坑支部技术规程》的规定进行计算。

b. 沿受拉区和受压区周边局部均匀配置纵向钢筋的圆形截面支护桩，其正截面受弯承载力宜按 JGJ 120—2012《建筑基坑支部技术规程》的规定进行计算。

c. 圆形截面支护桩的斜截面承载力，可用截面宽度为 1.76*r*（*r* 为圆形截面支护桩的半径）和截面有效高度为 1.6*r* 的矩形截面代替圆形截面后，按

GB 50010—2010《混凝土结构设计规范（2015 年版）》对矩形截面斜截面承载力的规定进行计算，但其剪力设计值应按 JGJ 120—2012《建筑基坑支部技术规程》确定，计算所得的箍筋截面面积作为支护桩圆形箍筋的截面面积。

d. 矩形截面支护桩的正截面受弯承载力和斜截面受剪承载力，应按 GB 50010—2010《混凝土结构设计规范（2015 年版）》的有关规定进行计算，但其弯矩设计值和剪力设计值应按 JGJ 120—2012《建筑基坑支部技术规程》确定。

3）型钢、钢管、钢板支护桩的受弯、受剪承载力应按 GB 50017—2017《钢结构设计标准》的有关规定进行计算，但其弯矩设计值和剪力设计值应按 JGJ 120—2012《建筑基坑支部技术规程》确定。

4）采用混凝土灌注桩时，对悬臂式排桩，支护桩的桩径宜大于或等于 600mm；对锚拉式排桩或支撑式排桩，支护桩的桩径宜大于或等于 400mm；排桩的中心距不宜大于桩直径的 2.0 倍。

5）采用混凝土灌注桩时，支护桩的桩身混凝土强度等级、钢筋配置和混凝土保护层厚度应符合的规定：桩身混凝土强度等级不宜低于 C25；纵向受力钢筋宜选用 HRB400 级钢筋，单桩的纵向受力钢筋不宜少于 8 根，净间距不应小于 60mm；支护桩顶部设置钢筋混凝土构造冠梁时，纵向钢筋锚入冠梁的长度宜取冠梁厚度；冠梁按结构受力构件设置时，桩身纵向受力钢筋伸入冠梁的锚固长度应符合 GB 50010—2010《混凝土结构设计规范（2015 年版）》对钢筋锚固的有关规定；当不能满足锚固长度的要求时，其钢筋末端可采取机械锚固措施；箍筋可采用螺旋式箍筋，箍筋直径不应小于纵向受力钢筋最大直径的 1/4，且不应小于 6mm；箍筋间距宜取 100～200mm，且不应大于 400mm 及桩的直径；沿桩身配置的加强箍筋应满足钢筋笼起吊安装要求，宜选用 HPB300、HRB400 钢筋，其间距宜取 1000～2000mm；纵向受力钢筋的保护层厚度不应小于 35mm；采用水下灌注混凝土工艺时，不应小于 50mm；当采用沿截面周边非均匀配置纵向钢筋时，受压区的纵向钢筋根数不应少于 5 根；当施工方法不能保证钢筋的方向时，不应采用沿截面周边非均匀配置纵向钢筋的形式；当沿桩身分段配置纵向受力主筋时，纵向受力钢筋的搭接应符合 GB 50010—2010《混凝土结构设计规范（2015 年版）》的相关规定。

6）支护桩顶部应设置混凝土冠梁。冠梁的宽度不宜小于桩径，高度不宜小于桩径的 0.6 倍。冠梁钢筋应符合 GB 50010—2010《混凝土结构设计规范（2015 年版）》对梁的构造配筋要求。冠梁用作支撑或锚杆的传力构件或按空间结构设计时，尚应按受力构件进行截面设计。

7）在有主体建筑地下管线的部位，冠梁宜低于地下管线。

8）排桩桩间土应采取防护措施。桩间土防护措施宜采用内置钢筋网或钢丝网的喷射混凝土面层。喷射混凝土面层的厚度不宜小于 50mm，混凝土强度等级不宜低于 C20，混凝土面层内配置的钢筋网的纵横向间距不宜大于 200mm。钢筋网或钢丝网宜采用横向拉筋与两侧桩体连接，拉筋直径不宜小于 12mm，拉筋锚固在桩内的长度不宜小于 100mm。钢筋网宜采用桩间土内打入直径不小于 12mm 的钢筋钉固定，钢筋钉打入桩间土中的长度不宜小于排桩净间距的 1.5 倍且不应小于 500mm。

9）采用降水的基坑（槽），在有可能出现渗水的部位应设置泄水管，泄水管应采取防止土颗粒流失的反滤措施。

10）排桩采用素混凝土桩与钢筋混凝土桩间隔布置的钻孔咬合桩形式时，支护桩的桩径可取 800～1500mm，相邻桩咬合不宜小于 200mm。素混凝土桩应采用强度等级不低于 C15 的超缓凝混凝土，其初凝时间宜控制在 40～70h 之间，坍落度宜取 12～14mm。

（3）地下连续墙设计。地下连续墙是基础工程在地面上采用一种挖槽机械，沿着深开挖工程的周边轴线，在泥浆护壁条件下，开挖出一条狭长的深槽，清槽后，在槽内吊放钢筋笼，然后用导管法灌筑水下混凝土筑成一个单元槽段，如此逐段进行，在地下筑成一道连续的钢筋混凝土墙壁，作为截水、防渗、承重、挡水结构。

由于受到施工机械的限制，地下连续墙的厚度具有固定的模数，不能像灌注桩一样根据桩径和刚度灵活调整。因此，地下连续墙只有在一定深度的基坑工程或其他特殊条件下才能显示出经济性和特有优势。一般适用于如下条件：

1）开挖深度超过 10m 的深基坑工程。

2）围护结构也作为主体结构的一部分，且对防水、抗渗有较严格要求的工程。

3）采用逆作法施工，地上和地下同步施工时，一般采用地下连续墙作为围护墙。

4）邻近存在保护要求较高的建（构）筑物，对基坑本身的变形和防水要求较高的工程。

5）基坑内空间有限，地下室外墙与红线距离极近，采用其他围护形式无法满足留设施工操作要求的工程。

6）在超深基坑中，例如 30～50m 的深基坑工程，采用其他围护体无法满足要求时，常采用地下连续墙作为围护结构，如图 9-19 和图 9-20 所示。

图 9-19　地下连续墙导墙施工

图 9-20　地下连续墙成槽

地下连续墙的设计应满足下列规定：

1）地下连续墙的正截面受弯承载力、斜截面受剪承载力应按 GB 50010—2010《混凝土结构设计规范（2015 年版）》的有关规定进行计算，但其弯矩、剪力设计值应按 JGJ 120—2012《建筑基坑支部技术规程》确定。

2）地下连续墙的墙体厚度宜按成槽机的规格，选取 600、800、1000mm。

3）一字形槽段长度宜取 4～6m。当成槽施工可能对周边环境产生不利影响或槽壁稳定性较差时，应取较小的槽段长度。必要时，宜采用搅拌桩对槽壁进行加固。

4）地下连续墙的转角处或有特殊要求时，单元槽段的平面形状可采用 L 形、T 形等。

5）地下连续墙的混凝土设计强度等级宜取 C30～C40。地下连续墙用于截水时，墙体混凝土抗渗等级不宜小于 P6。当地下连续墙同时作为主体地下结构构件时，墙体混凝土抗渗等级应满足 GB 50108—2008《地下工程防水技术规范》等相关标准的要求。

6）地下连续墙的纵向受力钢筋应沿墙身每侧均匀配置，可按内力大小沿墙体纵向分段配置，但通长配置的纵向钢筋不应小于总数的 50%；纵向受力钢筋宜选用 HRB400 级或 HRB500 级钢筋，直径不宜小于 16mm，净间距不宜小于 75mm。水平钢筋及构造钢筋宜选用 HPB300 或 HRB400 级钢筋，直径不宜小于 12mm，水平钢筋间距宜取 200～400mm。冠梁按构造设置时，纵向钢筋伸入冠梁的长度宜取冠梁厚度。冠梁按结构受力构件设置时，墙身纵向受力钢筋伸入冠梁的锚固长度应符合 GB 50010—2010《混凝土结构设计规范（2015 年版）》对钢筋锚固的有关规定。当不能满足锚固长度的要求时，其钢筋末端可采取机械锚固措施。

7）地下连续墙纵向受力钢筋的保护层厚度，在基坑（槽）内侧不宜小于 50mm，在基坑（槽）外侧不宜小于 70mm。

8）钢筋笼端部与槽段接头之间、钢筋笼端部与相邻墙段混凝土面之间的间隙应不大于 50mm，纵筋下端 500mm 长度范围内宜按 1:10 的斜度向内收口。

9）地下连续墙的槽段接头的选用原则：地下连续墙宜采用圆形锁口管接头、波纹管接头、楔形接头、工字形钢接头或混凝土预制接头等柔性接头；当地下连续墙作为主体地下结构外墙，且需要形成整体墙体时，宜采用刚性接头；刚性接头可采用一字形或十字形穿孔钢板接头、钢筋承插式接头等；在采取地下连续墙顶设置通长的冠梁、墙壁内侧槽段接缝位置设置结构壁柱、基础底板与地下连续墙刚性连接等措施时，也可采用柔性接头。

10）地下连续墙墙顶应设置混凝土冠梁。冠梁宽度不宜小于墙厚，高度不宜小于墙厚的 0.6 倍。冠梁钢筋应符合 GB 50010—2010《混凝土结构设计规范（2015 年版）》对梁的构造配筋要求。冠梁用作支撑或锚杆的传力构件或按空间结构设计时，尚应按受力构件进行截面设计。

（4）锚杆设计。锚杆支护，是在未开挖的土层立壁上钻孔至设计深度，孔内放入拉杆，灌入水泥砂浆与土层结合成抗拉力强的锚杆，锚杆一端固定在坑壁结构上，另一端锚固在土层中，将立壁土体侧压力传至深部的稳定土层，锚杆支护适于较硬土层或破碎岩石中开挖较大较深基坑，邻近有建筑物须保证边坡稳定时采用，如图 9-21 所示。

1）锚杆的应用应符合的规定：锚拉结构宜采用钢绞线锚杆；承载力要求较低时，也可采用钢筋锚杆；当环境保护不允许在支护结构使用功能完成后锚杆杆体滞留在地层内时，应采用可拆芯钢绞线锚杆；在易塌孔的松散或稍密的砂土、碎石土、粉土、填土层，高液性指数的饱和黏性土层，高水压力的各类土层中，钢绞线锚杆、钢筋锚杆宜采用套管护壁成孔工艺；

锚杆注浆宜采用二次压力注浆工艺；锚杆锚固段不宜设在淤泥、淤泥质土、泥炭、泥炭质土及松散填土层内；在复杂地质条件下，应通过现场试验确定锚杆的适用性。

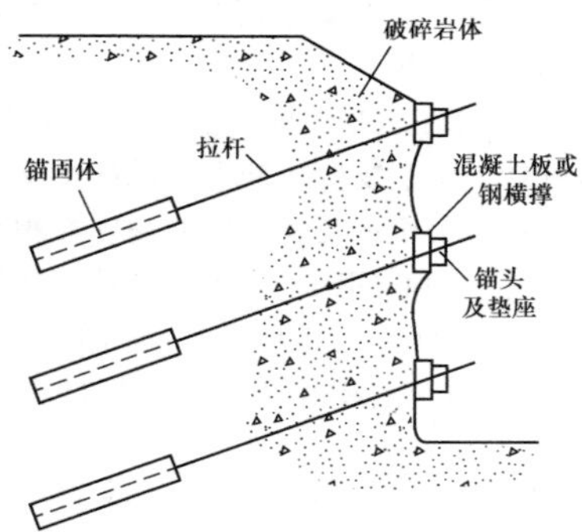

图 9-21　锚杆支护

2）锚杆的极限抗拔承载力、轴向拉力标准值、自由段长度、杆体的受拉承载力的按附录 L 计算。

3）锚杆锁定值宜取锚杆轴向拉力标准值的 0.75～0.9 倍，且应与锚杆预加轴向拉力值一致。

4）锚杆的布置应符合的规定：锚杆的水平间距不宜小于 1.5m；对多层锚杆，其竖向间距不宜小于 2.0m；当锚杆的间距小于 1.5m 时，应根据群锚效应对锚杆抗拔承载力进行折减或改变相邻锚杆的倾角；锚杆锚固段的上覆土层厚度不宜小于 4.0m；锚杆倾角宜取 15°～25°，且不应大于 45°，不应小于 10°；锚杆的锚固段宜设置在强度较高的土层内；当锚杆穿过的地层上方存在天然地基的建筑物或地下构筑物时，宜避开易塌孔、变形的地层。

5）钢绞线锚杆、钢筋锚杆的构造应符合的规定：锚杆成孔直径宜取 100～150mm；锚杆自由段的长度不应小于 5m，且应穿过潜在滑动面并进入稳定土层的长度不应小于 1.5m；钢绞线、钢筋杆体在自由段应设置隔离套管；土层中的锚杆锚固段长度不宜小于 6m；锚杆杆体的外露长度应满足腰梁、台座尺寸及张拉锁定的要求；锚杆杆体用钢绞线应符合 GB/T 5224—2014《预应力混凝土用钢绞线》的有关规定；钢筋锚杆的杆体宜选用预应力螺纹钢筋、HRB400、HRB500 螺纹钢筋；应沿锚杆杆体全长设置定位支架；定位支架应能使相邻定位支架中点处锚杆杆体的注浆固结体保护层厚度不小于 10mm，定位支架的间距宜根据锚杆杆体的组装刚度确定，对自由段宜取 1.5～2.0m；对锚固段宜取 1.0～1.5m；定位支架应能使各根钢绞线相互分离；锚具应符合 GB/T 14370—2015《预应力筋用锚具、夹具和连接器》的规定；锚杆注浆应采用水泥浆或水泥砂浆，注浆固结体强度不宜低于 20MPa。

6）锚杆腰梁可采用型钢组合梁或混凝土梁。锚杆腰梁应按受弯构件设计。锚杆腰梁的正截面、斜截面承载力，对混凝土腰梁，应符合 GB 50010—2010《混凝土结构设计规范（2015 年版）》的规定；对型钢组合腰梁，应符合 GB 50017—2017《钢结构设计标准》的规定。当锚杆锚固在混凝土冠梁上时，冠梁应按受弯构件设计。

7）锚杆腰梁应根据实际约束条件按连续梁或简支梁计算。计算腰梁的内力时，腰梁的荷载应取结构分析时得出的支点力设计值。

8）型钢组合腰梁可选用双槽钢或双工字钢，槽钢之间或工字钢之间应用缀板焊接为整体构件，焊缝连接应采用贴角焊。双槽钢或双工字钢之间的净间距应满足锚杆杆体平直穿过的要求。

9）采用型钢组合腰梁时，腰梁应满足在锚杆集中荷载作用下的局部受压稳定与受扭稳定的构造要求。当需要增加局部受压和受扭稳定性时，可在型钢翼缘端口处配置加劲肋板。

10）混凝土腰梁、冠梁宜采用斜面与锚杆轴线垂直的梯形截面；腰梁、冠梁的混凝土强度等级不宜低于 C25。采用梯形截面时，截面的上边水平尺寸不宜小于 250mm。

11）采用楔形钢垫块时，楔形钢垫块与挡土构件、腰梁的连接应满足受压稳定性和锚杆垂直分力作用下的受剪承载力要求。采用楔形混凝土垫块时，混凝土垫块应满足抗压强度和锚杆垂直分力作用下的受剪承载力要求，且其强度等级不宜低于 C25。

（5）内支撑结构设计。

1）内支撑结构如图 9-22 所示，可选用钢支撑、混凝土支撑、钢与混凝土的混合支撑。

图 9-22　钢管内支撑

2）内支撑结构选型应符合的原则：宜采用受力明确、连接可靠、施工方便的结构形式；宜采用对称平衡性、整体性强的结构形式；应与主体地下结构的结构形式、施工顺序协调，应便于主体结构施工；应利于基坑（槽）土方开挖和运输。

3）内支撑结构应综合考虑基坑（槽）平面的形状及尺寸、开挖深度、周边环境条件、主体结构形式等因素，选用有立柱或无立柱的下列内支撑形式：水平对撑或斜撑。可采用单杆、八字形支撑，正交或斜交的平面杆系支撑，竖向斜撑。

4）内支撑结构宜采用超静定结构。对个别次要构件失效会引起结构整体破坏的部位宜设置冗余约束。内支撑结构的设计应考虑地质和环境条件的复杂性、基坑（槽）开挖步序的偶然变化的影响。

5）内支撑结构分析应符合下列原则：

a. 水平对撑与水平斜撑，应按偏心受压构件进行计算；支撑的轴向压力应取支撑间距内挡土构件的支点力之和；腰梁或冠梁应按以支撑为支座的多跨连续梁计算，计算跨度可取相邻支撑点的中心距。

b. 矩形基坑（槽）的正交平面杆系支撑，可分解为纵横两个方向的结构单元，并分别按偏心受压构件进行计算。

c. 平面杆系支撑、环形杆系支撑，可按平面杆系结构采用平面有限元法进行计算。计算时应考虑基坑（槽）不同方向上的荷载不均匀性；建立的计算模型中，约束支座的设置应与支护结构实际位移状态相符，内支撑结构边界向基坑（槽）外位移处应设置弹性约束支座，向基坑（槽）内位移处不应设置支座，与边界平行方向应根据支护结构实际位移状态设置支座。

d. 内支撑结构应进行竖向荷载作用下的结构分析。设有立柱时，在竖向荷载作用下内支撑结构宜按空间框架计算，当作用在内支撑结构上的竖向荷载较小时，内支撑结构的水平构建可按连续梁计算，计算跨度可取相邻立柱的中心距。

e. 竖向斜撑应按偏心受压杆件进行计算。

f. 当有可靠经验时，宜采用三维结构分析方法，对支撑、腰梁与冠梁、挡土构件进行整体分析。

6）内支撑结构分析时，应同时考虑的作用主要有：由挡土构件传至内支撑结构的水平荷载；支撑结构自重；当温度改变引起的支撑结构内力不可忽略不计时，应考虑温度应力；当支撑立柱下沉或隆起量较大时，应考虑支撑立柱与挡土构件之间差异沉降产生的作用。

7）混凝土支撑构件及其连接的受压、受弯、受剪承载力计算应符合 GB 50010—2012《混凝土结构设计规范（2015 年版）》的规定；钢支撑结构构件及其连接的受压、受弯、受剪承载力及各类稳定性计算应符合 GB 50017—2017《钢结构设计标准》的规定。支撑的承载力计算应考虑施工偏心误差的影响，偏心距取值不宜小于支撑计算长度的 1/1000，且对混凝土支撑不宜小于 20mm，对钢支撑不宜小于 40mm。

8）支撑构件的受压计算长度应按下列规定确定：

a. 水平支撑在竖向平面内的受压计算长度，不设置立柱时，应取支撑的实际长度；设置立柱时，应取相邻立柱的中心间距。

b. 水平支撑在水平平面内的受压计算长度，对无水平支撑杆件交汇的支撑，应取支撑的实际长度；对有水平支撑杆件交汇的支撑，应取与支撑相交的相邻水平支撑杆件的中心间距；当水平支撑杆件的交汇点不在同一水平面内时，其水平平面内的受压计算长度宜取与支撑相交的相邻水平支撑杆件中心间距的 1.5 倍。

c. 对竖向斜撑，应按本条第 a.、b.款的规定确定受压计算长度。

9）预加轴向压力的支撑，预加力值宜取支撑轴向压力标准值的 0.5～0.8 倍，且应与支撑预加轴向压力一致。

10）内支撑的平面布置应符合下列规定：

a. 内支撑的布置应满足主体结构的施工要求，宜避开地下主体结构的墙、柱。

b. 相邻支撑的水平间距应满足土方开挖的施工要求；采用机械挖土时，应满足挖土机械作业的空间要求，且不宜小于 4m。

c. 基坑（槽）形状有阳角时，阳角处的支撑应在两边同时设置。

d. 当采用环形支撑时，环梁宜采用圆形、椭圆形等封闭曲线形式；并应按使环梁弯矩、剪力最小的原则布置辐射支撑；宜采用环形支撑与腰梁或冠梁交汇的布置形式。

e. 水平支撑与挡土构件之间应设置连接腰梁；当支撑设置在挡土构件顶部时，水平支撑应与冠梁连接；在腰梁或冠梁上支撑点的间距，对钢腰梁不宜大于 4m，对混凝土腰梁不宜大于 9m。

f. 当需要采用较大水平间距的支撑时，宜根据支撑冠梁、腰梁的受力和承载力要求，在支撑端部两侧设置八字斜撑杆与冠梁、腰梁连接，八字斜撑杆宜在主撑两侧对称布置，且斜撑杆的长度不宜大于 9m，斜撑杆与冠梁、腰梁之间的夹角宜取 45°～60°。

g. 当设置支撑立柱时，临时立柱应避开主体结构的梁、柱及承重墙；对纵横双向交叉的支撑结构，立柱宜设置在支撑的交汇点处；对用作主体结构柱的立柱，立柱在基坑（槽）支护阶段的负荷不得超过主体结构的设计要求；立柱与支撑端部及立柱之间的间距应根据支撑构件的稳定要求和竖向荷载的大小确定，且对混凝土支撑不宜大于 15m，对钢支撑不宜大于 20m。

h. 当采用竖向斜撑时，应设置斜撑基础，且应考虑与主体结构底板施工的关系。

11）支撑的竖向布置应符合的规定：支撑与挡土构件之间不应出现拉力；支撑至坑底的净高不宜小于3m；采用多层水平支撑时，各层水平支撑宜布置在同一竖向平面内，层间净高不宜小于3m。

12）混凝土支撑的构造应符合的规定：混凝土的强度等级不应低于C25；支撑构件的截面高度不宜小于其竖向平面内计算长度的1/20；腰梁的截面高度（水平方向）不宜小于其水平方向计算跨度的1/10，截面宽度不应小于支撑的截面高度；支撑构件的纵向钢筋直径不宜小于16mm，沿截面周边的间距不宜大于200mm；箍筋的直径不宜小于8mm，间距不宜大于250mm。

13）钢支撑的构造应符合的规定：钢支撑构件可采用钢管、型钢及其组合截面；钢支撑受压杆件的长细比不应大于150，受拉杆件长细比不应大于200；钢支撑连接宜采用螺栓连接，必要时可采用焊接连接；当水平支撑与腰梁斜交时，腰梁上应设置牛腿或采用其他能够承受剪力的连接措施；采用竖向斜撑时，腰梁和支撑基础上应设置牛腿或采用其他能够承受剪力的连接措施；腰梁与挡土构件之间应采用能够承受剪力的连接措施；斜撑基础应满足竖向承载力和水平承载力要求。

14）混凝土支撑构件的构造，应符合GB 50010—2010《混凝土结构设计规范（2015年版）》的有关规定。钢支撑构件的构造，应符合现行国家标准GB 50017—2017《钢结构设计标准》的有关规定。

（五）计算示例

某明挖电缆隧道净断面尺寸：$b \cdot h = 1.8 \times 2.1$m，顶板覆土3.6m，地下水位于地表，土质为黏土可塑，部分夹软塑，土体物理力学参数加权值：$\gamma = 19\text{kN/m}^3$，$\gamma_{sat} = 20\text{kN/m}^3$。

1. 壁厚选取300mm，取1m长计算抗浮稳定

抗浮力：

$$G_k = G_{自} + G_{土} + G_{水} = 25 \times (2.4 \times 2.7 - 1.8 \times 2.1) + 20 \times 3.6 \times 2.4 = 240.3\text{kN}$$

浮力：

$$F = 10 \times 6.3 \times 2.4 = 151.2\text{kN}$$

$$G_k/F = 1.59 > 1.10$$

满足抗浮要求

2. 顶板荷载计算

（1）覆土压力：$q_{土} = \sum \gamma_i h_i = (20-10) \times 3.6 = 36$（kN/m²）

（2）水压力：$q_{水} = \sum \gamma_w h_w = 10 \times 3.6 = 36$（kN/m²）

（3）顶板自重：$q_G = \gamma_d = 25 \times 0.3 = 7.5$（kN/m²）

（4）地面超载（车辆荷载）：$q = 20$（kN/m²）

按照JTG D60—2015《公路桥涵设计通用规范》基本组合下

$$q_{顶} = 1.2 \times (36 + 36 + 7.5) + 1.4 \times 20 = 123.4\text{（kN/m}^2\text{）}$$

3. 底板荷载计算

假定地基反力直线分布为

$$Q_{底} = q_{顶} + 1.2 \times \left(\frac{25 \times 2.1 \times 2 \times 0.3}{2.4} + 0.3 \times 25\right) = 148.2\text{（kN/m}^2\text{）}$$

4. 侧墙荷载计算

计算永久使用阶段，土压力采用静止土压力。

静止土压力系数k_0取值参照GB 50007—2017《建筑地基基础设计标准》，考虑土质情况，$k_0 = 0.7$。

侧向土压力 $e_1 = k_0 \sum \gamma_i h_i = 0.7 \times 10 \times (3.6 + 0.15) = 26.25$（kN/m²）

$e_2 = k_0 \sum \gamma_i h_i = 0.7 \times 10 \times (6.3 - 0.15) = 43.05$（kN/m²）

侧向水压力 $e_{w1} = 10 \times (3.6 + 0.15) = 37.5$（kN/m²）

$e_{w2} = 10 \times (6.3 - 0.15) = 61.5$（kN/m²）

车辆荷载引起的侧向压力

$e_{车1} = e_{车2} = 0.7 \times 20 = 14$（kN/m²）

综上 $q_{侧1} = 1.2 \times (26.25 + 37.5) + 1.4 \times 14 = 96.1$（kN/m²）

$q_{侧2} = 1.2 \times (43.05 + 61.5) + 1.4 \times 14 = 145.06$（kN/m²）

荷载示意图如图9-23所示。利用有限元软件计算结构内力，本例采用结构力学求解器，得到内力情况如图9-24、图9-25所示。

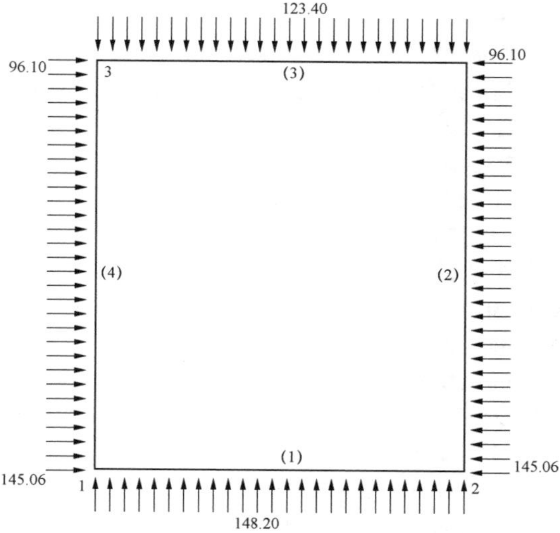

图9-23　荷载示意图

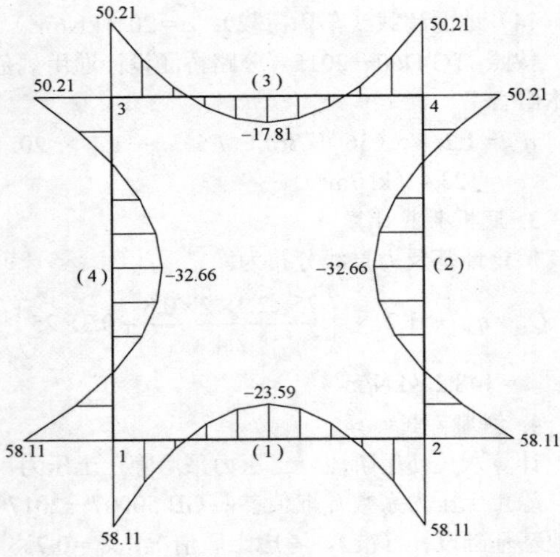

图 9-24　弯矩图

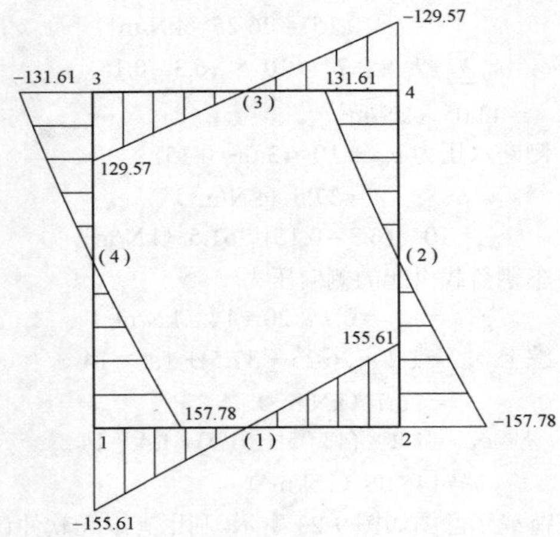

图 9-25　剪力图

以顶板配筋为例，基本组合：$M=50.21\text{kN}\cdot\text{m}$，$V=129.57\text{kN}$；

准永久组合：$M=36.47\text{kN}\cdot\text{m}$，$V=91.88\text{kN}$

基本组合下按照纯弯构件计算配筋，并验算准永久组合下裂缝值。

5. 截面设计

（1）已知条件及计算要求。

1）已知条件：矩形梁　$b=1000\text{mm}$，$h=300\text{mm}$。

混凝土 C30，$f_c=14.30\text{N/mm}^2$，$f_t=1.43\text{N/mm}^2$，纵筋 HRB400，$f_y=360\text{N/mm}^2$，$f'_y=360\text{N/mm}^2$，箍筋 HPB300，$f_y=270\text{N/mm}^2$。

弯矩设计值 $M=50.21\text{kN}\cdot\text{m}$，剪力设计值 $V=129.57\text{kN}$，扭矩设计值 $T=0.00\text{kN}\cdot\text{m}$。

2）计算要求：

a. 正截面受弯承载力计算。

b. 斜截面受剪承载力计算。

c. 裂缝宽度计算（按裂缝控制配筋计算）。

（2）截面验算。

$$V=129.57\text{kN}<0.250\beta_c f_c bh_0=858.00\text{kN}$$

截面满足要求。

（3）正截面受弯承载力计算。

1）按双筋计算：$as_{下}=60\text{mm}$，$as_{上}=60\text{mm}$，相对受压区高度 $\xi=x/h_0=0.051<\xi_b=0.518$。

2）上部纵筋：$A_{s1}=600\text{mm}^2$，$\rho=0.20\%<\rho_{min}=0.20\%$，按构造配筋 $A_{s1}=600\text{mm}^2$。

3）下部纵筋：$A_s=1088\text{mm}^2$，$\rho_{min}=0.20\%<\rho=0.36\%<\rho_{max}=2.50\%$。

（4）斜截面受剪承载力计算。

$$V\leqslant 0.7\beta_h f_t bh_0=240.2\text{kN}>129.57\text{kN}$$

斜截面受剪满足要求。

（5）配置钢筋。

1）上部纵筋：构造 $A_s=600\text{mm}^2$，

实配 6Φ12（679mm^2，$\rho=0.23\%$），配筋满足要求。

2）下部纵筋：计算 $A_s=1088\text{mm}^2$，

实配 8Φ14（1232mm^2，$\rho=0.41\%$），配筋满足要求。

3）箍筋：构造 $A_{v/s}=1271\text{mm}^2/\text{m}$，

实配Φ8@140 四肢（$1436\text{mm}^2/\text{m}$，$\rho_{sv}=0.14\%$），配筋满足要求。

6. 裂缝计算

（1）计算参数：$M_q=36.47\text{kN}\cdot\text{m}$，最大裂缝宽度限值 0.200mm。

（2）受拉钢筋应力：$\sigma_{sq}=M_q/(0.87h_0A_s)=141.8\text{N/mm}^2<f_{yk}=400\text{N/mm}^2$。

（3）裂缝宽度：$W_{max}=0.05\text{mm}<W_{lim}=0.200\text{mm}$，满足（按裂缝控制配筋）要求。

底板和侧墙配筋按类似方法计算。

五、暗挖隧道（矿山法）

（一）基本规定

（1）矿山法隧道衬砌种类包括整体式衬砌、喷锚衬砌和复合式衬砌。

1）整体现浇衬砌是被广泛采用的衬砌方式，有长期的工程实践经验，技术成熟，适应多种围岩条件，一般适用于浅埋及围岩条件较差的软弱围岩中。根据隧道围岩地质特点的不同（围岩分级见附录 B），整体式混凝土衬砌可采用半衬砌、厚拱薄墙衬砌、直墙拱形衬砌和曲墙拱形衬砌等。

2）喷锚衬砌是一种能充分利用和发挥围岩自承自稳能力的支护衬砌形式，具有支护及时、柔性、紧贴围岩、与围岩共同变形等特点。在受力条件上比整体现浇衬砌优越，在加快施工进度、节约劳动力及原材料、降低工程成本等方面效果显著。但一般只适用于Ⅰ～Ⅲ级自稳能力较好的围岩中，对于自稳能力较差的Ⅳ～Ⅴ级围岩，不宜单独作为永久衬砌使用。

3）复合式衬砌是由初期支护和二次衬砌及中间所夹的防水层组合而成的衬砌形式，是目前矿山法施工使用最为广泛的衬砌形式。初期支护一般采用喷锚衬砌，在设计时应根据隧道所处的工程地质、水文地质状况以及隧道断面尺寸、洞顶覆盖层厚度、地形条件等选择初期支护的组成，确定初期支护的刚度。二次衬砌一般由钢筋混凝土构成，刚度大且整体性能好，可承受较大的围岩压力。

（2）矿山法隧道衬砌设计应综合地质条件、断面形状、围护结构、施工条件等，并应充分利用围岩的自承能力。衬砌应有足够的强度、稳定性和耐久性，保证隧道长期安全使用。

（3）曲墙式衬砌适用于地质较差，有较大水平围岩压力的情况。主要适用于Ⅳ级及以上的围岩。

曲墙式衬砌由顶部拱圈、侧面曲边墙和仰拱/底板（或铺底）组成。在Ⅳ级围岩无地下水，且基础不产生沉降的情况下可不设仰拱，只做铺底；一般均需设仰拱，以抵御隧道底部的围岩压力和防止衬砌沉降，并使衬砌形成一个环状的封闭整体结构，以提高衬砌的承载能力。

（二）衬砌设计

1. 衬砌的分析方法

隧道支护结构的设计应根据围岩条件（围岩的强度特性、初始地应力场等）和设计条件（隧道断面形状、隧道周边地形条件、环境条件等）选择合适的设计方法。由于隧道支护结构的特点，在设计时，原则上采用以下方法：

（1）标准支护模式的设计方法（简称标准设计）。

（2）类似条件的设计方法（简称类比设计或经验设计）。

（3）解析的设计方法（简称解析设计）。

在设计隧道衬砌时，多数国家是依据以往隧道工程的经验编制的标准支护模式。在没有标准支护模式的场合，则要根据围岩条件、结构特点等选择类比设计或解析设计的方法进行。一般情况下，Ⅰ～Ⅲ级围岩复合式衬砌的初期支护应主要按工程类比法设计；Ⅳ～Ⅵ级围岩的支护参数应通过计算确定，计算方法为地层结构法；复合式衬砌中的二次衬砌，Ⅰ～Ⅲ级围岩中为安全储备，并按构造要求设计；Ⅳ～Ⅵ级围岩中为承载结构，采用地层结构法计算内力和变形。在施工阶段，还应根据现场监控量测调整支护参数，必要时可通过试验分析确定。

目前，铁路隧道主要是采用标准设计方法进行设计的，而公路隧道还处在类比设计的阶段，但有的设计单位也逐渐向采用标准设计的方法演变。

设计方法选择与围岩条件和设计条件有关，选择时可参考表9-31及图9-26。

表9-31　设计方法选择

设计方法	围岩条件	设计条件
标准设计	一般围岩，特殊围岩	一般条件（标准断面）
类比设计	特殊围岩	特殊条件（大断面、偏压地形、埋深极小或极大、地表面下沉有限制等）
解析设计	一般围岩（符合右栏的特殊情况），特殊围岩	

当围岩条件特殊或设计条件特殊时，采用已经实施过、经过工程实际证实是安全和经济的支护结构模式是最简单的设计方法。但当隧道周边环境复杂，需分析地表沉降等其他地层动态变化时，可采用解析分析进行补充计算。

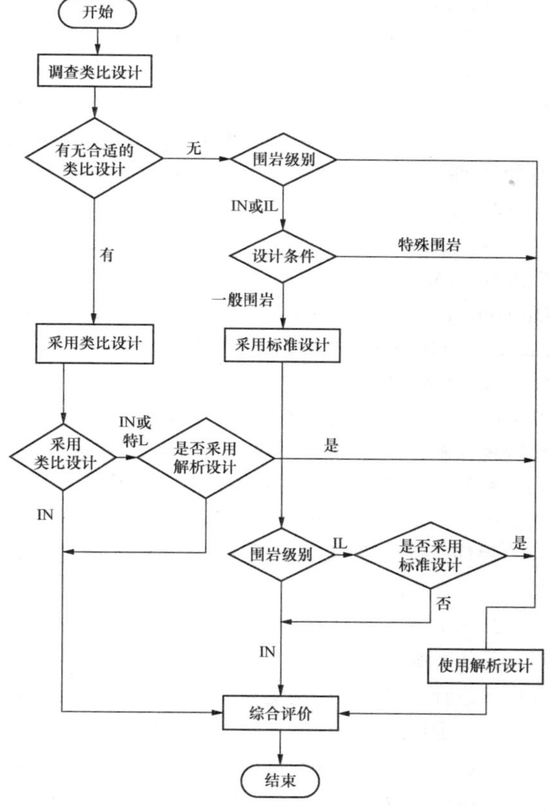

图9-26　设计方法的选择流程图

在下面所示的特殊条件的情况下宜根据解析计算的结果，进行补充设计。

（1）地质条件特别差的情况。

（2）埋深大、初始地应力大的情况。

（3）埋深小、地表面下沉有问题的情况。

（4）采用施工方法、开挖顺序与标准的支护模式不同的特殊工法的情况。

（5）断面比标准支护模式大得多的情况。

（6）断面形状特殊的情况。

（7）洞口段、斜坡面下的隧道等地形条件可能产生偏压的情况。

（8）有接近隧道的结构物的情况。

（9）预计有与时间有关的流变荷载作用，二次衬砌存在长期荷载的情况。

在解析方法中，有两种主要的方法，即传统的结构力学方法和近代的岩体力学方法，前者是把支护结构和周围围岩分割开来，把围岩作为给定荷载，支护结构作为承载结构，即荷载结构模式。这种方法概念清晰、计算简便，易为工程师们所接受，主要在整体式衬砌、复合衬砌以及明挖隧道的计算中应用。

近代岩体力学方法是把结构和围岩视为一体，作为共同的承载体系，即相互作用模式或围岩结构模式，这是目前在隧道设计中力求采用的或正在发展中的方法。该方法常用于Ⅴ级及以上具有一定自支承能力的围岩中，但对于Ⅴ级围岩中建造的浅埋隧道，围岩承载力较低时宜采用荷载结构分析法计算。

围岩结构分析方法可分为有限元法（Finite Element Method，FEM）、特征单元法（Digital Differential Analyzer，DDA）、边界单元法（Boundary Element Method，BEM）、有限差分法（Finite Difference Method，FDM）等。其中，有限元法因既可模拟各级围岩的形态特征，又能反映断层、节理等地质构造的影响，并能对开挖施工过程实行动态追踪等，适用于各级围岩中的隧道设计计算。同时由于目前已有多种包括前、后处理在内的功能强大的程序、软件可供采用，因此，这类方法是如今最常用的一类算法。

2. 衬砌的内力计算

隧道衬砌是在围岩的主动压力和被动压力同时作用下进行工作的，衬砌受到主动荷载后，拱圈顶部产生向隧道内的变形，这一部分衬砌有脱离围岩的趋势，因此，围岩对这部分衬砌不产生弹性抗力；其余部分衬砌向着围岩方向变形，因而引起围岩对这部分衬砌的弹性抗力。

弹性抗力可以是压应力，可以是拉应力，也可以是剪应力。对于初期支护及仰拱，由于结构与围岩紧密接触，且存在一定的黏结力，因此，在结构计算过程中，同时要考虑拉、压、剪应力。对于二次衬砌，当与初期支护设有防水层时，可仅考虑压应力的影响。

弹性抗力的分布形式可按假定分布函数法计算。如果采用有限元法进行结构计算时，则按照温克尔弹性地基梁理论，根据各节点实际产生的径向向外的位移计算弹性抗力。

（1）假定分布函数法。假定分布函数法是指假定作用在结构上的弹性抗力分布规律（函数），将最大弹性抗力作为未知因素进行求解的计算方法。

1）对于曲墙式衬砌，抗力图形分布规律如图 9-27 所示，一般假定弹性抗力零点在拱顶两侧 45°附近的 b 点附近，下零点在墙角 a 附近，最大抗力发生在 h 点，大约在弹性抗力分布区域的 2/3 高度处或最大跨度附近。

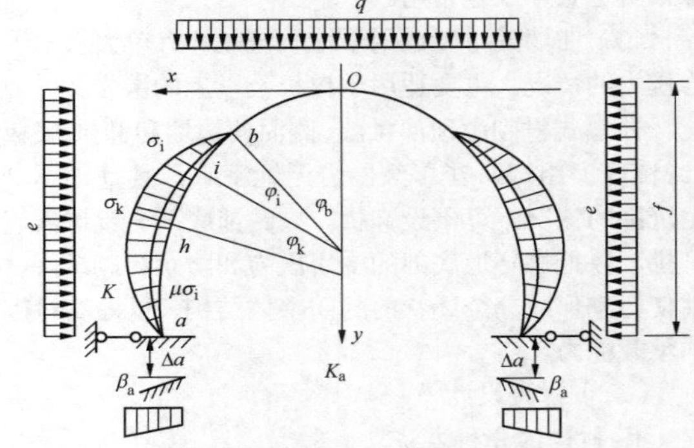

图 9-27　按结构变形特征的抗力图形分布

拱部 bh 段抗力按二次抛物线分布，任一点的抗力 σ_i 与最大抗力 σ_h 的关系为

$$\sigma_i = \frac{\cos^2\varphi_b - \cos^2\varphi_i}{\cos^2\varphi_b - \cos^2\varphi_h}\sigma_h \tag{9-13}$$

边墙 ha 段的抗力为

$$\sigma_i = \left[1 - \left(\frac{y'_i}{y'_h}\right)^2\right]\sigma_h \tag{9-14}$$

式中　φ_i、φ_b、φ_h ——分别表示 i、b、h 点所在截面与垂直对称轴的夹角；

y'_i ——i 点所在截面与衬砌外轮廓线的交点至最大抗力点 h 的距离；

y'_h ——墙底外缘至最大抗力点 h 的垂直距离。

ha 段边墙外缘一般都做成直线形，且比较厚，因刚度较大，故抗力分布也可假定为与高度呈直线关系，此时曲边墙按式（9-14）计算，直边墙按直线关系计算。

2）对于直墙式衬砌，一般假定拱部弹性抗力呈抛物线分布，其中抗力零点位于拱顶两侧 45°附近，抗力最大点位于拱脚如图 9-28 所示。

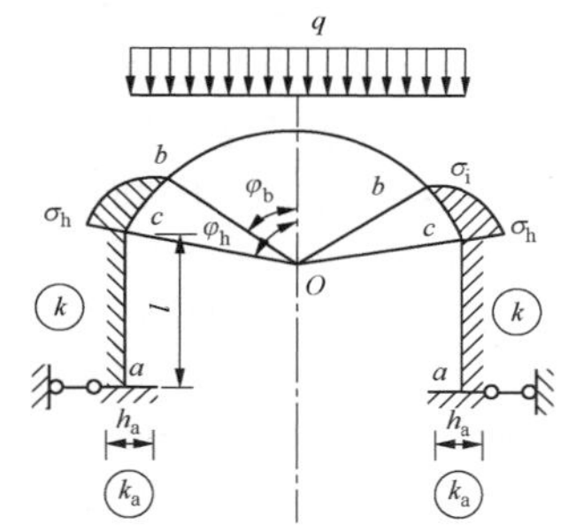

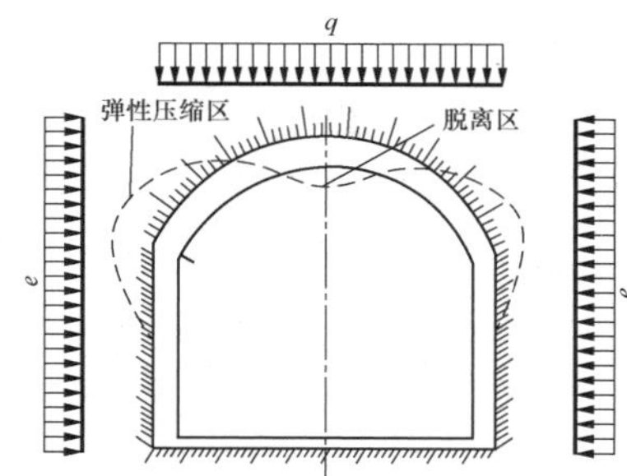

图 9-28 直墙拱顶抗力图形分布

$$\sigma=\frac{\cos^2\varphi_{\rm a}-\cos^2\varphi}{\cos^2\varphi_{\rm a}-\cos^2\varphi_{\rm b}}\sigma_{\rm h} \tag{9-15}$$

式中 σ——计算点的弹性抗力大小；

$\sigma_{\rm h}$——抗力最大点弹性抗力大小；

$\varphi_{\rm a}$——弹性抗力计算起点中心角；

$\varphi_{\rm b}$——弹性抗力计算终点中心角。

如果拱脚截面角为 75°～90°，则式（9-15）可简化为

$$\sigma=\frac{\cos^2\varphi_{\rm a}-\cos2\varphi}{\cos^2\varphi_{\rm a}}\sigma_{\rm h} \tag{9-16}$$

如果抗力零点截面角为 45°，则式（9-16）可简化为

$$\sigma=\sigma_{\rm h}\cos2\varphi \tag{9-17}$$

边墙的弹性抗力作用可以根据弹性地基梁理论公式计算，也可以通过假定弹性抗力分布函数计算。如果边墙属于弹性地基刚梁，则可以假定弹性抗力按直线分布，抗力零点在墙脚，最大点在墙顶；如果属于弹性地基短梁，则可以假定弹性抗力按负抛物线分布，抗力零点在墙脚，最大点在墙顶；如果属于弹性地基长梁，则取上部换算长度为短梁的部分为负抛物线分布，下部弹性抗力为零。

（2）弹性地基梁法。

弹性地基梁的计算方法分为以下两种：

1）以温克尔假定为基础的局部变形理论。

2）将地基假定为半无限弹性体的共同变形理论。

JTGD 70—2014《公路隧道设计规范》系列标准建议采用温克尔假定计算弹性抗力，该方法在软弱围岩地段比较符合实际，弹性地基梁的挠曲线方程为

$$\frac{{\rm d}^4y}{{\rm d}x^4}+4\alpha^4y=\frac{4\alpha^4}{BK}q(x) \tag{9-18}$$

$$a=\sqrt[4]{\frac{BK}{4EI}} \tag{9-19}$$

式中 y——地基梁的挠度函数，m；

α——弹性地基梁的弹性特征值，${\rm m}^{-1}$；

B——弹性地基梁的宽度，m；

K——弹性抗力系数，kPa/m；

E——梁的弹性模量，kPa；

I——梁的截面惯性矩，${\rm m}^4$。

当已知弹性地基梁端部位移、转角、弯矩及剪力（y_0、θ_0、M_0、Q_0）时，梁的位移及内力表示如下

$$y=y_0\varphi_1+\theta_0\frac{1}{2\alpha}\varphi_2-M_0\frac{2\alpha^2}{BK}\varphi_3-Q_0\frac{\alpha}{BK}\varphi_4 \tag{9-20}$$

$$\theta=-y_0\alpha\varphi_4+\theta_0\varphi_1-M_0\frac{2\alpha^3}{BK}\varphi_2-Q_0\frac{2\alpha^2}{BK}\varphi_3 \tag{9-21}$$

$$M=y_0\frac{BK}{2\alpha^2}\varphi_3+\theta_0\frac{BK}{4\alpha^3}\varphi_4+M_0\varphi_1+Q_0\frac{1}{2\alpha}\varphi_2 \tag{9-22}$$

$$Q=y_0+\frac{BK}{2\alpha}\varphi_2+\theta_0\frac{BK}{2\alpha^2}\varphi_3-M_0\alpha\varphi_4+Q_0\varphi_1 \tag{9-23}$$

$$\varphi_1={\rm ch}(\alpha x)\cos(\alpha x) \tag{9-24}$$

$$\varphi_2={\rm ch}(\alpha x)\sin(\alpha x)+{\rm sh}(\alpha x)\cos(\alpha x) \tag{9-25}$$

$$\varphi_3={\rm sh}(\alpha x)\sin(\alpha x) \tag{9-26}$$

$$\varphi_4={\rm ch}(\alpha x)\sin(\alpha x)-{\rm sh}(\alpha x)\cos(\alpha x) \tag{9-27}$$

φ_1、φ_2、φ_3、φ_4 之间的微分关系为

$$\frac{{\rm d}\varphi_1}{{\rm d}x}=-\alpha\varphi_4,\frac{{\rm d}\varphi_2}{{\rm d}x}=2\alpha\varphi_1,\frac{{\rm d}\varphi_3}{{\rm d}x}=\alpha\varphi_2,\frac{{\rm d}\varphi_4}{{\rm d}x}=2\alpha\varphi_3 \tag{9-28}$$

应用式（9-18）～式（9-28），根据弹性地基梁两端的边界条件及梁上的荷载条件，可以计算弹性地基梁的内力及挠度。

实际应用过程中，根据弹性地基梁的不同，可将其分为弹性地基长梁、短梁及刚性梁，换算长度计算式为

$$\lambda=\alpha\cdot L \tag{9-29}$$

式中 λ——弹性地基梁的换算长度；

L——梁的长度，m。

当$\lambda \leqslant 1$时，为刚性梁，梁自身的弹性变形可忽略不计，弹性抗力为直线分布。

当$1<\lambda<2.75$时，为短梁，两端的受力和变形相互影响较大，应按式（9-29）计算。

当$\lambda \geqslant 2.75$时，为长梁，两端的受力和变形相互影响可忽略不计。如果荷载作用点距离梁端的换算长度大于等于2.75，也可以忽略该项荷载对梁端的影响；若荷载作用点仅距某一端大于等于2.75，则可以忽略该项荷载对这一端的影响，另一端的影响不能忽略。

3. 衬砌截面设计方法

破损阶段法验算构件截面主要适用于整体式衬砌和复合式衬砌的计算。不同的荷载组合，分别采用不同的安全系数，并应不小于表9-32和表9-33所示的数值。验算施工阶段的强度时，安全系数可采用表9-32和表9-33“永久荷载+基本可变荷载+其他可变荷载”栏内的数值乘以折减系数0.9。

表9-32　混凝土和砌体结构的强度安全系数

荷载组合 / 破坏原因 \ 圬工种类	混凝土		砌体	
	永久荷载+基本可变荷载	永久荷载+基本可变荷载+其他可变荷载	永久荷载+基本可变荷载	永久荷载+基本可变荷载+其他可变荷载
混凝土或砌体达到抗压极限强度	2.4	2.0	2.7	2.3
混凝土达到抗拉极限强度	3.6	3.0	—	—

表9-33　钢筋混凝土结构的强度安全系数

破坏原因 \ 荷载组合	永久荷载+基本可变荷载	永久荷载+基本可变荷载+其他可变荷载
钢筋达到计算强度或混凝土达到抗压或抗剪极限强度	2.0	1.7
混凝土达到抗拉极限强度	2.4	2.0

（三）整体现浇衬砌

1. 一般规定

（1）整体现浇衬砌一般采用荷载结构法进行结构计算。

（2）隧道结构一般采用破损阶段法验算构件截面的强度。结构抗裂有要求时，对混凝土构件应进行抗裂计算，对钢筋混凝土构件应验算其裂缝宽度。

（3）采用荷载结构法计算隧道衬砌时，应计入围岩对衬砌变形的约束作用，如弹性抗力。弹性抗力的大小及分布可根据衬砌在荷载作用下的变形、回填情况和围岩的变形性质等因素，采用局部变形理论（温克尔假定），弹性抗力强度为

$$\sigma=K\delta \tag{9-30}$$

式中　σ——弹性抗力强度；

K——围岩弹性抗力系数；

δ——衬砌向围岩的变形值。

2. 衬砌计算

（1）素混凝土偏心受压构件，其轴向力的偏心距不宜大于截面厚度的0.45倍。

（2）混凝土和砌体矩形截面轴心及偏心受压构件的抗压强度计算式为

$$KN \leqslant \varphi\alpha R_a bh \tag{9-31}$$

式中　R_a——混凝土的抗压极限强度；

K——安全系数；

N——轴向力，kN；

b——截面宽度，m；

h——截面厚度，m；

φ——构件纵向弯曲系数，对于贴壁式隧道衬砌、明洞拱圈及墙背紧密回填的边墙，可取$\varphi=1$；对于其他构件，应根据其长细比按表9-34采用；

α——轴向力的偏心影响系数，按表9-35采用。

表9-34　混凝土及砌体构件的纵向弯曲系数

H/h	<4	4	6	8	10	12	14	16
纵向弯曲系数φ	1.00	0.98	0.96	0.91	0.86	0.82	0.77	0.72
H/h	18	20	22	24	26	28	30	
纵向弯曲系数φ	0.68	0.63	0.59	0.55	0.51	0.47	0.44	

注　1. H为构件的高度，h为截面短边的边长（当中心受压时）或弯矩作用平面内的截面边长（当偏心受压时）。

2. 当H/h为表列数值的中间值时，φ可按内插法求得。

表 9-35 偏心影响系数 α

e_0/h	α	e_0/h	α	e_0/h	α	e_0/h	α	e_0/h	α
0.00	1.000	0.10	0.954	0.20	0.750	0.30	0.480	0.40	0.236
0.02	1.000	0.12	0.923	0.22	0.698	0.32	0.426	0.42	0.199
0.04	1.000	0.14	0.886	0.24	0.645	0.34	0.374	0.44	0.170
0.06	0.996	0.16	0.845	0.26	0.590	0.36	0.324	0.46	0.142
0.08	0.979	0.18	0.799	0.28	0.535	0.38	0.278	0.48	0.123

注 1. 表中 e_0 为轴向力偏心距。

2. 表中 $\alpha = 1.000+0.648(e_0/h)-12.569(e_0/h)^2+15.444(e_0/h)^3$。

（3）按抗裂要求，混凝土矩形截面偏心受压构件的抗拉强度计算式为

$$kN \leqslant \varphi \frac{1.75R_1 bh}{\dfrac{6e_0}{h}-1} \tag{9-32}$$

式中 R_1——混凝土的抗拉极限强度。

注：当为混凝土矩形截面构件，$e_0 \leqslant 0.20h$ 时，抗压强度控制承载能力，可不必按式（9-32）计算；$e_0 > 0.20h$ 时，系抗拉强度控制承载能力，可不必按式（9-31）计算。

钢筋混凝土衬砌结构构件，按荷载基本组合求得的最大裂缝宽度 W_{max}，不应大于 0.2mm。

（4）钢筋混凝土受弯构件的截面强度计算图如图 9-29 所示。

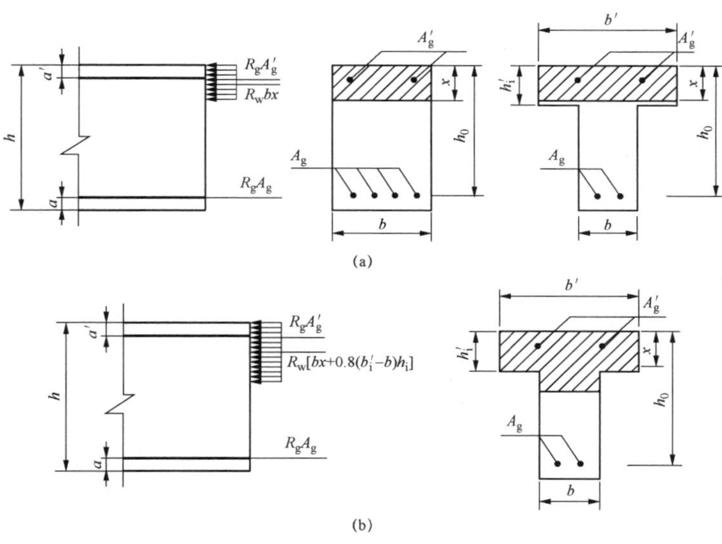

图 9-29 钢筋混凝土受弯构件截面强度计算图

（a）受压区面积为矩形；（b）受压区面积为 T 形

1）受压区面积为矩形时，则有

$$KM \leqslant R_w bx(h_0 - x/2) + R_g A'_g(h_0 - a') \tag{9-33}$$

此时，中性轴的位置应按式（9-34）确定

$$R_g(A_g - A'_g) = R_w bx \tag{9-34}$$

2）对于受压区面积为 T 形时，则有

$$KM \leqslant R_w[bx(h_0 - x/2) + 0.8(b'_i - b)h'_i(h_0 - h'_i/2)] + R_g A'_g(h_0 - a') \tag{9-35}$$

此时，中性轴的位置应按式（9-36）确定

$$R_g(A_g - A'_g) = R_w[bx + 0.8(b'_i - b)h'_i] \tag{9-36}$$

按式（9-33）～式（9-36）计算受弯构件时，混凝土受压区的高度应符合式（9-37）与式（9-38）的要求，截面强度应符合式（9-39）的要求。但在构件中如无受压钢筋或计算中不考虑受压钢筋时，只需符合式（9-37）的要求。

$$x \leqslant 0.55h_0 \tag{9-37}$$

$$x \geqslant 2a' \tag{9-38}$$

$$KM \leqslant 0.5R_w bh_0^2 \tag{9-39}$$

式中 K——安全系数；

M——弯矩，MN·m；

R_w ——混凝土弯曲抗压极限强度，$R_w=1.25R_a$；

R_g ——钢筋的抗拉或抗压计算强度；

A_g, A_g' ——受拉和受压区钢筋的截面面积，m²；

a, a' ——自钢筋 A_g 或 A_g' 的重心分别至截面最近边缘的距离，m；

h——截面高度，m；

h_0 ——截面的有效高度，m，$h_0=h-a$；

x ——混凝土受压区的高度，m；

b ——矩形截面的宽度或T形截面的肋宽，m；

b_i' ——T形截面受压区翼缘计算宽度，m，如表9-36所示；

h_i' ——T形截面受压区翼缘的高度，m。

表9-36　T形截面受压区翼缘的宽度

序号	考虑情况	肋形梁	独立梁
1	按跨度 l	$l/3$	$l/3$
2	按梁肋净距 s	$b+s$	—
3	按翼缘高度 $h_i'\left(\frac{h_i'}{h_0}\geqslant 0.1\right)$	—	$b+12h_i'$

（5）矩形和T形截面的受弯构件，其截面应符合

$$KV \leqslant 0.3R_a bh_0 \tag{9-40}$$

式中　K——安全系数；

V——剪力，MN；

b ——矩形截面的宽度或T形截面的肋宽，m。

（6）在计算斜截面的抗剪强度时，其计算位置应按下列规定采用：

1）支座边缘处的截面，如图9-30（a）、图9-30（b）截面1-1。

2）受拉区弯起钢筋弯起点处的截面，如图9-30（a）截面2-2、3-3。

3）受拉区箍筋数量与间距改变处的截面，如图9-30（b）截面4-4。

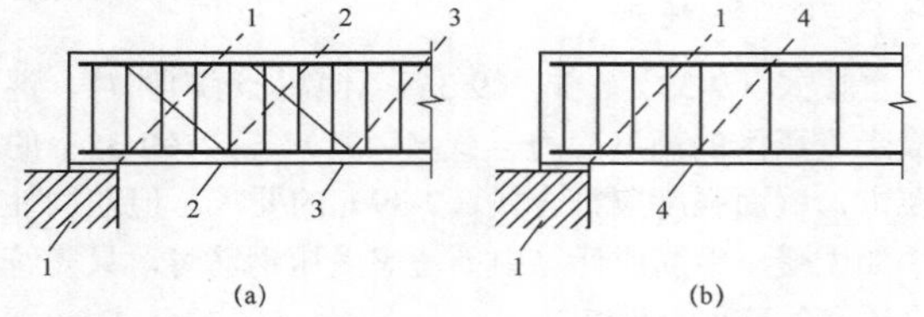

图9-30　斜截面抗剪强度的计算位置图
（a）弯起钢筋；（b）纵筋及箍筋

（7）矩形和T形截面的受弯构件，但仅配有箍筋时，其斜截面的抗剪强度计算式为

$$KV \leqslant V_{kh} \tag{9-41}$$

$$V_{kh}=0.07R_a bh_0+\alpha_{kh}R_g\frac{A_k}{S}h_0 \tag{9-42}$$

$$A_k=na_k \tag{9-43}$$

式中　V——斜截面上的最大剪力，MN；

V_{kh}——斜截面上受压区混凝土和箍筋的抗剪强度，MN；

α_{kh}——抗剪强度影响系数，应按下列规定采用：

当 $KV/bh_0 \leqslant 0.2R_a$ 时，α_{kh}=2.0；

当 $KV/bh_0 \leqslant 0.3R_a$ 时，α_{kh}=1.5；

当 KV/bh_0 为中间数值时，α_{kh} 值按直线内插法取用；

A_k——配置在同一截面内箍筋各肢的全部截面面积，m²；

n ——在同一截面内箍筋的肢数；

a_k——单肢箍筋的截面面积，m²；

S ——沿构件长度方向上箍筋的间距，m；

R_g——箍筋的抗拉计算强度。

（8）矩形和T形截面的受弯构件，当配有箍筋和弯起钢筋时，其斜截面的抗剪强度计算式为

$$KV \leqslant V_{kh}+0.8R_g A_w \sin\theta \tag{9-44}$$

式中　V——在配置弯起钢筋处的剪力，MN；

A_w——配置在同一弯起平面内的弯起钢筋的截面面积，m²；

θ ——弯起钢筋与构件纵向轴线的夹角，（°）。

（9）计算弯起钢筋时，剪力 V 值可按下列规定采用：

1）当计算第一排（对支座而言）弯起钢筋时，采用支座边缘处的剪力值。

2）当计算以后的每排弯起钢筋时，取用前一排（对支座而言）弯起钢筋起点处的剪力值。

（10）矩形和T形截面的受弯构件，如能符合式（9-45）要求时，则不需要进行斜截面的抗剪强度计算，而仅需按构造配置箍筋。

$$KV \leqslant 0.07R_a bh \tag{9-45}$$

（11）钢筋混凝土矩形截面的大偏心受压构件（$x \leqslant 0.55h_0$），其截面强度计算图如图9-31所示，其计算式为

$$KN \leqslant R_w bx+R_g(A_g'-A_g) \tag{9-46}$$

或

$$KNe \leqslant R_w bx(h_0-x/2)+R_g A_g'(h_0-a') \tag{9-47}$$

此时，中性轴的位置按式（9-48）确定

$$R_g(A_g e \mp A_g' e')=R_w bx(e-h_0+x/2) \tag{9-48}$$

当轴向力 N 作用于钢筋 A_g 与 A_g' 的重心之间时，式（9-48）中的左边第二项取正号；当 N 作用于钢筋 A_g 与 A_g' 两重心以外时，取负号。

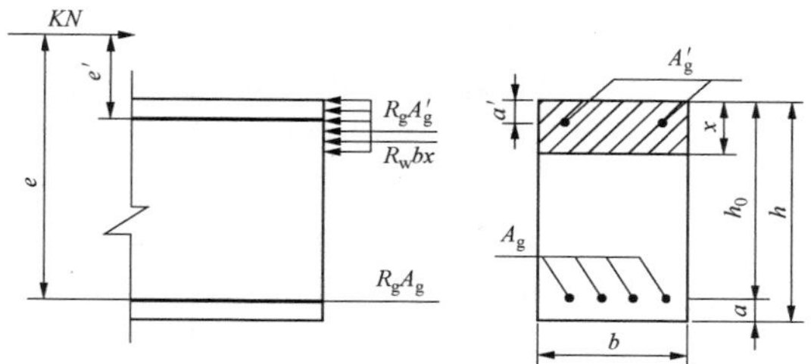

图 9-31 钢筋混凝土大偏心受压构件截面强度计算图

如计算中考虑受压钢筋时，则混凝土受压区的高度应符合 $x \geqslant 2a'$ 的要求，如不符合，则按式（9-49）计算

$$KNe' \leqslant R_g A_g (h_0 - a') \tag{9-49}$$

式中 N——轴向力，MN；

e, e'——钢筋 A_g 和 A'_g 的重心至轴向力作用点的距离，m。

当按式（9-49）求得的构件截面强度比不考虑受压钢筋更小时，则计算中不应考虑受压钢筋。

（12）钢筋混凝土矩形截面的小偏心受压构件（$x > 0.55h$），其截面强度计算图如图 9-32 所示，其计算式为

$$KNe \leqslant 0.5R_g bh_0^2 + R_g A'_g (h_0 - a') \tag{9-50}$$

当轴向力 N 作用于钢筋 A_g 与 A'_g 的重心之间时，尚应符合

$$KNe' \leqslant 0.5R_a bh_0'^2 + R_g A_g (h'_0 - a) \tag{9-51}$$

（13）计算钢筋混凝土矩形截面的偏心受压构件时，应考虑构件在弯矩作用平面内的挠度对轴向偏心距的影响。此时，应将轴向力的偏心距 e_0 乘以偏心距增大系数 η。η 值计算式为

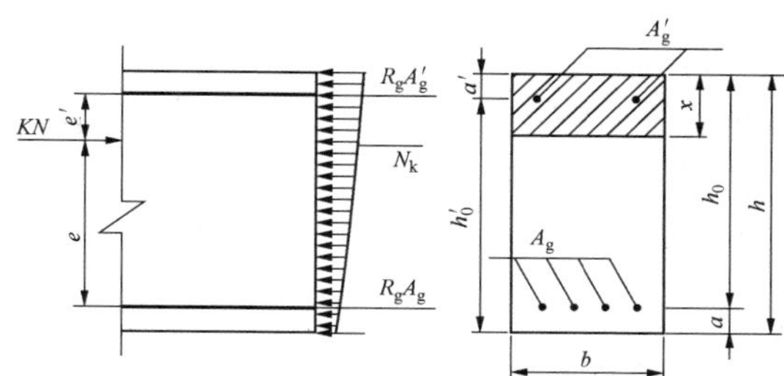

图 9-32 钢筋混凝土小偏心受压构件截面强度计算图

$$\eta = \frac{1}{1 - \dfrac{KN}{10\alpha E_h I_0} H^2} \tag{9-52}$$

$$\alpha = \frac{0.12}{0.3 + \dfrac{e_0}{h}} + 0.17 \tag{9-53}$$

式中 K——安全系数；

E_h——混凝土的受压弹性模量；

I_0——混凝土全截面（包括钢筋）的换算截面惯性矩，m^4；

H——构件的高度，m；

e_0——检算截面偏心距；

α——与偏心距有关的系数，当 $e_0 / h \geqslant 1$ 时，取 α=0.26。

对于隧道衬砌，当构件高度与弯矩作用平面内的截面边长之比 $H/h \leqslant 8$ 时，可取 η=1.0。

偏心受压构件，除应计算弯矩作用平面的强度外，尚应按轴心受压构件验算垂直于弯矩作用面的强度。此时，可不考虑弯矩的作用，但应按表 9-37 考虑纵向弯曲系数的影响。

表 9-37　　钢筋混凝土构件的纵向弯曲系数

H/h	≤8	10	12	14	16	18	20	22	24	26	28	30
纵向弯曲系数 η	1.00	0.98	0.95	0.92	0.87	0.81	0.75	0.70	0.65	0.60	0.56	0.52

（14）钢筋混凝土衬砌结构构件，考虑长期荷载作用的影响进行计算时，表面裂缝计算宽度限值不应大于 0.2mm，特殊环境条件下应符合 GB 50476—2008《混凝土结构耐久性设计规范》要求。

（15）钢筋混凝土受拉、受弯和偏心受压构件，在长期荷载作用下最大裂缝宽度可按 GB 50010—2010《混凝土结构设计规范》计算。对 $e_0 \leqslant 0.55h_0$ 的偏心受压构件，可不验算裂缝宽度。

（16）在长期荷载作用下，钢筋混凝土受弯构件的挠度，按荷载的基本组合计算的最大挠度值不应大于表 9-38 规定的允许值。

表 9-38　　受弯构件的允许挠度

构件类型		允许挠度
梁、板构件	$l_0 \leqslant 7m$	$l_0/250$
	$7m < l_0 \leqslant 9m$	$l_0/300$
	$l_0 > 9m$	$l_0/400$

注 l_0 为受弯构件的计算跨度；计算悬臂构件的挠度限值时，其计算跨度 l_0 按实际悬臂长度的 2 倍取用。

（四）喷锚支护

1. 一般规定

（1）喷锚支护一般采用工程类比法或数值计算确

定，在施工过程中结合现场监控量测进行设计。

（2）喷锚支护通常由喷射混凝土、锚杆、钢筋网、钢架等支护材料的一种或几种组合而成。

（3）在下列条件下可采用喷锚支护。

1）作为施工使用的导洞。

2）Ⅰ～Ⅲ级围岩段。

3）Ⅰ～Ⅲ级围岩段通风竖井、斜井。

（4）下列情况不应单独采用喷锚支护：

1）地下水发育或大面积淋水地段。

2）能造成衬砌腐蚀或膨胀性围岩的地段。

3）最冷月平均气温低于–5℃地区的冻害地段。

4）其他特殊要求的隧道。

2. 衬砌计算及构造要求

（1）喷射混凝土。

1）喷射混凝土支护。喷射混凝土支护厚度有最小喷射厚度和平均喷层厚度两种指标，前者指整个断面各部的喷层均大于设计厚度，后者指整个断面平均喷层厚度大于设计厚度。一般情况下按最小厚度计算，当在硬岩中采取钻爆法开挖，若开挖轮廓凹凸过大导致喷射混凝土用量过大时，可采用平均厚度计算。

a. 喷射混凝土厚度一般不应小于 50mm。喷射混凝土收缩较大，若喷层厚度小于 50mm，其中粗集料含量甚少，则更易引起收缩开裂。同时，喷层过薄也不足以抵抗岩块的移动，并会随着围岩变形而出现裂缝或局部剥落。

b. 为发挥围岩的自承作用，喷射混凝土支护应具有一定的柔性，所以喷层最大设计厚度不宜超过250mm。当喷层不能满足支护抗力要求时，可用锚杆、钢筋网或钢架予以加强。在含水地层中，为了保证喷层的抗渗能力，其最小厚度不应小于 80mm，抗渗强度不应低于 0.8MPa。

c. 喷射混凝土对局部不稳定块体的抗冲切承载力验算式为

$$K \cdot m \leqslant 0.6 \cdot f_t \cdot \mu_m \cdot h \tag{9-54}$$

当喷层内配置钢筋网时，则其抗冲切承载力计算式为

$$K \cdot m \leqslant 0.3 f_t \cdot \mu_m \cdot h + 0.8 f_{yv} \cdot A_{svu} \tag{9-55}$$

式中 f_t——喷射混凝土的计算抗拉强度，MPa；

m——不稳定岩面块体质量，kg；

f_{yv}——钢筋抗剪强度设计值，MPa；

h——喷射混凝土厚度，mm，当 h＞100mm 时仍以 100mm 计算；

μ_m——不稳定块体出露面的周边长度，mm；

A_{svu}——与冲切破坏椎体斜截面相交的全部钢筋截面面积，mm²；

K——安全系数，2.0。

2）钢筋网喷射混凝土支护。

钢筋网可提高喷射混凝土的抗剪和黏结强度，有利于抵抗岩石塌落和承受冲击荷载，能提高喷层的整体性，使其应力分布均匀，从而减少混凝土收缩和喷层裂缝。在变形大而自稳性差的软弱围岩的混凝土喷层中，应设置 1～2 层钢筋网。在强度低的土砂地层（尤其是粉砂层）中，喷层经常与土砂层一起剥落，此时可安设防剥落的网眼较密的钢筋网。

a. 钢筋网喷射混凝土支护的厚度不应小于100mm，且不宜大于 250mm。

b. 钢筋网格材料宜采用 HPB300 钢筋，钢筋直径宜为 6～12mm。

c. 网筋网网格应按矩形布置，钢筋间距宜为150～300mm。当小于 150mm 时，喷射混凝土回弹增加，且钢筋网与壁面之间易形成空洞，不能保证混凝土的密实度；当大于 300mm 时，将大大削弱钢筋网在喷射混凝土中的作用。

d. 钢筋网钢筋的搭接长度应不小于一个网格或30*d*（*d* 为钢筋直径）。

e. 钢筋网的保护层厚度不小于 20mm，当采用双层钢筋网时，两层钢筋网之间的间隔距离应不小于60mm。

f. 单层钢筋网喷射混凝土厚度不得小于 80mm，双层钢筋网喷射混凝土厚度不得小于 150mm。

g. 钢筋网应配合锚杆一起使用，钢筋网宜与锚杆绑扎连接或焊接。

（2）锚杆。

1）全长黏结型锚杆。用水泥砂浆树脂作填充黏结剂，使锚杆和孔壁岩石黏结，能增加锚杆的抗剪、抗拉强度和防止钢筋腐蚀作用。其锚固性能可靠，具有较强的长期锚固力，有利于约束围岩位移。目前在地下工程中使用最广的是水泥砂浆锚杆和早强水泥砂浆锚杆。

全长黏结型锚杆应满足下列规定：

a. 杆体材料宜采用 HPB300、HRB400 钢筋。钻孔直径为 28～32mm 的小直径锚杆的杆体材料宜用HPB300 钢筋。

b. 杆体钢筋直径宜为 16～32mm。

c. 杆体钢筋保护层厚度，采用水泥砂浆时不小于8mm，采用树脂时不小于 4mm。

d. 杆体直径大于 32mm 的锚杆，应采取杆体居中的构造措施。

e. 水泥砂浆的强度等级不应低于 M20，锚杆设计抗拉拔力不应低于 50kN。

f. 水泥砂浆的配合比，水泥:砂宜为 1:1～1:1.5，水灰比宜为 0.4～0.5，中细砂粒径不宜大于 3.0mm。

g. 对于自稳时间短的围岩，宜用树脂锚杆或早强

水泥砂浆锚杆。

目前广泛采用的有 ZM-1 和 ZM-2 型早强砂浆锚杆，其力学指标如表 9-39 所示。

胶结材料主要为硫铝酸盐早强水泥。ZM-1 型掺 Tz 型早强剂，施工方法与普通砂浆锚杆相同；ZM-2 型采用含 4%～6%锂盐的 Ts 型早强剂和含 0.5%亚硝酸钠的防锈剂，做成药包状，药包长度 300～350mm，直径 38～40mm（略小于钻头直径），质量 0.5～0.8kg。药包随泡水随用，泡水时间一般为 1～2min，利用凿岩机顶送杆体并将药包搅碎。

表 9-39 早强砂浆锚杆力学指标

锚杆类型	产生 500kN 以上抗拔力所需时间（2m 长锚杆）（h）	水泥砂浆 12h 抗压强度（MPa）
ZM-1	2～6	＞20
ZM-2	1	＞20

2）预应力锚杆。软岩、收敛变形较大的围岩地段以及小间距隧道中夹岩柱加固，可采用预应力锚杆。在支护中可以和其他锚杆交叉使用，也可以系统使用。预应力锚植能主动为围岩提供大的支护抗力，且在提供支护抗力时不以损失被锚固体位移为代价，能提高软弱结构面和滑移面处的抗剪强度。

预应力锚杆的设计应遵守：

a. 预应力锚杆的预加力应不小于 100kN，其锚固端必须锚固在稳定岩层内。

b. 硬岩锚固宜采用拉力型锚杆，软岩锚固宜采用压力分散型或拉力分散型锚杆。

c. 设计预应力锚杆固体的间距应考虑锚杆相互作用的不利影响。

d. 确定锚杆倾角应避开锚杆与水平面的夹角为 −10°～+10°。

e. 预应力筋材料宜选用钢绞线、高强钢丝或高强精轧螺纹钢筋。对穿型锚杆及压力分散型锚杆的预应力筋采用无黏结钢绞线。当预应力值较小或锚植长度小于 20m 时，预应力筋也可采用Ⅱ级或Ⅲ级钢筋。

f. 预应力筋的截面尺寸计算式为

$$A=\frac{KN_t}{f_{ptk}} \tag{9-56}$$

式中 A——预应力筋的截面积，mm²；

N_t——锚杆轴向拉力设计值，kN；

f_{ptk}——预应力筋抗拉强度标准值，MPa；

K——预应力筋截面设计安全系数，临时锚杆取 1.6，永久锚杆取 1.8。

g. 预应力锚杆的锚固段灌浆体宜选用水泥浆或水泥砂浆等胶结材料，其抗压强度不宜低于 30MPa。压力分散型锚杆锚固段灌浆体抗压强度不宜低于 40MPa。

h. 预应力锚杆的自由段长度不宜小于 5.0m。

i. 预应力锚杆采用黏结型锚固体时，锚固段长度可按式（9-57）、式（9-58）计算，并取其中的较大值。

$$L_a=\frac{KN_t}{\pi Dq_r} \tag{9-57}$$

$$L_a=\frac{kN_t}{n\pi d\xi q_s} \tag{9-58}$$

式中 L_a——锚固段长度，mm；

N_t——锚杆轴向拉力设计值，kN；

K——安全系数，按表 9-40 取值；

D——锚固体直径，mm；

d——单根钢筋或钢绞线直径，mm；

n——钢绞线或钢筋根数；

q_r——水泥结石体与岩石孔壁间的黏结强度设计值，取标准值的 0.8（如表 9-41 所示）；

q_s——水泥结石体与钢绞线或钢筋的黏结强度设计值，取标准值的 0.8（如表 9-42 所示）；

ξ——采用 2 根或 2 根以上钢绞线或钢筋时，介面黏结强度降低系数，取 0.60～0.85。

表 9-40 岩石预应力锚杆固体设计的安全系数

锚杆破坏后危害程度	最小安全系数	
	锚杆服务年限≤2 年	锚杆服务年限＞2 年
危害轻微不会构成公共安全问题	1.4	1.8
危害较大但公共安全无问题	1.6	2.0
危害较大出现公共安全问题	1.8	2.2

表 9-41 岩石与水泥结石体之间的黏结强度标准值

岩石种类	岩石单轴饱和抗压强度（MPa）	岩石与水泥浆之间黏结强度标准（MPa）
硬岩	＞60	1.5～3.0
中硬岩	30～60	1.0～1.5
软岩	5～30	0.3～1.0

注 黏结长度小于 6.0m。

表 9-42 钢筋、钢绞线与水泥结石体之间的黏结强度标准值

类　型	黏结强度标准值（MPa）
水泥结石体与螺纹钢筋之间	2.0～3.0
水泥结石体与钢绞线之间	3.0～4.0

注 1. 黏结长度小于 6.0m。

2. 水泥结石体抗压强度标准值小于 M30。

j. 压力分散型或拉力分散型锚杆的单元锚杆锚固长度不宜小于15倍锚杆钻孔直径。

k. 设计压力分散型锚杆时，还应验算灌浆体轴向承压力。确定注浆体的轴心抗压强度应考虑局部受压与注浆体侧向约束的有利影响，一般由试验确定。

l. 预应力锚具及连接锚杆杆体的受力部件，均应能承受95%的杆体极限抗拉力。

m. 锚固段内的预应力筋每隔1.5～2.0m应设置隔离架。永久性的拉力型或拉力分散型锚杆锚固段内的预应力筋宜外套波纹管，预应力筋的保护层厚度不应小于 20mm。临时性锚杆预应力筋的保护层厚度不应小于10mm。

n. 自由段内预应力筋宜采用带塑料套管的双重防腐，套管与孔壁间应灌满水泥砂浆或水泥净浆。

o. 永久性预应力锚杆的拉力锁定值应不小于拉力设计值，临时性预应力锚杆可等于或小于拉力设计值。

（3）钢架。钢架具有较大的支护强度和刚度，安装后可立即承受开挖所引起的松动压力。钢架可作临时支护单独使用，也可与锚杆、喷混凝土一起作永久支护，配合超前支护效果更好。

1）钢架的适用范围。

a. 围岩自稳时间很短的Ⅳ、Ⅴ、Ⅵ级围岩，在锚杆或喷射混凝土支护发挥作用前，可能发生围岩失稳或坍塌危险时。

b. 浅埋、偏压隧道，当早期围岩压力增长快，需要提高初期支护的早期强度和刚度时。

c. 在难以施作锚杆、喷射混凝土的砂卵石、土夹石或断层泥等地层，大面积淋水地段，以及为了抑制围岩大的变形需增加支护抗力时。

d. 当需要施作超前支护，设置钢架作为超前锚杆（或超前小钢管）的支撑构件时。

2）钢架构造和安装。

a. 可缩性钢架宜采用U型钢架，刚性钢架宜采用钢筋焊接成的格栅钢架。

b. 采用可缩性钢架时，喷射混凝土层应在可缩性节点处设置伸缩缝。

c. 钢架的纵向间距一般为 0.6～1.2m，且不宜大于1.2m，两榀钢架之间应设置直径为20～22mm的钢拉杆，沿钢架每1～2m设一根。

d. 钢架的立柱埋入地坪下的深度不应小于250mm。

e. 钢架与锚喷支护联合使用时，应保证钢架（或格栅钢架主筋）与围岩之间的混凝土厚度不小于40mm。

f. 钢筋格栅钢架截面高度可根据设计要求选取，一般为 120～200mm。格栅主钢筋直径一般选 18～25mm，联系钢筋直径可用10～14mm。

g. 围岩压力一般通过楔子传到钢架上，故钢架与围岩间应楔紧。从试验资料看，单线隧道加9个楔子时，钢架强度可发挥100%；加5个楔子时，只能发挥强度的80%，故楔子间距宜为1.2m左右。

h. 接头是钢架的弱点，因此应减少接头数量。据双线隧道上半断面钢架试验，2 节钢架（在对称和偏压荷载作用下）较4节钢架承载能力提高近1倍。考虑施工要求，拱部和边墙部分宜采用4～6节钢架。

i. 钢架接头通常用连接板和螺栓连接，并要求易于安装。

j. 为防止钢架承载而下沉，钢架下端应设在稳固地层上，或设在为扩大承压面的钢板、混凝土垫块上，钢架立柱埋入底板深度不应小于 15mm，当有水沟时不应高于水沟底面。

k. 开挖下台阶时，为防止钢架拱脚下沉、变形，根据需要在拱脚下可设纵向托梁，把几排钢架连为一整体。

（4）其他要求。

1）系统锚杆布置应遵守如下要求：

a. 在隧洞横断面上，锚植应与岩体主结构面成较大角度布置；当主结构面不明显时，可与隧洞周边轮廓垂直布置。

b. 在岩面上，锚杆宜呈菱形排列。

c. 锚杆间距不宜大于锚杆长度的 1/2；Ⅳ、Ⅴ级围岩中的锚杆间距宜为0.5～1.0m，并不得大于1.25m。

2）拱腰以上局部锚杆的布置方向应有利于锚杆受位，拱腰以下及边墙的局部锚杆布置方向应有利于提高抗滑力。

3）局部锚杆的锚固体应位于稳定岩体内。黏结型锚杆锚固体长度内的胶结材料与杆体间黏结摩阻力设计值和胶结材料与孔壁岩石间黏结摩阻力设计值均应大于锚杆杆体受拉承载力设计值。

（五）复合式衬砌

1. 一般规定

（1）复合衬砌由初期支护和二次衬砌及中间所夹的防水层组合而成。

（2）复合衬砌设计时应考虑围岩在内的支护结构、断面形状、开挖方法、施工工序和断面的闭合时间等综合因素，力求充分发挥围岩所具有的自承能力。

（3）复合式衬砌的初期支护宜采用喷锚衬砌，即由喷射混凝土、锚杆、钢筋网和钢拱架等支护型式单独或组合使用，具有支护及时、柔性的特点，并在一定程度上能够随着围岩变形而变形，充分发挥围岩的自承能力。由于喷射混凝土、锚杆、钢筋网和钢拱架等作用各不相同，初期支护的刚度与其组成有密切的关系。在设计时应根据隧道所处的工程地质、水文地质状况以及隧道断面尺寸、洞顶覆盖层厚度、地形条件等选择初期支护的组成，确定初期支护的刚度。初期支付作为永久衬砌的一部分，宜采用全长黏结型各类锚杆。

（4）二次衬砌宜采用模注混凝土或钢筋混凝土结构，刚度大，整体性好。为了防止应力集中，衬砌截面宜采用连接圆顺的等厚度衬砌断面，仰拱厚度宜与拱墙厚度相同。

（5）在地形偏压段、围岩较差且地下水发育地段，二次衬砌宜采用钢筋混凝土结构。

（6）对软弱流变围岩、膨胀性围岩，隧道支护参数的确定还应考虑围岩变形压力继续增长的作用。

2. 开挖预留变形量

复合式衬砌各级围岩隧道预留变形量值可根据围岩级别、开挖跨度、埋深深度、施工方法和支护条件，采用工程类比法确定；当无类比资料时，可按表 9-43 采用。

表 9-43　　预留变形量　　（mm）

围岩级别	隧道跨度（5～8m）
Ⅱ	—
Ⅲ	10～30
Ⅳ	30～50
Ⅴ	50～80

注 1. 此表引用自《铁路隧道设计规范》（TB 10003—2016）表 8.2.3。
2. 浅埋、软岩、跨度较大隧道取大值；深埋、硬岩、跨度较小隧道取小值。
3. 有明显流变、原岩应力较大和膨胀岩（土），应根据量测数据反馈分析确定预留变形量。

（六）构造要求

1. 矿山法电缆隧道衬砌设计要求

（1）隧道宜采用直墙圆拱式衬砌，Ⅵ级围岩的衬砌应采用钢筋混凝土结构。

（2）隧道围岩较差地段应设仰拱。仰拱曲率半径应根据隧道断面形状、地质条件、地下水、隧道宽度等条件确定。

（3）围岩较差地段的衬砌应向围岩较好地段延伸，延伸长度宜为 5～10m。偏压衬砌段应向一般衬砌段延伸，延伸长度应根据偏压情况确定，一般不小于 10m。

2. 采用整体式衬砌时的要求

（1）当采用钢筋混凝土衬砌结构时，混凝土强度等级不应小于 C30。

（2）沉降缝、伸缩缝缝宽应大于 20mm。伸缩缝、沉降缝应垂直于隧道轴线设置。

（3）最冷月平均气温低于−15℃的地区，应根据情况设置变形缝。

（4）沉降缝、伸缩缝可兼做施工缝。在设有沉降缝、伸缩缝的位置，施工缝宜调整到同一位置。

（5）各级围岩地段拱部衬砌背后应压注不低于 M20 的水泥砂浆。

3. 采用复合式衬砌时的要求

（1）复合式衬砌设计应综合包括围岩在内的围护结构、断面性质、开挖方法、施工顺序和断面闭合时间等因素，力求充分发挥围岩的自承能力。

（2）初期支护宜采用锚喷支护，即由喷射混凝土、锚杆、钢筋网和钢架等支护形式单独或组合使用。

（3）锚喷支护基层平整度应符合 $D/L \leqslant 1/6$（D 为初期支护基层相邻两凸面凹进去的深度；L 为基层两凸面的距离）；二次衬砌宜采用模筑混凝土，二次衬砌宜为等厚截面，连接圆顺。

4. 黄土地区的隧道要求

黄土地区的隧道，应视黄土分类、物理力学性能和施工方法等确定衬砌结构，并应采用曲墙有仰拱的衬砌，曲墙衬砌的边墙矢高不应小于弦长的 1/8。

黄土隧道宜采用复合式曲墙带仰拱衬砌，其初期支护宜采用钢架、钢筋网喷射混凝土和锚杆支护，喷层厚度不得小于 10cm，钢筋网钢筋直径宜为 6～12mm。设锚杆时，其长度宜为 2.5～4m，支护沿纵向每隔 5～10m，应设置环向变形缝，其宽度宜为 10～20mm。

位于隧道附近地表的冲沟、陷穴、裂缝应予回填、铺砌，并设置地表水的引排设施。

5. 含水砂层及软弱、膨胀性围岩的隧道设计要求

（1）衬砌应采用曲墙有仰拱的结构；必要时可采用钢筋混凝土或钢架混凝土结构。

（2）通过含水砂层时，施工前宜采取设置地表砂浆锚杆、从地表或沿隧道周边向围岩注浆等预加固措施；施工中可采用超前锚杆、超前小导管注浆或管棚等超前支护措施。

（3）通过软弱和膨胀性围岩时，宜采用圆形或接近圆形断面。

（4）根据具体情况，应对地表水和地下水做出妥善处理。

6. 穿越岩溶、洞穴的隧道

穿越岩溶、洞穴的隧道应根据空穴大小、充填情况及其与隧道的关系、地下水情况，采取下列处理措施：

（1）对空穴水的处理应因地制宜，采用截、堵、排结合的综合治理措施。

（2）干、小的空穴，可采取堵塞封闭；有水且空穴较大，不宜堵塞封闭时，可根据具体情况，采取梁、拱跨越。

（3）当空穴岩壁强度不够或不稳定，可能影响隧道结构安全时，应采取支顶、锚固、注浆等措施。

7. 含瓦斯地层的隧道

通过含瓦斯地层的隧道，应采取下列防瓦斯措施：

（1）隧道应采用复合式衬砌，初期支护的喷射混凝土厚度不应小于15cm，二次衬砌模筑混凝土厚度不应小于40cm。

（2）衬砌应采用单层或多层全封闭结构，并选用气密性建筑材料，提高混凝土的密实性和抗渗性指标。

（3）衬砌施工缝隙应严密封填。

（4）应向衬砌背后或地层压注水泥砂浆，或采用内贴式、外贴式防瓦斯层，加强封闭。

8. 通过放射性岩层的隧道，应根据放射性元素性质和放射强度，采用特殊方法设计

（七）预加固措施

当隧道通过浅埋、偏压、软弱围岩、断层破碎带等围岩自稳时间较短的区段时，隧道施工应采取相应的预加固措施，主要包括：超前小导管法、管棚注浆法、钢拱架支护法等。预加固措施设计和施工应遵循以下原则：先支护，后开挖，快封闭，勤测量。在施工过程中应加强监控测量，加强信息反馈，以便及时调整预加固措施，保障施工过程中的安全。

1. 超前小导管注浆

超前小导管示意图及施工作业现场如图 9-33、图 9-34 所示，其是隧道工程掘进施工过程中的一种工艺方法，主要用于自稳时间段的软弱破碎带、浅埋段、洞口偏压段、砂层段、砂卵石段、断层破碎带等地段的预支护。在软弱、破碎地层中凿空后极易塌孔，且施作超前锚杆比较困难或者结构断面较大时，应采取超前小导管支护。超前小导管支护必须配合钢拱架使用。

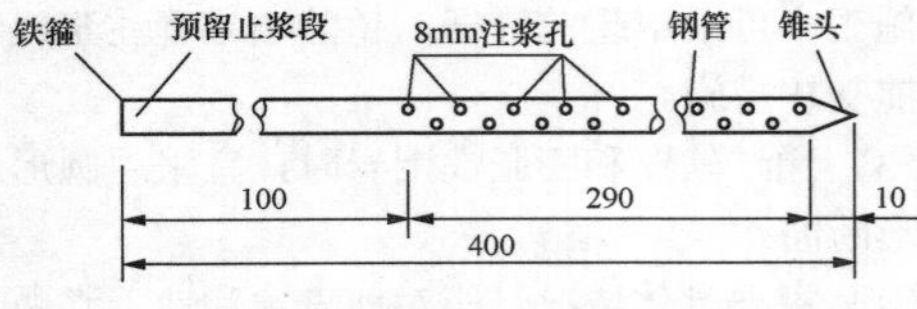

图 9-33　超前小导管示意图

通过超前小导管注浆能改变围岩状况及稳定性，浆液注入软弱、松散地层或含水破碎围岩裂隙后，能与之紧密接触并凝固。浆液以充填，劈裂等方式，置换土颗粒间和岩石裂隙中的水分及空气后占据其位置，经过一定时间凝结，将原有的松散土颗粒或裂隙胶结成一个整体，形成一个结构新、强度大、防水性能良好的固结体，使得围岩松散破碎状况得到大幅度改善。

图 9-34　超前小导管施工作业现场

超前小导管注浆主要施工步骤如下：

（1）打设注浆小导管。

（2）架立钢筋网片和钢筋格栅。

（3）纵向连续钢筋焊接。

（4）喷射混凝土。

在实际操作中，超前小导管注浆支护按图 9-35 所示流程进行。

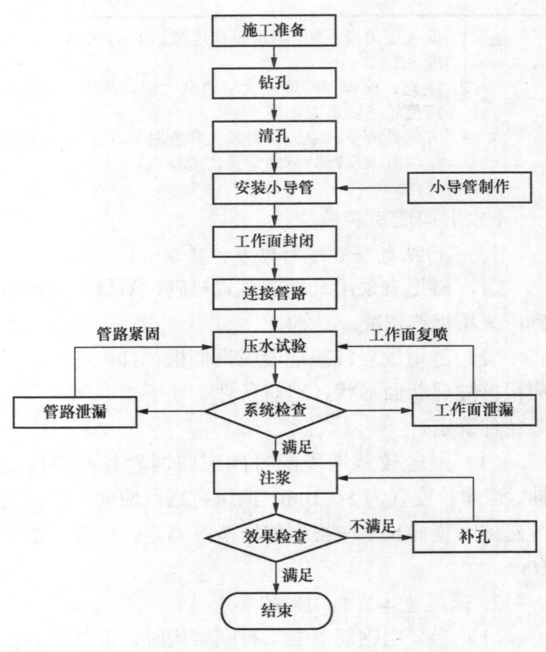

图 9-35　超前小导管注浆支护施作流程

超前导管支护设计参数如表 9-44 所示。

表 9-44　　超前导管支护设计参数值

支护型式	适用地层	钢管直径（mm）	钢管长度（m）		钢管钻设注浆孔的间距（mm）	钢管沿拱的环向布置间距（mm）	钢管沿拱的环向外插角度	沿隧道纵向的两排钢管搭接长度
			每根长	总长度				
导管	土层	40～50	3～5	3～5	100～150	300～500	5°～15°	1

注　1. 导管采用的钢管应直顺，其不钻入围岩部分不钻孔。
　　2. 导管如锤击打入时，尾部应补强，前段应加工成锥形。

2. 管棚超前支护

管棚超前支护现场如图 9-36 所示，其是近年发展起来的一种在软弱围岩中进行隧道掘进的新技术。管棚法最早是作为隧道施工的一种辅助方法，在软岩隧道施工中穿越破碎带、松散带、软弱地层，涌水、涌砂层发挥了重要作用。由于预埋超前管棚做顶板及侧壁支撑，为后续的隧道开挖奠定了坚实的基础，且施工快、安全性高、工期短，被认为是隧道施工中解决冒顶的最有效最合理的施工方法。管棚施工管棚是利用钢拱架与沿开挖轮廓线，以较小的外插角，向开挖面前方打入钢管或钢插板构成的棚架来形成对开挖面前方围岩的预支护。管棚是利用钢管或钢插板作为纵向预支撑、钢拱架作为横向环形支撑，构成纵、横向整体刚度较大的支护系统，阻止和限制围岩变形，提前承受早期围岩压力。

管棚支护设计参数如表 9-45 所示。

图 9-36　管棚超前支护现场

表 9-45　　管棚支护设计参数值

支护型式	适用地层	钢管直径（mm）	钢管长度（m）		钢管钻设注浆孔的间距（mm）	钢管沿拱的环向布置间距（mm）	钢管沿拱的环向外插角度	沿隧道纵向的两排钢管搭接长度
			每根长	总长度				
管棚	土层或不稳定岩体	80～180	4～6	10～40	100～150	300～500	不大于 3°	1.5

注　1. 管棚采用的钢管应直顺，其不钻入围岩部分不钻孔。
　　2. 管棚采用的钢管纵向连接丝扣长度不小于 150mm，并应采用厚壁钢管制作。

六、顶管隧道

（一）基本规定

（1）顶管隧道采用以概率论为基础的极限状态设计法，以可靠度指标度量结构构件的可靠度，以分项系数的设计表达式进行设计。承载力极限状态和正常使用极限状态应分别计算以下内容：

1）承载能力极限状态。顶管结构纵向超过最大顶力破坏，管壁因材料强度被超过而破坏；柔性隧道管壁截面丧失稳定；隧道的管段接头因顶力超过材料强度破坏。

按极限状态进行强度计算时，结构上的各项作用均采用作用设计值。作用设计值为分项系数与作用代表值的乘积。

$$\gamma_0 S \leqslant R \tag{9-59}$$

式中　γ_0——结构重要性系数，一般取 1.0，重要的电缆隧道取 1.1（隧道重要性分级见附录 A）；

S——作用效应组合的设计值；

R——结构抗力设计值，钢筋混凝土管道按 GB 50010—2010《混凝土结构设计规范》的规定确定。钢管道按 GB 50017—2017《钢结构设计规范》的规定确定，其他材质管道按相应标准确定。

a. 作用效应的组合设计值，按式（9-60）确定

$$S = \gamma_{G1} C_{G1} G_{1k} + \gamma_{G.sv} C_{sv} F_{sv,k} + \gamma_{Gh} C_h F_{h,k} + \gamma_{Gw} C_{Gw} G_{wk} + \varphi_c \gamma_Q (C_{Qv} Q_{vk} + C_{Qm} Q_{mk} + C_{Qt} F_{tk}) \tag{9-60}$$

式中　γ_{G1}——隧道结构自重作用分项系数，可取 $\gamma_{G1}=1.2$，当作用效应对结构有利时

应取 1.00；

$\gamma_{G.sv}$ ——竖向水土压力作用分项系数，可取 $\gamma_{G.sv}$=1.27；

γ_{Gh} ——侧向水土压力作用分项系数，可取 γ_{Gh}=1.27；

γ_{Gw} ——隧道内电缆设备自重作用分项系数，可取 γ_{Gw}=1.2；

γ_{Q} ——可变作用的分项系数，可取 γ_{Q}=1.4；

$C_{G1}, C_{sv}, C_{h}, C_{Gw}$ ——隧道结构自重、竖向和侧向水土压力及隧道内电缆设备自重的作用效应系数；

C_{Qv}, C_{Qm}, C_{Qt} ——地面车辆荷载、地面堆积荷载、温度变化的作用效应系数；

G_{1k} ——隧道结构自重标准值；

$F_{sv,k}$ ——竖向水土压力标准值；

$F_{h,k}$ ——侧向水土压力标注值；

G_{wk} ——隧道内电缆设备自重标准值；

Q_{vk} ——车行荷载产生的竖向压力标准值；

Q_{mk} ——地面堆积荷载作用标准值；

F_{tk} ——温度变化作用标准值；

φ_{c} ——可变荷载组合系数，对柔性管道取 $\varphi_{c}=0.9$，对其他管道取 $\varphi_{c}=1.0$。

注：作用效应系数为结构在相应作用的效应（内力、应力等）与该作用的比值，可按结构力学方法确定。

b. 对埋设在地下水以下的隧道，应根据最高地下水位验算抗浮稳定。抗浮验算时，各项作用应取标准值并应满足抗浮稳定抗力系数不低于 1.1。

$$K=\frac{G_{z}}{G_{f}}\geqslant 1.1 \tag{9-61}$$

式中 K ——抗浮安全系数；

G_{z} ——结构自重、设备重及上覆土重之和；

G_{f} ——地下水的浮力。

当明挖隧道已经施工完毕，但未安装设备和回填土时，计算 G_{z} 时只应考虑结构自重。

2）正常使用极限状态：钢筋混凝土构件应对正常使用极限状态进行验算，作用效应均应采用作用标准值计算，计算内容包括：柔性隧道的竖向变形超过规定限值；钢筋混凝土隧道裂缝宽度超过规定限值。

a. 构件处于轴心受拉或小偏心受拉时，截面设计应按作用效应标准组合（短期组合）验算控制裂缝出现，作用效应标准值计算式为

$$S=C_{G1}G_{1k}+C_{sv}F_{sv,k}+C_{h}F_{h,k}+C_{Gw}G_{wk}+\varphi_{c}(C_{Qv}Q_{vk}+C_{Qm}Q_{mk}+C_{Qt}F_{tk}) \tag{9-62}$$

b. 构件处于受弯、大偏心受压或受拉时，截面设计应按作用效应准永久组合（长期效应）验算控制裂缝宽度，裂缝最大宽度不应大于 0.2mm，作用效应准永久值组合按式（9-63）确定

$$S=C_{G1}G_{1k}+C_{sv}F_{sv,k}+C_{h}F_{h,k}+C_{Gw}G_{wk}+\varphi_{q}(C_{Qv}Q_{vk}+C_{Qm}Q_{mk}+C_{Qt}F_{tk}) \tag{9-63}$$

式中 φ_{q} ——可变荷载的准永久值系数。

（2）顶管隧道结构按承载能力极限状态计算和按正常使用极限状态验算时，除按规定的荷载对结构的整体进行荷载效应分析；必要时，尚应对结构中受力状况特殊的部分进行更详细的结构分析。

（3）隧道结构内力分析均应按弹性体系计算，不考虑由非弹性变形所引起的塑性内力重分布。

（4）顶管管径应根据设计功能及相关要求确定。顶管常用的管材有钢筋混凝土管、钢管和玻璃纤维增强塑料夹纱管。管材的选择应根据管径、管道用途、管材受力特性和地质条件等因素确定。对于各种管材制成的顶管管段，应满足性能要求，并符合施工工艺机械配备要求。

（5）钢管及玻璃纤维增强塑料夹砂管应按柔性管计算；钢筋混凝土管应按刚性管计算。

（6）顶进土层选择应符合下列规定：

1）顶管可在淤泥质黏土、黏土、粉土及砂土中顶进。

2）下列情况下不宜采用顶管施工：① 土体承载力 f_{a} 小于 30kPa；② 岩土强度大于 15MPa；③ 土层中砾石含量大于 30%或粒径大于 200mm 的砾石含量大于 5%；④ 江河中覆土层渗透系数 K 大于或等于 10^{-2}cm/s。

3）长距离顶管不宜在土层软硬明显的界面上顶进。

（7）顶管的覆土厚度应符合下列规定：

1）顶管覆土厚度一般不宜小于 1.5 倍管径，并应大于 1.5m。

2）穿越河道时应满足河道的规划要求，布置在河床的冲刷线以下，覆土厚度不宜小于 2.5m。

3）在有地下水地区及穿越河道时，顶管覆土厚度应满足管道抗浮要求。

（8）顶管间距应满足下列要求：

1）互相平行的管道水平间距应根据土层性质、管道直径和管道埋置深度等因素确定，一般情况下宜大于 1 倍的管道外径。

2）空间交叉管道的净间距，钢管不宜小于 0.5 倍管道外径，且不应小于 1.0m。钢筋混凝土管和玻璃纤维增强塑料夹纱管不宜小于 1 倍管道外径，且不宜小于 2m。

3）顶管底与建筑物基础底面相平时，直径小于1.5m的管道宜与建筑物基础边缘保持2倍管径间距，直径大于1.5m的管道宜保持3m净距。

4）顶管底低于建筑基础底标高时，其间距尚应满足地基土体稳定性的要求。

（9）曲线顶管应符合下列规定：

1）设有中继间的曲线顶管最小管径不宜小于1400mm。

2）曲线顶管宜选用较短的管节。

3）曲率半径小的曲线顶管应选用较厚的和弹性模量较小的木垫圈。

4）预制管节顶管的曲率半径应按传力面一侧压应力为零，另一侧压应力为最大的受力模式以及管道接头出现张口时两种受力模式进行估算，具体可参考有关规范。

5）焊接钢管不宜用于曲线顶管。

（二）设计计算

1. 顶管的结构计算内容

（1）顶力的估算。计算完成一次顶进过程（从工作井至接收井）所需的最大顶推力。当估算的总顶推力大于管道允许顶力或工作井允许顶力时，需设置中继间或增加减阻措施。

（2）中继间设计。计算中继间数量以及中继间设置的基本原则。

（3）顶管工作井后靠背设计。后背的最低强度应在设计顶力的作用下不被破坏。

（4）管道允许顶力验算。计算顶管传力面允许的最大顶力。

（5）管道强度计算。计算顶管管壁截面的最大环向应力、最大纵向应力、最大组合应力等。

（6）管壁稳定验算。计算钢管、玻璃纤维增强塑料夹砂管等管壁截面失稳临界压力。

（7）柔性管道竖向变形验算。计算柔性管道（钢管、玻璃纤维增强塑料夹砂管等）在地面荷载等竖向荷载作用下产生的最大长期竖向变形，其变形量应不影响管道的正常使用。

（8）钢筋混凝土管道裂缝宽度验算。计算钢筋混凝土管在长期效应作用下，处于大偏心受拉或大偏心受压状态时，最大裂缝宽度，其计算值应不影响管道正常使用。

2. 管道的总顶力估算

$$F_0 = \pi D_1 L f_k + N_F \qquad (9\text{-}64)$$

式中 F_0——总顶力，kN；

L——管道的设计顶进长度，m；

f_k——管道外壁与土的平均摩阻力，kN/m²，通过试验确定，对于采用触变泥浆减阻技术的宜按表9-46选用；

N_F——顶管机的迎面阻力，kN，不同端口顶管机的迎面阻力可按表9-47选择计算式。

表9-46 采用触变泥浆的管外壁与土的平均摩擦阻力 f （kN/m²）

土类或管材	黏性土	粉性土	粉细土	中粗砂
钢筋混凝土	3.0～5.0	5.0～8.0	8.0～11.0	11.0～16.0
钢管	3.0～4.0	4.0～7.0	7.0～10.0	10.0～13.0

注 玻璃纤维增强塑料夹砂管可参照钢管乘以系数0.8。

表9-47 顶管机迎面阻力（N_F）的计算公式

顶管机端面	常用机型	迎面阻力kN	式中符号
刃口	机械式 人工挖掘式	$N_F = \pi(D_g - t)tR$	t——刃口厚度，m
喇叭口	挤压式	$N_F = \frac{\pi}{4}D_g^2(1-e)R$	e——开口率
网格	挤压式	$N_F = \frac{\pi}{4}D_g^2\alpha R$	α——网格截面参数，可取 $\alpha = 0.6 \sim 1.0$
网格加气压	气压平衡式	$N_F = \frac{\pi}{4}D_g^2(\alpha R + P_n)$	P_n——气压，kN/m²
大刀盘切削	土压平衡式 泥水平衡式	$N_F = \frac{\pi}{4}D_g^2 P$	P——控制土压力，kN/m²

注 1. D_g 为顶管机外径，m；
2. R 为挤压阻力，kN/m²，取 $R = 300 \sim 500$kN/m²。

3. 中继间计算与设置

（1）当估算总顶力大于管节允许顶力设计值或工作井允许顶力设计值时，应设置中继间。

（2）设计阶段中继间的数量估算式为

$$n = \frac{\pi D_1 f_k (L+50)}{0.7 \times f_0} - 1 \qquad (9\text{-}65)$$

式中 n——中继间的数量（取整数）；

f_0——中继间设计允许顶力，kN。

（3）中继间的设计允许定力不应大于管节相应设计转角的允许顶力。

（4）中继间性能应满足以下要求：

1）中继间的允许转角宜大于1.2°。

2）中继间的合力中心应可调节。

（5）中继间的选择如下：

1）顶进土层为粉土和砂性土时密封圈压紧度应可调节。

2）超长距离顶管宜采用密封性能可靠、密封圈压紧度可调及可更换的密封装置。

（6）中继间顶力富裕量，第一个中继间不宜小于40%，其余不宜小于30%。

（7）中继间在曲线段或轴线偏差段运行时，应及时调整合力中心，确保中继间转角不扩大。

（8）超长距离顶管的中继间应采用计算机联动控制。

（9）中继间拆除后应将间体复原成管道，原中继间处的管道强度和防腐性能应能满足管道原设计功能要求。

（10）钢管中继间拆除后，应在薄弱断面处加焊内环。

4. 后背强度要求

后背的最低强度应在设计顶力的作用下不被破坏，并能充分发挥千斤顶的顶进效率，且本身的压缩回弹量为最小。后背要有充分的强度，足够的刚度，表面要平直且垂直于顶进管道的轴线以及材质均匀，结构简单装拆方便等特点。后背土体的承载力应满足

$$R_c \geqslant R_{fmax} \tag{9-66}$$

$$R_c = K_x BH(h + H/2)\gamma K_B \tag{9-67}$$

式中 $R_{f\max}$——顶管段最大顶力，kN；

K_x——后背的土抗系数，如果管顶覆土浅，取 $K_x=0.85$，如果管顶覆土深，则 $K_x=\dfrac{0.5h}{H}+1$；

H——后背墙高度，m；

B——后背墙宽度，m；

h——后背墙顶至地面的高度，m；

γ——后背土的容重，kN/m^3；

K_B——被动土压力系数，

$$K_B = \tan^2\left(45° + \frac{\phi}{2}\right)$$

5. 管道允许顶力验算

（1）钢筋混凝土管顶管传力面允许最大顶力计算式为

$$F_{dc} = 0.5\frac{\phi_1\phi_2\phi_3}{\gamma_{Qd}\phi_5} f_c A_F \tag{9-68}$$

式中 F_{dc}——混凝土管道允许顶力设计值，N；

ϕ_1——混凝土材料受压强度折减系数，可取0.90；

ϕ_2——偏心受压强度提高系数，可取1.05；

ϕ_3——材料脆性系数，可取0.85；

ϕ_5——混凝土强度标准调整系数，可取0.79；

f_c——混凝土受压强度设计值，N/mm^2；

A_F——管道的最小有效传力面积，mm^2；

γ_{Qd}——顶力分项系数，可取1.3。

（2）玻璃纤维增强塑料夹砂管顶管传力面允许最大顶力计算式为

$$F_{db} = 0.5\frac{\phi_1\phi_2\phi_3}{\gamma_{Qd}} f_b A_F \tag{9-69}$$

式中 F_{db}——玻璃纤维增强塑料夹砂管道允许顶力设计值，N；

ϕ_1——玻璃钢材料受压强度折减系数，可取0.90；

ϕ_2——偏心受压强度提高系数，可取1.00；

ϕ_3——玻璃钢材料脆性系数，可取0.80；

f_b——玻璃钢受压强度设计值，N/mm^2。

（3）钢管顶管传力面允许的最大顶力计算式为

$$F_{ds} = 0.5\frac{\phi_1\phi_3\phi_4}{\gamma_{Qd}} f_s A_F \tag{9-70}$$

式中 F_{ds}——钢管管道允许顶力设计值，N；

ϕ_1——钢材受压强度折减系数，可取1.00；

ϕ_3——钢材脆性系数，可取1.00；

ϕ_4——钢管顶管稳定系数，可取0.36，当顶进长度小于300m时，穿越土层又均匀时，可取0.45；

f_s——钢材受压强度设计值，N/mm^2。

6. 管道强度计算

（1）钢管管壁截面的最大组合折算应力应满足

$$\eta\sigma_\theta \leqslant f \tag{9-71}$$

$$\eta\sigma_x \leqslant f \tag{9-72}$$

$$\gamma_0\sigma \leqslant f \tag{9-73}$$

$$\sigma = \eta\sqrt{\sigma_\theta^2 + \sigma_x^2 - \sigma_\theta\sigma_x} \tag{9-74}$$

式中 σ_θ——钢管管壁横截面最大环向应力，N/mm^2；

σ_x——钢管管壁的纵向应力，N/mm^2；

σ——钢管管壁的最大组合折算应力，N/mm^2；

η——应力折减系数，可取0.9；

f——管材的强度设计值。

（2）钢管管壁横截面的最大环向应力计算式为

$$\sigma_\theta = \frac{N}{b_0 t_0} + \frac{6M}{b_0 t_0^2} \tag{9-75}$$

$$N = \varphi_c \gamma_Q F_{wd,k} r_0 b_0 \tag{9-76}$$

$$M = \frac{(\gamma_{G1}k_{gm}G_{1k} + \gamma_{G,sv}k_{vm}F_{sv,k}D_1 + \gamma_{Gw}k_{wm}G_{wk} + \gamma_Q\varphi_c k_{vm}Q_{ik}D_1)r_0 b_0}{1 + 0.732\dfrac{E_d}{E_p}\left(\dfrac{r_0}{t_0}\right)^3} \tag{9-77}$$

式中 b_0——管壁计算宽度，mm，取1000mm；

φ_c——可变作用组合系数，可取0.9；

t_0——管壁计算厚度，mm，使用期间计算时设计厚度应扣除2mm，施工期间可不扣除；

r_0 ——管的计算半径，mm；

M ——在荷载组合作用下钢管管壁截面上的最大环向弯矩设计值，N·mm；

N ——在荷载组合作用下钢管管壁界面上的最大环向轴力设计值，N；

E_d ——钢管管侧原状土的变形模量，N/mm²；

E_p ——钢管管材弹性模量，N/mm²；

k_{gm}, k_{vm}, k_{wm} ——分别为钢管管道结构自重、竖向土压力和管内电缆设备重力作用下管壁截面的最大弯矩系数，可取土的支承角为120°，按表9-48确定；

D_1 ——管外壁直径，mm；

Q_{ik} ——地面堆载或车载传递至管道顶压力的较大标准值。

表9-48　最大弯矩系数和竖向变形系数

项目	弯矩系数			变形系数
	管道自重 k_{gm}	竖向土压力 k_{vm}	管内电缆重力 k_{wm}	竖向压力 k_b
系数	0.083	0.138	0.083	0.089

（3）钢管管壁的纵向应力计算式为

$$\sigma_x = \nu_F \sigma_\theta \pm \varphi_c \gamma_Q \alpha E_F \Delta T \pm \frac{0.5 E_F D_0}{R_1} \tag{9-78}$$

$$R_1 = \frac{f_1^2 + \left(\dfrac{L_1}{2}\right)^2}{2 f_1} \tag{9-79}$$

式中　ν_F ——钢管管材泊松比，可取0.3；

α ——钢管管材线膨胀系数；

ΔT ——钢管的计算温差；

R_1 ——钢管顶进施工变形形成的曲率半径，mm；

f_1 ——管道顶进允许偏差，mm，具体偏差控制参考表9-49；

L_1 ——出现偏差的最小间距，mm，视管道直径和土质决定，一般可取50m。

表9-49　顶管管道顶进允许偏差

检 查 项 目			允许偏差(mm)
直线顶管水平轴线	顶进长度＜300m		130
	300m≤顶进长度＜1000m		200
	顶进长度≥1000m		100+L/10
直线顶管内底高程	顶进长度＜300m	D_i＜1500	+60，−60
		D_i≥1500	+80，−80
	300m≤顶进长度＜1000m		+100，−100
	顶进长度≥1000m		+150，−100，−L/10
曲线顶管水平轴线	R≤150D_i	水平曲线	150
		竖曲线	150
		复合曲线	200
	R＞150D_i	水平曲线	150
		竖曲线	150
		复合曲线	150
曲线顶管内底高程	R≤150D_i	水平曲线	+100，−150
		竖曲线	+150，−200
		复合曲线	±200
	R＞150D_i	水平曲线	+100，−150
		竖曲线	+100，−150
		复合曲线	±200
相邻管间错口	钢管、玻璃钢管		≤2
	钢筋混凝土管		15%壁厚，且≤20
钢筋混凝土管曲线顶管相邻管间接口的最大间隙与最小间隙之差			≤ΔS
钢管、玻璃钢管道竖向变形			≤0.03D_i
对顶时两端错口			50

注　1. D_i为管道内径，mm；L为顶进长度，m；ΔS为曲线顶管相邻管节接口允许的最大间隙与最小间隙之差，mm；R为曲线顶管的设计曲率半径，mm。

2. 对于长距离的直线钢顶管，除应满足水平轴线和高程允许偏差外，尚应限制曲率半径R_1：当D_i≤1600时，应满足R_1≥2080m；当D_i＞1600时，应满足R_1≥1260D_i。

（4）混凝土管道在组合作用下，管道横截面的环向内力计算式为

$$M = r_0 \sum_{i=1}^{n} k_{mi} P_i \tag{9-80}$$

$$N = r_0 \sum_{i=1}^{n} k_{ni} P_i \tag{9-81}$$

式中　M ——管壁截面上的最大环向弯矩设计值，N·mm/m；

N ——管壁界面上的最大环向轴力设计值，N；

r_0 ——圆管的计算半径，mm，即自圆管中心至管壁中心的距离；

k_{mi} ——弯矩系数，应根据荷载类别取土的支承角为120°，按表9-50确定；

k_{ni} ——轴力系数，应根据荷载类别取土的支承角为120°，按表9-50确定；

P_i ——作用在管道上的i项荷载设计值，N/m。

表 9-50　　圆形刚性管内力系数

内力系数 荷载类别	k_{mA}	k_{mB}	k_{mC}	k_{nA}	k_{nB}	k_{nC}
垂直均布荷载	0.154	0.136	–0.138	0.209	–0.021	0.500
管自重	0.100	0.066	–0.076	0.236	–0.048	0.250
管内电缆设备重	0.131	0.072	–0.111	0.258	–0.070	0.500
侧向主动土压力	–0.125	–0.125	0.125	0.500	0.500	0

（5）玻璃纤维增强塑料夹砂管的强度计算式为

$$\gamma_0\eta_1\alpha_f\sigma_{tm} \leqslant f_{th} \tag{9-82}$$

$$\gamma_0\sigma_{tm} \leqslant f_{tm} \tag{9-83}$$

式中　σ_{tm} ——在外压力作用下，管壁最大的环向等效折算弯曲应力设计值，MPa；

f_{th} ——管材的环向等效折算抗拉强度设计值，MPa；

f_{tm} ——管材的环向等效折算抗弯强度设计值，MPa；

α_f ——管材的环向等效折算抗拉强度设计值与等效折算抗弯强度设计值的比值；

η_1 ——应力调整系数，可取 0.8。

（6）玻璃纤维增强塑料夹砂管管道在外压力作用下，管壁最大的环向等效折算弯曲应力计算式为

$$\sigma_{tm} = D_f E_F\left(\frac{\omega_{d,max}}{D_0}\right)\left(\frac{t}{D_0}\right) \tag{9-84}$$

$$SN = \frac{E_F t^3}{12D_0^3}\times 10^6 \tag{9-85}$$

式中　$\omega_{d,max}$ ——管道的最大长期竖向变形，mm，

$$\omega_{d,max} = \frac{(F_{sv,k}+\varphi_q Q_{ik})D_1 k_b}{8\times10^{-6}+0.061E_d};$$

E_F ——管材的环向弯曲弹性模量，MPa；

D_f ——管道的形状系数，刚度等级为 15000N/m² 时，可取 D_f =3.8；刚度等级为 20000N/m² 时，可取 D_f =3.2；

Q_{ik} ——地面堆载或车载传递至管道顶压力的较大标准值；

SN——管材的刚度。

7. 稳定验算

（1）钢管在真空工况作用下管壁截面环向稳定验算应满足

$$F_{cr,k} \geqslant K_{st}(F_{sv,k}+q_{ik}+F_{vk}) \tag{9-86}$$

式中　$F_{cr,k}$ ——管壁截面失稳临界压力标准值，N/mm²；

F_{vk} ——管内真空压力标准值，N/mm²；

$F_{sv,k}$ ——管外水土压力标准值，N/mm²；

K_{st} ——钢管管壁截面设计稳定性系数，可取 2.0。

（2）钢管管壁截面的临界压力计算式为

$$F_{cr,k} = \frac{2E_F(n^2-1)}{3(1-\nu_F^2)}\left(\frac{t}{D_0}\right)^3 + \frac{E_d}{2(n^2-1)(1+\nu_s)} \tag{9-87}$$

式中　n ——管壁失稳时的折绉波数，其取值应使 $F_{cr,k}$ 为最小并为不小于 2 的正整数；

ν_s ——管两侧胸腔土的泊松比，应根据土工试验确定，一般对砂性土取 0.30，对黏性土可取 0.40；

ν_F ——钢材的泊松比，可取 0.3；

D_0 ——管壁中心直径，mm；

E_F ——管材弹性模量，N/mm²；

E_d ——管侧土的变形模量，N/mm²。

（3）玻璃纤维增强塑料夹砂管管道的管壁截面环向稳定验算，应满足

$$F_{cr,k} \geqslant K_{st}(F_{sv,k}+Q_{ik}+F_{vk}) \tag{9-88}$$

式中　$F_{cr,k}$ ——管壁截面环向失稳的临界压力标准值，N/mm²；

K_{st} ——玻璃纤维增强塑料夹砂管管壁截面环向稳定性抗力系数，不应低于 2.5。

（4）玻璃纤维增强塑料夹砂管管道管壁环向失稳的临界压力计算式为

$$F_{cr,k} = \frac{8\times10^{-6}SN(n^2-1)}{1-\nu_F^2} + \frac{E_d}{2(n^2-1)(1+\nu_s)} \tag{9-89}$$

8. 柔性管道竖向变形验算

（1）钢管管道在土压力和地面荷载作用下产生的最大竖向变形应按式（9-90）计算

$$\omega_{c,max} = \frac{k_b r_0^3(F_{sv,k}+\varphi_q Q_{ik})D_1}{E_F I_P + 0.061E_d r_0^3} \tag{9-90}$$

式中　k_b ——竖向压力作用下柔性管的竖向变形系数，按表 9-48 确定；

φ_q ——地面作用传递至管顶压力的准永久值系数；

I_P ——钢管管壁单位纵向长度的截面惯性矩，mm⁴/m。

（2）玻璃纤维增强塑料夹砂管管道在土压力和地面荷载作用下产生的最大长期竖向变形计算式为

$$\omega_{d,max} = \frac{(F_{sv,k}+\varphi_q Q_{ik})D_1 k_b}{8\times10^{-6}+0.061E_d} \tag{9-91}$$

钢筋混凝土管道结构构件在长期效应组合作用下，计算截面处于大偏心受拉或大偏心受压状态时，

最大裂缝宽度可按 GB 50069—2002《给水排水工程构筑物结构设计规范》的有关规定计算。

七、盾构隧道

（一）基本规定

（1）隧道的断面形状除应满足电缆敷设的要求外，还应根据受力分析、施工难度、经济性等因素确定，宜优先采用圆形断面。

（2）隧道的平面线形宜选用直线和大曲率半径的曲线。

（3）盾构法施工的电缆隧道的覆土厚度不宜小于隧道外径，局部地段无法满足时应采取必要的措施。

（4）盾构法施工的平行隧道间的净距，应根据地质条件、盾构类型、埋设深度等因素确定，且不宜小于隧道外径，无法满足时应做专项设计并采取相应的措施。

（5）隧道的结构计算，必须对应于施工过程和运行状态下不同阶段的荷载进行。

1）隧道应按施工和使用阶段，分别进行结构的承载能力极限状态计算和正常使用极限状态验算，当计入地震荷载或其他偶然荷载时，可不验算结构的裂缝宽度。

2）正常使用状态验算时，结构构件按作用效应标准组合并考虑长期作用影响的最大裂缝宽度应≤0.2mm（当保护层实际厚度＞30mm 时，裂缝宽度验算时仍取 30mm），衬砌结构按作用效应的准永久组合进行变形计算时，其直径变形应≤3‰D，接缝最大张开限值为 2～4mm，环间错台限值为 4～6mm。

（6）管片环的计算尺寸应取隧道横断面的形心尺寸。

（7）隧道衬砌宜采用接头具有一定刚度的柔性结构，并限制结构和接缝变形，满足结构受力和防水要求。

（8）隧道结构应进行横断面受力计算，并选取隧道埋设最深和最浅、顶覆土最厚和最薄、土质条件突变等受力不利位置进行控制。

（9）沿隧道纵向覆土厚度、超载有较大变化，隧道上方有地面建、构筑物等较大局部荷载或地基基础有显著差异，地震时应对隧道进行纵向结构分析。

（10）空间受力作用明显的区段，宜按空间结构进行分析。

（二）设计计算

隧道结构计算应根据地层情况、衬砌构造特点及施工工艺等因素确定，宜考虑衬砌与地层共同作用及装配式衬砌接头的影响。计算方法包括均质圆环法、多铰圆环法和梁–弹簧法等方法。

1. 自由变形的弹性匀质圆环法

管片按均质圆环法计算时，将隧道底部的地基抗力取为与垂直荷载相平衡的均布反力，隧道侧面的水平方向地基抗力作用在衬砌水平直径上、下各 45°中心角的范围内，分布形状为以水平直径处为顶点的三角形，其荷载示意图如图 9-37 所示。

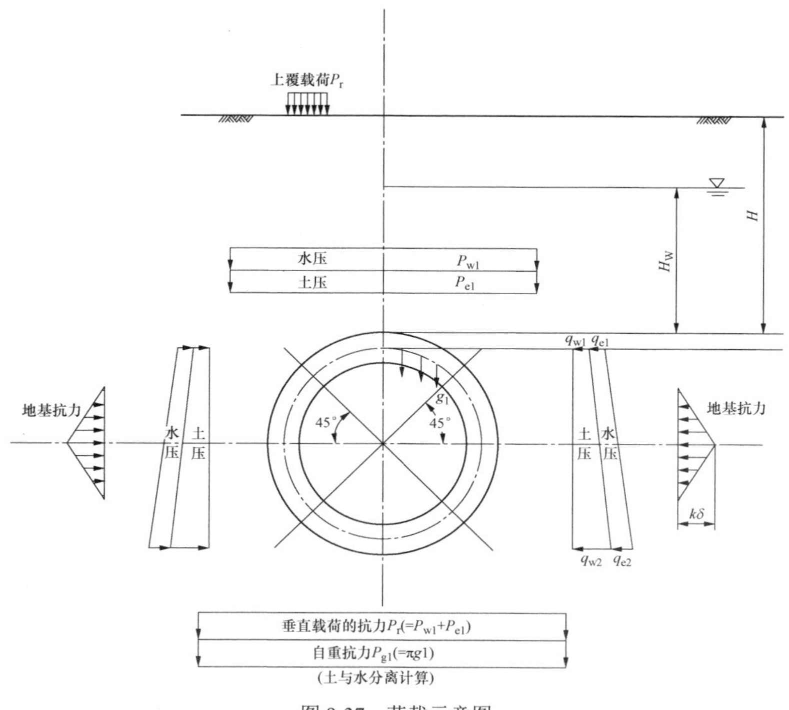

图 9-37 荷载示意图

由于荷载对称，可取半结构计算。拱顶剪力为零，整个圆环为二次超静定结构，按照结构力学力法原理，可解出各个截面的 M、N 值，计算简图如图 9-38 所示。

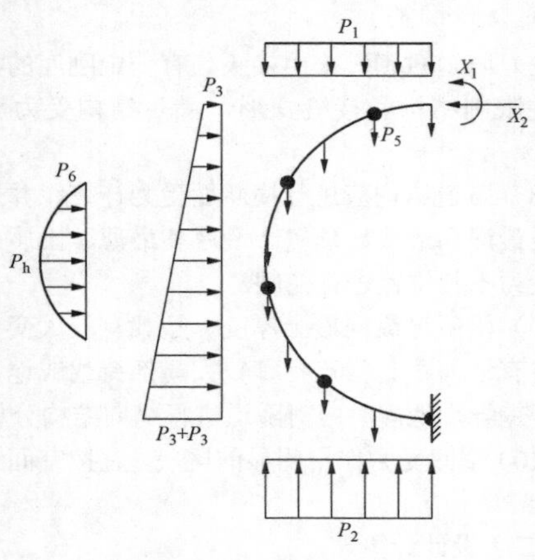

图 9-38　圆形隧道计算简图

力法方程为

$$\delta_{11}X_1+\delta_{12}X_2+\Delta_{1p}=0 \tag{9-92}$$

$$\delta_{21}X_1+\delta_{22}X_2+\Delta_{2p}=0 \tag{9-93}$$

式中　δ_{11} ——为未知力 $X_1=1$ 单独作用于基本结构引起沿 X_1 方向的位移；

δ_{12} ——为未知力 $X_2=1$ 单独作用于基本结构引起沿 X_1 方向的位移；

δ_{21} ——为未知力 $X_1=1$ 单独作用于基本结构引起沿 X_2 方向的位移；

δ_{22} ——为未知力 $X_2=1$ 单独作用于基本结构引起沿 X_2 方向的位移；

Δ_{1p}、Δ_{2p} ——外荷载作用于基本结构引起沿 X_1、X_2 方向的位移。

管片截面内力计算公式如表 9-51 所示。

表 9-51　均质圆环法管片截面内力计算公式

荷载	弯矩	轴力	剪力
垂直荷载 $(P_{e1}+P_{w1})$	$M=\frac{1}{4}(1-2\sin^2\theta)(P_{e1}+P_{w1})R_c^2$	$N=(P_{e1}+P_{w1})R_c\sin^2\theta$	$Q=-(P_{e1}+P_{w1})R_c\sin\theta\cdot\cos\theta$
水平载荷 $(q_{e1}+q_{w1})$	$M=\frac{1}{4}(1-2\cos^2\theta)(q_{e1}+q_{w1})R_c^2$	$N=(q_{e1}+q_{w1})R_c\cos^2\theta$	$Q=-(q_{e1}+q_{w1})R_c\sin\theta\cdot\cos\theta$
水平三角形载荷 $(q_{e2}+q_{w2}-q_{e1}-q_{w1})$	$M=\frac{1}{48}(6-3\cos\theta-12\cos^2\theta+4\cos^3\theta)\ (q_{e2}+q_{w2}-q_{e1}-q_{w1})R_c^2$	$N=\frac{1}{16}(\cos\theta+8\cos^2\theta-4\cos^3\theta)(q_{e2}+q_{w2}-q_{e1}-q_{w1})R_c$	$Q=\frac{1}{16}(\sin\theta+8\sin\theta\cdot\cos\theta-4\sin\theta\cdot\cos^2\theta)(q_{e2}+q_{w2}-q_{e1}-q_{w1})R_c$
地基抗力 $(k\delta_d)$	$0\leqslant\theta<\frac{\pi}{4}$时 $M=(0.2364-0.3536\cos\theta)k\delta_d R_C^2$ $\frac{\pi}{4}\leqslant\theta\leqslant\frac{\pi}{2}$ 时 $M=(-0.3487+0.5\sin^2\theta+0.2357\cos^3\theta)\cdot k\delta_d R_c^2$	$0\leqslant\theta<\frac{\pi}{4}$时 $N=0.3536\cos\theta\cdot k\delta_d R_c$ $\frac{\pi}{4}\leqslant\theta\leqslant\frac{\pi}{2}$ 时 $N=(-0.7071\cos\theta+\cos^2\theta+0.7071\sin^2\theta\cdot\cos\theta)\cdot k\delta_d R_c$	$0\leqslant\theta<\frac{\pi}{4}$时 $Q=0.3536\sin\theta\cdot k\delta_d R_c$ $\frac{\pi}{4}\leqslant\theta\leqslant\frac{\pi}{2}$ 时 $Q=(\sin\theta\cdot\cos\theta-0.7071\cos^2\theta\cdot\sin\theta)\cdot k\delta_d R_c$
自重（g）	$0\leqslant\theta<\frac{\pi}{2}$时 $M=\left(\frac{3}{8}\pi-\theta\sin\theta-\frac{5}{6}\cos\theta\right)gR_c^2$ $\frac{\pi}{2}\leqslant\theta\leqslant\pi$时 $M=\left[-\frac{1}{8}\pi+(\pi-\theta)\sin\theta-\frac{5}{6}\cos\theta-\frac{1}{2}\pi\sin^2\theta\right]\cdot gR_c^2$	$0\leqslant\theta<\frac{\pi}{2}$时 $N=\left(\theta\sin\theta-\frac{1}{6}\cos\theta\right)gR_c$ $\frac{\pi}{2}\leqslant\theta\leqslant\pi$时 $N=(-\pi\sin\theta+\theta\sin\theta+\pi\sin^2\theta-\frac{1}{6}\cos\theta)\,gR_c$	$0\leqslant\theta<\frac{\pi}{2}$时 $Q=\left(\theta\cos\theta+\frac{1}{6}\sin\theta\right)gR_c$ $\frac{\pi}{2}\leqslant\theta\leqslant\pi$时 $Q=\left[(\pi-\theta)\cos\theta-\pi\sin\theta\cdot\cos\theta-\frac{1}{6}\sin\theta\right]gR_c$
管片环水平直径点向围岩的变形值 (δ_d)	不考虑衬砌自重引起的变形 $\delta_d=\frac{[2(p_{e1}+p_{w1})-(q_{e1}+q_{w1})-(q_{e2}+q_{w2})]}{24(\eta EI+0.0454kR_c^4)}R_c^4$		

续表

荷载	弯矩	轴力	剪力
管片环水平直径点向围岩的变形值（δ_d）	考虑衬砌自重引起的变形 $\delta_d=\dfrac{2(p_{e1}+p_{w1})-(q_{e1}+q_{w1})-(q_{e2}+q_{w2})+\pi g}{24(\eta EI+0.0454kR_c^4)}R_c^4$		

注 p_{e1}—垂直土压力；p_{w1}—垂直水压力；q_{e1}—隧道顶部水平土压力；q_{w1}—隧道顶部水平水压力；q_{e2}—隧道底部水平土压力；q_{w2}—隧道底部水平水压力；R_c—管片环计算半径；g—结构自重；k—地基反力系数；δ_d—管片环水平直径点向围岩的变形值；EI—单位宽度的弯曲刚度；θ—计算断面与管片垂直中心线的夹角；η—刚度折减系数；M—单位宽度的管片弯矩；N—单位宽度的管片轴力；Q—单位宽度的管片剪力。

2. 弹性铰圆环

弹性铰圆环计算如图9-39所示。

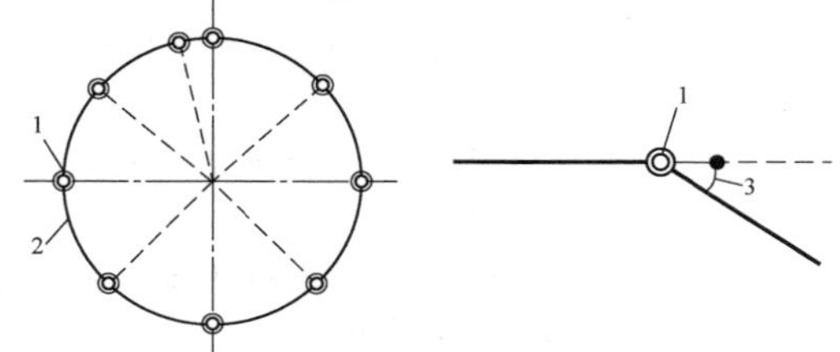

图9-39 弹性铰圆环计算模型

1—环向接头回转弹簧；2—管片本体；3—环向接头转角

弹性铰圆环所承受的荷载与弹性匀质圆环相同，衬砌结构接头处所承受的弯矩M计算式

$$\text{当}M>0\text{时，}\quad M=K_1'\theta \tag{9-94}$$

$$\text{当}M<0\text{时，}\quad M=K_1''\theta \tag{9-95}$$

式中 M——衬砌结构接头处所承受的弯矩，kN·m，以内侧受拉为正，外侧受拉为负；

θ——接头转角，rad；

K_1'、K_1''——接头的抗正弯矩回转弹簧刚度，kN·m/rad、抗负弯矩回转弹簧刚度，kN·m/rad。

3. 梁-弹簧法

梁-弹簧法又称M-K法，由日本学者村上（Murakami）和小泉（Koizumi）提出，该法利用地基弹簧模拟荷载，将管片主截面化为圆弧梁或直线梁，将管片接头考虑为旋转弹簧，将管片环接头考虑为剪切弹簧，以评价错缝拼装效应，如图9-40所示。此模型同时考虑了管片接头刚度、接头位置和错缝拼接效应，在各种地层中均能得到较为理想的计算结果，是一种较为合理的计算模型。

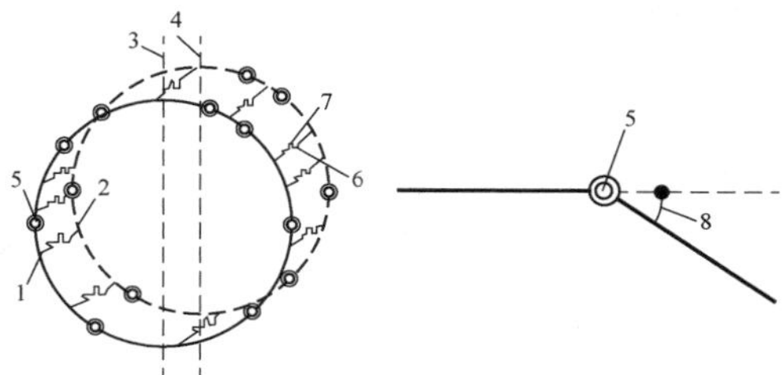

图9-40 梁-弹簧模型

1—衬砌环A管片本体；2—相邻衬砌环B管片本体；3—衬砌环A竖直轴；4—初砌环B竖直轴；5—环向接头回转弹簧；6—环间径向剪切弹簧；7—环间切向剪切弹簧；8—环向接头转角

4. 修正惯用法

衬砌环中由于接缝的存在，接缝部位的抗弯能力小于管片主体截面，错缝拼装时通过相邻环间的摩擦力、纵向螺栓或环缝面上的凹凸榫槽的剪切力作用，接头纵缝部位的部分弯矩可传递到相邻环的管片截面上。

衬砌环在接头处的内力计算式为

$$\begin{cases}M_{ji}=(1-\xi)M_i\\N_{ji}=N_i\end{cases} \tag{9-96}$$

与接头位置对应的相邻管片截面内力计算式为

$$\begin{cases}M_{si}=(1+\xi)M_i\\N_{si}=N_i\end{cases} \tag{9-97}$$

式中 ξ——弯矩调整系数，可为0.2～0.4；

M_i、N_i——分别为匀质圆环模型的计算弯矩和轴力；

M_{ji}、N_{ji}——调整后的接头弯矩和轴力；

M_{si}、N_{si}——调整后的相邻管片本体的弯矩和轴力。

（三）管片设计

（1）衬砌结构可采用单层衬砌、双层衬砌或局部设内衬的型式，在满足工程使用、结构受力、防水和耐久性等要求的前提下，宜优先选用单层装配式钢筋混凝土衬砌。

（2）在竖井的位置或预期需要拆除的区段，可采用钢管片、铸铁管片、钢与钢筋混凝土的复合管片。

（3）管片的拼装方式有通缝拼装和错缝拼装两种，电缆隧道中应根据地质条件、防水要求等确定。

由于错缝比通缝拼装最大正、负弯矩增加，对应的轴力则减少，单点变形量比通缝拼装少，并且错缝拼装由于纵向接头引起衬砌圆环的咬合作用，刚度增强而产生的变形被相邻管片约束，内力加大，空间刚度加大，衬砌圆环变形量减小，对隧道防水有利。

（4）衬砌环根据使用要求一般分为进洞环、出动环、标准环、变形缝环等类型，其形式有直线环、楔形环两种；当采用通用衬砌时均为楔形环。

（5）楔形管片按其功能可分为左转弯环、右转弯环、通用楔形环和楔形垫板环。使用时应满足下列要求：

1）盾构隧道平、竖曲线的线路是通过不同管片衬砌环的组合来拟合的。

2）楔形管片环的最大宽度宜采用标准管片宽度加上楔形量的一半。

3）通用楔形环宜采用两侧楔形设计，环面斜率不宜大于1∶300。

4）楔形量的计算式为

$$\Delta=\frac{2D(m+n)S}{n(2R-D)} \tag{9-98}$$

式中 Δ——楔形量；

S——标准管片环宽度；

R——设计曲线曲率半径；

D——隧道外径；

m——标准管片环使用数量；

n——楔形管片环使用数量。

（6）管片的尺寸应满足以下要求：

1）电缆隧道管片的环宽应根据盾构机情况、隧道外径、曲线段拟合、施工速度、防水性等来确定。

2）管片的厚度应根据隧道外径、埋深、工程地质及水文地质条件、使用阶段及施工阶段的荷载情况等确定，钢筋混凝土管片厚度不得小于250mm。

3）管片的分块应根据隧道外径、拼装方式、盾构设备、结构分析、制作和运输等来确定：

a. 分块数量不宜小于5块。

b. 宜保证千斤顶不压缝操作。

c. 采用通用楔形环时应注意各拼装点位的旋转设计。

（7）管片的接头结构应根据所需要的强度、组装的准确性、作业方便性和防水性确定。设计时宜采用螺栓接头，采用螺栓接头时应满足下列要求：

1）连接螺栓可采用直螺栓、斜螺栓和弯螺栓。

2）环向螺栓（管片块与块之间的连接螺栓）的配置应确保衬砌结构所要求的强度和刚度。

3）纵向螺栓（管片环与环之间的连接螺栓）一般配置一排，其位置宜在距离管片内侧1/4～1/2管片厚度的地方。

4）纵向螺栓的配置应满足错缝拼装和曲线施工时的选装要求，宜在圆周上等间距配置或者分组等间距配置。

5）螺栓孔的直径应略大于螺栓的直径。

（8）管片上应设置可用于二次补浆的壁后注浆孔。混凝土平板型管片可将注浆孔同时兼作起吊环使用，钢管片应另行设置起吊环。

（9）细部设计。

1）对管片应进行防蚀、防锈处理。

2）在使用钢制管片或球墨铸铁管片内浇筑二次衬砌混凝土时，必须事前在这些管片上设置排气口。

3）钢管片应设置用于加固管片接头板和提高接头刚度的加劲板。

4）混凝土管片应在其边缘设置倒角等，以防止缺损。

5）管片上应标有管片类型和型号。

6）管片环朝向千斤顶的一面宜设置传力衬垫，防止环面混凝土被顶碎。

7）管片拼装精度要求高时宜在管片上设置定位标识或者采取相应的措施。

8）管片的端肋及环肋宽度应与相应的环向螺栓和纵向螺栓的最大受力性能相匹配。

9）衬砌环封顶块拼装方式宜采用全纵向插入、半纵向插入、插入长度应与盾构设计、施工相配合，综合考虑拼装设备，千斤顶顶进行程、实践经验等因素选用。

10）错缝拼装的衬砌环环面上宜设置合适的抗剪构造。

11）隧道与工作井宜采用刚性连接，并在工作井外侧加密设置2～3条变形缝。

12）隧道进洞段衬砌环宜采用拉紧措施。

（10）管片制作和拼装的尺寸精度应根据管片种类、所用材料、制造方法等来确定。

（11）钢筋的配置应满足以下要求：

1）主筋的混凝土保护层厚度。迎水面不应小于50mm，背水面不应小于45mm。

2）钢筋不宜设置接头，在螺栓孔、手孔和注浆孔等薄弱位置应设置相应的孔口加强筋。

八、工作井

（一）工作井建筑设计

1. 工作井位置

工作井位置应根据施工工艺、规划、环境、电缆敷设以及运行维护等要求确定。工作井的位置宜按以下主要因素确定：

（1）竖井平面位置的选择应满足施工与运行的需要。

（2）为了便于隧道施工及后期敷设电缆、隧道通风及排水，竖井平面位置宜设置在隧道中线上。

（3）施工竖井宜结合永久竖井结构设置。

（4）中间工作井的设置应根据电缆的敷设要求、运行检修、通风、消防等因素确定。

（5）三通及四通井，竖井平面尺寸应满足电缆最小转弯半径的要求；在满足电缆敷设的同时，尚应满足人员通行的要求。

（6）尽量利用管线上的工艺井。

（7）避免对周围建（构）筑物和设施产生不利的影响。

2. 顶管法工作井位置

（1）顶管工作井设计的基本原则如下：

1）工作井尺寸应按照顶管的管节长度、管节外径、顶管机尺寸、管底高程等参数确定。

2）接收井的控制尺寸应根据顶管机外径、长度、顶管机在井内拆除和吊装的需要以及工艺管道连接的要求等确定。

3）需计算顶管施工时顶推力对井身结构的影响。

4）尽可能减少工作井数量。

5）管线交叉的中间井和深度大的工作井宜采取圆形或多边形工作井。

6）顶管工作井的选址应尽量避开房屋、地下管线、池塘、架空线等不利于顶管施工的场所。

7）在有曲线又有直线的顶管中，工作井宜设在直线段的一端。

（2）顶管工作井的最小长度可按以下公式进行计算。

1）当按顶管机长度确定时，工作井的最小内净长度计算式为

$$L \geqslant l_1 + l_3 + k \tag{9-99}$$

式中 L——工作井的最小内净长度，m；

l_1——顶管机下井时最小长度，如采用刃口顶管机应包括接管长度，m；

l_3——千斤顶长度，一般可取 2.5m；

k——后座和顶铁的厚度及安装富余量，可取 1.6m。

2）当按下井管节长度确定时，工作井的内净长度计算式为

$$L \geqslant l_2 + l_3 + l_4 + k \tag{9-100}$$

式中 l_2——下井管节长度：钢管一般可取 6.0m，长距离顶管时可取 8.0～10.0m；钢筋混凝土管可取 2.5～3.0m；玻璃纤维增强塑料夹砂管可取 3.0～6.0m。

l_4——留在井内的管道最小长度，可取 0.5m。

（3）顶管工作井最小宽度可按以下公式进行计算。

1）浅工作井内净宽度计算式为

$$B = D_1 + (2.0 \sim 2.4) \tag{9-101}$$

式中 B——工作井的内净宽度，m；

D_1——管道的外径，m。

2）深工作井内净宽度计算式为

$$B = 3D_1 + (2.0 \sim 2.4) \tag{9-102}$$

（4）顶管工作井底板面深度计算式为

$$H = H_s + D_1 + h \tag{9-103}$$

式中 H——工作井底板面最小深度，m；

H_s——管顶覆土层厚度，m；

h——管底操作空间，m：钢管可取 h=0.70～0.80m；玻璃纤维增强塑料夹砂管和钢筋混凝土管等可取 h=0.4～0.5m。

3. 盾构法隧道的工作井

（1）盾构隧道始发工作井和到达工作井尺寸确定原则如下：

1）盾构两侧应预留 0.75～2.00m 的作业空间。盾构下侧应预留盾构组装、隧道内排水所需的空间。

2）当工作井为三通井或者四通井时，应满足电缆及设备的安装和运行维护要求。

3）始发工作井在盾构前后应预留始发推进时渣土的运出、管片的运入及其他作业需要的空间。

（2）盾构隧道始发工作井和到达工作井的开口结构应满足下列要求：

1）开口结构尺寸应比盾构外径大 100～200mm。

2）开口结构一般采用薄壁混凝土墙。始发和到达之前应按小分片拆除临时挡土墙体，以确保施工的可靠性和安全性。

3）开口结构应设置洞口密封圈，待壁后注浆浆液完全硬化后应浇筑洞口混凝土。

4. 矿山法隧道的工作井

矿山法隧道工作工作应满足以下规定：

（1）工作井井口段、地质条件较差的井身段及马头门的上方宜设壁座，其形式、间距可根据地质条件、施工方法及衬砌类型确定。

（2）工作井马头门施做时，不应同时施做两个及多个马头门。马头门处衬砌结构应加强。

（3）工作井出口 2～3m 处宜设置变形缝；且工作井底板高程应一致。

（4）工作井应设置人员出入口，且宜符合下列规定：

1）工作井未超过 5m 高时，可设置爬梯，且活动出入口不宜小于 800mm×800mm。

2）工作井超过 5m 高时，宜设置楼梯，且每隔 4m 宜设置中间平台。

3）工作井超过 20m 高且电缆数量多或重要性要求较高时，可设置简易式电梯。

（二）基坑支护设计

基坑支护应综合工程地质与水文地质条件、基坑

开挖深度、降排水条件、周边环境对基坑侧壁位移的要求、基坑周边荷载、施工季节、支护结构使用期限等因素设计。相应设计内容可参考本章第五节中四、明挖隧道。

（三）主体结构设计

（1）工作井结构设计应根据工程地质和水文地质条件及城市规划要求，结合周围地面既有建筑物、管线状况，通过对技术、经济、环保等的综合比较，合理选择施工方法和结构形式。

（2）工作井主体结构采用以概率理论为基础的极限状态设计方法，以可靠指标度量结构构件的可靠度，以分项系数的设计表达式进行设计。

（3）工作井主体结构按承载能力极限状态计算和按正常使用极限状态验算时，应按规定的荷载对结构的整体进行荷载效应分析；必要时，尚应对结构中受力状况特殊的部分进行更详细的结构分析。

（4）工作井主体结构顶板或拱顶上部垂直土压力可按全土柱计算。

（5）工作井主体结构宜按底板支撑在弹性地基上的结构计算。

（6）工作井主体结构应根据地质、埋深、施工方法等条件，进行抗浮、整体滑移及地基承载力验算。

九、工程防水

（一）一般规定

（1）电缆隧道防水应遵循"以防为主、刚柔结合、多道防线，因地制宜，综合治理"的原则，采取与其相适应的防水措施，保证电缆隧道结构和电缆、其他电气设备的正常使用。

（2）电缆隧道主体宜采用全封闭的防水设计，其附建的电缆隧道出入口的防水设防高度，宜高出室外地坪高程500mm以上。

（3）电缆隧道应满足下列要求：

1）隧道拱部、边墙、路面不渗水。

2）有冻害地段的隧道、竖井衬砌背后不积水，排水沟不冻结。

（4）电缆隧道的施工缝、变形缝、后浇带、穿墙管（盒）、埋设件、预留通道接头、桩头、孔口和坑、池等细部构造防水应加强防水措施，并满足GB 50108—2008《地下工程防水技术规范》的要求。

（5）电缆隧道的排水管沟、出入口、通风口等，应有防倒灌措施，寒冷及严寒地区的排水沟应有防冻措施。

（6）电缆隧道应以混凝土结构自防水为主，以接缝防水为重点，并辅以防水层加强防水，满足结构使用要求。

防水混凝土结构，应符合下列规定：

1）结构厚度不应小于250mm。

2）裂缝宽度不宜大于0.2mm，并不得贯通。

3）钢筋保护层厚度应根据结构的耐久性和工程环境选用，迎水面钢筋保护层厚度不应小于50mm。

4）防水混凝土结构底板的混凝土垫层，强度等级不应小于C15，厚度不应小于100mm，在软弱土层中不应小于150mm。

地下工程的防水等级分为四级，各等级防水标准应符合表9-52的规定，电缆隧道的防水等级不应低于二级。

表9-52　地下工程防水标准

防水等级	防水标准
一级	不允许渗水，结构表面无湿渍
二级	不允许漏水，结构表面可有少量湿渍； 工业与民用建筑：总湿渍面积不应大于总防水面积（包括顶板、墙面、地面）的1/1000；任意100m²，防水面积上的湿渍不超过2处，单个湿渍的最大面积不大于0.10m²； 其他地下工程：总湿渍面积不应大于总防水面积的2/1000，任意100m²防水面积行的湿渍不超过3处，单个湿渍的最大面积不大于0.2m²；其中，隧道工程还要求平均渗水量不大于0.05L/（m²·d），任意100m²防水面积上的渗水量不大于0.15L/（m²·d）
三级	有少量渗水点，不得有线流和漏泥砂； 任意100m²防水面积行的湿渍不超过7处，单个漏水点的最大漏水量不大于2.5L/d，单个湿渍的最大面积不大于0.3m²
四级	有漏水点，不得有线流和漏泥砂； 整个工程平均漏水量不大于2L/（m²·d）；任意100m²防水面积上的平均渗水量不大于4L/（m²·d）

（二）防水措施

电缆隧道防水混凝土的抗渗等级：有冻害地段及最冷月份平均气温低于−15℃的地区不低于P8，其余地区不低于P6，具体如表9-53所示。

表9-53　一般条件下防水混凝土设计最低抗渗等级

电缆隧道埋置深度 H/m	设计抗渗等级
$H<10$	P6
$10\leqslant H<20$	P8
$20\leqslant H<30$	P10
$H\geqslant 30$	P12

注　本表适用于Ⅳ、Ⅳ、Ⅵ级围岩（土层及软弱围岩）。

处于侵蚀性介质中的工程，应采用耐侵蚀的防水混凝土、防水砂浆、防水卷材或防水涂料等防水材料。

电缆隧道二次衬砌的施工缝、变形缝、穿墙管（盒）等应采取可靠的防水措施。采用复合式衬砌时，在初期支护与二次衬砌之间应设置防水层。

（1）电缆隧道防水混凝土应连续浇注，宜少留施工缝。当留设施工缝时，应符合下列规定：

1）墙体水平施工缝不应留在剪力最大处或底板与侧墙的交接处，应留在高出底板表面不小于300mm的墙体上。墙体有预留孔洞时，施工缝距孔洞边缘不应小于300mm；

2）垂直施工缝应避开地下水和裂隙水较多的地段，并宜与变形缝相结合。施工缝防水构造和施工应满足GB 50108—2008《地下工程防水技术规范》的要求。

（2）变形缝应满足密封防水、适应变形、施工方便、检修容易等要求。

1）用于伸缩的变形缝宜少设，可根据不同的工程结构类别、工程地质情况采用后浇带、加强带、诱导带等替代措施。

2）变形缝处混凝土结构的厚度不应小于300mm。

3）用于沉降的变形缝最大允许沉降差值不应大于30mm。

4）变形缝的宽度宜为20～30mm。

5）典型变形缝设置如图9-41所示，其防水构造和施工应满足GB 50108—2008《地下工程防水技术规范》的要求。

（3）穿墙管（盒）应在浇筑混凝土前预埋，与内墙角、凹凸部位的距离应大于250mm，相邻穿墙管（盒）的间距应大于300mm。

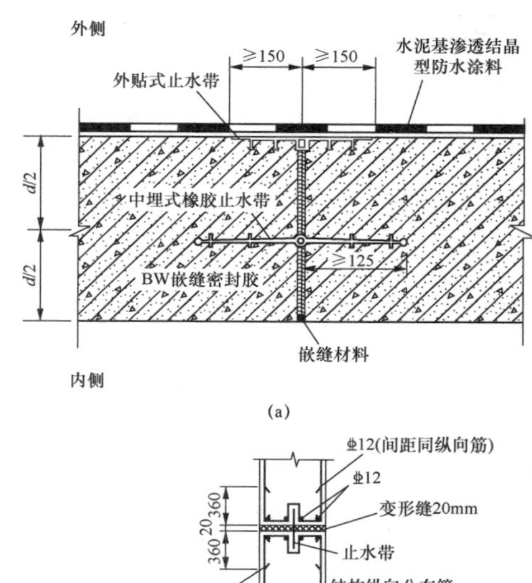

图9-41 暗挖隧道变形缝大样图

（a）边墙、顶板变形缝防水构造；（b）变形缝结构构造示意图

1. 明挖隧道结构防水

电缆隧道的防水设防要求，应根据使用功能、使用年限、水文地质、结构形式、环境条件、施工方法及材料性能等因素合理确定，并满足GB 50108—2008《地下工程防水技术规范》的要求，见表9-54。

表9-54 明挖电缆隧道防水设计要求

<table>
<tr><th colspan="2">工程部位</th><th colspan="7">主体结构</th><th colspan="7">施工缝</th><th colspan="5">后浇带</th><th colspan="6">变形缝（诱导带）</th></tr>
<tr><td colspan="2">防水措施</td><td>防水混凝土</td><td>防水卷材</td><td>防水涂料</td><td>塑料防水板</td><td>膨胀土防水材料</td><td>防水砂浆</td><td>金属防水板</td><td>遇水膨胀止水条（胶）</td><td>外贴式止水带</td><td>中埋式止水带</td><td>外抹防水砂浆</td><td>外涂防水涂料</td><td>水泥基渗透结晶型防水涂料</td><td>预埋注浆管</td><td>补偿收缩混凝土</td><td>外贴式止水带</td><td>预埋注浆管</td><td>遇水膨胀止水条（胶）</td><td>防水密封材料</td><td>中埋式止水带</td><td>外贴式止水带</td><td>可卸式止水带</td><td>防水密封材料</td><td>外贴防水卷材</td><td>外涂防水涂料</td></tr>
<tr><td rowspan="2">防水等级</td><td>一级</td><td colspan="7">应选1～2种</td><td colspan="7">应选2种</td><td colspan="5">应选2种</td><td colspan="6">应选1～2种</td></tr>
<tr><td>二级</td><td colspan="7">应选1种</td><td colspan="7">应选1～2种</td><td colspan="5">应选1～2种</td><td colspan="6">应选1～2种</td></tr>
</table>

2. 顶管法隧道结构防水

顶管法隧道结构防水措施如表9-55所示。

表 9-55　　顶管法隧道防水措施

工程部位		接缝防水						
防水等级	顶管主材	钢套管或钢（不锈钢）圈	钢（不锈钢）或玻璃套筒	弹性密封填料	密封胶圈	橡胶封胶圈	预水膨胀橡胶	木垫圈
二级	钢管	—	—	—	—	—	—	—
	钢筋混凝土管	必选		必选	必选		必选	必选
	玻璃纤维增强塑料夹砂管		必选			必选		

3. 盾构法隧道结构防水

盾构法隧道结构防水应符合以下规定：

盾构法施工的隧道结构混凝土渗透系数不宜大于 $5\times10^{-13}\,\mathrm{m/s}$，氯离子扩散系数不宜大于 $8\times10^{-9}\,\mathrm{cm^2/s}$。当隧道处于侵蚀性介质中时，应采用相应的耐腐蚀混凝土或在衬砌结构外表面涂刷耐腐蚀的防水涂层，其混凝土的渗透系数不宜大于 $8\times10^{-14}\,\mathrm{cm^2/s}$，氯离子扩散系数不宜大于 $2\times10^{-9}\,\mathrm{cm^2/s}$。

盾构隧道衬砌结构防水措施应符合表 9-56 规定。

表 9-56　　盾构隧道衬砌结构防水措施

防水措施或防水等级	高精度管片	接缝防水				外防水涂料
		弹性密封垫	嵌缝	注入密封剂	螺孔密封垫	
二级	必选	必选	部分区段宜选	可选	必选	对混凝土有中等以上腐蚀的地层宜选

管片接缝必须设置一道密封垫沟槽。防水材料的规格、技术性能和螺孔、嵌缝槽等部位的防水措施除满足设计要求外，尚应符合 GB 50108—2008《地下工程防水技术规范》的有关规定。

管片接缝密封垫应满足在设计水压和接缝最大张开错位值下不渗漏的要求。

4. 矿山法隧道结构防水

矿山法修建的区间隧道结构防水措施应符合表 9-57 的要求。

表 9-57　　矿山法隧道防水措施

工程部位		衬砌结构						内衬砌施工缝						内衬砌变形缝（诱导带）				
防水措施		防水混凝土	塑料防水板	防水砂浆	防水涂料	防水卷材	金属防水板	外贴式止水带	预埋注浆管	遇水膨胀止水条（胶）	防水密封材料	中埋式止水带	水泥基渗透结晶型防水涂料	中埋式止水带	外贴式止水带	可卸式止水带	防水密封材料	遇水膨胀止水条（胶）
防水等级	一级	应选 1～2 种						应选 1～2 种						应选 1～2 种				
	二级	应选 1 种						应选 1 种						应选 1 种				

十、排水

（1）电缆隧道的排水应满足各项排水的要求，排放应符合国家或当地现行有关排放标准。

（2）电缆隧道排水系统应能排除隧道的结构渗漏水、地面井盖的雨水渗漏水及隧道内的冲洗水等。

（3）电缆隧道露天出入口及敞开通风口应计算雨水排放量，设计重现期为 50 年。

（4）电缆隧道内应采取有组织的排水，隧道内纵向排水坡度不宜小于 5‰，并坡向集水井。

（5）电缆隧道应结合隧道工作井、通风口、出入口、隧道纵坡最低处等设置集水井，其剖面大样图如图 9-42 所示，采用潜水排水泵提升至就近市政排水系统，排水泵出水管路上应设止回阀，以防止雨水倒灌。

如有条件应直接排入市政排水系统，且确保市政雨、废水不能倒灌至隧道。

（6）应采取措施防止电力隧道内雨、废水进入变电站。

（7）集水井内潜水排水泵宜采用两台，一用一备，必要时同时启动。

（8）排水泵集水井有效容积应按最大一台排水泵15～20min 流量计算。

（9）排水管材宜采用镀锌钢管、钢塑复合管，螺纹或沟槽式连接。

（10）排水泵的控制应符合下列规定：

1）排水泵应设计为自灌式，一般采用自动和就地控制方式，必要时可采用远动控制。

2）排水泵按二级负荷考虑，排雨水时按一级负荷考虑。

3）排水泵的集水井应设最高水位、启泵及停泵水位信号，并宜设超高、超低水位信号报警功能。

4）排水泵的工作状态、故障状态及集水井水位信号宜在电力隧道中心控制室显示。

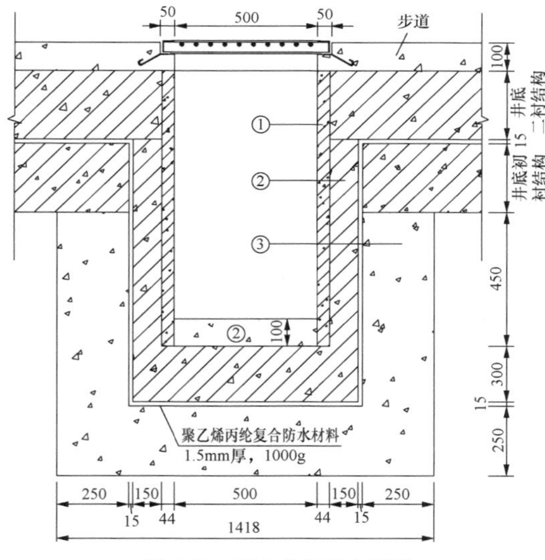

图 9-42 集水井剖面大样图

十一、隧道出入口

隧道出入口分为电缆放线口、管线进出口、通风口及人员出入（检修）口。

（一）一般规定

各出入口应满足以下一般规定：

（1）出入口的地面建筑应根据其所处地段的地形、地貌条件和环境要求，选择与周边环境、景观相协调的结构形式和建筑造型和色彩。

（2）出入口地面建筑宜设置在靠近交通运输方便的地方。

（3）出入口地面建筑应布置紧凑，节约用地，不占或少占经济效益高的土地。

（二）电缆放线口

（1）放线口的设计应考虑电缆敷设作业所需空间，满足放线时电缆允许最小转弯半径的要求（可参考表 9-58，具体转弯半径根据电气专业选配电缆型号确定），且应考虑电缆不同期敷设时的重复使用。

表 9-58 电缆敷设允许最小弯曲半径

电缆类型			允许最小弯曲半径	
			单芯	3 芯
交联聚乙烯绝缘电缆	≥66kV		20*D*	15*D*
	≤35kV		12*D*	10*D*
油浸纸绝缘电缆	铝包		30*D*	
	铅包	有铠装	20*D*	15*D*
		无铠装	20*D*	

注 1. *D* 表示电缆外径。
2. 非本表范围电缆的最小弯曲半径宜按厂家建议值。

（2）放线口在非放线施工的状态下，应做好封堵，或设置防止雨、雪、地表水和小动物进入室内的设施。

（3）当放线口兼用作设备、材料吊装口时，应考虑吊装设备及材料进出隧道的空间。

（4）放线口的设置不应对城市景观、交通疏导、市政管线运营等造成不良影响。

（5）放线口的间距宜取 500m 左右，平面尺寸不宜小于 800mm×800mm。

（三）管线进出口

（1）管线进出口的设计应根据电缆接入、引出隧道的数量及位置确定，并应适当预留空间。管线进出口的内径，不宜小于电缆外径的 1.5 倍。电力隧道与电缆排管接口处应按排管尺寸预留矩形孔或穿墙套管。

（2）管线进出口应满足电缆接入、引出隧道时防水封堵的要求。

（3）管线进出口的尺寸及埋深宜结合电缆在隧道外敷设的土建型式确定，并应满足电缆敷设作业所需空间。

（4）管线进出口处的结构应有防止产生不均匀沉降的措施。

（四）通风口

（1）通风口的设置应结合通风区段的划分、隧道工作井的设置、城市规划要求、地面环境景观及环境噪声要求等因素综合考虑。原则上应根据线路长度均匀布置。

（2）通风口的尺寸应满足隧道正常运行及消防通风的要求。

(3) 通风口的布置可结合人员出入（检修）口一并考虑，也可单独设置，并应尽量与现有或规划建筑合建，减少对城市景观的影响。

(4) 进风口和排风口的下边缘不得低于当地的防洪、防涝标高，在进、排风口处应加设能防止小动物进入隧道内的金属网格。风亭高度应符合当地城市规划要求。对敞口风井应设置排除雨雪的装置和防止人员入侵的措施。

(5) 排风口应避免直接吹到行人或附近建筑，进风口应设置在空气洁净的地方。

(6) 在隧道正常运行状态下，通风口不宜兼作电缆放线口、设备及材料进出口。

(五) 人员出入（检修）口

(1) 人员出入口的地面标高应高出室外地面，应设置防止雨、雪和小动物进入室内的设施，并应按百年一遇的标准满足防洪、防涝要求。

(2) 人员出入口的门应设为乙级防火门，并向疏散方向开启。

(3) 人员出入口的设置应满足防盗、防强行进入的要求。

(4) 当人员出入口单独设置时，距周边建筑物的距离应满足相关防火规范的要求。

(5) 人员出入口的设置应满足火灾时人员疏散以及平时检查、维修的需要。

(6) 当人员出入口用作设备、材料等的进出口时，出入口内的梯道、通道尺寸应满足人员搬运设备、材料等的通行要求。

(7) 在城镇公共区域开挖式隧道的人员出入口间距不宜大于200m，非开挖式隧道的人员出入口间距可适当加大，且宜根据隧道埋深和结合电缆敷设、通风、消防等综合确定。隧道首末端无安全门时，宜在不大于5m处设置人员出入口。

第十章

电缆防火设计

第一节　电缆火灾的起因及特点

电缆火灾发生的原因总结起来有两类：电缆本身故障引起电缆着火、电缆外部着火引燃电缆导致火灾。有资料显示，电缆本身故障引起电缆着火占整个电缆火灾事故的30%左右，绝大多数电力火灾都是由于电缆外部着火从而引燃电缆导致事故。

由于火灾温度一般在 800～1000℃，在火灾情况下，电缆会很快失去绝缘能力，进而引发短路等次生电气事故，造成更大的损失，且一旦火灾发生，会有蔓延快、扑救难、产生二次危害、恢复时间长等特点。

一、自容式充油电缆火灾原因及特点

自容式充油电缆是用低黏度的绝缘油充入电缆绝缘内部，并由供油设备供给一定的压力以消除绝缘内部产生气隙。自容式充油电缆有单芯和三芯两种结构，单芯电缆的电压等级为110～750kV，三芯电缆的电压等级一般为 35～110kV。单芯自容式充油电缆的导线一般为中空的，中空部分作为油道。

自容式充油电缆线芯的长期允许工作温度为85℃；电缆允许最高工作电压为（110～220kV）+15% U_N，275kV 及以上+10% U_N；电缆内长期工作油压＞0.02MPa，按电缆加强层结构不同，允许最高稳态油压为 0.4MPa 和 0.8MPa。

正是由于自容式充油电缆采用可燃性的油和纸作为绝缘介质，容易燃烧，一旦着火，火势凶猛，延燃迅速，容易造成恶性事故。

目前国内外自容式充油电缆火灾事故并不多见，但每起火灾事故发生造成的损失还是很严重的。目前已发生的自容式充油电缆火灾事故有如下几种情况：

（1）电缆失火，使其他回路电缆及发电机全部停运，火灾廊道的电缆被烧毁约几百米，事故后电缆起火是由于电缆单相接地引起的，而电缆廊道内无报警装置和消火设备，造成了严重损失。

（2）电缆在离终端 30m 处错包纵向裂开漏油。在检修处理漏油时，未准备防火器材及任何安全措施，处理人员一边用喷灯烘烤电缆，一边用浸汽油回填丝擦拭电缆铅包，不慎回填丝起燃落入井内，由于已发生漏油，沟内电缆油起火，并沿沟道及电缆延伸引起主变洞内变压器冷却器燃烧，导致电缆及油开关套管爆炸，电缆廊道内又无消防设施，造成严重火灾事故。

（3）由于互感器击穿瓷套爆炸并起燃，破碎瓷片把邻近电缆终端接头瓷套炸裂，导致大量漏油，火势迅速蔓延，所有电气设备及电缆均发生燃烧。

（4）敷设充油电缆时违反操作规程，在地面未清理干净就从事电焊操作，电焊渣引燃了压力箱房的草包，将临时接在压力箱士的尼龙油管烧断，导致油大量流失，而充油电缆敷设此时尚未投运，火上加油，造成了严重火灾。

自容式充油电缆火灾事故的主要原因是：

（1）电缆质量问题为电缆铅包漏油。自容式充油电缆采用非连续式的压铅工艺，在压铅过程中容易混入铅的氧化物或杂质，造成接缝缺陷；或者对压铅工艺控制不严，造成接缝压铅质量不稳定；在电缆敷设过程中措施不当，使电缆某处弯曲半径太小或受力过大，铅包受损漏油发生事故。

（2）其他电气设备击穿爆炸。电缆终端被击碎而出现漏油，发生火灾事故。

（3）无有效的报警器或防火措施。报警器或防火措施虽然不能阻止火灾发生，但可以将火灾限制在最小范围内。当火灾发生时，各种防火措施可以及时填堵隧道或沟道内的分段出口，阻止火灾蔓延。

（4）良好的通风环境。由于敷设自容式充油电缆的坑道、隧道或竖井具有一定的自然抽风能力，或者为了提高电缆散热能力还安装人工通风设备，都给火灾蔓延提供了有利条件。

（5）敷设高差过大。自容式充油电缆若敷设高差过大，就有可能发生电缆淌油现象。上部电缆由于油的流失而热阻增加，导致纸绝缘老化击穿损坏；同时电缆头处产生负压力，增加了电缆吸入潮湿空气的机会，而使端部受潮，下部电缆由于油的积聚而产生很

大的静压力，促使电缆头漏油，增加发生故障或造成火灾的机会。

（6）绝缘油的闪点低。一般低黏度的油闪点在140℃以下，施工压力箱和油管等设施需要使用喷灯等明火器具，稍不注意便会引燃起火，这样就大大增加了敷设施工的难度和复杂性。

二、交联聚乙烯电缆火灾原因及特点

交联聚乙烯电缆是用交联聚乙烯制造，聚乙烯树脂本身是一种常温下电性能极优的绝缘材料。用辐照或化学方法对它进行交联处理，使其分子由原来的线型结构变成网状立体结构，从而改善材料在高温下的电性能和机械性能。交联处理也大幅度改善了聚乙烯的遇热软化性，在10V～500kV的电压范围广泛使用。

交联聚乙烯电缆具有如下优点：

（1）电气性能好。拥有优越的电气性能，耐力、体积电阻率高，介质损耗以及电感率非常的小。

（2）耐热性好。最高允许温度为90℃。

（3）重量轻。使用方便，易敷设。

（4）干式电缆类型。不存在绝电缆那样由于油的缺失导致绝缘劣质化或漏油的事故。

（5）耐化学药剂性优良。

（6）敷设安装方便。部分接头和终端头已采用预制成型附件，大大缩短了安装时间。

交联聚乙烯电力电缆虽然由于诸多优点被普遍应用，但也存在着一些不足的方面：电缆的绝缘材料和保护层大都采用可燃的有机物，如聚乙烯在300～400℃即能引燃，且燃烧时发热量比同等质量的煤炭还要大，因此交联聚乙烯电缆缆一旦着火不能自熄反而会延燃，特别是在多根电缆大规模群体敷设的情况下，直接导致电缆火灾事故蔓延扩大、造成电力系统事故。

根据交联聚乙烯电缆火灾引发原因归纳，由于电缆本身故障而引发的火灾事故，其主要原因有以下几类：

（1）电缆与电缆接头连接工艺不良，发生短路起火。剥电缆时划伤电缆绝缘层，而接地线与电缆屏蔽层没有进行焊接，在长时间的磨损使用之后，电缆的主绝缘会被烧坏，或者电缆在制作时，电缆结构没有密封好，雨水或潮气进入电缆头造成短路。

（2）电缆头制作质量不良，导致爆炸起火。电缆头的质量不合格，运行时应力锥[1]处电场不均匀，经过长时间的运行，局部会因为热量过高，导致压力上升击穿电缆头，引发电缆头爆炸。

（3）绝缘老化击穿短路起火。绝缘老化会引起电缆耐压下降而产生故障。绝缘老化的主要原因如下：

1）电缆介质内部的渣质或气隙，在电场作用下产生游离和水解。

2）电缆长时间过负荷运行或电缆沟通风不良，造成局部过热。

3）电力电缆超时限使用。

（4）电缆受外力机械损伤，绝缘破坏短路起火。

（5）电缆敷设条件恶劣（高温或受潮）致使绝缘下降短路起火。

（6）电缆长期过负荷运行或保护（开关）装置不能及时切除负载短路电流，致使绝缘过热损坏，造成电缆短路起火。由于交联电缆的外护套、充填物及相间绝缘均为易燃物，特别是充填物更易燃烧，当电缆发生短路故障时，高温电弧很易造成故障电缆本身燃烧，又可能导致相邻电缆的燃烧，从而产生火灾。

（7）电缆本身质量不过关引起电缆着火。绝缘强度达不到要求，电缆制造时护层上留下缺陷，在包缠绝缘层过程中纸绝缘层上出现褶皱、裂痕、破口和重叠间隙等缺陷，内部绝缘制造缺陷等，对绝缘材料的维护管理不善，造成电缆绝缘层受潮、脏污和老化，或利用用旧电缆以旧充新。

（8）电力谐波畸变引起电缆热老化引发起火。电力系统中由于非线性负载的增加，电流谐波畸变严重，极易造成线路谐波电流放大与过电压等，造成线路电流负荷增加，线路损耗增大。电缆在投入运行后，绝缘层会受到电、热等众多因素的影响下逐渐变质老化。在线路谐波电流放大与电缆线路热效应作用下，电缆温升加剧，当超过电缆绝缘热承受力时，会发生热老化现象，致使绝缘烧焦引发火灾事故。

由于外界因素引起电缆着火延燃，主要原因有以下几类：

（1）电、气焊切割的金属熔渣引燃电缆。

（2）电气设备故障起火导致电缆着火。

（3）其他杂物起火导致电缆着火。

（4）导电性垃圾（如锡箔纸等）被风刮在室外架空电缆头间，导致电缆短路着火。

（5）由于相间距离或相对地距离不足，电缆在过电压作用下产生弧光从而着火。

第二节　电缆防火技术及措施

一、一般规定

根据GB 50217—2018《电力工程电缆设计标准》中规定，电缆线路防火及阻燃可以采取如下措施。

（1）对于电缆可能着火蔓延导致严重事故的回

[1] 在电缆终端和接头中，自金属护套边缘其绕包绝缘带或者套橡塑预制件，使得金属护套边缘到增绕绝缘层外表间形成一个过渡锥面的构成件，称为应力锥。应力锥的作用是改善金属护套末端的电场分布，降低金属护套边缘处电场强度。

路、易受外部影响波及火灾的电缆密集场，所应有适当的阻火分隔，并按工程重要性、火灾概率及其特点和经济合理等因素，可以采取下列安全措施进行防火：

1）实施阻燃防护或阻止延燃。

2）选用具有难燃性的电缆。

3）实施耐火防护或选用具有耐火性的电缆。

4）实施防火构造。

5）增设自动报警与专用消防装置。

（2）阻火分隔方式的选择，应符合下列规定：

在隧道或重要回路的电缆沟中下列部位，宜设置阻火墙（阻火墙）：

1）公用主沟道的分支处。

2）多段配电装置对应的沟道适当分段处。

3）长距离沟道中相隔约 200m 或通风区段处。

4）在竖井中，宜每隔约 7m 设置阻火隔层。

（3）实施阻火分隔的技术特性，应符合下列规定：

1）阻火封堵、阻火隔层的设置，可采用防火堵料、填料或阻火包、耐火隔板等在楼板竖井孔处，应能承受巡视人员的荷载。

2）阻火墙的构成，宜采用阻火包、矿棉块等软质材料或防火堵料、耐火隔板等便于增添或更换电缆时不致损伤其他电缆的方式，且在可能经受积水浸泡或鼠害作用下具有稳固性。

3）除在隧道中按通风区段分隔的阻火墙部位应设防火门外，其他情况下，有防止窜燃措施时可不设防火门。防窜燃方式，可在阻火墙紧靠两侧不少于 1m 区段所有电缆上施加防火涂料、包带，或设置挡火板等。

4）阻火墙、阻火隔层和封堵的构成方式，均应满足按等效工程条件下标准试验的耐火极限不低于 1h。

（4）非难燃型电缆用于明敷情况，增强防火安全时，应符合下列规定：

1）在易受外因波及着火的场所，宜对相关范围电缆实施阻燃防护；对重要电缆回路，可在适当部位设置阻火段以实施阻止延燃，可采取在电缆上施加防火涂料、包带或当电缆数量较多时采用难燃、耐火槽盒或阻火包等。

2）在接头两侧电缆各约 3m 区段和该范围并列邻近的其他电缆上，宜用防火包带实施阻止延燃。

（5）在火灾概率较高、灾害影响较大的场所，明敷方式下电缆选择，应采用具有难燃性或低烟、低毒难燃性的电缆。

（6）难燃电缆的选用要求如下：

1）电缆的难燃性应符合 GB 12666—1999《电线电缆燃烧试验方法》系列标准的规定。多根密集配置时电缆的难燃性，应按 GB 12666.5—1990《电线电缆燃烧试验方法　第 5 部分：成束电线电缆燃烧试验方法》，以及电缆配置情况、所需防止灾难性事故和经济合理的原则，满足适合的类别要求。

2）当确定该等级类难燃电缆能满足工程条件下有效阻止延燃性时，可减少本规范第 4 条的要求。

3）同一通道中，不宜把非难燃电缆与难燃电缆并列配置。

根据 DL/T 5221—2016《城市电力电缆线路设计技术规定》中要求，电缆隧道、电缆沟和竖井中，在电缆竖井穿越楼板处、竖井和隧道或电缆沟（桥架）接口处，应采用防火包等材料封堵。

阻火分隔包括设置防火门、防火墙、耐火隔板与封闭式耐火槽。防火门、防火墙用于电缆隧道、电缆沟、电缆桥架以及上述通道分支处及出入口。耐火隔板用于电缆竖井和电缆层中电缆分隔。防火墙和耐火隔板间距应符合表 10-1 规定。封闭式耐火槽盒的接缝处和两端，应用阻火包带火防火堵料密封。

表 10-1　阻火分隔的间距　（m）

类别	地点		间隔
防火墙	电缆隧道	电厂、变电站内	100
	电缆隧道	电厂、变电站外	200
	电缆沟、电缆桥架	电厂、变电站内	100
防火隔板	竖井	上、下层间距	7

二、电缆防火一般措施

电缆防火措施可分为主动型防火与被动型防火。主动型防火从电缆材质、截面选择、运行方式等方面采取措施；被动型防火从火灾报警、防火隔断、电缆口封堵等方面采取措施。

1. 主动型防火措施

（1）提高线路运行水平。当设备故障时，为保证电力系统的安全运行、降低故障设备的损坏程度，在最短的时限、最小的区间内将故障设备从电网中断开，限制故障进一步扩大。

（2）选用防火电缆。防火电缆是具有防火性能电缆的总称，包括阻燃电缆和耐火电缆两类。阻燃电缆可以阻滞、延缓火焰沿其表面蔓延的电缆，一般用型号 Z 表示；耐火电缆是在受到外部火焰以一定高温和时间作用的情况下，施加额定电压时依然可以维持通电运行的电缆，一般用型号 N 表示。

（3）电缆截面的选择。电缆截面的选择涉及多个方面的因素，主要包括电缆敷设情况、电缆隧道通风情况等，在输送电力容量确定的情况下，可采取减少每根电缆的输送容量，同时考虑在最不利条件下，如电缆隧道通风故障时，电缆是否还能有效承受电力输送的设计容量要求，以确保不因电缆线路过电流发热而引起火灾。

（4）电缆绝缘材料选型。交联聚乙烯绝缘电力电缆以其良好的机电性能、耐热性和抗老化性在电力建设中被广泛使用。与充油电缆相比，交联聚乙烯绝缘电缆具有较高的允许工作温度、较小的弯曲半径、重量轻、附件少等优点，大大简化了电缆线路施工和运行维护方面的工作，同时没有发生油料渗漏的隐患，防火防爆性能好。

（5）金属保护套选型。电缆金属保护套以铅合金护套或皱纹铝护套效果最好，两种护套各有特点。铅合金护套较皱纹铝护套具有更好的耐腐蚀性能和较小的弯曲半径，但铅合金护套比重大，机械性能不如皱纹铝护套，施工难度较大；而皱纹铝护套较铅合金护套的导电性能好，能耐受较大的短路电流。金属保护套具体选型应结合供电容量实际，在运行条件良好，输送电力容量大的工程中，选择皱纹铝护套比较合适。

（6）电缆外护套选型。电缆外护套材料有聚乙烯或聚氯乙烯。聚氯乙烯耐环境应力开裂性能比聚乙烯好，在燃烧时分解的氯气有利于阻燃，聚氯乙烯的缺点是在燃烧时还会分解出含有氯化氢等的有毒气体，而聚乙烯外护套则不存在这个问题。针对附设在人行、车行隧道内的电力电缆，考虑人员的安全，应选择低烟无毒的聚乙烯外护套。

（7）电缆附件选型。中间接头为电缆主要附件，预制式中间接头可以避免因安装工技术水平及安装地点环境条件复杂而降低接头质量、引发电缆火灾事故的隐患。

（8）弱电及控制电缆穿管保护。在电缆数量众多的电缆沟道中，低、中、高压电缆混杂，低压电力系统较多采用中性点不接地系统，出现故障频率高，常因电缆过热着火而引起中、高压电缆燃烧事故，因此弱电及控制电缆可穿入镀锌铁管内。

（9）防鼠咬措施。电缆隧道一般都独立设置在地下或穿越山脉，因此有必要采取防鼠咬措施，如在外护套外添加防鼠金属铠装或采取硬质护套等。

（10）通道选择。在电缆构筑物内，同一回路工作电源电缆预备用电源电缆，宜布置在不同层次；当电缆在架空桥架内敷设时，架空桥架的通道应避免通过高温、易爆、易燃有害气体的地段。

2. *被动型防火措施*

（1）火灾报警系统。配置网络式智能火灾报警系统，将电缆隧道分成若干区域，每个区域设置区域控制盘和电缆隧道外的报警系统主控制盘通过光纤组成环形网络。网络内设置线路监视器，可以诊断网络的开路、短路、通信等各方面的故障，并能以声光信号和文字信号予以明确的报警和显示。在网络系统均断路的情况下，各个控制盘仍能独立运行和操作，提高了系统的可靠性。

（2）光纤测温系统和联动控制。光纤测温系统由光纤测温电缆、激光光源控制器、多路光转换开关、节点输出单元、上位机及打印机组成。光纤测温系统可实时显示电缆线路上的温度分布曲线和各点温度随时间变化的曲线，反应灵敏、维护简单。每根光纤测温电缆可以在长度上进行分区，可以根据温度限值、升温速度、与平均温度差值独立报警。当电缆隧道内的环境温度超过预设温度时，自动启动相应分区的轴流风机；当环境温度继续升高时，启动相应分区的声光报警器，提醒值班人员注意并采取相应措施。

（3）电缆隧道自动灭火装置。自动灭火可区分为湿式自动喷水灭火系统、水喷雾灭火系统和气体灭火系统三种类型。湿式自动喷水灭火系统、水喷雾灭火系统均需布设管道，在较长的电力电缆通道内安装困难、成本高、系统反应速度慢。在电力电缆隧道中气体灭火系统应用更为广泛，如气溶胶类灭火剂。气溶胶类灭火剂可根据通道的分隔灵活布置，安装简便，在实施灭火时，喷放相对缓慢，不会造成防护区内压力急剧上升，且不需布设管道，成本低廉。

（4）设置防火门。将隧道划分成若干个区域，由于安装、维护的需要，各个区域要相互联系，在每个区域的交接处要设置防火门。防火门应采用甲级防火门，保证其耐火极限达到 1.2h，目前防火门体系最好采用重锤闭门装置，该装置可确保在电动闭门器脱钩或牵门尼龙绳燃断后，防火门仍能可靠关闭。同时，防火门体系通过与电缆区域温度报警系统的联动或人工控制可实现远距离遥控电缆隧道防火门的自动关闭。一旦电缆火情出现必然会带来电缆的温度上升，当达到一定危险阈值时通过电缆温度报警系统的监测，可迅速地联动本系统实现防火门的遥控闭合，给灭火工作提供充足的早期补救时间，可有效地避免火灾危害的发生。与牵门尼龙绳联动后，也可防止当火情发生时，火势未达到烧断尼龙绳的地步无法关闭防火门而有毒烟雾及火势有可能早已蔓延出防范区域的恶果，达到双重防范的目的。

在正常情况下，防火门不关闭以保持通风，发生火灾时，由火灾探测器报警，联动关闭发生火灾的防火分区的防火门，使火灾控制在一个防火分区内。防火门应具有人员可以从内部手动开启的功能，以保证发生火灾时隧道内人员可安全逃出。

（5）设置阻火墙。电缆隧道内宜每隔一段距离划分防火隔断，设置防火隔墙，在隔墙的端面，可加装防火板，这种工艺会起到强化防火时效，提高防火等级的作用，可确保整个隔墙的封堵充实、严密，满足 3h 以上的阻燃效果。防火隔墙与防火门间的防火隔板可采用经中层灌注钢网强化处理的防火板，不仅保证耐燃性能，也保证了其支撑、固定的良好性能。

三、直埋敷设电缆防火措施

电缆采用直埋敷设方式，敷设电缆的壕沟中沿电缆全长的上、下紧邻侧需铺以厚度不少于100mm的软土或砂层，沿电缆全长覆盖宽度不小于电缆两侧各50mm的混凝土保护板，电缆敷设时大都埋入冻土层以下，或在土壤排水性好的干燥冻土层或回填土中，电缆基本上是隔绝空气的，不会起火。

电缆采取直埋敷设时，也不允许平行敷设于供水、热、气等管道的上方或下方，也就杜绝了因外部因素着火从而引燃电缆的可能，因此直埋敷设电缆可不采取防火措施。

四、电缆沟敷设电缆防火措施

在电缆沟内，由于多层电缆叉叠放，一旦一根电缆爆燃起火燃烧，火势顺着电缆呈线形燃烧，在电缆沟内就会形成立体燃烧，即使断电，火势也很难控制，且电缆沟内空间狭小，电缆起火后电缆沟内无排烟系统，电缆温度急剧上升，烟火交叉混合，加速了火势的蔓延。即使起火后利用排烟机排烟，但也难以及时排出烟雾。同时，沟道在大火猛烈燃烧时温度可达600～800℃，会造成电缆钢支架烧熔，电缆线蕊烧成珠状。由于沟道内通道窄，电缆烟气不仅会破坏电气设备，还会导致相关电气设备的短路，直接威胁灭火人员的生命安全。

电缆沟内防火措施，可以在公用主沟道分支出口处、长距离沟道中相隔200m或者通风区段处进行防火封堵。

封堵时可以采用无机堵料与有机堵料组合封堵或者阻火隔墙封堵的方式。

对于需要经常拆卸封堵材料进行施工的电缆沟，可以采用无机堵料与有机堵料组合封堵。有机堵料较为柔软，定型较差，施工中需与无机堵料匹配使用。

具体方法如下：

（1）选择直径大于电缆直径，长度长于封堵距离的塑料管，剪开，套在需进行封堵的电缆上，并保证电缆可以在塑料管内自由移动，为保证电缆四周能充分包裹堵料，塑料管与电缆间缝隙至少为1cm。

（2）由于无机堵料凝固较快，施工时根据塑料管与电缆空隙的大小，估算堵料的用量，然后把堵料放入容器内按1:0.7～1:0.6的比例加入清水搅拌成糊状立即使用，如用量较大时，通常分数次完成，每次搅拌量在5kg左右。

（3）当无机堵料堵填制结束约15min后，可拆去塑料套管，在电缆与无机堵料缝隙中填补有机堵料。

对于不需经常拆卸的电缆沟，可以采用阻火隔墙封堵。具体方法如下：

将电缆沟底部进行清扫干净，修建阻火隔墙，厚度不宜小于150mm，阻火隔墙与电缆之间的缝隙用有机堵料封堵密实，在阻火隔墙两侧1m区段内涂刷电缆防火涂料，涂层厚度不小于1mm。还可在阻火隔墙缝隙处使用防火灰浆进行勾勒，使阻火隔墙整体达到立体美观的效果。若电缆沟内电缆纵横交叉而又密集的场所，也可用阻火包构筑阻火墙。

阻火隔墙修建示意图及封堵实例如图10-1、图10-2所示。

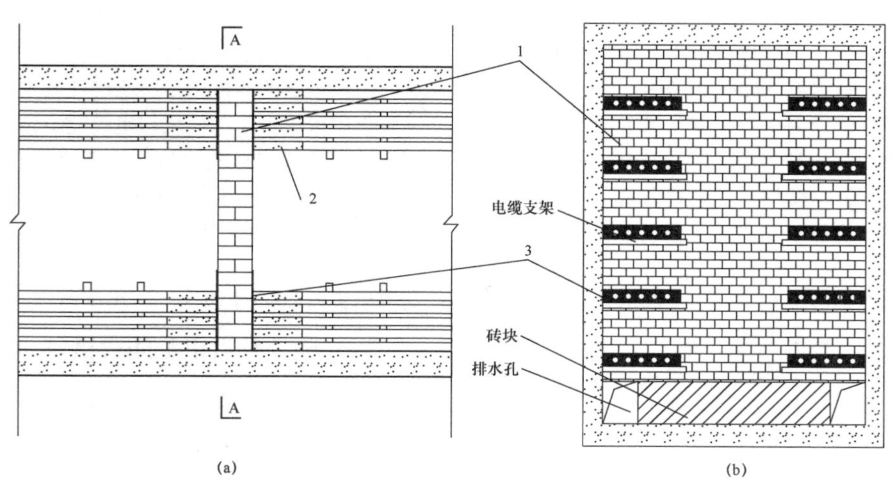

图10-1 阻火隔墙修建示意图

（a）俯视图；（b）侧视图

1—阻火隔墙；2—涂刷电缆防火材料；3—防火隔墙缝隙处使用防火灰浆进行勾勒

图 10-2　阻火隔墙封堵实例图

五、隧道敷设电缆防火措施

电缆隧道是指容纳电缆数量较多、有供安装和巡视的通道，全封闭型的电缆构筑物。电缆隧道适用于多回路电缆长距离传输，当某根电缆着火后，火势顺着电缆呈线性燃烧，当隧道内有多层电缆或电缆交叉叠放时，就会引起多根电缆立体燃烧。

电力电缆在隧道内火灾主要有以下特点：

（1）隧道内为狭长封闭场所，发生火灾时，热量不易散发，隧道内温度骤升，火势迅猛。

（2）隧道内通风较差，大量烟气难以排出，人员疏散困难。

（3）隧道纵向坡度较大，一旦起火，易形成烟囱效应，温度和火势传播迅速。

（4）大量烟气所造成的辐射热使环境温度升高，灭火人员难以接近，火灾扑救困难。

（5）电力电缆工程造价高，一旦发生火灾，经济损失较大。

（6）可燃的电缆绝缘材料颗粒遇到明火容易复燃，扑救时间长。

因此隧道电力电缆通道的防火设计，需结合电缆火灾特点，开展防火防爆设计，降低因电力设备原因引起故障的概率；在建筑构造上尽量做到与其他建筑相对独立，火情发生时能控制在一定范围内，避免蔓延；采取辅助措施，在火灾发生时早发现、早处理。

阻火墙在设置阻火墙及防火门封堵时，可用膨胀螺栓将防火门固定在隧道壁上，并砌筑防水台，将防火门门框下端的螺栓用混凝土浇注固定在防水台上；然后再用模块封堵，模块与电缆隧道顶部和侧壁的局部用有机堵料封堵密实。阻火墙的厚度不宜小于240mm，阻火墙两侧不小于1.5m的电缆宜缠绕自黏性防火包带、涂防火涂料（涂层长度不小于1.5m，厚度为1mm）或采取防火隔板分隔，电缆隧道封堵示意图及现场实例图如图10-3～图10-5所示。

六、竖井敷设电缆防火措施

竖井中有效的防火措施依然是封堵，选择封堵方案时，首先应考虑安全可靠，其次才考虑经济性，并兼顾后期增减电缆是否方便。

大型竖井的防火分隔可采用防火隔板、阻火包、有机和无机堵料封堵，中间通道可采用防火隔板，一般竖井若电缆排列整齐可采用防火隔板、有机和无机防火堵料、阻火包封堵。通常较经济的封堵方法是在

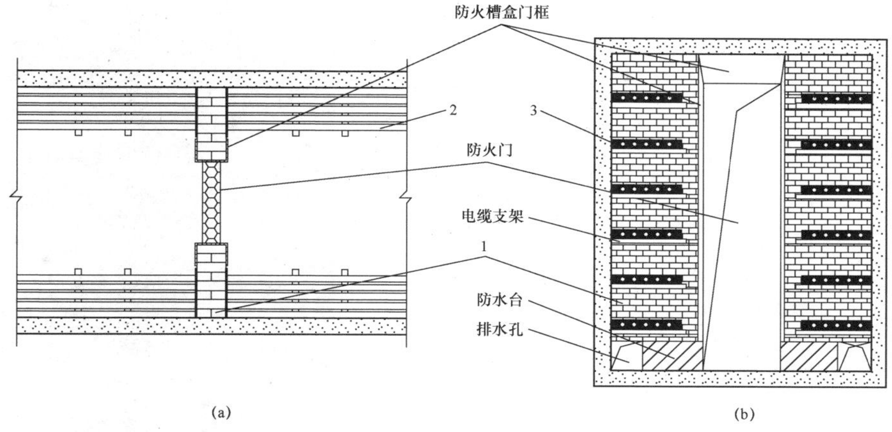

图 10-3　电缆隧道封堵示意图

（a）俯视图；（b）侧视图

1—阻火墙；2—电缆；3—隔墙两侧电缆涂防火涂料

图 10-4　电缆隧道防火门修建实例图

图 10-5　电缆隧道阻火墙封堵实例图

电缆周围小面积孔洞用有机堵料，余下较大面积的部分用无机堵料。每隔约 7m 设置阻火隔层。阻火隔层用角钢做防火支架，并涂刷防火涂料。用膨胀螺栓将防火支架固定在竖井壁上，整个支架安装完备后应保证每平方米面积承重不小于 100kg。

施工时可先在固定支架上平铺一层防火板，在防火板上堆砌无机堵料，无机堵料与电缆周边用有机堵料严密封堵，特别是电缆与电缆之间一定要挤压塞严，不能留有空隙，无机堵料可按照电缆外径加工成半圆形凹槽，使封堵部位更密实。在使用无机堵料不便时可选择阻火包，但其价格较贵，如条件允许，尽量使用无机堵料与有机堵料进行封堵，电缆竖井封堵示意图如图 10-6 所示。

七、桥架敷设电缆防火措施

钢制电缆桥架需设置防火分隔，可在桥架顶部与底部设置防火板，防火板两侧可涂刷防火涂料，并采用加难燃槽盒或加难燃隔板，对一段需要防火处理时，可采用钢制耐火桥架及耐火槽盒。

施工时，电缆桥架上可在电缆与防火膨胀模块接触的长度内先用有机堵料封堵密实，然后再用防火膨胀模块进行封堵，阻火隔墙上顶部位应与桥架紧接，不能留有缝隙，阻火隔墙厚度为 240mm，耐火时间＞3h。防火环保膨胀模块与桥架的局部间隙用有机堵料封堵密实。电缆桥架封堵示意图如图 10-7 所示，其实例图如图 10-8 所示。

防火隔墙两侧电缆需涂防火涂料，涂层长度应大于 1m，厚度为 1mm。

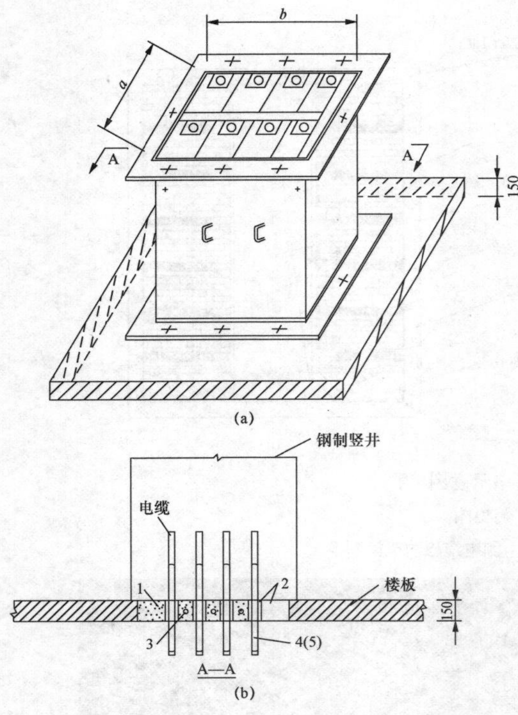

图 10-6　电缆竖井封堵示意图

（a）立体图；（b）平面图

1—无机防火堵料；2—有机防火堵料，占无机防火堵料 25%；

3—圆钢，$\phi 8$；4—防火包带，PFBD 膨胀型，

$\delta \geq 0.05$mm；5—防火涂料

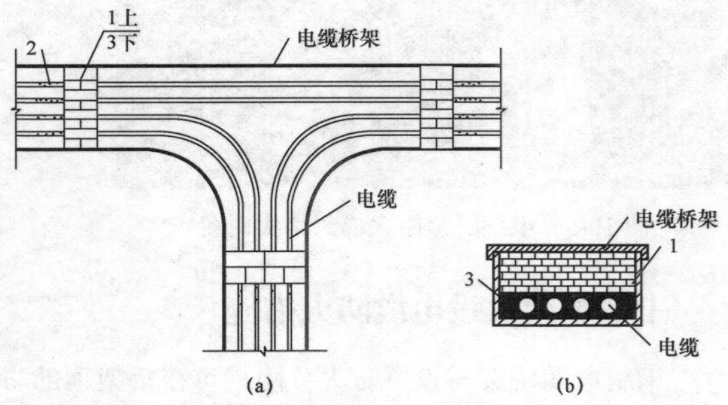

图 10-7　电缆桥架封堵示意图

（a）俯视图；（b）侧视图

1—防火隔墙；2—防火涂料；3—有机堵料

第三节　电缆防火设施设计

一、常用电缆防火封堵材料

常用的防火封堵材料包括：有机防火堵料、无机防火堵料、阻火包、防火隔板、耐火槽盒以及防火涂料。

有机防火堵料是以有机合成树脂为黏结剂，添加防火剂、填料等经辗压而成的，具有良好的可塑性、优良的防火性能、耐火时间长、发烟量低，能有效地阻止火灾蔓延与烟气的传播，该堵料长久不固化，可塑性很好，可以任意地进行封堵。这种堵料主要应用在建筑管道和电线电缆贯穿孔洞的防火封堵工程中，特别适用于成束电缆或电缆密集区域与电缆间、电缆与其他物体间缝隙的阻火封堵，并与无机防火堵料、阻火包配合使用。

图 10-8　电缆桥架封堵实例图

无机防火堵料，也称速固型防火堵料，是以快干胶黏剂为基料，添加防火剂、耐火材料等经研磨、混合均匀而成的。其具有较高的耐火极限及机械强度，能有效地阻止火焰穿透延燃，属于速固型不燃材料，可与有机堵料组合使用构筑阻火墙、阻火段等；对管道或电线电缆贯穿孔洞，尤其是较大的孔洞、楼层间孔洞的封堵效果较好；不仅达到所需的耐火极限，而且还具备相当高的机械强度，与楼层水泥板的硬度相差无几。

无机防火堵料又分为速固型无机防火堵料及轻质膨胀型无机防火堵料。

速固型无机防火堵料是以快干水泥为基料，配以防火剂、耐火材料等，经研磨、混合均匀而成。该防

火堵料无毒，无气味，有较好的耐水、耐油性能，施工方法简单。其氧指数为 100，是不燃材料。耐火时间可达 3h 以上。该堵料对管道或电线、电缆贯穿孔洞，尤其是较大的孔洞、楼层间孔洞的封堵效果较好。但在遇火时，其本身膨胀系数很小，在封堵含有高填充量的易燃有机贯穿物时容易留下缝隙，不能保证封堵的严密性。该堵料具有较高的机械强度，一旦凝固，不利于更换管道或电线、电缆。该堵料在施工时先根据需封堵孔洞的大小，估算堵料的用量，然后把堵料放入容器内按 1:0.7～1:0.6 的比例加入清水搅拌成糊状立即使用，如用量较大时，通常分数次完成。每次搅拌量在 5kg 左右。对较大的孔洞封堵时，可用适量的钢筋以增加其强度，封堵厚度根据需要确定，一般不少于 15cm。

轻质膨胀型无机防火堵料以无机材料为基础，添加了类碳纤维系阻燃剂，制成膨胀型无机防火堵料。其适用于建筑物各种缝隙或含有贯穿物的小结构开口的防火封堵；不含卤族元素、石棉等物质，在常态下不会挥发有害气体；遇火时类碳纤维系阻燃剂会迅速膨胀，将所封堵的缝隙及含有贯穿物的结构开口严密封实，且越烧越紧，防止烟火蔓延串烧；重量轻，其密度只有 300kg/m^3；施工简单，使用方便。使用时，按 30%的重量比加入清水，拌和后将其填入欲封堵的部位，略加捣固压平，待水分挥发后即与结构开口及贯穿物凝结成一体，并具有一定强度。也可经模具压制后，制成膨胀型无机防火模块，适用于封堵含有贯穿物的较大结构开口以及构筑阻火墙、防火隔段。

阻火包是用不燃或阻燃性的纤维布把耐火材料固定成各种规格的包状体，遇火时材料能迅速膨胀，形成严密的封堵层，起到隔热阻火的作用，在施工时可堆砌成各种形态的墙体，可对大的孔洞进行封堵，制作或撤换均十分方便。阻火包在高温下膨胀和凝固，形成一种隔热、隔烟的密封层，耐火极限可达 3h 以上，起到隔热阻火作用。阻火包主要应用于电缆隧道和竖井的防火隔墙和隔离层，以及贯穿大孔洞的封堵，其堆砌或撤换均十分方便。施工时，需要和有机防火堵料配合使用。在封堵电缆贯穿孔洞时，需先将孔洞中的电缆做必要整理和排列，然后将阻火包平铺嵌入电缆与电缆、电缆与堵料或楼板间的空隙中，可采用交错放置的方式，尽量填充密实。在电缆竖井孔处使用时，需先在竖井孔下端安装抗火支架，在支架上放置一块与洞口大小相同的防火隔板，以承托阻火包。填塞完阻火包后，在最上层阻火包的表面放置一块防火隔板或与地面平铺一层 3～5cm 厚度的有机防火堵料，这样既能防止阻火包移动或损坏又可增加美观性。

防火隔板、耐火槽盒，具有不燃、耐腐蚀、耐油、质轻、强度高、安装简便等特点，可与堵料配合使用，对于重要回路的电缆可起到防火分隔的作用。

电缆防火涂料，涂覆与电缆表面，遇热膨胀形成致密的蜂窝隔热层，有良好的隔热防火效果，并具有耐水、耐火、耐油、耐盐等特点，适用于各种规格的电缆防火保护，能有效地防止火焰沿电缆蔓延。

有机防火堵料、无机防火堵料、阻火包三种防火封堵材料比较如表 10-2 所示。

表 10-2 有机防火堵料、无机防火堵料、阻火包三种防火封堵材料比较

项目	有机防火堵料	无机防火堵料	阻火包
主要成分	树脂、防火剂，填料	快干水泥，防火剂，耐火材料	玻纤维，耐火材料，防火剂
可塑性	好	固化结构	包状，可堆砌
受火膨胀性	受火膨胀	受火不膨胀	受火膨胀
实用性	建筑管道及电缆贯穿空洞封堵	较大空洞，楼层间空洞封堵	防火隔墙，隔层，贯穿打孔的封堵
主要特点	可拆，可塑性好	具和易性，可流动，短时间固化	可拆，可堆砌
密度（kg/m^3）	≤2.0×10^3	≤2.5×10^3	≤1.2×10^3
耐水性（天）	≥3	≥3	≥3
耐油性（天）	≥3	≥3	≥3
耐火极限（min）	≥180	≥180	≥180

各种防火材料在选用时，可根据使用场合和功能进行区分，施工验收标准如下：

（1）有机防火堵料。施工时将有机防火堵料密实嵌于需封堵的孔隙中；在电缆周围包裹一层有机防火堵料时，应包裹均匀密实；隔板与有机防火堵料配合封堵时，有机防火堵料应略高于隔板，高出部分宜进行形状规划；阻火墙两侧电缆处，有机防火堵料与无机防火堵料封堵应平整；电缆预留孔和电缆保护管两端口应采用有机堵料封堵严实，堵料嵌入管口的深度不应小于 50mm。预留孔封堵应平整。

（2）无机防火堵料。施工前需整理电缆，根据需封堵孔洞的大小计算用量，当孔洞面积大于 0.2m^2 或者可能行人的地方采取加固措施。构筑阻火墙时，需根据阻火墙的设计厚度，采用预制或现浇，现浇需自下而上地砌或浇制；预制型阻火墙的表面需用无机防火堵料进行粉刷；阻火墙应设置在电缆支架处，构筑要牢固，且预留电缆穿墙孔，底部设排水孔。

（3）阻火包。安装前，需整理电缆，检查阻火包有无破损，不得使用破损的阻火包；电缆周围裹一层有机防火堵料，将阻火也平整地嵌入电缆空隙中，阻火包应交叉堆砌；用阻火包构筑阻火墙时，阻火墙底部用砖砌筑支墩，并设有排水孔，并采用固定措施以防止阻火墙坍塌。

（4）防火隔板。安装前需检查隔板外观质量情况，检查产品合格证书；在每档支架托臂上设置两副专用挂钩螺栓，使隔板与电缆支架固定牢固；并使隔板垂直或平行于支架，整体应保证在同一水平面上，螺栓头外露不宜过长，采用专用垫片。隔板间连接处应有 50mm 左右搭接，采用专用垫片，安装的工艺缺口及缝隙较大部位应固定牢固。

（5）耐火槽盒。槽盒安装应总体平整、联接可靠、密封性好。槽盒端头及每隔 1m 用捆扎带和锁紧扣捆扎牢固；槽盒底部与支架之间用长度适合的螺栓固定牢固，螺栓的朝向一致，槽盒内的需设置隔热垫块，垫块需排列整齐，间距均匀。

（6）防火涂料。施工前需清除电缆表面的灰尘、油污。涂刷时需将涂料搅拌均匀。水平敷设的电缆宜沿着电缆的走向均匀涂刷，垂直敷设电缆宜自上而下涂料，涂刷次数及厚度应符合产品要求，每次涂刷的间隔时间不得小于规定时间。遇电缆密集或成束敷设时，应逐根涂刷，不得漏涂。

（7）钢制耐火桥架。需与整个工程的桥架系统保持一致性，电缆引出部分应用金属保护管或难燃爆塑金属软管密封。

二、阻火隔墙及防火槽盒设施设计

一般阻火墙的耐火极限不低于 1h。常用的各种阻火墙产品，如石膏纤维板隔墙；钢丝网聚苯乙烯泡沫夹芯板隔墙；纤维增强硅酸钙隔墙等其耐火极限可达 3h 以上。

使用无机堵料为基本材料修建阻火墙，先设计长方体模具，中空尺寸可为 30cm×10cm×10cm。预先调制无机堵料成粥状，浇灌于模具中，让其自然干燥，并养护至足够时间，打开模具，取出已制成的无机堵料固化块备用。实际应用中根据实际面积、尺寸、形状，像砌砖一样用无机堵料固化块堆砌成墙，如图 10-9 所示，并用新调制的无机堵料作黏结剂，堵塞缝隙，并抹平表面，使之达到平整、美观的效果。

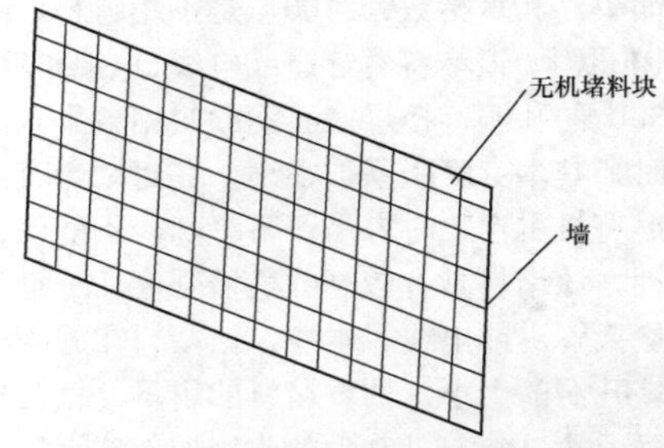

图 10-9　堵火墙——以无机堵料固化块堆积

使用耐火包为基本材料修建阻火墙如图 10-10 所示，需根据耐火包堆积厚度，一般常用如下 6 种外形尺寸：125mm×100mm×40mm，200mm×180mm×40mm，300mm×130mm×40mm 或 120mm×100mm×50mm，240mm×150mm×50mm，360mm×200mm×50mm。在实际施工中，应根据实际堆砌厚度、孔洞大小、施工难易等选用。施工时避开通水沟道，用耐火包堆砌而成，堆砌厚度一般需 30cm 左右。火灾发生时，耐火包受热膨胀，迅速堵塞缝隙，隔绝烟气、火焰的流窜。

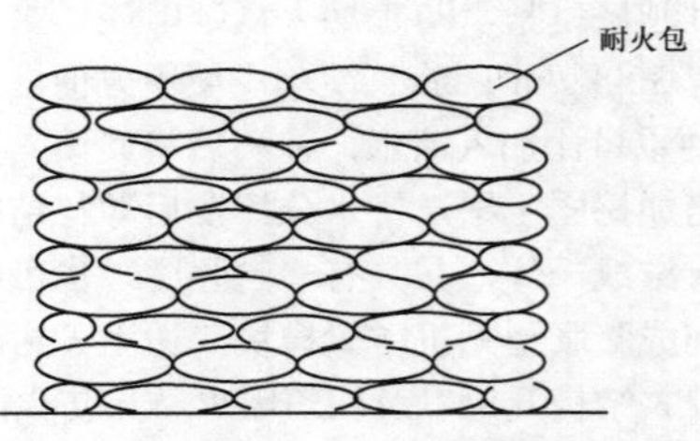

图 10-10　堵火墙——以耐火包堆积

使用耐火包与有机堵料组合修建阻火墙如图 10-11 所示，在火灾初期，由于耐火包尚未达到膨胀，会有少量烟气流窜，为有效阻隔烟气的流窜，可采用耐火包、有机堵料组合封堵，首先堆砌一层耐火包，然后在耐火包上敷设有机堵料，把包与包之间的缝隙封堵严实，再堆砌一层耐火包，再敷有机堵料；如此重复，直至达到所需高度。

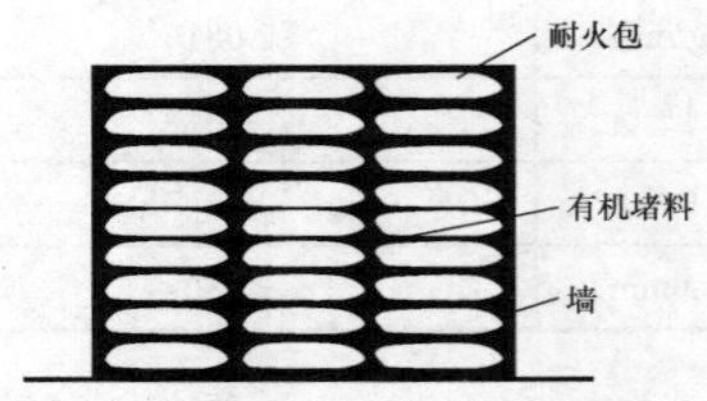

图 10-11　堵火墙——耐火包+有机堵料堆积

相比于以上三种制作方式的阻火隔墙，以无机堵料固化堆积制作的阻火墙目前较为常用，使用时，将无机堵料固化堆积成阻火模块，用成品的阻火模块制作防火隔墙（如图 10-12 所示），这种方法施工简单、方便，由于采用少量胶联材料，且制作阻火模块时可以将阻火模块制作成特有的凹凸自锁形状，使得封堵墙面机械强度高，不易坍塌，特别适合标准电缆沟等大型孔洞封堵，由于可塑性好，便于根据孔洞和电缆情况进行切割、打孔，比阻火包封堵更严实、可靠。

图 10-12　采用阻火模块制作的阻火隔墙

以无机堵料固化堆积制作的阻火模块具有以下优势：

（1）阻火模块采用模块形式，在遇到封堵位置变更等因素时，只需简单拆卸移动即可。

（2）没有飞烟、不脱落、隔热效果好、散热快、使用方便、有效期长、遇火不会产生有毒气体，整体阻火模块无卤素成分，遇到火灾不会释放有毒气体，绿色环保。

（3）耐水、耐油、耐酸碱性好，新型阻火模块产品不溶于水、油等物质，产品稳定性好。

（4）能迅速与周围环境相融合，阻火模块可以按定尺设计，安装完后平整、有序不会坍塌，外观平整美观。

（5）环保、无污染，整体新阻火模块产品采用多种有机物质组成，融于自然环境，产品安装时采用自然咬合，无须采用甲醛等含毒胶水。

（6）耐虫鼠破坏，生产阻火模块时可加入其他物质，使阻火模块含有特殊气味而防止虫老鼠咬。

防火槽盒有良好的隔热、防火、不燃、不爆、耐水、耐油、耐化学腐蚀、耐候性好、无毒及机械强度好、重量轻、承载力大、安全可靠的特点。防火槽盒使用后，若盒内电缆起火可因其自身结构的封闭性导致缺氧自熄，外部起火也因其槽盒材料不燃性而不会殃及盒内电缆。防火槽盒安全可靠、安装方便，能进行锯、钻、刨等机械加工，适用于电缆敷设时的耐火分隔，是有效防止电缆着火时火焰延燃的理想材料。

对于不同使用场合，防火槽盒可分为四部分：

（1）耐火型全封闭槽盒。适用于 10kV 以下电力电缆，以及控制电缆、照明配线等室内室外架空电缆沟、隧道的敷设。

（2）耐火型半封闭槽盒。能够经受火焰熏烤，槽内温度可以限制在电缆安全运行允许值内，盒盖为双层盖板。除了有防雨功能外，在遇高温时可自动下落，盖住散热孔，隔绝空气。

（3）电缆隧道用耐火槽盒。可广泛用于隧道、地下公共设施等场合。具有良好的通风透气性，当槽盒着火或电缆过热时，由于火焰作用使原来开启的浸有特种防火涂料的通风网孔堵塞，并膨胀成厚厚的碳化层包覆电缆，网上小盖自动下落，盖住网面，使燃烧介质缺氧自熄。

（4）耐火型无机槽盒。用无机材料与增强玻璃纤维构成，耐火结构为全封闭式，有效防止电缆自燃及外部火种的危害。另由于选用无机材料，特别适用于酸、碱腐蚀严重的场合。

在一个区段内全部使用难燃耐火槽盒时，其宽度不宜达 1000m，并在槽盒内设置专用接地线。

三、阻火夹层、阻火段及耐火隔板设施设计

阻火夹层是电缆敷设最密集的地方之一，一旦发生火灾，后果不堪设想，因此将电缆夹层设计成可阻火形式能最大程度减少火灾损失。

阻火夹层除在电缆穿越楼板和墙壁孔洞进行阻火封堵外，还将夹层中的电缆全部涂刷防火涂料。这种做法工程造价低，但施工工作量大，对施工工艺要求较高。且电缆防火涂料主要是有机溶剂型，使用后有机溶剂会大量挥发，影响生产人员和施工人员的身体健康，污染环境。

单纯使用阻火夹层作为防火措施的各种弊端，可在夹层中电缆沿水平方向每一直线段两端安装 2m 长防火槽盒，防火槽盒的两端用耐火柔性堵料严密封堵，作为阻火区段，以保证电缆沿水平走向的阻火延燃。采用防火槽盒作为阻火段工程造价较涂刷防火涂料形成阻火夹层价格高，但其工作量小，对施工工艺要求低，防火槽盒的使用寿命长，一般为 10 年以上。这种方法的弊端就是没有考虑电缆夹层垂直方向的阻燃问题。

若解决电缆夹层垂直方向阻燃问题，可在采用阻火段设施的基础上增加耐火隔板，耐火隔板可做成防火托盘或防火盖板样式，如图 10-13 所示。耐火隔板可有效地将电缆分隔，其目的就是分隔电缆可燃体的重量，在分隔空间内的垂直方向电缆可燃体重量达不到水平方向电缆水平延燃的重量，从而防止了电缆沿水平走向延燃。同时还实现了电缆层间垂直方向阻火分隔，但其工程造价较高，施工作业量大，但使用寿命最长。

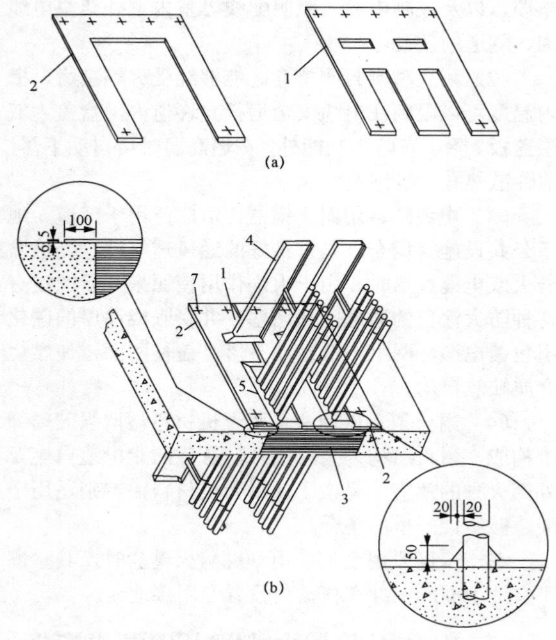

图 10-13　耐火隔板施工示意图

（a）局部效果；（b）整体效果

1—耐火隔板，厚度 5mm；2—矿棉板，厚度 6mm；3—矿棉板，厚度 50mm；4—电缆托架；5—有机堵料；6—防火涂料，厚度 1mm；7—膨胀螺栓

四、施工安装时防火措施

基于电缆着火的各种原因，结合相关规程规范，对电缆进行防火阻燃措施处理，可按封、堵、涂、包、隔的方法进行：

（1）对所要进行防火阻燃的电缆沟道、电缆室、电缆道进行清理、清除所有杂物、垃圾、易燃品，并处理好室外电缆沟内的排水自然畅通，达到不积泥、不积灰、整洁明亮。

（2）对要进行防火阻燃处理的电缆进行清洗，选用高强度去污粉清除电缆表面油污、尘灰，使电缆现出本色。

（3）对电缆分类理顺并捆扎上支架，各类混杂摆放的电缆进行合理的分类摆放、上支架、固定于桥架上，尽量做到整齐、整洁、分类分层、排列有序。贯穿孔洞成束的电缆整理成排进行固定，动力电缆、控制电缆、通信电缆尽量分层排列，对不在桥架上的电缆尽量整理上架，所有电缆应尽量理顺理直、排列整齐。

（4）对电缆进行清洗时，首先认真检查电缆有无接头和漏电，如发现漏电立即停工并通知有关人员进行处理，清洗电缆使用清洁水清洗，清水无法清除的使用电缆专用清洁剂，需对电缆无任何腐蚀，以达到彻底清除，清洗完后用干抹布将电缆抹干。

（5）对所有电源控制盘、屏、柜、端子箱、开关箱的电缆进接线孔洞进行规范的防火封堵，电缆穿墙孔洞、穿楼板孔洞进行封堵和反封堵，电缆穿管孔口进行防火封堵。

（6）对电缆竖井进行防火封堵，采用有机型、无机型防火堵料、防火隔板、防火涂料等防火材料进行。

（7）对较大的电缆穿墙孔洞，采用防火包、有机、无机防火堵料进行封堵，其中有机防火堵料包裹电缆，无机防火堵料缩孔，防火包砌筑阻火墙，防火涂料涂刷电缆。阻火墙必须牢固，以背面不透光为准，方能阻隔火源蔓延。

（8）对桥架、支架上排列的电缆，电缆沟内的电缆进行防火阻燃分隔：

1）电缆走向转角处、交叉处、长距离电缆每隔 50m 左右设置一座防火阻燃隔墙。采用防火包、防火包角、防火隔板、有机防火堵料、防火涂料进行综合处理，并在阻火墙两端电缆各刷防火涂料 1.5～2m 长，涂刷均匀，厚度不少于 1mm，防火阻燃隔墙要求由地至顶，水平截面宽度不少于 24cm，宽度应超出电缆外缘 10cm 左右，阻火墙必须稳固、整齐，阻燃包砌墙须严密，以背面不透光为准，起到防火阻燃的效果。

2）室外电缆沟内电缆进行防火分隔，设置防火阻火隔墙。阻火墙下方设置自然排水孔，采用有机防火堵料、防火包、防火涂料进行。

（9）对所有的电缆穿管孔口进行防火封堵（拆掉原水泥封的，用有机防火堵料封堵），穿管出线进行防火处理（涂刷防火涂料）。

（10）根据有关规程规范，为不影响电缆散热，又要进行防火阻燃措施，所有的电缆不能全部涂刷防火涂料，应零分单无、分段进行，即所有设置了阻火墙的两端电缆分别涂刷 1.5～2m 长涂料，既起到防火分隔，又保证电缆散热正常运行。

（11）根据现场实际情况，应考虑其他的辅助防火措施，如安装感烟感温报警系统、微机监控探测，现场还应安装泡沫灭火器设施等。

第四节　隧道电缆消防设施设计

隧道电缆消防可采用分布式光纤测温系统、火灾报警系统、重点区域自动灭火等设施。

分布式光纤测温系统可实时快速多点测温和测量空间温度场分布，是一种分布式的、连续的、功能型光纤温度测量系统，即在系统中，光纤不仅起感光作用，而且起导光作用。其利用光纤后向拉曼散射的温度效应可以对光纤所在的温度场进行实时的测量，利用光时域反射技术（Optical Time Domain Reflectometer,

OTOR）可以对测量点进行精确定位。在电力系统中，分布式光纤测温系统可以通过对电力电缆的运行状态进行在线监测，实时掌握整条线路的运行状态，有效监测电缆在不同负载下的发热状态，提高对电缆的管理水平；可以对隧道的火情进行监测与报警，识别电力电缆的局部过热点，提前发现电缆故障并预警。

火灾自动报警系统由火灾报警控制器、线形火灾探测器、手动火灾报警按钮、声光报警器、消防模块、消防电话、防火门监控系统、现场联动电源等设备组成。火灾报警控制器之间通过单模光纤连接组网，实现信息互通，与设置的隧道中的综合监控系统进行通信和联动，同时通过设置的火灾图形显示装置，监控整个工程电缆隧道的火灾信息状态和联动设备状态。线型火灾探测器在电缆隧道内每层电缆桥架上敷设一根感温电缆，监测高压电缆温度。手动报警按钮及声光报警器可在电缆隧道内每隔 50m 设置一个，将报警信息传送至消防模块上。现场联动电源可在火灾自动报警系统在确认火灾后，切断有关部位的非消防电源，并接通警报装置及火灾应急照明灯和疏散标志灯，自动停止相关区段风机并接收其反馈信号，在火灾扑灭确认后应能手动启动风机并接收其反馈信号。

重点区域自动灭火可采用超细干粉自动灭火装置，当隧道内发生火灾事故时，超细干粉自动灭火装置启动进行喷洒灭火，超细干粉自动灭火装置不需要设置专门的储瓶间，占地面积小，无需电源和复杂的电控设备及管线，无需专门的烟、温感探测器，避免了误动作的可能，系统施工简单、可靠性高，超细干粉自动灭火装置可在隧道内采用悬挂安装垂直喷射方式或壁挂安装水平喷射方式，超细干粉灭火剂颗粒需满足 GA 578—2005《超细干粉灭火剂》要求，干粉颗粒粒径 90%以上要小于等于 20μm。

其他消防设施设计可参见 GB 50140—2005《建筑灭火器配置设计规范》、DL/T 5484—2013《电力电缆隧道设计规程》、GB 50838—2015《城市综合管廊工程技术规范》、GB 50116—2013《火灾自动报警系统设计规范》的相关内容。

第十一章 电缆试验

第一节 概 述

长期以来，我国电力工程人员对电缆线路的设计、安装、施工已总结出了一套较为完整的理论体系和实践经验，但对于电缆试验并未过多关注，而我国常用的电缆设计规范如 GB 50217—2018《电力工程电缆设计规范》、DL/T 5221—2016《城市电力电缆线路设计技术规定》也未包含电缆试验。随着电缆在电力工程中的应用比例逐年增加，对设计人员的要求也相对提高，了解电缆试验可以更好地在电缆工程初设甚至可研阶段为电缆选型服务，因此设计人员需了解电缆有关试验方法。

电缆试验按试验阶段可分为例行试验、抽样试验、型式试验、预鉴定试验、预鉴定扩展试验、安装后的电气试验（交接试验）和运行中的电缆预防性试验等7个阶段。

（1）例行试验。由制造商在电缆及附件上进行的试验，以检验其是否满足规定的要求。

（2）抽样试验。电缆被制成成品后由制造商按一定比例抽取部分电缆及附件作为试样进行的试验，以验证电缆或附件是否满足规定的要求。

（3）型式试验。电缆被量产之前进行的试验以证明其具有满足某种预期使用条件的良好性能。

（4）预鉴定试验。批量生产某种型式的电缆之前进行的试验以证明该完整电缆系统具有满意的长期运行性能。

（5）预鉴定扩展试验。电缆和附件已经分别通过预鉴定试验，为验证该电缆可满足长期运行所进行的试验。

（6）安装后的电气试验（交接试验）。电缆系统安装完成时为证明其完好所进行的试验。

（7）运行中的电缆预防性试验。为了发现由机械损伤、热损伤或局部劣化引起的绝缘缺陷，避免电缆线路运行中发生事故，在电缆线路运行阶段做的定期预防性试验。

若按试验目的和任务可分为绝缘电阻试验、局部放电试验、耐压试验等30余种试验项目。

不同阶段所进行的试验项目分类如表11-1所示。

表 11-1　电力电缆主要试验项目

序号	试验项目	试验类别						
		例行试验	抽样试验	型式试验	预鉴定试验	预鉴定扩展试验	安装后的电气试验	运行中的电缆预防性试验
1	金属材料电阻率试验	√		√				
2	半导体橡塑材料体积电阻率试验	√		√				
3	导体直流电阻试验	√	√					√
4	绝缘电阻试验	√		√			√	√
5	耐电痕试验	√		√				
6	交流电压试验	√	√	√			√	
7	绝缘线芯火花试验	√		√				
8	挤出护套火花试验	√		√				
9	介质损耗角正切试验	√		√		√		√

续表

序号	试 验 项 目	试 验 类 别						
		例行试验	抽样试验	型式试验	预鉴定试验	预鉴定扩展试验	安装后的电气试验	运行中的电缆预防性试验
10	局部放电试验	√		√		√		√
11	冲击电压试验	√	√	√	√	√		
12	直流电压试验	√		√			√	
13	表面电阻试验	√		√				
14	热老化试验	√		√				
15	低温试验	√		√				
16	机械性能试验	√		√				
17	载流量试验						√	√
18	交流耐压试验	√		√				√
19	电缆外护套电气试验	√		√				
20	金属套气密性试验	√		√				
21	结构尺寸测量	√	√	√				
22	绝缘收缩试验	√	√	√				
23	电容值	√	√	√			√	
24	绝缘热延伸试验	√	√	√				
25	绝缘层微孔、杂质和半导电屏蔽层与绝缘层界面微孔、突起试验	√	√	√				
26	透水试验	√		√				
27	外护套直流电压试验	√		√			√	√
28	主绝缘交流电压试验	√		√			√	
29	弯曲试验	√	√	√		√		
30	热循环电压试验	√	√	√	√			
31	泄漏电流试验							√

各阶段设计重点关注的试验项目有所不同，GB 50150—2016《电气装置安装工程 电气设备交接试验标准》规定的电缆交接试验项目内容如表 11-2 所示。

表 11-2　　电缆交接试验项目内容

序号	试 验 项 目	序号	试 验 项 目
1	测量绝缘电阻	5	检查电缆线路两端的相位
2	直流耐压试验及泄漏电流测量	6	充油电缆的绝缘油试验
3	交流耐压试验	7	交叉互联系统
4	测量金属屏蔽层电阻和导体电阻比		

注 1. 橡塑绝缘电力电缆试验项目应包括 1、3、4、5 和 7。当不具备条件时，额定电压 U_0/U 为 18/30kV 及以下电缆，允许用直流耐压试验及泄漏电流测量代替交流耐压试验。
2. 纸绝缘电缆试验项目包括 1、2 和 5。
3. 自容式充油电缆试验项目包括 1、2、5、6 和 7。

本手册重点介绍设计阶段常涉及的电缆耐压试验、冲击电压试验、电缆老化试验、局部放电试验、载流量试验、海底电缆试验。

第二节 电缆电压试验

电缆电压试验包括耐压试验和击穿试验。

一、耐压试验

耐压试验的基本方法是在电缆绝缘上加上高于工作电压一定倍数的电压值，保持一定的时间，要求试品能经受这一试验而不击穿。对于电力传输用的绝缘电线和电力电缆，每一根产品出厂前均要进行这一项试验。因此耐压试验是一项最基本的电性试验。出厂耐压试验绝大多数采用工频交流电压。

耐压试验的目的是考核产品在工作电压下运行的可靠程度和发现绝缘中的严重缺陷（如受机械外伤），但是最主要的是发现生产工艺中的缺点，例如：绝缘有严重的外部损伤；导体上有使电场急剧畸变的严重缺陷；绝缘在生产中有穿透性缺陷或大的导电杂质，绝缘纸带包得不好，有许多纸条重合；绝缘严重受潮等。

耐压试验电压选定的原则是，既要能够发现绝缘中的严重缺陷，同时又不致损害完好的绝缘，以致造成绝缘的暗伤。因此一般耐压试验的电压为电缆额定工作电压的 2 倍左右。加压时间一般为 15min 以下，如表 11-3 所示为不同试验常用的试验电压。

表 11-3　试验电压

额定电压 U_0/kV	设备最高电压	用于确定试验电压	电压试验	局部放电试验	$\tan\delta$ 试验	热循环电压试验	透水试验、雷电冲击电压试验	工频电压试验	安装后电压试验
0.6/1	1.2	—	$2.5U_0+2$	—	—	—	—	$3\sim4U_0$	—
1.8/3	3.6	—	$2.5U_0+2$	—	—	—	—	$3\sim4U_0$	—
3/3	3.6	—	$2.5U_0+2$	—	—	—	—	$3\sim4U_0$	—
3.6/6	7.2	—	$2.5U_0+2$	—	—	—	60	$3\sim4U_0$	—
6/6	7.2	—	$2.5U_0+2$	—	—	—	75	$3\sim4U_0$	—
6/10	12	—	$2.5U_0$	—	—	—	75	$3\sim4U_0$	—
8.7/10	12	—	$2.5U_0$	—	$0.5U_0$ $1.25U_0$ $2.0U_0$	—	95	$3\sim4U_0$	—
8.7/15	17.5	—	$2.5U_0$	—	$0.5U_0$ $1.25U_0$ $2.0U_0$	—	95	$3\sim4U_0$	—
12/20	24	—	$2.5U_0$	—	$0.5U_0$ $1.25U_0$ $2.0U_0$	—	125	$3\sim4U_0$	—
18/30	36	—	$2.5U_0$	—	$0.5U_0$ $1.25U_0$ $2.0U_0$	—	170	$3\sim4U_0$	—
21/35	40.5	—	$2.5U_0$	—	$0.5U_0$ $1.25U_0$ $2.0U_0$	—	200	$3\sim4U_0$	—
26/35	40.5	—	$2.5U_0$	—	$0.5U_0$ $1.25U_0$ $2.0U_0$	—	200	$3\sim4U_0$	—
110	126	64	160	96	64	128	550	160	128
220	254	127	318	190	127	254	1050	254	180
500	550	290	580	60	435	580	1550	580	1175

耐压试验中还有一种是定期以试样进行的 4h（对35kV 及以下）或 24h（对 110kV 及以上）的耐压试验，又称为介质安定性试验，试验电压为额定电压的 4 倍左右，这种试验的目的是为了进一步考虑电缆的工艺质量，同时也可发现绝缘材料中严重的品质不良的缺陷。

此外在电缆经过弯曲试验或加热循环后的耐压试验，则是作为这些试验项目考核手段的补充。

（一）交流耐压试验

交流耐压试验，应符合下列规定：

（1）橡塑电缆优先采用20～300Hz交流耐压试验。20～300Hz 交流耐压试验电压及时间如表 11-4 所示。

表 11-4　橡塑电缆 20～300Hz 交流耐压试验和时间

额定电压 U_0/U（kV）	试验电压	时间（min）
18/30 及以下	$2.5U_0$（或 $2U_0$）	5（或 60）
21/35～64/110	$2U_0$	60
127/220	$1.7U_0$（或 $1.4U_0$）	60
190/330	$1.7U_0$（或 $1.3U_0$）	60
290/500	$1.7U_0$（或 $1.1U_0$）	60

（2）不具备上述试验条件或有特殊规定时，可采用施加正常系统相对地电压 24h 方法代替交流耐压。

直流耐压试验的目的同样是为了发现电缆绝缘中的严重缺陷，但由于直流电压对绝缘造成的损害作用要比交流电压小得多，发现局部缺陷的敏感性比交流耐压好，加之所需设备容量小、成本低，因此广泛地被用来作为电缆敷设后的交接试验，以及运行中电缆的预防性试验。在工厂中，某些易受交流电压损害的绝缘，出厂试验也采用直流耐压。

（二）直流耐压试验

直流耐压试验，应符合下列规定：

(1) 直流耐压试验电压标准。纸绝缘电缆直流耐压试验电压 U_t 可采用下列计算方法。

对于统包绝缘（带绝缘）：

$$U_t = 5\times(U_0 + U)/2 \tag{11-1}$$

对于分相屏蔽绝缘：

$$U_t = 5\times U_0 \tag{11-2}$$

试验电压见表 11-5 的规定。

表 11-5　纸绝缘电缆直流耐压试验电压标准　（kV）

电缆额定电压 U_0/U	2.6/3	3.6/6	6/6	6/10	8.7/10	21/35	26/35
直流试验电压	17	24	30	40	47	105	130

18/30kV 及以下电压等级的橡塑绝缘电缆直流耐压试验电压计算式为

$$U_t = 4\times U_0 \tag{11-3}$$

充油绝缘电缆直流耐压试验电压，应符合表 11-6 的规定。

表 11-6　充油绝缘电缆直流耐压试验电压标准　（kV）

电缆额定电压 U_0/U	雷电冲击耐受电压	直流试验电压
48/66	325	165
	350	175
64/110	450	225
	550	275
127/220	850	425
	950	475
	1050	510
200/330	1175	585
	1300	650
290/500	1425	710
	1550	775
	1675	835

（2）试验时，试验电压可分 4～6 阶段均匀升压，每阶段停留 1min，并读取泄漏电流值。试验电压升至规定值后维持 15min，其间读取 1min 和 15min 时泄漏电流。测量时应消除杂散电流的影响。

（3）纸绝缘电缆泄漏电流的三相不平衡系数（最大值与最小值之比）不应大于 2；当 6/10kV 及以上电缆的泄漏电流小于 20μA 和 6kV 及以下电压等级电缆泄漏电流小于 10μA 时，其不平衡系数不做规定。泄漏电流值和不平衡系数只作为判断绝缘状况的参考，不作为是否能投入运行的判据。其他电缆泄漏电流值不做规定。

（4）电缆的泄漏电流具有下列情况之一，电缆绝缘可能有缺陷，应找出缺陷部位，并予以处理：

1）泄漏电流很不稳定。

2）泄漏电流随试验电压升高急剧上升。

3）泄漏电流随试验时间延长有上升现象。

二、击穿试验

电缆的击穿试验是加上电压后一直升压至绝缘击穿，求得电缆的击穿电压值。这类试验的目的是考核电缆绝缘承受电压的能力和与工作电压之间的安全裕度。交流击穿电场强度是电缆设计中的重要参数之一。

交流击穿强度与升压速度有很大关系，连续升压使电缆在几分钟内击穿称为瞬时击穿，基本上没有热的因素，因此是属于电击穿的类型。另一种是逐级升压，即从较低的电压（例如0.5～2倍的工作电压）开始，保持足够的时间（2、3、4、6、12h或24h），使电缆绝缘在这一电压级中充分的产生电与热的作用，然后再升至另一电压级，逐级上升直至击穿，每一级上升的电压为0.5～1倍的工作电压。这一试验中反映了热击穿的因素，较接近于实际工作情况，试验结果有较好的参考价值，所以在研究产品特性时经常被采用。

直流击穿试验的目的主要是分析电缆绝缘在电击穿状态下的特性与有关因素，考核电缆承受直流电压的能力。由于直流电压试验中没有热的因素，因此很少进行长期耐压或逐级击穿。

在直流耐压试验的同时，均需测量并记录不同试验电压、不同加压时间时流经电缆绝缘中的泄漏电流，它反映了电缆的绝缘电阻，对判断电缆的品质是很重要的。

三、一般要求

(一) 交流试验要求

交流试验应符合下列规定：

（1）试样耐压试验的试验电压值和耐受电压时间按产品标准规定。

（2）试样的逐级击穿试验，每级耐受时间至少5min，也可根据具体情况确定。

（3）对试样施加电压时，应从足够低的数值（不应超过产品标准所规定试验电压值的40%）开始，以防止操作瞬变过程而引起的过电压影响；然后应缓慢地升高，以便能在仪表上准确读数，但也不能升得太慢，以免造成在接近试验电压时耐压时间过长。当施加电压超过75%试验电压后，应以2%每秒的速度升压；保持试验电压至规定时间后，降低电压，直至低于试验电压40%；最后切断电源，以免可能出现瞬变过程而导致故障或影响试验结果。

(二) 高压整流

进行直流耐压试验需要高压直流电源，一般利用交流试验变压器通过整流产生。

（1）高压整流采用整流管，一般采用两个整流管的倍压线路，高压整流管的额定电压（反峰电压）有110、150kV及230kV等，工作时必须注意试验电压不得超过1/2的反峰电压。也可采用高压硅堆作整流器，这样可以省去灯丝变压器，硅堆的整流电流可达100mA以上（高压整流管额定电流大多是30mA）。

（2）测高压可用球隙测量方法，也可用静电电压表直接测量。

（3）保护电阻一般为水电阻，电阻值按试验电压及整流管的额定电流计算而定。

（4）直流耐压试验及泄漏电流测量，应符合下列规定：

直流电压发生器应有快速过电流保护装置，以保证当试样击穿或试样端部或终端头发生沿其表面闪络放电或内部击穿时能迅速切除试验电源。

直流高压端（包括直流高压发生器、测量装置和试样）与周围接地体之间应保持足够的安全距离，以防发生空气放电。试验区域周围有可靠的安全措施，如金属接地栅栏，信号灯或安全警示标识。

试验区应有接地电极，接地电阻应小于4Ω，直流高压发生器的接地端和试样的接地端均应与接地电极可靠连接。与直流高压端（包括直流高压发生器、测量装置和试样）邻近的易感应电荷的设备均应可靠接地。

试验中，一般将导电线芯接负极性。测量泄漏电流的微安表可以接在低压端，也可以接在高压端。当接在低压端时，必须测量在试验电压下，不连接被试电缆时的杂散电流，然后将接有被试电缆的泄漏电流减去这个数值。当接在高压端时，微安表的操作必须使用绝缘棒。为了避免高压引线的电晕电流引入微安表而影响泄漏电流的真实值，高压引线要加以屏蔽。为了保护微安表，不致因泄漏电流突然增大发生撞针或烧坏情况，最好装设放电管及并联短路隔离开关。

直流耐压试验在测量绝缘电阻后进行。

第三节 电缆介质损耗角正切值的测试

一、试验目的

介质损耗角正切（$\tan\delta$）是表征电缆绝缘在交流电场下能量损耗的一个参数，是外施正弦电压与通过试样的电流之间相角的余角的正切值。$\tan\delta$可以反映在交流电场中绝缘的品质；绝缘部分含气、受潮，或微小颗粒杂质存在的程度；工艺处理的完善程度，如干燥是否充分，浸渍是否均匀和充分等；结构设计是否合理，例如外屏蔽层与绝缘接触是否良好，导线表面是否有均匀电场的屏蔽层；运行中的产品绝缘是否老化等。

二、测试电压的影响

$\tan\delta$ 值的重要性随着工作电压增高而愈发突出。电缆的游离特性曲线可以反映出 $\tan\delta$ 值随外加电压变化关系如图 11-1 所示。

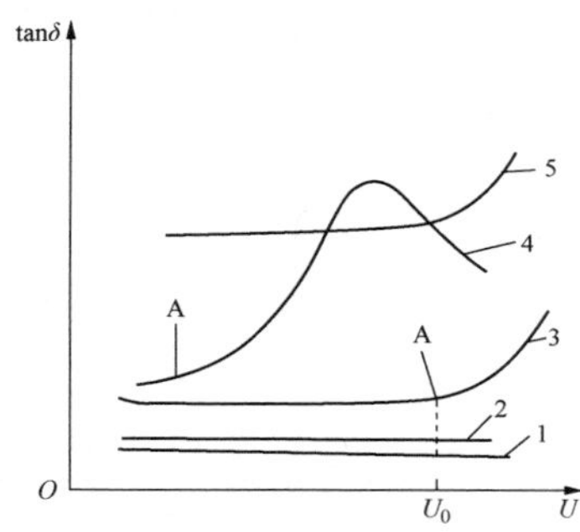

图 11-1 电力电缆的几种游离特性

品质优良的绝缘 tanδ值较小，tanδ随电压上升而增加很少；以及 tanδ突然明显增加时对应的电压值较高，甚至在大于规定工作电压范围内并不出现曲线的突然上拐等几个特性，如图曲线 1 和曲线 2。

图 11-1 中曲线 3 为电力电缆典型游离特征曲线，电压小于 U_0 时曲线较平坦，A 点后 tanδ值随电压升高明显增大，表明绝缘中开始严重的游离放电。A 点对应电压值 U_0 称为起始游离电压。当电缆工作电压低于 U_0，电缆绝缘能够安全可靠的工作。此处的起始游离电压 U_0 是宏观状态下的数值，与局部放电一节中所述的局部起始游离放电电压是不同概念。测量整根电缆绝缘的 tanδ值并不能反映局部放电。

曲线 4 属于含气量较多的情况，在电压较低时开始游离放电。当游离放电严重到一定程度时，气体激烈游离而产生的热效应将使气泡内压力增大，游离得到抑制，当电压增大至某限度而总的介质损耗已达到最大值并趋向于稳定时，表现出 tanδ值的下降。此时电缆的绝缘已处于严重游离而加速老化以至破坏的特性。这种情况常发生于金属护套挤包不紧，有气体夹层或气体组合绝缘等情况。

曲线 5 与曲线 3 有类似的形态，但 tanδ的数值很大，这是由于绝缘中含有大量的离子杂质所致，如不清洁；绝缘内有导电杂质；绝缘材料本身电性不良；绝缘电阻较低等，但由于含气量不多，故起始游离电压值仍较高。这种产品尚可用于工作电压较低的系统中。

大批量生产中不能测量每根电缆的游离特性，产品标准中一般规定取 2 个（35kV 及以下的产品）或 4 个（110kV 及以上的产品）试验电压值，测出其对应的 tanδ值，并计算其差值（Δtanδ）作为判断产品应保证的最低指标。

三、测试方法

（一）试验电源

（1）除了用试验变压器产生所需的试验电压外，也可采用串联谐振回路产生试验电压。试验电源应满足相应试样试验所需的试验电压和电容电流的要求。

（2）试验电源应为频率 49～61Hz 的交流电压，电压的波形应接近正弦波，两个半波基本上相同，且峰值与有效值之比为 $\sqrt{2}\pm0.07$ 。

（3）应按 GB/T 3048.8—2007《电线电缆电性能试验方法 第 8 部分：交流电压试验》中 4.3 节的规定测量试验电源的电压值。

（二）测量仪器

可采用西林电桥（或电流比较仪电桥）和标准电容器测量电缆的介质损耗角正切值（tanδ），其原理图如图 11-2 所示。

（1）西林电桥（应为双屏蔽结构并附有屏蔽电位自动调节器）或电流比较仪式电桥，应满足下述条件：

1）tanδ的测量范围为 1×10^{-4}～1.0。

2）tanδ测量准确度为±0.05%±1×10^{-4}%。

（2）标准电容器的额定工作电压应大于相应试样所需的最高测试电压，并满足下述条件：

1）电容量实测值的测量误差应不超过±0.05%。

2）tanδ≤1×10^{-5}。

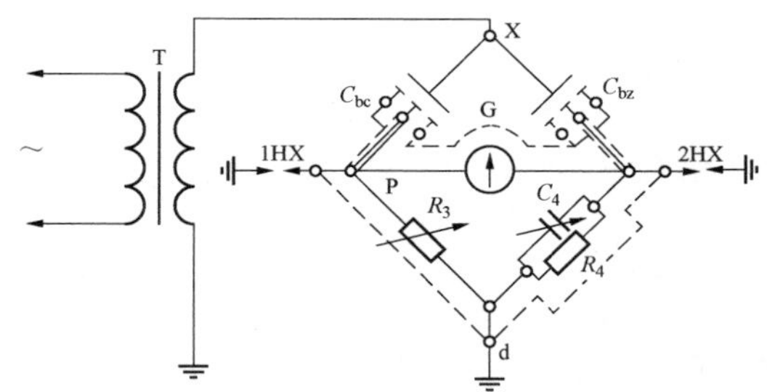

图 11-2 测量介质损耗角正切值原理图

T—试验变压器；R_3、R_4—桥臂电阻；G—平衡指示装置（放大器和检流计）；C_{bz}—标准电容器；1HX、2HX—火花间隙；C_{bc}—被测电容；C_4—桥臂电容器

（3）电桥平衡指示装置的灵敏度，应保证电桥有三位有效数。

（4）测量 tanδ时，所施加的电压波形应接近于正弦波，其振幅系数（最大值与有效值之比）不应大于 10%正弦波形的振幅系数。

（5）测量 tanδ时，施加电压的测量必须采用不低于 1.0 级电压互感器（与试验变压器的高压侧并联）或高压静电电压表，测试电压的误差不得大于±3%。

（6）测量设备及接线应有可靠屏蔽。

（三）试样制备

（1）应按产品标准规定选取试样的长度，但不得小于 4m（不包括电缆终端）。

（2）试样终端部分的长度和终端的制备方法，应能保证在规定的最高测试电压下不发生沿其表面闪络放电或内部击穿。

（3）为了提高测量的准确度，可在被测试样的端部开切保护环，并将保护环接地。

（4）充油或者充气电缆试样的油压或气压应符合产品标准规定。

（5）试样测量极对地应具有一定电阻值。

（6）交联聚乙烯绝缘电力电缆可采用脱离子水终端。这时终端制备（包括开保护环）应按其技术说明书规定进行。

（四）试验结果

（1）按试验所采用测量电桥的型式，直接读数或计算试样的 $\tan\delta$ 值。

$\tan\delta$ 值的测量应在高压试验后进行，测量时应反复调节 R_3 和 R_4，直到平衡指示装置在满足读数要求灵敏度条件下平衡（指零）时为止。

（2）按试验所采用测量电桥的型式，直接读数或计算试样的电容值。

采用不接分流电阻的电桥测量时，试样 $\tan\delta$ 值在 R_4 上读出。电力电缆电容值计算式为

$$C_{bc}=C_{bz}\frac{R_4}{R_3\cdot L} \tag{11-4}$$

式中 C_{bc}——试样电容，μF；

C_{bz}——标准电容器电容，μF；

R_3, R_4——桥臂电阻，Ω；

L——试样长度，km。

在测试 $\tan\delta$ 时，通过试样、标准电容器及电桥线路中的电流主要是电容电流。由于电缆试样的电容随电缆的型式、截面面积，尤其是长度的不同而变化很大。因此必须估计测试时可能产生的电容电流，以避免电容电流过大而使试验变压器过载以及电桥元件损坏。

表 11-7 是几种电力电缆各种规格截面单位长度的电容值，供估算电容电流时参考。表 11-8 是交联聚乙烯电缆电容估计值。

表 11-7　110～330kV 单芯自容式充油电缆的电容　(μF/km)

导线截面积 (mm²)	额定电压（kV）					
	110		220		330	
100	0.252	0.270	—	—	—	—
180	—	0.3015	—	—	—	—
240	0.298	—	0.196	—	—	—
270	—	0.308 5	—	0.212	—	0.166
400	0.343	0.338	0.222	0.228 5	0.192	0.177 5
600	0.390	0.383	0.249	0.256	0.213	0.197
700	0.412	0.439	0.261	0.290	0.224	0.220

表 11-8　交联聚乙烯电缆电容估计值　(μF/km)

导线截面积 (mm²)	额定电压（kV）		导线截面积 (mm²)	额定电压（kV）	
	10	35		10	35
16	0.147		150	0.259	0.150
25	0.164 5		185	0.279	0.161
35	0.180 5	—	240	0.31	0.174
50	0.192 5	0.114	300	0.324	0.188
70	0.214	0.122	400	0.376	—
95	0.235	0.132	500	0.405	—
120	0.241	0.141			

第四节　冲击电压试验

一、试验目的

电缆运行时会经常承受过电压，电缆的冲击耐压试验可检验电缆耐受大气过电压能力，检查电缆结构设计及工艺过程中的缺陷等。

冲击电压试验通常对不同电压等级的电缆要求不一样。对于 35kV 及以下的电力电缆，绝缘留有很大的安全裕度，因而过电压的影响较小，所以一般仅把冲击电压试验作为研究试验项目。而对于 110kV 及以上的电力电缆，随着额定工作电压的提高，绝缘安全裕度越来越小，因此对高压电缆来说，冲击电压试验对保证产品的安全运行和产品合理的设计均是极为重要的。

二、试验方法

（一）试验条件

（1）试样经过弯曲试验，并装置适当的终端头。

（2）试验温度：电缆被逐渐加热到导体最高温度，应不低于电缆额定运行温度，不高于额定温度加 5℃。

（3）试验压力：充油电缆的压力调整到不大于规定的最小压力，但容许 +25% 偏差。在试验过程中应不断地检查压力的情况并加以调整。

（二）冲击电压试验的电压波形

全波冲击试验电压应为非周期性的冲击波，其特点是在波头部分电压很快上升，然后逐渐下降到 0（波尾）。电压上升的速度以波头的长度来表示，在示波器上采用直线扫描时，波头的长度等于 OA，如图 11-3（a）所示。在用非直线扫描时，波头的长度取 $1.67CD$。电压下降的速度以波的长度来表示，在采用直线扫描时，波的长度等于 OB；在采用非直线扫描时，波长仍为 OB，但 O 点的决定则以 0.3 波头长度作为 O 点对 C 点的距离。

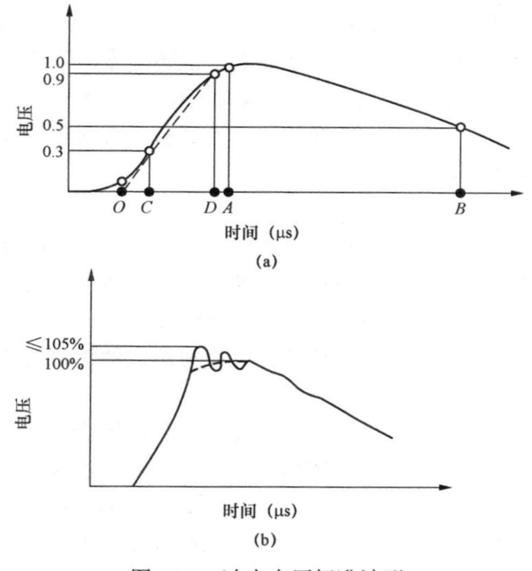

图 11-3 冲击电压标准波形
（a）波形 1；（b）波形 2

三、冲击电压的测量

冲击电压的测量最常用的方法是球隙测量法和分压器测量法，将分压器配上高压示波器可以测量冲击波形。

（1）球隙测量法。球隙法在高压侧直接测量冲击电压幅值，有许多优点，如结构简单，使用方便，测量范围较广，准确度可达 3%～5%，同时还作高压保护之用。

在标准大气条件下（大气压力为 101.08kPa，气温 20℃）球隙的冲击放电电压见 GB 311—2012《高压输变电设备的绝缘配合》。

如果测定电压时大气条件与标准条件不同，则表中的数值应乘以δ（δ是空气的相对密度），δ计算式为

$$\delta=\frac{293P}{760\times(273+\theta)} \tag{11-5}$$

式中 P——测量时的大气压力，kPa；

θ——测量时的周围气温，℃。

当δ与 1 相差很大时，采用表 11-9 校正系数代替上述δ值。

表 11-9 空气相对密度与校正系数

空气相对密度δ	0.7	0.75	0.8	0.85	0.9	0.95	1	1.05	1.1
校正系数	0.72	0.77	0.81	0.86	0.91	0.95	1	1.05	1.09

（2）分压器测量法。电阻分压器测量线路如图 11-4 所示。电阻分压器广泛用于冲击电压的测量中，简单方便。分压器可用薄膜电阻、碳质电阻、线绕电阻等制作。分压器的电感应尽量小，用镍铬丝或康铜丝绕制成的电阻分压器，可采用无感绕法。电阻分压器的电阻值一般约 10～20kΩ。电阻分压器的高压端往往带有一个屏蔽环，以减小对地电容的影响。高压示波器和分压器相联时采用高频电缆，并尽量减小其长度。末端匹配电阻 r，其数值等于高频电缆的波阻抗 Z，以免波发生反射而影响观察效果。分压比计算式为

$$K=\frac{\dfrac{R_2r}{R_2+r}}{R_1+\dfrac{R_2r}{R_2+r}} \tag{11-6}$$

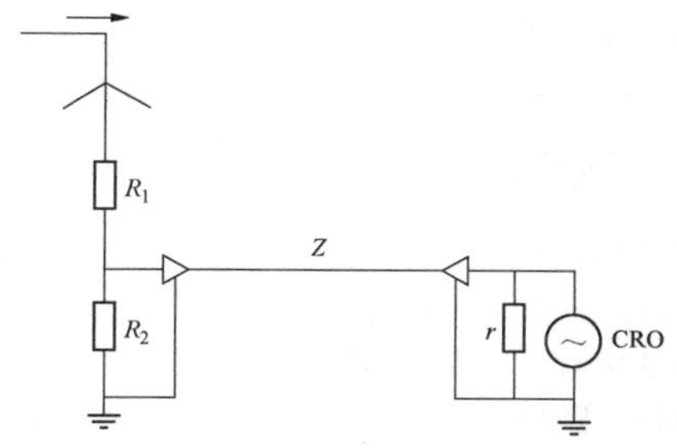

图 11-4 电阻分压器测量线路

R_1—高压臂电阻；Z—高频电缆；R_2—低压臂电阻；r—末端匹配电阻；CRO—高压示波器

第五节 电缆的老化测试

一、测试目的

电缆在长期使用过程中，绝缘由于高场强和热循环的同时作用而逐渐老化，其主要表现如介质损耗增加，某些点的温度越来越高（热点），击穿场强降低等。电缆的老化试验就是在尽量接近运行的条件下研究电缆绝缘的稳定性与老化的进程、机理及其规律性，为电缆的结构、设计、选择材料、确定工艺方案提供可靠资料，提高电缆运行的安全可靠性。因此这种试验意义重大，在对产品进行深入研究或研制新产品，采用新材料、新工艺时均应进行。

老化试验的特点是时间很长，能发现短时试验不能反映的规律。

试验越接近实际运行情况，越能反映实际的老化情况。但一般电缆要求安全运行 30～50 年以上，要在短期内即使是 1～2 年的实验中考察电缆数十年中的老化，也是很难模拟其条件的。为此，老化试验条件应比运行条件要苛刻得多。从试验持续的时间来分，可分为两类，一类称长期稳定性试验，持续时间半年至两年，有的还要长一些，试验电压约为工作电压的 1.5～2 倍。另一类称加速老化试验，试验电压是工作电压的 2～3 倍，试验持续时间一般不超过两个月。

老化试验是一项研究性试验，除了应模拟运行条

件并予加速老化的总原则下，具体的试验方法和条件一般均根据对具体产品的要求和环境条件而进行老化试验的设计。

老化试验中主要应从下面几个方面进行考虑：

（1）试验线路的设计和装置（如敷设方式和线路布置等）。

（2）试验的电条件（试验电压的数值及变化规律、加压的方式和时间等）。

（3）试验的热条件（导线温度、环境温度、加热周期方式、冷却条件等）。

（4）试验中的测试（测试性能项目的选择、测试周期、试验中运行条件和参数的测量记录等）。

二、试样要求

试验线路的电缆长度由试验要求及设备容量而定，一般长 50～200m，除了电缆的终端盒外，线路中应包括连接盒，以便一起接受检查。

线路的敷设应适当地选择倾斜的、水平的及垂直的各种情况，给予一定的落差（水平差），以便观察浸渍剂沿电缆长度流动时不同位置绝缘的可靠性。对黏性浸渍纸绝缘电缆，浸渍剂在热循环中沿电缆流动是造成电缆老化的重要原因之一。

接头盒及压力箱的分布要具有代表性。

为了研究电缆长度各不同部分的电性变化，可将电缆的金属护套分段，在分段处用适当的绝缘材料密封。

三、电条件

通常测试电压为电缆额定工作电压的倍数。长期稳定性试验中，对高压及低压电缆为 1.5～1.75U_0；对超高压电缆为 1.1～1.4U_0；对加速老化试验为 2～2.5U_0，U_0 为电缆额定工作电压。

经过规定的试验时间（长期稳定性试验 1 年左右，加速老化试验 1～2 个月），电缆的绝缘性能应无明显改变。

为比较不同结构电缆的电强度和可靠性，加速老化试验的电压常采用逐日升压的方法进行。起始电压值和每日的增加百分比的选择是使击穿在 1 个月左右的时间中发生。

四、热条件

（一）环境温度

环境温度要可以调节，试验应尽量在恒定的环境温度下进行，也应考虑电缆在实际运行中的环境条件。环境温度的变化往往影响试验结果。

（二）导体温度

试验期间电缆被通电加热，有时是连续通电加热，更多的是周期地通电加热，然后冷却到室温。周期可以选用 24h（如 16h 加热，8h 冷却）或 48h（如 16h 加热，32h 冷却）或其他周期。试验温度除了模拟正常工作状态外，还在一些热周期中将允许温度提高 5～15℃，高压充油电缆的稳定性试验中有些热周期中的温度达 105～110℃。

（三）加热方法

给电缆加热的负载电流应可以调节，常用的加热方式有下列几种，根据电缆的长度、构造（单芯或三芯），当地的条件及可能性来选择。

（1）低压加热变压器，以电缆组成的短路线圈为二次线圈。

（2）电动机发电机组，发电机对地绝缘。

（3）高压加热变压器，二次线圈对地绝缘。

由于老化试验中是在加电压的同时加电流，因此要考虑加热设备的对地绝缘，如图 11-5 是上述三种加热方法的原理线路图。

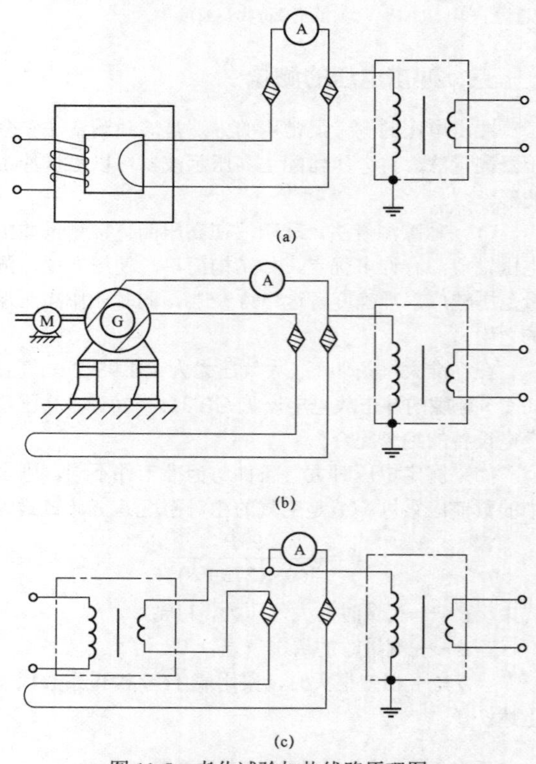

图 11-5　老化试验加热线路原理图

（a）低压加热变压器；（b）电动机发电机组；（c）高压加热变压器

五、测量

在试验前、试验过程中、试验后应对试样进行检测。

试验前及试验后检测的内容包括：arctanδ 与电压和温度的关系；游离放电特性；击穿强度；绝缘层树枝状放电情况；浸渍剂的氧化及位移情况；绝缘纸的

电气及机械性能。

试验中的测量有：各代表位置中检测点的温度（环境温度、护层温度、导体温度、终端底部温度等）；电缆的油压及油流量；冷却风速；试验电压及加热电流；加热及冷却时电缆的 arctanδ与电压的关系；游离性能等。

将测试的结果与试验时间的关系绘成曲线，进行综合分析。

第六节 局部放电试验

一、测试目的

测试绝缘内部局部放电特性的目的主要有：

（1）判断试样在工作电压下有无明显的局部放电存在，考核绝缘内的游离性能。

（2）测量绝缘内局部放电的起始电压，或局部放电的熄灭电压值。

（3）测量在规定电压下的局部放电强度。

研究绝缘内局部放电的特性有很重要的意义，尤其对高压电缆和橡皮、塑料绝缘电缆。其意义为：

（1）局部放电会导致绝缘的逐渐老化，使绝缘在工作电压下不发生局部放电或不超过一定量的局部放电，可以保证绝缘的长期工作可靠性。运行部门可利用局部放电作为绝缘的预防性试验。

（2）局部放电检测是一种非破坏性试验，可以用来评定产品工艺质量及检测内部缺陷，高压电缆及附件的放电测试是提供产品质量的主要指标之一。

二、测试方法

测试局部放电时最常采用高频电脉冲方法，它具有灵敏度高的特点，可以测量放电量为皮库（pC）的微弱放电信号。

当试样上的外加电压逐渐升高至绝缘中气隙放电电场强度时，气隙中就发生放电，外电场中和掉一部分电荷，在试样两端引起压降ΔU和视在放电量 q。

高频脉冲电流在试样电容、耦合电容器及测量阻抗中流动，并在测量阻抗上产生一个微弱的放电脉冲信号。通过放大器放大后通过指示仪器将信号显示出来。

三、测量

测量仪器连接于放大器之后，以显示各种放电强度量。

1. 阴极射线示波器

阴极射线示波器具有宽频放大器，可以用来观察放电脉冲的时间分布、相对大小、脉冲形状等。经校正后可以测定单次放电脉冲的放电量 q。使用示波器还可以区分外部干扰信号与内部放电信号。有时可以决定放电的类型，如电晕信号易于在示波器上识别。示波器是使用最广泛的局部放电测量仪器。

2. 其他仪器

除了示波器外，还可采用其他的指示仪器，以测量各种放电强度量。例如，放电重复率 n 的测量，可以采用脉冲计数器（记录累积的脉冲次数）或脉冲率计（记录单位时间的脉冲次数）。如图 11-6、图 11-7 所示是常用两种测量仪电路原理图。

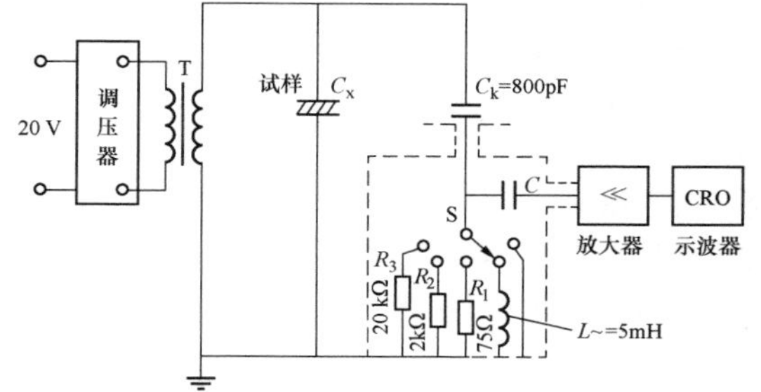

图 11-6 直接法游离测试仪电路原理图

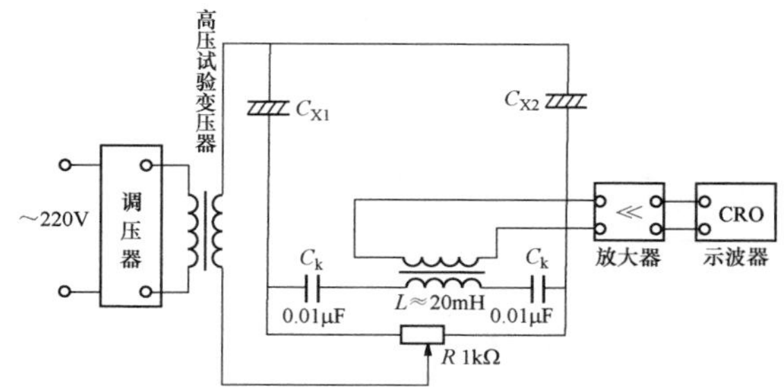

图 11-7 对称法（桥式）游离测试仪电路原理图

第七节 载流量试验

一、试验目的

对高压电缆进行选型、设计截面时，主要根据电缆的载流量要求确定导体截面。IEC 60287 对电缆载流量的计算有明确规定，影响电力电缆载流量的因素除导体截面及电缆结构外，还与敷设环境温度、土壤热阻、电缆排列方式等边界条件有关。合理地确定电缆载流量既可保证电缆长期稳定工作，又能充分发挥线路电能传输能力，具有技术与经济意义。

二、试验方法

（一）电缆空气中敷设载流试验

1. 试验条件

选取 10m 长电缆试样，电缆支架（模拟水平、垂直敷设等），标准空气温度 25℃。

2. 一般要求

（1）试验期间环境温度偏差不超过±0.2℃。

（2）试验环境应有进排风系统。

（3）热电偶应在试样中部均匀敷设，连接线芯导体采用直接插入法，连接外护层时先将热电偶焊在薄铜带上，用漆包线将热电偶紧贴绑在护套外，而对金属包或钢带铠装则可采用直接焊接。

（4）采用0.05级电位差计进行温度测量，对于导体、金属护套采用直流电阻电桥配合0.5级分流器测量直流电阻温度。

3. 试验方法

首先按试验方案安装试样；然后调节空气温度至25℃，待试样线芯导体温度基本稳定于25℃时，测量导电线芯直流电阻值并记录当时线芯导体和热电偶读数。开启电子电位差计，使其开始连续自动记录载流温升曲线（包括环境温度、样品表面温度）。测量护套直流电阻示意图如图11-8所示。

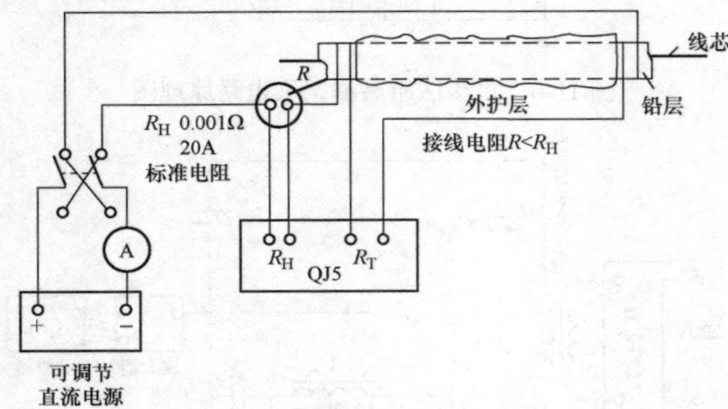

图11-8　测量护套直流电阻

调节加热电流至试验值。待试样温度达到稳定后，分别测量下列各量：

（1）通过线芯导体的电流值。

（2）线芯导体、外护层、各热电偶温度的读数。

（3）线芯导体的直流电阻值。

试样温度稳定的标志是线芯导体和试样表面温度在0.5h内的变化不超过±0.5℃。

为了减少偶然误差，在正负极性下重复试验次数各不少于3次，每次测量相隔时间为1h。用其他试验电流值重复上述试验，或在新的样品上重复上述试验。对试验数据进行整理和分析处理。

（二）直埋电缆载流试验

试验方法除环境条件不同外，其余条件与空气中敷设相同。

直埋的环境条件：敷设在地面以下0.75m，仍以原土壤填进。待土壤恢复其结构特性后（电缆沟内土壤热阻系数和周围土壤热阻系数相同），开始通电流试验。

三、测量土壤的热阻系数

（一）意义

土壤热阻系数是计算土壤热阻及电缆埋地敷设时允许载流量的重要参数，它随土壤成分、结构、温度的不同变化较大。为了正确设计计算，测量土壤热阻系数十分重要。通常采用探针法测量土壤热阻系数。

（二）探针结构

内放置一根加热丝和三对热电偶的细长不锈钢管。

（三）探针法原理

探针长度大于其直径200倍，可以看作一个无限长线状热源。当其插入无限大的均匀土壤介质中时，其热传导方程为

$$\frac{\partial\theta}{\partial t}=D\left(\frac{\partial^2\theta}{\partial r^2}+\frac{1}{r}\frac{\partial\theta}{\partial r}\right)+\frac{W}{C\gamma} \tag{11-7}$$

方程的解为

$$\theta=\frac{W\rho_T}{4\pi}\left[-E_t\left(\frac{-r^2}{4Dt}\right)\right] \tag{11-8}$$

$$D=\frac{1}{\rho_T C\gamma}$$

式中　W——探针单位长度的发热量，W/cm；

r——探针内半径，cm；

t——时间，s；

D——土壤的播热系数；

ρ_T——土壤的热阻系数，C·cm/W；

C——土壤的比热，W·s/（cm³·C）；

γ——土壤的密度，g/cm³；

E_t——指数积分函数的符号，是一个无穷级数。

当t足够大时（5s以上），则可从式（11-8）中得

$$\rho_T=\frac{4\pi(\theta_2-\theta_1)}{W\lg\frac{t_2}{t_1}}=5.46\frac{\theta_2-\theta_1}{W\lg\frac{t_3}{t_1}} \tag{11-9}$$

式中　θ_2、θ_1——相应于时间t_2及t_1时管壁处的温度，℃。

（四）探针的使用方法

（1）用打孔装置在地上打孔。

（2）探针插入孔中，接线调节电流至某值，加热功率以0.4～0.7W/cm为宜。测量过程中温度不要超过100℃，否则要降低功率重新测量。按一定的时间间隔记录探针内某一热电偶指示出的温度随时间的变化；约20min后，温度趋于稳定，把所得数据绘在半对数坐标纸上，推出100min时的温度。

根据100min及10min的温度差m；加热丝长度1cm；探针总功率P。即求出土壤热阻系数ρ_T为

$$\rho_T=5.46\frac{l\cdot m}{P} \tag{11-10}$$

第八节　海底电缆试验

海底电力电缆在设计、制造和安装时要经受全面的试验检验，这些不同种类的试验都为了一个最终的

目标：确保在特定的环境下海底电缆能够安全、稳定运行。海底电缆试验主要分为机械试验和电气试验。

一、一般要求

海底电缆电气试验与陆地电缆采用相同的标准，有区别的是机械试验部分。一直以来，海底电缆的机械试验主要参考1997年4月出版的Electra-171—1997《海底电缆机械试验标准》国际大电网会议推荐规范。2015年6月，国际大电网会议发布了新的工作组研究报告Cigre TB 623—2015《海底电缆机械试验推荐试验方法》，对Electra-171—1997进行了更新和补充。

Cigre TB 623—2015推荐的试验项目及方法适用于挤包绝缘电缆、黏性浸渍纸绝缘电缆和充油电缆系统。根据电缆使用期间承受的荷载特性，又可分为动态电缆和静态电缆。动态电缆使用期间需承受风、波浪或洋流等引起的直接或间接的动态荷载；静态电缆敷设后，在运行期间由风、波浪或洋流等引起的荷载不会在电缆上产生明显的动态响应。

Cigre TB 623—2015推荐的海底电缆型式试验流程图如图11-9所示。

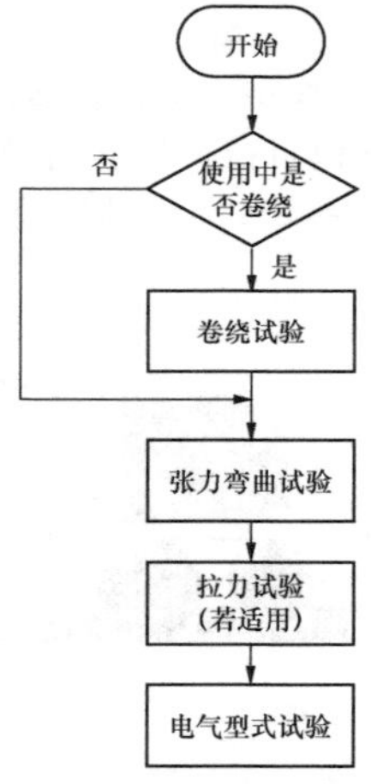

图11-9 静态电缆机械型式试验流程图

此外，对于不同型式的电缆，还应根据需要进行相应的压力相关试验，如图11-10所示。

需注意的是，对于黏性浸渍纸绝缘电缆和充油电缆，不需要进行导体阻水试验和金属护套阻水试验。此外，对于黏性浸渍纸绝缘电缆和充油电缆，外部水压试验不包含电缆接头。

二、海底电缆型式试验

根据Cigre TB 623—2015的规定，除非在特定试验中有特别要求，机械型式试验应在环境温度（20±15）℃下进行，任何超出此温度范围的试验应经制造商和用户的认可。

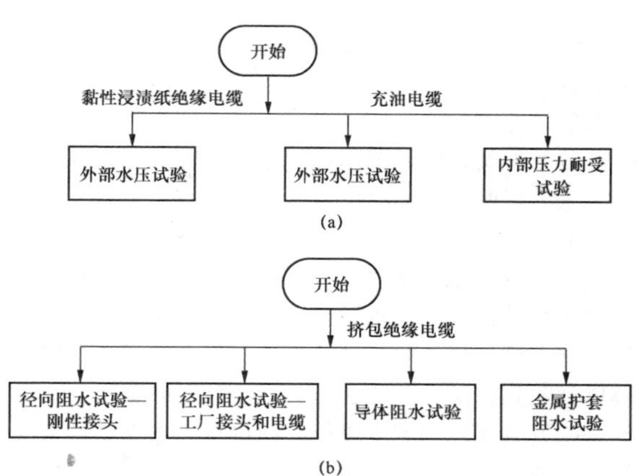

图11-10 静态电缆的压力相关试验

（a）浸渍纸绝缘电缆的压力相关试验；

（b）挤包绝缘电缆的压力相关试验

机械试验中使用的拉力值应大于电缆在实际安装或检修过程中承受的拉力值（具体可根据规程给出的推荐公式计算或通过安装过程的动态仿真分析得到，并应考虑一定的安全系数）。Cigre TB 623—2015提供的推荐公式依据海底电缆在水中的重量和水深来确定试验拉力，当水深大于500m或已知敷设船的动态特性时，试验拉力还应考虑敷设过程中的动态力。

海底电缆型式试验应采用专门生产的型式试验电缆。

1. 缠绕试验

缠绕试验针对在制造、存储、运输和敷设时需要卷绕的电缆，由于在卷绕过程中电缆需承受扭力，故在缠绕试验后检查电缆结构是否完好至关重要。缠绕试验的电缆长度需满足至少6个完整线圈的要求，试验电缆应包含至少一个工厂接头和维修软接头。

2. 张力弯曲试验

张力弯曲试验适用于在敷设、回收或维修时，需同时承受拉力和弯曲负荷的电缆，如通过敷设轮、敷设槽或绞盘进行电缆敷设。作为电缆系统的一部分，工厂接头和维修软接头应包括在试验电缆中。张力弯曲试验的示意图如图11-11所示。

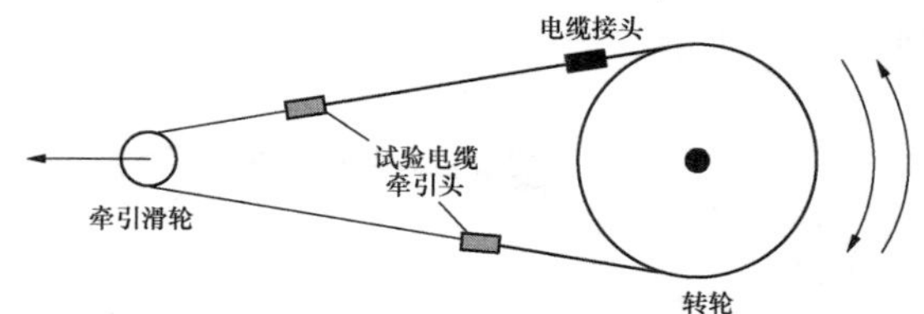

图11-11 张力弯曲试验示意图

3. 拉伸试验

拉伸试验是为了验证电缆及接头能够承受轴向的拉力（无弯曲负荷）。以下两种情况下需进行拉伸试验：

（1）电缆包含刚性接头。若张力弯曲试验中，电缆包含了刚性接头，且接头未通过转轮，则无需进行单独的拉伸试验。

（2）电缆在敷设或运行时承受的轴向拉力预期值大于张力弯曲试验中的拉力值。

4. 浸渍纸绝缘电缆的压力和阻水试验

（1）外部水压试验。外部水压试验是为了模拟电缆需承受的最大外部水压。当电缆的金属护套与铠装层之间有连接导体时，试验电缆应包含这样的连接导体以证明其在最大外部水压下不会发生渗漏。

（2）内部压力耐受试验。内部压力耐受试验主要针对充油电缆，用以证明其能够耐受内部油压。

5. 挤包绝缘电缆的水压和阻水试验

挤包绝缘电缆的水压和阻水试验主要包括：径向阻水试验（刚性接头）、径向阻水试验（工厂接头和电缆）、导体阻水试验和金属护套阻水试验。

6. 动态电缆的实物疲劳试验

实物疲劳试验应根据敷设和运行参数，制定工程特定的试验程序，试验中电缆的累积疲劳损伤应不小于实际运行时的累积疲劳损伤。在疲劳试验之前应进行电气试验以验证电缆的完好，如果电缆包含光缆，光缆也需检验。

三、海底电缆特定试验

一般来说，型式试验已能够证明电缆及其附件的合格性。但是，当超出常规设计参数或敷设、运行时的实际条件发生变化时（如水深增大、气象条件变化、新的电缆存储、敷设和保护方法等），可能就需要进行一项或多项特定的试验。

Cigre TB 623—2015 提出的典型特定试验如下。

1. 无张力的弯曲试验

无张力弯曲试验主要是验证电缆的弯曲半径是否满足要求，以确保电缆在生产、存储、运输过程中各层结构不会受损。

试验要求从型式电缆中截取一定长度的电缆样品以及软接头组成试验回路。试验布置如图 11-12 所示。

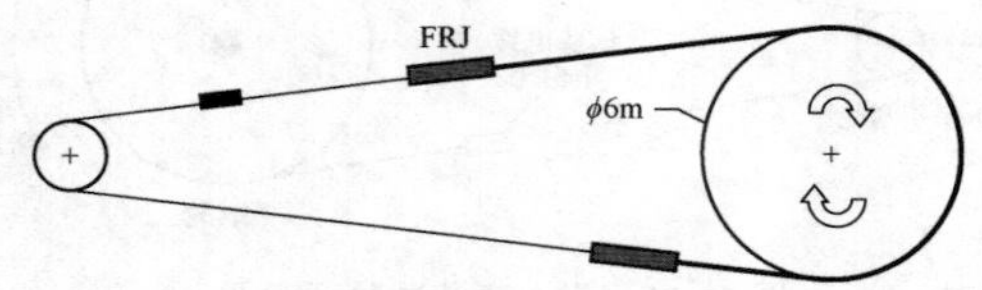

图 11-12 无张力弯曲试验回路

试验回路应从试验转盘通过，重复 3 次。试验完成后，电缆应开展如下的高压电气试验，以验证电缆的完好性：

给海底电缆施加负极性直流电压，持续 15min，验证电缆承受高压的能力，不得出现绝缘击穿。

2. 挤压试验

该试验是验证在敷设或维修时，电缆能承受预期的挤压荷载。试验对象是已完成无张力弯曲试验，并完成高压电气试验后的电缆中截取的电缆和软接头样品，试验回路如图 11-13 所示。

对试验对象施加额定的挤压负荷，持续时间约 1h，该试验对象在完成后续试验后将解剖以检查内部情况。

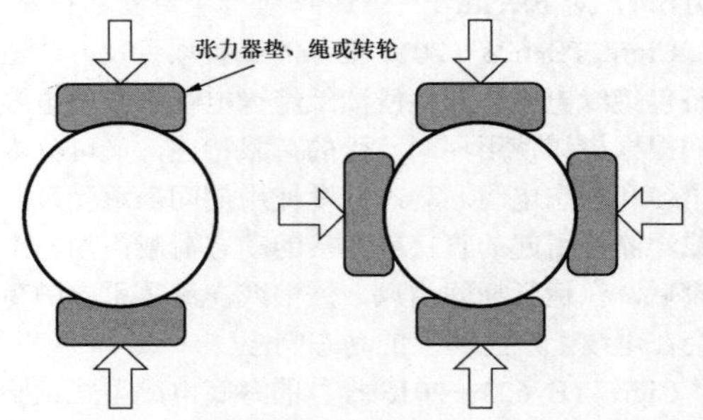

图 11-13 挤压试验回路

3. 长期堆积挤压试验

该试验是为了验证电缆在存储、运输、运行时能承受长期的堆积负荷。试验对象是完成挤压试验后的电缆和软接头样品，其试验布置如图 11-14 所示。

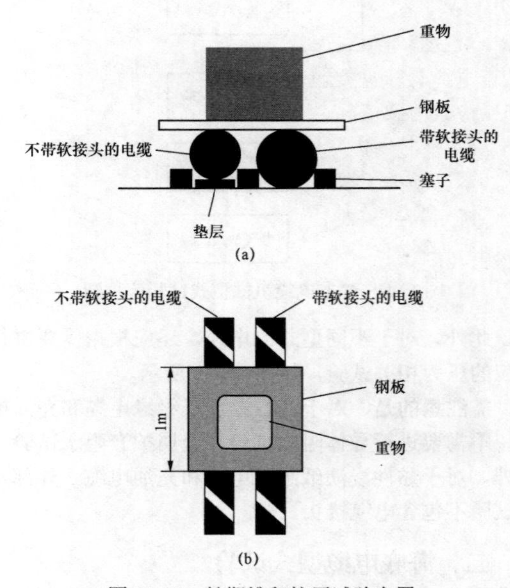

图 11-14 长期堆积挤压试验布置

（a）侧视图；（b）俯视图

在试验对象上施加额定试验荷载，持续 7 天，测量试验前后电缆直径变化和变形情况，随后将电缆解剖以检查内部情况。

4. 侧压力试验

本试验用来验证电缆在敷设、运行时是否能承受足够的侧压力，侧压力试验回路如图 11-15 所示。试验压力计算式为

$$F_{\text{SWP}}=\frac{T}{R} \tag{11-11}$$

式中 T——电缆张力；

R——试验曲线的弯曲半径。

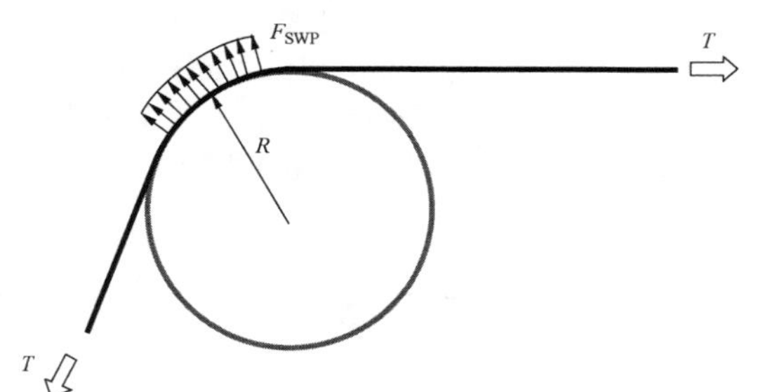

图 11-15 侧压力试验回路

试验对象是从型式试验专用电缆中截取的电缆样品，试验布置如图 11-16 所示。

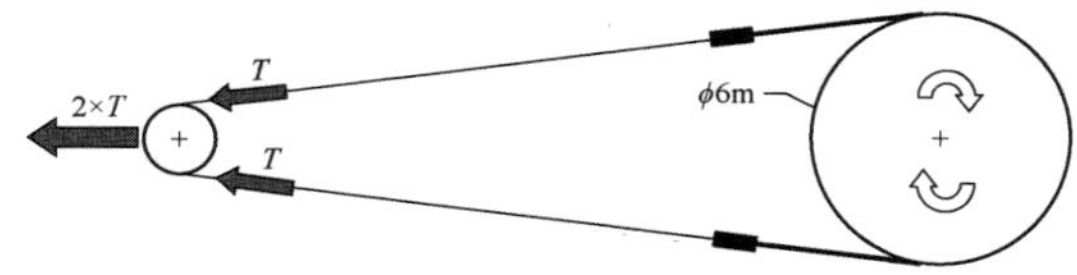

图 11-16 侧压力试验布置

对试验对象施加额定试验拉力，持续 1min，随后检查电缆与转盘接触位置表面变形情况，试验后将解剖以检查内部情况。

5. 冲击试验

本试验的主要目的是确定海底电缆耐受冲击的能力，确定其冲击耐受极限的数值。当海底电缆需要进行抛石保护时，冲击试验时可以模拟抛石时对电缆的冲击情形，试验布置如图 11-17 所示。

图 11-17 冲击试验布置

从型式试验电缆中截取的一定长度的电缆样品，以圆柱形的冲击锤冲击电缆，分别以不同的能量冲击电缆的 4 个不同位置，试验完成后通过解剖检查电缆内部情况。

6. 拉伸头试验

该试验是验证电缆登录时，能否经受拉伸头荷载作用而保持完整的试验。若登录后切除电缆拉伸区域，则可取消该试验。

7. 修理接头操作试验

本试验是验证在海上施工时，修理接头和电缆组成的系统是否满足敷设要求，试验由修理接头、电缆、弯曲限制器组成，其中单侧电缆长度不小于 10m，其布置如图 11-18 所示。

图 11-18 修理接头操作试验布置

可通过以下方法进行试验：由机械吊臂将整个试验回路吊起，或者将接头固定后，对电缆施加试验张力，在此过程中，应实时监测电缆的弯曲半径是否超过限值。上述操作应重复多次，该次数与实际维修中可能出现的次数应保持一致。

试验后，应仔细检查试验回路是否受损。

8. 海试

海试的目的是验证施工作业设备的实际施工能力，该试验代价高昂，因此只有在必需的情况下，才需要开展海试。例如，实际施工条件达到施工设备的极限值，且施工方式与既有经验明显不同时，方可开展海试。

海试往往以敷设船的能力为主，但也可根据需要，重点关注冲埋设备的能力等。

海试后的电缆仍应开展电气试验，并通过视觉检查确保其完整。

9. 张力特性试验

本试验的目的是验证电缆的轴向刚度、扭力平衡度和扭转特性。该试验也可与张力试验同时进行。轴向刚度计算式为

$$EA=\frac{T}{\varepsilon} \tag{11-12}$$

式中 T——轴向张力；

ε——电缆轴向应变，由单位长度电缆的拉伸量来表示。

试验时，逐渐增大电缆张力至最大张力，该张力不得使电缆产生抖动。保持该张力 15min，随后逐渐减小该张力至 T_0

$$T_0=w\cdot L$$

式中　w——电缆重量；

L——试验电缆长度。

重复上述试验 3 次，测量电缆最终的伸长量、扭转量。

10. 摩擦系数试验

本试验目的是测量海底电缆表面的摩擦系数，该系数对于确保海底电缆在运输、敷设、保护等各环节的安全具有重要作用，尤其是：

（1）电缆通过敷设船上的滑轮、斜道、履带、绞盘或其他敷设设备时。

（2）电缆敷设安装时，通过浮体或各种夹具时。

（3）电缆安装时，通过直线/曲线形的保护管、墙洞或其他构筑物时。

（4）电缆运行时，在夹具上滑动时。

1）静摩擦系数：由张力设备夹住电缆，逐渐增加张力使电缆开始滑动，用张力表测得电缆滑动时的起始张力，用该力除以电缆的重量即得到静摩擦系数。其试验布置如图 11-19 所示，用公式表达为

$$\mu_s = \frac{F_{max}}{N} \tag{11-13}$$

式中　F_{max}——起始张力；

N——电缆重量。

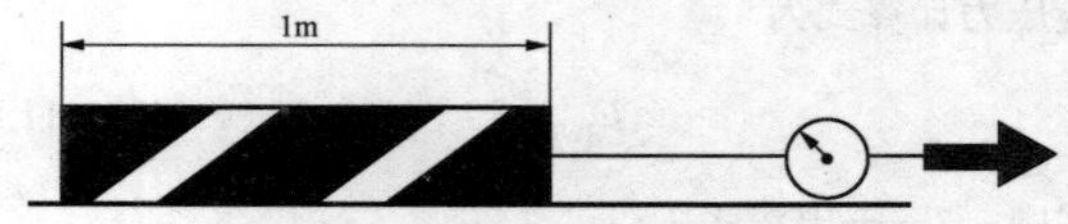

图 11-19　摩擦系数试验布置

2）动摩擦系数：由张力设备夹住电缆并使电缆匀速滑动，速度保护 5m/min，用张力表测得电缆滑动时的张力。为了保证结果准确，重复 10 次试验以得到平均张力，用该力除以电缆的重量即得到动摩擦系数。用公式表达为

$$\mu_K = \frac{F_{average}}{N} \tag{11-14}$$

式中　$F_{average}$——平均张力；

N——电缆重量。

第十二章 电缆线路在线监测

电缆线路在线监测是一种采用分布式监测方式，对运行状态进行连续或周期性地自动监视检测；对检测数据进行长期存储、管理、综合分析，以反映电缆长期运行状态的变化趋势，并能以数值、图形、表格、曲线和文字等形式进行显示和描述，在数据异常时进行报警的技术。其对电缆线路进行合理的维护、检修及更换，以保证电缆可靠运行具有重要的意义。

第一节　电缆在线监测对象

交联聚乙烯绝缘电缆（XLPE 电缆）与油纸电缆相比，具有更多优势，如结构更简单，制造周期更短，运行更可靠，安装、维护更简单，无油，输电损耗更小等。66～500kV XLPE 电缆使用率占各种挤包绝缘类型的 98.68%。

XLPE 电缆虽然性能优良，并得到了广泛应用，但也存在一些缺点。与其他固体绝缘介质一样，充当绝缘材料的交联聚乙烯在运行中会老化，逐渐丧失绝缘性能，发生运行事故。据统计，XLPE 电缆的击穿故障中有 74%是由于绝缘体内杂质硬气的电树枝老化，26%是由于屏蔽层表面粗糙引起的电树枝老化。

电缆线路在线监测的主要对象为 XLPE 电缆线路。

国外电缆线路检测技术的研制工作始于 20 世纪中叶。直到 20 世纪 70 年代初，随着传感技术、电子技术、信息处理和网络技术的快速发展，为电缆线路检测技术提供的先进手段，使电缆线路检测技术取得了较大突破，开始进入实用化阶段。而数字技术的出现，使电缆线路检测技术实现了技术化。

我国电缆线路检测技术的研制工作始于 20 世纪 80 年代，主要是通过电子计算机的数值计算来得出电缆的故障点位置的。20 世纪 80 年代初，我国首次从国外引进了两套电缆线路检测仪器，取得了良好的效果，从此明确了开发的方向。1989 年我国自行研制的第一台电缆线路故障检测仪投入使用，揭开了我国电缆检测技术的序幕。

随后，随着计算机技术飞速发展，硬件水平和处理速度不断提高，软件水平和平台不断出现，操作界面更加友好。而离线技术不能实时反映电缆水树劣化的状况且需要断电检测，不能做到防患于未然。XLPE 电缆线路在线监测技术逐渐成为主流发展方向，提前发现电缆线路故障，实现电缆线路故障点的精确定位与故障类别的准确识别，保证线路的长期安全运行。

第二节　电缆在线监测范围

XLPE 电缆老化多是电缆中的气隙、杂质、凸起毛刺等缺陷而引起。这些缺陷长期处于电场、热、机械力、环境（水的存在）等外部条件下，就会以局部放电、水树枝、电树枝等老化形态表现出来，但最终都归结于电树枝而导致绝缘击穿。

电树枝是一种发生在聚合物绝缘材料（如 XLPE）中的电致裂纹现象，它是在聚合物的局部区域内，由于杂质、气泡等缺陷造成的局部电场集中所导致的局部微击穿，进而形成树枝状放电破坏通道，因其形状与树枝相似而得名。电树枝一旦产生，便以较快的速度发展，是一种严重威胁电缆安全运行的电老化现象。

在交流电压下，电极在不同极性的半周期内相继发生了电子和空穴的注入，注入载流子进入陷阱后与反极性电荷复合，复合释放的能量转化为断裂聚合物链的能量。在单极性电压下，注入陷阱的电子或空穴所释放出的能量通过共振机理转移给电子，热电子碰断聚合物链，大分子的断裂生成了大量的自由基和小分子产物，而生成的自由基对于聚合物的降解又有催化作用，并且加上氧的参与，从而导致更大范围的降解，形成了低密度区。在低密度区发生碰撞电离，部分释放的能量转化为光，部分能量使更多的聚合物分子断裂，这样就形成了空心的电树枝通道，此后局部放电发生，电树枝生长加速，最终导致聚合物的击穿，如图 12-1 所示。

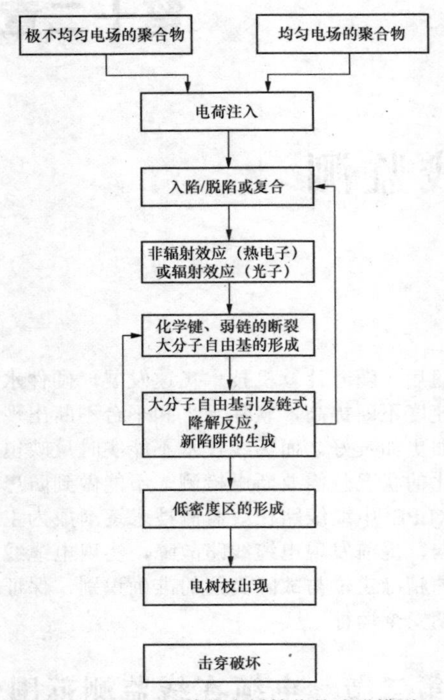

图 12-1　XLPE 绝缘电树枝化的陷阱模型

XLPE 电缆的主要故障点为：电缆本体以及中间/终端接头。其故障种类一般可归结为表 12-1 所描述的几种情况。

表 12-1　XLPE 电力电缆系统中的故障种类及危害性

故障种类及危害	故障位置		
	本　体	中间/终端接头	交叉互联系统
故障种类	1. 本体绝缘中的杂质和气泡； 2. 电缆导体线芯表面不光滑，内外半导电层有凸起，绝缘屏蔽厚度不均； 3. 本体绝缘老化形成的水树枝和电树枝； 4. 金属护套密封不良，运行中破损、锈蚀； 5. 绝缘外护套脆化、破损、外力破坏； 6. 电缆外护套受生物或化学腐蚀； 7. 由于地面运动，热膨胀-收缩（弯曲）引发的附加机械应力； 8. 低温条件下施工引起的机械损伤	1. 安装错误形成缺陷，包括引入潮气、杂质、金属颗粒、半导电层断口划痕导体连接器出现棱角等； 2. 附件与电缆绝缘结合面过赢配合处理不当； 3. 充油终端油位或油变质； 4. 附件绝缘的老化； 5. 附件受化学或生物腐蚀； 6. 外力破坏	1. 交叉互联系统接线错误； 2. 护层保护器性能下降或击穿； 3. 互联箱进水； 4. 接地不良或被盗； 5. 互联箱接触不良
危害性	可造成水分渗入，树枝状老化，金属护套锈蚀，多点接地，局部过热等，导致电缆发生故障	可造成附件/本体绝缘交界面处电气强度下降，附件机械损伤，局部过热等，导致电缆发生故障	可造成护层电压过高，环流过大，电缆及附件过热烧伤，受潮等导致电缆发生故障

电缆线路在线监测的主要范围为：电缆本体、中间/终端接头。

第三节　电缆在线监测方法

针对电缆线路本体及接头部分，目前现场实际使用的监测方法主要有：直流叠加法、直流分量法、介质损耗角正切法、低频叠加法、局部放电（PD）测试法、温度监测及接地电流监测等，如表 12-2 所示。

表 12-2　电缆在线监测方法

方法	特　征	监测对象	使用情况
直流叠加法	计算绝缘电阻，测得反映劣化的绝对量，可以监测局部损坏，能确切地检测水树枝的存在。须接入直流叠加电源（50V）	电缆本体	应用较少
直流分量法	利用水树枝整流效应，测得流过电缆绝缘的直流电流分量。不需专门电源，但易受杂散电流与互层绝缘电阻的影响	电缆本体	应用较少
介质损耗正切法	树枝存在，电缆电容变大，绝缘电阻变小，介质损耗增加。反映电缆绝缘整体裂化水平，局部缺陷无法反映，精度比较低	电缆本体	应用较多
低频叠加法	低频电压（7.5Hz，20V）加在高压回路和地间，等效于增大介损值。容易分辨出阻性电流，测量方便，只检测水树劣化的有关情况	电缆本体	应用较少
局部放电（PD）法	检测出电缆缺陷处发生的PD。理论上可在线检测，灵敏度高，问题在于排除干扰	电缆终端/中间接头	应用广泛难度最大
温度监测法	采用的是基于分布式温度传感技术的电缆温度在线监测系统，该技术利用光时域反射原理、激光拉曼光谱原理，经波分复用器、光电检测器等对采集的温度信息进行放大并将温度信息实时地计算出来	电缆本体	应用广泛
护层接地电流监测法	对高压电缆接头处加装电流互感器及精确接地环流采集装置实时监测高压电缆的每个高压电缆金属护层接地点的电流	电缆终端/中间接头	应用广泛

一、直流法

1. 直流叠加法

由于老化电缆中水树枝的存在，水树枝和电缆导体或者铜屏蔽层就构成了针和板两个放电电极。这两个放电电极在交流正、负半周表现出不同的电荷注入和中和特性，导致在长时间交流工作电压的反复作用下，水树枝前端聚集了大量的电负荷，树枝前端所聚集的负电负荷逐渐向对方漂移，而形成微小的直流电流。水树枝“整流作用”如图 12-2 所示。

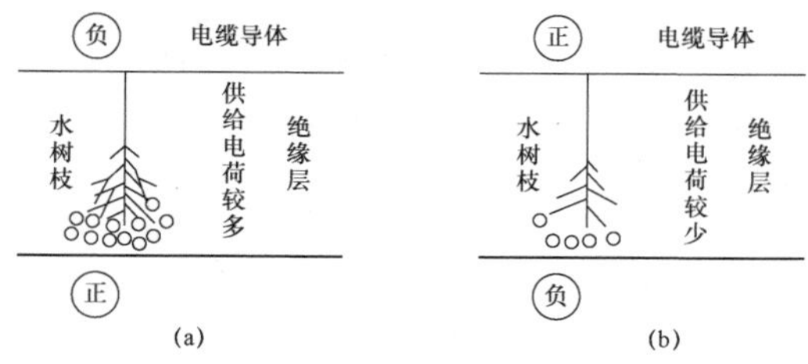

图 12-2 水树枝整流示意图

（a）由负到正；（b）由正到负

该直流成分完全是由于电缆水树枝引起的，所以是绝缘中水树枝的特征量。但是由于高压电缆直流分量过于微弱，一般为几纳安，而现场存在一定静电感应、静磁感应以及电晕放电等干扰因素，很难从检测到的信号中辨别出有用的信号。

直接叠加法的基本原理如图 12-3 所示，利用在接地电压互感器的中性点加以低压直流电源（通常为 50V），即将此直流电压叠加在电缆绝缘上原已施加的交流相电压上，从而测量通过电缆绝缘层的微弱的直流电流，或其绝缘电阻。

直接叠加法采用分别叠加正、反向直流电动势在绝缘层中产生的直流电流的差值进行数据处理，以消除单向杂散干扰电流对在线检测数据的影响。当叠加正向直流电压 E 时，通过电压互感器以及电缆线芯并从屏蔽层流出的电流 I_{mes1} 由三部分组成

$$I_{mes1}=I_E+I_{dc}+I_n \tag{12-1}$$

式中 I_E——由叠加的直流电压 E 所产生的电流；

I_{dc}——微量的直流分量；

I_n——总噪声。

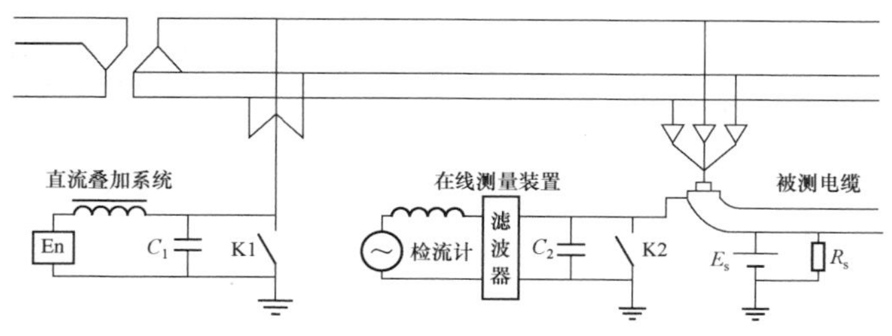

图 12-3 直流叠加法原理图

测出 I_{mes1} 后，改以叠加负直流电压，则有

$$I_{mes2}=-I_E+I_{dc}+I_n \tag{12-2}$$

由于两次测量时间的间隔较短，可认为环境条件没有变化，即 I_{dc} 和 I_n 都没有变化，由式（12-1）和式（12-2）得

$$I_E=(I_{mes1}-I_{mes2})/2 \tag{12-3}$$

进一步得到主绝缘层的绝缘电阻 R 为

$$R=E/I_E \tag{12-4}$$

目前，直流叠加法在线监测的研究已经积累了大量的数据，表 12-3 给出了目前通用的直流叠加法绝缘电阻的参考判断标准。

表 12-3 直流叠加法测量绝缘电阻的参考判断标准

测定对象	测量结果（MΩ）	诊断	处理建议	测定对象	测量结果（MΩ）	诊断	处理建议
电缆主绝缘电阻	＞1000	良好	继续使用	电缆护套绝缘电阻	＞1000	良好	继续使用
	100～1000	轻度注意	继续使用				
	10～100	中度注意	密切关注下使用		＜1000	不良	继续使用、局部修补
	＜10	高度注意	更换电缆				

直流叠加法的特点是抗干扰能力相对较强。该方法分别叠加正、反向直流电压使之在绝缘中产生直流电流的差值，通过进行数据处理可以消除单向杂散干扰电流对在线检测数据的影响，但在杂散电流数值相对较大或端部表面泄漏电阻较低时将产生较大的测量误差，因此在采用该法对有关电缆进行在线监测时应采取屏蔽措施消除外界杂散电流的影响。其次电晕放电对测量结果也会造成很大的影响，电晕放电时所产

生的直流电流的特点幅值随时间波动较为剧烈，但根据电流极性始终保持不变的这一特性，在电晕放电较弱时，可采用求均值的方法来消除其干扰。同时加大滤波器的电容对减小电晕干扰也有一定的效果。在电晕较严重时，必须采用阻断放电通路并同时加大滤波电容的方法进行处理，以消除电晕放电对测量结果的干扰。因而只需对有关的干扰信号采用屏蔽、消除或隔离等技术手段，便可达到提高测量结果准确性的目的。直流电流长期流过电压互感器，将引起互感器磁路饱和而产生零序电压，可能使变电站内继电器误动作，因此该在线监测装置在存在上述情况的一些变电站是不允许应用的。另外经过理论分析及现场验证，直流叠加法在线监测装置仅适用于中性点不接地的电网形式，而对中性点直接接地的电网不太适用，在选用电缆在线监测装置时应特别注意。

2. 直流分量法

在直流叠加法中已介绍，电缆绝缘层水树枝作用线而形成微小的直流电流一般为几纳安。检测出该直流分量的大小，并以此为依据对电缆老化程度做出相应评价的方法，称为直流分量法，其原理如图 12-4 所示。

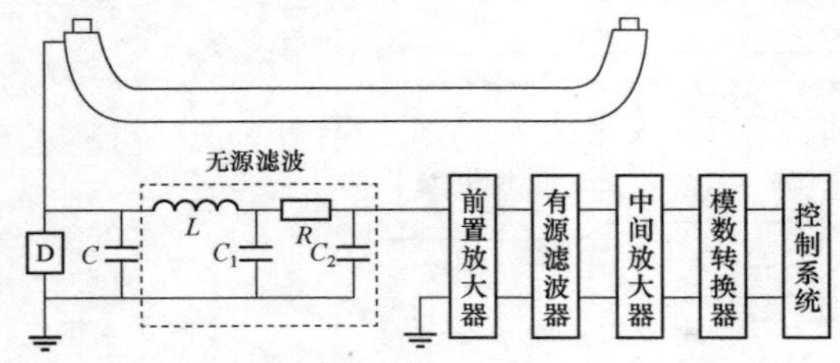

图 12-4　直流分量法原理图

D—陶瓷气体放电管；C—保护电容

直流分量的大小只随外施电压的增加而增加，与完好部分的电缆无关，因为完好部分的电缆不会产生直流成分，直流分量的大小只与老化部分的电缆有关。此外通过傅里叶变化分析可知，其直流分量是交流分量的五倍左右。因此，直流分量测试的灵敏度不会随完好电缆长度的增加而降低，也比交流成分易于检测。所以直流分量法是一种比较有优势的在线监测方法。但是同直流叠加法一样，在采用该法对有关电缆进行在线监测时应采取屏蔽措施消除外界杂散电流的影响。

目前，直流分量的值分为三个等级，具体如表 12-4 所示。

表 12-4　直流分量法的电流值判据

测量数据	电缆评价	处理意见
＜1nA	绝缘良好	继续使用
1nA～100nA	需要注意	有戒备的使用
＞100nA	绝缘不良	更换电缆

二、工频法

(一) 损耗因数法

电介质在电场作用下，要发生极化过程和导电过程。在极化过程中有能量损耗；在电导过程中，电导性泄漏电流流过绝缘电阻当然也有能量损耗。损耗程度一般用单位时间内损耗的能量，即损耗功率表示。电介质出线功率损耗的过程称为介质损耗。介质损耗是极化过程和电导过程的一种表现形式，由于极化过程和电导过程的存在才有损耗过程。这种损耗通常会使绝缘介质温度升高，损耗越大，温升越高，而温度的升高会使绝缘材料的绝缘性能恶化，甚至因温升过高而导致融化、焦化，失去绝缘作用。

高压 XLPE 电缆在运行过程中发生爆炸，主要是由于绝缘结构中局部受潮或放电，聚集大量能量形成热击穿，从而使 XLPE 电缆绝缘内部压力不断增大而超过保护层的强度造成的。介质损耗角（arctanδ）是一项反映 XLPE 电缆绝缘性能的重要指标。介质损耗角的变化可反映受潮、劣化变质或绝缘中气体放电等绝缘缺陷，因此测量介质损耗角是研究 XLPE 电缆绝缘老化特征及在线监测绝缘状况的一项重要内容。但在实际测量中，由于介质损耗角很小，所以需要测量系统有较高的测量精度，这样才能正确及时地反映介质损耗角的变化。

电缆绝缘介质损耗角在线监测是一项使用较多的方法，XLPE 电缆绝缘中水树枝的增长会引起介质损耗角的增大，故通过对介质损耗角的测量可估计 XLPE 电缆绝缘劣化程度，基本原理图如图 12-5 所示。

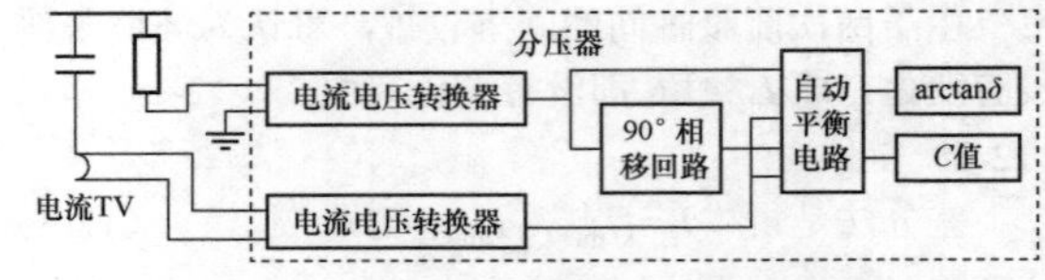

图 12-5　介质损耗法原理图

因介质损耗角δ的数值很小，如在电压或电流信号过零的瞬间稍有干扰，将会影响到过零转换时所测的“零点”，以致严重影响到δ角的准确测量。可在U_u、U_i比较前，先经过信号预处理及校正回路，设法消除小号中的直流成分和高频信号，仅留下 50Hz 的交流信号。一般认为 arctanδ值常反映的是普遍性缺陷，个别的较集中的缺陷不会引起整条电缆线路的 arctanδ值的显著变化。随 XLPE 电缆绝缘中水树枝的增长会引起 arctanδ 值增大，因此在线监测处 arctanδ值的上升可反映电缆绝缘受潮劣化等缺陷以及交流击穿电压的降低，但有分散性。

虽然arctanδ值是衡量XLPE电缆绝缘介质劣化的好办法，但XLPE电缆绝缘介质在正常情况下arctanδ值只有0.001～0.02，因此要求检测系统的分辨率小于0.001，且阈值也只有1%。此外arctanδ值受环境的影响非常大，如温度、湿度、基准电压的影响等，并且随着被测电缆的长度增加测试灵敏度下降，并且arctanδ介质损耗法反映的是电缆绝缘的整体缺陷水平，但部分水树枝生长而没击穿时，引起绝缘电阻减少，很难使arctanδ变化，大大降低了检测精度，介质损耗法的arctanδ值判据如表12-5所示。

表12-5　介质损耗法的arctanδ值判据

测量数据	状况分析	处理意见
＜0.2%	绝缘良好	继续使用
0.2%～5%	有水树枝形成	有戒备的使用
＞5%	水树枝增多、增长，影响耐压	更换电缆

（二）局部放电法

局部放电是指在电场作用下发生在绝缘中非贯穿性的放电现象。电缆或电缆附件中发生的局部放电信号幅值可达1000pC，频带可达100MHz～1GHz。电缆局部放电的在线监测是通过传感器系统实时采集额定运行电压下电缆系统内的局部放电信号，并将其传输至终端，进行后续的处理和判断。现阶段国内外专家学者、IEC、IEEE以及CIGRE等国际电力权威机构一致推荐局部放电试验为XLPE电力电缆绝缘状况评价的最佳方法。但是，鉴于电力电缆局部放电信号微弱、波形复杂多变，极易被背景噪声和外界电磁干扰噪声淹没等特点，电力电缆局部放电实验长期以来仅作为电缆产品出厂前质量评定的手段且局限在屏蔽良好的试验室内完成。如下为几种常用的局部放电方法。

1. 差分法

差分法是日本东京电力公司和日立电缆公司共同开发的一种检测方法，其基本原理如图12-6所示。

该方法是将两块金属箔通过耦合剂分别贴在电缆中间接头两侧的金属屏蔽筒外的绝缘上，金属箔与金属屏蔽筒之间构成一个1500～2000pF的等效电容。两金属箔之间连接50Ω的检测阻抗。金属箔与电缆屏蔽筒的等效电容、两段电缆绝缘的等效电容（其电容值基本认为相等）与检测阻抗构成检测回路。当电缆接头一侧存在局部放电时，由于另一侧电缆绝缘的等效电容的耦合电容作用，检测阻抗便耦合到局部放电脉冲信号。耦合到的脉冲信号将输入到频谱分析仪中进行窄带放大并显示。利用这一检测原理，日本电力公司将其应用于后来敷设的275kV交联聚乙烯绝缘电缆局部放电在线监测中。

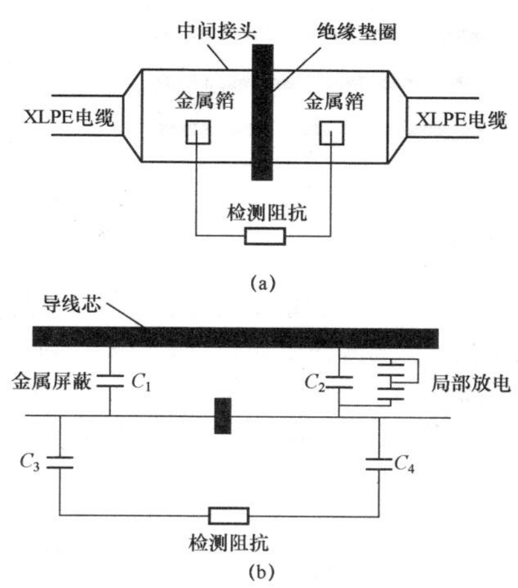

图12-6　差分法检测结构示意图和原理图

（a）差分法检测结构示意图；（b）差分法检测原理图

2. 超高频电感耦合法

超高频电感耦合法是一种利用线圈作为传感器的对螺旋状金属屏蔽电缆进行局部放电在线检测的方法，其示意图如图12-7所示。

这种检测方法要求被测电缆金属屏蔽为螺旋带状绕制而成的。当电缆中存在局部放电时，局部放电脉冲沿电缆屏蔽层传播，其电流信号可分解为沿电缆长度的径向分量和围绕电缆的切向分量。切向分量的电流会产生一轴向的磁场。当变化的磁场穿过传感器时，传感器上因磁通变化而感应出一双极性电压信号，因此检测系统便可检测到局部放电信号。检测系统测量频率最高为600MHz，检测灵敏度为10～20pC，较传统方法高出一个数量级。此外，由于其受高频信号衰减特性的限制，有效测量距离约为10m，只能用于电缆附件的测量。

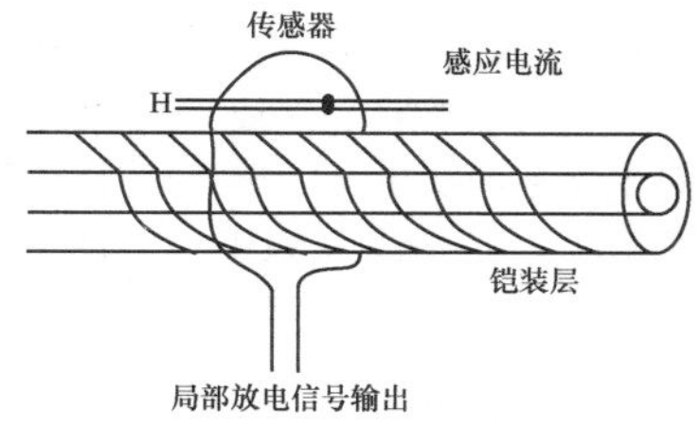

图12-7　超高频电感耦合器原理示意图

3. 超高频电容耦合法

在超高频下，外半导电层阻抗与绝缘层阻抗可比，而地电位为金属屏蔽层，有利于高频信号的测量。该检测方法采用的超高频放大器频带为10～500MHz，数字示波器的采样率为5GS/s。在实验室里测量，灵敏度为3pC，其原理示意图如图12-8所示。

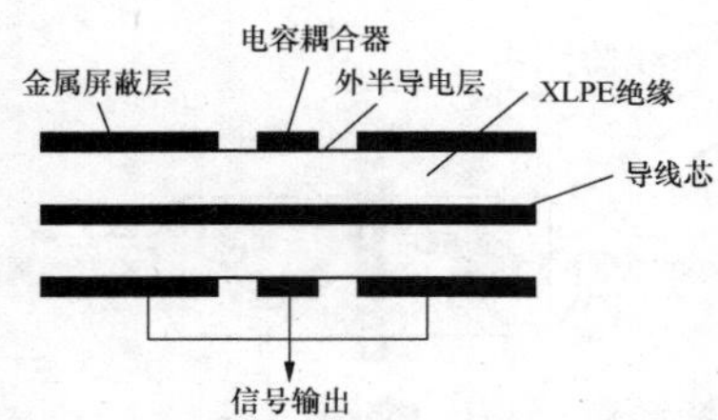

图 12-8　超高频电容耦合器原理示意图

电容耦合式传感器灵敏度较高，但同时也容易受各种电磁干扰的影响，有时往往干扰远大于微弱的局部放电信号。采用超高频电容耦合法配合光电采集和传输能够降低干扰的影响，提高信噪比，但系统实现复杂、代价高。

超高频电容耦合法安装要求切开电缆金属护套等影响了该技术的推广应用，对于中间接头，可以在其内部的半导电层上贴金属薄膜作为电容耦合探头。

4. REDI 法

REDI（resonance-type partial discharge）法采用 REDI 探头，利用连接到接头外的 RLC 谐振电路，拾取局部放电脉冲的 30MHz 的高频分量。由于大部分的电机噪声＜10MHz，广播干扰＞50MHz，所以 REDI 探头频率选择为 10MHz～50MHz。通过 REDI 谐振电路中的耦合电容提取电缆局部放电信号，该耦合电容介质为电缆屏蔽层外面的聚乙烯。可以将 REDI 探头沿着电缆放置在不同部位，由于局部放电信号传播会产生衰减，故 REDI 探头适用于整个电缆接头的局部放电测量。

5. 电磁波法

电磁波法是目前局部放电检测的一种新方法，该方法通过天线传感器接收局部放电过程辐射的电磁波，实现局部放电的检测。当电磁波法的频率达到超高频范围，即 300MHz～3GHz 时，可简称 UHF 法。UHF 法在 GIS、变压器、电缆和发电设备的局部放电检测中获得了应用。例如：研制用于电缆接头局部放电测量的 UHF 传感器为一带宽 500MHz～1500MHz 的阿基米德螺旋天线，天线前置放大器。放大器具有超高频和检波两个输出通道，检测时主要用检波（即检测到的 UHF 信号的幅值包络线）通道进行测量，这样可降低对采样率的要求。UHF 传感器检测频带较高，抗干扰能力较强。高频（VHF）PD 信号可以在电缆中可传输 400～600m，而超高频（UHF）PD 信号只能传输 2m 的距离，故 UHF 适合对运行中的 XLPE 电缆绝缘接头进行局部放电在线监测。

意大利使用 25MHz～35MHz 带宽天线测量电缆局部放电。韩国的电磁波法是在印刷电路板上制作平面回路天线（Planer Loop antenna）。德国使用 300MHz～800MHz 超高频测量 GIS 电缆端头的局部放电。

上海某电力企业使用便携式电力电缆局部放电在线监测仪器，开展 PD 信号的辨认和分析研究工作。

6. 电磁耦合法

电磁耦合法采用高频的铁氧体磁芯的宽频带罗戈夫斯基线圈型电流传感器，主要测量位置在电缆终端金属屏蔽层接地引线处。此外测量位置还可在中间接头金属屏蔽连接线、电缆本体上和三芯电缆的单相电缆上等位置。改进型罗戈夫斯基线圈结构的宽频电流传感器可提取差动信号，抗干扰能力好，改进型传感器连接线路图如图 12-9 所示。

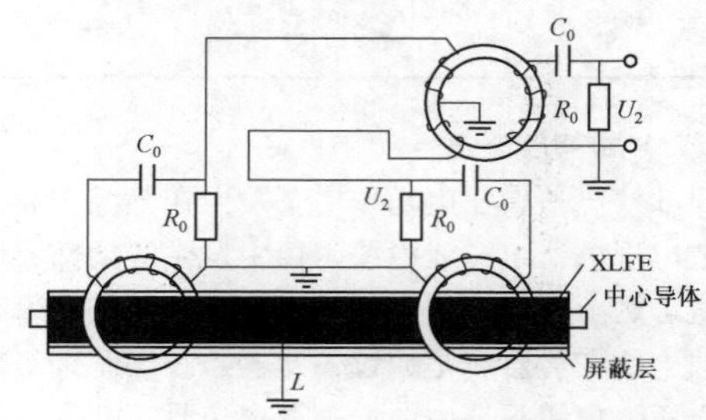

图 12-9　改进型传感器接线图

【实例一】

采用某公司电力电缆局部放电在线检测系统对某市的所有 220kV 电力电缆所有接头和 110kV 电力电缆大部分接头进行巡测，巡测中发现 220kV 电力电缆接头的各种接头总体放电水平低于 10mV，在系统测试安全范围之内。而在巡测 110kV 电力电缆接头时，其中在测试到某条线路的 4 号电缆接头时发现。局部放电量竟然达到 300mV，远远超出预警值 50mV。对比同隧道内其他两回线路发现，其局部放电水平竟高出 10 倍之多。说明该段线路 4 号电缆接头有问题，根据现场环境分析，被测电缆接头处于低洼位置，长期浸泡于水中，电缆本体外表面有腐蚀现象，其现场连接线整体示意图如图 12-10 所示，其现场测试图片如图 12-11 所示。

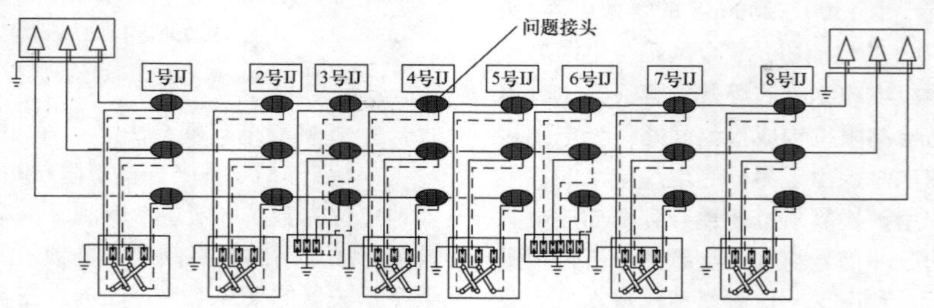

图 12-10　现场连接线整体示意图

注：图中实线为同轴电缆芯线铜线，虚线为同轴电缆外层铜线。

采用电力电缆局部放电在线检测系统对该条线路 4 号电缆接头进行了局部放电测试试验，数据如图 12-12～图 12-14 所示。

图 12-11　现场测试图片

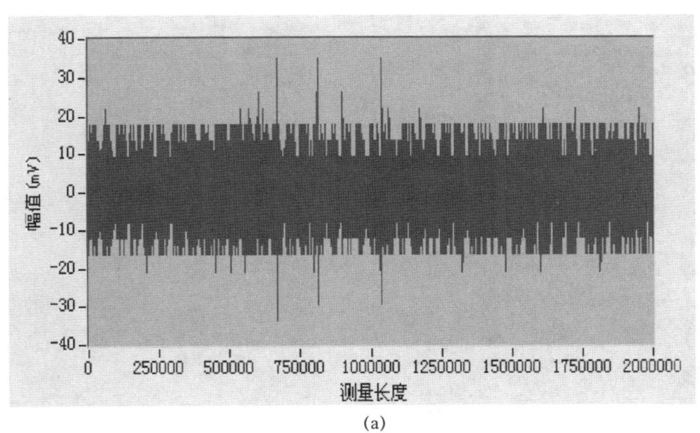

(a)

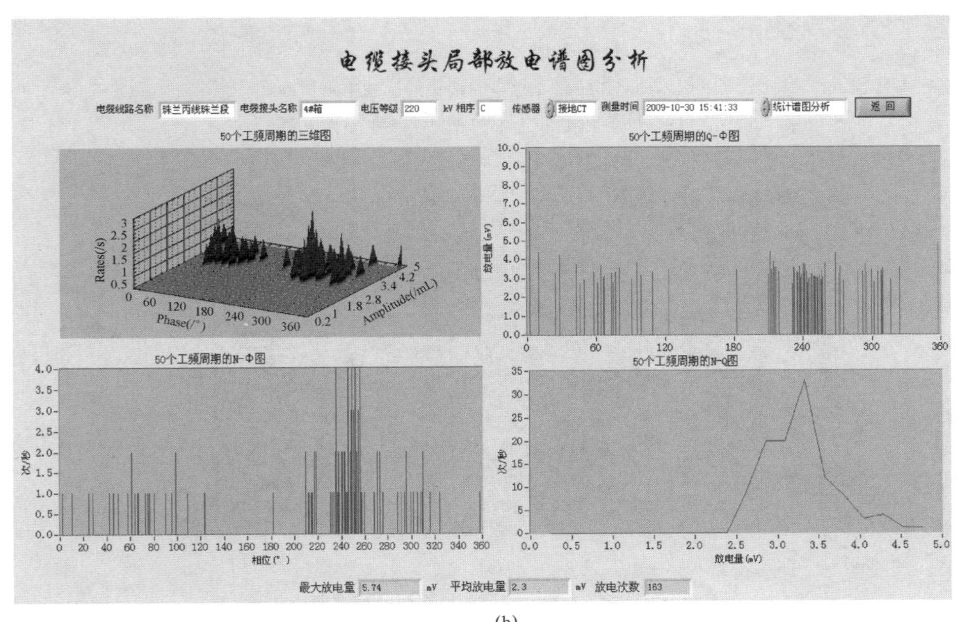

(b)

图 12-12　A 线路 4 号电缆接头局部放电测试曲线

（a）单周期测试图；（b）50 工频周期放电谱图

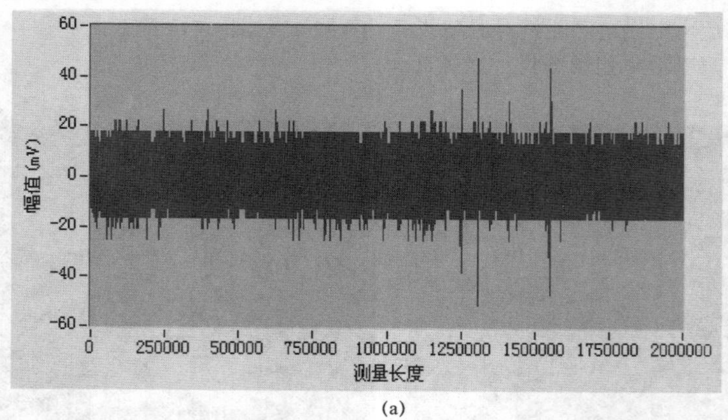

(a)

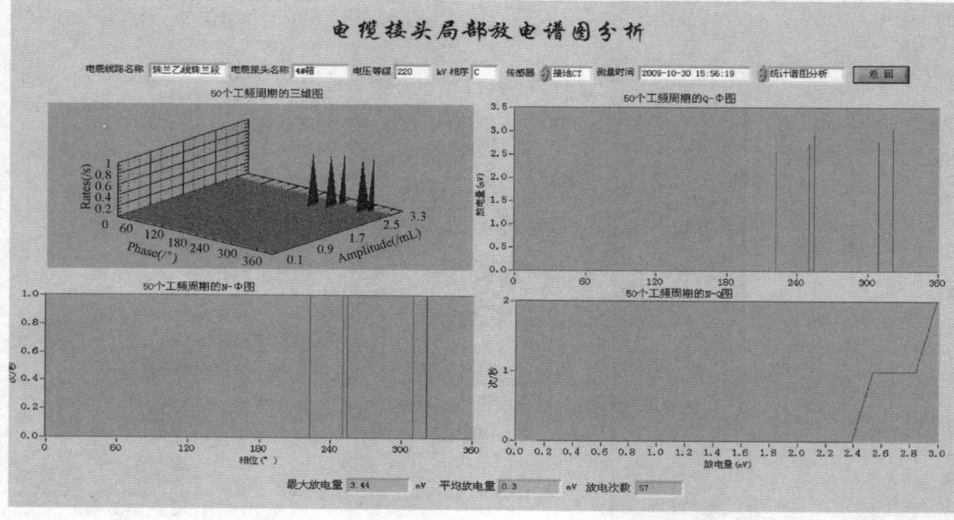

(b)

图 12-13　B 线路 4 号电缆接头局部放电测试曲线

（a）单周期测试图；（b）50 工频周期放电谱图

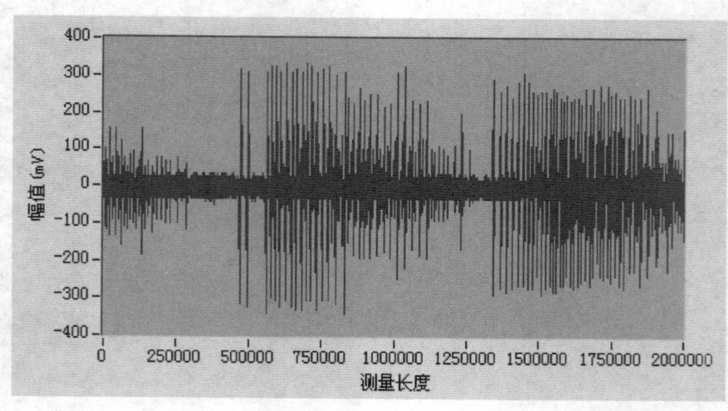

(a)

图 12-14　C 线路 4 号电缆接头局部放电测试曲线（一）

（a）单周期测试图

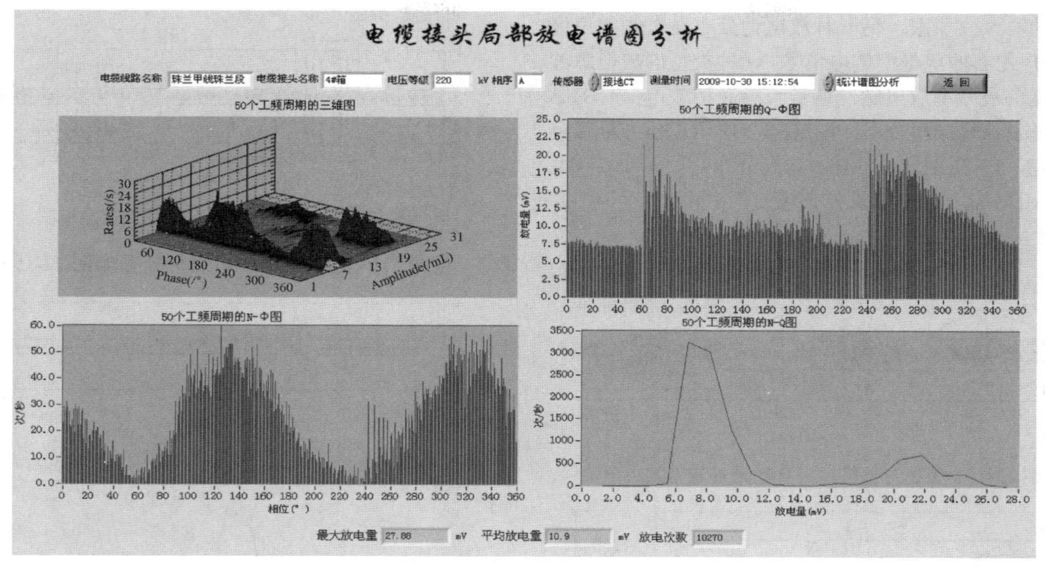

(b)

图 12-14　C 线路 4 号电缆接头局部放电测试曲线（二）
（b）50 工频周期放电谱图

谱图结论：在 4 号电缆接头处测试信号 C 线路，测试出放电脉冲明显比其他两回路要大十倍左右，而且放电次数较多，相位相对明显，脉冲分析明显符合内部放电特征。

由于电缆铺设方法为直埋式，挖开电缆接头需要很大的工作量，此电缆为运行 13 年的相对较老的电缆，计划在 6 个月后更换掉，所以采取的办法是，增加测试次数，关注放电量的增加，必要时及时处理问题接头。

【实例二】

某供电局 110kV 线路采用双线两回布置，分别为Ⅰ线、Ⅱ线，线路一次接线如图 12-15 所示，该线路两端分别采用户外终端和 GIS 终端分别接入两座 110kV 变电站，中间线路采用导线截面积为 800mm^2 XPLE 电缆，电缆金属护套采用铝波纹管，外护套为退灭虫+HDPE，线路全长 1.88km。该线路每回共有 3 组电缆接头，1、2 号接头为绝缘接头，电缆外护套采用交叉互联接地；3 号接头为直接头，直接接地。

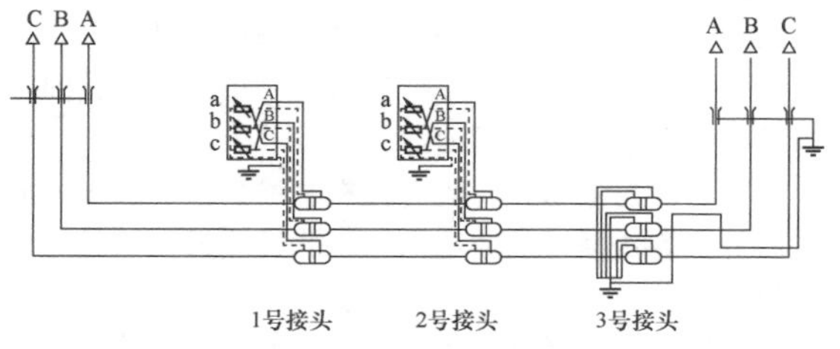

图 12-15　电缆线路一次接线图

采用局部放电在线监测系统在该线路Ⅰ线、Ⅱ线户外终端 1 号接头、2 号接头 A、B、C 三相处均测量到放电信号，信号大小如表 12-6 所示，由于带电线路无法进行放电量校正测量值以传感器输出电压值表示（传感器检测到的放电脉冲首波最大值）。

表 12-6　线路接头处局部放电测试结果

线路/相序		测量值（mV）				
		户外终端	1 号接头	2 号接头	3 号接头	GIS 终端
Ⅰ线	A 相	18	40	14	0	0
	B 相	21	32	13	0	0
	C 相	10	36	9	0	0
Ⅱ线	A 相	20	37	6	0	0
	B 相	67	24	11	0	0
	C 相	30	50	6	0	0

从表 12-6 中观察可以发现在电缆户外终端处测量到信号幅值较大的放电信号，在 1 号接头、2 号接头处也测量出明显放电信号，但是幅值逐渐减小。由于不能确定接头处测量到的放电信号是否为终端放电干扰或接头本体放电，需要对各接头处测量到的各相信号波形及谱图进行分析。

图 12-16 是Ⅰ线 C 相户外终端头处测量到的放电信号在一个工频周期内的放电脉冲波形图。

从图 12-16 中可以观察到两种类型的放电信号，一种是沿面型放电信号，该信号主要分布在工频相位区间的一、三象限，另一种放电为分布在工频相位区间 270° 左右的电晕型放电信号。两种类型的放电脉冲均为震荡衰减型放电脉冲信号，沿面型放电信号的脉冲波形及信号频率分布如图 12-17 所示，信号频带分布较宽，在 2MHz～18MHz 均有分布，其中在 5MHz 和 16MHz 左右放电能量分布较为集中。

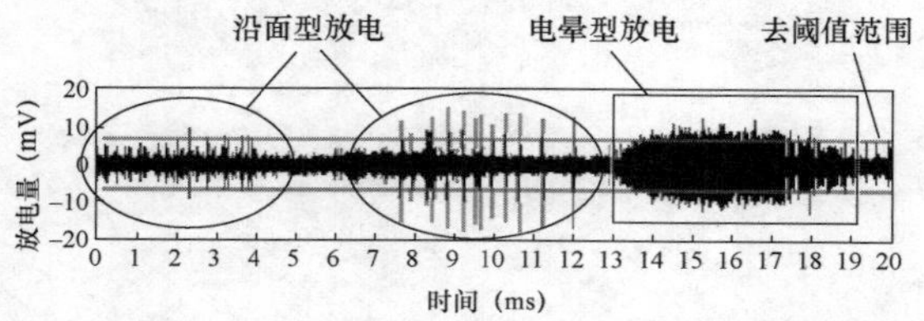

图 12-16　Ⅰ线户外终端头 C 相局部放电波形图

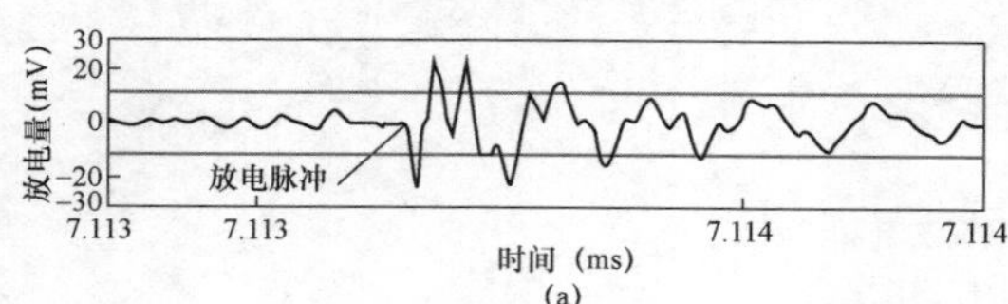

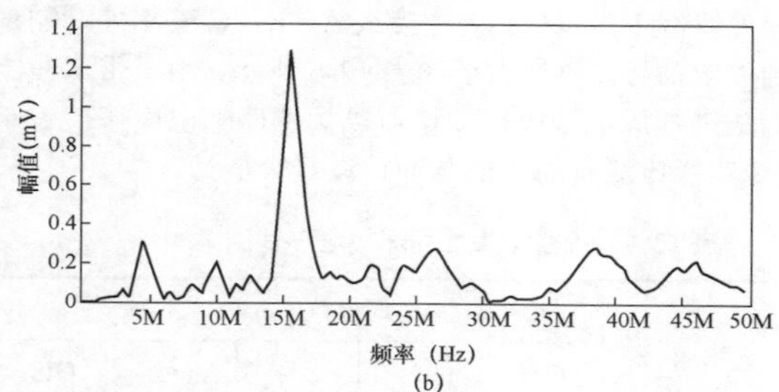

图 12-17　户外终端电晕型放电信号

（a）电晕放电单个脉冲波形；（b）电晕放电脉冲频域分布

在该回线路和Ⅱ线户外终端其他相的检测中也能检测出类似的放电信号。

图 12-18 是Ⅰ线 1 号接头 C 相处测量到的放电信号在一个工频周期内的放电脉冲波形图，其中包含两种类型的放电信号。第一种类型放电信号幅值较小，分布在一、三象限以及 270° 左右的相位区间上，如图 12-18 中用椭圆框出的信号，信号频域主要分布在 2MHz～8MHz，峰值功率分布在 5MHz，结合终端头处测量到的信号，分析应为终端头处放电沿外护套传播来的信号，经过一定距离传输后，原信号的高频部分衰减严重，低频信号保留了下来。第二种类型为等间隔分布的放电信号，如图 12-18 中方框内的放电信号，放电幅值较大虽然没有分布在一、三象限，但是采集时相位固定，正负半周脉冲相差 180°。该信号的频率分布在 4MHz 左右，很集中，属于低频率的放电信号，信号的时域和频域特性与典型悬浮电位放电一致，分析应为悬浮电位型放电。

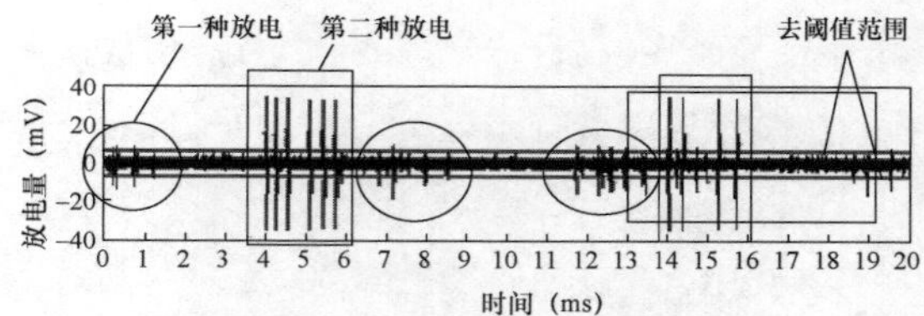

图 12-18　Ⅰ线 1 号接头 C 相局放波形图

信号的单个脉冲波形和频率分布如图 12-19 所示。

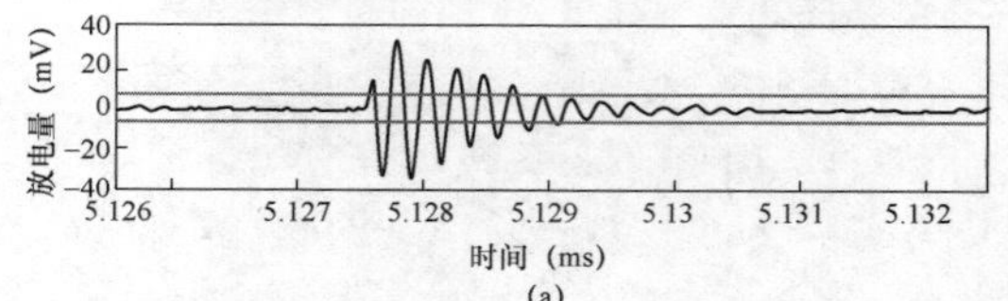

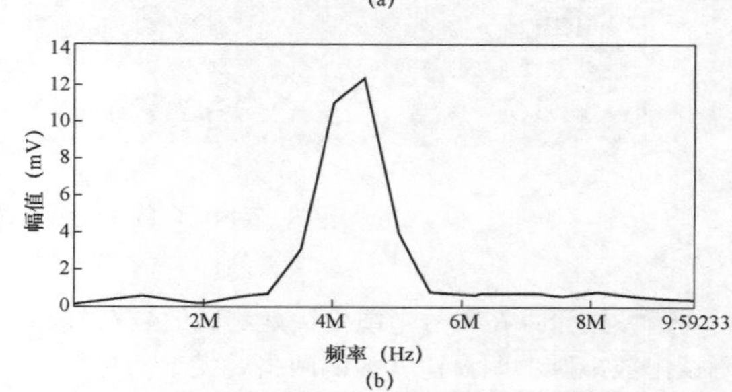

图 12-19　1 号中间接头悬浮电位放电

（a）悬浮电位放电单个脉冲波形；

（b）悬浮电位放电脉冲频域分布

继续对Ⅰ线 2 号中间接头进行检测，发现在 2 号接头处也可以检测到明显的局部放电信号。如图 12-20 是Ⅰ线 2 号接头 C 相处测量到的放电信号在一个工频周期内的放电脉冲波形图。

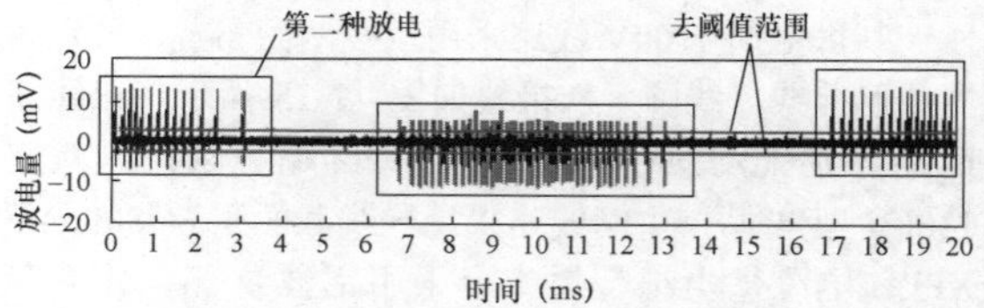

图 12-20　Ⅰ线 2 号接头 C 相局放波形图

图 12-20 中，方框标示出的放电信号为等间隔分布的放电信号，正负脉冲相差 180°，均匀分布在 0° 和 180° 左右。该信号的频率分布在 4MHz 左右，与 1 号接头处测量到的悬浮电位放电信号频率分布相同，但是信号密集度明显增加。

分析认为 2 号接头处并没有测量到从终端头处放电沿外护套传播来的放电信号。此处测量到的悬浮电位放电信号小于 1 号接头处测量到的悬浮电位，但是信号密集度比 1 号接头处增大，不能确定此处测量到的放电信号是否为 1 号接头处测量到的悬浮电位信号沿电缆外护套传播至此而形成的干扰或者是其他放电源产生的局部放电信号。

在对该回线路其他相的检测结果的分析中，能得到与以上分析相似的结果，同时在 3 号接头以及 GIS 终端处并没有检测到局部放电信号的存在。

为确定在 1 号接头和 2 号接头处测量到的悬浮放电是否为接头内部产生，分别在 1 号接头和 2 号接头两侧安装大尺径的 HFCT 传感器，两只传感器保持相同的方向，通过观察两只传感器响应出的局部放电脉冲波头极性。如图 12-21 和图 12-22 分别是 1 号接头和 2 号接头 C 相处分别采用极性鉴别方法在接头两端分别安装两只 HFCT 传感器，测量到的两路放电信号波形对比。

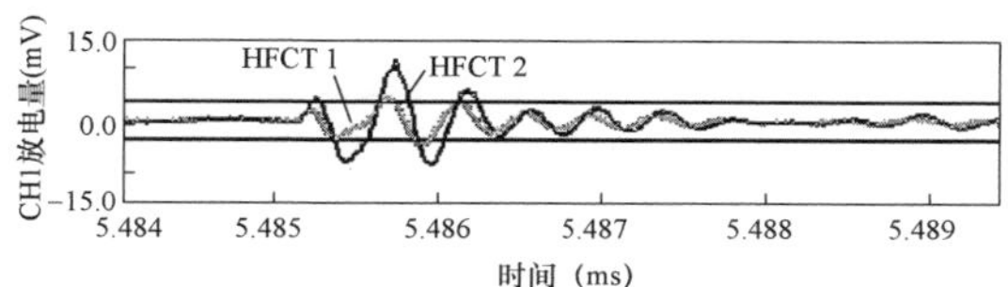

图 12-21　Ⅰ线 1 号接头 C 相双传感器极性鉴别效果

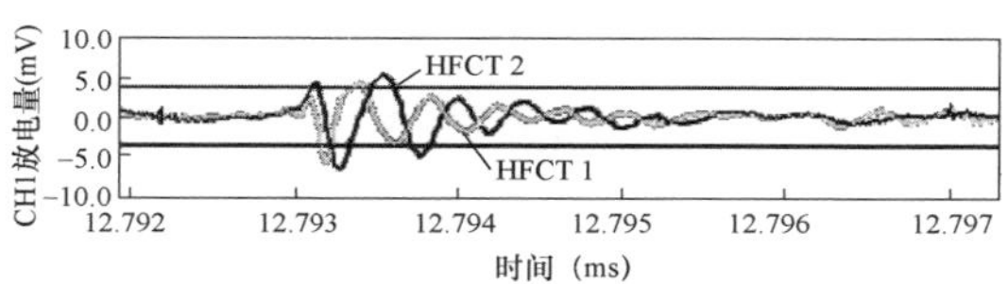

图 12-22　Ⅰ线 2 号接头 C 相双传感器极性鉴别效果

观察图 12-21 和图 12-22，发现在 1 号接头和 2 号接头处两只 HFCT 响应到脉冲信号极性相同，两组接头 A 相、B 相测量到的脉冲极性也均为同极性信号。

根据以上测量数据的统计，认为线路中存在局部放电信号，分析认为该放电信号并非来自电缆中间接头，但是仍不能确定局部放电信号来源方向。在现场检测过程中，同时对中间接头各相的接地电流进行了测量，测试结果如表 12-7 所示。

表 12-7　线路接头处接地电流测试结果

线路/相序		测量值（mV）				
		户外终端	1 号接头	2 号接头	3 号接头	GIS 终端
Ⅰ线	A 相	0	16.3	18.4	17.2	0
	B 相	0	19.1	25.8	23.4	0
	C 相	0	24.7	14.7	14.1	0
Ⅱ线	A 相	0	55	8.8	9.2	0
	B 相	0	7.4	9.2	8.7	0
	C 相	0	9.4	53.5	40.1	0

从表 12-7 中可以看出该线路两回线均存在护套接地环流较大的情况，最大电流 55A 已经达到线芯电流的近 50%，由于线路两侧终端为保护接地，故接地电流为 0。调取近几年来该条线路的检修记录，发现该回电缆Ⅰ线Ⅱ线 1 号接头至户外终端头区间段和 1 号接头至 2 号接头区间段都曾检测出外护套绝缘电阻低于规定值的问题，挖开电缆本体发现存在白蚁蛀蚀导致外护套破损现象，当时采取的办法是灭蚁并在电缆外护套破损处增绕绝缘。因此分析认为产生局部放电的原因应是外护套经过长时间运行后原有破损的绝缘处理失效或存在新的破损点导致外护套上感应的高电位产生对大地的悬浮电位放电，故需要对该回电缆的绝缘状态进行定期检测，加强对局部放电数据变化情况的跟踪。

三、低频法

（一）低频成分法

由于水树枝的存在，除了直流成分外，在电缆的充电电流中也含有低频成分。根据频谱分析，其频率在 10Hz 左右，在电缆接地线中串接入测量装置，由测得的低频电流可对电缆的绝缘老化情况进行诊断。由于低频电流也是纳安级的，对测量装置要求较高。

（二）低频叠加法

为避免直流微电流测量上的困难，可将 7.5Hz、20V 的低频电压在线叠加在电缆绝缘上，电缆接地线中串接入测量装置，以得到相应的绝缘电阻值。使用本法需专用的 7.5Hz 低频电源。

四、温度在线监测法的运用

温度在线监测目前普遍采用的是基于分布式温度传感技术的电缆温度在线监测系统，该技术利用光时域反射原理、激光拉曼光谱原理，经波分复用器、光电检测器等对采集的温度信息进行放大并将温度信息实时地计算出来。在日本、欧洲等国及韩国等发达国家的电力公司，对于超过 110kV 的高压电缆均要求采用分布式测温设备。

光纤温度传感的主要依据是光纤的光时域反射原理以及光纤的后向拉曼散射温度效应。当一个光脉冲沿着光纤传播时，光脉冲在传播中的每一点都会产生反射，反射点的温度越高，反射光的强度也越大。利用这个现象，测量出后向反射光的强度，就可以计算出反射点的温度，其原理如图 12-23 所示。

光纤的安装方法通常有两种：一种是表贴式，另一种是内绞合式，如图 12-24 所示。两种安装方式下某电缆测温比较表如图 12-25 所示。对比可见，安装在电缆内部的内绞合光纤能够对负载的变化做出更快的响应。而表贴式光纤由于受到电缆外界环境以及电缆本身绝缘屏蔽层的影响，测温精度受到很大影响。

因而，在理想情况下，光纤应被置于尽可能地靠近电缆的缆芯的位置来更精确地测量电缆的实际温度。

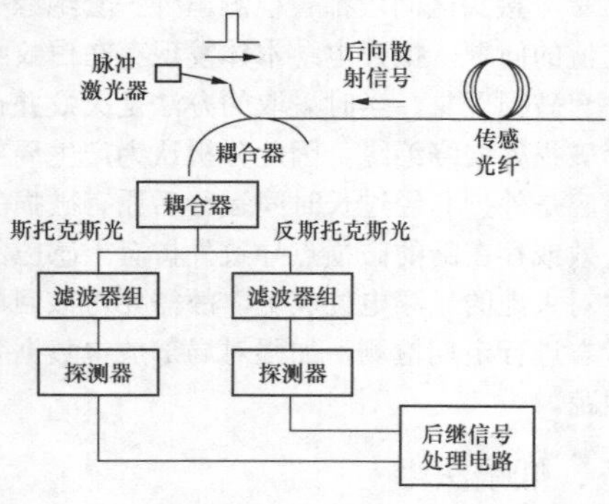

图 12-23　光纤分布式温度传感原理图

(a)

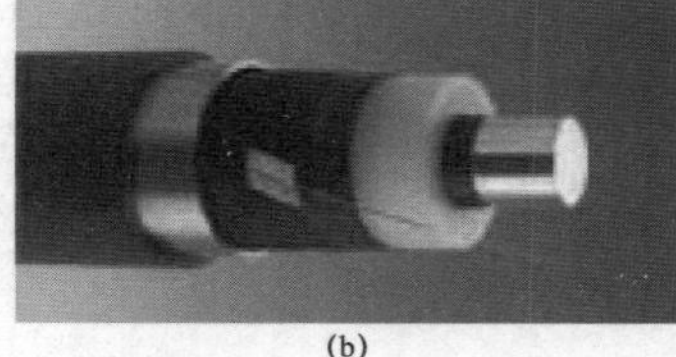
(b)

图 12-24　光纤不同安装方式（二）
（a）表贴式；（b）内绞合式

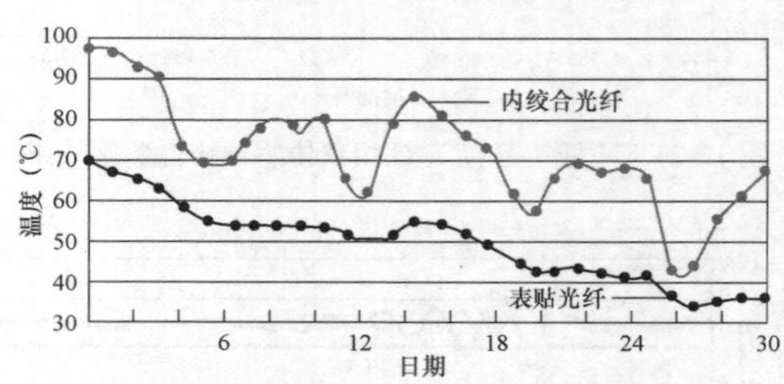

图 12-25　光纤不同安装方式对测温比较表

光纤测出的温度并非导体温度，不能直接使用，尚需根据热路模型求解导体温度，如某 110kV 电缆热路模型如图 12-26 所示。热阻可等效于电阻、温度可等效为电压、热量可等效为电流、热容可等效为电容，则参考电路原理可求解出稳态或暂态下热路参数。

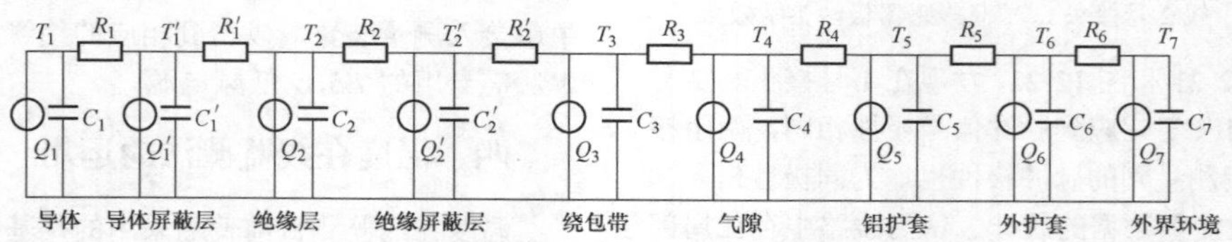

图 12-26　某 110kV 电缆热路模型

近年来，分布式光纤传感技术逐渐应用于海上风电场海底电缆在线监测。利用光纤传感能实现长达几十公里无盲区连续监测，同时光纤传感器无源、不受电磁干扰的影响，在海底各种恶劣环境下均可适用。

（一）相位敏感性光时域反射技术（Optical Time Domain Reflect，OTDR）

该技术能够在海底电缆中的光纤受到扰动时进行报警与定位。ΦOTDR 的光源是高度相干的（线宽＜10kHz），因此光脉冲宽度区域内散射的瑞利光在同一时刻到达探测器时会发生干涉。ΦOTDR 原理图如图 12-27 所示。

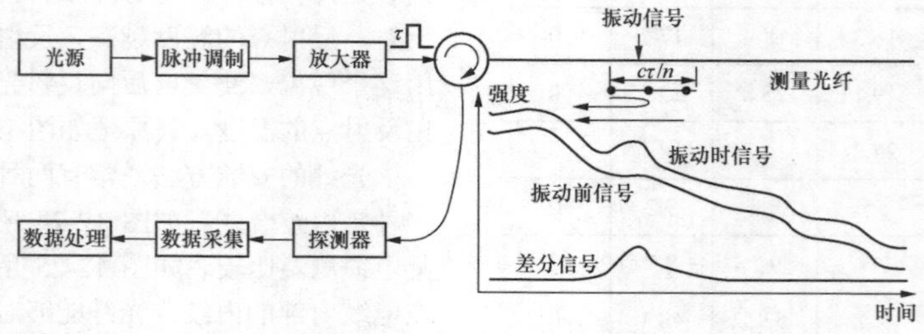

图 12-27　ΦOTDR 原理框图

当测量光纤上某一位置受到扰动，由于弹光效应，光纤的折射率、长度等都会发生微小的变化，导致光纤内散射光信号的相位发生变化。最终探测器检测到的干涉信号就会发生变化。对扰动位置的定位与普通OTDR的方法一样，根据注入光脉冲与接收光信号之间的时间差得到

$$z=c\Delta t/2n$$

（二）拉曼光时域反射技术（Raman Optical Time Domain Reflect，ROTDR）

该技术能够对海底电缆中光纤的温度进行测量与定位。ROTDR利用的是光纤中的拉曼散射，它是一个非线性过程：注入光子与光纤中的分子相互作用时，会释放或吸收声子，从而改变散射光的频率。注入光的频率为v，散射光频率的变化量为Δv，频率为$v-\Delta v$的光称为斯托克斯散射光，频率为$v+\Delta v$的光称为反斯托克斯散射光。ROTDR原理图如图12-28所示。

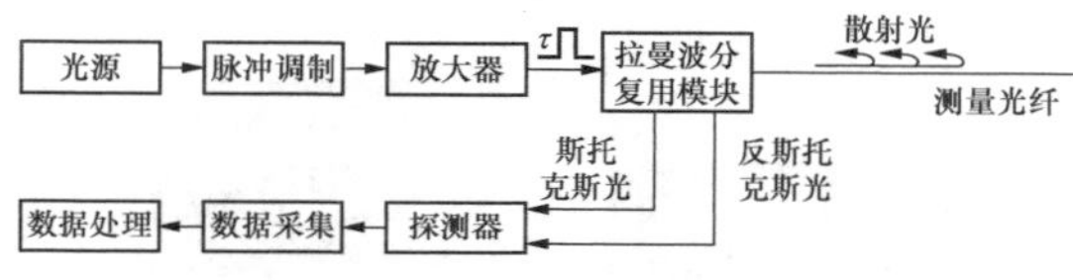

图12-28 ROTDR原理框图

自发拉曼斯托克斯光与反斯托克斯光的强度与温度有关，其中反斯托克斯光随温度变化的灵敏度要比斯托克斯光高。脉冲光注入进光纤后，斯托克斯信号与反斯托克斯信号的强度表达式分别为

$$P_s(t)=\frac{v_g}{2}P_0\tau BF_S T_S\exp[-(a_0+a_S)l] \tag{12-5}$$

$$P_{AS}(t)=\frac{v_g}{2}P_0\tau BF_{AS}T_{AS}\exp[-(a_0+a_{AS})l] \tag{12-6}$$

式中 v_g——光纤中的群速度；

P_0——注入的峰值功率；

τ——发射光脉冲宽度；

$T_S(T_{AS})$——拉曼斯托克斯（反斯托克斯）散射系数，它与波长的四次方成反比；

$F_S(F_{AS})$——拉曼斯托克斯（反斯托克斯）的温度散射因子。

将各表达式带入后，求取比值得

$$R(T)=\frac{P_{AS}}{P_S}=\left(\frac{\lambda_S}{\lambda_{AS}}\right)^4\exp(-h\Delta v/kT)\exp[(a_S-a_{AS})l] \tag{12-7}$$

式中 λ_S,λ_{AS}——拉曼散射的斯托克斯和反斯托克斯散射光波长；

h——普朗克常数，$h=6.63\times10^{-34}$；

Δv——拉曼频移量，仅与光纤材料有关；

k——波尔兹曼常数，$k=1.38\times10^{-23}$；

T——光纤某处的绝度温度。

从式（12-7）可以看到，反斯托克斯光与斯托克斯光的比值仅与温度有关，而与光强、入射条件等无关，因此，通过探测器检测R（T）就能实现任意一点温度T的绝对测量。

（三）布里渊光时域分析技术（Brillouin Optical Time Domain Reflect，BOTDA）

该技术能够对海底电缆中光纤的温度与应变进行测量与定位。BOTDA是利用光纤中的布里渊散射，它也是一个非线性过程：注入光子与光纤中的声波（声子）相互作用后，使散射光的频率相对于入射光有一个布里渊频移。散射光布里渊频移量的大小与光纤中声速成正比，而光纤中的折射率与声速均与光纤的温度及所受的应力等因素相关，这使得布里渊频移量随着温度与应力的变化而变化

$$\Delta v_B=C_{vT}\Delta T+C_{v\varepsilon}\Delta\varepsilon \tag{12-8}$$

因此通过检测布里渊频移量的大小，可以得到光纤中温度与应力的变化。BOTDA原理图如图12-29所示。

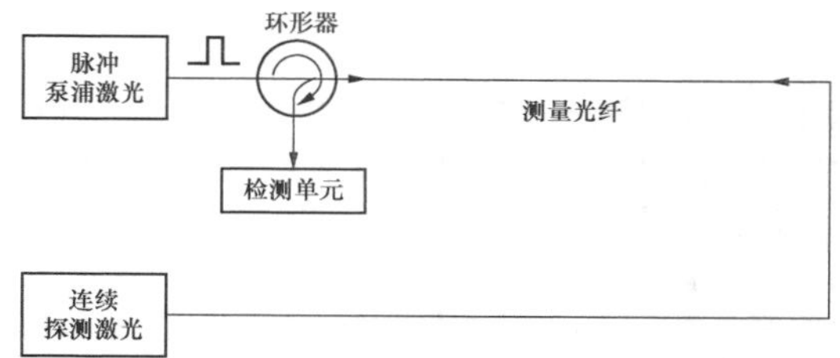

图12-29 BOTDA原理框图

如图12-29所示，光纤中相向传输的两激光的频率差与布里渊频移Δv_B相等时，将会发生布里渊受激放大作用，两光束之间发生能量转移作用。BOTDA系统采用两个单独的光源分别提供泵浦脉冲光和探测连续光，当光纤中某一位置的温度或应力产生变化时，该点所对应的布里渊频移量随之改变。因此，对两激光器的频率差进行连续调节，通过检测耦合出来的连续光功率值，来确定受测光纤各个位置上能量转换达到最大时所对应的频率差，从而得到受测光纤各个不同位置上的温度、应变信息。

（四）马赫-泽德（Mach-Zehnder）光纤干涉技术

该技术能够在海底电缆中的光纤受到扰动时进行报警和定位。Mach-Zehnder原理图如图12-30所示。

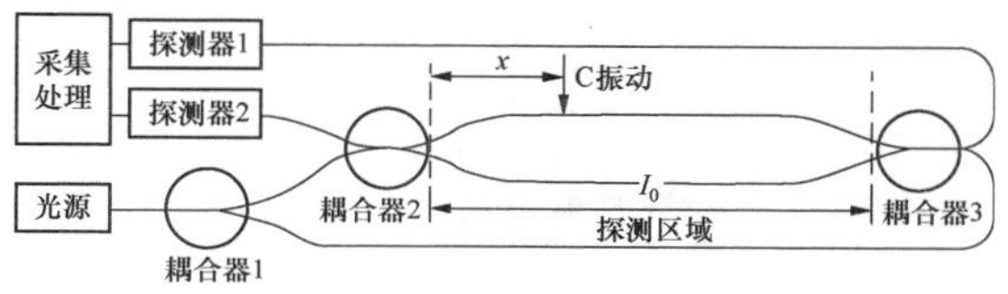

图12-30 MZI原理框图

窄线宽激光经过偏振控制模块后进入耦合器 C1 分成两束光，其中一束先后经过耦合器 C2 和 C3，发生干涉，并被探测器 PD1 接收；另一束则先后经过耦合器 C3 和 C2，被探测器 PD2 接收。在 PD1、PD2 处接收到的干涉信号可以分别表示为

$$I_1(t)=I_0\times\{1+k_1\cos[f(t)+\phi_0]\} \tag{12-9}$$

$$I_2(t)=I_0\times\{1+k_2\cos[f(t-D)+\phi_0]\} \tag{12-10}$$

式中 $f(t)$——扰动作用在传感器系统上引起相位变化的表达式；

D——两路探测器接收到扰动信号的时间差；

ϕ_0——没有扰动时的初始相位；

$k_{1,2}$——干涉信号的可见度。

假设传感光缆的总长度为 L，在离前端耦合器 C2 距离 x 处，有一个扰动事件作用在传感光缆上，则两路探测器接收到扰动信号的时间差 D 与扰动时间的发生位置 x 之间的关系为

$$D=\frac{2L-x}{c/n}-\frac{x}{c/n}=\frac{2n}{c}(L-x) \tag{12-11}$$

式中 c——真空中光速；

n——光纤纤芯的有效折射率。

因此，只要测量出两路干涉信号的时间差 D，就能够对扰动事件的发生位置 x 进行定位。

【实例一】浙江某 110kV 电缆线路长约 2km，采用电缆隧道进行敷设。该线路全线采用分布式光纤测温在线监测系统对电力电缆进行在线实时温度监测。110kV 电缆敷设图如图 12-31 所示。

该在线测温系统实现了对高压电缆接头表面运行温度 24h 不间断连续在线监测，温度采集范围为 −55～+125℃。通过对高压电缆本体护层温度的统计分析，使运行人员全面掌握其工作状况，及时了解电缆护层的老化情况，并在接头温度急剧升高达到极限温度时，发出报警信号提醒有关人员紧急处理。

图 12-31　110kV 电缆敷设图

【实例二】东北某 220kV 电缆线路长约 1.7km，全线采用分布式光纤测温在线监测系统对电力电缆进行在线实时温度监测，现场施工图如图 12-32 所示，其温度监测系统温度曲线如图 12-33 所示。

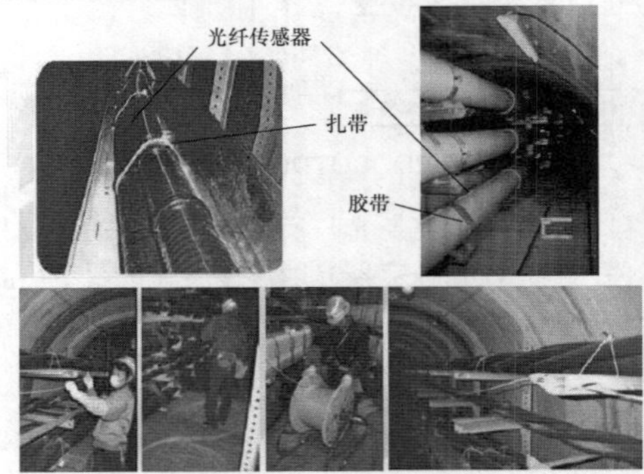

图 12-32　现场施工图

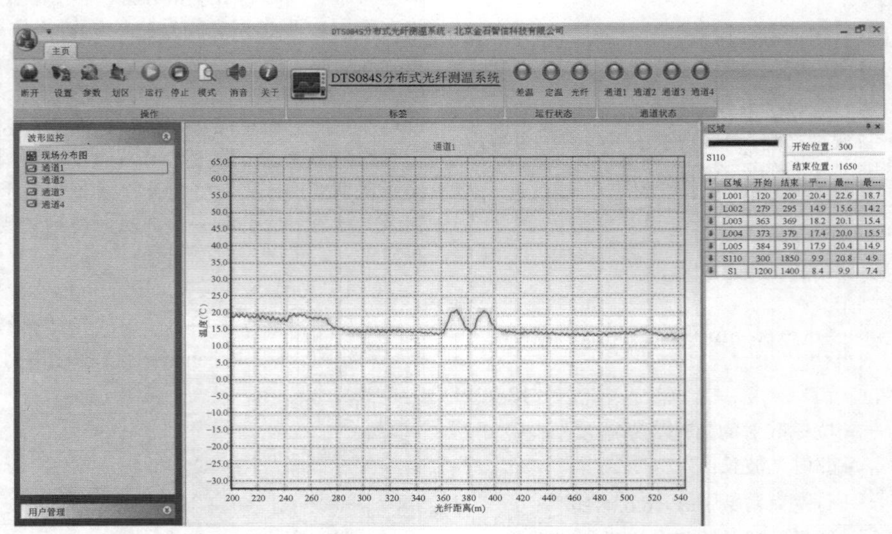

!	区域	开始	结束	平…	最…	最…
	L001	120	200	20.4	22.6	18.7
	L002	279	295	14.9	15.6	14.2
	L003	363	369	18.2	20.1	15.4
	L004	373	379	17.4	20.0	15.5
	L005	384	391	17.9	20.4	14.9
	S110	300	1850	9.9	20.8	4.9
	S1	1200	1400	8.4	9.9	7.4

图 12-33　分布式光纤温度监测系统温度曲线图

五、护层接地电流监测

110kV 及以上电缆金属套通常采用单端接地或交叉互联接地，此时金属套内电流只有很小的电容电流或环流电流。若电缆金属套发生破损接地，则会在金属套、接地线内产生明显较大的电流。该电流可能导致电缆温度升高，导致绝缘加快老化。因此，可直接采用电流互感器进行采样、监测，原理示意图如图 12-34、图 12-35 所示。

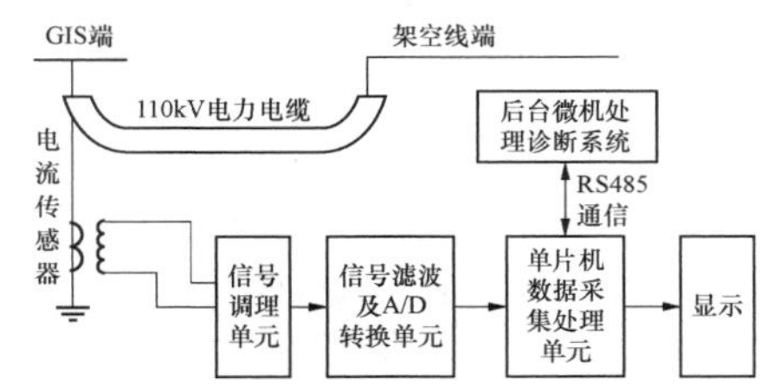

图 12-34 单点接地电缆、接地线电流法原理图

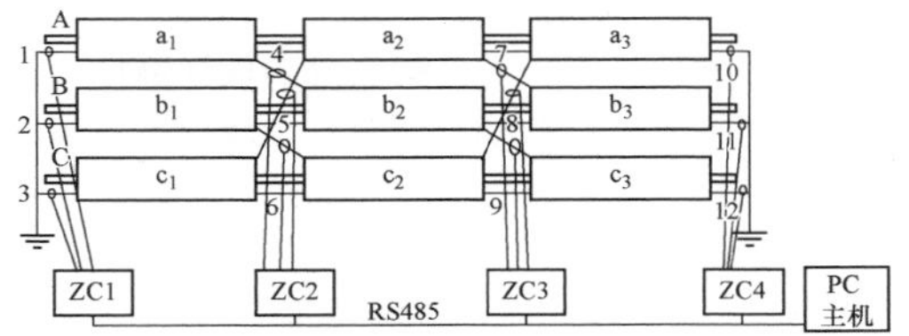

图 12-35 交叉互联接地电缆、接地电流在线监测系统

【实例一】

2013 年，在浙江某地区电缆接地引缆被盗情况相当严重，先后已有 7 处电缆接地引缆被偷，接地箱被破坏。采用护层接地电流监测系统，其报警短信功能，很大程度解决了上述问题。

【实例二】

2013 年 5 月 18 日，某供电局输电线路在线监测装置检修中心人员通过护层接地电流监测平台中报警信息发现某线路 2 号设备有超预警的异常数据上传。使用钳型万用表当场测量了接地环流发现监测主机所测量的数值与实测数值一致，同时该部门组织了技术人员对各方面进行了检查，检查后得知是电缆接地系统问题，随后进行了故障排除。

【实例三】

2015 年 7 月 12 日，某供电局某条线路的 4 号直接箱线回流缆异常振动，产生多次报警。小组监控人员接到平台监控信息和短信报警后，立即安排人员现场查明原因。经确认现场无施工行为后，立即通报所属仓前派出所联系人员，经小组成员和民警配合联动，对现场偷盗人员实施抓捕，成功破获电力设施偷盗案件。

六、海底（水下）电缆路由在线监测

海底（水下）电缆路由在线监测的重点是对路由区海面进行 24h 实施监控，防范过往船只在电缆保护区发生抛锚、拖锚等危及电缆安全的行为。当过往船只出现威胁电缆安全的趋势时，及时向其发出警告；在出现险情和重大事件时，能够进行多方联络、抢险和调度指挥等。

采用 AIS、VTS、视频及远距离红外夜视系统、无人机或巡视船可实现对海底（水下）电缆路由的立体全时监控。

（一）AIS/VTS 系统

船舶自动识别系统（Automatic Identification System，AIS）、船舶交通服务（Vessel Traffic Service，VTS）主要应用于现代水上交通的安全监管。AIS 是一套应用于船与船、近距离船与岸之间的海事通信导航设备，通过船舶导航技术、数字通信技术和网络信息技术，AIS 能够为船舶航行避碰提供辅助抉择。VTS 是为保障船舶交通安全、提高水上交通效率、对船舶实施交通管制和救助行动，或因船舶及其所有人的请求提供相应服务的系统。VTS 与 AIS 的结合对改善海上安全航行、保护海洋环境、提升船舶航行管理模式和海事信息化水平起到了重大作用。将 AIS/VTS 技术应用于海底（水下）电缆路由在线监测能有效提升对海缆路由区来往船舶的管控水平，降低船舶在路由区抛锚、拖锚的概率。

VTS 系统一般由雷达系统、信息传输系统、数据库信息系统、显示系统、船岸通信系统和其他辅助系统组成。VTS 主要基于雷达对目标进行跟踪处理，雷达主动探测目标的位置、大小，并能够计算出速度、航向、运动轨迹和目标之间的相互关系。为了保证雷达信息的精度，雷达的工作距离一般在 2～5n mile，随着目标距离的增加，分辨率和定位精度都会下降。大船对其后的小目标对雷达电波的遮挡较严重，会使遮挡区雷达的跟踪目标丢失，且雷达存在近距盲区。另外在复杂气象和地形条件下，也会出现目标跟踪丢失或假跟踪。

AIS 的主要功能是将船舶的标示信息、位置信息、运动参数和航行状态等数据通过 VHF 数据链路广播给周围的船舶和 VTS 系统以实现对船舶的识别和监视。AIS 的基本构成包括 GPS/DGPS 接收机、VHF 数据通信机、通信控制器、船舶运动参数传感器接口、数据接口等部分。

AIS 能增强 VTS 对船舶的自动识别能力，弥补 VTS 岸基雷达在复杂条件下有使用盲区的缺陷，受天气等因素影响较小，基本不会出现丢失小目标的现象。同时 AIS 作用范围在 20n mile 以上，大大拓宽了 VTS

的作用区域。通过岸基 AIS 网，AIS 的目标数据采集和跟踪可以达到更远范围。

AIS 探测精度比雷达高，其艏向、旋回速率等实时操纵数据来自船舶航行系统，精度较高。而 VTS 雷达系统提供的航速、航向是通过对船舶跟踪从历史航迹中推算得出，只能获取探测目标船的平均速度和航向，不能获得目标船的即时速度和船首向，且存在一定滞后。

AIS 的缺点在于只能采集装载了 AIS 设备且正常运行的船舶的数据，跟踪采集目标数据主要取决于目标船上配置的 AIS 设备和岸台 AIS 网，不能对目标进行主动探测跟踪。对于未安装 AIS 或 AIS 发生故障船舶的位置和运动数据无法通过 AIS 系统获得，而通过 VTS 雷达可获取。

通过信息融合技术，将 AIS 数据和 VTS 雷达数据融合，可改善 VTS 对目标的探测和跟踪性能，增加 VTS 系统冗余。

通过 AIS/VTS 系统可实现海底（水下）电缆路由区各类船舶的实时监测跟踪，距岸边较远的路由区段及装载了 AIS 设备的船舶可通过 AIS 系统实现跟踪和数据采集，未安装 AIS 或 AIS 设备故障的船舶数据可通过 VTS 雷达补充。

海缆路由 AIS/VTS 监视系统可利用海事部门 AIS/VTS 数据进行开发。路由在线监测的重点是监测进入电缆保护区船只的船型、尺寸、船速等信息，通过船型、尺寸等信息获取锚重数据，通过船速预测船舶抛锚可能性，发出告警信息。

（二）视频及远距离红外夜视系统

高清视频和红外夜视系统可监视两登陆端数公里范围内的近岸区域。监视点至监视中心采用光纤传输，监视中心配置相应的硬盘存储器，保证每路视频图像存储时间 30 天以上。视频摄像头的方向、焦距可远端操作，能够自动判别近岸船只，并锁定跟踪。

高清视频监视系统可在白天、能见度高的情况下发挥功效，在夜间难以开展有效的监视，夜间可采用红外夜视系统弥补高清视频监视系统的不足。红外夜视系统由终端、数据传输、视频分析、视频储存、软件客户端组成。通过后台视频智能分析软件对图像进行自动分析，识别移动的船只，跟踪船只移动轨迹，并做出报警。

（三）无人机或巡视船

无人机和巡视船作为机动装置在执行例行巡视功能的同时可配合路由在线监测系统完成现场干预、目标跟踪、监视告警、调查取证等工作。

附　　录

附录A　隧道重要性等级的划分

电缆隧道主体结构的重要性等级见表A-1。

表A-1　　电缆隧道主体结构的重要性等级

安全等级	类型	结构重要性系数	示　　例
一级	重要	1.1	500kV 电缆隧道、所属区域特别重要的电缆隧道（破坏后对社会或环境影响很大）、为特殊用户供电的电缆隧道等
二级	一般	1.0	其余电缆隧道

附录B　电缆隧道围岩基本分级

1. 分级因素及其确定方法应符合下列规定：

（1）围岩基本分级应由岩石坚硬程度和岩体完整程度两个因素确定。

（2）岩石坚硬程度和岩体完整程度，应采用定性划分和定量指标两种方法综合确定。

2. 岩石坚硬程度可按表B-1划分。

表B-1　　岩石坚硬程度的划分

围岩类别		单轴饱和抗压强度 R_c（MPa）	定性鉴定	代表性岩石
硬质岩	极硬岩	$R_c > 60$	锤击声清脆，锤击有回弹，震手，难击碎，浸水后大多无吸水反应	未风化或微风化的花岗岩、片麻岩、闪长岩、硬石英岩、硅质灰岩、硅质胶结的砂岩或砾岩等
	硬岩	$30 < R_c \leq 60$	锤击声较清脆，锤击有轻微的回弹，稍震手，较难击碎，浸水后有轻微的吸水反应	弱风化的极硬岩；未风化或微风化的溶结凝灰岩、大理岩、板岩、白云岩、灰岩、钙质胶结的砂岩、结晶颗粒较粗的岩浆岩等
软质岩	较软岩	$15 < R_c \leq 30$	锤击声不清脆，锤击无回弹，较易击碎，吸水明显，浸水后指甲可划出痕迹	强风化的极硬岩；弱风化的硬岩；未风化或微风化的千枚岩、云母片岩、砂质泥岩、钙泥质胶结的粉砂岩和砾岩、泥灰岩、页岩、凝灰岩等
	软岩	$5 < R_c \leq 15$	锤击声哑，锤击无回弹，有凹痕，易击碎，浸水后手可掰开	强风化的极硬岩；弱风化～强风化的硬岩；弱风化的较软岩和未风化或微风化的泥质岩类：泥岩、煤、泥质胶结的砂岩和砾岩等
	极软岩	$R_c \leq 5$	锤击声哑，锤击无回弹，有较深的凹痕，手可掰开，浸水后可捏成团或捻碎	全风化的各类岩石和成岩作用差的岩石

3. 岩体完整程度可按表 B-2 划分。

表 B-2　岩体完整程度的划分

完整程度	结构面特征	结构类型	岩体完整性指数 K_v
完整	结构面有 1～2 组，以构造型节理或层面为主，呈密闭型	巨块状整体结构	$K_v>0.75$
较完整	结构面有 2～3 组，以构造型节理、层面为主，裂隙多为密闭型，部分微张开，少有填充物	块状结构	$0.75\geqslant K_v>0.55$
较破碎	结构面一般为 3 组，不规则，以节理及风化裂隙为主，在断层附近受构造影响较大，裂隙以微张开和张开型为主，多有填充物	层状结构，块石、碎石结构	$0.55\geqslant K_v>0.35$
破碎	结构面多于 3 组，多以风化型裂隙为主，在断层附近受构造作用影响大，裂隙以张开型为主，多有填充物	碎石角砾状结构	$0.35\geqslant K_v>0.15$
极破碎	结构面杂乱无序，在断层附近受构造作用影响较大，宽张裂隙全为泥质或泥夹岩屑充填，充填物厚度大	散体状结构	$K_v\leqslant 0.15$

4. 岩体基本分级可按表 B-3 确定。

表 B-3　围岩基本分级

级别	岩体特征	土体特征	围岩弹性纵波速度 υ_p（km/s）
Ⅰ	极硬岩，岩体完整		>4.5
Ⅱ	极硬岩，岩体较完整； 硬岩，岩体完整		3.5～4.5
Ⅲ	极硬岩，岩体较破碎； 硬岩或软硬岩互层，岩体较完整； 较软岩，岩体完整		2.5～4.0
Ⅳ	极硬岩，岩体破碎； 硬岩，岩体较破碎或破碎； 较软岩或软硬岩互层，且以软岩为主，岩体较完整或较破碎； 软岩，岩体完整或较完整	具压密或成岩作用的黏性土、粉土及砂类土，一般钙质、铁质胶结的粗角砾土、粗圆砾土、碎石土、卵石土、大块石土、黄土（Q_1、Q_2）	1.5～3.0
Ⅴ	软岩，岩体破碎至极破碎；全部极软岩及全部极破碎岩（包括受构造影响严重的破碎带）	一般第四系坚硬、硬塑黏性土，稍密及以上、稍湿、潮湿的碎石土、卵石土、粗圆砾土、细圆砾土、粗角砾土、细角砾土、粉土及黄土（Q_3、Q_4）	1.0～2.0
Ⅵ	受构造影响很严重呈碎石、角砾及粉末、泥土状的断层带	软塑状黏性土，饱和的粉土、砂类土等	<1.0（饱和状态的土<1.5）

附录C　电缆隧道施工工法选择

根据我国多年的电缆隧道建设经验，针对不同的地质条件，对不同直径电缆隧道在不同埋深情况下的施工方法进行了技术经济性比选（如表 C-1～表 C-3 所示），以供设计施工人员参考。表中符号 √、○、△表示推荐等级。其中 √ 表示优先推荐，○表示可推荐，△表示有条件推荐。

表 C-1　　软土地层电缆隧道施工方法比选

<table>
<tr><th>管径
D</th><th>管顶埋深
H</th><th>可选
工法</th><th>环境条件（地下管线及地面场地条件）</th><th>技术比较</th><th>经济比较</th><th>推荐
等级</th><th>备注</th></tr>
<tr><td rowspan="4">2.0m以内</td><td><1D</td><td>明挖</td><td>开挖深度浅、占用场地小，管线等地面拆迁量小</td><td>采用简易开槽埋管法，难度小</td><td>造价低</td><td>√</td><td rowspan="4">小直径顶管因其工艺成熟，造价低，一般可优先采用</td></tr>
<tr><td rowspan="2">1D～2D</td><td>明挖</td><td>开挖深度浅、占用场地小，管线等地面拆迁量小</td><td rowspan="2">明挖法需采用简单支护，小直径顶管法技术成熟，两者技术难度相当</td><td rowspan="2">视环境条件不同，明挖造价较顶管法可略微偏高10%～20%</td><td>△</td></tr>
<tr><td>顶管</td><td>地面不受影响，无需地面拆迁</td><td>○</td></tr>
<tr><td>>2D</td><td>顶管</td><td>深度较深，地下管线等设施较少，无需地面拆迁</td><td colspan="2">顶管法较明挖法在技术与造价上均具有明显优势</td><td>√</td></tr>
<tr><td rowspan="5">2.0～3.0m</td><td><1D</td><td>明挖</td><td>开挖深度及占用场地较小，地面拆迁量不大</td><td>基坑支护简单，技术难度小</td><td>支护成本低，由于开挖深度较浅，环境保护压力不大</td><td>√</td><td rowspan="5">除非地面空旷无环境约束而采用明挖法，中小直径隧道采顶管法仍占优势</td></tr>
<tr><td rowspan="2">1D～2D</td><td>明挖</td><td>开挖深度较深，影响范围较大</td><td rowspan="2">顶管施工技术难度稍大</td><td rowspan="2">中等直径顶管施工成本相对明挖法较高</td><td>△</td></tr>
<tr><td>顶管</td><td>中等直径顶管对地面沉降有一定影响</td><td>○</td></tr>
<tr><td rowspan="2">>2D</td><td>明挖</td><td>受地面环境条件限制较大，需拆迁管线</td><td rowspan="2">难度基本接近，顶管法实施起来较为简单易行</td><td rowspan="2">明挖法造价受环境保护影响较大，如无环境问题，则可选</td><td>○</td></tr>
<tr><td>顶管</td><td>不受下管线等设施的限制，无需地面拆迁</td><td>√</td></tr>
<tr><td rowspan="5">3.0～4.0m</td><td><1D</td><td>明挖</td><td>开挖深度较大及占用场地范围较大</td><td>技术难度较小</td><td>造价较顶管法明显要低</td><td>√</td><td></td></tr>
<tr><td rowspan="2">1D～2D</td><td>明挖</td><td>受地面环境条件及地下管线限制较大，需考虑变形对环境的影响</td><td rowspan="2">较大直径顶管的技术难度较明挖法高</td><td rowspan="2">两者造价接近</td><td>○</td><td rowspan="2">中大直径隧道顶管及明挖造价均大幅上升。当地面环境条件宽松时采用明挖法；而当地面环境条件较复杂时采用顶管法</td></tr>
<tr><td>顶管</td><td>受地下管线限制较小，无地面拆迁</td><td>○</td></tr>
<tr><td rowspan="2">>2D</td><td>顶管</td><td rowspan="2">地下管线及地面环境的限制少，无地面拆迁，对环境影响小</td><td rowspan="2">该直径顶管工法已经成熟，其技术要求及难度较盾构低</td><td rowspan="2">盾构工法造价明显高于顶管法</td><td>√</td><td rowspan="2">深埋中大直径隧道一般情况优先选用顶管，当隧道长度超 1km 或存在急曲线时可考虑盾构法</td></tr>
<tr><td>盾构</td><td>△</td></tr>
</table>

续表

管径 D	管顶埋深 H	可选工法	环境条件（地下管线及地面场地条件）	技术比较	经济比较	推荐等级	备注
4.0～5.0m	<1D	明挖	开挖深度及占用场地范围较大，需考虑变形对环境的影响	二级基坑开挖支护难度较小	单位造价明显低于暗挖法	√	
	1D～2D	明挖	开挖深度及占用场地范围较大，需考虑变形对环境的影响	属深基坑，技术难度上升，与顶管法接近	本体施工造价较暗挖法略低，但环境保护成本较大	Δ	该类大直径顶管工艺难度较大，造价也上升较多，但当埋深较大时，其施工成本与明挖法相比具有优势
		顶管	地下管线及地面环境的限制少，无地面拆迁	大直径顶管技术和难度与盾构基本接近，当距离较长时适于采用盾构法工艺	盾构法造价与顶管法接近	○	
		盾构				Δ	
	>2D	顶管	地下管线及地面环境的限制少，无地面拆迁		盾构法造价与顶管法接近	○	
		盾构				√	

表 C-2　硬土及复合地层电缆隧道施工方法比选

管径 D	管顶埋深 H	可选工法	环境条件（地下管线及地面场地条件）	技术比较	经济比较	推荐等级	备注
2.0m以内	<1D	明挖	开挖深度浅、占用场地小	一般不需支护，无技术难度	造价低	√	小直径管道在城市环境中多采用顶管施工，但复合地层中顶管顶进中会遇到一定困难
	1D～2D	明挖			如不考虑地面拆迁问题，明挖法造价较顶管法低	√	
		顶管	无需地面拆迁	顶管为特种工艺，其技术难度较明挖法稍大		○	
	>2D	明挖	开挖深度较深、占用场地较大	需要基坑支护，但技术难度较小	复合地层基坑支护造价低	√	
		顶管	无需地面拆迁，对环境影响小	顶管工具头及泥浆套需采取专门措施	技术措施费高	○	
2.0～3.0m	<1D	明挖	开挖深度浅、占用场地小	基本无需支护，技术难度小	造价低	√	
	1D～2D						
	>2D	明挖	受环境条件一定限制	明挖相对容易，卵石地层顶管施工困难	明挖法造价低，但受地面管线拆迁影响较大	○	
		顶管	无需地面拆迁，对环境影响小			Δ	
3.0～4.0m	<1D	明挖	开挖深度较深、占用场地较大	支护简单	造价低	√	中等直径管道在硬土地层明挖施工容易，且造价低，在埋深较小时，多采用明挖法施工
	1D～2D	明挖	开挖深度较深、占用场地较大	顶管在复合地层中掘进难度大，明挖法的技术难度相对低	两者造价相差不大，顶管造价略贵10%～20%	○	
		顶管	无需地面拆迁，对环境影响小			Δ	
	>2D	顶管	无需地面拆迁，对环境影响小	技术难度接近	盾构法造价高	○	
		盾构	无需地面拆迁，对环境影响小			○	

续表

管径 D	管顶埋深 H	可选工法	环境条件（地下管线及地面场地条件）	技术比较	经济比较	推荐等级	备　注
4.0～5.0m	<1D	明挖	开挖深度较深、占用场地较大	明挖深度浅，支护简单，技术难度低	造价低	√	该类直径管道一般埋设较深，开挖范围较大，一般可采用暗挖法。而该类直径顶管法施工造价已与盾构基本接近
	1D～2D	明挖	开挖深度较深、占用场地较大			○	
		顶管	不适用于含有大量卵石的复合地层	浅覆土施工难度较大	造价偏高	Δ	
	>2D	顶管	不适用于含有大量卵石的复合地层	复杂地层中顶进困难，轴线控制难	两者造价基本接近，当距离较长时，采用盾构更经济	Δ	
		盾构	通过正面土体改良技术解决适应性问题	盾构推进所需顶力小，技术适应性较顶管强		○	

表 C-3　　岩石地层电缆隧道施工方法比选

管径 D	管顶埋深 H	可选工法	环境条件（地下管线及地面场地条件）	技术比较	经济比较	推荐等级	备　注
2.0m以内	<1D	明挖	开挖深度浅、占用场地小	基本无需支护	造价低	√	小直径管道在城市环境中多采用顶管施工
	1D～2D	明挖					
	>2D	明挖					
2.0～3.0m	<1D	明挖					中等直径管道在岩石地层明挖施工容易，且造价低，在埋深较小时，多采用明挖法施工
	1D～2D	明挖					
	>2D	明挖	受环境条件一定限制	明挖相对容易	明挖法造价受环境保护影响	√	
		矿山法	无限制	施工空间狭小，施工效率较低	直接造价与明挖法接近	Δ	
3.0～4.0m	<1D	明挖	开挖深度浅、占用场地小	基本无需支护	造价低	√	大直径管道一般埋设较深，开挖范围较大，一般可采用暗挖法
	1D～2D	明挖	受环境条件限制较大	支护较简单	造价低	Δ	
		矿山法	无限制	覆土较浅，施工有一定难度	造价与明挖法接近	○	
	>2D	矿山法	无限制	TBM 技术难度高	TBM 造价高	√	
		岩石TBM	无限制			○	
4.0～5.0m	<1D	明挖	占用场地较大，可能导致地面拆迁	支护难度较小	造价低	√	该类大直径管道一般埋设较深，开挖范围较大，一般可采用暗挖法
	1D～2D	明挖	受环境条件限制很大	开挖深度较深，支护难度较高	明挖法造价相对较低	○	
		矿山法	无限制	较覆土浅，施工有一定难度		Δ	
	>2D	矿山法	无限制	较适宜	造价低	○	
		岩石TBM	无限制	适宜	造价高	Δ	

附录D 明挖隧道荷载计算方法

1. 垂直围岩压力

明挖隧道顶板或拱顶上部垂直土压力宜按全部土柱计算

$$q = \gamma \cdot H \tag{D-1}$$

式中 q——垂直围岩压力，kN/m^2；

γ——岩体重度，kN/m^3；

H——覆盖层厚度。

2. 水平围岩压力

$$e = \gamma H \tan^2\left(45 - \frac{\varphi_c}{2}\right) \tag{D-2}$$

式中 e——水平围岩压力，kN/m^2；

H——计算点处埋深，m；

φ_c——围岩计算摩擦角。

附录E 暗挖隧道荷载计算方法

暗挖隧道根据埋深可分为浅埋和深埋两种类型。

浅埋：$h < \alpha h_q$ (E-1)

深埋：$h \geqslant \alpha h_q$ (E-2)

$$h_q = 0.45 \times 2^{s-1} \times [1 + i(B-5)] \tag{E-3}$$

式中 h——地下结构的埋深(顶板上覆地层的净高度)；

αh_q——地下开挖的有效影响高度；

α——有效影响系数，反映的是天然拱内外岩体的塌落与变形范围，一般取 α=2.0～2.5（围岩越软弱，α 越宜取较大值）；

h_q——天然拱的高度；

s——围岩级别；

B——隧道宽度，m；

i——B 每增减 1m 时的围岩压力增减率，以 B=5m 的围岩垂直均布压力为准，当 B＜5m 时，取 $i=0.2$；B＞5m 时，取 $i=0.1$。

1. 浅埋隧道

（1）垂直围岩压力。对于地面基本水平的浅埋隧道，所受的荷载具有对称性，计算式为

$$q = \gamma H\left(1 - \frac{\lambda H \tan\theta}{B}\right) \tag{E-4}$$

$$\lambda = \frac{\tan\beta - \tan\varphi_c}{\tan\beta[1 + \tan\beta(\tan\varphi_c - \tan\theta) + \tan\varphi_c \tan\theta]} \tag{E-5}$$

$$\tan\beta = \tan\varphi_c + \sqrt{\frac{(\tan^2\varphi_c + 1)\tan\varphi_c}{\tan\varphi_c - \tan\theta}} \tag{E-6}$$

式中 θ——顶板土柱两侧摩擦角，当无实测资料时，可按照表 E-1 选取；

λ——侧压力系数；

β——产生最大推力时的破裂角。

表 E-1　各级围岩的 θ 值

围岩级别	Ⅰ、Ⅱ、Ⅲ	Ⅳ	Ⅴ	Ⅵ
θ 值	$0.9\varphi_c$	$(0.7\sim0.9)\varphi_c$	$(0.5\sim0.7)\varphi_c$	$(0.3\sim0.5)\varphi_c$

（2）水平围岩压力为

$$e = \lambda\gamma H \tag{E-7}$$

式中 e——水平围岩压力，kN/m^2；

H——计算点处埋深，m；

γ——围岩重度，kN/m^3。

2. 深埋隧道

围岩中深埋隧道的围岩压力可视为松动荷载，其垂直均布压力及水平均布压力可按式（E-8）计算

$$q = \gamma h_q \tag{E-8}$$

$$e = \eta q \tag{E-9}$$

式中 q——垂直围岩压力，kN/m^2；

e——水平围岩压力，kN/m^2；

h_q——天然拱的高度，见式（E-3）；

η——侧向压力系数，可参考表 E-2 取值。

表 E-2　围岩水平均布压力

围岩级别	Ⅰ、Ⅱ	Ⅲ	Ⅳ	Ⅴ	Ⅵ
η	0	＜0.15	0.15～0.3	0.3～0.5	0.5～1.0

3. 偏压隧道

偏压隧道围岩分布如图 E-1 所示。

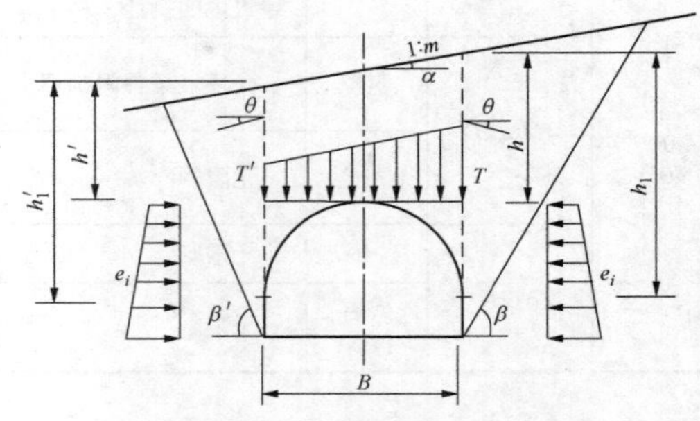

图 E-1　偏压隧道围岩分布图

则垂直压力为

$$Q=\frac{\gamma}{2}[(h+h')B-(\lambda h^2+\lambda' h^2)\tan\theta] \quad (E\text{-}10)$$

式中　h、h'——内、外侧由拱顶水平至地面的高度；
B——隧道跨度，m；
γ——围岩重度，kN/m³；
θ——顶板土柱两侧摩擦角，°，当无实测资料时，可参考表 E-1 选取；
λ、λ'——内外侧的侧压力系数，由式(E-11)～式（E-14）计算。

$$\lambda=\frac{1}{\tan\beta-\tan\alpha}\times\frac{\tan\beta-\tan\varphi_c}{1+\tan\beta(\tan\varphi_c-\tan\theta)+\tan\varphi_c\tan\theta} \quad (E\text{-}11)$$

$$\lambda'=\frac{1}{\tan\beta'-\tan\alpha}\times\frac{\tan\beta'-\tan\varphi_c}{1+\tan\beta'(\tan\varphi_c-\tan\theta)+\tan\varphi_c\tan\theta} \quad (E\text{-}12)$$

$$\tan\beta=\tan\varphi_c+\sqrt{\frac{(\tan^2\varphi_c+1)(\tan\varphi_c-\tan\alpha)}{\tan\varphi_c-\tan\theta}} \quad (E\text{-}13)$$

$$\tan\beta'=\tan\varphi_c+\sqrt{\frac{(\tan^2\varphi_c+1)(\tan\varphi_c-\tan\alpha)}{\tan\varphi_c-\tan\theta}} \quad (E\text{-}14)$$

式中　α——地面坡坡角，°；
φ_c——围岩计算摩擦角，°；
β、β'——内外侧产生推力的最大破坏角，°。

偏压隧道水平侧向压力的计算为

内侧：$e_i=\gamma\cdot h_i\cdot\lambda$　（E-15）

外侧：$e_i'=\gamma\cdot h_i'\cdot\lambda'$　（E-16）

式中　h_i、h_i'——内外侧任一点 i 至地面的距离，m。

附录 F　顶管隧道荷载计算方法

1. 永久荷载标准值

（1）管道结构自重标准值计算式为

$$G_{1k}=\gamma\pi D_0 t \quad (F\text{-}1)$$

式中　G_{1k}——单位长度管道结构自重标准值，kN/m；
t——管壁设计厚度，m；
γ——管材重度，钢管可取 78.5kN/m³；混凝土管可取 26kN/m³；其他管材按实际情况取值。

（2）作用在顶管上的竖向土压力，其标准值应按覆盖层厚度和力学指标确定。

1）当管顶覆盖层厚度小于或等于 1 倍管外径或覆盖层均为淤泥土时，管顶上部竖向土压力标准值计算式为

$$F_{sv,k1}=\sum_{i=1}^{k}\gamma_{si}h_i \quad (F\text{-}2)$$

管拱背部的竖向土压力可近似化成均布压力，其标准值为

$$F_{sv,k2}=0.215\gamma_d R_1 \quad (F\text{-}3)$$

式中　$F_{sv,k1}$——管顶上部竖向土压力标准值，kN/m²；
$F_{sv,k2}$——管顶背部竖向土压力标准值，kN/m²；
γ_{si}——管顶上部第 i 层土重度，kN/m³，地下水以下应取有效重度；
γ_d——管顶所在土层重度，kN/m³，地下水以下应取有效重度；
h_i——管顶上部第 i 层土层厚度，m；
R_1——管道外半径，m。

2）当管顶覆盖层不属于上述情况时，顶管上竖向土压力标准值计算式为

$$F_{sv,k3}=C_j(\gamma_d B_t-2C) \quad (F\text{-}4)$$

$$B_t=D_1\left[1+\tan\left(45°-\frac{\phi}{2}\right)\right] \quad (F\text{-}5)$$

$$C_j=\frac{1-\exp\left(-2K_a\mu\frac{H_s}{B_t}\right)}{2K_a\mu} \quad (F\text{-}6)$$

式中　$F_{sv,k3}$——管顶竖向土压力标准值，kN/m²；
C_j——管顶竖向土压力系数；
B_t——管道上部土层压力传递至管顶处的影响宽度，m；
D_1——管道外直径，m；
ϕ——管顶土的内摩擦角，°；
C——土的黏聚力，kN/m²，宜取地质报告中的最小值；
H_s——管顶至原状地面埋深，m；
$K_a\mu$——原状土的主动土压力系数和内摩擦系数的乘积，一般黏性土可取 0.13，饱和黏性土可取 0.11，砂和砾石可取 0.165。

3）当管道位于地下水以下时，尚应计入地下水作用在管道上的压力。

（3）作用在管道上的侧向土压力标准值，可按下列公式计算。

1）当管道处于地下水位以上时，侧向土压力标准值计算式为主动土压力，即

$$F_{hk}=(F_{sv,ki}+\gamma_d D_1/2)K_a-2C\sqrt{K_a} \quad (F\text{-}7)$$

式中　F_{hk}——侧向土压力标准值，kN/m²，作用在管中心；

$F_{sv,ki}$——竖向土压力标准值，kN/m²，取 $F_{sv,k1}$ 或 $F_{sv,k3}$；

K_a——主动土压力系数，即 $\tan^2\left(45^\circ-\dfrac{\varphi}{2}\right)$。

2）当管道处于地下水位以下时，侧向土压力标准值应采用水土分算，土的侧压力按式（F-7）计算，重度取有效重度；地下水压力按静水压力计算，水的重度可取 10kN/m³。

2. 可变荷载标准值及其准永久值系数

（1）地面堆积荷载传递到管顶处的竖向压力标准值 q_{mk}，可按 10kN/m² 计算，其准永久值系数可取 $\psi_q=0.5$。

（2）地面车辆轮压传递到管顶处的竖向压力标准值 q_{vk} 可按附录 K 确定，其准永久值系数应取 $\psi_q=0.5$。当埋深大于 2m 时可不计冲击系数。地面堆积荷载与地面车辆轮压可不考虑同时作用。

附录G　盾构隧道荷载计算方法

盾构隧道荷载分布如图 G-1 所示。

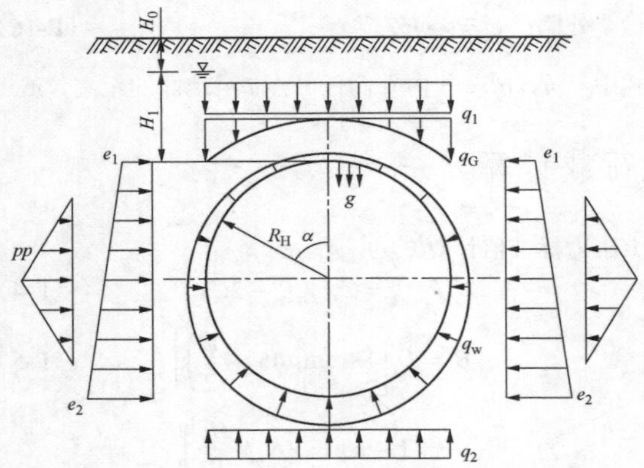

图 G-1　盾构隧道荷载计算简图

H_0—地下水位埋深（m）；H_1—顶部静水头高度（m）；q_1—顶部竖向土压力（kPa）；q_2—底部地基竖向反力（kPa）；q_G—拱背土压力（kPa）；q_w—静水压力（kPa）；e_1—顶部水平土压力（kPa）；e_2—底部水平土压力（kPa）；pp—侧向三角形土抗力（kPa）；R_H—计算半径（m）；g—衬砌自重（kPa）；α—计算截面与竖轴的夹角（°），以逆时针为正

1. 竖向土压力

当隧道覆土厚度不大于隧道外径时；或覆土厚度大于隧道外径，但地层层为中等固结的黏土（4≤N<8，N 为标准贯入击数）和软黏土（2≤N<4）时，垂直土压力宜采用总覆土压力。

当覆土厚度大于隧道外径，且地层具有较大的抗剪强度，易形成拱效应时，则可采用“松动理论”计算土压力，可参照太沙基（Terzaghi）公式进行计算：

$$h_0=\frac{B_1\left(1-\dfrac{C}{B_1\gamma}\right)}{\tan\varphi}\left(1-e^{-\frac{H}{B_1}\tan\varphi}\right)+\frac{p_0}{\gamma}e^{-\frac{H}{B_1}\tan\varphi} \qquad (G-1)$$

$$B_1=R_0\cot\left(\frac{\dfrac{\pi}{4}+\dfrac{\varphi}{2}}{2}\right) \qquad (G-2)$$

$$\sigma_V=h_0\gamma \qquad (G-3)$$

式中　σ_V——垂直围岩压力，kN/m²；

h_0——土的塌落拱高度；

φ——土的内摩擦角；

C——土的黏聚力；

p_0——上覆荷载；

R_0——一次衬砌的外半径。

当覆土厚度不小于两倍隧道外径且采用松弛土压力计算时，宜设定一个土压力下限值，一般取相当于两倍隧道外径覆土厚度对应的土压力值。

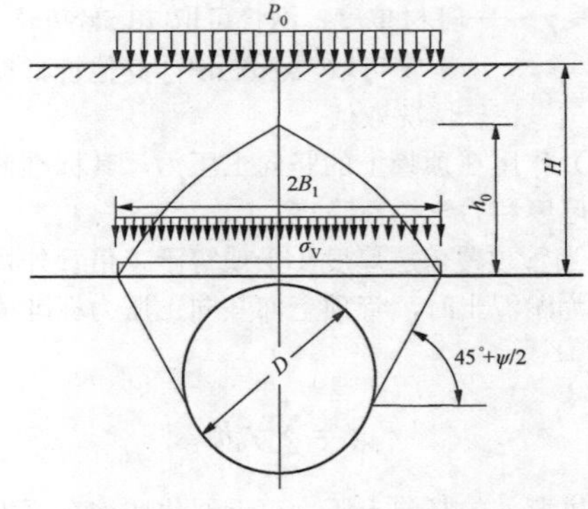

图 G-2　塌落拱高度示意图

因此，浅埋时竖向土压力为

$$q_1=q_0+\sum_i\gamma_i h_i \qquad (G-4)$$

式中　q_0——地面超载标准值，kPa，一般取 20kPa；

γ_i——隧道顶各层土的重度标准值，kN/m³，地下水位以上土层取天然重度；地下水位以下土层，当水土分算时取浮重度、当水土合算时取饱和重度；

h_i——浅埋时为隧道各层土的厚度，m，深埋时为土的塌落拱高度，如图 G-2 所示。

2. 拱背土压力

$$q_G = \gamma_t R_H (1-\cos\alpha) \tag{G-5}$$

式中　γ_t ——隧道所穿越土层的内水平轴线以上各层土的加权平均重度，kN/m³，地下水位以上土层取天然重度；地下水位以下土层，当水土分算时取浮重度、当水土合算时取饱和重度。

3. 隧道顶、底水平向土压力标准值 e_1、e_2

应根据施工阶段与使用阶段分别进行计算。

（1）施工阶段。

1）水土分算。

$$e_1 = q_1 \tan^2(45°-\varphi/2) - 2c\tan(45°-\varphi/2) \tag{G-6}$$

$$e_2 = e_1 + 2\gamma'_{t1} R_H \tan^2(45°-\varphi/2) \tag{G-7}$$

式中　γ'_{t1} ——隧道所穿越土层的加权平均重度，kN/m³，地下水位以上土层取天然重度，地下水位以下土层取浮重度；

c、φ ——隧道所穿越土层的加权平均黏聚力标准值，kPa、加权平均内摩擦角标准值，°，按直剪固快试验峰值强度指标平均值取用。

2）水土合算。

$$(e_1) = \lambda q_1 \tag{G-8}$$

$$(e_2) = (e_1) + 2\lambda\gamma_{t1} R_H \tag{G-9}$$

式中　γ_t ——隧道所穿越土层的内水平轴线以上各层土的加权平均重度，kN/m³，地下水位以上土层取天然重度；地下水位以下土层，当水土分算时取浮重度、当水土合算时取饱和重度；

e_1、e_2 ——顶、底部水平向土压力标准值，kPa；

λ ——隧道所穿越土层的侧压力系数，在无测试资料的情况下，可根据类似工程的经验取值。

（2）使用阶段。

使用阶段采用水土分算，侧压力系数取静止土压力系数

$$e_1 = K_0 q_1 \tag{G-10}$$

$$e_2 = e_1 + 2K_0\gamma'_{t1} R_H \tag{G-11}$$

$$K_0 = \alpha - \sin\varphi' \tag{G-12}$$

式中　K_0 ——隧道所穿越土层的静止侧压力系数。可由试验测定，也可按式（G-12）计算；

α ——土层系数，当隧道穿越砂土、粉土时取 $\alpha=1$，当隧道穿越黏性土、淤泥质土时取 $\alpha=0.95$；

φ' ——隧道所穿越土层的加权平均有效内摩擦角标准值，°。

$$g = \gamma_c \frac{A}{b} \tag{G-13}$$

$$g = \gamma_c t \tag{G-14}$$

式中　γ_c ——隧道衬砌结构的重度标准值，kN/m³，对于钢管片，$\gamma_c = 78.5\text{kN/m}^3$；对于钢筋混凝土管片，$\gamma_c = 25\text{kN/m}^3$；

A ——管片的断面面积，m²，对于钢筋混凝土管片，g 可直接按式（G-14）计算；

b ——管片的宽度，m；

t ——管片的厚度，m。

4. 静水压力

$$q_w = \gamma_w [H_1 + R_H(1-\cos\alpha)] \tag{G-15}$$

式中　γ_w ——地下水的重度标准值，kN/m³；

H_1 ——隧道顶部的静水头高度，m。

水土分算时，静水压力 q_w 沿隧道四周布置，方向指向隧道圆心；水土合算时不另计静水压力 q_w。

5. 底部地基竖向反力

当按水土分算时，q_2 计算式为

$$q_2 = q_1 + \left(1-\frac{\pi}{4}\right)\gamma_t R_H + \pi g - \frac{\pi}{2}\gamma_w R_H \tag{G-16}$$

当按水土合算时，q_2 计算式为

$$q_2 = q_1 + \left(1-\frac{\pi}{4}\right)\gamma_t R_H + \pi g \tag{G-17}$$

6. 侧向三角形土抗力

土抗力图形假设呈一等腰三角形，其范围为隧道水平轴线上下 45°之内（$45°\leqslant\alpha\leqslant135°$，$225°\leqslant\alpha\leqslant315°$）。

$$PP = ky(1-\sqrt{2}|\cos\alpha|) \tag{G-18}$$

$$y = \frac{(2q_1 + 0.429\,2\gamma_t R_H + \pi g - e_1 - e_2)R_H^4}{24(\eta EI + 0.0454kR_H^4)} \tag{G-19}$$

式中　k ——隧道所穿越土层的抗力系数，kN/m³，无测试资料时可参考表 G-1；

y ——隧道水平轴线处的变形量，m，按作用效应的准永久组合计算得到，也可按式（G-19）近似估算；

E ——隧道衬砌材料的弹性模量，kPa；

I ——管片断面的惯性矩，m⁴；

η ——隧道衬砌抗弯刚度折减系数，一般可取为 0.5～0.8。

表 G-1　　地层抗力系数参考值

地基土分类		I_L、e、N 范围	地基抗力系数（kN/m³）
黏性土	软塑	$0.75<I_L\leqslant 1$	30000～9000
	可塑	$0.25<I_L\leqslant 0.75$	30000～15000
	硬塑	$0<I_L\leqslant 0.25$	15000～30000
	坚硬	$I_L\leqslant 0$	30000～45000
黏质粉土	稍密	$e>0.9$	3000～12000
	中密	$0.75\leqslant e\leqslant 0.9$	12000～22000
	密实	$e<0.75$	22000～35000
砂质粉土、砂土	松散	$N\leqslant 7$	3000～10000
	稍密	$7<N\leqslant 15$	10000～20000
	中密	$15<N\leqslant 30$	20000～40000
	密实	$N>30$	40000～55000

注　I_L—土的液性指数；e—土的天然孔隙比；N—标准贯入试验锤击数实测值。

附录 H　侧向水、土压力计算方法

作用在电缆隧道的水压力，应根据施工阶段和使用过程中地下水位的变化，不同的地质条件，分别按下列规定计算。

（1）水压力可按净水压力计算，并应根据设防水位以及施工和使用阶段可能发生的地下水位最不利情况，计算水压力和浮力对结构的作用。

（2）砂性土地层的侧向水、土压力应采用水土分算。

（3）黏性土地层的侧向水、土压力，在施工阶段宜采用水土合算，在使用阶段应采用水土分算。

电缆隧道施工阶段水平土压力按郎肯土压力计算，使用阶段的水平土压力宜按静止土压力计算。朗肯土压力可按下列公式计算。

$$E_{ak}=(\sum\gamma_i h_i)k_a-2c_k\sqrt{k_a} \quad \text{(H-1)}$$

$$E_{aqk}=q_k k_a \quad \text{(H-2)}$$

$$k_a=\tan^2\left(45°-\frac{\varphi_k}{2}\right) \quad \text{(H-3)}$$

式中　E_{ak}——计算点处由土体自重产生的主动土压力强度标准值，kPa，当 $E_{ak}<0$ 时，取 $E_{ak}=0$；

E_{aqk}——计算点处由地表面均布荷载产生的主动土压力强度标准值，kPa；

γ_i——计算点以上各层土的重度，kN/m³，地下水位以上土层取天然重度；对地下水位以下土层，按水土分算时取浮重度，按水土合算时取饱和重度；

h_i——计算点以上各层土的厚度，m；

q_k——基坑（槽）外地表面均布超载标准值，kPa，应按实际情况取值；

k_a——计算点处土的主动土压力系数；

φ_k——计算点处土的内摩擦角标准值，°；

c_k——计算点处土的黏聚力标准值，kPa。

土压力及水压力计算、土的各类稳定性验算时，土、水压力的分、合算方法及相应的土的抗剪强度指标类别应符合下列规定。

（1）对地下水位以上的黏性土、黏质粉土，土的抗剪强度指标应采用三轴固结不排水抗剪强度指标 c_{cu}、φ_{cu} 或直剪固结快剪强度指标 c_{cq}、φ_{cq}，对地下水位以上的砂质粉土、沙土、碎石土，土的抗剪强度指标应采用有效应力强度指标 c'、φ'。

（2）对地下水位以下的黏性土、黏质粉土，可采用土压力、水压力合算方法；此时，对正常固结和超固结土，土的抗剪强度指标应采用三轴固结不排水抗剪强度指标 c_{cu}、φ_{cu} 或直剪固结快剪强度指标 c_{cq}、φ_{cq}，对欠固结土，宜采用有效自重压力下预固结的三轴不固结不排水抗剪强度指标 c_{cu}、φ_{uu}。

（3）对地下水位以下的砂质粉土、砂土和碎石土，应采用土压力、水压力分算方法；此时，土的抗剪强度指标应采用有效应力强度指标 c'、φ'，对砂质粉土，缺少有效应力强度指标时，也可采用三轴固结不排水抗剪强度指标 c_{cu}、φ_{cu} 或直剪固结快剪强度指标 c_{cq}、φ_{cq} 代替，对砂土和碎石土，有效应力强度指标 φ' 可根据标准贯入试验实测击数和水下休止角等物理力学指标取值；水压力、水压力采用分算方法时，水压力可按静水压力计算；当地下水渗流时，宜按渗流理论计算水压力和土的竖向有效应力；当存在多个含水层时，应分别计算各含水层的水压力。

（4）有可靠的地方经验时，土的抗剪强度指标尚可根据室内、原位试验得到的其他物理力学指标，按经验方法确定。

附录Ⅰ　车辆荷载标准值计算方法

汽车荷载分为公路-Ⅰ级和公路-Ⅱ级两个等级，公路-Ⅰ级和公路-Ⅱ级汽车荷载采用相同的车辆荷载标准值，具体如图Ⅰ-1及表Ⅰ-1所示。

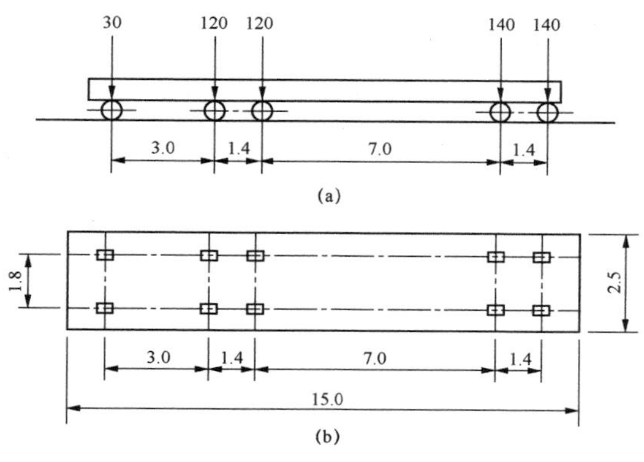

图Ⅰ-1　车辆荷载的立面、平面尺寸

（a）立面布置；（b）平面尺寸

注：尺寸单位m，荷载单位kN。

表Ⅰ-1　　车辆荷载的主要技术指标

项　　目	单位	技术指标
车辆重力标准值	kN	550
前轴重力标准值	kN	30
中轴重力标准值	kN	2×120
后轴重力标准值	kN	2×140
轴距	m	3+1.4+7+1.4
轮距	m	1.8
前轮着地宽度及长度	m	0.3×0.2
中、后轮着地宽度及长度	m	0.6×0.2
车辆外形尺寸（长×宽）	m	15×2.5

在计算隧道荷载时，地面车辆荷载可按下述方法简化为均布荷载，并不计冲击力的影响。

车辆荷载单轮压力计算图式见图Ⅰ-2。

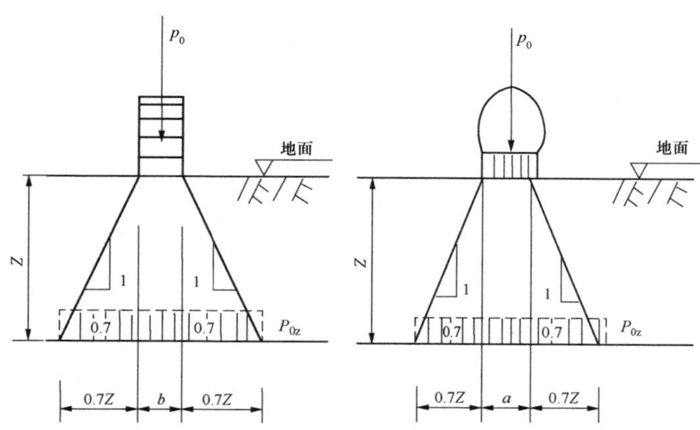

图Ⅰ-2　车辆荷载单轮压力计算图式

$$p_{0z}=\frac{p_0}{(a+1.4Z)(b+1.4Z)} \tag{Ⅰ-1}$$

两个以上轮压荷载计算图示见图Ⅰ-3。

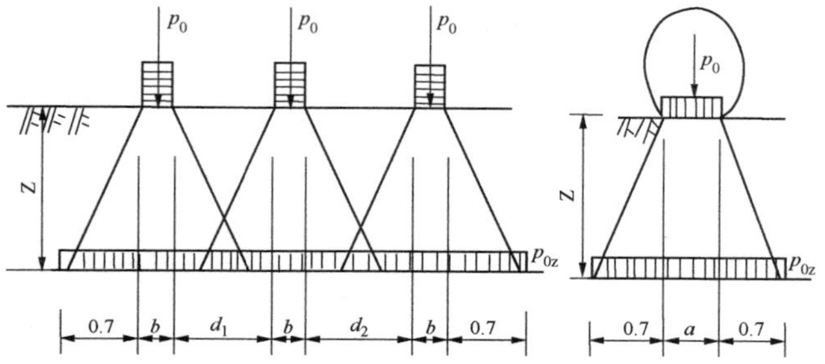

图Ⅰ-3　两个以上轮压荷载计算图示

$$p_{oz}=\frac{np_o}{(a+1.4Z)\left(nb+\sum_{i}^{n-1}d_i+1.4Z\right)} \qquad (I-2)$$

式中 p_{oz}——地面车辆传递到计算深度 Z 处的竖向压力；

p_o——车辆单个轮压，按通行的汽车等级采用；

a, b——地面单个轮压力的分布长和宽度；

d_i——地面相邻两个轮压的净距；

n——轮压的数量。

附录J 常用型钢参数表

（1）常用热轧普通工字钢截面如图 J-1 所示，特性可参考表 J-1 选取。

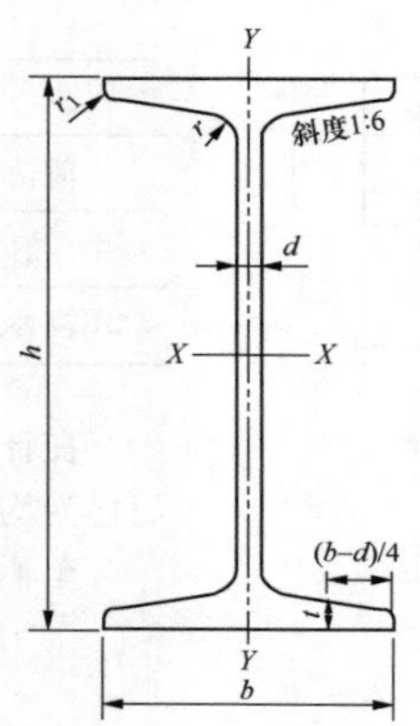

图 J-1 热轧普通工字钢截面

h—高度；b—腿宽度；d—腰厚度；t—平均腿厚度；r—内圆弧半径；r_1—腿端圆弧半径

表 J-1 常用热轧普通工字钢特性

型号	截面尺寸（mm）						截面面积（cm²）	理论重量（kg/m）	惯性矩（cm⁴）		惯性半径（cm）		截面模数（cm³）	
	h	b	d	t	r	r_1			I_x	I_y	i_x	i_y	W_x	W_y
12	120	74	5.0	8.4	7.0	3.5	17.818	13.987	436	46.9	4.95	1.62	72.7	12.7
12.6	126	74	5.0	8.4	7.0	3.5	18.118	14.223	488	46.9	5.20	1.61	77.5	12.7
14	140	80	5.5	9.1	7.5	3.8	21.516	16.890	712	64.4	5.76	1.73	102	16.1
16	160	88	6.0	9.9	8.0	4.0	26.131	20.513	1130	93.1	6.58	1.89	141	21.2
18	180	94	6.5	10.7	8.5	4.3	30.756	24.131	1660	122	7.36	2.00	185	26.0
20a	200	100	7.0	11.4	9.0	4.5	35.578	27.929	2370	158	8.15	2.12	237	31.5
20b		102	9.0				39.578	31.069	2500	169	7.96	2.06	250	33.1
22a	220	110	7.5	12.3	9.5	4.8	42.128	33.070	3400	225	8.99	2.31	309	40.9
22b		112	9.5				46.528	36.524	3570	239	8.78	2.27	325	42.7
25a	250	116	8.0	13.0	10.0	5.0	48.541	38.105	5020	280	10.2	2.40	402	48.3
25b		118	10.0				53.541	42.030	5280	309	9.94	2.40	423	52.4
28a	280	122	8.5	13.7	10.5	5.3	55.404	43.492	7110	345	11.30	2.50	508	56.6
28b		124	10.5				61.004	47.888	7480	379	11.10	2.49	534	61.2

（2）常用热轧 HW 型钢截面如图 J-2 所示，特性可参考表 J-2 选取。

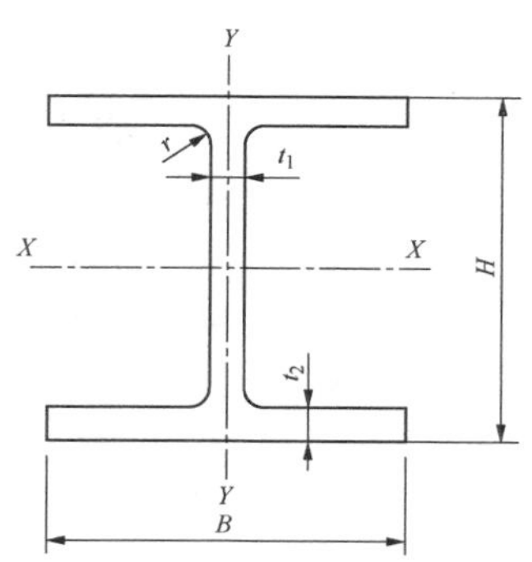

图 J-2　HW 型钢截面

H—高度；B—高度；t_1—腹板厚度；t_2—翼缘厚度；r—圆角半径

表 J-2　　**常用热轧 HW 型钢特性**

类别	H 型钢规格（$h\times b\times t_1\times t_2$）	截面积 A（cm²）	质量 q（kg/m）	x—x 轴			y—y 轴		
				I_x（cm⁴）	W_x（cm³）	i_x（cm）	I_y（cm⁴）	W_y（cm³）	i_y（cm）
HW	100×100×6×8	21.90	17.2	383	76.5	4.18	134	26.7	2.47
	125×125×6.5×9	30.31	23.8	847	136	5.29	294	47.0	3.11
	150×150×7×10	40.55	31.9	1660	221	6.39	564	75.1	3.73
	175×175×7.5×11	51.43	40.3	2900	331	7.50	984	112	4.37
	200×200×8×12	64.28	50.5	4770	477	8.61	1600	160	4.99
	#200×204×12×12	72.28	56.7	5030	503	8.35	1700	167	4.85
	250×250×9×14	92.18	72.4	10800	867	10.8	3650	292	6.29
	#250×255×14×14	104.7	82.2	11500	919	10.5	3880	304	6.09
	#294×302×12×12	108.3	85.0	17000	1160	12.5	5520	365	7.14
	300×300×10×15	120.4	94.5	20500	1370	13.1	6760	450	7.49
	300×305×15×15	135.4	106	21600	1440	12.6	7100	466	7.24
	#344×348×10×16	146.0	115	33300	1940	15.1	11200	646	8.78
	350×350×12×19	173.9	137	40300	2300	15.2	13600	776	8.84
	#388×402×15×15	179.2	141	49200	2540	16.6	16300	809	9.52
	#394×398×11×18	187.6	147	56400	2860	17.3	18900	951	10.0
	400×400×13×21	219.5	172	66900	3340	17.5	22400	1120	10.1
	#400×408×21×21	251.5	197	71100	3560	16.8	23800	1170	9.73
	#414×405×18×28	296.2	233	93000	4490	17.7	31000	1530	10.2
	#428×407×20×35	361.4	284	119000	5580	18.2	39400	1930	10.4

注　“#”表示的规格为非常用规格。

附录 K　支挡结构稳定性验算

1. 嵌固稳定性

（1）悬臂式支挡结构的嵌固深度应符合下列嵌固稳定性的要求

$$\frac{E_{pk}z_{p1}}{E_{ak}z_{a1}}\geqslant K_{em} \qquad (K\text{-}1)$$

式中　K_{em}——嵌固稳定安全系数；安全等级为一级、二级、三级的悬臂式支挡结构，K_{em} 分别不应小于 1.25、1.2、1.15；

E_{ak}、E_{pk}——基坑（槽）外侧主动土压力、基坑（槽）内侧被动土压力合力的标准值，kN；

z_{a1}、z_{p1}——基坑（槽）外侧主动土压力、基坑（槽）内侧被动土压力合力作用点至挡土构件底端的距离，m。

（2）单层锚杆和单层支撑的支挡式结构的嵌固深度应符合下列嵌固稳定性的要求

$$\frac{E_{pk}z_{p2}}{E_{ak}z_{a2}} \geqslant K_{em} \tag{K-2}$$

式中 K_{em}——嵌固稳定安全系数；安全等级为一级、二级、三级的锚拉式支挡结构和支撑式支挡结构，K_{em}分别不应小于1.25、1.2、1.15；

z_{a2}、z_{p2}——基坑（槽）外侧主动土压力、基坑（槽）内侧被动土压力合力作用点至支点的距离，m。

2. 整体滑动稳定性

锚拉式、悬臂式和双排桩支挡结构应按下列规定进行整体滑动稳定性验算。

（1）锚拉式支挡结构的整体稳定性可采用圆弧滑动条分法进行验算。

（2）采用圆弧滑动条分法时，其整体稳定性应符合下列规定：

$$\min\{K_{s,1}, K_{s,2}, \cdots, K_{s,i}, \cdots\} \geqslant K_s \tag{K-3}$$

$$K_{s,i} = \frac{\sum\{c_j l_j + [(q_j l_j + \Delta G_j)\cos\theta_j - u_j l_j]\tan\varphi_j\} + \sum R'_{k,k}[\cos(\theta_j + \alpha_k) + \psi_v] / S_{x,k}}{\sum(q_j b_j + \Delta G_j)\sin\theta_j} \tag{K-4}$$

式中 K_s——圆弧滑动整体稳定安全系数；安全等级为一级、二级、三级的锚拉式支挡结构，K_s分别不应小于1.35、1.3、1.25；

$K_{s,i}$——第i个滑动圆弧的抗滑力矩与滑动力矩的比值；抗滑力矩与滑动力矩之比的最小值宜通过搜索不同圆心及半径的所有潜在滑动圆弧确定；

c_j、φ_j——第j土条滑弧面处土的黏聚力，kPa；内摩擦角，°；

b_j——第j土条的宽度，m；

θ_j——第j土条滑弧面中点处的法线与垂直面的夹角，°；

l_j——第j土条的滑弧段长度，m，取$l_j = b_j / \cos\theta_j$；

q_j——作用在第j土条上的附加分布荷载标准值，kPa；

ΔG_j——第j土条的自重，kN，按天然重度计算；

u_j——第j土条在滑弧面上的孔隙水压力，kPa；基坑（槽）采用落底式截水帷幕时，对地下水位以下的砂土、碎石土、粉土，在基坑（槽）外侧，可取$u_j = \gamma_W h_{Wa,j}$，在基坑（槽）内侧，可取$u_j = \gamma_W h_{WP,j}$；在地下水位以上或对地下水位以下的黏性土，取$u_j = 0$；

γ_W——地下水重度，kN/m³；

$h_{Wa,j}$——基坑（槽）外地下水位至第j土条滑弧面中点的垂直距离，m；

$h_{WP,j}$——基坑（槽）内地下水位至第j土条滑弧面中点的垂直距离，m；

$R'_{k,k}$——第k层锚杆对圆弧滑动体的极限拉力值，kN；应取锚杆在滑动面以外的锚固体极限抗拔承载力标准值与锚杆杆体受拉承载力标准值（$f_{ptk}A_p$或$f_{yk}A_s$）的较小值；

α_k——第k层锚杆的倾角，°；

$S_{x,k}$——第k层锚杆的水平间距，m；

ψ_v——计算系数；可按$\psi_v = 0.5\sin(\theta_k + \alpha_k)\tan\varphi$取值，此处，$\varphi$为第$k$层锚杆与滑弧交点处土的内摩擦角。

注：对悬臂式、双排桩支挡结构不考虑$\sum R'_{k,k}[\cos(\theta_k + \alpha_k) + \psi_v] / S_{x,k}$项。

当挡土构件底端以下存在软弱下卧土层时，整体稳定性验算滑动面中尚应包括由圆弧与软弱土层层面组成的复合滑动面。

3. 坑底隆起稳定性

（1）锚拉式支挡结构和支撑式支挡结构，其嵌固深度应满足坑底隆起稳定性要求，抗隆起稳定性验算公式为

$$\frac{\gamma_{m2}DN_q + cN_c}{\gamma_{m1}(h+D) + q_0} \geqslant K_{he} \tag{K-5}$$

$$N_q = \tan^2\left(45^\circ + \frac{\varphi}{2}\right)e^{\pi\tan\varphi} \tag{K-6}$$

$$N_c = (N_q - 1) / \tan\varphi \tag{K-7}$$

式中 K_{he}——抗隆起安全系数；安全等级为一级、二级、三级的支护结构，K_{he}分别不应小于1.8、1.6、1.4；

γ_{m1}——基坑（槽）外挡土构件底面以上土的重度，kN/m³；对地下水位以下的砂土、碎石土、粉土取浮重度；对多层土取各层土按厚度加权的平均重度；

γ_{m2}——基坑（槽）内挡土构件底面以上土的重度，kN/m³；对地下水位以下的砂土、碎石土、粉土取浮重度；对多层土取

各层土按厚度加权的平均重度；

D ——基坑（槽）底面至挡土构件底面的土层厚度，m；

h——基坑（槽）深度，m；

q_0 ——地面均布荷载，kPa；

N_c、N_q ——承载力系数；

c、φ——挡土构件底面以下土的黏聚力，kPa、内摩擦角，°。

（2）锚拉式支挡结构和支撑式支挡结构，当坑底以下为软土时，尚应以最下层支点为转动轴心的圆弧滑动模式，验算抗隆起稳定性的计算式为

$$\frac{\sum[c_j l_j+(q_j b_j+\Delta G_j)\cos\theta_j \tan\varphi_j]}{\sum(q_j b_j+\Delta G_j)\sin\theta_j} \geqslant K_{RL} \quad \text{(K-8)}$$

式中　K_{RL} ——以最下层支点为轴心的圆弧滑动稳定安全系数；安全等级为一级、二级、三级的支挡式结构，K_{RL} 分别不应小于 2.2、1.9、1.7；

c_j、φ_j ——第 j 土条在滑弧面处土的黏聚力，kPa；内摩擦角，°；

l_j ——第 j 土条的滑弧段长度，m，取 $l_j = b_j / \cos\theta_j$；

q_j ——作用在第 j 土条上的附加分布荷载标准值，kPa；

b_j ——第 j 土条的宽度，m；

θ_j ——第 j 土条滑弧面中点处的法线与垂直面的夹角，°；

ΔG_j ——第 j 土条的自重，kN，按天然重度计算。

4. 渗透稳定性验算

（1）坑底以下有水头高于坑底的承压水含水层，且未用截水帷幕隔断其基坑（槽）内外的水力联系时，承压水作用下的坑底突涌稳定性应符合下式规定

$$\frac{D\gamma}{(\Delta h+D)\gamma_w} \geqslant K_{ty} \quad \text{(K-9)}$$

式中　K_{ty} ——突涌稳定性安全系数，K_{ty} 不应小于 1.1；

D ——承压含水层顶面至坑底的土层厚度，m；

γ——承压含水层顶面至坑底土层的天然重度，kN/m^3，对成层土，取按土层厚度加权的平均天然重度；

Δh ——基坑（槽）内外的水头差，m；

γ_w ——水的重度，kN/m^3。

（2）悬挂式截水帷幕底端位于碎石土、砂土或粉土含水层时，对均质含水层，地下水渗流的流土稳定性应符合下式规定

$$\frac{(2D+0.8D_1)\gamma'}{\Delta h\gamma_w} \geqslant K_{se} \quad \text{(K-10)}$$

式中　K_{se} ——流土稳定性安全系数；安全等级为一、二、三级的支护结构，K_{se} 分别不应小于 1.6、1.5、1.4；

D ——截水帷幕底面至坑底的土层厚度，m；

D_1 ——潜水水面或承压水含水层顶面至基坑（槽）底面的土层厚度，m；

γ' ——土的浮重度，kN/m^3；

Δh ——基坑（槽）内外的水头差，m；

γ_w ——水的重度，kN/m^3。

对渗透系数不同的非均质含水层，宜采用数值方法进行渗流稳定性分析。

（3）坑底以下为级配不连续的不均匀砂土、碎石土含水层时，应进行土的管涌可能性判别。

附录L　锚　杆　计　算

1. 锚杆的极限抗拔承载力

锚杆的极限抗拔承载力应符合下式要求

$$\frac{R_k}{N_k} \geqslant K_t \quad \text{(L-1)}$$

式中　K_t ——锚杆抗拔安全系数；安全等级为一级、二级、三级的支护结构，K_t 分别不应小于 1.8、1.6、1.4；

N_k ——锚杆轴向拉力标准值，kN；

R_k ——锚杆极限抗拔承载力标准值，kN。

2. 锚杆的轴向拉力标准值

锚杆的轴向拉力标准值应按下式计算

$$N_k = \frac{F_h s}{b_a \cos\alpha} \quad \text{(L-2)}$$

式中　N_k ——锚杆的轴向拉力标准值，kN；

F_h ——挡土构件计算宽度内的弹性支点水平反力，kN；

s——锚杆水平间距，m；

b_a ——结构计算宽度，m；

α——锚杆倾角，°。

3. 锚杆极限抗拔承载力

锚杆极限抗拔承载力的确定应符合下列规定。

（1）锚杆极限抗拔承载力应通过抗拔试验确定。

（2）锚杆极限抗拔承载力标准值也可按下式估算，但应按抗拔试验进行验证

$$R_k = \pi d \sum q_{sik} l_i \quad \text{(L-3)}$$

式中　d——锚杆的锚固体直径，m；

l_i ——锚杆的锚固段在第 i 土层中的长度，m；锚固段长度（l_a）为锚杆在理论直线滑动

面以外的长度；

q_{sik} ——锚固体与第 i 土层之间的极限黏结强度标准值，kPa，可参考表 L-1。

表 L-1　　锚杆的极限黏结强度标准值

土的名称	土的状态或密实度	q_{sik}(kPa)	
		一次常压注浆	二次压力注浆
填土		16～30	30～45
淤泥质土		16～20	20～30
黏性土	$IL>1$	18～30	25～45
	$0.75<IL\leqslant1$	30～40	45～60
	$0.50<IL\leqslant0.75$	40～53	60～70
	$0.25<IL\leqslant0.50$	53～65	70～85
	$0<IL\leqslant0.25$	65～73	85～100
	$IL\leqslant0$	73～90	100～130
粉土	$e>0.90$	22～44	40～60
	$0.75\leqslant e\leqslant0.90$	44～64	60～90
	$e<0.75$	64～100	80～130
粉细砂	稍密	22～42	40～70
	中密	42～63	75～110
	密实	63～85	90～130
中砂	稍密	54～74	70～100
	中密	74～90	100～130
	密实	90～120	130～170
粗砂	稍密	80～130	100～140
	中密	130～170	170～220
	密实	170～220	220～250
砾砂	中密、密实	190～260	240～290
风化岩	全风化	80～100	120～150
	强风化	150～200	200～260

注　1. 采用泥浆护壁成孔工艺时，应按表取低值后再根据具体情况适当折减。
2. 采用套管护壁成孔工艺时，可取表中的高值。
3. 采用扩孔工艺时，可在表中数值基础上适当提高。
4. 采用分段劈裂二次压力注浆工艺时，可在表中二次压力注浆数值基础上适当提高。
5. 当砂土中的细粒含量超过总质量的 30% 时，按表取值后应乘以 0.75 的系数。
6. 对有机质含量为 5%～10%的有机质土，应按表取值后适当折减。
7. 当锚杆锚固段长度大于 16m 时，应对表中数值适当折减。

（3）当锚杆锚固段主要位于黏土层、淤泥质土层、填土层时，应考虑土的蠕变对锚杆预应力损失的影响，并应根据蠕变试验确定锚杆的极限抗拔承载力。

4. 锚杆的自由段长度不应小于 5.0m，且应符合下式规定

$$l_f \geqslant \frac{(a_1+a_2-d\tan\alpha)\sin\left(45^\circ-\frac{\varphi_m}{2}\right)}{\sin\left(45^\circ+\frac{\varphi_m}{2}+\alpha\right)}+\frac{d}{\cos\alpha}+1.5 \tag{L-4}$$

式中　l_f ——锚杆自由段长度，m；

α ——锚杆的倾角，°；

a_1 ——锚杆的锚头中点至基坑（槽）底面的距离，m；

a_2 ——基坑（槽）底面至挡土构件嵌固段上基坑（槽）外侧主动土压力强度与基坑（槽）内侧被动土压力强度等值点 O 的距离，m；对多层土地层，当存在多个等值点时应按其中最深处的等值点计算；

d ——挡土构件的水平尺寸，m；

φ_m ——原点以上各土层按厚度加权的内摩擦角平均值，°。

5. 锚杆杆体的受拉承载力应符合下式规定

$$N \leqslant f_{py}A_p \tag{L-5}$$

式中　N ——锚杆轴向拉力设计值，kN；

f_{py} ——预应力钢筋抗拉强度设计值，kPa；当锚杆杆体采用普通钢筋时，取普通钢筋强度设计值（f_y）；

A_p ——预应力钢筋的截面面积，m^2。

主要量的符号及其计量单位

量 的 名 称	符号	计量单位	量 的 名 称	符号	计量单位
惯性矩	I	mm^4	混凝土抗压强度	f_c	N/mm^2
线膨胀系数	α	1/℃	钢筋抗拉强度	f_y	N/mm^2
钢筋面积	A_s	mm^2	金属护套的温升	$\Delta\theta$	℃
弹性模量	E	N/mm^2	电缆的弯曲刚度	S	N·mm^2
重度	γ	kN/m^3	从电缆送入管端起至第 n 个直线段拉出时的牵引力	$T_{i=n}$	N
岩体完整性指数	K_V		从电缆送入管端起至第 m 个弯曲段拉出时的牵引力	$T_{i=m}$	N
围岩弹性纵波速度	V_p	m/s	电缆在 j 个弯曲管段的侧压力	P_j	N/m
摩擦角	ϕ_c	°	电缆容许侧压力	P_m	N/m
黏聚力	c	N/mm^2	电缆外径	d	mm
力	F	N	保护管内径	D	mm
弯矩	M	N·m	导体允许抗拉强度	σ	N/m^2
剪力	V	N	电缆单位长度重量	W	N/m
扭矩	T	N·m	导体的杨氏模量	E_c	N/mm^2
地基承载力	f_a	kN/m^2	绝缘层的杨氏模量	E_i	N/mm^2
单轴饱和抗压强度	R_c	kN/m^2	金属护套的杨氏模量	E_m	N/mm^2
电阻	R	Ω/m	照度	E_c	lx
导体截面积	A	m^2	光通量	ϕ	lm
导体 20℃时的电阻率	ρ_{20}	Ω·m	铠装的横截面积	A	mm^2
导体电阻的温度系数	α	1/℃	单位长度电缆电容	C	F/m
介电常数	ε	F/m	电缆外径	D_c^*	m
电容	C	F/m	绝缘层外径	D_i	mm
电感	L	H/m	金属套外径	D_s	mm

续表

量 的 名 称	符号	计量单位	量 的 名 称	符号	计量单位
正好与皱纹金属套波峰相切的假想同心圆柱体的直径	D_{oc}	mm	导体和屏蔽或铠装之间电压	U_0	V
正好与皱纹金属套波谷内表面相切的假想同心圆柱体的直径	D_{it}	mm	铠装单位长度损耗	W_A	W/m
日光辐射强度	H	W/m^2	每相导体绝缘单位长度的介质损耗	W_d	W/m
磁场强度	H	A/m	金属套单位长度损耗	W_s	W/m
金属套的电感	L_s	H/m	金属套和铠装单位长度总损耗	$W_{(s+A)}$	W/m
由钢丝引起的电感分量	L_1	H/m	电缆金属套或屏蔽单位长度的电抗（两芯电缆和三个单芯呈三角形排列）	X	Ω/m
由钢丝引起的电感分量	L_2	H/m	电缆金属套单位长度的电抗（电缆呈平面排列）	X_1	Ω/m
由钢丝引起的电感分量	L_3	H/m	三根单芯电缆平面排列时，其中一根外侧电缆金属套和另外两根电缆导体之间互抗	X_m	Ω/m
一根导体中流过的电流（有效值）	I	A	金属套或屏蔽的平均直径	d	mm
导体在最高工作温度下单位长度的交流电阻	R	Ω/m	金属套和加强层的平均直径	d'	mm
电缆铠装在最高工作温度下单位长度的交流电阻	R_A	Ω/m	加强层的平均直径	d_2	mm
电缆铠装在20℃时单位长度的交流电阻	R_{A0}	Ω/m	铠装的平均直径	d_A	mm
金属套和铠装并联时的等效交流电阻	R_e	Ω/m	导体直径	d_c	mm
电缆金属套或屏蔽在最高工作温度下单位长度的交流电阻	R_s	Ω/m	具有相同中心油道的空心导体的等效于实心导体的直径	d_c'	mm
电缆金属套或屏蔽在20℃时单位长度的交流电阻	R_{s0}	Ω/m	管道内径	d_d	mm
导体在最高工作温度下单位长度的直流电阻	R'	Ω/m	钢丝直径	d_f	mm
导体在20℃时单位长度的直流电阻	R_0	Ω/m	导体内径	d_i	mm
一根导体和金属套之间单位长度的热阻	T_1	(K·m)/W	椭圆形导体的金属套或屏蔽长轴直径	d_M	mm
金属套和铠装之间衬垫层单位长度的热阻	T_2	(K·m)/W	椭圆形导体的金属套或屏蔽短轴直径	d_m	mm
电缆外护套单位长度的热阻	T_3	(K·m)/W	具有相同横截面和紧压程度异型导体的等效圆导体直径	d_x	mm
周围介质热阻（高于周围环境温度的电缆表面温升与单位长度损耗之比）	T_4	(K·m)/W	电源频率	f	Hz
日光照射下自由空气中电缆修正的外部热阻	T_4^*	(K·m)/W	计算 x_p 时所用的因数（邻近效应）	k_p	

续表

量　的　名　称	符号	计量单位	量　的　名　称	符号	计量单位
计算 x_s 时所用的因数（集肤效应）	k_s		铠装或加强层的等效厚度	δ	mm
电缆区段长度	l	mm	绝缘介质损耗因数	$\tan\delta$	
电缆中载有负荷的导体数	n		绝缘材料的相对介电常数	ε	
电缆中钢丝根数	n_1		导体最高工作温度	θ_c	℃
钢丝沿电缆的绞合节距	p	mm	环境温度	θ_a	℃
外切于两根或三根扇形导体的外接圆半径	r_1	mm	电缆铠装的最高工作温度	θ_{ar}	℃
各导体轴线之间的距离	s	mm	电缆金属套或屏蔽的最高工作温度	θ_{sc}	℃
在水平排列的三个不相接触的电缆组中，两个相邻电缆组之间的距离	s_1	mm	土壤的临界温度，即干燥和潮湿区域边界的温度	θ_x	℃
各电缆之间的轴线间距	s_2	mm	高于环境温度的导体温升	$\Delta\theta$	K
导体之间的绝缘厚度	t	mm	土壤的临界温升，即高于环境温度的土壤和潮湿区域边界的温升	$\Delta\theta_x$	K
外护套厚度	t_3	mm	铠装材料的相对磁导率	μ	
金属套厚度	t_s	mm	钢丝纵向相对磁导率	μ_e	
干燥土壤和潮湿土壤热阻系数之比（$v=\rho_d/\rho_w$）	v		钢丝横向相对磁导率	μ_t	
计算邻近效应时所用贝塞尔函数的自变量	x_p		20℃时导体电阻率	ρ	Ω·m
计算集肤效应时所用贝塞尔函数的自变量	x_s		干燥土壤热阻系数	ρ_d	(K·m)/W
邻近效应因数	y_p		潮湿土壤热阻系数	ρ_w	(K·m)/W
集肤效应因数	y_s		20℃时金属套材料的电阻率	ρ_s	Ω·m
20℃时的电阻率温度系数	α_{20}	K^{-1}	日光照射下电缆表面的吸收系数	σ	
铠装钢丝轴线和电缆轴线之间的夹角	β		电源系数的角频率（$2\pi f$）	ω	
时间滞后角度	γ		绝缘材料热阻系数	ρT	(K·m)/W

参 考 文 献

[1]《给水排水工程结构设计手册》编委会. 给水排水工程结构设计手册. 2 版［M］. 北京：中国建筑工业出版社，2007.

[2] 郭小红，廖朝华. 公路隧道设计手册［M］. 北京：人民交通出版社，2012.

[3] 刘振亚，国家电网公司. 国家电网公司输变电工程通用设计　电缆敷设分册　220～500kV 增补方案（2014 年版）［M］. 北京：中国电力出版社，2014.

[4] 沃泽克，著. 应启良，徐晓峰，孙建生，译. 海底电力电缆—设计、安装、修复和环境影响［M］. 北京：机械工业出版社，2011.

[5] CIGRE publication of Working Group B1.43（2015）. Recommendations for mechanical testing of submarine cables［M］. Cigre Technical Brochure. June 2015，Paris，France.

[6] 上海电缆研究所，中国电器工业协会电线电缆分会，中国电工技术学会电线电缆专业委员会组编，张秀松，主编. 电线电缆手册. 3 版［M］. 北京：机械工业出版社，2017.

[7] JI. 卡兰塔罗夫，JI.A. 采伊特林. 电感计算手册［M］. 陈汤铭，刘保安，罗应立，张奕黄，译. 北京：机械工业出版社，1992.

[8] Cable Systems Electricla Characteristics.Working Group B1.30，April 2013.

[9] 郑肇骥，王焜明. 高压电缆线路［M］. 北京：水利电力出版社，1983.

[10] Thue，W.A. 电力电缆工程. 3 版［M］. 孙建生，等，译. 北京：机械工业出版社，2014.

[11] 廖朝华，郭小红. 公路隧道设计手册［M］. 北京：人民交通出版社，2012.

[12] 张霄，刘凯. 浅析地下电缆隧道火灾的扑救［J］. 广西民族大学学报（自然科学版），2006（9）增刊：19–21.